Les épreuves corrigées des grandes écoles scientifiques

problèmes corrigés de MATHÉMATIQUES

posés aux concours

ENAC

(ATPL, TSA, EPL, IESSA et ICNA)

TOME

5

Solutions proposées par

Walter DAMIN

Professeur au lycée Pierre-Paul Riquet
(Saint-Orens de Gameville)

ellipses

ISBN 9782340-019232

32, rue Bargue 75740 Paris cedex 15

www.editions-ellipses.fr

AVANT-PROPOS

L'objet de ce livre est de préparer les futurs candidats à passer un type particulier de concours : **ceux dont les épreuves sont sous forme de questionnements automatisables**. Il s'agit dans cet ouvrage des concours de **l'ENAC (Ecole nationale de l'Aviation civile à Toulouse)**. Cette école possède cinq concours d'entrée qui ont un écrit avec des épreuves de Mathématiques sous forme de Q.C.M, et deux de ces concours ont deux épreuves de Mathématiques, une épreuve commune obligatoire et une épreuve dite facultative ou optionnelle.

1) Le premier concours est du niveau BAC et il permet de préparer la licence européenne civile de pilotage, appelée ATPL. Trois sujets corrigés (session 2014-2015-2016) en Mathématiques au **concours d'entrée au cycle préparatoire ATPL** sont proposés dans ce livre.

2) Le second concours est encore du niveau BAC qui permet d'être Technicien Supérieur de l'Aviation (civils et fonctionnaires). Il est appelé **concours TSA**. Six sujets corrigés (session 2014-2015-2016) en Mathématiques au **concours d'entrée à la formation TSA** sont proposés dans ce livre, trois sujets pour l'épreuve obligatoire et trois sujets pour l'épreuve optionnelle.

3) Le troisième concours est du niveau BAC+1, plus exactement au niveau de la première année des classes préparatoires aux Grandes Ecoles (filière MPSI), il permet d'être élève pilote dans l'Aviation civile et est appelé plus simplement **concours EPL**. Quatre sujets corrigés (session 2013-2014-2015-2016) au concours EPL en Mathématiques sont proposés dans ce livre.

4) Le quatrième concours est du niveau BAC+2, il permet d'être Ingénieur électricien des Systèmes de la Sécurité Aérienne et est appelé **concours IESSA**. Il est ouvert aux candidats titulaires d'un BTS, DUT ou d'une justification de seconde année de classe préparatoire aux Grandes Ecoles. Trois sujets corrigés (session 2014-2015-2016) au **concours IESSA** en Mathématiques sont proposés dans ce livre.

5) Le cinquième concours est du niveau deuxième année des classes préparatoires aux Grandes Ecoles. Il permet d'être ingénieur du contrôle de la navigation aérienne et est appelé **concours ICNA**. Six sujets corrigés (session 2014-2015-2016) en Mathématiques au **concours d'entrée à la formation ICNA** sont proposés dans ce livre, trois sujets pour l'épreuve obligatoire (filière PC) et trois sujets pour l'épreuve optionnelle (filière MP).

La plupart de ces épreuves sont compartimentées par parties qui sont indépendantes, voire par questions indépendantes. Cela permet à un futur candidat de se tester sans attendre d'avoir toutes les notions requises pour faire un sujet complet.

Tout élève qui désire passer le concours ATPL ou le concours TSA ou même préparer le BAC, pourra s'intéresser aux neuf sujets corrigés consacrés à ces deux concours proposés dans ce livre.

Tout élève de première année de classe préparatoire ou tout étudiant de première année d'Université pourra s'intéresser aux quatre sujets corrigés du concours EPL proposés. Pas seulement pour passer ce concours mais aussi pour tester son niveau. Bien souvent, il y a maintenant un concours blanc en fin de première année et faire ces QCM pour s'entraîner est un bon moyen de savoir là où on en est. On conseille même de faire aussi les sujets corrigés ATPL et TSA pour s'échauffer.

Tout élève de deuxième année de classe préparatoire ou tout élève de seconde année de l'Université, en particulier celui qui sera inscrit à la filière prépa-concours, pourra s'intéresser aux six sujets corrigés du concours ICNA, ainsi que bien entendu aux quatre sujets corrigés EPL puisque le programme de première année est inclus dans celui de deuxième année. Sachez aussi que la grosse majorité des questions des sujets optionnels de l'ICNA sont construits sur l'intersection commune aux deux programmes PC et MP.

Enfin, les trois sujets corrigés de l'IESSA proposés sont sur le programme du DUT de génie électrique et informatique industrielle mais sont faisables en partie par la plupart des étudiants de deuxième année. Dans ces sujets, par exemple, on met l'accent sur les séries de Fourier qui sont au programme en classe préparatoire TSI2 ou en licence 2 par exemple. Les candidats du concours IESSA pourront aussi avec profit aborder les sujets niveau BAC pour se chauffer.

Les corrigés sont développés au maximum. Il ne s'agit pas seulement de repérer les assertions vraies mais aussi de comprendre le pourquoi des assertions fausses. C'est souvent très formateur. De temps en temps des remarques ou des rappels de cours permettent d'illustrer le développement du corrigé.

En tout cas, il reste à vous souhaiter une bonne réussite aux concours ou à vos examens et en espérant que cet ouvrage pourra vous y aider en ce qui concerne les Mathématiques.

Sachez, pour ceux qui préparent EPL ou ICNA, et qui en veulent toujours plus, que les Editions Ellipses ont édité du même auteur (Walter Damin) les corrigés des sujets posés entre 2004 et 2006 :
(Nom de l'ouvrage : Questionnements automatisables de Mathématiques aux concours ENAC.)
Et aussi les corrigés des sujets posés entre 2007 et 2010 :
(Nom de l'ouvrage : Problèmes corrigés de Mathématiques posés aux concours ENAC. Tome 4.)

L'auteur accueillera avec reconnaissance les critiques et suggestions que le lecteur voudra bien lui faire parvenir, aux bons soins des Éditions Ellipses.

CONCOURS DE RECRUTEMENT A LA SÉLECTION DU CYCLE PRÉPARATOIRE ATPL
Test scientifique
SESSION 2014

Questions liées : *Questions 1 à 5, questions 6 à 9, questions 10 à 12, questions 13 à 17, questions 18 à 20.*

ENONCE

PARTIE I

On considère les intégrales suivantes :

$$K = \int_3^4 \frac{1}{x^2-4}\,dx \textbf{ et } L = \int_3^4 \frac{x}{x^2-4}\,dx.$$

Question 01 : La quantité $\dfrac{x-2}{x^2-4}$ vaut

a) $\dfrac{1}{x} - \dfrac{1}{2}$. b) $\dfrac{1}{x-2}$. c) $\dfrac{1}{x+2}$. d) $\dfrac{x}{x^2-4} - \dfrac{-2}{x^2-4}$.

Question 02 : Une primitive de $f : x \mapsto \dfrac{x}{x^2-4}$ sur $]2, +\infty[$ est F :

a) $-\dfrac{x^2+4}{(x^2-4)^2}$. b) $\dfrac{1}{2}\ln(x^2-4)$. c) $\dfrac{1}{2}x^2\ln(x^2-4)$. d) $\ln(x) - \dfrac{x^2}{8}$.

Question 03 : L'intégrale $L = \displaystyle\int_3^4 \frac{x}{x^2-4}\,dx$ vaut

a) $\dfrac{1}{2}(\ln(12) - \ln(5))$. b) $\ln\left(2\dfrac{\sqrt{3}}{\sqrt{5}}\right)$. c) $\dfrac{1}{2}\ln(7)$. d) $\ln\left(\dfrac{7}{2}\right)$.

Question 04 : Soit $I = L - 2K$. Alors I vaut :

a) $\displaystyle\int_3^4 \frac{1}{x+2}\,dx$. b) $\displaystyle\int_3^4 \frac{1}{x-2}\,dx$. c) $\ln\left(\dfrac{6}{5}\right)$. d) $\ln(2)$.

Question 05 : L'intégrale $K = \displaystyle\int_3^4 \frac{1}{x^2-4}\,dx$ est égale à :

a) $\dfrac{I-L}{2}$. b) $\ln\left(\dfrac{6}{5}\right)$. c) $-\dfrac{1}{2}\ln\left(\dfrac{6}{5}\right) + \dfrac{1}{4}\ln\left(\dfrac{12}{5}\right)$. d) $\dfrac{1}{2}\ln(2)$.

PARTIE II

Trigonométrie

Question 06 : On a pour tout réel a et pour tout réel b :

a) $\cos(a+b) = \cos a \cos b + \sin a \sin b$. b) $\cos(a+b) = \cos a + \cos b$.

c) $\cos(2a) = 2\cos(a)$. d) $\cos(2a) = 1 - 2\sin^2 a$.

Question 07 : On a

a) $\cos\left(\frac{\pi}{4}\right) = 1 - 2\sin^2\left(\frac{\pi}{8}\right)$. b) $\cos\left(\frac{\pi}{4}\right) = \frac{1}{2}$.

c) $\sin\left(\frac{\pi}{8}\right) = \frac{\sqrt{2-\sqrt{2}}}{2}$. d) $\sin\left(\frac{\pi}{8}\right) = \frac{1}{2}\sin\left(\frac{\pi}{4}\right)$.

Question 08 : On a

a) $\sin\left(\frac{\pi}{2} - x\right) = \cos x$. b) $\cos\left(\frac{\pi}{2} - x\right) = -\cos x$.

c) $\cos\left(\frac{\pi}{2} - x\right) = \sin x$. d) $\cos\left(\frac{\pi}{2} - x\right) = -\sin x$.

Question 09 : On a

a) $\sin\left(\frac{7\pi}{8}\right) = \frac{\sqrt{-\sqrt{2}+2}}{2}$. b) $\sin\left(\frac{7\pi}{8}\right) = -\frac{\sqrt{-\sqrt{2}+2}}{2}$.

c) $\cos\left(\frac{\pi}{8}\right) = \frac{\sqrt{2}}{2} + 1$. d) $\cos\left(\frac{3\pi}{8}\right) = \sin\left(\frac{\pi}{8}\right)$.

PARTIE III

***Soit** i **le nombre complexe** i **tel que** $i^2 = -1$ **et** z **le nombre complexe défini par** $z = 3 + i\sqrt{3}$.*

Question 10 : Le module de z est égal à

a) $|z| = 3 + \sqrt{3}$. b) $|z| = 2\sqrt{3}$.

Un argument de z est égal à

c) $\mathcal{A}rg\,(z) = \frac{\pi}{3}$. d) $\mathcal{A}rg\,(z) = \frac{\pi}{6}$.

Question 11 : L'écriture exponentielle de z est

a) $z = 2\sqrt{3}e^{i\frac{\pi}{3}}$. b) $z = 2\sqrt{3}e^{\frac{\pi}{6}}$.

c) $z = 2\sqrt{3}\left(\cos\left(\frac{\pi}{6}\right) + i\sin\left(\frac{\pi}{6}\right)\right)$. d) $z = 2\sqrt{3}e^{i\frac{\pi}{6}}$.

Question 12 : On peut écrire $z_1 = z^4$ sous la forme :

a) $144\left(\cos\left(\frac{2\pi}{3}\right) + i\sin\left(\frac{2\pi}{3}\right)\right)$. b) $2\sqrt{3}e^{i\frac{4\pi}{6}}$.

c) $-72 + 72i\sqrt{3}$. d) $z = 144\left(\frac{\sqrt{3}}{2} + \frac{1}{2}i\right)$.

PARTIE IV

On considère la fonction f définie par $f(x) = \dfrac{x^2 - 5x + 6}{x - 1}$.

Question 13 : L'ensemble des solutions réelles de l'équation $x^2 - 5x + 6 = 0$ est :

a) $S = \{4, 6\}$. b) $S = \{-2, -3\}$. c) $S = \{2, 3\}$.
d) $S = \emptyset$ car le discriminant est négatif.

Question 14 : La fonction f est définie sur l'ensemble

a) $]-\infty, 1[\cup]1, 2[\cup]2, 3[\cup]3, +\infty[$. b) $]-\infty, 1[\cup]1, +\infty[$.

La fonction f peut s'écrire

c) $x \mapsto x - 4 - \dfrac{2}{x - 1}$. d) $x \mapsto x - 4 + \dfrac{2}{x - 1}$.

Question 15 : La dérivée de f est égale à

a) $x \mapsto \dfrac{x^2 - 2x - 1}{(x - 1)^2}$. b) $x \mapsto \dfrac{-x^2 + 2x + 1}{(x - 1)^2}$.

La dérivée de f s'annule pour

c) $x = 1$. d) $x = 1 - \sqrt{2}$.

Question 16 : La fonction f est

a) décroissante sur $]-\infty, 1 - \sqrt{2}]$. b) croissante sur $]-\infty, 1 - \sqrt{2}]$.
c) décroissante sur $[1 - \sqrt{2}, 1[$. d) croissante sur $[1 - \sqrt{2}, 1[$.

Question 17 : On a

a) $\lim\limits_{x \to +\infty} f(x) = 0$. b) $\lim\limits_{x \to 1} f(x) = +\infty$. c) $\lim\limits_{x \to -\infty} f(x) = -\infty$.
d) $f(1 - \sqrt{2}) = -3 - 2\sqrt{2}$.

PARTIE V

On considère les suites (u_n) ***et*** (v_n) ***définies par :***

$$\begin{cases} u_0 & = & -2 \\ u_{n+1} & = & \frac{2}{3}u_n - 1 \end{cases} \quad \textit{et } v_n = u_n + 3.$$

Question 18 : On a

a) $u_1 = -\dfrac{7}{3}$. b) $v_1 = -1$. c) $v_2 = -\dfrac{2}{3}$. d) $v_2 = \dfrac{2}{3}v_1$.

Question 19 :

a) La suite (v_n) est une suite arithmétique de raison 3.
b) La suite (v_n) est une suite géométrique de raison $\frac{2}{3}$.
c) $\lim\limits_{n \to +\infty} v_n = 0$. d) $\lim\limits_{n \to +\infty} v_n = +\infty$.

Question 20 : On a

a) pour tout n entier, $v_n = \left(\frac{2}{3}\right)^n$.

La quantité $v_0 + v_1 + v_2 + v_3 + v_4 + v_5$ vaut

b) $3\left(1 - \left(\frac{2}{3}\right)^5\right)$. c) $3\left(1 - \left(\frac{2}{3}\right)^6\right)$. d) $6\left(\frac{2}{3}\right)^6$.

CORRIGE

Question 01 : On suppose que x^2-4 est non nul donc $x \neq \pm 2$ pour avoir l'existence de la quantité $\dfrac{x-2}{x^2-4}$. Par ailleurs, $x^2-4=(x-2)(x+2)$ et donc :

$$\frac{x-2}{x^2-4}=\frac{x-2}{(x-2)(x+2)}=\frac{1}{x+2}.$$

Attention, ces égalités ne sont valables que pour $x \neq \pm 2$ bien que la dernière quantité existe pour $x=2$. On écrira quand même que **l'assertion c) est vraie** et que **l'assertion b) est fausse**. Quant à l'assertion a), on constate rapidement que $1/x-1/2$ ne peut pas être égal à $(x-2)/(x^2-4)$. De toute façon, l'écriture $1/x$ oblige à supposer en plus $x \neq 0$. **L'assertion a) est fausse**. Enfin,

$$\frac{x}{x^2-4}-\frac{-2}{x^2-4}=\frac{x+2}{x^2-4}\neq\frac{x-2}{x^2-4}.$$

Et donc **l'assertion d) est fausse**.

Question 02 : Soit $x \in]2,+\infty[$. Notons F une primitive de $f : x \mapsto \dfrac{x}{x^2-4}$.

On rappelle que F est une primitive de f si et seulement si F est dérivable et pour tout x dans le domaine de définition de F, $F'(x)=f(x)$.

On remarque que $(x^2-4)'=2x$ et donc comme une primitive de $x \mapsto u'(x)/u(x)$ est $x \mapsto \ln|u(x)|$, pour tout x tel que $u(x)\neq 0$, alors en posant $u(x)=x^2-4$, on a (à une constante K près) :

$$\int \frac{x}{x^2-4}\,dx=\frac{1}{2}\int\frac{2x}{x^2-4}\,dx=\frac{1}{2}\ln|x^2-4|=\frac{1}{2}\ln(x^2-4).$$

On peut enlever la valeur absolue car $x>2$. On peut conclure que **l'assertion b) est vraie** et que **les assertions a), c) et d) sont fausses**.

Remarque : la quantité proposée dans l'assertion a) ressemble plutôt à la dérivée de f. L'examiner.

Celui qui ne sait pas ou n'aime pas intégrer pouvait dériver chaque expression proposée et comparer le résultat à $f(x)$.

Question 03 : On désire calculer l'intégrale $L=\displaystyle\int_3^4 \frac{x}{x^2-4}\,dx$. On sait que si F est une primitive de f sur $[2,+\infty[$, pour tout a et tout b contenus dans $[2,+\infty[$, $\displaystyle\int_a^b f(t)\,dt=F(b)-F(a)$. Donc ici $L=\displaystyle\int_3^4\frac{x}{x^2-4}\,dx$ vaut :

$$F(4)-F(3)=\frac{1}{2}\ln(4^2-4)-\frac{1}{2}\ln(3^2-4)=\frac{1}{2}\left(\ln(12)-\ln(5)\right).$$

Il est clair que **l'assertion a) est vraie** et que **les assertions c) et d) sont fausses**.

Puis :

$$\frac{1}{2}\left(\ln(12)-\ln(5)\right)=\frac{1}{2}\ln\left(\frac{12}{5}\right)=\ln\left(\frac{\sqrt{12}}{\sqrt{5}}\right)=\ln\left(2\frac{\sqrt{3}}{\sqrt{5}}\right),$$

en remarquant que $\sqrt{12}=\sqrt{4\times 3}=2\sqrt{3}$. **L'assertion b) est vraie.**

<u>Question 04</u> : On a : $K=\displaystyle\int_3^4 \frac{1}{x^2-4}\,dx$ et $L=\displaystyle\int_3^4 \frac{x}{x^2-4}\,dx$. Alors :

$$I=L-2K=\int_3^4 \frac{x}{x^2-4}\,dx-2\int_3^4 \frac{1}{x^2-4}\,dx=\int_3^4 \frac{x-2}{x^2-4}\,dx=\int_3^4 \frac{1}{x+2}\,dx.$$

Et donc $I=\left[\ln|x+2|\right]_3^4$, en utilisant la question 01.
Déjà, **l'assertion a) est vraie** et **l'assertion b) est fausse.**
On termine le calcul : $\left[\ln|x+2|\right]_3^4=\ln(6)-\ln(5)=\ln\left(\dfrac{6}{5}\right)$.
Donc **l'assertion c) est vraie** et **l'assertion d) est fausse.**

Remarque : on remarque que si l'assertion b) avait été juste alors l'assertion d) aurait aussi été juste. Faire attention à ce genre de piège que l'on rencontre souvent dans les Q.C.M de l'ENAC, quelque soit leur niveau.

<u>Question 05</u> : Comme $I=L-2K$, $K=\displaystyle\int_3^4 \frac{1}{x^2-4}\,dx$ vaut $(L-I)/2$.
Pour commencer, **l'assertion a) est fausse** car c'est l'opposé qui est proposé.
Puis : $K=\dfrac{1}{2}(L-I)=\dfrac{1}{2}\left(-\ln\left(\dfrac{6}{5}\right)+\dfrac{1}{2}\left(\ln(12)-\ln(5)\right)\right)$,
c'est-à-dire $K=-\dfrac{1}{2}\ln\left(\dfrac{6}{5}\right)+\dfrac{1}{4}\left(\ln(12)-\ln(5)\right)$, en utilisant les résultats de la question 03 et de la question 04. Donc **l'assertion c) est vraie.**
Puis : $K=-\dfrac{1}{2}\ln\left(\dfrac{6}{5}\right)+\dfrac{1}{4}\ln\left(\dfrac{12}{5}\right)=-\dfrac{1}{2}\ln\left(\dfrac{6}{5}\right)+\dfrac{1}{4}\ln\left(\dfrac{6}{5}\right)+\dfrac{1}{4}\ln(2)$.
Et il reste $K=-\dfrac{1}{4}\ln\left(\dfrac{6}{5}\right)+\dfrac{1}{4}\ln(2)$. Rien ne ressemble aux deux assertions qui restent : **les assertions b) et d) sont fausses.**

<u>Question 06</u> : On a pour tout réel a et pour tout réel b :

$$\cos(a+b)=\cos a\cos b-\sin a\sin b.$$

Donc **l'assertion a) est fausse**. Il est clair que, de même, **l'assertion b) est fausse.**
Puis par exemple pour $a=\pi$, $\cos(2a)=1$ et $2\cos(a)=-2$.
Donc **l'assertion c) est fausse**. Enfin, comme $\cos^2(a)+\sin^2(a)=1$,

$$\cos(2a)=\cos^2(a)-\sin^2(a)=1-\sin^2 a-\sin^2 a=1-2\sin^2 a.$$

L'assertion d) est vraie par conséquent.

Remarque : la dernière égalité est à connaître. On a aussi : $\cos(2a) = 2\cos^2(a) - 1$, autre égalité qui est à connaître.

Question 07 : On applique les belles égalités de trigonométrie que l'on a rappelé plus haut. Le hasard fait bien les choses ! Si l'on applique la seule assertion vraie de la question 06 avec $a = \pi/8$, on a bien :

$$\cos\left(\frac{\pi}{4}\right) = 1 - 2\sin^2\left(\frac{\pi}{8}\right).$$

L'assertion a) est vraie. Puis (quitte à dessiner le cercle trigo), $\cos\left(\frac{\pi}{4}\right) = \frac{1}{\sqrt{2}} = \sin\left(\frac{\pi}{4}\right)$. Donc **l'assertion b) est fausse**. Ensuite :

$$\cos\left(\frac{\pi}{4}\right) = 1 - 2\sin^2\left(\frac{\pi}{8}\right) \Rightarrow 2\sin^2\left(\frac{\pi}{8}\right) = 1 - \frac{1}{\sqrt{2}} \Rightarrow \sin^2\left(\frac{\pi}{8}\right) = \frac{\sqrt{2}-1}{2\sqrt{2}}.$$

Comme $\sin\left(\frac{\pi}{8}\right) > 0$, $\sin\left(\frac{\pi}{8}\right) = \sqrt{\frac{\sqrt{2}-1}{2\sqrt{2}}}$. Il reste à comparer avec le résultat proposé à l'assertion c). Pour cela, élevons au carré et étudions l'égalité :

$$\frac{\sqrt{2}-1}{2\sqrt{2}} = \left(\frac{\sqrt{2-\sqrt{2}}}{2}\right)^2 \Rightarrow \frac{\sqrt{2}(\sqrt{2}-1)}{2\sqrt{2}.\sqrt{2}} = \frac{2-\sqrt{2}}{4}.$$

En développant, le membre de gauche est bien le membre de droite.
Ainsi, **l'assertion c) est vraie**.
Par contre, $\frac{1}{2}\sin\left(\frac{\pi}{4}\right) = \frac{1}{2\sqrt{2}} \neq \sin\left(\frac{\pi}{8}\right)$. **L'assertion d) est fausse**.

Question 08 : On rappelle que $\sin(a-b) = \sin a \cos b - \cos a \sin b$ pour tout a et b donc :

$$\sin\left(\frac{\pi}{2} - x\right) = \sin(\pi/2)\cos x - \cos(\pi/2)\sin x = \cos x.$$

L'assertion a) est vraie. De même, en utilisant $\cos(a-b) = \cos a \cos b + \sin a \sin b$ pour tout a et b,

$$\cos\left(\frac{\pi}{2} - x\right) = \cos(\pi/2)\cos x + \sin(\pi/2)\sin x = \sin x.$$

L'assertion c) est vraie. Par contre, **les assertions b) et d) sont fausses**.

Remarque : Les formules $\cos\left(\frac{\pi}{2} - x\right) = \sin(x)$ et $\sin\left(\frac{\pi}{2} - x\right) = \cos(x)$ permettent de justifier le vocabulaire cosinus par rapport à sinus. Si θ est une latitude, $\pi/2 - \theta$ est la colatitude. De même, ceux qui connaissent $\tan(x)$ (la tangente), qui est le rapport de $\sin(x)$ par $\cos(x)$, peuvent définir $cotan(x)$ (la cotangente) qui est le rapport de $\cos(x)$ par $\sin(x)$ en utilisant : $\tan\left(\frac{\pi}{2} - x\right) = cotan\,(x)$.

Question 09 : Utilisons la question 07 pour s'en sortir. Par exemple, partons de :

$$\sin\left(\frac{7\pi}{8}\right) = \sin\left(\pi - \frac{\pi}{8}\right) = \sin\left(\frac{\pi}{8}\right) = \sqrt{\frac{\sqrt{2}-1}{2\sqrt{2}}} = \frac{\sqrt{2-\sqrt{2}}}{2}.$$

Ainsi **l'assertion a) est vraie** et **l'assertion b) est fausse.**

Pour l'égalité $\cos\left(\frac{\pi}{8}\right) = \frac{\sqrt{2}}{2} + 1$, il est facile de voir que c'est faux. En effet, $\frac{\sqrt{2}}{2} + 1 > 1$ et ne peut pas être égal à un cosinus, **l'assertion c) est fausse.**

Enfin,

$$\sin\left(\frac{\pi}{8}\right) = \cos\left(\frac{\pi}{2} - \frac{\pi}{8}\right) = \cos\left(\frac{3\pi}{8}\right).$$

Donc **l'assertion d) est vraie.**

Remarque : si l'on avait vraiment voulu la valeur de $\cos\left(\frac{\pi}{8}\right)$, il suffit par exemple de remarquer que $\cos\left(\frac{\pi}{8}\right) > 0$ et d'utiliser $\cos\left(\frac{\pi}{8}\right) = \sqrt{1 - \sin^2\left(\frac{\pi}{8}\right)}$.

Question 10 : Soit i le nombre complexe i tel que $i^2 = -1$ et z le nombre complexe défini par $z = 3 + i\sqrt{3}$. On sait que si $z = a + ib$, où a et b sont deux réels, alors $|z| = \sqrt{a^2 + b^2}$. Ici,

$$|z| = \sqrt{3^2 + 3} = \sqrt{12} = 2\sqrt{3}.$$

Ainsi, **l'assertion a) est fausse** et **l'assertion b) est vraie.**

Pour déterminer un argument de z, on écrit z sous la forme $|z|\left(\frac{a}{|z|} + i\frac{b}{|z|}\right)$ et on cherche un angle θ entre 0 et 2π tel que $\cos\theta = \frac{a}{|z|}$ et $\sin\theta = \frac{b}{|z|}$. Donc ici :

$$z = 2\sqrt{3}\left(\frac{3}{2\sqrt{3}} + i\frac{\sqrt{3}}{2\sqrt{3}}\right) = 2\sqrt{3}\left(\frac{\sqrt{3}}{2} + i\frac{1}{2}\right).$$

Il reste $\cos\theta = \frac{\sqrt{3}}{2}$ et $\sin\theta = \frac{1}{2}$. L'angle $\theta = \mathcal{A}rg\, z$ est donc $\frac{\pi}{6}$.

L'assertion c) est fausse et **l'assertion d) est vraie.**

Remarque : pour une fois parlons culture mathématique. En France, le nombre i n'a pas vraiment de nom, il est symbolisé par la lettre i tout simplement (qui est remplacé par j dans les autres disciplines scientifiques). L'italien Bombelli le nommait *più di meno*, c'est-à-dire « plus que moins » car il est issu de la résolution de $x^2 = -1$. Les allemands le nomment de façon plus rationnelle « *Die imaginare Einheit* », c'est-à-dire « l'unité imaginaire ».

Question 11 : L'écriture exponentielle de z est d'après la question précédente $z = 2\sqrt{3}\, e^{i\frac{\pi}{6}}$. **Les assertions a) et b) sont fausses** et **les assertions c) et d) sont vraies.** Attention, il manque le i dans l'assertion b). On teste vos yeux mais c'est normal pour le cycle préparatoire ATPL.

Question 12 : On peut écrire $z_1 = z^4$ sous la forme :

$$z_1 = \left(2\sqrt{3}\, e^{i\frac{\pi}{6}}\right)^4 = 2^4 3^2\, e^{4i\frac{\pi}{6}} = 144\, e^{i\frac{4\pi}{6}} = 144\, e^{i\frac{2\pi}{3}}.$$

Or $e^{i\frac{2\pi}{3}} = \cos\left(\frac{2\pi}{3}\right) + i\sin\left(\frac{2\pi}{3}\right)$ donc : $z_1 = 144\left(\cos\left(\frac{2\pi}{3}\right) + i\sin\left(\frac{2\pi}{3}\right)\right)$.
Et **l'assertion a) est vraie**. D'autre part, il est clair que **l'assertion b) est fausse.**
Passons aux deux dernières. Comme $\cos\left(\frac{2\pi}{3}\right) = -\frac{1}{2}$ et $\sin\left(\frac{2\pi}{3}\right) = \frac{\sqrt{3}}{2}$,

$$z_1 = 144\left(-\frac{1}{2} + i\frac{\sqrt{3}}{2}\right) = -72 + 72i\sqrt{3}.$$

L'assertion c) est vraie et **l'assertion d) est fausse.**
Question 13 : On rappelle que l'équation $ax^2 + bx + c = 0$ avec a réel non nul et b et c deux réels quelconques, n'a pas de solution réelle si $\Delta = b^2 - 4ac < 0$, a une seule solution $-b/(2a)$ si $\Delta = b^2 - 4ac = 0$ et enfin si $\Delta = b^2 - 4ac > 0$ a deux solutions réelles et distinctes $(-b+\sqrt{\Delta})/(2a)$ et $(-b-\sqrt{\Delta})/(2a)$. Ici $\Delta = 25 - 24 = 1 > 0$ et donc l'ensemble des solutions réelles de l'équation $x^2 - 5x + 6 = 0$ est $\{(5+1)/2 = 3,\ (5-1)/2 = 2\}$.
L'assertion c) est vraie et **les assertions a), b) et d) sont fausses.**
Question 14 : On considère maintenant f définie par $f(x) = \dfrac{x^2 - 5x + 6}{x - 1}$.
La fonction f est définie dès que $x \neq 1$. Donc **l'assertion b) est vraie** et **l'assertion a) est fausse.** En effet, on sous-entend que f n'est définie que sur l'ensemble proposé et non pas est définie en particulier sur l'ensemble proposé. Je sais, ce n'est pas très clair, le concepteur aurait dû préciser.
Pour les deux autres assertions, on va faire à l'envers.
Ainsi : $x - 4 - \dfrac{2}{x-1} = \dfrac{(x-4)(x-1)}{x-1} - \dfrac{2}{x-1} = \dfrac{x^2 - 5x + 2}{x-1}$.
Et : $x - 4 + \dfrac{2}{x-1} = \dfrac{(x-4)(x-1)}{x-1} + \dfrac{2}{x-1} = \dfrac{x^2 - 5x + 6}{x-1}$.
Finalement, **l'assertion c) est fausse** et **l'assertion d) est vraie.**
Question 15 : Dérivons $f(x)$ pour $x \neq 1$,

$$f'(x) = \left(x - 4 + \frac{2}{x-1}\right)' = 1 - \frac{2}{(x-1)^2} = \frac{(x-1)^2 - 2}{(x-1)^2} = \frac{x^2 - 2x - 1}{(x-1)^2}.$$

L'assertion a) est vraie et **l'assertion b) est fausse.**
On résout $x^2 - 2x - 1 = 0$, ici $\Delta = 4 + 4 = 8 > 0$ et les solutions sont $(2+\sqrt{8})/2$ et $(2-\sqrt{8})/2$, c'est-à-dire $1+\sqrt{2}$ et $1-\sqrt{2}$. Donc en effet, la dérivée de f s'annule pour $x = 1-\sqrt{2}$, **l'assertion d) est vraie** et bien entendu, **l'assertion c) est fausse.**

Question 16 : Le signe de $f'(x)$ est celui de $x^2 - 2x - 1$. Ici le trinôme $x^2 - 2x - 1$ est positif à l'extérieur de ses racines donc pour $x \in]-\infty, 1-\sqrt{2}[$ et pour $x \in]1+\sqrt{2}, +\infty[$. Il est négatif pour $x \in [1-\sqrt{2}, 1+\sqrt{2}] \setminus \{1\}$. Donc la fonction f est croissante sur $]-\infty, 1-\sqrt{2}]$, **l'assertion a) est fausse** et **l'assertion b) est vraie.**
Elle est décroissante sur $[1-\sqrt{2}, 1[$.
Ainsi **l'assertion c) est vraie** puis **l'assertion d) est fausse.**

<u>**Question 17**</u> : Pour $x \neq 0$ et $x \neq 1$, écrivons :

$$\frac{x^2-5x+6}{x-1} = \frac{x-5+\frac{6}{x}}{1-\frac{1}{x}}.$$

Quand x tend vers $\pm\infty$, $\frac{6}{x}$ et $\frac{1}{x}$ tendent vers 0 et donc comme $x-5$ tend vers $+\infty$ quand x tend vers $+\infty$ et vers $-\infty$ quand x tend vers $-\infty$, $\lim_{x\to+\infty} f(x) = +\infty$ et $\lim_{x\to-\infty} f(x) = -\infty$. **L'assertion a) est fausse** et **l'assertion c) est vraie.**
Puis x^2-5x+6 vaut 2 quand x vaut 1 et donc $f(x)$ tend vers $-\infty$ quand x tend vers 1 par la gauche et $f(x)$ tend vers $+\infty$ quand x tend vers 1 par la droite.
En tout cas, **l'assertion b) est fausse** car trop imprécise.
Enfin,

$$f(1-\sqrt{2}) = \frac{(1-\sqrt{2})^2-5(1-\sqrt{2})+6}{1-\sqrt{2}-1} = \frac{1+2-2\sqrt{2}-5+5\sqrt{2}+6}{-\sqrt{2}}.$$

Et donc $f(1-\sqrt{2}) = \dfrac{3\sqrt{2}+4}{-\sqrt{2}} = \dfrac{\sqrt{2}(3\sqrt{2}+4)}{-2} = -3-2\sqrt{2}$.
Par conséquent, **l'assertion d) est vraie.**

<u>**Question 18**</u> : On considère les suites (u_n) et (v_n) définies par :

$$\begin{cases} u_0 & = & -2 \\ u_{n+1} & = & \frac{2}{3}u_n - 1 \end{cases} \quad \text{et } v_n = u_n + 3.$$

Comme $u_0 = -2$, $u_1 = \frac{2}{3}(-2) - 1 = \frac{-4}{3} - 1 = -\frac{7}{3}$, **l'assertion a) est vraie.** Puis $v_1 = u_1 + 3 = -\frac{7}{3} + \frac{9}{3} = \frac{2}{3}$. Donc **l'assertion b) est fausse.** On continue,

$$u_2 = \frac{2}{3}u_1 - 1 = \frac{2}{3} \times \frac{-7}{3} - 1 = \frac{-14}{9} - \frac{9}{9} = \frac{-23}{9} \Rightarrow v_2 = u_2 + 3 = \frac{-23}{9} + \frac{27}{9} = \frac{4}{9}.$$

Ainsi, **l'assertion c) est fausse.** Enfin, $v_2 = \frac{2}{3}v_1$ et **l'assertion d) est vraie.**

<u>**Question 19**</u> : Pour tout n entier,

$$v_{n+1} = u_{n+1} + 3 = \frac{2}{3}u_n - 1 + 3 = \frac{2}{3}u_n + 2 = \frac{2}{3}(v_n - 3) + 2 = \frac{2}{3}v_n.$$

Donc la suite (v_n) est une suite géométrique de raison $\frac{2}{3}$. **L'assertion b) est vraie** et **l'assertion a) est fausse.** On sait qu'une suite géométrique dont la raison $q \in]-1, 1[$ tend vers 0. Ici $q = 2/3$ et $\lim_{n\to+\infty} v_n = 0$.
L'assertion c) est vraie et **l'assertion d) est fausse.**

<u>**Question 20**</u> : Comme $v_0 = -2 + 3 = 1$, et comme pour tout n, $v_n = \left(\frac{2}{3}\right)^n v_0$, on peut dire que **l'assertion a) est vraie.** Pour la suite, un rappel : $\displaystyle\sum_{k=0}^{n} q^k = \frac{1-q^{n+1}}{1-q}$ pour tout $q \neq 1$. On applique ce résultat avec $n = 5$ et $q = 2/3$. On a :

$$v_0 + v_1 + v_2 + v_3 + v_4 + v_5 = \sum_{k=0}^{5} \left(\frac{2}{3}\right)^k = \frac{1-\left(\frac{2}{3}\right)^{5+1}}{1-\frac{2}{3}} = 3\left(1 - \left(\frac{2}{3}\right)^6\right).$$

On peut en conclure que **l'assertion c) est vraie** et que **les assertions b) et d) sont fausses.**

CONCOURS DE RECRUTEMENT A LA SÉLECTION DU CYCLE PRÉPARATOIRE ATPL
Test scientifique
SESSION 2015

Questions liées : *Questions 1 à 6, questions 7 à 10, questions 11 à 17, questions 18 à 20.*

ENONCE

PARTIE I

On considère une suite géométrique $(u_n)_{n\in\mathbf{N}}$ ***de raison*** $q \neq 1$ ***et de premier terme*** u_0.

Question 01 : Pour tout $n \in \mathbf{N}$, u_{n+1} vaut

a) $u_n + q$. **b)** $q \times u_n$. **c)** $q^n \times u_0$. **d)** $q^{n+1} \times u_0$.

Question 02 : La somme $S = u_0 + u_1 + ... + u_n$ des $(n+1)$ premiers termes de la suite $(u_n)_{n\in\mathbf{N}}$ est égale à :

a) $\dfrac{1-q^n}{1-q}$. **b)** $u_0\,\dfrac{1-q^n}{1-q}$. **c)** $u_0\,\dfrac{1-q^{n+1}}{1-q}$. **d)** $u_0 + n \times q$.

Question 03 : On considère une suite $(v_n)_{n\in\mathbf{N}}$ définie par $v_{n+1} = v_n^2$ et $v_0 = 2$.

a) La suite $(v_n)_{n\in\mathbf{N}}$ est une suite géométrique.

b) $v_3 = 32$. **c)** $v_3 = 256$. **d)** $v_3 = 64$.

Question 04 : Soient a et b deux réels strictement positifs.

a) $\ln(a+b) = \ln a \times \ln b$. **b)** $\ln(a \times b) = \ln a \times \ln b$.

c) $\ln(a \times b) = \ln a + \ln b$. **d)** $\ln(a^b) = b \ln a$.

Question 05 : On veut calculer $S_1 = \ln\left(v_0 \times v_1 \times v_2 \times v_3 \times v_4 \times v_5\right)$.
Alors on peut écrire

a) $S_1 = \ln\left(2 \times 2^2 \times 2^4 \times 2^8 \times 2^{16} \times 2^{32}\right)$.

b) $S_1 = \ln\left(2 \times 2^2 \times 2^3 \times 2^4 \times 2^5 \times 2^6\right)$.

c) $S_1 = \left(2^0 + 2^1 + 2^2 + 2^3 + 2^4 + 2^5\right) \ln 2$.

d) $S_1 = (\ln 2)^{1+2+4+8+16+32}$.

Question 06 : On donne $\ln(2) = 0,7$. Le calcul de S_1 donne

a) $(2^6 - 1)\ln 2$. **b)** $178,5$. **c)** $720 \ln 2$. **d)** $\ln(32^{720})$.

PARTIE II

On considère l'équation différentielle $0,1\, y'(t) + y(t) = 2$, ***notée*** (E_1), ***pour*** $0 \leqslant t \leqslant 1$, ***où*** y ***est une fonction de la variable réelle*** t ***vérifiant*** $y(0) = 0$.

Question 07 : La solution y de cette équation différentielle est :

a) $t \mapsto e^{-10t}+2$. b) $t \mapsto e^{-0,1t}+2$. c) $t \mapsto 2\,e^{-0,1t}$. d) $t \mapsto 2\left(1 - e^{-10t}\right)$.

Question 08 : On donne $e^{-1} \approx 0,37$ et $e^{-10} \approx 0$.

a) $y(0,1) \approx 0,74$. b) $y(0,1) \approx 1,26$. c) $y(0,1) \approx 2,37$. d) $y(1) \approx 2$.

On considère l'équation différentielle $0,1\, y'(t) + y(t) = 0$, ***notée*** (E_2) ***pour*** $t \geqslant 1$, ***où*** y ***est une fonction de la variable réelle*** t ***vérifiant*** $y(1) = 2$.

Question 09 : La solution y de cette équation différentielle est :

a) $t \mapsto 2\left(1 - e^{-10t}\right)$. b) $t \mapsto 2\,e^{-10(t-1)}$. c) $t \mapsto 2\,e^{-10t}$. d) $t \mapsto e^{-10t}+2$.

Question 10 : La limite de $y(t)$ quand t vers $+\infty$ est égale à

a) $\lim\limits_{t \mapsto +\infty} y(t) = +\infty$. b) $\lim\limits_{t \mapsto +\infty} y(t) = 2$.

c) $\lim\limits_{t \mapsto +\infty} y(t) = 0$. d) $\lim\limits_{t \mapsto +\infty} y(t) = -\infty$.

PARTIE III

On considère la fonction f ***définie par*** $x \mapsto \dfrac{5x^2 + 3x}{x^2 - 1}$.

Question 11 : À propos de la fonction f.

a) La fonction f est définie sur $\mathbf{R}$.

b) La fonction f est définie sur $]-\infty, 1[\cup]1, +\infty[$.

c) La fonction f est définie sur $\mathbf{R}^\star$.

d) f s'annule pour $x = 0$ et $x = -\frac{3}{5}$.

Question 12 : La factorisation de $P(x) = 3x^2 + 10x + 3$ peut s'écrire :

a) $P(x) = (x+3)\left(x + \dfrac{1}{3}\right)$. b) $P(x) = (3x+3)\left(x + \dfrac{1}{3}\right)$.

c) $P(x) = (x+3)\,(3x+1)$. d) $P(x) = (3x+9)\left(x + \dfrac{1}{3}\right)$.

Question 13 : La dérivee $f'(x)$ de $f(x)$ vaut :

a) $\dfrac{3x^2 + 10x + 3}{(x^2-1)^2}$. b) $-\dfrac{3x^2 + 10x + 3}{(x^2-1)^2}$. c) $-\dfrac{3x^2 + 10x + 3}{x^2-1}$.

d) $\dfrac{(x+3)(3x+1)}{(x^2-1)^2}$

Question 14 : La fonction f est

a) croissante sur $\mathbf{R}$. b) croissante sur $]-3, -1[$.

c) décroissante sur $]1, +\infty[$. d) croissante sur $]-1, 1[$.

Question 15 : La quantité $f(x)$ peut s'écrire sous la forme

a) $\dfrac{4}{1-x} - \dfrac{1}{1+x} + 5.$ b) $\dfrac{4}{x-1} - \dfrac{1}{1+x} + 5.$ c) $\dfrac{4}{1+x} + \dfrac{1}{1-x} + 5.$

d) $\dfrac{4}{1+x} - \dfrac{1}{x-1} + 5.$

Question 16 : Une primitive de f est

a) $4\ln|x+1| - \ln|x-1| + 5x.$ b) $4\ln|x+1| - \ln|x-1| - 5x.$

c) $4\ln|x-1| - \ln|x+1| + 5x.$ d) $\ln\dfrac{|x+1|^4}{|x-1|} + 5x.$

Question 17 : On considère l'intégrale $I = \displaystyle\int_2^4 f(x)\,dx$. Alors I vaut :

a) $-10 - 5\ln(3) + \ln(5).$ b) $10 - 5\ln(3) + \ln(5).$

c) $10 - \ln(15) + \ln 5.$ d) $10 + 5\ln(3) - \ln(5).$

PARTIE IV

On considère les deux nombres complexes $z_1 = 2\,e^{\frac{2i\pi}{3}}$ ***et*** $z_2 = 3\,e^{\frac{4i\pi}{3}}$.

Question 18 : L'écriture algébrique de z_1 est

a) $z_1 = 1 - i\sqrt{3}.$ b) $z_1 = -1 - i\sqrt{3}.$

L'écriture algébrique de z_2 est

c) $z_2 = \dfrac{3}{2}\left(-1 + i\sqrt{3}\right).$ d) $z_2 = -\dfrac{3}{2}\left(1 + i\sqrt{3}\right).$

Question 19 : La partie réelle de de $z = z_2 - z_1$ est

a) $\mathfrak{Re}\,(z_2 - z_1) = \dfrac{1}{2}.$ b) $\mathfrak{Re}\,(z_2 - z_1) = -\dfrac{1}{2}.$

La partie imaginaire de de $z = z_2 - z_1$ est

c) $\mathrm{Im}\,(z_2 - z_1) = -\dfrac{5\sqrt{3}}{2}.$ d) $\mathrm{Im}\,(z_2 - z_1) = \dfrac{5\sqrt{3}}{2}.$

Question 20 : Le module de $z = z_2 - z_1$ est

a) $|z| = |z_2| - |z_1|.$ b) $|z| = 1.$ c) $|z| = \sqrt{19}.$ d) $|z| = 3\sqrt{3}.$

CORRIGE

Question 01 : On considère pour commencer une suite géométrique $(u_n)_{n\in\mathbf{N}}$ de raison $q \neq 1$ et de premier terme u_0. Par définition, pour tout n, $u_{n+1} = qu_n$. Ainsi, **l'assertion b) est vraie**. Au passage, notons que l'assertion a) correspondrait à une suite arithmétique de raison q. Alors $u_1 = qu_0$ puis $u_2 = qu_1 = q^2u_0$. On peut en déduire que pour tout $n \in \mathbf{N}$, u_{n+1} vaut $q^{n+1} \times u_0$. **L'assertion d) est vraie.** Puis **les assertions a) et c) sont fausses**.

Remarque : on peut vérifier $u_n = q^n u_0$ par récurrence. L'égalité est vraie pour $n = 0$. Puis supposons $u_n = q^n u_0$. Alors $u_{n+1} = q(q^n u_0) = q^{n+1}u_0$. C'est l'égalité au rang $n+1$.

Question 02 : Pour la suite, un rappel : $\displaystyle\sum_{k=0}^{n} q^k = \frac{1-q^{n+1}}{1-q}$ pour tout $q \neq 1$. Donc la somme $S = u_0 + u_1 + ... + u_n$ des $(n+1)$ premiers termes de la suite $(u_n)_{n\in\mathbf{N}}$ est égale à :

$$u_0\left(1+q+q^2+...+q^n\right) = u_0\sum_{k=0}^{n} q^k = u_0\,\frac{1-q^{n+1}}{1-q}.$$

Seule **l'assertion c) est vraie. Les assertions a), b) et d) sont fausses.**

Remarque : l'assertion d) correspondrait encore à une suite arithmétique de raison q. Ainsi celui qui a confondu suite arithmétique et suite géométrique à la question 01 s'enfonce dans son erreur ici. Pas sympa le concepteur du sujet !

Question 03 : On considère dans cette question une suite $(v_n)_{n\in\mathbf{N}}$ définie par $v_{n+1} = v_n^2$ et $v_0 = 2$. Alors (v_n) n'est pas une suite géométrique car le rapport v_{n+1}/v_n vaut v_n et n'est donc pas constant. **L'assertion a) est fausse.**
Puis, $v_1 = 2^2 = 4$, $v_2 = 4^2 = 2^4 = 16$ puis $v_3 = 2^8 = 16^2 = 256$.
L'assertion c) est vraie et **les assertions b) et d) sont fausses.**

Remarque : on peut expliciter (v_n). En effet, comme $v_0 > 0$, on peut voir par récurrence que $v_n > 0$ pour tout n. Donc en utilisant la fonction ln, $\ln(v_{n+1})$ vaut $\ln(v_n^2) = 2\ln(v_n)$. On remarque que $\ln(v_n)$ existe pour tout n car $v_n > 0$. Posons $w_n = \ln(v_n)$. Alors $w_{n+1} = 2w_n$. La suite (w_n) est une suite géométrique de raison 2 et de premier terme $w_0 = \ln(2)$. Donc pour tout n, $w_n = 2^n\ln(2)$, ce qui donne $\ln(v_n) = 2^n\ln(2)$.
En passant à l'exponentielle, $v_n = e^{2^n\ln(2)} = \left(e^{\ln(2)}\right)^{2^n} = 2^{2^n}$.
Cette remarque va permettre de comprendre cet attrait soudain pour la fonction ln aux trois questions suivantes.

Question 04 : Soient a et b deux réels strictement positifs.
« $\ln(a+b) = \ln a \times \ln b$ » est fausse mais serait juste si l'on remplace ln par exp.
L'assertion a) est fausse.

« $\ln(a \times b) = \ln a \times \ln b$ » est fausse bien entendu, **l'assertion b) est fausse**.
« $\ln(a \times b) = \ln a + \ln b$ » est vraie par contre, **l'assertion c) est vraie**.
Enfin, « $\ln(a^b) = b \ln a$ » est vraie elle aussi, **l'assertion d) est vraie**.

Question 05 : On veut calculer $S_1 = \ln(v_0 \times v_1 \times v_2 \times v_3 \times v_4 \times v_5)$. Alors on utilise le calcul de v_1, v_2 et v_3 de la question 3, il suffit de compléter avec :

$$v_4 = v_3^2 = 2^{16} \text{ et } v_5 = v_4^2 = 2^{32}.$$

Donc : $S_1 = \ln\left(2 \times 2^2 \times 2^4 \times 2^8 \times 2^{16} \times 2^{32}\right)$.
L'assertion a) est vraie et **l'assertion b) est fausse**.
L'assertion c) donne l'idée d'aller plus loin dans le calcul de S_1 :

$$S_1 = \ln 2 + 2\ln 2 + 4\ln 2 + 8\ln 2 + 16\ln 2 + 32\ln 2.$$

On a bien : $S_1 = \left(2^0 + 2^1 + 2^2 + 2^3 + 2^4 + 2^5\right)\ln 2$ et **l'assertion c) est vraie**.
L'assertion d) est fausse mais remarquons que $(\ln 2)^{1+2+4+8+16+32}$ est tout simplement e^{S_1}.

Question 06 : On donne $\ln(2) = 0,7$. (En effet, comme on n'a pas droit à la calculette, on est obligé de donner des valeurs approchées. Maintenant, ce type de donnée peut être interpréter comme une mini-indication.) Le calcul de S_1 (en reprenant celui de l'assertion c) de la question 05) donne :

$$S_1 = \left(2^0 + 2^1 + 2^2 + 2^3 + 2^4 + 2^5\right)\ln(2) = \frac{1-2^6}{1-2}\ln(2) = (2^6 - 1)\ln(2).$$

Donc $S_1 = 63\ \ln(2) \equiv 63 \times 0,7$.
Déjà, **l'assertion a) est vraie**. Puis **l'assertion c) est fausse** car 63 n'est pas 720. Ensuite, **l'assertion b) est fausse** car 178, 5 est trop grand. Enfin, $\ln(32^{720})$ vaut $720\ \ln(32)$, qui est encore beaucoup trop grand.
L'assertion d) est fausse car on aurait $S_1 = 720\ \ln(32)$ qui est trop grand.

Question 07 : (E_1) $0,1\,y'(t) + y(t) = 2$, pour $0 \leqslant t \leqslant 1$, où y vérifie $y(0) = 0$.
Commençons par un peu de cours, cela fai toujours du bien.
Soit (E) $a\,y'(t) + b\,y(t) = f(t)$, où a est un réel non nul, b un réel et f est une fonction définie sur une partie I de l'ensemble **R** *des réels.*
On note (E_H) $a\,y'(t)+b\,y(t) = 0$ l'équation différentielle homogène associée à (E). Alors l'ensemble des solutions y_H de (E_H) est constitué des fonctions $t \mapsto K\,e^{-\frac{b}{a}t}$, où K est une constante réelle. On peut prendre $I =$ **R** *si f est nulle ou si f est définie sur* **R***, ce qui est le cas dans le sujet qui nous intéresse, bien que l'on travaille ici sur $[0,1]$. Puis on détermine une solution particulière de (E) que l'on note y_p. Toutes les solutions de (E) sont alors toutes les sommes $y_H + y_p$, c'est-à-dire $t \mapsto K\,e^{-\frac{b}{a}t} + y_p(t)$. On remarque que la donnée d'une condition initiale du type $y(t_0) = y_0$, où $t_0 \in I$ permet de déterminer la constante K. La solution devient unique. Si vous voulez briller dans les salons, sachez que c'est ce que l'on appelle le problème de Cauchy. Enfin, avant de finir ce petit éclairage, donnons une astuce pour déterminer y_p. Disons simplement que y_p « ressemble » à f. Ainsi si le second membre est comme dans ce sujet une constante, on pose $y_p(t) = M$, où M est une constante à trouver. Si le second membre est une fonction polynomiale de degré n, on cherche y_p sous la forme d'une fonction polynomiale de degré n etc. Attention, la règle a des exceptions. Ici l'on donne juste des pistes.*

Il existe une méthode très efficace : la méthode de variation de la constante. Mais cela c'est post-bac et donc « verboten » au niveau classe de Terminale.

Ici $a = 0,1$ et $b = 1$.
Les solutions de l'équation homogène associée sont :

$$t \mapsto K\,e^{-\frac{1}{0,1}t} \text{ ou encore } t \mapsto K\,e^{-10\,t}.$$

Déjà, avant de continuer, on sait que **les assertions b) et c) sont fausses**.
Puis on cherche une solution $y_p(t) = M$ pour tout t. Alors $y_p'(t) = 0$ pour tout t et il reste $y_p(t) = 2$. Les solutions de (E_1) (sans la condition initiale) sont les fonctions du type $t \mapsto K\,e^{-10\,t} + 2$. Les deux assertions a) et d) restent encore en lice. Comme $y(0) = 0$, on a $K+2 = 0$ donc $K = -2$ et finalement l'unique solution est $t \mapsto -2\,e^{-10\,t} + 2$. **L'assertion d) est vraie** et **l'assertion a) est fausse**.

Remarque : On aurait pu procéder à l'envers sachant que la solution est unique. On commence par voir quelle(s) assertion(s) vérifie(nt) $y(0) = 0$. Seule l'assertion d) convient. On a déjà éliminé trois assertions sur quatre. Puis on prend $y(t)$ proposée à l'assertion d), on la dérive et on calcule $0,1y'(t) + y(t)$ puis on la compare à 2. Et on peut conclure.

Question 08 : On donne $e^{-1} \approx 0,37$ et $e^{-10} \approx 0$. Alors :

$$y(0,1) = 2\left(1 - e^{-10\times 0,1}\right) = 2\left(1 - e^{-1}\right) \approx 2 \times 0,63.$$

Ainsi, **l'assertion b) est vraie** et **les assertions a) et c) sont fausses**.
Enfin, $y(1) = 2\left(1 - e^{-10\times 1}\right) = 2\left(1 - e^{-10}\right) \approx 2$.
En conclusion, **l'assertion d) est vraie**.

Question 09 : Soit ici (E_2) $0,1\,y'(t) + y(t) = 0$, pour $t \geqslant 1$, où y est une fonction de la variable réelle t vérifiant $y(1) = 2$.
Déterminons la solution y de cette équation différentielle. Si vous avez suivi la petite piqûre de rappel (ou d'appel) à la question 07, on sait que les solutions de (E_2) sont toutes les fonctions $t \mapsto K\,e^{-10\,t}$. Ici l'ensemble des t est $[1, +\infty[$.
On pose $y(1) = 2$, ce qui donne $y(1) = K\,e^{-10} = 2$ donc $K = 2\,e^{10}$.
Ainsi, la seule solution de (E_2) est :

$$t \mapsto 2\,e^{10}\,e^{-10\,t} \Rightarrow t \mapsto 2\,e^{10(1-t)}.$$

On fait le tri, **l'assertion b) est vraie** et **les assertions a), c) et d) sont fausses**.

Question 10 : On désire la limite de $y(t)$ quand t vers $+\infty$. On sait que la quantité e^{at} tend alors vers 0 quand $a < 0$ et tend alors vers $+\infty$ quand $a > 0$. La quantité $e^{-10\,t}$ tend vers 0 et ainsi $2\,e^{10}\,e^{-10\,t}$ tend aussi vers 0. On a : $\lim\limits_{t\mapsto+\infty} y(t) = 0$.
L'assertion c) est vraie et **les assertions a), b) et d) sont fausses**.

Question 11 : On considère maintenant la fonction f définie par $x \mapsto \dfrac{5x^2+3x}{x^2-1}$.
La fonction f est définie pour tout x tel que $x^2 - 1 \neq 0$, c'est-à-dire pour tout x tel que $x \neq \pm 1$. La fonction f est définie sur $\mathbf{R} \setminus \{-1, 1\}$, c'est-à-dire sur $]-\infty, -1[\cup]-1, 1[\cup]1, +\infty[$. **Les assertions a), b), et c) sont fausses**.
Puis $f(0) = 0$ et $f(-3/5) = 0$ car $5x^2 + 3x$ s'annule pour 0 et $-3/5$.
Donc **l'assertion d) est vraie**.

Question 12 : On peut utiliser le fait que si $P(x) = ax^2 + bx + c$ est un polynôme de degré 2 et de racines réelles x_0 et x_1 alors $P(x) = a(x - x_0)(x - x_1)$.

On rappelle que l'équation $ax^2+bx+c=0$ avec a réel non nul et b et c deux réels quelconques n'a pas de solution réelle si $\Delta = b^2-4ac<0$, a une seule solution $-b/(2a)$ si $\Delta = b^2-4ac=0$ et enfin si $\Delta = b^2-4ac>0$ a deux solutions réelles et distinctes $(-b+\sqrt{\Delta})/(2a)$ et $(-b-\sqrt{\Delta})/(2a)$.

Ici $\Delta = 100-36 = 64 = 8^2 > 0$ et donc l'ensemble des solutions réelles de l'équation $3x^2+10x+3=0$ est $\{(-10+8)/6=-1/3, (-10-8)/6=-3\}$. Donc la factorisation de $P(x)=3x^2+10x+3$ peut s'écrire :

$$P(x) = 3\ (x+3)\left(x+\frac{1}{3}\right) = (x+3)(3x+1) = (3x+9)\left(x+\frac{1}{3}\right).$$

On reconnait **les assertions c) et d) qui sont vraies.**
Par contre, **les assertions a) et b) sont fausses.**

<u>Question 13</u> : La dérivee $f'(x)$ de $f(x)$ vaut pour tout $x \in]-\infty,-1[\cup]-1,1[\cup]1,+\infty[$,

$$f'(x) = \frac{(10x+3)(x^2-1)-2x(5x^2+3x)}{(x^2-1)^2} = -\frac{3x^2+10x+3}{(x^2-1)^2},$$

ce qui donne $f'(x) = -\dfrac{(x+3)(3x+1)}{(x^2-1)^2}$.
On voit que **l'assertion b) est vraie** et que **les assertions a), c) et d) sont fausses.**

<u>Question 14</u> : Le signe de $f'(x)$ est celui du trinôme $-3x^2-10x-3$.
On sait que si x_0 et x_1 sont les deux racines réelles de $P(x)=ax^2+bx+c$ alors si $a>0$, $P(x)$ est positif pour $x \notin [x_0,x_1]$ et négatif pour $x \in [x_0,x_1]$ et si $a<0$, $P(x)$ est négatif pour $x \notin [x_0,x_1]$ et positif pour $x \in [x_0,x_1]$.
Ici $a=-3<0$ et $x_0=-3$, $x_1=-1/3$.
Donc : $f'(x)$ est positif pour $x \in [-3,-1[\cup]-1,-1/3]$.
Et $f'(x)$ est négatif pour $x \in]-\infty,-3]\cup[-1/3,1[\cup]1,+\infty[$.
Ainsi, f est croissante sur $[-3,-1[\cup]-1,-1/3]$ et elle est décroissante sur $]-\infty,-3]\cup[-1/3,1[\cup]1,+\infty[$.
Les assertions b) et c) sont vraies et **les assertions a) et d) sont fausses.**

<u>Question 15</u> : Pour voir si la quantité $f(x)$ peut s'écrire sous une des quatre formes proposées, on peut mettre chacune sur le dénominateur $(x-1)(x+1)$ et comparer avec $f(x)$. Sinon, on procède par identification. On cherche a et b tels que :

$$f(x) = \frac{5x^2+3x}{(x-1)(x+1)} = \frac{a}{x+1}+\frac{b}{x-1}+5.$$

Soit : $\dfrac{5x^2+3x}{(x-1)(x+1)} = \dfrac{a(x-1)}{(x+1)(x+1)}+\dfrac{b(x+1)}{(x-1)(x+1)}+\dfrac{5(x-1)(x+1)}{(x-1)(x+1)}$.
Et $5x^2+3x = a(x-1)+b(x+1)+5(x-1)(x+1) = 5x^2+(a+b)x-a+b-5$.
Il reste $a+b=3$ et $-a+b-5=0$, soit $b=3-a$ et $-a+3-a-5=0 \Rightarrow a=-1$ et donc $b=4$.
Ainsi : $f(x) = \dfrac{4}{x-1}-\dfrac{1}{1+x}+5$.
L'assertion b) est vraie et **les assertions a), c) et d) sont fausses.**

<u>Question 16</u> : Une primitive de $x \mapsto \dfrac{1}{x+\alpha}$ est $x \mapsto \ln|x+\alpha|$. Écrivons F, une primitive de f, à une constante K près.

$$F(x) = \int \frac{4}{x-1}\,dx - \int \frac{1}{1+x}\,dx + 5\int dx = 4\ln|x-1| - \ln|x+1| + 5x.$$

L'assertion c) est vraie et **les assertions a) et b) sont fausses.**
Puis $F(x) = \ln\dfrac{|x-1|^4}{|x+1|} + 5x$, en utilisant les propriétés de ln.
Donc **l'assertion d) est fausse.**
Remarque : si l'assertion b) avait été juste alors l'assertion d) aurait été juste.

Question 17 : On considère ici l'intégrale $I = \displaystyle\int_2^4 f(x)\,dx$. Alors I vaut :

$$I = [4\ln|x-1| - \ln|x+1| + 5x]_2^4 = 4\ln(3) - \ln(5) + 20 + \ln(3) - 10,$$

ce qui donne $I = 10 - \ln(5) + 5\ln(3)$.
Les assertions a), b), c) sont fausses et **l'assertion d) est vraie.**

Question 18 : On considère les deux nombres complexes $z_1 = 2\,e^{\frac{2i\pi}{3}}$ et $z_2 = 3\,e^{\frac{4i\pi}{3}}$.
On sait que si $z = r\,e^{i\theta}$ alors $z = r\cos\theta + ir\sin\theta$.
L'écriture algébrique de z_1 est donc :

$$z_1 = 2\,e^{\frac{2i\pi}{3}} = 2\cos\left(\frac{2\pi}{3}\right) + i2\sin\left(\frac{2\pi}{3}\right) = -1 + i\sqrt{3}.$$

Donc **les assertions a) et b) sont fausses.**
L'écriture algébrique de z_2 est

$$z_2 = 3\,e^{\frac{4i\pi}{3}} = 3\cos\left(\frac{4\pi}{3}\right) + i3\sin\left(\frac{4\pi}{3}\right) = -\frac{3}{2}\left(1 + i\sqrt{3}\right).$$

L'assertion c) est fausse et **l'assertion d) est vraie.**

Question 19 : On écrit : $z = z_2 - z_1 = -\dfrac{3}{2}\left(1 + i\sqrt{3}\right) + 1 - i\sqrt{3}$.
La partie réelle de $z = z_2 - z_1$ est donc $-\dfrac{3}{2} + 1 = -\dfrac{1}{2}$.
Ainsi, **l'assertion b) est vraie** et **l'assertion a) est fausse.**
La partie imaginaire de $z = z_2 - z_1$ est donc $-\dfrac{3}{2}\sqrt{3} - \sqrt{3} = -\dfrac{5\sqrt{3}}{2}$.
Ainsi, **l'assertion c) est vraie** et **l'assertion d) est fausse.**

Question 20 : On sait que si $z = x + iy$, avec x et y réels, $|z| = \sqrt{x^2 + y^2}$.
Donc le module de $z = z_2 - z_1$ est

$$|z| = \sqrt{\left(\frac{1}{2}\right)^2 + \left(\frac{5\sqrt{3}}{2}\right)^2} = \sqrt{\frac{76}{4}} = \sqrt{19}.$$

L'assertion c) est vraie et **les assertions b) et d) sont fausses.**
Enfin, un module est toujours positif ou nul et $|z_2| - |z_1|$ peut être négatif, donc cette égalité est fausse en général. Par contre rien ne l'interdit dans ce cas particulier. Voyons un peu. On a $|z_2| = 3$ et $|z_1| = 2$. Donc $|z| \neq |z_2| - |z_1|$.
Finalement, **l'assertion a) est fausse.**

CONCOURS DE RECRUTEMENT A LA SÉLECTION DU CYCLE PRÉPARATOIRE ATPL
Test scientifique
SESSION 2016

Questions liées : *Questions 1 à 6, questions 7 à 14, questions 15 à 20.*

ENONCE

PARTIE I

On considère l'équation différentielle $(E)\quad y''(t)+4y(t)=0$, ***où*** y ***désigne une fonction de la variable réelle*** t.

Question 01 : La forme générale $y(t)$ des solutions de (E) est

a) $\lambda_1\cos(4t)+\lambda_2\sin(4t)$. b) $\lambda\cos(4t)$. c) $\lambda_1 e^{2t}+\lambda_2 e^{-2t}$.
d) $\lambda_1\cos(2t)+\lambda_2\sin(2t)$.

Question 02 : La solution particulière $y_p(t)$ de l'équation différentielle (E) vérifiant les conditions initiales $y_p(0)=2$ et $y_p'(0)=-4\sqrt{3}$ s'écrit

a) $2\cos(4t)-2\sqrt{3}\sin(4t)$. b) $2\sqrt{3}\cos(4t)-2\sin(4t)$.
c) $2\sqrt{3}\cos(2t)-2\sin(2t)$. d) $2\cos(2t)-2\sqrt{3}\sin(2t)$.

On considère la fonction g ***définie sur*** **R** ***par*** $g(t)=A\cos\left(2t+\frac{\pi}{3}\right)$.

Question 03 :

La dérivée $g'(t)$ de $g(t)$ vaut :

a) $g'(t)=-A\sin\left(2t+\frac{\pi}{3}\right)$. b) $g'(t)=-2A\sin\left(2t+\frac{\pi}{3}\right)$.

La dérivée seconde $g''(t)$ de $g(t)$ vaut :

c) $g''(t)=-A\cos\left(2t+\frac{\pi}{3}\right)$. d) $g''(t)=-4A\cos\left(2t+\frac{\pi}{3}\right)$.

Question 04 : On suppose que g est solution de l'équation différentielle (E) vérifiant les conditions initiales $g(0)=2$ et $g'(0)=-4\sqrt{3}$. On a alors

a) $A=2$. b) $A=\sqrt{3}$. c) $A=4$. d) $A=2\sqrt{3}$.

Question 05 : La fonction g est périodique de période T, avec

a) $T=2\pi$. b) $T=4\pi$. c) $T=\pi$. d) $T=\frac{\pi}{3}$.

Question 06 : On appelle valeur moyenne de g sur l'intervalle $[a,b]$, le réel G_{moy} défini par :

$$G_{moy} = \frac{1}{b-a}\int_a^b g(t)\,dt.$$

La valeur moyenne de g sur l'intervalle $\left[0, \frac{\pi}{2}\right]$ vaut :

a) $G_{moy} = 0$. **b)** $G_{moy} = -2\sqrt{3}$. **c)** $G_{moy} = \dfrac{-4\sqrt{3}}{\pi}$. **d)** $G_{moy} = \dfrac{4\sqrt{3}}{\pi}$.

PARTIE II

On considère la fonction f définie pour tout réel x par

$$f(x) = e^{2x} - e^{x} - 2.$$

Question 07 : La dérivée f' de f vérifie pour tout x réel

a) $f'(x) = f(x)$.
b) $f'(x) = e^{2x} - e^{x}$.
c) $f'(x) = e^{x}(2e^{x} - 1)$.
d) $f'(x) = 0$.

Question 08 : On a :

a) le signe de $f'(x)$ est toujours négatif.
b) le signe de $f'(x)$ est positif si $x > -\ln(2)$.
c) le signe de $f'(x)$ est négatif si $x < \ln(2)$.
d) le signe de $f'(x)$ est positif si $x > \dfrac{1}{\ln(2)}$.

Question 09 : Alors :

a) la fonction f est croissante si $x > -\ln(2)$.
b) la fonction f est décroissante si $x < -\ln(2)$.
c) la fonction f est croissante pour tout $x \in \mathbf{R}$.
d) la fonction f est décroissante pour tout $x \in \mathbf{R}$.

Question 10 : La limite de $f(x)$ quand x vers $+\infty$ est égale à

a) $\lim\limits_{x\mapsto+\infty} f(x) = +\infty$. **b)** $\lim\limits_{x\mapsto+\infty} f(x) = 0$.

La limite de $f(x)$ quand x vers $-\infty$ est égale à

c) $\lim\limits_{x\mapsto-\infty} f(x) = -\infty$. **d)** $\lim\limits_{x\mapsto-\infty} f(x) = -2$.

Question 11 : La valeur de $f(-\ln(2))$ est égale à

a) -4. **b)** $\ln(2)$. **c)** $-\dfrac{9}{4}$. **d)** $-\dfrac{7}{4}$.

Question 12 : En posant $X = e^x$, on peut écrire

a) $f(x) = e^{2x} - e^x - 2 = 2X - X - 2$.

b) $f(x) = e^{2x} - e^x - 2 = X^2 - X - 2$.

c) $f(x) = e^{2x} - e^x - 2 = e^{2X} - e^X - 2$.

d) $f(x) = e^{2x} - e^x - 2 = \ln(X^2) - \ln(X) - 2$.

Question 13 : La factorisation de $X^2 - X - 2$ s'écrit :

a) $X^2 - X - 2 = (X-2)^2$.

b) $X^2 - X - 2 = (X-2)(X+1)$.

c) $X^2 - X - 2 = (X+2)(X-1)$.

d) $X^2 - X - 2 = \left(X - \frac{1}{2}\right)^2$.

Question 14 : On a $f(x) \geqslant 0$

a) pour tout $x \in \mathbf{R}$.

b) pour tout $x > -\ln(2)$.

c) pour tout $x > \ln(2)$.

d) pour tout $x > \ln\left(\frac{1}{2}\right)$.

PARTIE III

On considère les trois nombres complexes

$$z_1 = -\sqrt{3},\ z_2 = -2 - 2i \text{ et } z_3 = 2\, e^{\frac{5i\pi}{6}}.$$

Question 15 : En calculant le module et l'argument de z_1, on obtient

a) $|z_1| = -\sqrt{3}$. b) $|z_1| = \sqrt{3}$. c) $\mathcal{A}rg\,(z_1) = 0$. d) $\mathcal{A}rg\,(z_1) = 2\pi$.

Question 16 : Le module de $z_4 = z_1 - z_3$ vaut

a) $|z_4| = -\sqrt{3} + 2$. b) $|z_4| = \sqrt{3} - 2$. c) $|z_4| = \sqrt{3} + 2$. d) $|z_4| = 1$.

Question 17 : Un argument de $z_4 = z_1 - z_3$ vaut

a) $\mathcal{A}rg\,(z_4) = \frac{\pi}{6}$. b) $\mathcal{A}rg\,(z_4) = -\frac{11\pi}{6}$.

c) $\mathcal{A}rg\,(z_4) = -\frac{\pi}{2}$. d) $\mathcal{A}rg\,(z_4) = -\frac{5\pi}{6}$.

Question 18 : Alors :

a) le module de $z_5 = \frac{z_2}{z_3}$ vaut $|z_5| = 2\sqrt{2}$.

b) le module de $z_5 = \frac{z_2}{z_3}$ vaut $|z_5| = \sqrt{2}$.

c) Un argument de $z_5 = \dfrac{z_2}{z_3}$ vaut $\mathcal{A}rg(z_5) = -\dfrac{19\pi}{12}$.

d) Un argument de $z_5 = \dfrac{z_2}{z_3}$ vaut $\mathcal{A}rg(z_5) = \dfrac{\pi}{12}$.

Question 19 : La forme algébrique de z_5 s'écrit

a) $\dfrac{\sqrt{3}-1}{2} + i\dfrac{1+\sqrt{3}}{2}$. **b)** $\dfrac{\sqrt{3}-1}{2} + i\dfrac{1-\sqrt{3}}{2}$. **c)** $\dfrac{2}{\sqrt{3}} - 2i$.

d) $\dfrac{-2-2i}{-\sqrt{3}+i}$.

Question 20 : On en déduit les valeurs suivantes :

a) $\cos\left(\dfrac{5\pi}{12}\right) = \dfrac{-1+\sqrt{3}}{2}$. **b)** $\cos\left(\dfrac{5\pi}{12}\right) = \dfrac{-1+\sqrt{3}}{2\sqrt{2}}$.

c) $\sin\left(\dfrac{5\pi}{12}\right) = \dfrac{1-\sqrt{3}}{2}$. **d)** $\sin\left(\dfrac{5\pi}{12}\right) = \dfrac{\sqrt{2}+\sqrt{6}}{4}$.

CORRIGE

Question 01 : Donnons quelques rappels utiles.

Soit (E) $y''(t) + a\,y(t) = 0$, où a est un réel non nul. Si $a < 0$ alors il existe b réel tel que $-b^2 = a$ et l'ensemble des solutions de (E) sont toutes les fonctions du type $I \to \mathbf{R}$, $t \mapsto \lambda_1\, e^{bt} + \lambda_2\, e^{-bt}$, où λ_1 et λ_2 sont deux constantes réelles que l'on peut déterminer de façon unique si l'on a une condition initiale du type $y(t_0) = y_0$ et $y'(t_0) = y_1$, le réel t_0 étant dans I.

Si $a > 0$ alors il existe b réel tel que $b^2 = a$ et l'ensemble des solutions de (E) sont toutes les fonctions du type $I \to \mathbf{R}$, $t \mapsto \lambda_1\, \cos(bt) + \lambda_2\, \sin(bt)$, où λ_1 et λ_2 sont deux constantes réelles que l'on peut déterminer de façon unique si l'on a une condition initiale du type $y(t_0) = y_0$ et $y'(t_0) = y_1$, le réel t_0 étant dans I.

Ici l'on considère l'équation différentielle

$$(E)\quad y''(t) + 4y(t) = 0.$$

L'ensemble des solutions de (E) sont toutes les fonctions du type

$$I \to \mathbf{R},\ t \mapsto \lambda_1\, \cos(2t) + \lambda_2\, \sin(2t),$$

où λ_1 et λ_2 sont deux constantes réelles.

L'assertion d) est vraie et **les assertions a), b) et c) sont fausses.**

Question 02 : Déterminons l'unique solution particulière $y_p(t)$ de l'équation (E) vérifiant les conditions initiales $y_p(0) = 2$ et $y_p'(0) = -4\sqrt{3}$. On part de $y(t) = \lambda_1\, \cos(2t) + \lambda_2\, \sin(2t)$. Alors $y'(t) = -2\lambda_1\, \sin(2t) + 2\lambda_2\, \cos(2t)$. Et donc :

$$\left\{\begin{array}{lcl} y(0) & = & 2 \\ y'(0) & = & -4\sqrt{3} \end{array}\right. \Rightarrow \left\{\begin{array}{lcl} \lambda_1 & = & 2 \\ 2\lambda_2 & = & -4\sqrt{3} \end{array}\right. .$$

On a : $y(t) = 2\, \cos(2t) - 2\sqrt{3}\, \sin(2t)$.

L'assertion d) est vraie et **les assertions a), b) et c) sont fausses.**

Question 03 : On considère la fonction g définie sur $\mathbf{R}$ par $g(t) = A\, \cos\left(2t + \frac{\pi}{3}\right)$.

La dérivée $g'(t)$ de $g(t)$ vaut :

$$g'(t) = -2A\, \sin\left(2t + \frac{\pi}{3}\right).$$

L'assertion b) est vraie et **l'assertion a) est fausse.**

La dérivée seconde $g''(t)$ de $g(t)$ vaut :

$$g''(t) = -4A\, \cos\left(2t + \frac{\pi}{3}\right).$$

Ainsi, **l'assertion d) est vraie** et **l'assertion c) est fausse.**

Question 04 : On suppose que g est solution de l'équation différentielle (E) vérifiant les conditions initiales $g(0) = 2$ et $g'(0) = -4\sqrt{3}$. En effet, on a pour tout t, $g''(t) = -4g(t)$. Puis $g(0) = A\cos(\pi/3) = A/2 = 2$ donc $A = 4$. Vérifions avec $g'(0) = -2A\sin(\pi/3) = -A\sqrt{3} = -4\sqrt{3}$. Cela marche !
Ainsi, **l'assertion c) est vraie** et **les assertions a), b) et d) sont fausses.**

Question 05 : La fonction g est-elle périodique de période T ? On voit rapidement que $g(t+\pi) = g(t)$ car cos est de période 2π. Puis $T = \pi/3$ ne marche pas. Par contre, $T = 2\pi$ et $T = 4\pi$ vérifient bien $g(t+T) = g(t)$. Comme la période est le plus petit $T > 0$ vérifiant $g(t+T) = g(t)$, on n'accepte pas $T = 2\pi$ et $T = 4\pi$. Ouf car sinon on aurait trois réponses de justes. Finalement, **l'assertion c) est vraie** et **les assertions a), b) et d) sont fausses.**

Question 06 : On appelle valeur moyenne de g sur l'intervalle $[a, b]$, le réel G_{moy} défini par :

$$G_{moy} = \frac{1}{b-a} \int_a^b g(t)\, dt.$$

La valeur moyenne de g sur l'intervalle $\left[0, \frac{\pi}{2}\right]$ vaut :

$$G_{moy} = \frac{1}{\frac{\pi}{2}} \int_0^{\frac{\pi}{2}} 4\cos\left(2t + \frac{\pi}{3}\right) dt.$$

Ce qui donne :

$$G_{moy} = \frac{1}{\frac{\pi}{2}} \left[2\sin\left(2t + \frac{\pi}{3}\right)\right]_0^{\frac{\pi}{2}} = \frac{1}{\frac{\pi}{2}} \left(2\sin\left(\pi + \frac{\pi}{3}\right) - \sin\left(\frac{\pi}{3}\right)\right).$$

Or $\sin(4\pi/3) = -\sqrt{3}/2$ et $\sin(\pi/3) = \sqrt{3}/2$. Ainsi :

$$G_{moy} = \frac{1}{\frac{\pi}{2}} \left(-\sqrt{3} - \sqrt{3}\right) = -\frac{4\sqrt{3}}{\pi}.$$

L'assertion c) est vraie et **les assertions a), b) et d) sont fausses.**

Question 07 : On considère la fonction f définie pour tout réel x par

$$f(x) = e^{2x} - e^x - 2.$$

Alors la dérivée f' de f vérifie pour tout x réel,

$$f'(x) = 2\,e^{2x} - e^x = e^x\,(2\,e^x - 1).$$

L'assertion c) est vraie et **les assertions a), b) et d) sont fausses.**

Question 08 : Le signe de $f'(x)$ est celui de $2e^x - 1$ car $e^x > 0$ pour tout x. On a :

$$2e^x - 1 > 0 \Leftrightarrow 2e^x > 1 \Leftrightarrow e^x > \tfrac{1}{2} \Leftrightarrow x > -\ln 2.$$

On en déduit que **l'assertion b) est vraie** et que **les assertions a) et c) sont fausses**. Par contre, si $x > 1/\ln(2)$, $2e^x - 1$ est positif car $1/\ln(2) > -\ln 2$.
Donc **l'assertion d) est vraie**. Attention au piège !

Question 09 : La fonction f est d'après la question 08 croissante pour $x > -\ln 2$ et décroissante pour $x < -\ln 2$.
Les assertions a) et b) sont vraies et **les assertions c) et d) sont fausses**.
Question 10 : Ecrivons $f(x)$ sous la forme $e^x (e^x - 1) - 2$.
On sait que quand x tend vers $+\infty$ alors e^x tend vers $+\infty$ et donc $e^x - 1$ tend aussi vers $+\infty$. Par conséquent, la limite de $f(x)$ quand x vers $+\infty$ est égale à $\lim_{x \mapsto +\infty} f(x) = +\infty$. **L'assertion a) est vraie** et **l'assertion b) est fausse**.
On sait que quand x tend vers $-\infty$ alors e^x tend vers 0 et donc $e^x - 1$ tend vers -1. Par conséquent, la limite de $f(x)$ quand x vers $-\infty$ est égale à $\lim_{x \mapsto -\infty} f(x) = -2$.
L'assertion d) est vraie et **l'assertion c) est fausse**.
Question 11 : La valeur de $f(-\ln(2))$ est égale à

$$f(-\ln(2)) = e^{-2\ln(2)} - e^{-\ln(2)} - 2 = \frac{1}{4} - \frac{1}{2} - 2 = -\frac{9}{4}.$$

En effet, $e^{\ln(2)} = 2$ et donc $e^{-\ln(2)} = 1/2$. Il reste que **l'assertion c) est vraie** et que **les assertions a), b) et d) sont fausses**.
Question 12 : En posant $X = e^x$, on peut écrire que $X^2 = e^{2x}$ et donc :

$$f(x) = e^{2x} - e^x - 2 = X^2 - X - 2.$$

L'assertion b) est vraie et **les assertions a), c) et d) sont fausses**.
Question 13 : Déterminons les racines de $X^2 - X - 2$. Ici $\Delta = 1 + 8 = 9 = 3^2$, les deux racines sont $x_0 = (1+3)/2 = 2$ et $x_1 = (1-3)/2 = -1$. La factorisation de $X^2 - X - 2$ s'écrit :

$$X^2 - X - 2 = (X - x_0)(X - x_1) = (X - 2)(X + 1).$$

L'assertion b) est vraie et **les assertions a), c) et d) sont fausses**.
Question 14 : On sait que le trinôme $X^2 - X - 2$ est positif si X est à l'extérieur des racines, c'est-à-dire si $X < -1$ ou $X > 2$. Or $X = e^x > 0$. Donc la quantité $f(x)$ est positive si $e^x > 2$, c'est-à-dire si $x > \ln 2$.
L'assertion c) est vraie et **les assertions a), b) et d) sont fausses**.
Question 15 : Ici : $z_1 = -\sqrt{3}$, $z_2 = -2 - 2i$ et $z_3 = 2\,e^{\frac{5i\pi}{6}}$. On propose pour commencer de calculer le module et l'argument de z_1, allons y ! On a immédiatement $|z_1| = \sqrt{3}$ et un argument de z_1 est π. En effet, z_1 est réel et son module est sa valeur absolue. Quant à un argument, c'est 0 si ce réel est positif et π s'il est négatif. (Rappelons au passage que 0 n'a pas d'argument ce qui est normal pour quelqu'un de nul !)
L'assertion b) est vraie et **les assertions a), c) et d) sont fausses**.
Question 16 : On commence par écrire :

$$z_4 = z_1 - z_3 = -\sqrt{3} - 2\,e^{\frac{5i\pi}{6}} = -\sqrt{3} - 2\left(\frac{-\sqrt{3}}{2} + i\frac{1}{2}\right),$$

ce qui donne : $z_4 = -\sqrt{3} + \sqrt{3} - i = -i$. Le module de $z_4 = z_1 - z_3$ vaut $|z_4| = 1$.
L'assertion d) est vraie et **les assertions a), b) et c) sont fausses**.
Question 17 : Un argument de $z_4 = z_1 - z_3$ vaut donc $\mathcal{A}rg(z_4) = -\frac{\pi}{2}$.
L'assertion c) est vraie et **les assertions a), b) et d) sont fausses**.

<u>**Question 18**</u> : Le module de $z_5 = \frac{z_2}{z_3}$ vaut

$$\left|\frac{z_2}{z_3}\right| = \frac{|z_2|}{|z_3|} = \frac{2\sqrt{2}}{2} = \sqrt{2}$$

car $|z_2| = \sqrt{4+4} = \sqrt{8} = 2\sqrt{2}$.
Donc **l'assertion a) est fausse** et **l'assertion b) est vraie**.
Un argument de $z_5 = \frac{z_2}{z_3}$ vaut

$$\mathcal{A}rg(z_5) = \mathcal{A}rg(z_2) - \mathcal{A}rg(z_3) = \frac{5\pi}{4} - \frac{5\pi}{6} = \frac{5\pi}{12}.$$

Car $z_2 = 2\sqrt{2}\left(-\frac{1}{\sqrt{2}} - i\frac{1}{\sqrt{2}}\right) = 2\sqrt{2}e^{i\frac{5\pi}{4}}$. Or $2\pi - \frac{19\pi}{12} = \frac{5\pi}{12}$.
En conclusion, **l'assertion c) est vraie** et **l'assertion d) est fausse**.

<u>**Question 19**</u> : Pour avoir la forme algébrique de z_5, on écrit

$$z_5 = \frac{z_2}{z_3} = \frac{-2-2i}{2\,e^{\frac{5i\pi}{6}}} = \frac{-2-2i}{-\sqrt{3}+i}.$$

L'assertion d) est fausse car l'expression proposée n'est pas sous la forme $a+ib$, avec $(a,b) \in \mathbf{R}^2$. Gros piège! Par contre, si l'on multiplie le haut et le bas par $-\sqrt{3}-i$, on a :

$$z_5 = \frac{(-2-2i)(-\sqrt{3}-i)}{(-\sqrt{3}+i)(-\sqrt{3}-i)} = \frac{\sqrt{3}-1}{2} + i\frac{1+\sqrt{3}}{2}.$$

L'assertion a) est vraie et **les assertions b) et c) sont fausses**.

<u>**Question 20**</u> : On sait en réunissant les questions 18 et 19 que :

$$z_5 = \sqrt{2}\left(\cos\left(\frac{5\pi}{12}\right) + i\sin\left(\frac{5\pi}{12}\right)\right) = \frac{\sqrt{3}-1}{2} + i\frac{1+\sqrt{3}}{2}.$$

En identifiant partie réelle et partie imaginaire,

$$\cos\left(\frac{5\pi}{12}\right) = \frac{\sqrt{3}-1}{2\sqrt{2}} \text{ et } \sin\left(\frac{5\pi}{12}\right) = \frac{1+\sqrt{3}}{2\sqrt{2}}.$$

En regardant la première égalité, on peut en en déduire que **l'assertion a) est fausse** et que **l'assertion b) est vraie**. Et en regardant la deuxième égalité, on peut en en déduire que **l'assertion c) est fausse**. Puis en faisant l'opération :

$$\frac{1+\sqrt{3}}{2\sqrt{2}} = \frac{(1+\sqrt{3})\sqrt{2}}{2\sqrt{2}\sqrt{2}} = \frac{\sqrt{2}+\sqrt{6}}{4},$$

on en déduit que **l'assertion d) est vraie**.

Concours de recrutement des techniciens supérieurs de l'aviation/ techniciens supérieurs des études et de l'exploitation de l'aviation civile Epreuve commune obligatoire

SESSION 2014

Questions liées : *Questions 1 à 7, questions 8 à 11, questions 12 à 14, questions 15 à 25*

ENONCE

Les lettres **R** *et* **N** *désignent respectivement les ensembles des réels et des entiers naturels.*

PARTIE I

En 2013, ***une forêt possède*** 10000 ***arbres. Dans le but d'entretenir cette forêt vieillissante, l'office chargé de l'entretien décide de supprimer chaque année*** 5% ***des arbres existants en les abattant, et de replanter chaque année*** 600 ***arbres. Soit*** u_n ***le nombre d'arbres l'année*** $2013 + n$.

Question 01 : On a :

a) $u_0 = 10000$. b) $u_0 = 10100$. c) $u_1 = 10195$. d) $u_1 = 1100$.

Question 02 : La suite u_n est définie par la relation de récurrence :

a) $u_{n+1} = 0.95u_n - 600$. b) $u_{n+1} = 0.05u_n - 600$. c) $u_{n+1} = 0.95u_n + 600$.
d) $u_{n+1} = 0.05u_n + 600$.

Question 03 : Pour tout entier naturel n, on pose $v_n = u_n - 12000$. La suite v_n

a) est une suite géométrique de raison $q = 0.95$ et de premier terme $v_0 = -2000$.
b) est une suite géométrique de raison $q = 0.05$ et de premier terme $v_0 = 2000$.
c) est une suite géométrique de raison $q = 0.95$ et de premier terme $v_0 = 2000$.
d) est une suite géométrique de raison $q = 0.05$ et de premier terme $v_0 = -2000$.

Question 04 : On en déduit :

a) $u_n = 2000 \times 0.95^n + 12000$. b) $u_n = -2000 \times 0.95^n + 12000$.
c) $u_n = -2000 \times 0.95^n + 12000$. d) $u_n = 2000 \times 0.05^n + 12000$.

Question 05 : La suite u_n est :

a) croissante, majorée par 12000. b) décroissante, majorée par 12000.
c) décroissante, minorée par 10000. d) croissante, minorée par 10000.

Question 06 : On en déduit que $\lim_{n\to+\infty} u_n$ vaut

a) 10000. b) 9000. c) 12000. d) 11000.

Question 07 : En 2020, la forêt comptera M arbres, avec :

a) $M = 2000 \times 0.95^7 + 12000$. b) $M = 2000 \times 0.95^8 + 12000$.
c) $M = -2000 \times 0.05^7 + 12000$. d) $M = -2000 \times 0.05^8 + 12000$.

PARTIE II

À la caisse d'un magasin, le temps d'attente, exprimé en secondes, d'un client pris au hasard est modélisé par une variable aléatoire T, laquelle suit une loi exponentielle de paramètre $\mu = 0.008$.

Question 08 : La probabilité p_1 que l'attente en caisse d'un client dure moins d'une minute est

a) $p_1 = 1 - e^{-0.008}$. b) $p_1 = 0.008\, e^{-0.008}$. c) $p_1 = 1 - e^{-0.48}$.
d) $p_1 = 0.48\, e^{-0.48}$.

Question 09 : La probabilité p_2 que l'attente en caisse d'un client dure plus de 3 minutes est

a) $p_2 = 1 - e^{-0.024}$. b) $p_1 = 0.024\, e^{-0.024}$. c) $p_2 = 1 - e^{-1.44}$.
d) $p_2 = e^{-1.44}$.

Dans toute la suite, on utilisera 86.64 ***comme valeur approchée de*** $125.\ln(2)$.

Question 10 : Le temps d'attente moyen T_0 en caisse est :

a) $T_0 = 125\,min$. b) $T_0 = 86\,min\,39\,s$. c) $T_0 = 2\,min\,05\,s$.
d) $T_0 = 1\,min\,26,64\,s$.

Question 11 : Sachant que le temps médian T_1 correspond à $P(T > T_1) = 0.5$, on en déduit :

a) $T_1 = 125\,min$. b) $T_1 = 86\,min\,39\,s$. c) $T_1 = 2\,min\,05\,s$.
d) $T_1 = 1\,min\,26,64\,s$.

PARTIE III

On se propose de déterminer une solution particulière de l'équation différentielle (E) : $y'(x) + 2y(x) = x$, ***où*** y ***désigne une fonction de la variable*** x.

Question 12 : L'équation différentielle homogène (E_0) : $y' + 2y = 0$ admet pour solution générale :

a) $y(x) = C\, e^{2x}$, $C \in \mathbf{R}$.
b) $y(x) = (2C - 1)\, e^{-2x}$, $C \in \mathbf{R}$.

c) $y(x) = (5C+3)\,e^{-2x}$, $C \in \mathbf{R}$.

d) $y(x) = -2x + C$, $C \in \mathbf{R}$.

Question 13 : Une solution particulière de l'équation (E) est $u(x)$, avec

a) $u(x) = \frac{1}{2}x - \frac{1}{4}$. b) $u(x) = -\frac{1}{2}x - \frac{1}{4}$.

c) $u(x) = \frac{1}{2}x + \frac{1}{4}$. d) $u(x) = -\frac{1}{2}x + \frac{1}{4}$.

Question 14 : En admettant que toute solution de (E) est de la forme $\phi(x) = u(x) + y(x)$, avec $y(x)$ solution de (E_0), la solution ϕ_0 de (E) vérifiant $\phi_0(0) = \frac{3}{4}$ est :

a) $\phi_0(x) = \frac{1}{2}x + \frac{1}{4} + \frac{1}{2}e^{-2x}$. b) $\phi_0(x) = \frac{1}{2}x - \frac{1}{4} + e^{-2x}$.

c) $\phi_0(x) = -\frac{1}{2}x + \frac{1}{4} + \frac{1}{2}e^{2x}$. d) $\phi_0(x) = -\frac{1}{2}x - \frac{1}{4} + e^{2x}$.

PARTIE IV

Soit f la fonction définie par $x \mapsto \frac{1}{2}x - \frac{1}{4} + e^{-2x}$, dont la courbe représentative est (Γ).

Question 15 : On a :

a) la fonction f est définie, continue et dérivable sur $\mathbf{R}_+$.

b) la fonction f est définie, continue et dérivable sur $\mathbf{R}_-$.

c) la fonction f est définie, continue et dérivable uniquement sur $\mathbf{R}_-^\star$.

d) la fonction f est définie, continue et dérivable uniquement sur $\mathbf{R}_+^\star$.

Question 16 : On a :

a) $\lim\limits_{x \to +\infty} f(x) = +\infty$. b) $\lim\limits_{x \to +\infty} f(x) = -\infty$. c) $\lim\limits_{x \to +\infty} f(x) = 0^-$.

d) $\lim\limits_{x \to +\infty} f(x) = 0^+$.

Question 17 : En admettant que $\lim\limits_{x \to -\infty} x\,e^{2x} = 0$, on obtient

a) $\lim\limits_{x \to -\infty} f(x) = 0^+$. b) $\lim\limits_{x \to -\infty} f(x) = 0^-$. c) $\lim\limits_{x \to -\infty} f(x) = +\infty$.

d) $\lim\limits_{x \to -\infty} f(x) = -\infty$.

Question 18 : Le calcul de la dérivée de f nous donne :

a) $f'(x) = -\left(\frac{1}{2}x + \frac{1}{4}\right) e^{-2x}$.

b) $f'(x) = -\frac{1}{2} - e^{-2x}$.

c) $f'(x) = \frac{1}{2} - 2e^{-2x}$.

d) $f'(x) = \left(-x + \frac{1}{2}\right) e^{-2x}$.

Question 19 : L'équation $f'(x) = 0$ admet pour solution $\bar{x}$ avec

a) $\bar{x} = \frac{1}{2}$. b) $\bar{x} = \frac{\ln 2}{2}$.

c) $\bar{x} = \ln 2$. d) $\bar{x} = -\frac{1}{2}$.

Question 20 :

a) La fonction f est décroissante sur l'intervalle $]-\infty, 0[$.

b) La fonction f est décroissante sur l'intervalle $]-\infty, \ln 2[$.

c) La fonction f est décroissante sur l'intervalle $]-\infty, 1[$.

d) La fonction f est croissante sur l'intervalle $]0, +\infty[$.

Question 21 : La tangente à (Γ) en 0 est la droite (T) d'équation :

a) $y = -\frac{1}{4}x + \frac{3}{4}$. b) $y = -\frac{3}{2}x - \frac{1}{4}$.

c) $y = -\frac{3}{2}x + \frac{3}{4}$. d) $y = \frac{1}{2}x - \frac{1}{4}$.

Question 22 : On considère la droite (D) d'équation $y = \frac{1}{2}x - \frac{1}{4}$.

a) La courbe (Γ) est au dessous de (D).

b) La courbe (Γ) est au dessus de (D).

c) Il existe $x_0 \in \mathbf{R}$ tel que si $x \in]-\infty, x_0[$, (Γ) est au dessous de (D) et au dessus sinon.

d) Il existe $x_0 \in \mathbf{R}$ tel que si $x \in]-\infty, x_0[$, (Γ) est au dessus de (D) et au dessous sinon.

Pour m ***un nombre réel strictement supérieur à*** $\ln 2$, ***on note*** $A(m)$ ***l'aire de la partie de plan délimitée par la courbe*** (Γ), ***la droite*** (D), ***et les droites d'équation*** $x = \ln 2$ ***et*** $x = m$.

Question 23 : On a

a) $A(m) = \int_m^{\ln 2} \left(\frac{1}{2}x - \frac{1}{4} + e^{-2x}\right) dx$.

b) $A(m) = \int_{\ln 2}^{m} \left(\frac{1}{2}x - \frac{1}{4} + e^{-2x}\right) dx$.

c) $A(m) = \int_m^{\ln 2} e^{-2x}\, dx$.

d) $A(m) = \int_m^{\ln 2} \left(\frac{1}{2}x - \frac{1}{4}\right) dx$.

Question 24 : On en déduit que

a) $A(m) = \frac{1}{4}\left[(\ln 2 + m - 1)(\ln 2 - m) + 2\,e^{-2m} - \frac{1}{2}\right].$

b) $A(m) = \frac{1}{4}\left[(\ln 2 + m - 1)(m - \ln 2) - 2\,e^{-2m} + \frac{1}{2}\right].$

c) $A(m) = \frac{1}{4}\left[-2\,e^{-2m} + \frac{1}{2}\right].$

d) $A(m) = \frac{1}{4}\left[(\ln 2 + m - 1)(\ln 2 - m)\right].$

Question 25 : En faisant tendre m vers l'infini, on obtient :

a) $\lim_{m \to +\infty} A(m) = +\infty.$

b) $\lim_{m \to +\infty} A(m) = -\infty.$

c) $\lim_{m \to +\infty} A(m) = 0.$

d) $\lim_{m \to +\infty} A(m) = \frac{1}{8}.$

CORRIGE

Question 01 : En 2013, une forêt possède 10000 arbres. Dans le but d'entretenir cette forêt vieillissante, l'office chargé de l'entretien décide de supprimer chaque année 5% des arbres existants en les abattant, et de replanter chaque année 600 arbres. On pose u_n le nombre d'arbres l'année $2013 + n$. Donc u_0 est le nombre d'arbres l'année 2013, soit 10000.
Ainsi **l'assertion a) est vraie** et **l'assertion b) est fausse.**
Puis $u_1 = 10000 - 10000 \times 0.05 + 600 = 10100$.
Et **les assertions c) et d) sont fausses.**

Question 02 : Pour passer de u_n à u_{n+1}, on supprime 5 pour cent des u_n arbres, et on en rajoute 600 soit :

$$u_{n+1} = u_n - 0.05u_n + 600 = 0.95u_n + 600.$$

Finalement, **l'assertion c) est vraie** et **les assertions a), b) et d) sont fausses.**

Question 03 : Pour tout entier naturel n, on pose $v_n = u_n - 12000$. Alors :

$$v_{n+1} = u_{n+1} - 12000 = 0.95u_n + 600 - 12000 = 0.95u_n - 11400.$$

Or $12000 \times 0.95 = 11400$. Donc : $v_{n+1} = 0.95(u_n - 12000) = 0.95v_n$. Enfin, $v_0 = u_0 - 12000 = -2000$. En conclusion, (v_n) est une suite géométrique de raison $q = 0.95$ et de premier terme $v_0 = -2000$.
L'assertion a) est vraie et **les assertions b), c) et d) sont fausses.**

Question 04 : On a : $v_0 = -2000 \Rightarrow v_1 = -0.95 \times 2000 \Rightarrow v_2 = -(0.95)^2 \times 2000$. Ainsi de suite : pour tout $n \in \mathbf{N}$, $v_n = -(0.95)^n \times 2000$. Comme $u_n = v_n + 12000$,

$$u_n = -(0.95)^n \times 2000 + 12000.$$

L'assertion c) est vraie et **les assertions a), b) et d) sont fausses.**

Question 05 : Comme $-(0.95)^n \times 2000 < 0$, 12000 majore tous les termes de (u_n).
De plus, $n \mapsto -(0.95)^n \times 2000$ croît à partir de $n = 0$.
En effet, posons $v_n = -(0.95)^n \times 2000$.
Alors $v_{n+1} = -(0.95)^{n+1} \times 2000 = 0.95v_n$.
Et : $v_{n+1} - v_n = -0.05w_n$. Comme $v_n < 0$, $v_{n+1} - v_n > 0$ et on a de même $u_{n+1} - u_n > 0$. La suite u_n est croissante, majorée par 12000.
L'assertion a) est vraie et **les assertions b) et c) sont fausses.**
Enfin, comme $u_0 = 10000$ minore toutes les valeurs u_n, **l'assertion d) est vraie.**

Question 06 : Comme $\lim\limits_{n \to +\infty} (0.95)^n = 0$, on en déduit que $\lim\limits_{n \to +\infty} u_n$ vaut 12000.
L'assertion c) est vraie et **les assertions a), b) et d) sont fausses.**

Question 07 : En 2020, la forêt comptera M arbres, avec :

$$M = u_7 = -(0.95)^7 \times 2000 + 12000.$$

Les quatre assertions a), b), c) et d) sont fausses.
Ainsi, **l'assertion e) est vraie.**

Question 08 : À la caisse d'un magasin, le temps d'attente, exprimé en secondes, d'un client pris au hasard est modélisé par une variable aléatoire T, laquelle suit une loi exponentielle de paramètre $\mu = 0.008$. On sait que si t est un temps exprimé en secondes, on a $P(T < t) = \int_0^t 0.008\, e^{-0.008x}\, dx$. Donc la probabilité p_1 que l'attente en caisse d'un client dure moins d'une minute est :

$$p_1 = P(T < 60) = \int_0^{60} 0.008\, e^{-0.008x}\, dx = \left[\frac{0.008}{-0.008} e^{-0.008x}\right]_0^{60}.$$

Or $-0.008 \times 60 = -0.48$ et donc $p_1 = 1 - e^{-0.48}$.
L'assertion c) est vraie et **les assertions a), b) et d) sont fausses.**

Remarque : le piège ici est de prendre $t = 1$ et donc de confondre une minute et une seconde. Il faut bien lire l'énoncé, t est un temps en secondes.

Question 09 : On refait la même chose avec 180 à la place de 60. La probabilité p_2 que l'attente en caisse d'un client dure plus de 3 minutes est $p_2 = P(T > 180)$. Or :

$$p_2 = P(T < 180) = \int_0^{180} 0.008\, e^{-0.008x}\, dx = \left[\frac{0.008}{-0.008} e^{-0.008x}\right]_0^{180}.$$

Puis $-0.008 \times 180 = -1.44$ et donc $p_2 = 1 - \left(1 - e^{-1.44}\right)$.
L'assertion d) est vraie et **les assertions a), b) et c) sont fausses.**

Remarque : le piège continue, celui qui a confondu 3 minutes et 3 secondes imaginera que l'assertion a) est vraie. Il imagine mal, vous en conviendrez !
Autre piège ici : penser que $p_2 = P(T < 180)$.

Question 10 : Dans toute la suite, on utilisera 86.64 comme valeur approchée de $125.\ln(2)$. (Si on vous le dit, c'est que cela va servir quelque part !) On veut calculer le temps d'attente moyen T_0 en caisse. Il s'agit pour une loi exponentielle de paramètre $\lambda > 0$, de la quantité $\frac{1}{\lambda}$. Ici :

$$T_0 = \frac{1}{0.008} s = \frac{1000}{8} s = 125\, s.$$

En traduisant en minutes, cela fait $T_0 = 2\, min\, 05\, s$.
L'assertion c) est vraie et **les assertions a), b) et d) sont fausses.**

Remarque : on a toujours la même blague (qui ne fait pas rire le candidat) pour celui qui confond minutes et secondes, il répondra que l'assertion a) est vraie.

Question 11 : On indique que le temps médian T_1 correspond à $P(T > T_1) = 0.5$, on commence par remarquer que l'on a aussi $P(T < T_1) = 0.5$. On raisonne donc à l'envers de d'habitude, on connait la probabilité et on veut le temps correspondant,

$$0.5 = P(T < T_1) = \int_0^{T_1} 0.008\, e^{-0.008x}\, dx = \left[\frac{0.008}{-0.008}\, e^{-0.008x}\right]_0^{T_1} = 1 - e^{-0.008T_1}.$$

Donc : $1 - e^{-0.008T_1} = 0.5 \Rightarrow e^{-0.008T_1} = 0.5 \Rightarrow -0.008T_1 = \ln 0.5 = -\ln 2$.
Cela donne $T_1 = 125 \ln 2 = 86.64\, s$ (On l'utilise enfin cette indication !)

Donc $T_1 = 1\,min\,26,64\,s$.

L'assertion d) est vraie et **les assertions a), b), c) sont fausses.**

Remarque : dans l'énoncé initial, il y avait écrit pour l'assertion d) :
$T_0 = 1\,min\,26,64\,s$. C'est certainement une erreur de frappe. Ceci dit, quand il y a une question qui a posé problème au candidat quand il y a une erreur de frappe non souhaitée par le concepteur du sujet, la question est bien souvent neutralisée le jour de la correction par lecture optique (c'est-à-dire qu'elle n'enlève aucun point ni n'ajoute aucun point).

Question 12 : On se propose maintenant de déterminer une solution particulière de l'équation différentielle (E) : $y'(x) + 2y(x) = x$, où y désigne une fonction de la variable x.
On sait que l'équation différentielle (E_0) : $y'(x) + a\,y(x) = 0$, où $a \in \mathbf{R}$, a pour solutions toutes les fonctions du type $x \mapsto C\,e^{-ax}$, où $C \in \mathbf{R}$.
Ici, (E_0) a donc pour solutions toutes les fonctions du type $x \mapsto C\,e^{-2x}$, où $C \in \mathbf{R}$.
Aucune des assertions semble vraie.
En tout cas, déjà, **les assertions a) et d) sont fausses.**
Comme la constante C est quelconque, elle peut s'écrire aussi bien C que $2C - 1$ ou que $5C + 3$, et ainsi **les assertions b) et c) sont vraies.**

Question 13 : Déterminons une solution particulière $u(x)$ de l'équation (E). Il suffit de prendre les valeurs proposées pour $u(x)$ et de calculer $u'(x) + 2u(x)$ pour chacune d'elle.
Si $u(x) = \frac{1}{2}x - \frac{1}{4}$ alors $u'(x) = \frac{1}{2}$ et $u'(x) + 2u(x)$ vaut $\frac{1}{2} + 2\left(\frac{1}{2}x - \frac{1}{4}\right)$, c'est-à-dire x. Donc cette fonction u proposée est bien une solution particulière de (E) et **l'assertion a) est vraie.**
Si $u(x) = -\frac{1}{2}x - \frac{1}{4}$ alors $u'(x) = -\frac{1}{2}$ et $u'(x) + 2u(x)$ vaut $-\frac{1}{2} + 2\left(-\frac{1}{2}x - \frac{1}{4}\right)$, c'est-à-dire $-x - 1$. Donc cette fonction u proposée n'est pas une solution particulière de (E) et **l'assertion b) est fausse.**
Si $u(x) = \frac{1}{2}x + \frac{1}{4}$ alors $u'(x) = \frac{1}{2}$ et $u'(x) + 2u(x)$ vaut $\frac{1}{2} + 2\left(\frac{1}{2}x + \frac{1}{4}\right)$, c'est-à-dire $x + 1$. Donc cette fonction u proposée n'est pas une solution particulière de (E) et **l'assertion c) est fausse.**
Si $u(x) = -\frac{1}{2}x - \frac{1}{4}$ alors $u'(x) = -\frac{1}{2}$ et $u'(x) + 2u(x)$ vaut $-\frac{1}{2} + 2\left(-\frac{1}{2}x + \frac{1}{4}\right)$, c'est-à-dire $-x$. Donc cette fonction u proposée n'est pas une solution particulière de (E) et **l'assertion d) est fausse.**

Question 14 : Admettons que toute solution de (E) est de la forme

$$\phi(x) = u(x) + y(x),$$

avec $y(x)$ solution de (E_0), donc les solutions de (E) sont de la forme :

$$x \mapsto \tfrac{1}{2}x - \tfrac{1}{4} + C\,e^{-2x}.$$

La constante C va être déterminée par le fait que la solution ϕ_0 de (E) que l'on désire vérifie $\phi_0(0) = \frac{3}{4}$.
On a : $\phi_0(0) = \frac{1}{2}0 - \frac{1}{4} + C\,e^0 = \frac{3}{4} \Rightarrow C = 1$.
Il reste : $\phi_0(x) = \dfrac{1}{2}x - \dfrac{1}{4} + e^{-2x}$.
L'assertion b) est vraie et **les assertions a), c) et d) sont fausses.**

Question 15 : Soit f la fonction définie par $f : x \mapsto \dfrac{1}{2}x - \dfrac{1}{4} + e^{-2x}$, de courbe représentative (Γ).

Remarque : On voit que f est la fonction ϕ_0 précédente. Comme c'est curieux !

La fonction f est somme de fonctions définies, continues et dérivables sur $\mathbf{R}$ donc en particulier la fonction f est définie, continue et dérivable sur $\mathbf{R}_+$ et aussi sur $\mathbf{R}_-$. Qui peut le plus peut le moins ! Donc **les assertions a) et b) sont vraies.** Comme f vérifie toutes les conditions non seulement sur $\mathbf{R}_+$ ou seulement aussi sur $\mathbf{R}_-$ mais sur $\mathbf{R}$, alors **les assertions c) et d) sont fausses.**

Remarque : attention, il faut bien lire les assertions jusqu'au bout et chaque mot est important.

Question 16 : On a : $\lim\limits_{x\to+\infty} e^{-2x} = 0$ et $\lim\limits_{x\to+\infty} \dfrac{1}{2}x = +\infty$ donc $\lim\limits_{x\to+\infty} f(x) = +\infty$.
L'assertion a) est vraie et **les assertions b), c) et d) sont fausses.**

Question 17 : Ici, l'on a à priori une forme indéterminée.
En effet, $\lim\limits_{x\to-\infty} e^{-2x} = +\infty$ et $\lim\limits_{x\to+\infty} \dfrac{1}{2}x = -\infty$.
On pense à l'indication et on écrit :

$$\frac{1}{2}x - \frac{1}{4} + e^{-2x} = e^{-2x}\left(\frac{1}{2}xe^{2x} - \frac{1}{4}e^{2x} + 1\right).$$

Comme $\lim\limits_{x\to-\infty} x\,e^{2x} = \lim\limits_{x\to-\infty} e^{2x} = 0$, on obtient :

$$\lim_{x\to-\infty} \frac{1}{2}xe^{2x} - \frac{1}{4}e^{2x} + 1 = 1.$$

Donc $\lim\limits_{x\to-\infty} f(x) = +\infty$.
L'assertion c) est vraie et **les assertions a), b) et d) sont fausses.**

Question 18 : Le calcul de la dérivée de f se fait sur $\mathbf{R}$ et pour tout $x \in \mathbf{R}$, $f'(x) = \dfrac{1}{2} - 2e^{-2x}$. En effet, $x \mapsto \frac{1}{2}x$ a pour dérivée $x \mapsto \frac{1}{2}$, $x \mapsto -\frac{1}{4}$ a pour dérivée $x \mapsto 0$ et $x \mapsto e^{-2x}$ a pour dérivée $x \mapsto -2\,e^{-2x}$.
L'assertion c) est vraie et **les assertions a), b) et d) sont fausses.**

Question 19 : L'équation $f'(x) = 0$ est : $\dfrac{1}{2} - 2e^{-2x} = 0$.
Cela donne : $-2\,e^{-2x} = -1/2 \Rightarrow e^{-2x} = 1/4 \Rightarrow -2x = \ln(1/4) \Rightarrow x = -\frac{1}{2}\ln(1/4)$.
Or $\ln(1/4) = -\ln 4 = -2\ln 2$ donc $\bar{x} = \ln 2$.
Ainsi **l'assertion c) est vraie** et **les assertions a), b) et d) sont fausses.**

Question 20 : On a $f'(x) > 0 \Leftrightarrow \dfrac{1}{2} - 2e^{-2x} > 0 \Leftrightarrow \dfrac{1}{2} > 2e^{-2x} \Leftrightarrow \dfrac{1}{4} > e^{-2x}$.
En passant au logarithme (on ne change pas le sens de l'inégalité car ln est croissante), l'inéquation devient :

$$\ln(1/4) > -2x \Rightarrow -\ln 4 > -2x \Rightarrow \ln 4 < 2x \Rightarrow \ln 2 < x.$$

Ainsi f est croissante sur $]\ln 2, +\infty[$ et décroissante sur $]-\infty, \ln 2[$. En particulier, la fonction f est décroissante sur l'intervalle $]-\infty, 0[$. Et **l'assertion a) est vraie.**
Bien entendu, la fonction f est décroissante sur l'intervalle $]-\infty, \ln 2[$.
L'assertion b) est vraie.
Comme $\ln 2 < 1$, f est croissante sur $]\ln 2, 1[$ et **l'assertion c) est fausse.**
Enfin $\ln 2 > 0$ et f est décroissante sur $[0, \ln 2[$ et **l'assertion d) est fausse.**

Question 21 : La tangente à (Γ) en $x = a$ est la droite (T) d'équation :

$$y = f(a) + (x - a)f'(a),$$

d'après le cours. Ici $a = 0$. On a $f'(0) = 1/2 - 2 = -3/2$.
Donc déjà, **les assertions a) et d) sont fausses** car la pente des équations proposées n'est pas $-3/2$. Puis :

$$y = f(0) + xf'(0) = -\frac{1}{4} + 1 - x\frac{3}{2} = -\frac{3}{2}x + \frac{3}{4}.$$

L'assertion c) est vraie et **l'assertion b) est fausse**.

Question 22 : On considère la droite (D) d'équation $y = \frac{1}{2}x - \frac{1}{4}$. Déjà, on remarque que ce n'est pas une équation de la tangente trouvée à la question 21 mais ce n'est pas grave. On ne panique pas. Par contre on remarque que le groupement $1/2x - 1/4$ est dans l'expression de $f(x)$. Donc c'est intéressant. On sait que $e^{-2x} > 0$ pour tout x réel. Donc pour une abcisse x donnée, l'ordonnée y de (D) est inférieure à l'ordonnée y correspondante de (Γ). Donc la courbe (Γ) est au dessus de (D). **L'assertion a) est fausse** et **l'assertion b) est vraie**. Par contre, il n'existe pas $x_0 \in \mathbf{R}$ tel que si $x \in]\infty, x_0[$, (Γ) est au dessous de (D) et au dessus sinon ou le contraire donc **les assertions c) et d) sont fausses**.

Question 23 : Pour m un nombre réel strictement supérieur à $\ln 2$, on note $A(m)$ l'aire de la partie de plan délimitée par la courbe (Γ), la droite (D), et les droites d'équation $x = \ln 2$ et $x = m$. Comme la courbe (Γ) est au dessus de (D), et comme les deux portions de graphe entre les abscisses $x = \ln 2$ et $x = m$ sont dans la région des y positifs, $A(m)$ est la différence :

$$A(m) = \int_{\ln 2}^{m} \left(\frac{1}{2}x - \frac{1}{4} + e^{-2x}\right) dx - \int_{\ln 2}^{m} \left(\frac{1}{2}x - \frac{1}{4}\right) dx = \int_{\ln 2}^{m} e^{-2x}\, dx.$$

Ainsi, **les assertions a), b) et d) sont fausses**. Et **l'assertion c) est fausse** elle aussi à cause de l'inversion des bornes. Dommage !
Donc on dit que **l'assertion e) est vraie**.

Question 24 : On en déduit que $A(m) = \left[\frac{e^{-2x}}{-2}\right]_{\ln 2}^{m} = -\frac{1}{2}\left(e^{-2m} - e^{-2\ln 2}\right)$.
Or $e^{-2\ln 2} = 1/4$. Donc :

$$A(m) = \frac{1}{4}\left[-2\,e^{-2m} + \frac{1}{2}\right].$$

L'assertion c) est vraie et **les assertions a), b) et d) sont fausses**.

Question 25 : En faisant tendre m vers l'infini, la quantité e^{-2m} tend vers 0 et donc :

$$\lim_{m \to +\infty} A(m) = \frac{1}{8}.$$

L'assertion d) est vraie et **les assertions a), b) et c) sont fausses**.

Concours de recrutement des techniciens supérieurs de l'aviation/ techniciens supérieurs des études et de l'exploitation de l'aviation civile
Epreuve optionnelle obligatoire
SESSION 2014

Questions liées : *Question 01 à question 07, question 08 à 11, question 12 à question 15.*

ENONCE

NOTATIONS

Les lettres **R** *et* **N** *désignent respectivement les ensembles de réels et des entiers naturels. La lettre e désigne la constante de Neper et l'application qui à x associe e^x désigne l'exponentielle de base e.*

PARTIE I

On dispose d'une grille à 3 lignes et 3 colonnes. Une machine M_1 place au hasard un jeton dans une case de la grille, puis une machine M_2 place de même un jeton sur la grille dans une des cases libres, enfin une troisième machine M_3 place un jeton dans une des cases restées libres.
Soient les événements suivants :
- ***H : « Les trois jetons sont alignés horizontalement »,***
- ***V : « Les trois jetons sont alignés verticalement »,***
- ***D : « Les trois jetons sont alignés en diagonale »,***
- ***N : « Les trois jetons ne sont pas alignés ».***

Question 01 : La probabilité de l'événement H vaut :

a) $p(H) = \dfrac{1}{27}$.   b) $p(H) = \dfrac{1}{28}$.

La probabilité de l'événement V vaut :

c) $p(V) = \dfrac{1}{27}$.   d) $p(V) = \dfrac{1}{18}$.

Question 02 : La probabilité de l'événement D vaut :

a) $p(D) = \dfrac{1}{42}$.   b) $p(D) = \dfrac{1}{63}$.

La probabilité de l'événement N vaut :

c) $p(N) = \dfrac{56}{63}$.   d) $p(N) = \dfrac{19}{21}$.

Question 03 : *On considère la variable aléatoire X définie par :*
- $X = 20$ *lorsque* H *ou* V *est réalisé.*
- $X = \alpha$ *lorsque* D *est réalisé.*
- $X = -2$ *lorsque* N *est réalisé.*

La valeur de α pour laquelle l'espérance de X est nulle est :

a) $\alpha = 14$. b) $\alpha = 15$. c) $\alpha = 16$. d) $\alpha = 17$.

On se place dans le cas où la machine M_1 est déréglée : elle place alors le premier jeton dans un des coins de la grille.
Soit Δ l'événement « la machine M_1 est déréglée ».

Question 04 : La probabilité d'avoir un alignement horizontal est :

a) $p_\Delta(H) = \dfrac{1}{28}$. b) $p_\Delta(H) = \dfrac{1}{63}$. c) $p_\Delta(H) = \dfrac{9}{112}$. d) $p_\Delta(H) = \dfrac{3}{84}$.

Soit A l'événement : « les 3 jetons sont alignés horizontalement ou verticalement ou en diagonale ».

Question 05 : On a :

a) $p_\Delta(A) = \dfrac{1}{21}$. b) $p_\Delta(A) = \dfrac{3}{28}$. c) $p_\Delta(A) = \dfrac{3}{112}$. d) $p_\Delta(A) = \dfrac{3}{84}$.

Dans toute la suite, on suppose que $p(\Delta) = \dfrac{1}{5}$.

Question 06 : On a :

a) $p_\Delta(\bar{A}) = \dfrac{20}{21}$. b) $p_\Delta(\bar{A}) = \dfrac{19}{105}$. c) $p_{\bar{\Delta}}(\bar{A}) = \dfrac{19}{21}$. d) $p_{\bar{\Delta}}(\bar{A}) = \dfrac{76}{105}$.

On ne sait toujours pas lorsqu'on joue si la machine M_1 est en état de marche. On joue une partie et on constate que les 3 jetons sont alignés.

Question 07 : La probabilité p pour que la machine M_1 soit déréglée est de :

a) $p = \dfrac{41}{420}$. b) $p = \dfrac{3}{140}$. c) $p = \dfrac{1}{10}$. d) $p = \dfrac{9}{41}$.

PARTIE II

Soit f la fonction définie par $f : x \mapsto \left(1 + \dfrac{1}{x}\right) e^{\frac{1}{x}} + 1$.

Question 08 : La fonction f est définie

a) pour $x \in \mathbf{R}_+^\star$. b) pour $x \in \mathbf{R}_-^\star$. c) uniquement pour $x \in \mathbf{R}_+^\star$.
d) uniquement pour $x \in \mathbf{R}_-^\star$.

Question 09 : Le calcul de la dérivée de f donne :

a) $f'(x) = -\dfrac{1}{x^2} e^{\frac{1}{x}}$. b) $f'(x) = -\left(1 + \dfrac{1}{x}\right) \dfrac{1}{x^2} e^{\frac{1}{x}}$.

c) $f'(x) = -\left(2 + \dfrac{1}{x}\right) \dfrac{1}{x^2} e^{\frac{1}{x}}$. d) $f'(x) = -\left(\dfrac{2x+1}{x^3}\right) e^{\frac{1}{x}}$.

Question 10 : La fonction f

a) est croissante sur $]-\infty, 0[$ et décroissante sur $]0, +\infty[$.
b) est croissante sur $]1 - e^{-2}, 1[$.
c) est décroissante sur $]0, +\infty[$.
d) est décroissante sur $]-\infty, -1[$.

Question 11 : La fonction f

a) est positive pour tout $x \in \mathbf{R}^\star$.
b) est positive pour $x \in \left]-\frac{1}{2}, 0\right[$ et négative sinon.
c) est positive pour $x \in \mathbf{R}_-^\star$, et négative pour $x \in \mathbf{R}_+^\star$.
d) est négative pour $x \in \mathbf{R}_-^\star$, et positive pour $x \in \mathbf{R}_+^\star$.

PARTIE III

Pour tout entier naturel n, ***on considère la fonction*** f_n ***définie sur*** $\mathbf{R}$ ***par :***

$$f_n : x \mapsto \frac{e^x}{e^{nx}(1+e^x)}.$$

On souhaite étudier la suite $(u_n)_{n \in \mathbf{N}}$ ***définie pour tout entier naturel*** n ***par*** $u_n = \int_0^1 f_n(x)\,dx$.

Question 12 : La valeur u_0 est :

a) e. b) $\frac{\ln(1+e)}{2}$. c) $1 - \ln\left(\frac{1+e}{2}\right)$. d) $\ln(1+e) - \ln 2$.

Question 13 : On montre que $u_0 + u_1$ vaut

a) 1. b) $1 - \frac{1}{e}$. c) $1 + e$. d) $1 + \frac{1}{e}$.

Question 14 : On en déduit que u_1 vaut :

a) $1 + \ln\left(\frac{1+e}{2}\right)$. b) $1 - \frac{1}{e} - \ln\left(\frac{1+e}{2}\right)$. c) $1 + e - \ln\left(\frac{1+e}{2}\right)$.
d) $1 + \frac{1}{e} - \ln\left(\frac{1+e}{2}\right)$.

Question 15 : On pose $k(x) = f_{n+1}(x) - f_n(x)$. Alors la fonction k

a) est positive sur $[0, 1]$, et de ce fait, la suite $(u_n)_{n \in \mathbf{N}}$ est croissante.
b) est positive sur $[0, 1]$, et de ce fait, la suite $(u_n)_{n \in \mathbf{N}}$ est décroissante.
c) est négative sur $[0, 1]$, et de ce fait, la suite $(u_n)_{n \in \mathbf{N}}$ est décroissante.
d) est négative sur $[0, 1]$, et de ce fait, la suite $(u_n)_{n \in \mathbf{N}}$ est croissante.

CORRIGE

Question 01 : Reprenons l'énoncé. On dispose d'une grille à 3 lignes et 3 colonnes. Une machine M_1 place au hasard un jeton dans une case de la grille, puis une machine M_2 place de même un jeton sur la grille dans une case libre, enfin une troisième machine M_3 place un jeton dans une des cases restées libres.
Soient les événements suivants :
- H : « Les trois jetons sont alignés horizontalement »,
- V : « Les trois jetons sont alignés verticalement »,
- D : « Les trois jetons sont alignés en diagonale »,
- N : « Les trois jetons ne sont pas alignés ».

Déterminons la probabilité de l'événement H. La machine M_1 place un jeton, cela détermine la ligne où devront se placer les trois jetons. Puis il reste 8 cases possibles pour le jeton déposé par M_2. Seules deux cases conviennent, cela fait une probabilité de $2/8 = 1/4$. Puis la dernière machine M_3 doit déposer son jeton sur une seule case possible pour conserver l'alignement horizontal et cela parmi 7 cases restantes, cela donne une probabilité de $1/7$. Finalement :

$$p(H) = \frac{1}{4} \times \frac{1}{7} = \frac{1}{28}.$$

Ainsi, **l'assertion a) est fausse** et **l'assertion b) est vraie**.
Calculons la probabilité de l'événement V. On se rend compte que par la symétrie de la grille, le calcul est exactement le même que pour l'événement H. Donc :

$$p(V) = \frac{1}{28}.$$

Et **les assertions c) et d) sont fausses**.

Question 02 : On veut la probabilité de l'événement D, c'est-à-dire la probabilité que les trois jetons soient en diagonale. Le nombre de cas possibles est $9 \times 8 \times 7$. Pour le nombre de cas favorables, regardons les situations possibles : on peut faire la diagonale partant de la première case de la première ligne à la dernière case de la troisième ligne, cela fait $3 \times 2 \times 1$ possibilités. On peut faire la diagonale partant de la dernière case de la première ligne à la première case de la troisième ligne, cela fait $3 \times 2 \times 1$ possibilités. Donc le nombre de cas favorables est $2 \times 3 \times 2$. Ainsi

$$p(D) = \frac{2 \times 3 \times 2}{9 \times 8 \times 7} = \frac{1}{42}.$$

Donc **l'assertion a) est vraie** et **l'assertion b) est fausse**.
Pour l'événement N, il y a une imprécision dans l'énoncé, écrire que les trois jetons ne sont pas alignés doit signifier qu'ils ne sont ni alignés horizontalement , ni alignés verticalement, ni alignés en diagonale. Donc la probabilité de l'événement N vaut :

$$p(N) = 1 - \frac{1}{28} - \frac{1}{28} - \frac{1}{42} = 1 - \frac{1}{14} - \frac{1}{42} = \frac{42}{42} - \frac{3}{42} - \frac{1}{42} = \frac{38}{42} = \frac{19}{21}.$$

Ainsi, **l'assertion c) est fausse** et **l'assertion d) est vraie**.

Question 03 : On considère maintenant la variable aléatoire X définie par :
- $X = 20$ lorsque H ou V est réalisé.
- $X = \alpha$ lorsque D est réalisé.
- $X = -2$ lorsque N est réalisé.

Donc : $P(X = 20) = \frac{1}{14}$, $P(X = \alpha) = \frac{1}{42}$ et $P(X = -2) = \frac{19}{21}$.

Remarque : X est parfaitement définie car :

$$P(X = 20) + P(X = \alpha) + P(X = -2) = 1.$$

On désire la valeur de α pour laquelle l'espérance de X est nulle.
On écrit :

$$E(X) = \sum_{x_i \in X(\Omega)} x_i P(X = x_i) = 20P(X = 20) + \alpha P(X = \alpha) - 2P(X = -2) = 0.$$

Cela donne :

$$\frac{20}{14} + \frac{\alpha}{42} - \frac{2 \times 19}{21} = \frac{60}{42} + \frac{\alpha}{42} - \frac{76}{42} = 0 \Rightarrow \alpha = 16.$$

Donc **l'assertion c) est vraie** et **les assertions a), b) et d) sont fausses.**

Question 04 : On se place maintenant dans le cas où la machine M_1 est déréglée : elle place alors le premier jeton dans un des coins de la grille. Soit Δ l'événement « la machine M_1 est déréglée ». On désire avoir la probabilité d'avoir un alignement horizontal sachant que la machine est déréglée.
C'est une probabilité conditionnelle :

$$p_\Delta(H) = \frac{p(H \cap \Delta)}{p(\Delta)}.$$

Or, on ne peut pas connaître $p(\Delta)$. Donc impossible d'utiliser cette formule, il faut raisonner directement. Supposons que le jeton soit mis par M_1 dans un des quatre coins. Il reste 8 cases pour le second jeton dont 2 cases qui peuvent aboutir à un alignement horizontal donc une probabilité de $2/8$ et le dernier jeton n'a plus qu'une case intéressante sur 7 cases pour faire l'alignement. Donc :

$$p_\Delta(H) = \frac{2}{8} \times \frac{1}{7} = \frac{1}{28}.$$

Et **l'assertion a) est vraie**. Par contre **les assertions b) et c) sont fausses**. Comme $1/28 = 3/84$, **l'assertion d) est vraie**. Cette dernière assertion est un piège pour ceux qui vont trop vite. Attention !

Question 05 : Soit maintenant A l'événement « les 3 jetons sont alignés horizontalement ou verticalement ou en diagonale. On veut calculer la probabilité que A soit réalisé sachant que le premier jeton est dans l'un des quatre coins. La probabilité pour que les trois jetons soient alignés verticalement sachant que le premier jeton est obligatoirement dans un des quatre coins est encore $1/28$ par symétrie de la grille. La probabilité pour que les trois jetons soient alignés en diagonale sachant que le premier jeton est obligatoirement dans un des quatre coins est encore $\frac{2}{8} \times \frac{1}{7} = \frac{1}{28}$.

Donc :

$$p_\Delta(A) = 3 \times \frac{1}{28} = \frac{3}{28}.$$

Ainsi, **l'assertion b) est vraie** et **les assertions a), c) et d) sont fausses**.

<u>Question 06</u> : Dans toute la suite, on suppose que $p(\Delta) = \frac{1}{5}$.

On a : $P(\Delta) = P(A \cap \Delta) + P(\bar{A} \cap \Delta) \Rightarrow \frac{P(\Delta)}{P(\Delta)} = \frac{P(A \cap \Delta)}{P(\Delta)} + \frac{P(\bar{A} \cap \Delta)}{P(\Delta)}$.
Donc : $1 = p_\Delta(A) + p_\Delta(\bar{A})$.
Comme $p_\Delta(A) = \frac{3}{28}$, $p_\Delta(\bar{A}) = \frac{25}{28}$.
Et **les assertions a) et b) sont fausses**.
Puis : $p_{\bar{\Delta}}(\bar{A}) = \frac{p(\bar{A} \cap \Delta)}{p(\bar{\Delta})}$ et $p(\bar{\Delta}) = 1 - \frac{1}{5} = \frac{4}{5}$.
Puis : $p(\bar{\Delta}) = p(\bar{\Delta} \cap \bar{A}) + p(\bar{\Delta} \cap A)$.
Par ailleurs,

$$p(\bar{A}) = p(\bar{A} \cap \Delta) + p(\bar{A} \cap \bar{\Delta}) = p(N) = \frac{19}{21}.$$

On sait que $p_\Delta(\bar{A}) \times p(\Delta) = p(\bar{A} \cap \Delta) = \frac{25}{28} \times \frac{1}{5} = \frac{5}{28}$.
Ainsi :

$$p(\bar{A} \cap \bar{\Delta}) = \frac{19}{21} - \frac{5}{28}.$$

Il reste : $p_{\bar{\Delta}}(\bar{A}) = \left(\frac{19}{21} - \frac{5}{28}\right) \times \frac{5}{4}$.
Aucune des valeurs proposées n'est bonne, **les assertions c) et d) sont fausses**.
Ainsi, **l'assertion e) est vraie**.

<u>Question 07</u> : On ne sait toujours pas lorsqu'on joue si la machine M_1 est en état de marche. On joue une partie et on constate que les 3 jetons sont alignés. On veut calculer la probabilité p pour que la machine M_1 soit déréglée.

Remarque : attention, il s'agit ici d'une probabilité conditionnelle. Mais cela n'est pas forcément très clair dans l'énoncé. Sinon, on ne voit pas la différence entre p et $p(\Delta)$.

Ici on peut traduire p par la probabilité de Δ sachant A c'est-à-dire $p_A(\Delta)$. On a :

$$p = \frac{p(A \cap \Delta)}{p(A)} = \frac{p_\Delta(A) \times p(\Delta)}{p(A)} = \frac{\frac{3}{28} \times \frac{1}{5}}{\frac{2}{21}} = \frac{63}{280}.$$

Les quatre assertions a), b), c) et d) sont fausses, l'assertion e) est vraie.

<u>Question 08</u> : Soit maintenant f la fonction définie par $f : x \mapsto \left(1 + \frac{1}{x}\right) e^{\frac{1}{x}} + 1$.

La fonction f n'est définie que sur $\mathbf{R}^\star$ à cause du $1/x$. Donc elle est bien définie pour $x \in \mathbf{R}^\star_+$ et aussi pour $x \in \mathbf{R}^\star_-$. **Les assertions a) et b) sont vraies.**
Par contre, f n'est pas définie uniquement pour $x \in \mathbf{R}^\star_+$ ou uniquement pour $x \in \mathbf{R}^\star_-$. Et **les assertions c) et d) sont fausses.**

<u>**Question 09**</u> : f est dérivable pour tout $x \neq 0$ et :

$$f'(x) = \left(1 + \frac{1}{x}\right)' e^{\frac{1}{x}} + \left(1 + \frac{1}{x}\right)\left(e^{\frac{1}{x}}\right)' = -\frac{1}{x^2} e^{\frac{1}{x}} + \left(1 + \frac{1}{x}\right) \frac{-1}{x^2} e^{\frac{1}{x}}.$$

En factorisant :

$$f'(x) = -\frac{1}{x^2} e^{\frac{1}{x}} \left(1 + 1 + \frac{1}{x}\right) = -\left(2 + \frac{1}{x}\right) \frac{1}{x^2} e^{\frac{1}{x}}.$$

L'assertion c) est vraie et **les assertions a) et b) sont fausses**. Attention pour l'assertion d), comme $2 + 1/x = (2x+1)/x$, l'expression proposée est bonne et **l'assertion d) est vraie**.

<u>**Question 10**</u> : La dérivée $f'(x)$ est du signe contraire de $2 + 1/x$.
Donc si $2 + 1/x > 0$, c'est-à-dire si $x < -1/2$ alors $f'(x) < 0$.
Si $0 > x > -1/2$ alors $f'(x) > 0$ et si $x > 0$, comme $2 + 1/x > 0$, $f'(x) < 0$.
La fonction f est donc décroissante sur $]-\infty, -1/2[$ et sur $]0, +\infty[$ et est croissante sur $]-1/2, 0[$.
Comme f n'est pas croissante sur $]-\infty, 0[$ entier, **l'assertion a) est fausse.**
Comme f n'est pas croissante sur $]0, 1[$, **l'assertion b) est fausse.**
Puis f est bien décroissante sur $]0, +\infty[$. Et **l'assertion c) est vraie.**
Comme f est bien décroissante sur $]-\infty, -1[$, **l'assertion d) est vraie.**

<u>**Question 11**</u> : Bien que cela ne soit pas utile ici, donnons les bornes de f aux points limites.
Si $x \to +\infty$, $e^{\frac{1}{x}}$ tend vers 1 et donc : $\lim\limits_{x \to +\infty} f(x) = 2$.
Si $x \to 0^+$, $1/x$ tend vers $+\infty$ et $\lim\limits_{x \to 0^+} e^{\frac{1}{x}} = +\infty$ donc $\lim\limits_{x \to 0^+} f(x) = +\infty$.
Si $x \to 0^-$, $1/x$ tend vers $-\infty$ et $\lim\limits_{x \to 0^-} e^{\frac{1}{x}} = 0$. On admet que « l'exponentielle l'emporte » et donc :

$$\lim_{x \to 0^-} \frac{1}{x} e^{\frac{1}{x}} = 0 \Rightarrow \lim_{x \to 0^-} f(x) = 1.$$

On a de même : $\lim\limits_{x \to -\infty} f(x) = 2$.
Enfin,$f(-1/2) = (1-2)e^{-2} + 1 = 1 - e^{-2}$.
Bilan : pour $x \in]-\infty, -1/2[$, la fonction f décroît de 2 à $1 - e^{-2}$ puis sur $[-1/2, 0[$, f croît de $1 - e^{-2}$ à 1 et enfin pour $x \in]0, +\infty[$, f décroît de $+\infty$ à 2. Dans tous les cas, f est à valeurs positives. **L'assertion a) est vraie.**
Et bien entendu, **les assertions b), c) et d) sont fausses.**

<u>**Question 12**</u> : Pour tout entier naturel n, on considère la fonction f_n définie sur $\mathbf{R}$ par : $f_n : x \mapsto \dfrac{e^x}{e^{nx}(1 + e^x)}$.

Et soit $(u_n)_{n \in \mathbf{N}}$ définie pour tout entier naturel n par $u_n = \displaystyle\int_0^1 f_n(x)\, dx$.

La valeur u_0 est :

$$\int_0^1 f_0(x)\, dx = \int_0^1 \frac{e^x}{e^0(1 + e^x)}\, dx = \int_0^1 \frac{e^x}{1 + e^x}\, dx$$

Or on remarque que la dérivée de $x \mapsto 1 + e^x$ est $x \mapsto e^x$ donc une primitive de $x \mapsto \dfrac{e^x}{1+e^x}$ est $\ln(1+e^x)$. Donc :

$$u_0 = [\ln(1+e^x)]\,1_0 = \ln(1+e) - \ln 2 = \ln\left(\frac{1+e}{2}\right).$$

L'assertion d) est vraie et **les assertions a), b) et c) sont fausses**.

Question 13 : Calculons $u_0 + u_1$. On a :

$$u_0 + u_1 = \int_0^1 \frac{e^x}{1+e^x}\,dx + \int_0^1 \frac{e^x}{e^x\,(1+e^x)}\,dx = \int_0^1 \frac{e^x+1}{1+e^x}\,dx = \int_0^1 dx = 1.$$

Donc **l'assertion a) est vraie** et **les assertions b), c) et d) sont fausses**.

Question 14 : En regroupant les questions 12 et 13, on en déduit que u_1 vaut :

$$u_1 = u_1 + u_0 - u_0 = 1 - u_0 = 1 - \ln\left(\frac{1+e}{2}\right).$$

Les quatre assertions a), b), c) et d) sont fausses. Donc **l'assertion e) est vraie**.

Question 15 : On pose $k(x) = f_{n+1}(x) - f_n(x)$. Précisons la fonction k.
Pour tout $x \in \mathbf{R}$,

$$k(x) = \frac{e^x}{e^{(n+1)x}\,(1+e^x)} - \frac{e^x}{e^{nx}\,(1+e^x)} = \frac{e^x}{1+e^x}\left(\frac{1}{e^{(n+1)x}} - \frac{1}{e^{nx}}\right).$$

Donc :

$$k(x) = \frac{e^x}{e^{nx}\,(1+e^x)}\left(\frac{1}{e^x} - 1\right).$$

Il reste à remarquer que pour tout $x \in [0,1]$, $e^x \geqslant 1$ et donc $1/e^x \leqslant 1$, ce qui permet d'affirmer que $k(x) \leqslant 0$ car $k(x)$ est composé du produit de positifs (rapport d'exponentielles) et d'un négatif.
Déjà, on peut affirmer que **les assertions a) et b) sont fausses** car une partie de ces assertions sont éronnées.

Remarque : on pouvait étudier le signe de $k(x)$ pour tout $x \in \mathbf{R}$ mais comme c'est u_n qui nous intéresse, et que u_n est une intégrale de 0 à 1, le signe sur $[0,1]$ nous suffit.

Puis :

$$u_{n+1} - u_n = \int_0^1 f_{n+1}(x)\,dx - \int_0^1 f_n(x)\,dx = \int_0^1 k(x)\,dx.$$

Comme $k(x) \leqslant 0$ pour $x \in [0,1]$, $u_{n+1} - u_n \leqslant 0$ et donc de ce fait, la suite $(u_n)_{n\in\mathbf{N}}$ est décroissante. Ainsi, **l'assertion c) est vraie** et **l'assertion d) est fausse**.

Concours de recrutement des techniciens supérieurs de l'aviation/ techniciens supérieurs des études et de l'exploitation de l'aviation civile Epreuve commune obligatoire

SESSION 2015

Questions liées : *Questions 01 à 05 sauf question 03, questions 06 à 07, questions 09 à 10, questions 11 à 13, questions 14 à 17, questions 18 à 19, questions 20 à 25.*

ENONCE

PARTIE I

On considère la fonction polynôme Q ***définie pour tout nombre réel*** x ***par :*** $Q(x) = -2x^3 + 3x^2 + 1$, ***et la fonction*** g ***définie pour tout réel*** x ***appartenant à l'intervalle*** $]-1, +\infty[$ ***par*** $g(x) = \dfrac{1-x}{1+x^3}$. ***On note*** C_g ***la courbe représentative de la fonction*** g.

Question 01 : En étudiant les variations de la fonction polynôme Q, on démontre que

a) le polynôme Q n'admet aucune racine réelle.

b) le polynôme Q admet une racine réelle notée α appartenant à l'intervalle $]1, 2[$.

c) le polynôme Q admet uniquement deux racines réelles notées α et β appartenant respectivement aux intervalles $]1, 2[$ et $]0, 1[$.

d) le polynôme Q admet uniquement trois racines réelles notées α, β et γ appartenant respectivement aux intervalles $]1, 2[$, $]0, 1[$ et $]-\infty, 0[$.

Question 02 : On démontre que

a) pour tout réel x appartenant à l'intervalle $]-1, +\infty[$, la fonction dérivée de la fonction g est $g'(x) = \dfrac{-Q(x)}{(1+x^3)^2}$.

b) pour tout réel x appartenant à l'intervalle $]-1, +\infty[$, la fonction dérivée de la fonction g est $g'(x) = \dfrac{Q(x)}{(1+x^3)^2}$.

c) la fonction g est croissante sur l'intervalle $]\alpha, +\infty[$ et décroissante sur l'intervalle $]-1, \alpha[$.

d) la fonction g est croissante sur l'intervalle $]-1, \alpha[$ et décroissante sur l'intervalle $]\alpha, +\infty[$.

Question 03 : On établit que

a) $\lim_{x\to+\infty} g(x) = 1$. b) $\lim_{x\to+\infty} g(x) = 0$. c) $\lim_{x\to-1^+} g(x) = +\infty$.

d) $\lim_{x\to-1^+} g(x) = -\infty$.

Question 04 : On établit que la courbe représentative C_g de la fonction g admet une tangente (Δ) au point d'abscisse 0, dont une équation est :

a) $y = -x + 1$. b) $y = x + 1$. c) $y = x - 1$. d) $y = -x - 1$.

Question 05 : On démontre que la tangente (Δ) est

a) au-dessous de la courbe C_g sur l'intervalle $]-1, 1[$.

b) au-dessus de la courbe C_g sur l'intervalle $]-1, 1[$.

c) au-dessous de la courbe C_g sur l'intervalle $]-1, 0[$ et au-dessus de la courbe C_g sur l'intervalle $]0, 1[$.

d) au-dessus de la courbe C_g sur l'intervalle $]-1, 0[$ et au-dessous de la courbe C_g sur l'intervalle $]0, 1[$.

Question 06 : En déterminant trois réels a, b, c tels que l'on ait l'égalité

$$g(x) = \frac{a}{x+1} + \frac{bx+c}{x^2-x+1},$$

on établit que :

a) $g(x) = \frac{2}{3} \times \frac{1}{x+1} - \frac{1}{3} \times \frac{2x-1}{x^2-x+1}$.

b) $g(x) = \frac{2}{x+1} + \frac{2x-1}{x^2-x+1}$.

c) $g(x) = -\frac{2}{3} \times \frac{1}{x+1} + \frac{1}{3} \times \frac{2x-1}{x^2-x+1}$.

d) $g(x) = \frac{3}{2} \times \frac{2}{x+1} - \frac{2x-1}{x^2-x+1}$.

Question 07 : La fonction g est une fonction continue sur l'intervalle $]-1, +\infty[$, donc elle est intégrable sur cet intervalle.
Ainsi, $G(x) = \int_0^x g(t)\,dt$ est définie et on établit que :

a) $G(1) = 2\ln 2$. b) $\frac{2}{3}\ln 2$. c) $-\frac{2}{3}\ln 2$. d) $\frac{3}{2}\ln 2$.

PARTIE II

Soit f la fonction définie par l'expression suivante : $f(x) = (1-x)\sqrt{1-x^2}$. On note C_f la courbe représentative de cette fonction.

Question 08 : On établit que la fonction f est définie sur l'intervalle

a) $]-1, +\infty[$. b) $[-1, 1]$. c) $]-\infty, -1[$. d) $]-1, 1[$.

Question 09 : On démontre que la fonction f

a) n'est pas dérivable à gauche de 1.

b) est dérivable à droite de -1.

c) est dérivable à gauche de 1.

d) n'est pas dérivable à droite de -1.

Question 10 : On démontre que la courbe représentative C_f de cette fonction f

a) admet, au point d'abscisse 1, une tangente parallèle à l'axe des abscisses.

b) admet, au point d'abscisse -1, une tangente parallèle à l'axe des ordonnées.

c) admet, au point d'abscisse 1, une demi-tangente parallèle à l'axe des abscisses.

d) admet, au point d'abscisse -1, une demi-tangente parallèle à l'axe des ordonnées.

Question 11 : Pour $x \in]-1,1[$, on établit que la fonction f admet pour dérivée :

a) $f'(x) = \dfrac{(x-1)(2x+1)}{2\sqrt{1-x^2}}$.

b) $f'(x) = \dfrac{(x-1)(2x+1)}{\sqrt{1-x^2}}$.

c) $f'(x) = \sqrt{\dfrac{1-x}{1+x}}$.

d) $f'(x) = \dfrac{(x-1)(3x+2)}{2\sqrt{1-x^2}}$.

Question 12 : À partir d'un tableau de variation, on démontre que la courbe représentative C_f admet au point d'abscisse $-\frac{1}{2}$

a) un maximum qui vaut $\dfrac{3\sqrt{3}}{2}$.

b) un minimum qui vaut $\dfrac{3\sqrt{3}}{4}$.

c) un maximum qui vaut $\dfrac{\sqrt{3}}{4}$.

d) un minimum qui vaut $\dfrac{\sqrt{3}}{4}$.

Question 13 : on donne pour approximation $\sqrt{3} \approx 1,7$.
On démontre que l'équation $f(x) = 1$

a) n'admet pas de solution.

b) admet une solution et une seule.

c) admet au plus deux solutions.

d) admet au moins deux solutions.

PARTIE III

Dans un aéroport d'une petite ville européenne, une compagnie aérienne possède deux guichets d'enregistrement et, pour ces deux guichets, une unique file d'attente.
On appelle X_i la variable aléatoire de temps passé au guichet numéro i par chaque voyageur, i pouvant être égal à 1 ou à 2. Le temps est exprimé en minutes. On suppose que les variables X_1 et X_2 sont indépendantes, toutes les deux de même loi exponentielle de paramètre $\frac{1}{5}$. On donne l'approximation $\frac{1}{e} \approx 0,367$, où e désigne la constante de Neper.

A

On suppose que 2 voyageurs arrivent simultanément aux deux guichets.

Question 14 : On calcule, au centième près :

a) $P(X \leqslant 5) \approx 0,37$. b) $P(X \leqslant 5) \approx 0,63$. c) $P(X \leqslant 5) \approx 0,38$.
d) $P(X \leqslant 5) \approx 0,64$.

Question 15 : Soit E_1 « les deux guichets se libérent dans les cinq minutes ». On calcule, au centième près :

a) $P(E_1) \approx 0,40$ car les deux événements sont incompatibles.
b) $P(E_1) \approx 0,14$ car les deux événements sont incompatibles.
c) $P(E_1) \approx 0,40$ car les deux événements sont indépendants.
d) $P(E_1) \approx 0,14$ car les deux événements sont indépendants.

Question 16 : Soit E_2 « l'un des deux guichets se libére dans les cinq minutes ». On calcule, au centième près :

a) $P(E_2) \approx 0,87$. b) $P(E_2) \approx 0,47$. c) $P(E_2) \approx 0,40$. d) $P(E_2) \approx 0,14$.

B

Vous êtes le premier dans l'unique file d'attente.
Les deux guichets viennent d'être pris simultanément par les deux voyageurs précédents.
On appelle Z la variable aléatoire égale à votre temps d'attente, temps exprimé en minutes.

Question 17 : On calcule, au centième près :

a) $P(Z \leqslant 5) \approx 0,87$.
b) $P(Z \leqslant 5) \approx 0,14$.
c) $P(Z \leqslant 5) \approx 0,40$.
d) $P(Z \leqslant 5) \approx 0,48$.

Question 18 : Soit l'événement E_3 : « vous attendez plus de t minutes ».
On montre que

a) $P(Z \geqslant t) = e^{-\frac{2}{5}t}$.

b) $P(Z \geqslant t) = 2\,e^{-\frac{1}{5}t}$.

c) $P(Z \geqslant t) = 1 - e^{-\frac{2}{5}t}$.

d) $P(Z \geqslant t) = 1 - 2 \times e^{-\frac{1}{5}t}$.

Question 19 : L'espérance de votre temps d'attente est :

a) 12 secondes . b) 5 minutes. c) 24 secondes. d) 2 minutes 30 secondes.

PARTIE IV

6 000 000 *de rats vivent paisiblement dans une région et se répartissent de la manière suivante :*
3 000 000 *de rats des villes,* 3 000 000 *de rats des champs ; le nombre total de rats ne change pas. Mais il est possible d'observer des mouvements de population entre les rats des villes et les rats des champs. Ainsi, on remarque que tous les ans,* 20% *des rats des champs deviennent des rats des villes, et* 10% *des rats des villes deviennent des rats des champs. On note, en millions,* v_n *le nombre de rats des villes et* c_n *le nombre de rats des champs en fin d'année* n.

Question 20 : On démontre que :

a) $v_{n+1} = 0.9\,v_n + 0.1\,c_n$. b) $v_{n+1} = 0.9\,v_n + 0.2\,c_n$.

c) $c_{n+1} = 0.1\,v_n + 0.8\,c_n$. d) $c_{n+1} = 0.8\,v_n + 0.1\,c_n$.

Question 21 : sachant que $v_n + c_n = 6$, on peut en déduire que :

a) $v_{n+1} = 0.8\,v_n + 0.6$. b) $v_{n+1} = 0.7\,v_n + 1.2$.

c) $c_{n+1} = 0.5\,c_n + 0.6$. d) $c_{n+1} = 0.7\,c_n + 0.6$.

Question 22 : On note $x_n = v_n - 4$ et $y_n = c_n - 2$. On démontre que :

a) $(x_n)_{n \in \mathbb{N}}$ est une suite géométrique de raison $q = 0.5$.

b) $(x_n)_{n \in \mathbb{N}}$ est une suite géométrique de raison $q = 0.7$.

c) $(y_n)_{n \in \mathbb{N}}$ est une suite géométrique de raison $q = 0.5$.

d) $(y_n)_{n \in \mathbb{N}}$ est une suite géométrique de raison $q = 0.7$.

Question 23 : On en déduit que

a) $x_n = (0.7)^n$. b) $x_n = -(0.5)^n$. c) $y_n = (0.5)^n$. d) $y_n = -(0.7)^n$.

Question 24 : On déduit que

a) $v_n = 4 + (0.7)^n$.

b) $v_n = 4 + (0.5)^n$.

c) $c_n = 2 + (0.5)^n$.

d) $c_n = 2 - (0.7)^n$.

Question 25 : On démontre que

a) le nombre de rats des villes va tendre à disparaître.

b) le nombre de rats des champs va tendre à disparaître.

c) les nombres de rats des villes et de rats des champs vont tendre vers une stabilisation respective de $v = 4\,000\,000$ et $c = 2\,000\,000$.

d) les nombres de rats des villes et de rats des champs vont tendre vers une stabilisation respective de $v = 2\,000\,000$ et $c = 4\,000\,000$.

CORRIGE

Question 01 : On considère dans les premières questions la fonction polynôme Q définie pour tout nombre réel x par : $Q(x) = -2x^3 + 3x^2 + 1$. On propose pour commencer d'étudier les variations de la fonction polynôme Q. On a :

$$Q'(x) = -6x^2 + 6x = -6x(x-1).$$

$Q'(x) > 0$ si et seulement si $x \in]0,1[$. La fonction Q est décroissante sur $]-\infty, 0[$ et sur $]1, +\infty[$ et croissante sur $[0,1]$. Puis $\lim_{x \to -\infty} Q(x) = +\infty$ et $\lim_{x \to +\infty} Q(x) = -\infty$. Enfin, $Q(0) = 1$ et $Q(1) = -2+3+1 = 2$. Donc racontons maintenant l'histoire de Q. Q est décroissante sur $]-\infty, 0[$ et descend de $+\infty$ à 1 puis Q sur $[0,1]$ remonte de 1 à 2 et enfin sur $[1, +\infty[$ descend de 2 à $-\infty$. Le polynôme Q admet une seule racine réelle notée α. Comme $Q(2) = -2 \times 8 + 3 \times 4 + 1$, $Q(2) = -3 < 0$ et donc $\alpha \in]1,2[$.

Donc **l'assertion b) est vraie** et **les assertions a), c) et d) sont fausses**.

Question 02 : On introduit maintenant la fonction g définie pour tout réel x appartenant à l'intervalle $]-1, +\infty[$ par $g(x) = \dfrac{1-x}{1+x^3}$.

Remarque : dans cette question, on ne s'intéresse plus qu'à α trouvé à la question 01 et pas de β ou(et) de γ. Si vous avez trouvé les assertions c) ou d) vraies à la question 01, cela doit vous interloquer.

Ceci dit, g est bien définie sur l'intervalle $]-1, +\infty[$ et dérivable sur cet intervalle. Pour tout réel x appartenant à l'intervalle $]-1, +\infty[$, la fonction dérivée de la fonction g est :

$$g'(x) = \frac{(1-x)'(1+x^3) - (1+x^3)'(1-x)}{(1+x^3)^2} = \frac{-Q(x)}{(1+x^3)^2}.$$

Donc **l'assertion a) est vraie** et **l'assertion b) est fausse.**

On sait que Q est à valeurs positives sur $]-1, \alpha]$ et négatives sur $[\alpha, +\infty[$. Donc $-Q$ est à valeurs négatives sur $]-1, \alpha]$ et positives sur $[\alpha, +\infty[$. Ainsi, la fonction g est croissante sur l'intervalle $]\alpha, +\infty[$ et décroissante sur l'intervalle $]-1, \alpha[$. **L'assertion c) est vraie** et **l'assertion d) est fausse.**

Question 03 : Quand x est strictement positif, $g(x) = \dfrac{\frac{1}{x} - 1}{\frac{1}{x} + x^2}$. Donc si x tend vers $+\infty$, le numérateur $1/x - 1$ tend vers -1 et le dénominateur $1/x + x^2$ tend vers $+\infty$, donc $\lim_{x \to +\infty} g(x) = 0$. **L'assertion a) est fausse** et **l'assertion b) est vraie**.

Si x tend vers -1 par valeurs positives, le numérateur de $g(x)$ tend vers 2 et le dénominateur tend vers 0^+ car $x^3 > -1$ pour $x > -1$. Donc $\lim_{x \to -1^+} g(x) = +\infty$.

L'assertion c) est vraie et **l'assertion d) est fausse.**

Question 04 : On note C_g la courbe représentative de la fonction g. C_g admet une tangente (Δ) au point d'abscisse 0, dont la pente est $g'(0) = -1$.

Donc déjà , **les assertions b) et c) sont fausses.**

Puis on sait que la tangente en $x = a > -1$ a pour équation :

$$y - g(a) = (x - a)g'(a).$$

Ici : $y - g(0) = y - 1 = -x \Rightarrow y = -x + 1$.
L'assertion a) est vraie et **l'assertion d) est fausse**.

Question 05 : On veut ici connaître la position de la tangente (Δ) par rapport Ã la courbe C_g sur l'intervalle $]-1, 1[$. On écrit la différence entre l'ordonnée $y = g(x)$ de C_g et l'ordonnée $y = -x + 1$ de (Δ).

$$\frac{1-x}{1+x^3} - (-x+1) = (1-x)\left(\frac{1}{1+x^3} - 1\right) = (1-x)\,\frac{-x^3}{1+x^3}.$$

Si $x \in]-1, 0[$, $1 - x > 0$ et $-x^3 > 0$ donc la courbe C_g est au dessus de (Δ) pour les valeurs de $x \in]-1, 0[$.
Si $x \in]0, 1[$, $1 - x > 0$ et $-x^3 < 0$ donc la courbe C_g est en dessous de (Δ) pour les valeurs de $x \in]0, 1[$.
Finalement, la tangente (Δ) est au dessous de la courbe (C_g) sur $]-1, 0[$ et au dessus de la courbe (C_g) sur $]0, 1[$.
Ainsi, **l'assertion c) est vraie** et **les assertions a), b) et d) sont fausses**.

Question 06 : On commence par remarquer que $1 + x^3 = (x + 1)(x^2 - x + 1)$. Puis :

$$\frac{a}{x+1} + \frac{bx+c}{x^2-x+1} = \frac{a(x^2-x+1) + (bx+c)(x+1)}{1+x^3}$$

$$\Rightarrow \frac{a}{x+1} + \frac{bx+c}{x^2-x+1} = \frac{(a+b)x^2 + (-a+b+c)x + a + c}{1+x^3}.$$

Pour déterminer trois réels a, b, c tels que $g(x) = \dfrac{a}{x+1} + \dfrac{bx+c}{x^2-x+1}$, on écrit :

$$(a+b)x^2 + (-a+b+c)x + a + c = -x + 1.$$

Or deux polynômes sont égaux si et seulement si leurs coefficients sont égaux, donc

$$\left\{\begin{array}{rcl} a+b & = & 0 \\ -a+b+c & = & -1 \\ a+c & = & 1 \end{array}\right. \Rightarrow a = \frac{2}{3},\ b = \frac{-2}{3}, c = \frac{1}{3}.$$

Donc : $g(x) = \dfrac{2}{3} \times \dfrac{1}{x+1} - \dfrac{1}{3} \times \dfrac{2x-1}{x^2-x+1}$.
Et **l'assertion a) est vraie**.
Par contre, **les assertions b), c) et d) sont fausses**.

Question 07 : On vous rappelle que la fonction g étant une fonction continue sur l'intervalle $]-1, +\infty[$, elle est intégrable sur cet intervalle. Ainsi, $G(x) = \displaystyle\int_0^x g(t)\,dt$ est définie. On a :

$$G(x) = \int_0^x g(t)\,dt = \int_0^x \left[\frac{2}{3} \times \frac{1}{t+1} - \frac{1}{3} \times \frac{2t-1}{t^2-t+1}\right] dt = I_1(x) + I_2(x).$$

On a : $I_1(x) = \int_0^x \frac{2}{3} \times \frac{1}{t+1}\, dt$ et $I_2(x) = -\int_0^x \frac{1}{3} \times \frac{2t-1}{t^2-t+1}\, dt$.
Pour commencer, $I_1(x) = \frac{2}{3}\left[\ln|t+1|\right]_0^x = \frac{2}{3}\ln(x+1)$ car $\ln 1 = 0$ et $t+1 > 0$.
Pour $I_2(x)$, on remarque que $(x^2 - x + 1)' = 2x - 1$ donc

$$I_2(x) = -\frac{1}{3}\left[\ln|t^2 - t + 1|\right]_0^x = -\frac{1}{3}\ln\left(x^2 - x + 1\right).$$

On a : $3\,G(x) = 2\ln(x+1) - \ln\left(x^2 - x + 1\right)$. Et $3\,G(1) = 2\ln 2$.
Donc **l'assertion b) est vraie** et **les assertions a), c) et d) sont vraies**.

Question 08 : Soit maintenant f la fonction définie par l'expression suivante : $f(x) = (1-x)\sqrt{1-x^2}$. Comme $\sqrt{1-x^2}$ n'est définie que si $1 - x^2 \geqslant 0$, $f(x)$ n'existe que si $x^2 \leqslant 1$ donc si et seulement si $x \in [-1, 1]$.
Donc **l'assertion b) est vraie** et **les assertions a) et c) sont fausses**.
Quant à l'assertion d), on ne dit pas que f doit être définie ***uniquement*** sur l'intervalle $]-1, 1[$.
Donc **l'assertion d) est vraie**.

Question 09 : La fonction $u \mapsto \sqrt{u}$ n'est pas dérivable à droite en 0. Donc

$$x \mapsto \sqrt{(1-x)(1+x)}$$

n'est pas dérivable à droite de -1 et à gauche de 1. Par contre la présence de $(1-x)$ nous oblige à faire une étude plus fine.
Posons $x = 1 - h$, et étudions quand x tend vers 1 à gauche c'est-à -dire quand h tend vers 0 à droite. Alors :

$$f(x) = g(h) = (1 - 1 + h)\sqrt{(1 + 1 - h)h} = h\sqrt{h}\sqrt{2-h}.$$

Cela donne :

$$\frac{g(h) - g(0)}{h - 0} = \frac{h\sqrt{h}\sqrt{2-h} - 0}{h} = \sqrt{h}\sqrt{2-h}.$$

La quantité $\frac{g(h) - g(0)}{h - 0}$ tend vers 0 quand h tend vers 0^+ donc quand x tend vers 1 à gauche, ainsi, f est dérivable à gauche en 1 et la valeur de la dérivée est alors 0. La pente de la demi-tangente en $x = 1$ est horizontale.
Donc **l'assertion c) est vraie** et **l'assertion a) est fausse**.
Posons $x = -1 + h$, et étudions quand x tend vers -1 à droite c'est-à-dire quand h tend vers 0 à droite. Alors $f(x) = g(h) = (1 + 1 - h)\sqrt{(1 + 1 - h)h} = (2 - h)\sqrt{h}\sqrt{2-h}$.

$$\frac{g(h) - g(0)}{h - 0} = \frac{(2-h)\sqrt{h}\sqrt{2-h} - 0}{h}.$$

La quantité $\frac{g(h) - g(0)}{h - 0}$ tend vers ∞ quand h tend vers 0^+ donc quand x tend vers -1 à droite, ainsi, f est n'est pas dérivable à droite en -1 et la pente de la demi-tangente en -1 est verticale.
Donc **l'assertion d) est vraie** et **l'assertion b) est fausse**.

Question 10 : D'après le développement de la question 09, la courbe représentative C_f de cette fonction f admet, au point d'abscisse 1, une demi-tangente horizontale donc parallèle à l'axe des abscisses et **l'assertion c) est vraie** et admet, au point d'abscisse -1, une demi-tangente verticale, donc parallèle à l'axe des ordonnées. Et **l'assertion d) est vraie**.
Par contre, comme f n'est pas définie à gauche de -1 et à droite de 1, on ne peut pas parler de tangente mais que de demi-tangentes.
Par conséquent, **les assertions a) et b) sont fausses**.

Remarque : cette histoire de tangente à la place de demi-tangente, c'est un piège. Surtout que les mauvaises assertions sont les deux premières de la question.

Question 11 : Pour $x \in]-1, 1[$, établissons la dérivée de la fonction f. On commence par dériver $x \mapsto \sqrt{1-x^2}$. On sait que la dérivée de $\sqrt{u}$ est $\frac{1}{2}u'/\sqrt{u}$ donc :

$$\left(\sqrt{1-x^2}\right)' = \frac{-1}{2} \times \frac{-2x}{\sqrt{1-x^2}} = \frac{-x}{\sqrt{1-x^2}}.$$

Puis, on attaque $f'(x)$.

$$f'(x) = (1-x)'\sqrt{1-x^2} + (1-x)\left(\sqrt{1-x^2}\right)' = -\sqrt{1-x^2} + \frac{x(x-1)}{\sqrt{1-x^2}},$$

ce qui donne :

$$f'(x) = \frac{-(1-x^2)}{\sqrt{1-x^2}} + \frac{x(x-1)}{\sqrt{1-x^2}} = \frac{(x-1)(2x+1)}{\sqrt{1-x^2}}.$$

L'assertion b) est vraie et **les assertions a), b) et d) sont fausses**.

Question 12 : On étudie le signe de $f'(x)$ pour commencer. Cette dérivée s'annule sur $]-1, 1[$ si et seulement si $2x + 1 = 0$ donc au point d'abscisse $-\frac{1}{2}$.
Par ailleurs pour tout $x \in]-1, 1[$, $x - 1 < 0$ et donc $f'(x) > 0$ pour $x \in]-1, -1/2[$ et $f'(x) < 0$ pour $x \in]-1/2, 1[$. Donc la courbe représentative C_f admet au point d'abscisse $-\frac{1}{2}$ un maximum.
Les assertions b) et d) sont fausses. Puis,

$$f\left(-\frac{1}{2}\right) = \left(1 + \frac{1}{2}\right)\sqrt{1 - \frac{1}{4}} = 3\frac{\sqrt{3}}{4}.$$

Donc **les assertions a) et c) sont fausses**, **l'assertion e) est vraie**.

Question 13 : On donne pour approximation $\sqrt{3} = 1,7$. Comme f est croissante sur $]-1, -1/2[$ et décroissante sur $]-1/2, 1[$, et comme $f(1) = f(-1) = 0$, $f(-1/2) = 3/4 \times \sqrt{3} > 1$, f étant continue, l'équation $f(x) = 1$ admet exactement deux solutions donc on peut dire qu'elle admet au plus deux solutions et qu'elle admet au moins deux solutions.
Les assertions c) et d) sont vraies et **les assertions a) et b) sont fausses**.

Question 14 : Dans un aéroport d'une petite ville européenne, une compagnie aérienne possède deux guichets d'enregistrement et, pour ces deux guichets, une unique file d'attente.
On appelle X_i la variable aléatoire de temps passé au guichet numéro i, i pouvant être égal à 1 ou à 2. Le temps est exprimé en minutes. On suppose que les variables X_1 et X_2 sont indépendantes, toutes les deux de même loi exponentielle de paramètre $\frac{1}{5}$.

On suppose que deux voyageurs arrivent simultanément aux deux guichets.
On suppose que X désigne X_1 ou X_2 selon l'humeur de la question (pas très clair, on aurait dû préciser). On a pour tout t positif,

$$P(X \leqslant t) = \int_0^t \frac{1}{5} e^{-\frac{1}{5}x}\,dx = \frac{1}{5} \times (-5) \times \left[e^{-\frac{1}{5}x}\right]_0^t = 1 - e^{-\frac{1}{5}t}.$$

Au centième près, comme $\frac{1}{e} \equiv 0,367$, où e désigne la constante de Neper,

$$P(X \leqslant 5) = 1 - \frac{1}{e} = 1 - 0,367 = 0,633.$$

L'assertion b) est vraie et **les assertions a), c) et d) sont fausses.**

Remarque : pour l'assertion d), c'est juste un souci d'arrondi.

Question 15 : Soit l'événement E_1 « les deux guichets se libérent dans les cinq minutes ». Comme les deux voyageurs sont indépendants l'un de l'autre, les événements $[X_1 \leqslant 5]$ et $[X_2 \leqslant 5]$ sont indépendants. Donc, au centième près :

$$P(E_1) = P(X_1 \leqslant 5)P(X_2 \leqslant 5) = 0,633^2 = 0,40.$$

Ainsi, « $P(E_1) = 0,40$ car les deux événements sont incompatibles. » est faux et **l'assertion a) est fausse.** Par contre, **l'assertion c) est vraie.**
Enfin, il est clair que **les assertions b) et d) sont fausses.**

Question 16 : Soit l'événement E_2 « l'un des deux guichets se libère dans les cinq minutes ».

$$P(E_2) = P([X_1 \leqslant 5] \cup [X_2 \leqslant 5])$$

$$\Rightarrow P(E_2) = P([X_1 \leqslant 5]) + P([X_2 \leqslant 5]) - P([X_1 \leqslant 5])\,P([X_2 \leqslant 5]).$$

Cela donne : $P(E_2) = 0,633 + 0,633 - 0,40 = 0,87$. Et **l'assertion a) est vraie, les assertions b), c) et d) sont fausses.**

Question 17 : Vous êtes le premier dans l'unique file d'attente. (Si on vous le dit, c'est que c'est vrai, il faut nous croire !) Les deux guichets viennent d'être pris simultanément par les deux voyageurs précédents.
On appelle Z la variable aléatoire égale à votre temps d'attente, temps exprimé en minutes. L'événement $[Z \leqslant 5]$ signifie que l'un au moins des guichets se libère dans les cinq minutes, donc $P([Z \leqslant 5]) = P(E_2) = 0,87$.
L'assertion a) est vraie et **les assertions b), c) et d) sont fausses.**

Question 18 : Soit l'événement E_3 : « vous attendez plus de t minutes ». On remarque que $P(E_3) = P(Z \geqslant t)$. Or l'événement E_3 signifie que les deux guichets mettent au moins t minutes pour se libérer :

$$P(E_3) = P(X_1 > t)P(X_2 > t) = \left[1 - \left(1 - e^{-\frac{1}{5}t}\right)\right]^2 = e^{-\frac{2}{5}t}.$$

L'assertion a) est vraie et **les assertions b), c) et d) sont fausses.**

Question 19 : On a : $P(Z \leqslant t) = 1 - e^{-\frac{2}{5}t}$ et la densité de la loi Z est nulle pour $t < 0$ et vaut $\frac{2}{5}e^{-\frac{2}{5}t}$ pour $t > 0$. Donc Z est la loi exponentielle de paramètre $\frac{2}{5}$.

Son espérance est $5/2$ minutes $= 2$ minutes 30 secondes.
L'assertion d) est vraie et **les assertions a), b), c) sont fausses**.

Question 20 : Passons à une histoire de rats. 6 000 000 de rats vivent paisiblement dans une région (mais cela c'était avant de rencontrer les concepteurs de sujets de l'ENAC). Ils se répartissent de la manière suivante :
3 000 000 de rats des villes, 3 000 000 de rats des champs; le nombre total de rats ne change pas. Mais il est possible d'observer des mouvements de population entre les rats des villes et les rats des champs. Ainsi, on remarque que tous les ans, 20% des rats des champs deviennent des rats des villes, et 10% des rats des villes deviennent des rats des champs. On note, en millions, v_n le nombre de rats des villes et c_n le nombre de rats des champs en fin d'année n.
Donc : $v_{n+1} = 0.9\,v_n + 0.2\,c_n$ et $c_{n+1} = 0.1\,v_n + 0.8\,c_n$.
Les assertions b) et c) sont vraies et **les assertions a) et d) sont fausses**.

Question 21 : On a effectivement $v_n + c_n = 6$ car on suppose que le nombre total de rats ne bouge pas. On peut en déduire que :

$$v_{n+1} = 0.9\,v_n + 0.2\,c_n = 0.9\,v_n + 0.2\,(6 - v_n) = 0.7\,v_n + 1.2.$$

Ainsi **l'assertion a) est fausse** et **l'assertion b) est vraie**. Puis :

$$c_{n+1} = 0.1\,v_n + 0.8\,c_n = 0.1\,(6 - c_n) + 0.8\,c_n = 0.7\,c_n + 0.6.$$

Ainsi **l'assertion c) est fausse** et **l'assertion d) est vraie**.

Question 22 : On note $x_n = v_n - 4$ et $y_n = c_n - 2$. Alors :

$$v_n = 4 + x_n \Rightarrow v_{n+1} = 0.7(4 + x_n) + 1.2 = 0.7x_n + 4 \Rightarrow x_{n+1} = 0.7x_n.$$

Donc $(x_n)_{n\in\mathbf{N}}$ est une suite géométrique de raison $q = 0.7$.
En conclusion, **l'assertion a) est fausse** et **l'assertion b) est vraie**.
De même :

$$c_n = 2 + y_n \Rightarrow c_{n+1} = 0.7(2 + y_n) + 0.6 = 0.7y_n + 2 \Rightarrow y_{n+1} = 0.7y_n.$$

Donc $(y_n)_{n\in\mathbf{N}}$ est une suite géométrique de raison $q = 0.7$.
Et on en déduit que **L'assertion c) est fausse** et **l'assertion d) est vraie**.

Question 23 : On a pour tout n, $x_n = (0.7)^n x_0 = -(0.7)^n$ car :

$$x_0 = v_0 - 4 = 3 - 4 = -1.$$

De même, pour tout n, $y_n = (0.7)^n y_0 = (0.7)^n$ car $y_0 = c_0 - 2 = 3 - 2 = 1$.
Donc **les quatre assertions a), b), c) et d) sont fausses**.
Et **l'assertion e) est vraie**.

Question 24 : On déduit de la question 23 que :

$$x_n = -(0.7)^n \Rightarrow v_n = 4 - (0.7)^n, y_n = (0.7)^n \Rightarrow c_n = 2 + (0.7)^n.$$

Encore une fois, **les quatre assertions a), b), c) et d) sont fausses**.
Et **l'assertion e) est vraie**.

Question 25 : Comme $(0.7)^n$ tend vers 0 quand n tend vers $+\infty$, les nombres de rats des villes et de rats des champs vont tendre vers une stabilisation respective de $v = 4\,000\,000$ et $c = 2\,000\,000$.
L'assertion c) est vraie et **les assertions a), b) et d) sont fausses**.

Remarque : Maintenant, la formulation n'est pas correcte car on devrait écrire $v = 4$ et $c = 2$.

Concours de recrutement des techniciens supérieurs de l'aviation/ techniciens supérieurs des études et de l'exploitation de l'aviation civile Epreuve optionnelle obligatoire

SESSION 2015

Questions liées : *Question 01 à question 03, question 04 à 09, question 10 à question 11.*

ENONCE

PARTIE I

On considère le nombre complexe $z = -1 + i\sqrt{3}$.

Question 01 :

a) Une forme exponentielle de z est $z = 2\,e^{-i\frac{2\pi}{3}}$.

b) Une forme exponentielle de z est $z = 2\,e^{i\frac{4\pi}{3}}$.

c) Une forme exponentielle de z est $z = 2\,e^{-i\frac{4\pi}{3}}$.

d) Une forme exponentielle de z est $z = 2\,e^{i\frac{2\pi}{3}}$.

Question 02 : La forme algébrique de z^{-1} est

a) $\frac{1}{4} + \frac{\sqrt{3}}{4}i$. b) $-\frac{1}{4} - \frac{\sqrt{3}}{4}i$. c) $\frac{1}{4} - \frac{\sqrt{3}}{4}i$. d) $-\frac{1}{4} + \frac{\sqrt{3}}{4}i$.

Question 03 : La forme algébrique de z^2 est

a) $z^2 = -2 - 2\sqrt{3}\,i$.

b) $\mathrm{z}^2 = 2 - 2\sqrt{3}\,i$.

La forme algébrique de z^3 est

c) $z^3 = -8$.

d) $z^3 = 8$.

PARTIE II

Pour tout nombre entier naturel n, ***on définit le terme général de la suite*** (J_n) ***par l'intégrale*** $J_n = \displaystyle\int_0^1 \frac{t^n}{1+t^2}\,dt$.

Question 04 : On établit que :

a) $J_1 = \ln 2$. b) $J_1 = 2\ln 2$. c) $J_1 = \frac{\ln 2 - 1}{2}$. d) $J_1 = \frac{\ln 2}{2}$.

Question 05 : On démontre que $J_n + J_{n+2}$ vaut

a) $\frac{2}{n+1}$. b) $\frac{2}{n+2}$. c) $\frac{1}{n+2}$. d) $\frac{1}{n+1}$.

Question 06 : On établit que

a) $J_3 = \frac{1-\ln 2}{2}$.

b) $J_3 = \frac{4 - 3\ln 2}{6}$.

c) $J_5 = \frac{-1 + 2\ln 2}{4}$.

d) $J_5 = \frac{-1 + 6\ln 2}{12}$.

Question 07 : On établit que :

$$\int_0^1 \frac{t + 2t^3 + 2t^5}{1+t^2}\, dt$$

vaut

a) $\ln 2 + \frac{1}{2}$. b) $\ln(2\sqrt{e})$. c) $\ln(\sqrt{2\,e})$. d) $\frac{\ln 2 + 1}{2}$.

Question 08 : On démontre que la suite (J_n) est

a) convergente car elle est croissante majorée.

b) divergente car elle est croissante non majorée.

c) divergente car elle est décroissante non minorée.

d) convergente car elle est décroissante minorée.

Question 09 : en utilisant l'un des résultats précédents, on démontre que :

a) $\lim_{n\to+\infty} J_n = 0$. b) $\lim_{n\to+\infty} J_n = +\infty$. c) $\lim_{n\to+\infty} J_n = -\infty$. d) $\lim_{n\to+\infty} J_n = 1$.

PARTIE III

Une population de grenouilles comptait 1000 ***têtes en*** 2010, ***année de l'ouverture d'une nouvelle autoroute proche de leur lieu de vie. On a remarqué que, d'une année sur l'autre, la moitié de la population des grenouilles décroissait de*** 40% ***tandis que l'autre moitié augmentait de*** 100 ***éléments. On appelle*** G_n ***le nombre de grenouilles l'année*** $2010 + n$.

Question 10 : On démontre que G_{n+1} vaut

a) $0.9\times G_n+100$. b) $0.8\times G_n+100$. c) $1.1\times G_n+100$. d) $1.6\times G_n+100$.

Question 11 : À l'aide d'un raisonnement par récurrence, on démontre que

a) $G_n = 500 \times (1.6)^n + 500$. b) $G_n = 400 \times (1.1)^n + 600$.

c) $G_n = 500 \times (0.8)^n + 500$. d) $G_n = 500 \times (0.9)^n + 500$.

Question 12 : On établit que

a) la population de grenouilles va s'éteindre.

b) la population de grenouilles ne va pas s'éteindre mais va décroître vers 600.

c) la population de grenouilles ne va pas s'éteindre mais va décroître vers 500.

d) la population de grenouilles va croître.

PARTIE IV

Dans l'espace, on donne les points :

$$A(1,2,3),\ B(-1,-2,5),\ C(1,3,-2),\ D(0,0,2).$$

Question 13 : t étant un nombre réel, on démontre que :

a) la droite (AB) a pour représentation paramétrique $\begin{cases} x = -2+t \\ y = -4+2t \\ z = 2+3t \end{cases}$.

b) la droite (AB) a pour représentation paramétrique $\begin{cases} x = 1-t \\ y = 2-2t \\ z = 3-t \end{cases}$.

c) la droite (AB) a pour représentation paramétrique $\begin{cases} x = 1-2t \\ y = 2-4t \\ z = 3+2t \end{cases}$.

d) la droite (AB) a pour représentation paramétrique $\begin{cases} x = -1+t \\ y = -2+2t \\ z = -1+3t \end{cases}$.

Question 14 : On démontre que le plan médiateur (P) du segment $[AB]$ a pour équation cartésienne

a) $x+2y-z+3=0$.

b) $-x-2y+z+4=0$.

c) $x+2y+z+4=0$.

d) $-x-2y+z+3=0$.

Question 15 : On démontre que le plan (P') perpendiculaire au plan (P) et contenant la droite (CD) a pour équation cartésienne

a) $5x-3y-z+2=0$.

b) $-5x+3y+z-2=0$.

c) $-x-3y+4z-2=0$.

d) $-x-3y+4z+2=0$.

CORRIGE

Question 01 : On considère dans les trois premières questions le nombre complexe $z = -1 + i\sqrt{3}$. Le but est de trouver quelques puisssances de ce z.
Pour commencer, $|z| = \sqrt{1+3} = 2$ et :

$$z = 2\left(-\frac{1}{2} + i\frac{\sqrt{3}}{2}\right) = 2\,e^{i\frac{2\pi}{3}}.$$

L'assertion d) est vraie et **les assertions a) et b) sont fausses.**
Par contre, comme : $-\dfrac{4\pi}{3} = \dfrac{2\pi}{3} - 2\pi$, **l'assertion c) est vraie.**

Question 02 : Comme $z^{-1} = \left(2\,e^{i\frac{2\pi}{3}}\right)^{-1} = \frac{1}{2}\,e^{-i\frac{2\pi}{3}}$, la forme algébrique de z^{-1} est

$$\frac{1}{2}\,e^{-i\frac{2\pi}{3}} = \frac{1}{2}\left(-\frac{1}{2} - i\frac{\sqrt{3}}{2}\right) = -\frac{1}{4} - i\frac{\sqrt{3}}{4}.$$

L'assertion b) est vraie et **les assertions a), c) et d) sont fausses.**

Question 03 : Comme $z^2 = \left(2\,e^{i\frac{2\pi}{3}}\right)^2 = 4\,e^{i\frac{4\pi}{3}}$, la forme algébrique de z^2 est

$$4\left(-\frac{1}{2} - i\frac{\sqrt{3}}{2}\right) = -2 - i2\sqrt{3}.$$

L'assertion a) est vraie et **l'assertion b) est fausse.**
Comme $z^3 = \left(2\,e^{i\frac{2\pi}{3}}\right)^3 = 8\,e^{i\frac{6\pi}{3}}$, la forme algébrique de z^3 est

$$8\,(1 + i \times 0) = 8.$$

L'assertion d) est vraie et **l'assertion c) est fausse.**

Question 04 : Pour tout nombre entier naturel n, on définit le terme général de la suite (J_n) par l'intégrale :

$$J_n = \int_0^1 \frac{t^n}{1+t^2}\,dt.$$

Dans la question 04, on s'intéresse à J_1. Alors :

$$J_1 = \int_0^1 \frac{t}{1+t^2}\,dt = \frac{1}{2}\int_0^1 \frac{2t}{1+t^2}\,dt = \frac{1}{2}\left[\ln(1+t^2)\right]_0^1 = \frac{\ln 2}{2}.$$

L'assertion d) est vraie et **les assertions a), b) et c) sont fausses.**

Question 05 : Alors pour tout entier n,

$$J_n + J_{n+2} = \int_0^1 \frac{t^n}{1+t^2}\,dt + \int_0^1 \frac{t^{n+2}}{1+t^2}\,dt = \int_0^1 \frac{t^n(1+t^2)}{1+t^2}\,dt = \int_0^1 t^n\,dt.$$

Il reste à intégrer :

$$J_n + J_{n+2} = \left[\frac{t^{n+1}}{n+1}\right]_0^1 = \frac{1}{n+1}.$$

Et **l'assertion d) est vraie, les assertions a), b) et c) sont fausses.**

Question 06 : En appliquant pour $n = 1$ le résultat de la question 05, on a :

$$J_1 + J_3 = \frac{1}{2}.$$

Et comme $J_1 = \dfrac{\ln 2}{2}$,

$$J_3 = -\frac{\ln 2}{2} + \frac{1}{2} \Rightarrow J_3 = \frac{1-\ln 2}{2}.$$

L'assertion a) est vraie et **l'assertion b) est fausse.** Puis :

$$J_3 + J_5 = \frac{1}{4} \Rightarrow J_5 = \frac{1}{4} - \frac{1-\ln 2}{2} = \frac{-1+2\ln 2}{4}.$$

On en déduit que **l'assertion c) est vraie** et que **l'assertion d) est fausse.**

Question 07 : On a : $\displaystyle\int_0^1 \frac{t+2t^3+2t^5}{1+t^2}\,dt = J_1 + 2J_3 + 2J_5.$

On écrit :

$$\int_0^1 \frac{t+2t^3+2t^5}{1+t^2}\,dt = \frac{\ln 2}{2} + 2\,\frac{1-\ln 2}{2} + 2\,\frac{-1+2\ln 2}{4} = \frac{1+\ln 2}{2}.$$

L'assertion d) est vraie et **les assertions a), b) sont fausses.** Attention, comme

$$\ln\sqrt{2e} = \frac{\ln 2 + 1}{2},$$

l'assertion c) est vraie. Des petits pièges comme cela, il y en a de temps en temps.

Question 08 : Pour tout n entier naturel et pour tout $t \in [0,1]$, la quantité t^n est supérieure à t^{n+1}. Donc :

$$\frac{t^n}{1+t^2} \geqslant \frac{t^{n+1}}{1+t^2} \Rightarrow J_n \geqslant J_{n+1}.$$

Ainsi, la suite (J_n) est décroissante. Déjà , **les assertions a) et b) sont fausses.** Comme t^n, $1+t^2$ sont positifs, il en est de même de leur rapport et l'intégrale sur $[0,1]$ de ce rapport reste positif. Donc J_n est minoré par 0 pour tout n. On peut en conclure que la suite (J_n) est décroissante et minorée donc convergente. **L'assertion d) est vraie** et **l'assertion c) est fausse.**

Remarque : sans l'aide d'une calculette, J_1 vaut à peu près $0,7/2$, soit $0,35$, puis J_3 vaut à peu près $0,3/3$, soit $0,15$ et J_5 vaut à peu près $(-1+1,4)/4$, soit $0,1$.
La suite (J_n) semble bien décroissante.

Question 09 : On sait que $\lim\limits_{n\to+\infty} J_n = l$ existe. Comme pour tout n,

$$J_n + J_{n+2} = \frac{1}{n+1},$$

on en déduit que :

$$2l = \lim_{n\to+\infty} \frac{1}{n+1} = 0.$$

Et donc : $l = 0$.
L'assertion a) est vraie et **les assertions b), c) et d) sont fausses.**

Question 10 : Une population de grenouilles comptait 1000 têtes en 2010, année de l'ouverture d'une nouvelle autoroute proche de leur lieu de vie. On a remarqué que, d'une année sur l'autre, la moitié de la population des grenouilles décroissait de 40% tandis que l'autre moitié augmentait de 100 eléments. On appelle G_n le nombre de grenouilles l'année $2010+n$. Donc G_{n+1} est le nombre de grenouilles l'année $2010+n+1$. Cette année là, $G_n/2$ a perdu 40 pour cent et par ailleurs, à $G_n/2$, on a ajouté 100. Donc :

$$G_{n+1} = \left(\frac{G_n}{2} - \frac{G_n}{2} \times 0.4\right) + \left(\frac{G_n}{2} + 100\right) = 0.8 \times G_n + 100.$$

L'assertion b) est vraie et **les assertions a), c) et d) sont fausses.**

Question 11 : Celui qui semble juste est l'assertion c) avec la présence de 0.8^n.
Posons la proposition :

$$\mathcal{P}_n : \ll G_n = 500 \times (0.8)^n + 500 \gg.$$

Comme $G_0 = 1000$, $\mathcal{P}_0$ est vraie. Supposons $\mathcal{P}_n$ vraie. On a :

$$G_{n+1} = 0.8 \times (500 \times (0.8)^n + 500) + 100.$$

Cela donne :

$$G_{n+1} = 500 \times (0.8)^{n+1} + 0.8 \times 500 + 100 = 500 \times (0.8)^{n+1} + 500.$$

C'est bien $\mathcal{P}_{n+1}$.
Ainsi, **l'assertion c) est vraie** et **les assertions a), b) et d) sont fausses.**

Question 12 : Comme la quantité $(0.8)^n$ tend vers 0 quand n tend vers $+\infty$, G_n tend vers 500. La suite $(0.8)^n$ décroît et il en est de même de la suite (G_n).
En conclusion, la population de grenouilles ne va pas s'éteindre mais va décroître vers 500.
L'assertion c) est vraie et **les assertions a), b) et d) sont fausses.**

Question 13 : Prenons les points

$$A(1,2,3),\ B(-1,-2,5),\ C(1,3,-2),\ D(0,0,2).$$

Le vecteur $\overrightarrow{AB}$ a pour composantes :

$$(-1-1, -2-2, 5-3) = (-2, -4, 2).$$

Toute représentation paramétrique de (AB) est de la forme :

$$\begin{cases} x &= 1-2\alpha t \\ y &= 2-4\alpha t \\ z &= 3+2\alpha t \end{cases},$$

où α est un réel non nul. Seule l'assertion c) a cette forme.
Donc **les assertions a), b) et d) sont fausses**.
Comme $(1, 2, 3)$ représente les composantes de A, on peut conclure sans aucun souci que **l'assertion c) est vraie**.

Remarque : pour l'assertion b), seul le signe de la troisième composante pose souci. Dommage !

<u>Question 14</u> : Le plan médiateur (P) du segment $[AB]$ est un plan qui passe par le milieu de $[AB]$ et qui a pour direction orthogonale le vecteur $\overrightarrow{AB}(-2, -4, 2)$, ou tout vecteur non nul qui lui est colinéaire par exemple le vecteur de composantes $(-1, -2, 1)$.
Une équation de ce plan a la forme :

$$-x-2y+z+a=0.$$

Le milieu du segment $[AB]$ est :

$$I\left(\frac{1-1}{2}, \frac{2-2}{2}, \frac{3+5}{2}\right) \Rightarrow I(0, 0, 4).$$

On a :

$$4+a=0 \Rightarrow a=-4.$$

Les quatre assertions a), b), c) et d) sont fausses et **l'assertion e) est vraie**.

<u>Question 15</u> : On cherche une équation cartésienne du plan (P') perpendiculaire au plan (P) et contenant la droite (CD).
On peut raisonner en partant des quatre assertions et essayer d'éliminer les mauvaises. Le plan (P') contient (CD) donc les coordonnées de C et de D doivent vérifier l'équation de (P').
Déjà,

$$-x-3y+4z+2=0$$

ne contient pas $D(0, 0, 2)$ et **l'assertion d) est fausse**.

Puis, l'équation :

$$-x - 3y + 4z - 2 = 0$$

n'est pas vérifiée par les coordonnées du point $C(1, 3, -2)$.
Donc **l'assertion c) est fausse**.
Les deux équations qui restent sont vérifiées par les coordonnées de C et de D. Ensuite, on remarque que ces équations proposées dans l'assertion a) et dans l'assertion b) correspondent au même plan.
Puis on introduit le vecteur $\vec{n}(5, -3, 1)$ qui est une direction orthogonale au plan

$$(Q) : 5x - 3y - z + 2 = 0.$$

On remarque que :

$$\vec{n}.\overrightarrow{AB} = 0$$

car $5 \times (-2) + (-3) \times (-4) + (-1) \times 2 = 0$.
Comme P doit être perpendiculaire au plan (P') cherché, et comme P est le plan médiateur du segment $[AB]$, le plan (Q) est confondu avec le plan (P').
Ainsi, **les assertions a) et b) sont vraies**.

Concours de recrutement des techniciens supérieurs de l'aviation/ techniciens supérieurs des études et de l'exploitation de l'aviation civile
Epreuve commune obligatoire

SESSION 2016

Questions liées : *Questions 1 à 7, questions 8 à 10, questions 12 à 14, questions 17 à 19, questions 20 à 25*

ENONCE

PARTIE I

Nous rappelons que $e^{ix} = \cos x + i \sin x$, ***où*** i ***désigne le nombre complexe tel que*** $i^2 = -1$ ***et*** x ***est un nombre réel.***
Si a ***est un nombre complexe,*** $|a|$ ***désigne le module de*** a ***et*** $\mathcal{A}rg\,(a) \equiv \theta\,[2\pi]$, ***son argument à*** $2k\pi$ ***près,*** k ***étant un nombre entier relatif.***
Autrement dit, $\mathcal{A}rg\,(a) = \theta + 2k\pi$.

Question 01 : On en déduit que

a) $\cos x = \frac{1}{2}(e^{ix} + e^{-ix})$. b) $\cos x = \frac{1}{2}(e^{ix} - e^{-ix})$. c) $\cos x = \frac{1}{2i}(e^{ix} + e^{-ix})$.
d) $\cos x = \frac{1}{2i}(e^{ix} - e^{-ix})$.

Question 02 : On en déduit que

a) $\sin x = \frac{1}{2}(e^{ix} + e^{-ix})$. b) $\sin x = \frac{1}{2}(e^{ix} - e^{-ix})$. c) $\sin x = \frac{1}{2i}(e^{ix} + e^{-ix})$.
d) $\sin x = \frac{1}{2i}(e^{ix} - e^{-ix})$.

Question 03 : On démontre alors que $1 + e^{ix}$ vaut

a) $\left(\cos \dfrac{x}{2}\right) e^{i\frac{x}{2}}$. b) $-2i\left(\sin \dfrac{x}{2}\right) e^{i\frac{x}{2}}$. c) $2\left(\cos \dfrac{x}{2}\right) e^{i\frac{x}{2}}$. d) $2i\left(\sin \dfrac{x}{2}\right) e^{i\frac{x}{2}}$.

Question 04 : On démontre alors que $1 - e^{ix}$ vaut

a) $\left(\cos \dfrac{x}{2}\right) e^{i\frac{x}{2}}$. b) $-2i\left(\sin \dfrac{x}{2}\right) e^{i\frac{x}{2}}$. c) $2\left(\cos \dfrac{x}{2}\right) e^{i\frac{x}{2}}$. d) $2i\left(\sin \dfrac{x}{2}\right) e^{i\frac{x}{2}}$.

Question 05 : On en déduit que

a) $|1 + e^{i\frac{\pi}{3}}| = 1$ et $\mathcal{A}rg\,\left(1 + e^{i\frac{\pi}{3}}\right) \equiv \frac{\pi}{6}\,[2\pi]$.
b) $|1 + e^{i\frac{\pi}{3}}| = \sqrt{3}$ et $\mathcal{A}rg\,\left(1 + e^{i\frac{\pi}{3}}\right) \equiv \frac{\pi}{6}\,[2\pi]$.
c) $|1 + e^{i\frac{\pi}{3}}| = \sqrt{3}$ et $\mathcal{A}rg\,\left(1 + e^{i\frac{\pi}{3}}\right) \equiv \frac{\pi}{3}\,[2\pi]$.
d) $|1 + e^{i\frac{\pi}{3}}| = 1$ et $\mathcal{A}rg\,\left(1 + e^{i\frac{\pi}{3}}\right) \equiv \frac{\pi}{3}\,[2\pi]$.

Question 06 : On en déduit que

a) $|1 - e^{i\frac{\pi}{4}}| = 2\cos\frac{\pi}{8}$ et $\mathcal{A}rg\left(1 - e^{i\frac{\pi}{4}}\right) \equiv \frac{\pi}{8}\,[2\pi]$.

b) $|1 - e^{i\frac{\pi}{4}}| = 2\sin\frac{\pi}{8}$ et $\mathcal{A}rg\left(1 - e^{i\frac{\pi}{4}}\right) \equiv \frac{\pi}{8}\,[2\pi]$.

c) $|1 - e^{i\frac{\pi}{4}}| = 2\sin\frac{\pi}{8}$ et $\mathcal{A}rg\left(1 - e^{i\frac{\pi}{4}}\right) \equiv \frac{-3\pi}{8}\,[2\pi]$.

d) $|1 - e^{i\frac{\pi}{4}}| = 2\cos\frac{\pi}{8}$ et $\mathcal{A}rg\left(1 - e^{i\frac{\pi}{4}}\right) \equiv \frac{-3\pi}{8}\,[2\pi]$.

Question 07 : On en déduit que

a) $|2 + \sqrt{2} + i\sqrt{2}| = 4\cos\frac{\pi}{8}$ et $\mathcal{A}rg\left(2 + \sqrt{2} + i\sqrt{2}\right) \equiv \frac{-\pi}{8}\,[2\pi]$.

b) $|2 + \sqrt{2} + i\sqrt{2}| = 2\sin\frac{\pi}{8}$ et $\mathcal{A}rg\left(2 + \sqrt{2} + i\sqrt{2}\right) \equiv \frac{\pi}{8}\,[2\pi]$.

c) $|2 + \sqrt{2} + i\sqrt{2}| = 4\sin\frac{\pi}{8}$ et $\mathcal{A}rg\left(2 + \sqrt{2} + i\sqrt{2}\right) \equiv -\frac{\pi}{8}\,[2\pi]$.

d) $|2 + \sqrt{2} + i\sqrt{2}| = 4\cos\frac{\pi}{8}$ et $\mathcal{A}rg\left(2 + \sqrt{2} + i\sqrt{2}\right) \equiv \frac{\pi}{8}\,[2\pi]$.

PARTIE II

Question 08 : L'équation $6x^2 - x - 1 = 0$ admet pour solutions les nombres :

a) $\dfrac{1}{3}$ et $\dfrac{-1}{2}$. **b)** $\dfrac{1}{4}$ et $\dfrac{-1}{2}$. **c)** $\dfrac{-1}{4}$ et $\dfrac{-1}{2}$. **d)** $\dfrac{1}{3}$ et $\dfrac{1}{2}$.

Question 09 : x est solution de l'inéquation $6x^2 - x - 1 > 0$ si et seulement si

a) $x \in \left]-\infty, -\frac{1}{2}\right[\cup \left]\frac{1}{3}, +\infty\right[$. **b)** $x \in \left]-\frac{1}{2}, \frac{1}{3}\right[$. **c)** $x \in \left[-\frac{1}{2}, \frac{1}{3}\right]$.

d) $x \in \left]-\infty, -\frac{1}{3}\right[\cup \left]\frac{1}{2}, +\infty\right[$.

Question 10 : On choisit au hasard un nombre réel x dans $[-1, 0]$.

a) La probabilité que x soit solution de l'inéquation $6x^2 - x - 1 > 0$ est $\frac{1}{3}$.

b) La probabilité que x soit solution de l'inéquation $6x^2 - x - 1 > 0$ est $\frac{2}{3}$.

c) La probabilité que x soit solution de l'inéquation $6x^2 - x - 1 > 0$ est $\frac{1}{2}$.

d) Avec les données que nous avons, nous ne pouvons pas calculer la probabilité que ce nombre x soit solution de $6x^2 - x - 1 > 0$.

PARTIE III

On considère la suite entière $(u_n)_{n\in\mathbf{N}}$ définie par $u_0 = 0$ et $u_{n+1} = \dfrac{2u_n + 3}{u_n + 4}$ et la suite entière $(v_n)_{n\in\mathbf{N}}$ telle que $v_n = \dfrac{u_n - 1}{u_n + 3}$.

Question 11 : On démontre que

a) $(v_n)_{n\in\mathbf{N}}$ n'est pas définie pour certaines valeurs de n.

b) $(u_n)_{n\in\mathbf{N}}$ est une suite de termes positifs.

c) $(v_n)_{n\in\mathbf{N}}$ est définie pour tous les nombres entiers n.

d) $(u_n)_{n\in\mathbf{N}}$ n'est pas définie pour certaines valeurs de n.

Question 12 : $(v_n)_{n\in\mathbf{N}}$ est une suite

a) arithmétique de raison $\frac{1}{5}$. **b)** arithmétique de raison $\frac{4}{5}$.

c) géométrique de raison $\frac{4}{5}$. **d)** géométrique de raison $\frac{1}{5}$.

Question 13 : Pour tout $n \in \mathbf{N}$, v_n vaut

a) $\left(\frac{1}{3}\right) \times \left(\frac{1}{5}\right)^n$. b) $\left(-\frac{1}{3}\right) \times \left(\frac{3}{5}\right)^n$. c) $\left(-\frac{1}{3}\right) \times \left(\frac{2}{5}\right)^n$.
d) $\left(\frac{1}{3}\right) \times \left(\frac{4}{5}\right)^n$.

Question 14 : On en déduit que $\lim_{n\to+\infty} u_n = 1$ car u_n vaut, pour tout $n \in \mathbf{N}$:

a) $\dfrac{\left(\frac{1}{5}\right)^n + 1}{1 - \left(\frac{1}{3}\right)\left(\frac{1}{5}\right)^n}$. b) $\dfrac{-\left(\frac{3}{5}\right)^n + 1}{1 + \left(\frac{1}{3}\right)\left(\frac{3}{5}\right)^n}$. c) $\dfrac{\left(\frac{2}{5}\right)^n + 1}{1 - \left(\frac{1}{3}\right)\left(\frac{1}{5}\right)^n}$.
d) $\dfrac{-\left(\frac{1}{5}\right)^n + 1}{1 + \left(\frac{1}{3}\right)\left(\frac{1}{5}\right)^n}$.

On considère la suite entière $(u_n)_{n\in\mathbf{N}}$ définie par $u_n = \dfrac{-2n}{n+5}$.

Question 15 : On a :

a) $\lim_{n\to+\infty} u_n = 1$. b) $\lim_{n\to+\infty} u_n = 2$. c) $\lim_{n\to+\infty} u_n = -3$. d) $\lim_{n\to+\infty} u_n = -1$.

Question 16 : On cherche les nombres entiers n qui vérifient $|u_n + 2| \leqslant 10^{-4}$.
On trouve :

a) $n \leqslant 99995$. b) $n \geqslant 9995$. c) $n \leqslant 9995$. d) $n \geqslant 99995$.

PARTIE IV

La température de refroidissement d'un objet initialement à la température de 220 degrés Celsius est une fonction du temps que l'on note $f(t)$, l'unité de temps étant l'heure. Cette fonction vérifie l'équation différentielle $f'(t) + \frac{1}{2}f(t) = 10$. De plus, une approximation de $\ln(0.15)$ est -1.89.

Question 17 : La fonction f définie par $f(t)$ répond au modèle avec :

a) $f(t) = 400\,e^{-\frac{t}{2}} + 20$. b) $f(t) = 200\,e^{-\frac{t}{2}} + 20$.
c) $f(t) = 100\,e^{-\frac{t}{2}} + 20$. d) $f(t) = 300\,e^{-\frac{t}{2}} + 20$.

Question 18 : Sur l'intervalle $[0, +\infty[$, la fonction f qui répond au modèle

a) décroît de 220 vers 20. b) croît de 0 vers 220.
c) est strictement monotone. d) n'est pas strictement monotone.

Question 19 : La température de l'objet est de 50 degrés Celsius au bout de :

a) 3 heures et 78 minutes, arrondi à la minute par excès. b) 3.78 heures.
c) 3 heures et 47 minutes, arrondi à la minute par excès. d) 3.47 heures.

PARTIE V

On considère l'intégrale I définie par

$$I = \int_0^1 e^{-t^2}\, dt,$$

ainsi que les fonctions h et g définies sur $[-1, 0]$ par :

$$h(x) = e^x - 1 - x \text{ et } g(x) = h(x) - \frac{1}{2}x^2.$$

Question 20 : Sur l'intervalle $[-1, 0]$:

a) la fonction h est croissante.

b) la fonction h est décroissante.

c) $h(x) \leqslant 0$.

d) $h(x) \geqslant 0$.

Question 21 : On en déduit que pour tout nombre réel x de l'intervalle $[-1, 0]$:

a) la fonction g est croissante.

b) la fonction g est décroissante.

c) $g(x) \leqslant 0$.

d) $g(x) \geqslant 0$.

Question 22 : On en déduit que pour tout nombre réel x de l'intervalle $[-1, 0]$:

a) $1 + x \leqslant e^x$. **b)** $1 + x + \dfrac{x^2}{2} \leqslant e^x$. **c)** $e^x \leqslant 1 + x + \dfrac{x^2}{2}$. **d)** $e^x \leqslant 1 + x$.

Question 23 : On en déduit que pour tout nombre réel x de l'intervalle $[0, 1]$:

a) $1 + x^2 \leqslant e^{-x^2} \leqslant 1 + x^2 + \dfrac{x^4}{2}$.

b) $1 + x^2 + \dfrac{x^4}{2} \leqslant e^{-x^2} \leqslant 1 + x^2$.

c) $1 - x^2 \leqslant e^{-x^2} \leqslant 1 - x^2 + \dfrac{x^4}{2}$.

d) $1 - x^2 + \dfrac{x^4}{2} \leqslant e^{-x^2} \leqslant 1 - x^2$.

Question 24 : On déduit aussi que :

a) $\dfrac{2}{3} \leqslant I \leqslant \dfrac{2}{3} + \dfrac{1}{5}$.

b) $\dfrac{2}{3} \leqslant I \leqslant \dfrac{2}{3} + \dfrac{1}{10}$.

c) $\dfrac{4}{3} \leqslant I \leqslant \dfrac{23}{15}$.

d) $\dfrac{23}{15} \leqslant I \leqslant \dfrac{5}{3}$.

Question 25 : On en déduit une valeur approchée de I :

a) $\dfrac{23}{30}$ à + ou − 0.1 près.

b) $\dfrac{43}{60}$ à + ou − 0.05 près.

c) $\dfrac{43}{30}$ à + ou − 0.1 près.

d) $\dfrac{24}{15}$ à + ou − 0.05 près.

CORRIGE

<u>Question 01</u> : En partant de

$$e^{ix} = \cos x + i \sin x \text{ et } e^{-ix} = \cos x - i \sin x,$$

$$\tfrac{1}{2}(e^{ix} + e^{-ix}) = \tfrac{1}{2}(\cos x + i \sin x + \cos x - i \sin x) = \cos x,$$

donc **l'assertion a) est vraie** et **les assertions b), c) et d) sont fausses.**

<u>Question 02</u> : En partant des mêmes égalités, on a :

$$\tfrac{1}{2i}(e^{ix} - e^{-ix}) = \tfrac{1}{2i}(\cos x + i \sin x - \cos x + i \sin x) = \sin x,$$

donc **l'assertion d) est vraie** et **les assertions a), b) et c) sont fausses.**

<u>Question 03</u> : On met $e^{i\frac{x}{2}}$ en facteur dans l'expression $1 + e^{ix}$. L'idée vient en examinant les quatre assertions de la question. On a :

$$1 + e^{ix} = e^{i\frac{x}{2}}\left(e^{-i\frac{x}{2}} + e^{i\frac{x}{2}}\right) = 2\left(\cos\frac{x}{2}\right)e^{i\frac{x}{2}}.$$

Ainsi, **l'assertion c) est vraie** et **les assertions a), b) et d) sont fausses.**

<u>Question 04</u> : De même, on met $e^{i\frac{x}{2}}$ en facteur dans l'expression $1 - e^{ix}$. L'idée vient toujours en examinant les quatre assertions de la question. On a :

$$1 - e^{ix} = e^{i\frac{x}{2}}\left(e^{-i\frac{x}{2}} - e^{i\frac{x}{2}}\right) = -2i\left(\sin\frac{x}{2}\right)e^{i\frac{x}{2}}.$$

Et **l'assertion b) est vraie** et **les assertions a), c) et d) sont fausses.**

<u>Question 05</u> : On déduit de la question 03 qu'en prenant $x = \dfrac{\pi}{3}$,

$$1 + e^{i\frac{\pi}{3}} = 2\left(\cos\frac{\pi}{6}\right)e^{i\frac{\pi}{6}} \Rightarrow 1 + e^{i\frac{\pi}{3}} = \sqrt{3}\,e^{i\frac{\pi}{6}}.$$

On a utilisé le fait que $\cos\dfrac{\pi}{6} = \dfrac{\sqrt{3}}{2}$.

Donc : $|1 + e^{i\frac{\pi}{3}}| = \sqrt{3}$ et $\arg\left(1 + e^{i\frac{\pi}{3}}\right) \equiv \frac{\pi}{6}\ [2\pi]$ car $\sqrt{3} > 0$.

L'assertion b) est vraie et **les assertions a), c) et d) sont fausses.**

<u>Question 06</u> : On déduit de la question 04 qu'en prenant $x = \pi/4$,

$$1 - e^{i\frac{\pi}{4}} = -2i\left(\sin\frac{\pi}{8}\right)e^{i\frac{\pi}{8}} = 2\left(\sin\frac{\pi}{8}\right)e^{i\frac{\pi}{8}}e^{-i\frac{\pi}{2}} = 2\left(\sin\frac{\pi}{8}\right)e^{-3i\frac{\pi}{8}}.$$

Ici par contre, $\sin\dfrac{\pi}{8}$ n'est pas du domaine du connu (bien que l'on puisse le retrouver avec des formules trigonométriques, mais cela, c'est une autre histoire). De plus $-i$ est remplacé par $e^{-i\frac{\pi}{2}}$ et on utilise enfin $\pi/8 - \pi/2 = -3\pi/8$.
Donc : $|1 - e^{i\frac{\pi}{4}}| = 2\left(\sin\dfrac{\pi}{8}\right)$ car $2\left(\sin\dfrac{\pi}{8}\right) > 0$ et $\arg\left(1 - e^{i\frac{\pi}{4}}\right) \equiv \frac{-3\pi}{8}\ [2\pi]$.
L'assertion c) est vraie et **les assertions a), b) et d) sont fausses.**

Question 07 : Commençons par examiner nos quatre assertions, le membre de gauche de chaque égalité concerne toujours le complexe $2 + \sqrt{2} + i\sqrt{2}$. Il s'agit de trouver son module et un argument. On peut appliquer la méthode classique en cherchant d'abord le carré du module :

$$|2 + \sqrt{2} + i\sqrt{2}|^2 = (2 + \sqrt{2})^2 + (\sqrt{2})^2 = 8 + 4\sqrt{2}.$$

Or on veut le résultat en fonction de $\cos(\pi/8)$ ou $\sin(\pi/8)$. Bref, on est bloqué. Il faut donc penser aux questions précédentes. On va comparer $2 + \sqrt{2} + i\sqrt{2}$ et $1 \pm e^{ix}$ avec une valeur de x bien choisie. On écrit :

$$2 + \sqrt{2} + i\sqrt{2} = 2\left(1 + \frac{\sqrt{2}}{2} + i\frac{\sqrt{2}}{2}\right).$$

Il fallait penser à mettre 2 en facteur ! Puis on remarque que :

$$\frac{\sqrt{2}}{2} = \cos\frac{\pi}{4} = \sin\frac{\pi}{4}.$$

Donc : $2 + \sqrt{2} + i\sqrt{2} = 2\left(1 + \cos\frac{\pi}{4} + i\sin\frac{\pi}{4}\right) = 2\left(1 + e^{i\frac{\pi}{4}}\right)$.
On déduit maintenant de la question 03 qu'en prenant $x = \pi/4$,

$$1 + e^{i\frac{\pi}{4}} = 2\left(\cos\frac{\pi}{8}\right)e^{i\frac{\pi}{8}} \Rightarrow 2\left(1 + e^{i\frac{\pi}{4}}\right) = 4\left(\cos\frac{\pi}{8}\right)e^{i\frac{\pi}{8}}.$$

Comme $4\left(\cos\dfrac{\pi}{8}\right) > 0$, il reste :

$$|2 + \sqrt{2} + i\sqrt{2}| = 4\cos\frac{\pi}{8} \text{ et } \arg\left(2 + \sqrt{2} + i\sqrt{2}\right) \equiv \frac{\pi}{8}\ [2\pi].$$

Finalement, **l'assertion d) est vraie** et **les assertions a), b) et c) sont fausses.**

Question 08 : L'équation (1) : $6x^2 - x - 1 = 0$ est une équation du second degré du type $ax^2 + bx + c = 0$. On commence par calculer

$$\Delta = b^2 - 4ac = 1 + 24 = 25 = 5^2 > 0.$$

Donc (1) a deux racines réelles et distinctes et les solutions de (1) sont :

$$\frac{-b + \sqrt{\Delta}}{2a} = \frac{1 + 5}{12} = \frac{1}{2} \text{ et } \frac{-b - \sqrt{\Delta}}{2a} = \frac{1 - 5}{12} = \frac{-1}{3}.$$

Ainsi, **les quatre assertions a), b), c), d) sont fausses** et **l'assertion e) est vraie.**

Question 09 : On sait que si x_1 et x_2 sont les racines réelles (en supposant $x_1 < x_2$) de $ax^2 + bx + c = 0$ de discriminant $\Delta > 0$ alors si $a > 0$, le trinôme $ax^2 + bx + c$ est strictement positif si $x < x_1$ ou $x > x_2$ et strictement négatif si $x \in]x_1, x_2[$. Et si $a < 0$, le trinôme $ax^2 + bx + c$ est strictement négatif si $x < x_1$ ou $x > x_2$ et strictement positif si $x \in]x_1, x_2[$.

Donc les racines de $6x^2 - x - 1$ étant $-1/3$ et $1/2$, x est solution de l'inéquation $6x^2 - x - 1 > 0$ si et seulement si $x \in]-\infty, -1/3[\cup]1/2, +\infty[$
(car $a = 6 > 0$).
Donc **l'assertion d) est vraie** et **les assertions a), b), c) sont fausses**.

<u>Question 10</u> : On choisit ici au hasard un nombre réel x dans $[-1, 0]$. Ce nombre x est solution de l'inéquation $6x^2 - x - 1 > 0$ si et seulement si $x \in [-1, -1/3[$.
La probabilité que x soit solution de l'inéquation $6x^2 - x - 1 > 0$ est donc $\frac{2}{3}$.
L'assertion b) est vraie et **les assertions a) c) et d) sont fausses**.

Remarque : on suppose que le choix des x suit une loi uniforme.

<u>Question 11</u> : On considère ici la suite entière $(u_n)_{n\in\mathbf{N}}$ définie par $u_0 = 0$ et $u_{n+1} = \dfrac{2u_n + 3}{u_n + 4}$ et la suite entière $(v_n)_{n\in\mathbf{N}}$ telle que $v_n = \dfrac{u_n - 1}{u_n + 3}$. L'idée est l'étude explicite des deux suites (u_n) et (v_n). Dans l'assertion a), on se propose d'étudier si $(v_n)_{n\in\mathbf{N}}$ n'est pas définie pour certaines valeurs de n. C'est le cas éventuellement pour les valeurs de n pour lesquelles $u_n = -3$ s'il y en a. De même, dans l'assertion d), on se propose d'étudier si $(u_n)_{n\in\mathbf{N}}$ n'est pas définie pour certaines valeurs de n. C'est le cas éventuellement pour les valeurs de n pour lesquelles $u_n = -4$ s'il y en a. Commençons par l'assertion d) car l'existence de (v_n) dépend aussi de l'existence de (u_n). Posons $n \geqslant 1$. Alors :

$$u_n = -4 \Leftrightarrow \frac{2u_{n-1} + 3}{u_{n-1} + 4} = -4 \Leftrightarrow 2u_{n-1} + 3 = -4u_{n-1} - 16 \Leftrightarrow u_{n-1} = \frac{-19}{6}.$$

Cela se complique. On lit alors les autres assertions pour avoir une idée. L'assertion b) donne une piste. Si l'on prouve que tous les termes de la suite (u_n) sont positifs, il est impossible que u_n puisse prendre la valeur -4.
Prouvons donc par récurrence que : $\forall n \geqslant 0$, $u_n \geqslant 0$.
L'initialisation est $u_0 = 0 \geqslant 0$. Pour l'hérédité, supposons que $u_n \geqslant 0$ pour n donné entier naturel. Comme $2u_n + 3 > 0$ et $u_n + 4 > 0$, $u_{n+1} > 0$ et donc $u_{n+1} \geqslant 0$. En conclusion, $(u_n)_{n\in\mathbf{N}}$ est une suite de termes positifs et **l'assertion b) est vraie.**
Il en découle que $(u_n)_{n\in\mathbf{N}}$ est définie pour toutes les valeurs de n.
Et **l'assertion d) est fausse**.
Puis comme u_n est à valeurs positives, $u_n \neq -3$ pour tout n et donc $(v_n)_{n\in\mathbf{N}}$ est définie pour tous les nombres entiers n.
L'assertion c) est vraie et **l'assertion a) est fausse**.

Remarque : il est intéressant de remarquer ici que lire les différentes assertions avant de commencer peut guider sur la façon de procéder.

<u>Question 12</u> : $(v_n)_{n\in\mathbf{N}}$ est une suite arithmétique de raison r si et seulement si pour tout n entier naturel, $v_{n+1} - v_n = r$ et $(v_n)_{n\in\mathbf{N}}$ est une suite géométrique de raison q si et seulement si pour tout n entier naturel, $v_{n+1} = q\, v_n$. Dans les deux cas, on va partir de v_{n+1}. On écrit pour n entier naturel :

$$v_{n+1} = \frac{u_{n+1} - 1}{u_{n+1} + 3} = \frac{\dfrac{2u_n + 3}{u_n + 4} - 1}{\dfrac{2u_n + 3}{u_n + 4} + 3}.$$

Il reste à multiplier le numérateur et le dénominateur du dernier quotient par $u_n + 4$.
On obtient : $v_{n+1} = \dfrac{2u_n + 3u_n - 4}{2u_n + 3 + 3u_n + 12} = \dfrac{1}{5} \times \dfrac{u_n - 1}{u_n + 3} = \dfrac{1}{5} v_n$.

En conclusion, $(v_n)_{n\in\mathbf{N}}$ est une suite géométrique de raison $\frac{1}{5}$.
l'assertion d) est vraie et **les assertions a), b) et c) sont fausses.**

Question 13 : Le premier terme v_0 est $v_0 = (0-1)/(0+3) = -1/3$ en prenant $u_0 = 0$. On remarque que dans les quatre assertions, le terme v_0 est $-1/3$ seulement pour b) et c) donc déjà **les assertions a) et d) sont fausses.**
Puis la raison n'est pas $1/5$ pour les deux assertions restantes.
Donc **les deux assertions b) et c) sont fausses** et **l'assertion e) est vraie.**

Remarque : bien que cela ne soit pas utile pour cette question, la bonne valeur de v_n en fonction de n l'est pour la question suivante. On va donc l'établir. On sait que si (v_n) est une suite géométrique de raison q et de premier terme v_0 alors $v_n = v_0 q^n$ pour tout entier naturel n.
Ici, pour tout $n \in \mathbf{N}$,

$$v_n = \frac{-1}{3}\left(\frac{1}{5}\right)^n.$$

Question 14 : Dans cette question, il y a deux conditions à vérifier : la valeur de u_n proposée et que sa limite soit bien 1.
Comme $v_n = \dfrac{u_n - 1}{u_n + 3}$, $v_n u_n + 3v_n = u_n - 1$ et donc : $u_n = \dfrac{1+3v_n}{1-v_n}$. On peut remarquer que comme v_n ne peut pas valoir 1, (car alors $u_n - 1 = u_n + 3$ et donc $-1 = 3$), la division par $1 - v_n$ est possible.
Il reste à utiliser que pour tout $n \in \mathbf{N}$, $v_n = \dfrac{-1}{3}\left(\dfrac{1}{5}\right)^n$. On écrit :

$$u_n = \frac{1+3\left(\frac{-1}{3}\right)\left(\frac{1}{5}\right)^n.}{1-\left(\frac{-1}{3}\right)\left(\frac{1}{5}\right)^n} = \frac{-\left(\frac{1}{5}\right)^n + 1}{1+\left(\frac{1}{3}\right)\left(\frac{1}{5}\right)^n}.$$

On en déduit que $\lim\limits_{n\to+\infty} u_n = 1$ car les deux quantités $-\left(\dfrac{1}{5}\right)^n$ et $\left(\dfrac{1}{3}\right)\left(\dfrac{1}{5}\right)^n$ tendent vers 0 quand n tend vers $+\infty$.
En effet q^n tend vers 0 si et seulement si $|q| < 1$. Donc l'énoncé est cohérent. Puis on inspecte les valeurs de u_n proposées et on donne le terrible verdict :
l'assertion d) est vraie et **les assertions a), b) et c) sont fausses.**

Question 15 : On considère maintenant $(u_n)_{n\in\mathbf{N}}$ définie par $u_n = \dfrac{-2n}{n+5}$.

Remarque : Il n'aurait peut-être pas fallu l'appeler encore u_n alors que c'est une suite différente de la partie précédente. Mais bon, on fait avec. Respectons l'énoncé.

On a, pour tout n entier naturel non nul :

$$\frac{-2n}{n+5} = \frac{-2}{1+\frac{5}{n}}.$$

Comme $\frac{5}{n}$ tend vers 0 quand n tend vers $+\infty$, la quantité u_n tend vers $-2/1 = -2$.
Donc $\lim\limits_{n\to+\infty} u_n = -2$.
Toutes les assertions a), b), c) et d) sont fausses et **l'assertion e) est vraie.**

Question 16 : On cherche ici les nombres entiers n qui vérifient $|u_n + 2| \leqslant 10^{-4}$. Remarquons déjà que comme $\lim_{n\to+\infty} u_n = -2$, la quantité $|u_n + 2|$ tend vers 0 et est donc inférieure à 10^{-4} à partir d'une certaine valeur de n. Donc on peut commencer par écrire que **les assertions a) et c) sont fausses** car on propose dans ces deux cas un rang maximal pour lequel on ait $|u_n + 2| \leqslant 10^{-4}$ et non un rang minimal. Pour calculer ce rang, on « arrange » $|u_n + 2|$:

$$|u_n + 2| = \left|\frac{-2n}{n+5} + 2\right| = \left|\frac{10}{n+5}\right| \leqslant 10^{-4} \Rightarrow \left|\frac{1}{n+5}\right| \leqslant 10^{-5}.$$

On a tout divisé par 10 à la fin. Donc :

$$\left|\frac{1}{n+5}\right| \leqslant 10^{-5} \Rightarrow n+5 \geqslant 10^5 \geqslant 100000 - 5 = 99995.$$

Ainsi **l'assertion d) est vraie** et **l'assertion b) est fausse**.

Remarque : et tout cela sans calculette. Quelle prouesse !

Question 17 : La température de refroidissement d'un objet initialement à la température de 220 degrés Celsius est une fonction du temps que l'on note $f(t)$, l'unité de temps étant l'heure. Cette fonction vérifie l'équation différentielle :

$$f'(t) + \tfrac{1}{2}f(t) = 10.$$

Dans la question 17, on propose des solutions éventuelles de cette équation.
Donc inutile de la résoudre. On remplace $f(t)$ dans l'équation et on regarde si cela fonctionne. On doit aussi avoir la condition initiale $f(0) = 220$. On remarque déjà que $f(0) = 420$ pour l'assertion a), donc **l'assertion a) est fausse**, que $f(0) = 120$ pour l'assertion c), donc **l'assertion c) est fausse**, que $f(0) = 320$ pour l'assertion d), donc **l'assertion d) est fausse**. On a déjà fait du ménage.
Il reste l'assertion b) qui vérifie bien $f(0) = 220$. On écrit ensuite toujours dans le cadre de l'assertion b) :

$$f(t) = 200\,e^{-\frac{t}{2}} + 20 \Rightarrow f'(t) = -100\,e^{-\frac{t}{2}} \Rightarrow f'(t) + \frac{f(t)}{2} = 10.$$

Donc le $f(t)$ proposé vérifie l'équation différentielle et **l'assertion b) est vraie**.

Question 18 : La fonction f trouvée à la question 17 est l'unique solution du problème car elle est solution d'une équation différentielle linéaire du premier ordre avec une condition initiale. On se place sur l'intervalle $[0, +\infty[$ car t étant un temps, est positif. La fonction f qui répond au modèle est $f : t \mapsto 200\,e^{-\frac{t}{2}} + 20$.
Et comme $f'(t) = -200\,e^{-\frac{t}{2}} < 0$, la fonction f décroît strictement.
Déjà, **l'assertion b) est fausse**.
De même, **l'assertion d) est fausse** car f est strictement monotone.
Comme $e^{-\frac{t}{2}}$ tend vers 0 quand t tend vers $+\infty$, la quantité $f(t)$ tend vers 20 quand t tend vers $+\infty$ et $f(t)$ décroît de 220 vers 20. **L'assertion a) est vraie**.
Comme la stricte décroissance est un cas de stricte mononotonie (vous me suivez !), **l'assertion c) est vraie**.

Question 19 : Encore une question calculatoire à faire sans calculette. On imagine que l'approximation de $\ln(0.15)$ qui est -1.89 sert ici. Si elle ne sert pas, on se dira qu'il y a un souci. Mais bon, ne stressons pas avant.
On cherche t_1 tel que $f(t_1) = 50$.

Donc :

$$200\,e^{-\frac{t_1}{2}}+20=50\Rightarrow 200\,e^{-\frac{t_1}{2}}=30\Rightarrow e^{-\frac{t_1}{2}}=\frac{30}{200}=0.15\Rightarrow -\frac{t_1}{2}=\ln 0.15$$

On applique l'indication (ouf!) et : $t_1 = 2\times 1.89 = 3.78$.
Donc **l'assertion b) est vraie.**
À partir de là, il y a un piège car 3.78 signifie 3 heures et 0.78 heures et pas 3 heures et 78 minutes.
Donc **l'assertion a) est fausse.**
Puis il faut faire un petit calcul mental : $0.78\times 60 = 46.8$ minutes. Cela fait bien 3 heures et 47 minutes, arrondi à la minute par excès. Donc **l'assertion c) est vraie.**
Par contre, comme $3,47$ est un arrondi (ce qui n'est pas précisé dans l'assertion), **l'assertion d) est fausse.**

Question 20 : On considère ici la fonction h définie sur $[-1,0]$ par

$$h(x)=e^x-1-x.$$

La fonction h est dérivable sur l'intervalle $[-1,0]$ et pour tout $x\in[-1,0]$,

$$f'(x)=e^x-1.$$

Comme $e^x\leqslant 1$ pour $x\in[-1,0]$, f' est négatif et donc f décroît sur $[-1,0]$.
Donc **l'assertion a) est fausse** et **l'assertion b) est vraie.**
Comme $h(-1)=e^{-1}-1+1=e^{-1}$ et $h(0)=0$, h est à valeurs positives sur $[-1,0]$.
Ainsi, **l'assertion d) est vraie** et **l'assertion c) est fausse.**

Question 21 : Soit g définie sur $[-1,0]$ par $g(x)=h(x)-\frac{1}{2}x^2$. Alors g est dérivable sur $[-1,0]$ et pour tout $x\in[-1,0]$,

$$g'(x)=h'(x)-x=e^x-1-x=h(x)\geqslant 0.$$

Donc g est croissante sur $[-1,0]$.
L'assertion a) est vraie et **l'assertion b) est fausse.**
Puis $g(0)=h(0)=0$. Comme g est croissante, $g(x)\leqslant 0$ pour tout $x\in[-1,0]$.
Donc **l'assertion c) est vraie** et **l'assertion d) est fausse.**

Question 22 : En regroupant les résultats de la question 20 et de la question 21, pour tout $x\in[-1,0]$, $1+x\leqslant e^x\leqslant 1+x+\dfrac{x^2}{2}$.
On en déduit que **l'assertion a) est vraie** (première inégalité) et on en déduit aussi que **l'assertion d) est fausse.** De même, **l'assertion c) est vraie** (deuxième inégalité) et **l'assertion b) est fausse.**

Question 23 : Si x est dans l'intervalle $[0,1]$ alors $u=-x^2$ est dans l'intervalle $[-1,0]$. D'après la question 22, on peut alors écrire pour tout $u\in[-1,0]$,

$$1+u\leqslant e^u\leqslant 1+u+\frac{u^2}{2}.$$

Donc en remplaçant u par $-x^2$: $1-x^2\leqslant e^{-x^2}\leqslant 1-x^2+\dfrac{x^4}{2}$.
(Car $(-x^2)^2=x^4$.)
Donc **l'assertion c) est vraie** et **l'assertion d) est fausse.**
Puis **l'assertion b) est fausse** car $1+x^2+x^4/2$ ne peut être inférieur à $1+x^2$ pour tout $x\in[0,1]$.

Il reste l'assertion a). Par exemple $e^{-x^2} < 1$ pour $x = 0.5$ et $1 + x^2 > 1$ pour $x = 0.5$. Donc l'inégalité $1 + x^2 \leqslant e^{-x^2}$ n'est pas vrai pour tout $x \in [0, 1]$.
En conclusion, **l'assertion a) est fausse**.

Question 24 : On considère l'intégrale I définie par $I = \displaystyle\int_0^1 e^{-t^2}\,dt$. En utilisant la double inégalité de la question 23, pour tout $t \in [0, 1]$,
$1 - t^2 \leqslant e^{-t^2} \leqslant 1 - t^2 + \dfrac{t^4}{2}$.
Donc : $\displaystyle\int_0^1 (1 - t^2)\,dt \leqslant \int_0^1 e^{-t^2}\,dt \leqslant \int_0^1 (1 - t^2 + t^4/2)\,dt$.
En intégrant, cela donne : $\left[t - \dfrac{t^3}{3}\right]_0^1 \leqslant I \leqslant \left[t - \dfrac{t^3}{3} + \dfrac{t^5}{10}\right]_0^1$.
C'est-à-dire : $1 - \dfrac{1}{3} \leqslant I \leqslant 1 - \dfrac{1}{3} + \dfrac{1}{10}$. Ou encore : $\dfrac{2}{3} \leqslant I \leqslant \dfrac{2}{3} + \dfrac{1}{10}$.
Ainsi **l'assertion b) est vraie**.
Comme $\dfrac{2}{3} + \dfrac{1}{10} = \dfrac{23}{30}$ et $\dfrac{23}{15} < \dfrac{23}{30}$, **l'assertion c) est fausse**.
Comme $\dfrac{2}{3} + \dfrac{1}{5} > \dfrac{2}{3} + \dfrac{1}{10}$, **l'assertion a) est vraie**.
(Attention, on ne demande pas l'intervalle d'amplitude de I le plus fin possible que l'on puisse trouver, on peut tomber dans le piège.) Pour l'assertion d), comme $23/15$ est plus grand que $2/3$, on peut dire que **l'assertion d) est fausse**.

Question 25 : On sait d'après la question 24 que I est encadré entre $\dfrac{2}{3}$ et $\dfrac{23}{30}$. Or

$$\frac{23}{30} - \frac{2}{3} = \frac{3}{30} = \frac{1}{10}.$$

Donc I vaut $\dfrac{23}{30}$ à ± 0.1 près, **l'assertion a) est vraie**.
Puis, on peut écrire que :

$$\frac{40}{60} \leqslant I \leqslant \frac{46}{60}.$$

Si l'on prend $\dfrac{43}{60}$ pour valeur approchée, on voit que l'écart avec $\dfrac{40}{60}$ et $\dfrac{46}{60}$ est 0.05.
Donc une valeur approchée de I est $\dfrac{43}{60}$ à plus ou moins 0.05 près.
Et **l'assertion b) est vraie**.
Comme $\dfrac{43}{30}$ est très éloigné de la fourchette voulue, **l'assertion c) est fausse**.
Et enfin, $\dfrac{24}{15} = \dfrac{48}{30}$ est en dehors de notre fourchette, **l'assertion d) est fausse**.

Concours de recrutement des techniciens supérieurs de l'aviation/ techniciens supérieurs des études et de l'exploitation de l'aviation civile Epreuve optionnelle obligatoire

SESSION 2016

Questions liées : *aucune à priori, éventuellement question 13 et 14.*

ENONCE

NOTATION

Les lettres **R** *et* **N** *désignent respectivement les ensembles de réels et des entiers naturels. La lettre e désigne la constante de Neper et l'application qui à x associe e^x désigne l'exponentielle de base e. Le nombre i désigne le nombre complexe défini par $i^2 = -1$.*

Question 01 : Soient deux suites u et v vérifiant pour tout $n \in \mathbf{N}$:

$$0 \leqslant u_n \leqslant v_n \leqslant 2u_n.$$

a) Si pour tout $n \in \mathbf{N}$, $0 < u_n \leqslant 1$, alors la suite v converge.

b) Si la suite u converge, alors la suite v converge.

c) Si pour tout $n \in \mathbf{N}$, $0 < u_n \leqslant 1$, alors la suite u converge.

d) Si $\lim\limits_{n \to +\infty} u_n = +\infty$, alors $\lim\limits_{n \to +\infty} v_n = +\infty$.

Question 02 : L'équation réduite de la tangente en -1 à la courbe représentative de la fonction définie sur **R** par $f(x) = e^{x^3+x^2}$ est :

a) $3x - 3y + 6 = 0$. b) $y = x + 2$. c) $y = x - 2$. d) $-2x + 2y + 4 = 0$.

Question 03 : La valeur moyenne M de la fonction $f : x \mapsto x^3 + x^2 - x + 1$ sur $[-1, 2]$ est :

a) $M = 3$. b) $M = 5$. c) $M = \dfrac{33}{4}$. d) $M = \dfrac{11}{4}$.

Question 04 : Une primitive de la fonction f définie par $f(x) = x\,e^{-x}$ est :

a) $F(x) = x\,e^{-x}$. b) $F(x) = -x\,e^{-x}$. c) $F(x) = (-x - 1 + 2e^x)e^{-x}$.
d) $F(x) = (-x + 1)e^{-x}$.

Question 05 : Soient f et g deux fonctions continues sur $I = [a, b]$.

a) Si pour tout $x \in I$, $f(x) = g(x)$ alors $\displaystyle\int_a^b f(x)\,dx = \int_a^b g(x)\,dx$.

b) Si $\displaystyle\int_a^b f(x)\,dx = \int_a^b g(x)\,dx$, alors pour tout $x \in I$, $f(x) = g(x)$.

c) Si pour tout $x \in I$, $f(x) \leqslant g(x)$ alors $\displaystyle\int_a^b f(x)\,dx \leqslant \int_a^b g(x)\,dx$.

d) Si $\displaystyle\int_a^b f(x)\,dx \geqslant \int_a^b g(x)\,dx$, alors pour tout $x \in I$, $f(x) \geqslant g(x)$.

Question 06 : On considère la fonction f définie sur $\mathbf{R}$ par $f(x) = ax^2 + bx + c$, avec $a < 0$ et $b^2 - 4ac > 0$. Soit S l'aire de la surface sous l'arche parabolique, comprise entre la droite d'équation $y = 0$ et la courbe représentative de f.

a) S vaut le tiers de sa base multipliée par la hauteur de l'arche.

b) S vaut la moitié de sa base multipliée par la hauteur de l'arche.

c) S vaut les deux tiers de sa base multipliée par la hauteur de l'arche.

d) S vaut les trois quarts de sa base multipliée par la hauteur de l'arche.

Question 07 : Soit $z = -\sqrt{3} + i$. Alors

a) z^{2013} est un imaginaire pur. **b)** z^{2014} est un imaginaire pur.

c) z^{2015} est un réel. **d)** z^{2016} est un réel.

Question 08 : L'ensemble S des solutions dans $\mathbf{C}$ de l'équation :

$$\frac{z-8}{z-3} = z$$

est :

a) $S = \{2+2i\}$. **b)** $S = \{2-2i\}$. **c)** $S = \{2+2i; -2+2i\}$. **d)** $S = \emptyset$.

Question 09 : Soient A, B et O les points d'affixes respectives 1, i et 0. L'ensemble des points M d'affixe z vérifiant : $|z-1| = |\bar{z}+i|$ est

a) la droite (AB).

b) la médiatrice du segment $[AB]$.

c) le cercle de centre O et de rayon 1.

d) le cercle de diamètre $[AB]$.

Question 10 : Soient les points $A(2,0,3)$ et $B(-1,2,0)$, et la droite (D) de représentation paramétrique :

$$\left\{\begin{array}{lcl} x & = & 4+2u \\ y & = & 1-u \\ z & = & -2+u \end{array}\right. \quad u \in \mathbf{R}\ .$$

a) Les droites (AB) et (D) ne sont pas coplanaires.

b) Les droites (AB) et (D) sont coplanaires.

c) Les droites (AB) et (D) sont sécantes.

d) Les droites (AB) et (D) sont parallèles.

Question 11 : $SABDC$ est une pyramide de base carrée $ABDC$. Les points I, J et K sont les milieux respectifs des segments $[SA]$, $[SB]$ et $[BD]$, et O désigne le centre du carré $ABDC$. Alors l'ensemble des points M vérifiant :

a) $\overrightarrow{AM} = t\overrightarrow{IJ}$, $t \in \mathbf{R}$ est la droite (AD).

b) $\overrightarrow{JM} = u\overrightarrow{SD}$, $u \in \mathbf{R}$ est la droite (JK).

c) $\overrightarrow{BM} = k\overrightarrow{SA}$, $k \in \mathbf{R}$ est la droite (BJ).

d) $\overrightarrow{OM} = x\overrightarrow{SB} + y\overrightarrow{SC}$, $x \in \mathbf{R}$ et $y \in \mathbf{R}$, est le plan (ABC).

Question 12 :

a) Si deux droites de l'espace sont perpendiculaires à une même troisième, elles sont parallèles entre elles.

b) Si deux droites de l'espace sont parallèles à une même troisième, elles sont parallèles entre elles.

c) Si deux droites de l'espace sont parallèles, elles admettent une droite perpendiculaire à elles deux.

d) Si deux droites de l'espace sont parallèles à une même troisième, les trois droites sont coplanaires.

Question 13 : Soit X une variable aléatoire qui prend des valeurs positives. On suppose que :

$$P(1 \leqslant X \leqslant 3) = \tfrac{3}{8}.$$

Si X suit une loi uniforme sur $[0, N]$, alors on a :

a) $N = 5,3$. b) $N = 8$. c) $N = \frac{6}{8}$. d) $N = \frac{16}{3}$.

Question 14 : Soit X une variable aléatoire qui prend des valeurs positives. On suppose que : $P(1 \leqslant X \leqslant 3) = \frac{3}{8}$.
Si X suit une loi exponentielle de paramètre $\lambda > 0$, alors on a :

a) $\lambda = -\ln 2$.

b) λ prend deux valeurs dont la valeur $\ln 2$.

c) $\lambda = \ln\left(\dfrac{\sqrt{13}+1}{4}\right)$.

d) Il n'existe pas de tel λ.

Question 15 : Soit X une variable aléatoire d'espérance 10 et de variance 8. Si X suit une loi binomiale de paramètre n et p, alors :

a) $n = 20$ et $p = 0,5$. b) $n = 25$ et $p = 0,4$.

c) $n = 40$ et $p = 0,25$. d) $n = 50$ et $p = 0,2$.

CORRIGE

Question 01 : Soient deux suites u et v vérifiant pour tout $n \in \mathbf{N}$:

$$0 \leqslant u_n \leqslant v_n \leqslant 2u_n.$$

Si pour tout $n \in \mathbf{N}$, $0 < u_n \leqslant 1$, alors on peut encadrer la suite v avec :

$$\forall n \in \mathbf{N},\ 0 \leqslant v_n \leqslant 2.$$

Rien n'oblige la suite v à converger. Par exemple prenons $u_n = 1$ et $v_n = \frac{3}{2} + \frac{(-1)^n}{5}$. Il est clair que $0 < u_n \leqslant 1$ et que $0 \leqslant u_n \leqslant v_n \leqslant 2u_n$ et pourtant v n'a pas de limite. Donc **l'assertion a) est fausse.**
Si la suite u converge, alors soit l sa limite. Si v converge alors on peut encadrer sa limite mais rien n'oblige à ce que cette limite existe. Il suffit de reprendre $u_n = 1$ pour tout n qui est le terme général d'une suite constante donc convergente et $v_n = \frac{3}{2} + \frac{(-1)^n}{5}$ qui diverge. Donc **l'assertion b) est fausse.**
Si pour tout $n \in \mathbf{N}$, $0 < u_n \leqslant 1$, alors cela n'est pas suffisant pour être certain que la suite u converge. Prendre par exemple $u_n = \frac{1}{2} + \frac{(-1)^n}{5}$ qui ne converge pas et qui est à valeurs dans $]0,1]$. Ainsi, **l'assertion c) est fausse.**
Si $\lim\limits_{n \to +\infty} u_n = +\infty$, alors comme pour tout n, $u_n \leqslant v_n$, $\lim\limits_{n \to +\infty} v_n = +\infty$.
Et **l'assertion d) est vraie.**

Question 02 : On sait que l'équation réduite de la tangente en $x = a$ à la courbe représentative de la fonction définie sur $\mathbf{R}$ par f est : $y = f(a) + f'(a)(x - a)$.
Il faut que la fonction soit dérivable (au moins en a). Ici, f est dérivable sur $\mathbf{R}$:

$$f'(x) = (x^3 + x^2)' e^{x^3+x^2} = (3x^2 + 2x)e^{x^3+x^2}.$$

(En utilisant la formule de la dérivée d'une composition.) Donc $f'(-1) = e^0 = 1$.
L'équation réduite de la tangente en -1 à la courbe représentative de la fonction définie sur $\mathbf{R}$ par $f(x) = e^{x^3+x^2}$ est : $y = f(-1) + x + 1 = x + 2$.
L'assertion b) est vraie et **l'assertion c) est fausse.**
Puis $3x - 3y + 6 = 0 \Rightarrow x + 2 = y$. Et **l'assertion a) est vraie.**
Enfin, $-2x + 2y + 4 = 0 \Rightarrow x - 2 = y$. Et **l'assertion d) est fausse.**

Remarque : attention, ici, deux des équations sont vraies. Le terme « réduite » peut induire en erreur.

Question 03 : La valeur moyenne M de la fonction $f : x \mapsto x^3 + x^2 - x + 1$ sur $[-1, 2]$ est :

$$M = \frac{1}{2 - (-1)} \int_{-1}^{2} f(x)\, dx = \frac{1}{2 - (-1)} \int_{-1}^{2} \left(x^3 + x^2 - x + 1\right) dx.$$

Donc $M = \dfrac{1}{3} \left[\dfrac{x^4}{4} + \dfrac{x^3}{3} - \dfrac{x^2}{2} + x \right]_{-1}^{2} = \dfrac{1}{3} \times \dfrac{33}{4} = \dfrac{11}{4}.$

Donc **l'assertion d) est vraie** et **les assertions a), b) et c) sont fausses.**

Remarque : il faut se rappeler ce qu'est la valeur moyenne d'une fonction sur un intervalle. De plus, l'assertion c) n'est là que pour les distraits qui oublient de diviser par 3 la valeur de M.

Question 04 : Comme la formule dite d'intégration par parties n'est plus au programme de Terminale (je m'adresse ici aux candidats qui passent le Bac cette année, les candidats qui sont Bac + 1 ou au delà doivent la connaître), on va dériver les fonctions F proposées et s'il y en a une dont la dérivée est f, elle en est alors une primitive.
Si $F(x) = x\,e^{-x}$ alors $F'(x) = e^{-x} - x\,e^{-x} \neq f(x)$, **l'assertion a) est fausse.**
Si $F(x) = -x\,e^{-x}$ alors $F'(x) = -e^{-x} + x\,e^{-x} \neq f(x)$, **l'assertion b) est fausse.**
Si $F(x) = (-x - 1 + 2e^{x})e^{-x}$ alors

$$F'(x) = (-1+2e^{x})e^{-x} - (-x-1+2e^{x})\,e^{-x} = (-1+2e^{x}+x+1-2e^{x})\,e^{-x} = x\,e^{-x},$$

et **l'assertion c) est vraie.**
Si $F(x) = (-x+1)e^{-x}$, alors $F'(x) = (-1).e^{-x} - (-x+1)\,e^{-x} = (x-2)\,e^{-x} \neq f(x)$, **l'assertion d) est fausse.**

Remarque : on rappelle que si u et v sont dérivables sur I alors
$(uv)'(x) = u'(x)v(x) + u(x)v'(x)$ pour tout $x \in I$.

Question 05 : Soient f et g deux fonctions continues sur $I = [a, b]$. On commence par remarquer qu'implicitement, on suppose que $a \geqslant b$.

Supposons que pour tout $x \in I$, $f(x) = g(x)$ alors $\displaystyle\int_a^b f(x)\,dx = \int_a^b g(x)\,dx$.

Et **l'assertion a) est vraie.**

Si $\displaystyle\int_a^b f(x)\,dx = \int_a^b g(x)\,dx$, par contre, on ne peut pas conclure nécessairement pour tout $x \in I$, $f(x) = g(x)$. En effet, prenons par exemple $a = 0$ et $b = 2\pi$ puis $f(x) = \cos x$ et $g(x) = \sin x$. On a bien $\displaystyle\int_a^b f(x)\,dx = \int_a^b g(x)\,dx$ (ici $= 0$) mais f est différente de g. Donc **l'assertion b) est fausse.**

Si pour tout $x \in I$, $f(x) \geqslant g(x)$ alors $\displaystyle\int_a^b f(x)\,dx \geqslant \int_a^b g(x)\,dx$.

Ainsi, **l'assertion c) est vraie.**

Si $\displaystyle\int_a^b f(x)\,dx \geqslant \int_a^b g(x)\,dx$, alors on n'a pas toujours pour tout $x \in I$, $f(x) \geqslant g(x)$.

En effet cela revient à montrer que si $\displaystyle\int_a^b h(x)\,dx \geqslant 0$ alors on n'a pas toujours pour tout $x \in I$, $h(x) \geqslant 0$. Prenons par exemple $h(x) = \sin x$, $a = 0$ et $b = 3\pi/2$.
Alors $\displaystyle\int_a^b h(x)\,dx = 1$ et pourtant $h(x)$ est négatif sur $[\pi, 3\pi/2]$.

Donc **l'assertion d) est fausse.**

Question 06 : On considère ici la fonction f définie sur $\mathbf{R}$ par $f(x) = ax^2 + bx + c$, avec $a < 0$ et $\Delta = b^2 - 4ac > 0$. Soit S l'aire de la surface sous l'arche parabolique, comprise entre la droite d'équation $y = 0$ et la courbe représentative de f. Déjà , le terme « arche parabolique » signifie ici « arc formé par la courbe représentative de f » car f décrit un arc de parabole. Par ailleurs, le fait que $a < 0$ et que le

discriminant $\Delta = b^2 - 4ac > 0$ implique que la parabole est tournée vers le bas et traverse l'axe Ox, c'est-à-dire la droite $y = 0$ car la parabole intersecte cette droite en x_1 et x_2 (avec par convention $x_1 < x_2$) qui sont les deux solutions réelles et distinctes de $ax^2 + bx + c = 0$. Enfin, le sommet de la parabole a pour abscisse x tel que $f'(x) = 0$, c'est-à-dire x tel que $2ax + b = 0$ donc $x = -b/(2a)$.
La valeur y de l'ordonnée du sommet est :

$$a\left(\frac{-b}{2a}\right)^2 + b\left(\frac{-b}{2a}\right) + c = \frac{-ab^2 + 4a^2c}{4a^2} = \frac{-\Delta}{4a}.$$

La hauteur est donc $-\Delta/(4a)$ et la base est $x_2 - x_1$, c'est- à -dire :

$$x_2 - x_1 = \frac{-b - \sqrt{\Delta} + b - \sqrt{\Delta}}{2a} = \frac{-2\sqrt{\Delta}}{2a}.$$

La base de l'arche multipliée par sa hauteur est :

$$-\frac{\Delta}{4a} \times -2\frac{\sqrt{\Delta}}{2a} = \Delta \times \frac{\sqrt{\Delta}}{4a^2}.$$

Par ailleurs, l'aire S cherchée est :

$$S = \int_{x_1}^{x_2} (ax^2 + bx + c)\,dx = \left[\frac{ax^3}{3} + \frac{bx^2}{2} + cx\right]_{x_1}^{x_2},$$

c'est-à-dire :

$$S = \frac{a}{3}(x_2^3 - x_1^3) + \frac{b}{2}(x_2^2 - x_1^2) + c(x_2 - x_1).$$

Or $x_2^3 - x_1^3 = (x_2 - x_1)(x_2^2 + x_1x_2 + x_1^2)$ et $x_2^2 - x_1^2 = (x_2 - x_1)(x_2 + x_1)$. Donc :

$$S = (x_2 - x_1)\left[a\frac{x_2^2 + x_1x_2 + x_1^2}{3} + \frac{x_1 + x_2}{b} + c\right].$$

Puis on sait que x_1 et x_2 sont solutions de $ax^2 + bx + c + 0$ et $ax_1^2 = -bx_1 - c$ puis $ax_2^2 = -bx_1 - c$. De même, $x_1x_2 = c/a$ et $x_1 + x_2 = -b/a$. Et en remplaçant,

$$S = (x_2 - x_1)\left[\frac{-bx_2 - c - bx_1 - c + c}{3} + \frac{b}{2}.\frac{(-b)}{a} + c\right].$$

Et $S = (x_2 - x_1)\left[\frac{-b\frac{-b}{a} - c}{3} - \frac{b^2}{2a} + c\right]$. Finalement :

$$S = \frac{(x_2 - x_1)\Delta}{-6}.$$

Il reste à comparer avec la hauteur multipliée par la base qui est :

$$K = \frac{(x_2 - x_1)(-\Delta)}{4a}.$$

$$\frac{S}{K} = \frac{(x_2 - x_1)\Delta}{-6a} \times \frac{4a}{(x_2 - x_1)(-\Delta)} = \frac{4}{6} = \frac{2}{3}.$$

S vaut finalement les deux tiers de sa base multipliée par la hauteur de l'arche. **L'assertion c) est vraie** et **les assertions a), b) et d) sont fausses**.

Remarque : Le calcul de $x_2 - x_1$ dans le développement n'a pas été utile mais rien n'indiquait au départ son inutilité.

Question 07 : Soit $z = -\sqrt{3}+i$. On commence à l'écrire sous forme exponentielle. Comme $|z| = \sqrt{3+1} = 2$, on a :

$$z = 2\left(-\frac{\sqrt{3}}{2} + i\frac{1}{2}\right) = 2\left(\cos\left(\frac{5\pi}{6}\right) + i\sin\left(\frac{5\pi}{6}\right)\right) = 2e^{i\frac{5\pi}{6}}.$$

Remarquons que $\left(e^{i\frac{5\pi}{6}}\right)^6 = e^{i5\pi} = -1$ et que $\left(e^{i\frac{5\pi}{6}}\right)^3 = e^{i\frac{5\pi}{2}} = i$.

Pour commencer, nous allons diviser 2013 par 6, ce qui donne $2013 = 6 \times 335 + 3$. Donc :

$$z^{2013} = 2^{2013}(-1)^{335}e^{i\frac{5\pi}{2}} = -i2^{2013}.$$

C'est un imaginaire pur et **l'assertion a) est vraie**.

On peut aussi diviser 2014 par 6, ce qui donne $2014 = 6 \times 335 + 4$. Mais utilisons plutôt ce que l'on vient de faire, car nous sommes de gros paresseux :

$$z^{2014} = z^{2013}z = -i2^{2013}z.$$

Ce n'est pas un imaginaire pur et **l'assertion b) est fausse**.

Pour z^{2015}, on écrit :

$$z^{2015} = z^{2013}z^2 = -i2^{2013}z^2 = -i2^{2015}e^{i\frac{5\pi}{3}}.$$

Ce n'est ni un réel, ni un imaginaire pur et **l'assertion c) est fausse**.

Enfin, pour z^{2016}, on écrit :

$$z^{2016} = z^{2013}z^3 = -i2^{2013}z^3 = -i2^{2016}.i = 2^{2016}.$$

C'est bien un réel et **l'assertion d) est vraie**.

Question 08 : On veut déterminer l'ensemble S des solutions dans **C** de l'équation $\frac{z-8}{z-3} = z$. On suppose $z \neq 3$ et alors :

$$\frac{z-8}{z-3} = z \Leftrightarrow z - 8 = z^2 - 3z \Leftrightarrow z^2 - 4z + 8.$$

C'est une équation du second degré dans **C**. Comme c'est encore certainement hors programme (en Terminale), on va prendre le problème à l'envers comme à la question 04. On examine si les valeurs proposées vérifient l'équation. Déjà, on peut dire qu'une telle équation a toujours au moins une solution dans **C** (qui est différent de -3) et **l'assertion d) est fausse**.

$S = \{2 + 2i\}$ si et seulement si $(z - 2 - 2i)^2 = z^2 - 4z + 8$.

Ce qui est faux donc **l'assertion a) est fausse**.

$S = \{2 - 2i\}$ si et seulement si $(z - 2 + 2i)^2 = z^2 - 4z + 8$.

Ce qui est encore faux donc **l'assertion b) est fausse**.
$S = \{2+2i; -2+2i\}$ si et seulement si $(z-2-2i)(z+2-2i) = z^2 - 4z + 8$.
Ce qui est faux donc **l'assertion c) est fausse**.
Ainsi, **l'assertion e) est vraie**.

Question 09 : Soient A, B et O les points d'affixes respectives 1, i et 0. L'ensemble des points M d'affixe $z = x + iy$ vérifiant $|z-1| = |\bar{z}+i|$ est aussi l'ensemble des points M d'affixe $z = x + iy$ vérifiant $|z-1|^2 = |\bar{z}+i|^2$, c'est-à-dire vérifiant :

$$(z-1)(\bar{z}-1) = (\bar{z}+i)(z-i) = z\bar{z} - z - \bar{z} + 1 = \bar{z}z - i\bar{z} + iz + 1.$$

Ce qui donne :

$$-z - \bar{z} = -i\bar{z} + iz \Leftrightarrow \bar{z} + z = -i(z - \bar{z}).$$

Et donc : $2x = -i(2iy)$ ou encore $x - y = 0$. C'est une droite.
Déjà, **les assertions c) et d) sont fausses**.
A a pour composantes $(1,0)$. Ce point ne vérifie pas $x - y = 0$.
Donc **l'assertion a) est fausse**. Le milieu de $[AB]$ a pour composantes $(1/2, 1/2)$ et vérifie $x - y = 0$. La droite passant par $A(1,0)$ et $B(0,1)$ est portée par le vecteur $\overrightarrow{AB} = (-1,1)$ et la droite d'équation $x - y = 0$ est portée par le vecteur $\vec{u}(1,1)$. Les vecteurs $\overrightarrow{AB}$ et $\vec{u}$ sont orthogonaux. Donc la droite d'équation $x - y = 0$ est bien la médiatrice de $[AB]$. **L'assertion b) est vraie**.

Question 10 : Soient $A(2,0,3)$ et $B(-1,2,0)$, et la droite (D) de représentation paramétrique : $\begin{cases} x = 4+2u \\ y = 1-u \quad u \in \mathbf{R} \\ z = -2+u \end{cases}$.

Déjà le vecteur $\overrightarrow{AB}$ a pour composantes $(-1-2, 2-0, 0-3) = (-3, 2, -3)$ et la droite (D) a pour vecteur directeur $\vec{u}(2,-1,1)$. Les vecteurs $\overrightarrow{AB}$ et $\vec{u}$ ne sont pas liés et donc les droites (AB) et (D) ne sont pas parallèles, et on peut conclure que **l'assertion d) est fausse**.
La droite (AB) a pour représentation paramétrique :

$$\begin{cases} x = 2-3v \\ y = 2v \\ z = 3-3v \end{cases}, v \in \mathbf{R},$$

car elle passe par A et dirigée par $\overrightarrow{AB}$. Cherchons si (AB) a une intersection commune avec (D). On cherche (u,v) qui vérifie :

$$\begin{cases} x = 2-3v = 4+2u \\ y = 2v = 1-u \\ z = 3-3v = -2+u \end{cases}.$$

On trouve $u = -7$ et $v = 4$, ce qui donne $x = -10$, $y = 8$, $z = -9$. Les droites (AB) et (D) sont donc sécantes et **l'assertion c) est vraie**. Par conséquence, elles sont coplanaires et **l'assertion b) est vraie**. Et finalement, **l'assertion a) est fausse**.

Question 11 : $SABDC$ est une pyramide de base carrée $ABDC$. Les points I, J et K sont les milieux respectifs des segments $[SA]$, $[SB]$ et $[BD]$, et O désigne le centre du carré $ABDC$. On peut commencer par faire un dessin de la pyramide et on place les points I, J et K. L'ensemble des points M tels que $\overrightarrow{AM} = t\overrightarrow{IJ}$, $t \in \mathbf{R}$

n'est visiblement pas la droite (AD). **L'assertion a) est fausse.** Puis l'ensemble des points M tels que $\overrightarrow{BM} = k\overrightarrow{SA}$, $k \in \mathbf{R}$ n'est pas non plus la droite (BJ).
L'assertion c) est fausse.
Puis l'ensemble des points M tels que $\overrightarrow{OM} = x\overrightarrow{SB} + y\overrightarrow{SC}$, $x \in \mathbf{R}$ et $y \in \mathbf{R}$, est un plan qui contient un des côtés de la pyramide qui n'est pas celui du plan (ABC). Et donc **l'assertion d) est fausse.**
Enfin, l'ensemble des points M tels que $\overrightarrow{JM} = u\overrightarrow{SD}$, $u \in \mathbf{R}$ semble bien être la droite (JK). On peut remarquer que (JK) et (SD) sont parallèles (théorème de Thalès). On peut aussi utiliser les coordonnées. Prenons un repère orthonormé $Oxyz$ tels que $A(0,0,0)$ soit l'origine, le carré $(ABCD)$ soit sur Oxy avec $(Ox) = (AD)$ et $(AB) = (Oy)$. Si a est la longueur d'un côté du carré, $B(0,-a,0)$, $D(a,0,0)$ et $C(a,-a,0)$. Le point $S(\alpha,\beta,\gamma)$ est quelconque.
On a successivement :

$$J\left(\frac{\alpha}{2}, \frac{\beta-\alpha}{2}, \frac{\gamma}{2}\right), \overrightarrow{SD}(a-\alpha, -\beta, -\gamma).$$

Puis : $K\left(\frac{a}{2}, \frac{-a}{2}, 0\right)$, $\overrightarrow{JK}\left(\frac{a-\alpha}{2}, \frac{-\beta}{2}, \frac{-\gamma}{2}\right)$.
On remarque que l'ensemble des points M tels que $\overrightarrow{JM} = u\overrightarrow{SD}$, $u \in \mathbf{R}$ contient J (on fait $u = 0$). Puis il reste à vérifier que $\overrightarrow{JK}$ et $\overrightarrow{SD}$ sont colinéaires.
On a immédiatement : $\overrightarrow{JK} = \frac{1}{2}\overrightarrow{SD}$. **L'assertion b) est vraie.**
Remarque : en utilisant les coordonnées, on peut infirmer les autres assertions.
Question 12 : Si deux droites de l'espace sont perpendiculaires à une même troisième, elles ne sont pas nécessairement parallèles entre elles. On appelle perpendiculaire commune une telle droite. Par exemple, si $Oxyz$ est un repère orthonormé, Ox et Oy sont perpendiculaires à Oz et pourtant ne sont pas parallèles.
L'assertion a) est fausse.
Si deux droites de l'espace sont parallèles à une même troisième, elles sont parallèles entre elles. **L'assertion b) est vraie.**
Si deux droites de l'espace sont parallèles, elles admettent une infinité de droites perpendiculaires à elles deux. Donc au moins une. Est ce que voulait dire le concepteur du sujet ? Si oui, l'on écrit que **l'assertion c) est vraie.**
Si deux droites de l'espace sont parallèles à une même troisième, en général les trois droites ne sont pas coplanaires (la troisième n'a aucune raison d'être dans le plan formé par les deux autres). Et **l'assertion d) est fausse.**
Question 13 : Soit X une variable aléatoire qui prend des valeurs positives.
On suppose que : $P(1 \leqslant X \leqslant 3) = \frac{3}{8}$.
Si X suit une loi uniforme sur $[0, N]$, alors $P(0 \leqslant X \leqslant N) = 1$.
Déjà, nécessairement $[1,3] \subset [0,N]$. On a ainsi un exercice de proportionnalité.
Comme la longueur de $[1,3]$ est 2,

$$\frac{2}{N} = \frac{3/8}{1} = \frac{3}{8} \Rightarrow \frac{N}{2} = \frac{8}{3} \Rightarrow N = \frac{16}{3}.$$

L'assertion d) est vraie. Comme $16/3 = 5 + 1/3 \neq 5.3$, **l'assertion a) est fausse.**
C'était un piège car celui qui arrondit aurait trouvé l'assertion a) vraie.
Enfin, **les assertions b) et c) sont fausses.**

Question 14 : On sait que $P(1 \leqslant X \leqslant 3) = \lambda \int_1^3 e^{-\lambda t}\, dt = \frac{3}{8}$ donc en intégrant :

$$\lambda \int_1^3 e^{-\lambda t}\, dt = \lambda \left[\frac{e^{-\lambda x}}{-\lambda}\right]_1^3 = e^{-\lambda} - e^{-3\lambda} = \frac{3}{8}.$$

Posons $X = e^{-\lambda}$. On est ramené à l'équation : $X - X^3 = 3/8$ avec $X > 0$. C'est une équation du troisième degré (que l'on peut résoudre avec la méthode de Tartaglia, appelée faussement méthode de Cardan, mais tout cela c'est du très très hors programme). Donc on va encore procéder à l'envers.
Dans l'assertion a), on propose $\lambda = -\ln 2$. Ce n'est pas la peine de continuer car $\lambda < 0$. Verboten ! Donc **l'assertion a) est fausse.**
Puis on propose $\lambda = \ln 2$, ce qui donne :

$$e^{-\lambda} - e^{-3\lambda} = e^{-\ln 2} - e^{-3\ln 2} = \frac{1}{2} - \frac{1}{8} = \frac{3}{8}$$

et $\ln 2$ est bien une solution. Étudions la fonction $f : x \mapsto x^3 - x + 3/8$ pour savoir combien de fois elle s'annule dans $\mathbf{R}^+$. Sa dérivée est $f'(x) = 3x^2 - 1$. Elle s'annule en $1/\sqrt{3}$. Cette dérivée est négative si $0 < x < 1/\sqrt{3}$ et positive si $1/\sqrt{3} < x$. Or $e^{-\ln 2} = 1/2$ est compris entre 0 et $1/\sqrt{3}$. Ainsi, f décroît sur $[0, 1/\sqrt{3}]$ et comme $f(1/2) = 0$, $f(1/\sqrt{3}) < 0$. Puis f croît sur $[1/\sqrt{3}, +\infty[$. f s'annule deux fois sur $\mathbf{R}_+$, la première fois en $1/2$ et la deuxième fois en une valeur appartenant à $[1/\sqrt{3}, +\infty[$. Donc λ prend bien deux valeurs dont la valeur $\ln 2$.
L'assertion b) est vraie.
Pour l'assertion c), on remplace pour savoir si cette deuxième valeur ne serait pas par hasard $\lambda = \ln\left(\frac{\sqrt{13}+1}{4}\right)$. Supposons donc $\lambda = \ln\left(\frac{\sqrt{13}+1}{4}\right)$:

$$e^{-\lambda} - e^{-3\lambda} = \exp\left(-\ln\left(\frac{\sqrt{13}+1}{4}\right)\right) - \exp\left(-3\ln\left(\frac{\sqrt{13}+1}{4}\right)\right),$$

c'est-à-dire : $e^{-\lambda} - e^{-3\lambda} = \frac{4}{\sqrt{13}+1} - \left(\frac{4}{\sqrt{13}+1}\right)^3$.
Ce que l'on écrit : $e^{-\lambda} - e^{-3\lambda} = \frac{4}{\sqrt{13}+1}\left(1 - \left(\frac{16}{(\sqrt{13}+1)^2}\right)^2\right) \neq \frac{3}{8}$, en développant et en comparant (n'oublions pas que l'on n'a pas le droit a une calculette).
L'assertion c) est fausse et bien entendu **l'assertion d) est fausse.**

Question 15 : Soit X une variable aléatoire d'espérance 10 et de variance 8. Si X suit une loi binomiale de paramètres n et p, alors on sait que l'espérance $E(X) = np$ et la variance $V(X) = npq = np(1-p)$.
On résout le système : $\left\{\begin{array}{rcl} np & = & 10 \\ np(1-p) & = & 8 \end{array}\right.$.
Ce qui donne $np^2 = 2$. Donc : $\frac{np^2}{np} = \frac{2}{10} = \frac{1}{5} = p = 0,2$.
Déjà, on peut écrire que **les assertions a), b) et c) sont fausses.**
Puis $np = 10 \Rightarrow n/5 = 10 \Rightarrow n = 50$. **L'assertion d) est vraie.**

CONCOURS EPL
Epreuve de Mathématiques
SESSION 2013

Questions liées : *Questions 1 à 8, questions 9 à 29, questions 30 à 36*

ENONCE

PARTIE I

Dans toute cette partie, on suppose que p est un entier naturel non nul. On note $\mathcal{M}_p(\mathbb{R})$ l'ensemble des matrices carrées d'ordre p à coefficients réels. O est la matrice nulle et I est la matrice unité de $\mathcal{M}_p(\mathbb{R})$.
Une matrice A de $\mathcal{M}_p(\mathbb{R})$ est dite nilpotente d'indice 3 si elle vérifie $A^3 = O$ et A^2 est une matrice non nulle, où A^k désigne le produit de la matrice A par elle-même k fois, k étant un entier naturel non nul.
On suppose dans les trois premières questions (questions 1 à 3) de cette partie que la matrice A de $\mathcal{M}_p(\mathbb{R})$ est nilpotente d'indice 3.
Pour tout réel t, on note $E(t)$ la matrice définie par :

$$E(t) = I + tA + (t^2A^2)/2.$$

Question 01 : La matrice $E(t)$ vérifie, pour tout t réel,

a) $E(t) + E(s) = E(st)$ pour tout s réel ;

b) $E(t)E(s) = E(s+t)$ pour tout s réel ;

c) $[E(t)]^n = E(nt)$ pour tout n entier naturel ;

d) $E(t^n) = nE(t)$ pour tout n entier naturel.

Question 02 : La matrice $E(t)$

a) n'est pas inversible pour tout t réel ;

b) est inversible et a pour inverse $(-E(t))$ pour tout t réel ;

c) est inversible pour tout t réel et a pour inverse $E(1/t))$ pour tout $t \in \mathbf{R}^\star$;

d) est symétrique pour tout t .

Question 03 : L'application de $\mathbb{R}$ dans $\mathcal{M}_p(\mathbb{R})$ qui à t réel associe la matrice $E(t)$

a) est linéaire ;

b) est injective car son noyau est réduit à 0 ;

c) est bijective car toute application linéaire injective sur un espace de dimension finie est bijective ;

d) n'est pas linéaire mais est injective car la famille (I, A, A^2) est libre.

Dans toute la suite de cette partie, on note $\mathcal{B}_0 = (e_1, e_2)$ la base canonique de $\mathbb{R}^2$, on considère la matrice A de $\mathcal{M}_p(\mathbb{R})$ définie par :

$$A = \begin{pmatrix} 4 & -6 \\ 1 & -1 \end{pmatrix}.$$

On note enfin f l'endomorphisme de $\mathbb{R}^2$ qui lui est canoniquement associé.

Question 04 : On note F le sous-espace noyau de l'endomorphisme $(f - 2id_{\mathbb{R}^2})$ et G le sous-espace noyau de l'endomorphisme $(f - id_{\mathbb{R}^2})$, où $id_{\mathbb{R}^2}$ désigne l'endomorphisme identité de $id_{\mathbb{R}^2}$.
On montre que :

a) $G = 0$ et F est un plan vectoriel dont une base est la famille de vecteurs (u, v) définis par $u = (3, 1)$ et $v = (2, 1)$, les coordonnées de ces vecteurs étant exprimées dans la base $\mathcal{B}_0$ de $\mathbb{R}^2$;

b) F et G sont deux droites vectorielles dont les vecteurs directeurs sont colinéaires ;

c) F et G sont deux droites vectorielles de vecteurs directeurs respectivement $u = (3, 1)$ et $v = (2, 1)$, les coordonnées de ces vecteurs étant exprimées dans la base canonique de $\mathbb{R}^2$;

d) F et G sont des sous-espaces supplémentaires dans $\mathbb{R}^2$

Question 05 : Reprenant, si elle existe, la famille de vecteurs (u, v) définie dans la question 4, on note P la matrice de passage de la base (u, v) à la base canonique de $\mathbb{R}^2$ et on désigne par D la matrice de l'endomorphisme f dans la base (u, v). On a

a) $P^{-1} = \begin{pmatrix} 3 & 2 \\ 1 & 1 \end{pmatrix}$ et $P = \begin{pmatrix} 1 & -2 \\ -1 & 3 \end{pmatrix}$ et $D = PAP^{-1}$;

b) $P^{-1} = \begin{pmatrix} 3 & 2 \\ 1 & 1 \end{pmatrix}$ et $P = \begin{pmatrix} 1 & -2 \\ -1 & 3 \end{pmatrix}$ et $D = P^{-1}AP$;

c) $A^n = \begin{pmatrix} 3.2^n - 2 & -3.2^{n+1} + 6 \\ 2^n - 1 & -2^{n+1} + 3 \end{pmatrix}$ pour tout n entier naturel

d) $A^n = \begin{pmatrix} 3.2^n - 2 & 2^{n+1} - 2 \\ -3.2^n + 3 & -2^{n+1} + 3 \end{pmatrix}$ pour tout n entier naturel

On note $|\,|$ la valeur absolue. On désigne par g la fonction exponentielle qui à x réel associe $g(x) = e^x$ et on note, pour k entier naturel, $g^{(k)}$ la dérivée d'ordre k de la fonction g.

Question 06 : Pour tout t réel, on montre que :

a) $\left| g(t) - \sum_{k=0}^{n-1} t^k g^{(k)}(0)/k! \right| \leq (t^n/n!) \sup_{x\in[0,t]} |g^{(n)}(x)|$ pour tout n entier naturel non nul en appliquant l'inégalité de Taylor à l'ordre n.

b) $\left| g(t) - \sum_{k=0}^{n} t^k g^{(k)}(0)/k! \right| \leq (t^n/n!) \sup_{x\in[0,t]} |g^{(n)}(x)|$ pour tout n entier naturel non nul en appliquant l'inégalité de Taylor à l'ordre n.

c) $g(t) = \lim\limits_{n\to+\infty} \sum\limits_{k=0}^{n+1} t^{k-1}/(k-1)!$ car $t^k/k!$ tend vers 0 quand k tend vers $+\infty$.

d) $\left| g(t) - \sum\limits_{k=0}^{n} t^k/k! \right| \leq t^{k+1} g(t)/(k+1)!$ pour tout n entier naturel non nul.

Pour tout réel t et pour tout entier n, on note $E_n(t)$ la matrice définie par : $E_n(t) = \sum\limits_{k=0}^{n} t^k \frac{A^k}{k!} = \begin{pmatrix} a_n(t) & b_n(t) \\ c_n(t) & d_n(t) \end{pmatrix}$.

On désigne par $E(t)$ la matrice $\begin{pmatrix} a(t) & b(t) \\ c(t) & d(t) \end{pmatrix}$, ***où*** $a(t) = \lim\limits_{n\to+\infty} a_n(t)$, $b(t) = \lim\limits_{n\to+\infty} b_n(t)$, $c(t) = \lim\limits_{n\to+\infty} c_n(t)$ ***et*** $d(t) = \lim\limits_{n\to+\infty} d_n(t)$.

Question 07 : Pour tout t réel, on établit que

a) $a(t) = 3g(2t) - 2g(t)$; $b(t) = -6g(2t) + 6g(t)$; $c(t) = g(2t) - g(t)$; $d(t) = -2g(2t) + 3g(t)$

b) $a(t) = 3g(2t) - 2g(t)$; $b(t) = 2g(2t) - 2g(t)$; $c(t) = -3g(2t) + 3g(t)$; $d(t) = -2g(2t) + 3g(t)$

c) $E(t) = g(2t)Q + g(t)R$ avec $Q = \begin{pmatrix} 3 & -2 \\ -3 & -2 \end{pmatrix}$ et $R = \begin{pmatrix} -2 & -2 \\ 3 & 3 \end{pmatrix}$

d) $E(t) = g(2t)Q + g(t)R$ avec $Q = \begin{pmatrix} 3 & -6 \\ 1 & -2 \end{pmatrix}$ et $R = \begin{pmatrix} -2 & 6 \\ -1 & 3 \end{pmatrix}$.

Question 08 : Reprenant, si elles existent, les matrices Q et R définies dans la question 7, on note q et r les endomorphismes de $\mathbb{R}^2$ canoniquement associés aux matrices, respectivement Q et R. On établit que :

a) les endomorphismes q et r sont des symétries

b) le sous-espace $\operatorname{Im} r$ est inclus dans le sous-espace $\operatorname{Ker} q$ car $QR = RQ = O$

c) q est la projection sur F parallèlement à G et r est la projection sur G parallèlement à F

d) q est la projection sur G parallèlement à F et r est la projection sur F parallèlement à G

PARTIE II

Pour tout réel a positif ou nul, on note f_a la fonction définie sur $\mathbb{R}_+^\star$ par $f_a(t) = t^a$. On notera $\widetilde{f_a}$ le prolongement par continuité, lorsqu'il existe, de la fonction f_a à l'ensemble $\mathbb{R}_+$ des nombres réels positifs ou nuls. On désigne par $\ln$ la fonction logarithme népérien.

Question 09 : La fonction f_a

a) n'est prolongeable par continuité en 0 que pour $a = 0$;

b) est prolongeable par continuité en 0 en posant, pour tout a réel positif ou nul, $\widetilde{f_a}(0) = 0$ car la fonction $t \mapsto a \ln t$ tend vers $-\infty$ lorsque t tend vers 0 ;

c) est prolongeable par continuité en 0 en posant, pour tout a strictement positif, $\widetilde{f_a}(0) = 0$ mais elle n'est pas prolongeable en 0 pour $a = 0$;

d) est prolongeable par continuité en 0 en posant, pour tout a réel positif ou nul en posant $\widetilde{f_a}(0) = 0$ pour tout a strictement positif et $\widetilde{f_0}(0) = 1$.

Question 10 : La fonction f_a

a) n'est de classe $\mathcal{C}^1$ sur $\mathbb{R}_+^\star$ pour aucune valeur du réel positif ou nul a ;

b) a pour dérivée, pour tout a réel positif ou nul, la fonction f_a' définie sur $\mathbb{R}_+^\star$ par $f_a'(t) = t^{a+1}/(a+1)$;

c) a pour dérivée, pour tout a réel supérieur ou égal à 1, la fonction f_a' définie sur $\mathbb{R}_+^\star$ par $f_a'(t) = at^{a-1}$;

d) est de classe $\mathcal{C}^1$ sur $\mathbb{R}_+^\star$ uniquement pour les valeurs du réel a supérieures ou égales à 1.

Question 11 : La fonction $\widetilde{f_a}$, prolongement par continuité à $\mathbb{R}_+$ de la fonction f_a, lorsqu'il est possible,

a) n'est pas de classe $\mathcal{C}^1$ sur $\mathbb{R}_+$ pour a réel positif ou nul quelconque ;

b) n'est pas de classe $\mathcal{C}^1$ sur $\mathbb{R}_+$ pour a réel strictement inférieur à 1 ;

c) est de classe $\mathcal{C}^1$ sur $\mathbb{R}_+$ pour a réel supérieur ou égal à 1 car $\widetilde{f_a}$ est continue sur $\mathbb{R}_+$, $\mathcal{C}^1$ sur $\mathbb{R}_+^\star$ et la dérivée f_a' a une limite nulle en 0 pour tout a réel supérieur ou égal à 1 ;

d) est de classe $\mathcal{C}^1$ sur $\mathbb{R}_+$ pour tout a réel supérieur ou égal à 1 car $\widetilde{f_a}$ est continue sur $\mathbb{R}_+$, $\mathcal{C}^1$ sur $\mathbb{R}_+^\star$ et la dérivée f_a' a une limite finie en 0 pour tout a réel supérieur ou égal à 1.

Soient a ***et*** b ***deux réels positifs ou nuls.***
On note $h_{a,b}$ ***la fonction définie sur*** $]0,1[$ ***par*** $h_{a,b}(t) = f_a(t)f_b(1-t)$.

Question 12 : La fonction $h_{a,b}$

a) est, pour tout couple (a,b) de réels positifs ou nuls, prolongeable par continuité en 0, mais elle n'est pas prolongeable en 1 ;

b) n'est prolongeable par continuité ni en 0 ni en 1 pour certains couples (a,b) de réels positifs ou nuls ;

c) est de classe $\mathcal{C}^1$ sur le segment $[0,1]$ pour tout couple (a,b) de réels positifs ou nuls ;

d) n'est de classe $\mathcal{C}^1$ sur le segment $[0,1]$ que pour les réels a et b supérieurs ou égaux à 1.

On considère, pour tout couple (a,b) ***de réels positifs ou nuls, quand elle existe, l'intégrale*** $I(a,b) = \displaystyle\int_0^1 h_{a,b}(t)\,dt$.

Question 13 : (a,b) étant un couple quelconque de réels positifs ou nuls, on a

a) $\displaystyle\int_0^1 h_{a,b}(t)\,dt$ n'existe pas car $h_{a,b}$ n'est pas continue sur le segment $[0,1]$.

b) $I(a,b)$ est bien défini car $h_{a,b}$ est continue sur $]0,1[$ et prolongeable par continuité en 0 et en 1.

c) $I(a,b) = -I(b,a)$. **d)** $I(a,b) = I(b,a)$.

Question 14 : Pour tout couple de réels positifs ou nuls (a, b), on établit que :

a) $(b+1)I(a+1,b) = (a+1)I(a,b+1)$.

b) $(a+1)I(a+1,b) = (b+1)I(a,b+1)$.

c) $(a+2)I(a+1,b) = bI(a,b-1)$.

d) $(b+1)I(a+1,b) = -(a+1)I(a,b+1)$.

Question 15 : Pour tout a réel positif ou nul et pour tout entier naturel n, si $I(a,b)$ existe, on a

a) $I(a,0) = \dfrac{1}{a}$ pour tout a strictement positif et $I(0,0) = 1$.

b) $I(a,0) = \dfrac{1}{a+1}$.

c) $I(a,n) = \dfrac{(n+1)!}{(a+1)...(a+n+2)}$.

d) $I(a,n+1) = -(n+1)\dfrac{I(a+1,n)}{a+1} = (-1)^{n+1}\dfrac{(n+1)!}{(a+1)...(a+n+2)}$.

Question 16 : Soient p et q deux entiers naturels. On montre que

a) $I(p,q) = \dfrac{p!q!}{(p+q+1)!}$.

b) $I(p,q) = \dfrac{(-1)^q p!q!}{(p+q+1)!}$.

c) $I(p,q) = \dfrac{p!(q+1)!}{(p+q+2)!}$.

d) $I(p,q) = \dfrac{(p+q+1)!}{p!q!}$.

Question 17 : Soit $J(p,q) = \displaystyle\int_0^{\pi/2} (\sin\theta)^{2p+1}(\cos(\theta))^{2q+1}d\theta$, où $(p,q) \in \mathbf{N}^2$.

Pour tout couple (p,q) d'entiers naturels, on établit, à l'aide d'un changement de variable, que :

a) $J(p,q) = I(p,q)$.

b) $J(p,q) = 2I(p,q)$.

c) $J(p,q) = \dfrac{p!q!}{2(p+q+1)!}$.

d) $J(p,q) = (-1)^q\dfrac{p!q!}{2(p+q+1)!}$.

Pour tout réel α strictement positif, on note g_α l'application qui à x associe $g_\alpha(x) = x \ln\left(1-\left(\frac{\alpha}{x}\right)\right)$.

Question 18 : Pour tout α réel strictement positif, l'ensemble de définition de la fonction g_α est

a) l'intervalle $]\alpha,+\infty[$. b) l'intervalle $]-\infty,0[$.

c) $]-\infty,0[\cup]\alpha,+\infty[$. d) $]-\infty,0[\cup[\alpha,+\infty[$.

Question 19 : Soient α et x deux réels strictement positifs tels que $\alpha < x$. On a

a) $\sup\limits_{y\in[x-\alpha,x]} \dfrac{|x-(x-\alpha)|}{y} \leqslant \ln x - \ln(x-\alpha) \leqslant \inf\limits_{y\in[x-\alpha,x]} \dfrac{|x-(x-\alpha)|}{y}$.

b) $\inf\limits_{y\in[x-\alpha,x]} \dfrac{|x-(x-\alpha)|}{y} \leqslant \ln x - \ln(x-\alpha) \leqslant \sup\limits_{y\in[x-\alpha,x]} \dfrac{|x-(x-\alpha)|}{y}$.

c) $\alpha \leqslant g_\alpha(x) \leqslant \dfrac{\alpha x}{x-\alpha}$.

d) $-\dfrac{\alpha x}{x-\alpha} \leqslant g_\alpha(x) \leqslant -\alpha$.

Question 20 : Pour tout réel α strictement positif, la fonction g_α

a) n'est pas définie sur l'intervalle $]\alpha,+\infty[$.

b) est décroissante sur l'intervalle $]\alpha,+\infty[$.

c) est croissante sur l'intervalle $]\alpha,+\infty[$.

d) est croissante sur l'intervalle $]\alpha,\beta[$ et décroissante sur l'intervalle $]\beta,+\infty[$ pour β réel de l'intervalle $]\alpha,+\infty[$.

Question 21 : Pour tout réel α strictement positif, on note C_α la courbe représentant, dans un repère orthonormé, la restriction, si elle existe, de la fonction g_α à l'intervalle $]\alpha,+\infty[$. On montre que

a) la fonction g_α tend vers $-\alpha$ lorsque x tend vers $+\infty$.

b) la fonction g_α tend vers α lorsque x tend vers $+\infty$.

c) la courbe C_α admet une asymptote horizontale d'équation $y=\alpha$ et une asymptote verticale d'équation $x=-\alpha$.

d) la courbe C_α admet une asymptote horizontale d'équation $y=-\alpha$ et une asymptote verticale d'équation $x=\alpha$.

Question 22 : α étant un réel strictement positif fixé, on considère la suite (y_n) définie, pour tout entier naturel n tel que $n>\alpha$ par : $y_n = \left(1-\dfrac{\alpha}{n}\right)^n$.
On établit que

a) $y_n = \exp(-g_\alpha(n))$ pour tout entier naturel n tel que $n>\alpha$, exp désignant la fonction exponentielle.

b) la suite (y_n) est croissante car les fonctions exponentielle et g_α sont croissantes respectivement sur $\mathbb{R}$ et sur l'intervalle $]\alpha,+\infty[$.

c) la suite (y_n) est décroissante car la fonction g_α est décroissante sur l'intervalle $]\alpha,+\infty[$.

d) la suite (y_n) converge vers $e^{-\alpha}$ par continuité de la fonction exponentielle sur $\mathbb{R}$.

Pour tout réel positif ou nul x et pour tout entier naturel non nul n, on pose, si l'intégrale existe,

$$F_n(x) = \int_0^n \left(1-\frac{u}{n}\right)^n u^x\, du.$$

Question 23 : On montre que, $\forall x \in \mathbf{R}_+$, $\forall n \in \mathbf{N}^\star$,

a) $F_n(x)$ existe car la fonction qui à u associe $\left(1-\dfrac{u}{n}\right)^n u^x$ est continue sur $]0,n]$ et prolongeable par continuité en 0.

b) $F_n(x) = n^x I(x,n)$. **c)** $F_n(x) = n^{x+1} I(x,n)$. **d)** $F_n(x) = \dfrac{I(x,n)}{n^{x+1}}$.

Question 24 : Soient x un réel positif ou nul et n un entier naturel non nul, pour tout u appartenant à l'intervalle $]0,n[$, on a

a) $\ln\left[\left(1-\dfrac{u}{n+1}\right)^{n+1}\right] \leqslant \ln\left[\left(1-\dfrac{u}{n}\right)^n\right]$ car g_u est décroissante sur $]u,+\infty[$.

b) $\ln\left[\left(1-\dfrac{u}{n}\right)^n\right] \leqslant \ln\left[\left(1-\dfrac{u}{n+1}\right)^{n+1}\right]$ car g_u est croissante sur $]u,+\infty[$.

c) $-\displaystyle\int_0^n \left(1-\frac{u}{n}\right)^n u^x\,du \leqslant -\int_0^n \left(1-\frac{u}{n+1}\right)^{n+1} u^x\,du$.

d) $\displaystyle\int_0^n \left(1-\frac{u}{n}\right)^n u^x\,du \leqslant -\int_0^n \left(1-\frac{u}{n+1}\right)^{n+1} u^x\,du$.

Question 25 : Pour tout $x \in \mathbf{R}_+$ fixé,

a) la suite $(F_n(x))_{n\in\mathbf{N}^\star}$ est décroissante.

b) la suite $(F_n(x))_{n\in\mathbf{N}^\star}$ est croissante.

c) la suite $(F_n(x))_{n\in\mathbf{N}^\star}$ n'est ni croissante ni décroissante.

d) la suite $(F_n(x))_{n\in\mathbf{N}^\star}$ est constante.

Question 26 : Soient $x \in \mathbf{R}_+$ et $n \in \mathbf{N}^\star$,

a) $\forall u \in]0,n[$, $g_u(n) \leqslant -u$. **b)** $\forall u \in]0,n[$, $u \leqslant g_u(n)$.

c) $\forall u \in]0,n[$, $\displaystyle\int_0^n e^u u^x\,du \leqslant F_n(x)$. **d)** $\forall u \in]0,n[$, $F_n(x) \leqslant \displaystyle\int_0^n e^{-u} u^x\,du$.

Question 27 : $x \in \mathbf{R}_+$ et $n \in \mathbf{N}^\star$, on montre que

a) $\exists V \in \mathbf{R}_+^\star, \forall u \geqslant V,\ \dfrac{1}{u^{x+2}} \leqslant e^{-u}$.

b) $\exists U \in \mathbf{R}_+^\star, \forall u \geqslant U,\ \dfrac{1}{u^{x+2}} \geqslant e^{-u}$.

c) $\exists W \in \mathbf{R}_+^\star$, $F_n(x) \leqslant \displaystyle\int_0^W e^{-u} u^x\,du + \frac{1}{W}$.

d) $\forall K \in \mathbf{R}_+^\star$, $F_n(x) > \displaystyle\int_0^K e^{-u} u^x\,du + \frac{1}{K}$.

Question 28 : $x \in \mathbf{R}_+$ étant fixé, la suite $(F_n(x))_{n\in\mathbf{N}^\star}$,

a) est convergente car elle est croissante et majorée.

b) est convergente car elle est décroissante et minorée.

c) est divergente car elle est croissante et non majorée.

d) est divergente car elle est décroissante et non minorée.

Question 29 : Soit x un réel positif ou nul fixé. On note $F(x)$ la limite, si elle existe, de la suite $(F_n(x))_{n\in\mathbf{N}^\star}$. On montre que

a) $F(x) = +\infty$.

b) $F_n(x+1) = \dfrac{n(x+1)F_n(x)}{x+n+2}$ pour tout n entier naturel non nul.

c) $F(x+1) = xF(x)$.

d) $\forall k \in \mathbf{N}$, $F(k) = k!$ car la suite $\left(F_n(0) = \dfrac{n}{n+1}\right)$ converge vers 1.

PARTIE III

On considère l'équation différentielle

$$(E) :\ (1-x^2)y'(x) = (2-x)y(x).$$

On note I ***l'intervalle*** $]-\infty, 1[$ ***et on désigne par*** $x \mapsto e^x$ ***la fonction exponentielle.***

Question 30 : L'ensemble des solutions de (E) sur I est

a) réduit à la fonction nulle.

b) une droite vectorielle.

c) constitué des fonctions de la forme $x \mapsto \dfrac{K}{1-x}e^{1/(1-x)}$, où K est un réel quelconque.

d) constitué des fonctions de la forme $x \mapsto \dfrac{C}{1-x}e^{-1/(1-x)}$, où C est un réel quelconque.

On considère les fonctions f ***et*** g ***définies sur*** I ***avec :***

$$f : x \mapsto \frac{1}{1-x}e^{1/(1-x)} \text{ et } g : x \mapsto \frac{1}{1-x}e^{-1/(1-x)}.$$

Question 31 : Les développements limités des fonctions f et g au voisinage de 0 à l'ordre 3 sont

a) $f(x) = e\left(1 + 2x + \dfrac{7}{2}x^2 + \dfrac{28}{6}x^3\right) + o(x^3)$ pour f.

b) $f(x) = e\left(1 + 2x + \dfrac{7}{2}x^2\right) + o(x^3)$ pour f.

c) $g(x) = e\left(1 - \dfrac{1}{2}x^2 - \dfrac{2}{3}x^3\right) + o(x^3)$ pour g.

d) $g(x) = e^{-1}\left(1 - 2x + \dfrac{7}{2}x^2 - \dfrac{34}{6}x^3\right) + o(x^3)$ pour g.

Pour tout $n \in \mathbf{N}$, on désigne par $f^{(n)}$ la dérivée d'ordre n de f sur I. On suppose que pour tout n, il existe un polynôme P_n tel que

$$f^{(n)}(x) = P_n\left(\frac{1}{1-x}\right) e^{1/(1-x)}$$

pour tout réel x appartenant à I.

Question 32 : On établit alors (P_n' désignant le polynôme dérivé de P_n) que :

a) $P_0(X) = X, P_1(X) = X^3 + X^2, P_2(X) = X^5 + 4X^4 + 2X^3,$
$P_3(X) = X^7 + 9X^6 + 18X^5 + 6X^4.$

b) $P_0(X) = X, P_1(X) = X^3 - X^2, P_2(X) = X^5 - 4X^4 + 2X^3,$
$P_3(X) = X^7 - 9X^6 + 18X^5 - 6X^4.$

c) $P_{n+1}(X) = X^2\left(P_n(X) - P_n'(X)\right)$ pour tout n.

d) $P_{n+1}(X) = X^2\left(P_n(X) + P_n'(X)\right)$ pour tout n.

Question 33 : On déduit, en dérivant n fois les deux membres de (E), que pour tout $n \in \mathbf{N}^\star$,

a) $P_{n+1}(X) = -\left[(2n+1)X + X^2\right] P_n(X) + n^2X^2P_{n-1}(X).$

b) $P_{n+1}(X) = \left[(2n+1)X + X^2\right] P_n(X) - n^2X^2P_{n-1}(X).$

c) $P_n(X) = \left[(2n+1)X + X^2\right] P_n(X) - n^2X^2P_{n-1}(X).$

d) $P_{n+1}(X) = \left[(2n+1)X - X^2\right] P_n(X) - n^2X^2P_{n-1}(X).$

Pour tout n entier naturel, on pose $a_n = f^{(n)}(0)$.

Question 34 : On montre que

a) pour tout $n \in \mathbf{N}^\star$, $a_{n+1} = 2(n+1)a_n - n^2a_{n-1}$ car $a_n = e.P_n(1)$.

b) pour tout $n \in \mathbf{N}^\star$, $a_{n+1} = 2na_n - n^2a_{n-1}$.

c) d'après la formule de Taylor-Young, le développement limité de f au voisinage de 0 à l'ordre 4 s'écrit $f(x) = e\left(1 + 2x + \frac{7}{2}x^2 + \frac{34}{6}x^3 + \frac{209}{24}x^4\right) + o(x^4).$

d) d'après la formule de Taylor-Young, le développement limité de f au voisinage de 0 à l'ordre 4 s'écrit $f(x) = e\left(1 + 2x + \frac{7}{2}x^2 + \frac{34}{6}x^3\right) + o(x^4).$

On désigne par (u_p) la suite définie par : $\forall p,\ u_p = \sum_{k=0}^{p} \frac{1}{k!}.$

Pour tout $(n,p) \in \mathbf{N}^2$, on pose $S_p(n) = \sum_{k=0}^{p} \frac{(n+k)!}{(k!)^2}.$

Question 35 : On montre que

a) $S_p(0) = u_p$ et $S_p(1) = u_p - u_{p+1}$ pour tout $p \in \mathbf{N}$.

b) $S_p(0) = u_p$ et $S_p(1) = u_p + u_{p-1}$ pour tout $p \in \mathbf{N}^\star$.

c) les suites de termes généraux $S_p(0)$ et $S_p(1)$ convergent respectivement vers e et $2e$ car d'après l'inégalité de Taylor-Lagrange appliquée à la fonction exponentielle, la suite de terme général u_n converge vers e.

d) la suite de terme général $S_p(1)$ diverge.

Question 36 : Pour tout couple (n,p) d'entiers strictement positifs, on établit que

a) $S_p(n+1)-(2n+2)S_p(n)+n^2S_p(n-1)=S_{p-1}(n)-S_p(n)$.

b) $S_p(n+1)-(2n+2)S_p(n)+n^2S_p(n-1)=S_p(n)-S_{p-1}(n)$.

c) la suite $(S_p(n))_p$ converge et $a_n=\lim\limits_{p\to+\infty}(n!)\sum\limits_{k=0}^{p}\binom{n+k}{n}\frac{1}{k!}$.

d) la suite $(S_p(n))_p$ converge et $a_n=\lim\limits_{p\to+\infty}(n!)\sum\limits_{k=0}^{p}\binom{n+k+1}{n}\frac{1}{k!}$.

CORRIGE

Question 01 : Pour tout réel t, on note $E(t)$ la matrice définie par :

$$E(t) = I + tA + \frac{t^2A^2}{2}.$$

Remarquons que $E(0) = I$ et donc :

$$E(0) + E(0) = 2I \text{ et } E(0 \times 0) = E(0) = I \neq 2I.$$

Ainsi, **l'assertion a) est fausse.**
De même, $E(0^2) = E(0) = I \neq 2E(0)$ et **l'assertion d) est fausse.**
Puis pour$(s,t) \in \mathbf{R}^2$,

$$E(t)E(s) = \left(I + tA + \frac{t^2A^2}{2}\right)\left(I + sA + \frac{s^2A^2}{2}\right),$$

ce qui fait :

$$E(t)E(s) = I + tA + sA + \frac{t^2A^2}{2} + \frac{s^2A^2}{2} + tsA^2$$

en utilisant le fait que $A^k = 0$ pour tout $k \geqslant 3$. Comme $t^2/2 + ts + s^2/2 = (t+s)^2/2$, le second membre de l'égalité est bien $E(t+s)$.
Ainsi, $E(t)E(s) = E(s+t)$ et **l'assertion b) est vraie.**
Enfin, on sent la récurrence. Prouvons : $[E(t)]^n = E(nt)$ pour tout n entier naturel. La proposition est vraie pour $n = 0$. Supposons quelle soit vraie pour n. Alors :

$$E((n+1)t) = E(nt)E(t) = [E(t)]^n E(t).$$

C'est $[E(t)]^{n+1}$. Donc **l'assertion c) est vraie.**
Question 02 : La matrice $E(t)$ est inversible pour tout t car :

$$E(t)E(-t) = E(t + (-t)) = E(0) = I.$$

Déjà, **l'assertion a) est fausse.** Puis donnons un exemple qui nous servira de contre-exemple en fait. Par exemple $A = \begin{pmatrix} 0 & 1 & 0 \\ 0 & 0 & 1 \\ 0 & 0 & 0 \end{pmatrix}$. Cette matrice vérifie $A^3 = O$ et $A^2 = \begin{pmatrix} 0 & 0 & 1 \\ 0 & 0 & 0 \\ 0 & 0 & 0 \end{pmatrix}$ n'est pas nulle. Alors :

$$E(t) = I + tA + \frac{t^2A^2}{2} = \begin{pmatrix} 1 & t & t^2/2 \\ 0 & 1 & t \\ 0 & 0 & 1 \end{pmatrix}.$$

Prenons $t = 2$, par exemple. Alors $E(2)$ a pour inverse $E(-2)$ qui est clairement différente de $-E(2)$ et de $E(1/2)$. Comme il existe t pour lequel $(-E(t))$ n'est pas l'inverse de $E(t)$, **l'assertion b) est fausse**. De même, il existe $t \neq 0$, pour lequel $E(1/t)$ n'est pas l'inverse de $E(t)$, **l'assertion c) est fausse**. Enfin, $E(2)$ n'est pas symétrique donc il existe t pour lequel $E(t)$ n'est pas symétrique, et par conséquent, **l'assertion d) est fausse**. Donc **l'assertion e) est vraie**.

Question 03 : Notons Ψ l'application de $\mathbb{R}$ dans $\mathcal{M}_p(\mathbb{R})$ qui à t réel associe la matrice $E(t)$.
On a : $\Psi(0) = E(0) = I$ et $\Psi(0) = \Psi(0+0)$. Puis $\Psi(0) + \Psi(0) = 2E(0) = 2I \neq I$.
Donc Ψ n'est pas linéaire et **l'assertion a) est fausse**.
On sait que la caractérisation de l'injectivité de Ψ par le noyau réduit à 0, n'est valable que si Ψ est linéaire. Comme ce n'est pas le cas, **l'assertion b) est fausse**.
Puis, le fait d'écrire que Ψ « est bijective car toute application linéaire injective sur un espace de dimension finie est bijective », n'a pas de sens carΨ n'est toujours pas linéaire, **l'assertion c) est fausse**.

Remarque : les assertions b) et c) sont diaboliques. Tout incite à croire que Ψ est linéaire.

La dernière assertion commence bien : « n'est pas linéaire », ce qui est le cas. Passons au reste de l'assertion d). La famille (I, A, A^2) est-elle libre ? On sait que $A^3 = O$. Le raisonnement que l'on va faire est classique. Soit $(a, b, c) \in \mathbf{R}^3$ tel que :

$$(1)\ aI + bA + cA^2 = O.$$

On multiplie par A^2 et l'on obtient $aA^2 + bA^3 + cA^4 = 0$. Cela donne $aA^2 = 0$.
Comme $A^2 \neq O$, $a = 0$. On remet dans (1) et il reste $bA + cA^2 = O$.
On multiplie par A et l'on obtient $bA^2 = O$ qui donne $b = 0$.
On remet dans (1) et il reste $cA^2 = O$ qui implique $c = 0$. En conclusion, la famille (I, A, A^2) est bien une famille libre.
Il reste à passer à l'injectivité. On veut montrer : $E(t) = E(s) \Rightarrow t = s$. Attention, pas le droit de passer par le noyau car Ψ n'est pas linéaire ! Alors :

$$E(t) = E(s) \Rightarrow I + tA + \frac{t^2A^2}{2} = I + sA + \frac{s^2A^2}{2}.$$

Comme la famille (I, A, A^2) est libre (le hasard fait bien les choses !),

$$t = s \text{ et } \frac{t^2}{2} = \frac{s^2}{2}.$$

Ainsi, **l'assertion d) est vraie**.

Question 04 : Dans toute la suite de cette partie, on note $\mathcal{B}_, = (e_1, e_2)$ la base canonique de $\mathbb{R}^2$, on considère la matrice A de $\mathcal{M}_p(\mathbb{R})$ définie par : $A = \begin{pmatrix} 4 & -6 \\ 1 & -1 \end{pmatrix}$.
On note f l'endomorphisme de $\mathbb{R}^2$ qui lui est canoniquement associé. On note aussi F le sous-espace noyau de l'endomorphisme $(f - 2id_{\mathbb{R}^2})$ et G le sous-espace noyau de l'endomorphisme $(f - id_{\mathbb{R}^2})$, où $id_{\mathbb{R}^2}$ désigne l'endomorphisme identité de $id_{\mathbb{R}^2}$.
Il est clair qu'il nous faut préciser F et G.

$$(x, y) \in F \Leftrightarrow \left\{ \begin{array}{rcl} 2x - 6y & = & 0 \\ x - 3y & = & 0 \end{array} \right. \Leftrightarrow x = 3y.$$

$$(x,y) \in G \Leftrightarrow \left\{ \begin{array}{rcl} 3x - 6y & = & 0 \\ x - 2y & = & 0 \end{array} \right. \Leftrightarrow x = 2y.$$

F est donc la droite vectorielle $\{(3y, y),\ y \in \mathbf{R}\}$, soit $\mathsf{Vect}\,((3,1))$.
G est donc la droite vectorielle $\{(2y, y),\ y \in \mathbf{R}\}$, soit $\mathsf{Vect}\,((2,1))$.
Comme $G \neq 0$, **l'assertion a) est fausse.**
Puis $u = (3,1)$ et $v = (2,1)$ ne sont pas colinéaires et **l'assertion b) est fausse.**
F et G sont bien deux droites vectorielles de vecteurs directeurs respectivement $u = (3,1)$ et $v = (2,1)$, les coordonnées de ces vecteurs étant exprimées dans la base canonique de $\mathbb{R}^2$;
l'assertion c) est vraie.
Enfin, comme $F \cap G = \{0\}$ et $\dim F + \dim G = \dim \mathbf{R}^2$, F et G sont des sous-espaces supplémentaires dans $\mathbb{R}^2$. **L'assertion d) est vraie.**

Question 05 : Reprenant la famille de vecteurs (u,v) définie dans la question 04, on note P la matrice de passage de la base (u,v) à la base canonique de $\mathbb{R}^2$ et on désigne par D la matrice de l'endomorphisme f dans la base (u,v). On a : $P^{-1} = \begin{pmatrix} 3 & 2 \\ 1 & 1 \end{pmatrix}$ car P^{-1} est la matrice de passage de la base canonique de $\mathbb{R}^2$ à la base (u,v).

Remarque : Attention, en général, on appelle P plutôt la matrice de passage de la base canonique de $\mathbb{R}^2$ à la nouvelle base ici (u,v). Donc je pense que certains sont tombés dans le panneau le jour du concours.

En inversant P^{-1}, on a $P = \begin{pmatrix} 1 & -2 \\ -1 & 3 \end{pmatrix}$. Le calcul est classique : soit on inverse le système $P^{-1}X = X'$ qui donne $PX' = X$, soit on utilise ce petit rappel :

Inversibilité d'une matrice d'ordre 2. *Soit $M \in \mathcal{M}_2(\mathbf{K})$, $M = \begin{pmatrix} a & b \\ c & d \end{pmatrix}$. Alors M est inversible si et seulement si $a \times d - b \times c \neq 0$, et dans ce cas,* $M^{-1} = \dfrac{1}{ad - bc} \begin{pmatrix} d & -b \\ -c & a \end{pmatrix}$.

On applique avec $M = P^{-1}$ ici. Enfin, on a : $D = PAP^{-1}$.
Donc **l'assertion a) est vraie** et **l'assertion b) est fausse.**
Puis soit on calcule courageusement PAP^{-1} et on trouve $D = Diag(2,1)$, soit on calcule $f(u) = 2u$ et $f(v) = v$ et on retrouve bien $D = Diag(2,1)$.
Ainsi pour tout $n \in \mathbf{N}$,

$$D^n = \begin{pmatrix} 2^n & 0 \\ 0 & 1 \end{pmatrix} \Rightarrow A^n = P^{-1}D^nP = \begin{pmatrix} 3 & 2 \\ 1 & 1 \end{pmatrix} \begin{pmatrix} 2^n & 0 \\ 0 & 1 \end{pmatrix} \begin{pmatrix} 1 & -2 \\ -1 & 3 \end{pmatrix}.$$

On doit là développer courageusement et on trouve :

$$A^n = \begin{pmatrix} 3.2^n - 2 & -3.2^{n+1} + 6 \\ 2^n - 1 & -2^{n+1} + 3 \end{pmatrix}$$

pour tout n entier naturel et **l'assertion c) est vraie.**
Par contre **l'assertion d) est fausse.**

Question 06 : On note $|\,|$ la valeur absolue. On désigne par g la fonction exponentielle qui à x réel associe $g(x) = e^x$ et on note, pour k entier naturel, $g^{(k)}$ la dérivée d'ordre k de la fonction g. Pour tout $n \in \mathbf{N}^\star$ et tout $t \in \mathbf{R}$, on applique l'inégalité de Taylor à l'ordre n à g (de classe $\mathcal{C}^{n+1}$ sur $\mathbf{R}$ donc sur $[0,t]$).

$$\left|g(t)-\sum_{k=0}^{n}\frac{g^{(k)}(0)}{k!}t^k\right| \leqslant \frac{t^{n+1}}{(n+1)!}\sup_{x\in[0,t]}|g^{(n+1)}(x)|.$$

Les assertions a), b) et d) sont fausses car pour l'assertion a), pour $n = 0$, l'écriture est incorrecte, pour l'assertion b), il faut remplacer n par $n+1$ dans le second membre de l'inégalité et pour l'assertion d), le second membre de l'inégalité dépend de k, ce qui n'est pas bon. Puis, ici $g^{(k)}(t) = g(t) = e^t$ pour tout entier k et en particulier $g^{(k)}(0) = 1$. Donc :

$$\left|g(t)-\sum_{k=0}^{n}\frac{t^k}{k!}\right| \leqslant \frac{t^{n+1}}{(n+1)!}e^{|t|},$$

en remarquant que $\sup\limits_{x\in[0,t]}|g^{(n+1)}(x)| = \sup\limits_{x\in[0,t]}|e^x|$ peut être majoré par e^t si t est positif et e^{-t} si t est négatif. Donc on majore par $e^{|t|}$.

Si t est fixé, $\lim\limits_{n\to+\infty}\dfrac{t^{n+1}}{(n+1)!}e^{|t|} = 0$ et donc : $e^t = \lim\limits_{n\to+\infty}\sum\limits_{k=0}^{n}\dfrac{t^k}{k!}$, résultat très classique en deuxième année de prépa (on appelle cela le développement en série entière de e^t.) On remarque que ce résultat est valable pour tout t réel.

Par contre, **l'assertion c) est fausse** car l'écriture est incorrecte. k commence à 0 et $(-1)!$ n'existe pas. Dommage.

Ainsi, **l'assertion e) est vraie**.

Question 07 : Pour tout réel t et pour tout entier n, on note $E_n(t)$ la matrice définie par :

$$E_n(t)=\sum_{k=0}^{n}t^k\frac{A^k}{k!}=\begin{pmatrix} a_n(t) & b_n(t)\\ c_n(t) & d_n(t)\end{pmatrix}.$$

Pour tout t réel et tout entier n,

$$E_n(t)=\sum_{k=0}^{n}\frac{t^k}{k!}\begin{pmatrix} 3.2^k-2 & -3.2^{k+1}+6\\ 2^k-1 & -2^{k+1}+3\end{pmatrix},$$

en appliquant le dernier résultat de la question 05. En appliquant le résultat de la question 06 avec t ou $2t$, $E_n(t)$ vaut :

$$\begin{pmatrix} 3\sum\limits_{k=0}^{n}\frac{(2t)^k}{k!}-2\sum\limits_{k=0}^{n}\frac{t^k}{k!} & -6\sum\limits_{k=0}^{n}\frac{(2t)^k}{k!}+6\sum\limits_{k=0}^{n}\frac{t^k}{k!}\\ \sum\limits_{k=0}^{n}\frac{(2t)^k}{k!}-\sum\limits_{k=0}^{n}\frac{t^k}{k!} & -2\sum\limits_{k=0}^{n}\frac{(2t)^k}{k!}+3\sum\limits_{k=0}^{n}\frac{t^k}{k!}\end{pmatrix}.$$

On fait tendre n vers $+\infty$. On désigne par $E(t)$ la matrice $\begin{pmatrix} a(t) & b(t)\\ c(t) & d(t)\end{pmatrix}$, où $a(t)=\lim\limits_{n\to+\infty}a_n(t)$, $b(t)=\lim\limits_{n\to+\infty}b_n(t)$, $c(t)=\lim\limits_{n\to+\infty}c_n(t)$ et $d(t)=\lim\limits_{n\to+\infty}d_n(t)$. Alors :

$$E(t)=\begin{pmatrix} 3g(2t)-2g(t) & -6g(2t)+6g(t)\\ g(2t)-g(t) & -2g(2t)+3g(t)\end{pmatrix}.$$

On a : $a(t) = 3g(2t) - 2g(t)$; $b(t) = -6g(2t) + 6g(t)$, $c(t) = g(2t) - g(t)$ et $d(t) = -2g(2t) + 3g(t)$. Donc **l'assertion a) est vraie** et **l'assertion b) est fausse**.

Puis : $E(t) = g(2t)Q + g(t)R$ avec $Q = \begin{pmatrix} 3 & -6 \\ 1 & -2 \end{pmatrix}$ et $R = \begin{pmatrix} -2 & 6 \\ -1 & 3 \end{pmatrix}$.

L'assertion c) est fausse et **l'assertion d) est vraie**.

Remarque : comment justifier que $\lim\limits_{n\to+\infty} E_n(t) = E(t)$? Cela provient d'un résultat de deuxième année. Si vous n'avez que le niveau bac +1, passez votre chemin ou alors enrichissez votre culture. Pour les autres :

Comment définir la limite d'une suite de matrices de $\mathcal{M}_n(\mathbf{K})$

Si $M = (m_{ij})_{(i,j)\in\{1,\dots,n\}^2}$, on peut poser :

$$\|M\| = \max_{(i,j)\in\{1,\dots,n\}^2} |m_{ij}|.$$

$M_n(\mathbf{K})$ est de dimension finie et on peut donc utiliser la norme précédente. La suite de matrices (A_n) a pour limite la matrice L quand n tend vers l'infini si et seulement si $\|A_n - L\|$ tend vers 0 quand n tend vers $+\infty$. Cela implique que si $A_n = (a_{n_{ij}})$ et $L = (L_{ij})$, toutes les distances $\left|a_{n_{ij}} - L_{ij}\right|$ tendent vers 0 car $\max\limits_{(i,j)\in\{1,\dots,n\}^2} \left|a_{n_{ij}} - L_{ij}\right|$ tend alors nécessairement vers la valeur 0.

Question 08 : Reprenant les matrices Q et R définies dans la question 07, on note q et r les endomorphismes de $\mathbb{R}^2$ canoniquement associés aux matrices, respectivement Q et R. Comme dans les assertions, on parle de symétrie ou de projection, on pense à élever Q et R au carré pour voir :

$$Q^2 = \begin{pmatrix} 3 & -6 \\ 1 & -2 \end{pmatrix}\begin{pmatrix} 3 & -6 \\ 1 & -2 \end{pmatrix} = \begin{pmatrix} 3 & -6 \\ 1 & -2 \end{pmatrix} = Q,$$

$$R^2 = \begin{pmatrix} -2 & 6 \\ -1 & 3 \end{pmatrix}\begin{pmatrix} -2 & 6 \\ -1 & 3 \end{pmatrix} = \begin{pmatrix} -2 & 6 \\ -1 & 3 \end{pmatrix} = R.$$

Déjà, on peut dire que q et r sont des projections. Comme ce ne sont pas des symétries, **l'assertion a) est fausse**. Puis $Q + R = I$. Donc q et r sont deux projections dites associées, c'est-à-dire que si q est la projection sur $\operatorname{Im} q$, parallélement à $\operatorname{Ker} q$, alors r est la projection sur $\operatorname{Ker} q$, parallélement à $\operatorname{Im} q$. On sait que $\operatorname{Im} q$ a pour famille génératrice les vecteurs colonnes de Q. On remarque donc que $\operatorname{Im} q = \operatorname{Vect}(u)$, où $u = (3,1)$. C'est F. (On pouvait chercher aussi les vecteurs invariants par q, on retrouve F.) On peut faire la même chose pour r. Immédiatement, $\operatorname{Im} r = \operatorname{Vect}(v) = G$. Comme $\operatorname{Im} r = \operatorname{Ker} q$, q est bien la projection sur F parallélement à G et r est la projection sur G parallèlement à F.

L'assertion c) est vraie et **l'assertion d) est fausse**.

Enfin, le sous-espace $\operatorname{Im} r$ est bien inclus dans le sous-espace $\operatorname{Ker} q$ (ils sont même égaux) car $QR = RQ = O$ (le vérifier). **L'assertion b) est vraie**.

Question 09 : Pour tout réel a positif ou nul, on note f_a la fonction définie sur $\mathbb{R}_+^*$ par $f_a(t) = t^a$. On notera $\widetilde{f_a}$ le prolongement par continuité, lorsqu'il existe, de la fonction f_a à l'ensemble $\mathbb{R}_+$ des nombres réels positifs ou nuls.

On peut écrire pour tout $t > 0$, $f_a(t) = e^{a\ln t}$. Si $a > 0$, $a\ln t$ tend vers $-\infty$ quand t tend vers 0^+. Donc la fonction f_a est prolongeable par continuité en 0 pour $a > 0$, en posant $\widetilde{f_a}(0) = 0$ (car effectivement la fonction $t \mapsto a\ln t$ tend vers $-\infty$ lorsque t tend vers 0). Si $a = 0$, $f_a(t) = 1$ pour tout $t > 0$ et on pose alors $\widetilde{f_a}(0) = 1$.

Donc f_a est aussi prolongeable en 0 pour $a = 0$.
L'assertion a) est fausse car f_a est prolongeable pour tout $a \geqslant 0$.
De plus, **l'assertion b) est fausse** car $\widetilde{f}_a(0) = 1$ pour $a = 0$.
Puis **l'assertion c) est fausse** car bien que $\widetilde{f}_a(0) = 0$ pour $a > 0$, elle est prolongeable en 0 pour $a = 0$.
Enfin, **l'assertion d) est vraie** à cause de ce que l'on a écrit.

Question 10 : Pour $a > 0$, la fonction f_a est de classe $\mathcal{C}^\infty$ sur $\mathbb{R}_+^\star$ car composée de $t \mapsto a \ln t$ qui est de classe $\mathcal{C}^\infty$ sur $\mathbb{R}_+^\star$ et de $t \mapsto e^t$ qui est de classe $\mathcal{C}^\infty$ sur $\mathbb{R}$. Donc **l'assertion a) est fausse**.
Puis pour $a = 0$, $f_a(t) = 1$ pour tout $t > 0$ et donc $f_a'(t) = 0$ pour $t > 0$. Donc f_a est encore de classe $\mathcal{C}^1$ (car $\mathcal{C}^\infty$) sur $\mathbb{R}_+^\star$. On peut dire que f_a est de classe $\mathcal{C}^1$ sur $\mathbb{R}_+^\star$ pour tout $a \geqslant 0$. On a :

$$\forall t > 0,\ f_a'(t) = \begin{cases} a\,t^{a-1} & \text{si} \quad a > 0 \\ 0 & \text{si} \quad a = 0 \end{cases}$$

Comme $t \mapsto \dfrac{t^{a+1}}{a+1}$ est une primitive de f_a et non sa dérivée, on peut en conclure que **l'assertion b) est fausse**.
Puis **l'assertion c) est vraie** car comme $f_a'(t) = at^{a-1}$ pour $a > 0$, cela reste vrai si $a \geqslant 1$.
Enfin, **l'assertion d) est fausse** pour la même raison.

Question 11 : On rappelle que la fonction $\widetilde{f}_a$ est le prolongement par continuité à $\mathbb{R}_+$ de la fonction f_a. Ici on ne demande pas simplement de savoir si $\widetilde{f}_a'$ existe en 0. Il faut que cette fonction soit continue en 0.
Si $a = 0$, il n'y a pas de souci car alors $\widetilde{f}_a'$ est nul pour tout $t > 0$ et

$$\lim_{t \to 0^+} \frac{\widetilde{f}_a(t) - \widetilde{f}_a(0)}{t} = \lim_{t \to 0^+} \frac{1-1}{t} = \lim_{t \to 0^+} \frac{0}{t} = 0.$$

On a bien : $\lim\limits_{t \to 0^+} \widetilde{f}_a'(t) = \widetilde{f}_a'(0) = 0$.
Si $a > 0$, on écrit :

$$\lim_{t \to 0^+} \frac{\widetilde{f}_a(t) - \widetilde{f}_a(0)}{t} = \lim_{t \to 0^+} \frac{t^a - 0}{t} = \lim_{t \to 0^+} t^{a-1}.$$

Or cette limite n'existe que si $a \geqslant 1$. Donc $\widetilde{f}_a$ n'est pas dérivable en 0 pour $0 < a < 1$. Donc *a fortiori*, $\widetilde{f}_a$ ne peut pas être de classe $\mathcal{C}^1$ sur $\mathbb{R}_+$ pour tout a réel positif ou nul quelconque car cela n'est pas vrai pour $0 < a < 1$.
Passons à nos assertions.
L'assertion b) est fausse car $\widetilde{f}_a$ est de classe $\mathcal{C}^1$ sur $\mathbf{R}_+$ pour $a = 0$.
Puis $\lim\limits_{t \to 0^+} t^{a-1} = 1$ pour $a = 1$. Donc toujours pour $a = 1$, $\widetilde{f}_a'(0) = 1$.

Enfin : $\lim_{t\to 0^+} f'_a(t) = \lim_{t\to 0^+} at^{a-1} = a = 1$.
Donc : $\widetilde{f}_a$ est de classe $\mathcal{C}^1$ sur $\mathbb{R}_+$ pour $a = 1$.
Puis pour $a > 1$, $\lim_{t\to 0^+} t^{a-1} = 0$ et donc $\widetilde{f}'_a(0) = 0$.
Enfin,

$$\lim_{t\to 0^+} f'_a(t) = \lim_{t\to 0^+} at^{a-1} = 0$$

donc $\widetilde{f}_a$ est de classe $\mathcal{C}^1$ sur $\mathbb{R}_+$ pour $a > 1$.
Comme la limite de la dérivée f'_a en 0 est finie (mais pas toujours nulle), on peut en déduire que **l'assertion c) est fausse** et que **l'assertion d) est vraie**.

On peut conclure enfin que **l'assertion a) est fausse** car $\widetilde{f}_a$ est de classe $\mathcal{C}^1$ sur $\mathbf{R}_+$ pour $a \geqslant 1$.

Question 12 : Soient a et b deux réels positifs ou nuls.
On note $h_{a,b}$ la fonction définie sur $]0,1[$ par $h_{a,b}(t) = f_a(t)f_b(1-t)$. On sait que f_a est prolongeable en 0 pour tout $a \geqslant 0$ et f_b est prolongeable en 1 pour $b \geqslant 0$. Donc $h_{a,b}$ est prolongeable en 0 et en 1 pour $a \geqslant 0$ et $b \geqslant 0$.
Ainsi, **l'assertion a) est fausse** car $h_{a,b}$ est prolongeable en 1.
L'assertion b) est fausse évidemment.
On sait que $\tilde{f}_a$ est de classe $\mathcal{C}^1$ sur $\mathbf{R}_+$ pour $a \geqslant 1$ et $\tilde{f}_b$ est de classe $\mathcal{C}^1$ sur $\mathbf{R}_+$ pour $b \geqslant 1$ donc le prolongement de $t \mapsto f_b(1-t)$ est de classe $\mathcal{C}^1$ sur $[0,1]$ pour $b \geqslant 1$. Finalement, le prolongement de $t \mapsto h_{a,b}(t)$ est de classe $\mathcal{C}^1$ sur $[0,1]$ pour $a \geqslant 1$ et $b \geqslant 1$.
Maintenant, il faut faire attention à l'assertion d). Ce n'est pas le prolongement de $h_{a,b}$ à $[0,1]$ qui doit être de classe $\mathcal{C}^1$ sur $[0,1]$ (ce qui est pour tant le cas pour $a \geqslant 1$ et $b \geqslant 1$ d'après ce que l'on vient d'écrire), c'est la fonction $h_{a,b}$ elle-même qui doit être de classe $\mathcal{C}^1$. Comme elle n'est définie que sur $]0,1[$, on peut conclure que **l'assertion d) est fausse**.
Et bien évidemment, **l'assertion c) est fausse**. Et donc **l'assertion e) est vraie**.

Question 13 : On note $I(a,b) = \displaystyle\int_0^1 h_{a,b}(t)\,dt$. Ici $a \geqslant 0$ et $b \geqslant 0$. $I(a,b)$ est convergente car le prolongement de $t \mapsto h_{a,b}(t)$ est continue en 0 et en 1. Automatiquement, **l'assertion a) est fausse**. Puis **l'assertion b) est vraie** d'après ce que l'on vient d'écrire.
Si l'on effectue le changement de variable $w = 1-t$ donc $dw = -dt$, on a :

$$I(a,b) = \int_0^1 f_a(t)f_b(1-t)\,dt = \int_0^1 f_b(w)f_a(1-w)\,dw = I(b,a).$$

Donc **l'assertion c) est fausse** et **l'assertion d) est vraie**.

Question 14 : Pour commencer, une petite piqûre de rappel de cours (rassurez vous, l'aiguille est fine !).

Intégration par parties. *Soit* $(f,g) \in (\mathscr{C}^1(I,K))^2$, *où* $\mathbf{K} = \mathbf{R}$ *ou* $\mathbf{C}$. *Alors pour tout* $[u,v] \subset I$ *:*

$$\int_u^v f'(t)g(t)\,dt = -\int_u^v f(t)g'(t)\,dt + [f(t)g(t)]_u^v.$$

Après ce rafraîchissement, écrivons pour tout couple de réels positifs ou nuls (a, b),

$$I(a+1,b) = \int_0^1 f_{a+1}(t) f_b(1-t)\,dt = \int_0^1 t^{a+1}(1-t)^b\,dt,$$

$$I(a,b+1) = \int_0^1 f_a(t) f_{b+1}(1-t)\,dt = \int_0^1 t^{a}(1-t)^{b+1}\,dt.$$

Partons de $I(a+1,b)$ et effectuons une intégration par parties en dérivant $t \mapsto t^{a+1}$ et en intégrant $t \mapsto (1-t)^b$, fonctions de classe $\mathcal{C}^1$ sur $[0,1]$. Alors :

$$I(a+1,b) = \int_0^1 (a+1)t^a \frac{(1-t)^{b+1}}{b+1}\,dt + \left[-\frac{(1-t)^{b+1}}{b+1} t^{a+1}\right]_0^1.$$

Cela donne :

$$I(a+1,b) = \frac{a+1}{b+1} I(a, b+1 \Rightarrow (b+1)I(a+1,b) = (a+1)I(a,b+1).$$

Donc, **l'assertion a) est vraie** et **l'assertion d) est fausse**.
De même, on voit rapidement que **l'assertion b) est fausse**.
Enfin, comme $h(a, b-1)$ n'est pas de classe $\mathcal{C}^1$ en 1 pour $b < 1$, on ne peut pas faire une intégration par parties pour obtenir l'égalité proposée dans l'assertion c). Ainsi, **l'assertion c) est fausse**.

Question 15 : Pour tout a réel positif ou nul et pour tout entier naturel n, si $I(a, b)$ existe,

$$I(a,0) = \int_0^1 t^a\,dt = \left[\frac{t^{a+1}}{a+1}\right]_0^1 = \frac{1}{a+1}.$$

L'assertion a) est fausse et **l'assertion b) est vraie**.
D'après la question 14,

$$(a+1)I(a,n+1) = (n+1)I(a+1,n)$$

et donc **l'assertion d) est fausse**.

Remarque ; si l'assertion d) de la question 14 avait été juste, l'assertion d) de la question 15 aussi. Ce genre d'erreur en cascade arrive régulèrement donc méfiance ! Écrivons maintenant pour tout n entier :

$$\left\{\begin{array}{ccc} I(a,n) & = & \frac{n}{a+1} I(a+1,n-1) \\ I(a+1,n-1) & = & \frac{n-1}{a+2} I(a+2,n-2) \\ I(a+2,n-2) & = & \frac{n-2}{a+2} I(a+3,n-3) \\ \vdots & \vdots & \vdots \\ I(a+n-1,n-(n-1)) & = & \frac{n-(n-1)}{a+n-1} I(a+n,0) \end{array}\right.$$

Or $I(a+n,0) = \dfrac{1}{a+n+1}$ et en multipliant tous les membres de gauche et tous les membres de droite des différentes égalités, on obtient :

$$I(a,n) = \frac{n(n-1)...1}{(a+1)(a+2)...(a+n)} I(a+n,0) = \frac{n!}{(a+1)...(a+n+1)}.$$

Ainsi, **l'assertion c) est fausse** car la formule fournit $I(a,n+1)$ et non pas $I(a,n)$.

Question 16 : Soient p et q deux entiers naturels.
On a d'après la question 15 avec $p=a$ et $q=n$:

$$I(p,q) = \frac{p!}{(q+1)...(q+p+1)!} = \frac{p!q!}{(q+p+1)!}.$$

L'assertion a) est vraie et par répercution, **les assertions b), c) et d) sont fausses**.

Question 17 : Soit $J(p,q) = \displaystyle\int_0^{\pi/2} (\sin\theta)^{2p+1}(\cos(\theta))^{2q+1}d\theta$, où $(p,q) \in \mathbf{N}^2$. La première idée serait de poser $t = \sin\theta$ ou $t = \cos\theta$ mais on voit après un essai que cela ne colle pas tout à fait. On pose alors $t = \sin^2\theta$. (Si vous n'y pensez pas, attendez l'éclair qui tombe du ciel !). Alors $dt = 2\sin\theta\cos\theta\, d\theta$. On a :

$$J(p,q) = \frac{1}{2}\int_0^{\pi/2} (\sin\theta)^{2p}(\cos(\theta))^{2q} 2\sin\theta\cos\theta\, d\theta = \frac{1}{2}\int_0^1 t^p(1-t)^q\, dt = \frac{1}{2}I(p,q).$$

Les assertions a) et b) sont fausses. Puis $J(p,q) = \dfrac{p!q!}{2\,(q+p+1)!}$. On peut en conclure que **l'assertion c) est vraie** et que **l'assertion d) est fausse**.

Question 18 : Pour tout réel α strictement positif, on note g_α l'application qui à x associe $g_\alpha(x) = x\ln(1-(\alpha/x))$. La fonction g_α est définie pour $1-\alpha/x > 0$ et $x \neq 0$. Si $x > 0$, alors $x > \alpha$. Si $x < 0$, pas de problème. Donc l'ensemble de définition de la fonction g_α est $]-\infty, 0[\cup]\alpha, +\infty[$. On peut en conclure que **l'assertion c) est vraie** et que **les assertions a), b) et d) sont fausses**.

Question 19 : Soient α et x deux réels strictement positifs tels que $\alpha < x$.

Théorème des accroissements finis. *Si f est une fonction définie et continue sur $[a,b]$ et dérivable sur $]a,b[$, alors :*

$$\exists\, c \in]a,b[,\ f(b) - f(a) = f'(c)(b-a).$$

On applique ici le thórème des accroissements finis à ln avec $a = x - \alpha$ et $b = x$. On a :

$$\exists\, c_x \in]x-\alpha, x[,\ \ln(x) - \ln(x-\alpha) = (x-(x-\alpha)) \times \frac{1}{c} = \frac{\alpha}{c}.$$

Donc :

$$\inf_{y\in[x-\alpha,x]} \frac{|x-(x-\alpha)|}{y} \leqslant \ln x - \ln(x-\alpha) \leqslant \sup_{y\in[x-\alpha,x]} \frac{|x-(x-\alpha)|}{y}.$$

Ainsi, **l'assertion a) est fausse** et **l'assertion b) est vraie**.
Puis si $x \in]\alpha, +\infty[$, $g_\alpha(x) = x\ln(1-(\alpha/x)) = x\,[\ln(x-\alpha) - \ln x]$.

$$-\alpha \sup_{y\in[x-\alpha,x]} \frac{1}{y} \leqslant \ln(x-\alpha) - \ln(x) \leqslant -\alpha \inf_{y\in[x-\alpha,x]} \frac{1}{y}.$$

Soit :

$$\frac{-\alpha}{x-\alpha} \leqslant \ln(x-\alpha) - \ln(x) \leqslant \frac{-\alpha}{x} \Rightarrow \frac{-\alpha x}{x-\alpha} \leqslant g_\alpha(x) \leqslant -\alpha.$$

Finalement, **l'assertion c) est fausse** et **l'assertion d) est vraie**.

Remarque : Pour $x > \alpha$, $\ln(1-\alpha/x) < 0$ et donc $g_\alpha(x) < 0$. On retrouve le fait que l'assertion c) est nécessairement fausse.

Question 20 : L'assertion a) est fausse car g_α est définie sur l'intervalle $]\alpha, +\infty[$. Sur cet intervalle, g_α est dérivable et :

$$g'_\alpha(x) = \ln(x-\alpha) - \ln x + x\left[\frac{1}{x-\alpha} - \frac{1}{x}\right] = \ln(x-\alpha) - \ln x + \frac{\alpha}{x-\alpha}.$$

En utilisant : $\dfrac{-\alpha}{x-\alpha} \leqslant \ln(x-\alpha) - \ln(x) \leqslant \dfrac{-\alpha}{x}$, on a :

$$0 \leqslant g'_\alpha(x) \leqslant \frac{\alpha}{x-\alpha} - \frac{\alpha}{x} = \frac{\alpha^2}{x(x-\alpha)}.$$

Ainsi g_α est croissante sur l'intervalle $]\alpha, +\infty[$ et **l'assertion c) est vraie**.
On peut en déduire que **les assertions b) et d) sont fausses**.

Question 21 : Pour tout réel α strictement positif, on note C_α la courbe représentant, dans un repère orthonormé, la restriction de la fonction g_α à l'intervalle $]\alpha, +\infty[$. On a :

$$\lim_{x\to+\infty} \frac{-\alpha x}{x-\alpha} = -\alpha \Rightarrow \lim_{x\to+\infty} g_\alpha(x) = -\alpha.$$

L'assertion a) est vraie et **l'assertion b) est fausse**.
Puis : $\lim\limits_{x\to\alpha} g_\alpha(x) = \lim\limits_{x\to\alpha} x\ln(1-\alpha/x) = -\infty$. Donc $x = \alpha$ est une asymptote verticale et $y = -\alpha$ est une asymptote horizontale.
L'assertion c) est fausse et **l'assertion d) est vraie**.

Question 22 : α étant un réel strictement positif fixé, on considère la suite (y_n) définie, pour tout entier naturel n tel que $n > \alpha$ par : $y_n = \left(1 - \dfrac{\alpha}{n}\right)^n$. Alors :

$$\exp(g_\alpha(n)) = \exp\left(n \ln\left(1 - \frac{\alpha}{n}\right)\right) = \left(1 - \frac{\alpha}{n}\right)^n$$

et **l'assertion a) est fausse**.
La fonction $n \mapsto g_\alpha(n)$ est croissante sur $]\alpha, +\infty[$ et $x \mapsto \exp(x)$ est croissante sur $\mathbf{R}$ donc $\exp o\, g_\alpha$ est croissante pour $n > \alpha$.
L'assertion b) est vraie par conséquent.
Et ensuite, on peut conclure que **l'assertion c) est fausse**.
On a : $\lim\limits_{n\to+\infty} g_\alpha(n) = -\alpha \Rightarrow \lim\limits_{n\to+\infty} y_n = e^{-\alpha}$ en effet par continuité de la fonction exponentielle sur $\mathbf{R}$ donc **l'assertion d) est vraie**.

Question 23 : Pour tout réel positif ou nul x et pour tout entier naturel non nul n, on pose, si l'intégrale existe, $F_n(x) = \int_0^n (1-(u/n))^n u^x \, du$.
Pour montrer l'existence de $F_n(x)$, on peut se ramener à une intégrale de la famille $I(a,b)$. On pose le changement de variable $w = \frac{1}{n}u$ (qui tombe déjà moins du ciel que celui de la question 17) et donc $ndw = du$. On a :

$$F_n(x) = \int_0^1 (1-w)^n (nw)^x n \, dw = n^{x+1} \int_0^1 (1-w)^n w^x \, dw = n^{x+1} I(x,n).$$

L'assertion c) est vraie et **les assertions b) et d) sont fausses.**
Enfin, $F_n(x)$ existe car $I(x,n)$ et n^x existent pour $x \geqslant 0$ et $n \in \mathbf{N}^\star$.

Remarque : pour l'existence, on pouvait remarquer aussi que $u \mapsto (1-u/n)^n u^x$ est continue sur $]0,n]$ et prolongeable par continuité en 0 car si $x=0$, $\lim\limits_{u\to 0} u^x = 1$ et si $x>0$, $\lim\limits_{u\to 0} u^x = 0$. Donc **l'assertion a) est vraie**.

Question 24 : Soient x un réel positif ou nul et n un entier naturel non nul. Déjà, pour tout u appartenant à l'intervalle $]0,n[$, g_u n'est pas décroissante sur $]u,+\infty[$ et **l'assertion a) est fausse**. Puis :

$$g_u(n) = n \ln\left(1-\frac{u}{n}\right) = \ln\left[\left(1-\frac{u}{n}\right)^n\right].$$

Et :

$$g_u(n+1) = (n+1) \ln\left(1-\frac{u}{n+1}\right) = \ln\left[\left(1-\frac{u}{n+1}\right)^{n+1}\right].$$

Comme $n \leqslant n+1$, $g_u(n) \leqslant g_n(n+1)$. En effet, g_u est croissante sur $[u,+\infty[$ et $u \in]0,n[$ donc $n>u$. Et **l'assertion b) est vraie**. Puis :

$$\int_0^n \left(1-\frac{u}{n}\right)^n u^x \, du \leqslant \int_0^n \left(1-\frac{u}{n+1}\right)^{n+1} u^x \, du.$$

Donc **l'assertion c) est fausse**.
Puis

$$\int_0^n \left(1-\frac{u}{n}\right)^n u^x \, du > 0 \text{ et } -\int_0^n \left(1-\frac{u}{n+1}\right)^{n+1} u^x \, du < 0.$$

Question 25 : Pour tout x réel positif ou nul fixé, la suite de terme général $F_n(x)$, n entier naturel non nul, est croissante. En effet :

$$F_n(x) \leqslant \int_0^n \left(1-\frac{u}{n+1}\right)^{n+1} u^x \, du \leqslant \int_0^{n+1} \left(1-\frac{u}{n+1}\right)^{n+1} u^x \, du = F_{n+1}(x).$$

L'assertion b) est vraie et **les assertions a), c) et d) sont fausses.**

Question 26 : Soient $x \in \mathbf{R}_+$ et n un entier naturel non nul, pour tout u appartenant à $]0,n[$, commençons par une inégalité, d'après la question 19.

$$\frac{-un}{n-u} \leqslant g_u(n) \leqslant -u.$$

On peut déjà conclure à ce niveau que **l'assertion a) est vraie** et aussi que **l'assertion b) est fausse**.

Puis : $g_u(n) \leqslant -u \Rightarrow \ln\left[\left(1-\frac{u}{n}\right)^n\right] \leqslant -u \leqslant \left(1-\frac{u}{n}\right)^n \leqslant e^{-u}$.

Et donc : $\left(1-\frac{u}{n}\right)^n u^x \leqslant e^{-u}u^x \Rightarrow \int_0^n \left(1-\frac{u}{n}\right)^n u^x\,du \leqslant \int_0^n e^{-u}u^x\,du$.

Donc : $F_n(x) \leqslant \displaystyle\int_0^n e^{-u}u^x\,dx$.. **L'assertion d) est vraie** et **l'assertion c) est fausse**.

<u>Question 27</u> : x est toujours un réel positif ou nul et n un entier naturel non nul. On sait que$u^{x+2}e^{-u}$ tend vers 0 quand u tend vers $+\infty$. Ainsi, il existe un réel strictement positif U tel que pour tout u supérieur ou égal à U,

$$\frac{1}{u^{x+2}} \geqslant e^{-u}.$$

Ainsi, **l'assertion b) est vraie**.

Comme par contre, l'inégalité $1 \leqslant e^{-u}u^{x+2}$ à partir d'un certain rang, n'est pas possible, **l'assertion a) est fausse**. Puis :

$$F_n(x) \leqslant \int_0^n e^{-u}u^x\,du = \int_0^U e^{-u}u^x\,du + \int_U^n e^{-u}u^x\,du,$$

où U est la valeur introduite précédemment. Alors :

$$F_n(x) \leqslant \int_0^U e^{-u}u^x\,du + \int_U^n \frac{du}{u^2} = \int_0^U e^{-u}u^x\,du - \frac{1}{n} + \frac{1}{U}.$$

(Ceci est valable si $n > U$ donc quand $n \to +\infty$.)

Donc pour $n \geqslant U$, $F_n(x) \leqslant \displaystyle\int_0^U e^{-u}u^x\,du + \frac{1}{U}$.

L'assertion c) ne colle pas tout à fait car on ne précise pas que n doit être supérieur au w proposé donc on concluera que **l'assertion c) est fausse**. Bien entendu, **l'assertion d) est fausse**, elle aussi.

<u>Question 28</u> : x étant un réel positif ou nul fixé, la suite de terme général $F_n(x)$, n entier naturel non nul, est croissante et majorée par $M_x = \displaystyle\int_0^U e^{-u}u^x\,du + \frac{1}{U}$ dès que n est un entier supérieur à U, soit pour $n \geqslant N = \lfloor U \rfloor + 1$. On majore tous les éléments de la suite $(F_n(x))_n$ par le maximum des quantités $F_1(x), ..., F_{N-1}(x)$ et M. Donc la suite $(F_n(x))_n$ est convergente car elle est croissante et majorée. **L'assertion a) est vraie**.

Comme $F_n(x)$ est croissante (en n), **l'assertion b) est fausse**.

Comme $(F_n(x))_n$ converge, elle est non divergente et **les assertions c) et d) sont fausses**.

<u>Question 29</u> : Soit toujours x un réel positif ou nul fixé. On note $F(x)$ la limite de la suite de terme général $F_n(x)$, n entier naturel non nul. Cette limite existe bien d'après la question 28.

Déjà l'égalité : $F(x) = +\infty$ est absurde et **l'assertion a) est fausse**.

Puis on exprime $F_n(x+1)$ en effectuant une intégration par parties.

$$\int_0^n \left(1-\frac{u}{n}\right)^n u^{x+1}\,du = -\int_0^n \frac{\left(1-\frac{u}{n}\right)^{n+1}}{-\frac{n+1}{n}}(x+1)u^x\,du + \left[\frac{\left(1-\frac{u}{n}\right)^{n+1}}{-\frac{n+1}{n}}u^{x+1}\right]_0^n.$$

Donc :

$$F_n(x+1) = \frac{n(x+1)}{n+1}\int_0^n \left(1-\frac{u}{n}\right)^n \left(1-\frac{u}{n}\right) u^x\,du.$$

Donc : $F_n(x+1) = \dfrac{n(x+1)}{n+1}\left[F_n(x) - \dfrac{1}{n}F_n(x+1)\right]$. Ce qui donne :

$$F_n(x+1) = \frac{n(x+1)F_n(x)}{x+n+2}$$

pour tout $n \in \mathbf{N}^{star}$, en arrangeant un peu. **L'assertion b) est vraie.**
Si n tend vers $+\infty$, $\dfrac{n(x+1)}{n+2+x} \sim x+1$ et donc : $F(x+1) = (x+1)F(x)$.
Malheureusement pour elle, **l'assertion c) est fausse.**
Puis $F_n(0)$ vaut :

$$\int_0^n \left(1-\frac{u}{n}\right)^n du = \left[\frac{\left(1-\frac{u}{n}\right)^{n+1}}{-\frac{n+1}{n}}\right]_0^n = \frac{n}{n+1}.$$

Et $\lim\limits_{n\to+\infty} F_n(0) = 1$. Ainsi $F(0) = 1$. Puis $F(n) = nF(n-1)$ pour tout $n \geqslant 1$. On « descend » et : $F(n) = n(n-1)\times ... \times 1 = n!$. Ainsi, **l'assertion d) est vraie.**

<u>Question 30</u> : Rappelons pour commencer la méthode dite de variation de la constante (c'est toujours bien de placer des rappels de cours de temps en temps).

Comment résoudre (E) : $y'(x) + a(x)y(x) = f(x)$ sur I avec la méthode dite de variation de la constante (ici a peut varier)

Étape 1. *On résout d'abord l'équation homogène associée (E_H), on notera y_H une solution particulière non nulle de l'équation (E_H) que l'on choisit. Cette solution peut s'écrire $y_H(x) = \exp(-G(x))$, où G est une primitive de a sur I.*

Étape 2. *On cherche une solution y_p de (E) sous la forme $y_p : x \mapsto \lambda(x)y_H(x)$ où λ est une fonction de $\mathscr{C}^1(I)$ en identifiant cette forme de y_p dans (E). On trouvera une égalité du type $\lambda'(x) = v(x)$, où v est une fonction continue sur I, que l'on intégrera, ce qui donne : $\lambda(x) = V(x)$, où V est une primitive de v, on en déduit alors $y_p(x) = V(x)y_H(x)$.*

Étape 3. *L'ensemble des solutions de (E) est :*
$\mathcal{S}_E(I) = \{I \to \mathbf{R} : x \mapsto L\exp(-G(x)) + y_p(x),\ L \in \mathbf{R}\}$.
On peut déterminer L par une condition initiale du type $y(x_0) = y_0$, où $x_0 \in I$.
Enfin, dans le cas où f est la fonction nulle, on peut prendre $y_p = 0$.

Ici (E) : $(1-x^2)y'(x) = (2-x)y(x)$. et on note I l'intervalle $]-\infty, 1[$.

On écrit (E) : $y'(x) - \dfrac{2-x}{(1-x)^2}y(x) = 0$. C'est déjà une équation homogène.

Déterminons G une primitive de $x \mapsto \dfrac{2-x}{(1-x)^2}$.

$$G(x) = \int \frac{2-x}{(1-x)^2}\,dx = \int \left(\frac{1-x+1}{(1-x)^2}\,dx = \int \frac{dx}{1-x} + \int \frac{dx}{(1-x)^2}.\right.$$

Ainsi : $G(x) = -\ln|1-x| - \dfrac{1}{1-x} = -\ln(1-x) - \dfrac{1}{1-x}$ car $x \in I$.
L'ensemble des solutions $\mathcal{S}_E(I)$ de (E) sur I est constitué des fonctions de la forme

$$x \mapsto \frac{L}{1-x} e^{1/(1-x)},$$

où L est un réel quelconque.
L'assertion c) est vraie et **les assertions a) et d) sont fausses**.
Par ailleurs, $\mathcal{S}_E(I)$ est bien $\mathsf{Vect}\left(x \mapsto \frac{1}{1-x}e^{1/(1-x)}\right)$ et est une droite vectorielle, et donc **l'assertion b) est vraie**.

Question 31 : Soient les fonctions f et g définies sur I avec :

$$f : x \mapsto \frac{1}{1-x}e^{1/(1-x)} \text{ et } g : x \mapsto \frac{1}{1-x}e^{-1/(1-x)}.$$

Il s'agit de déterminer les développements limités des fonctions f et g au voisinage de 0 à l'ordre 3. Pour cela, on va rappeller les développements limités des fonctions $X \mapsto \exp(X)$ et de $X \mapsto \dfrac{1}{1-X}$ au voisinage de 0 à l'ordre 3.

$$(1) : \ \exp(X) = 1 + X + \frac{1}{2}X^2 + \frac{1}{6}X^3 + o(X^3),$$

$$(2) : \ \frac{1}{1-X} = 1 + X + X^2 + X^3 + o(X^3).$$

Ainsi : $e^{1/(1-x)} = e\, e^{x+x^2+x^3+o(x^3)}$ en appliquant (2) avec $X = x$.
Puis : $e^{x+x^2+x^3+o(x^3)}$ vaut

$$1 + x + x^2 + x^3 + \frac{1}{2}(x+x^2+x^3)^2 + \frac{1}{6}(x+x^2+x^3)^3 + o(X^3),$$

en appliquant (1) avec $X = x + x^2 + x^3$. On remarque qu'à chaque fois comme x tend vers 0, X doit aussi tendre vers 0 pour appliquer les développements limités en 0. On effectue les produits $(x+x^2+x^3)^2$ et $(x+x^2+x^3)^3$ en ne gardant que les termes de degré au plus 3. Pour $(x+x^2+x^3)^2$, on garde $x^2 + 2x^3$ et pour $(x+x^2+x^3)^3$, on garde x^3. Il reste :

$$e^{1/(1-x)} = e\left(1 + x + \frac{3}{2}x^2 + \frac{13}{6}x^3\right) + o(x^3).$$

Il reste à multiplier par $1 + x + x^2 + x^3 + o(x^3)$, en ne gardant que les termes dont le degré est inférieur ou égal à 3. Il reste :

$$f(x) = e\left(1 + 2x + \frac{7}{2}x^2 + \frac{17}{6}x^3\right) + o(x^3).$$

Les assertions a) et b) sont fausses.

Passons à g. On a :

$$e^{-1/(1-x)} = e\, e^{-x-x^2-x^3+o(x^3)},$$

en appliquant encore (2) avec $X = x$.
Puis : $e^{-x-x^2-x^3+o(x^3)}$ vaut

$$1 - x - x^2 - x^3 + \frac{1}{2}(x + x^2 + x^3)^2 - \frac{1}{6}(x + x^2 + x^3)^3 + o(X^3),$$

en appliquant encore (1) avec $X = x + x^2 + x^3$. On effectue toujours les produits $(x + x^2 + x^3)^2$ et $(x + x^2 + x^3)^3$ en ne gardant que les termes de degré au plus 3. Pour $(x + x^2 + x^3)^2$, on garde $x^2 + 2x^3$ et pour $(x + x^2 + x^3)^3$, on garde x^3.
Il reste :

$$e^{-1/(1-x)} = e\left(1 - x - \frac{1}{2}x^2 - \frac{1}{6}x^3\right) + o(x^3).$$

Il reste à multiplier par $1 + x + x^2 + x^3 + o(x^3)$, en ne gardant que les termes dont le degré est inférieur ou égal à 3. On en déduit :

$$g(x) = e\left(1 - \frac{1}{2}x^2 - \frac{2}{3}x^3\right) + o(x^3).$$

L'assertion c) est vraie et **l'assertion d) est fausse.**

Question 32 : Pour tout $n \in \mathbf{N}$, on désigne par $f^{(n)}$ la dérivée d'ordre n de f sur I. On suppose que pour tout n, il existe un polynôme P_n tel que

$$f^{(n)}(x) = P_n\left(\frac{1}{1-x}\right) e^{1/(1-x)},$$

pour tout réel x appartenant à 1.

$$f^{(0)}(x) = f(x) = \frac{1}{1-x}e^{1/(1-x)} \Rightarrow P_0(X) = X.$$

$$f'(x) = \left[\frac{1}{(1-x)^2} + \frac{1}{(1-x)^3}\right] e^{1/(1-x)} \Rightarrow P_1(X) = X^2 + X^3.$$

Établissons une récurrence. Supposons que $f^{(n)}(x) = P_n\left(\frac{1}{1-x}\right) e^{\frac{1}{1-x}}$. Alors :

$$f^{(n+1)}(x) = \frac{1}{(1-x)^2}P_n'\left(\frac{1}{1-x}\right) e^{\frac{1}{1-x}} + \frac{1}{(1-x)^2}P_n\left(\frac{1}{1-x}\right) e^{\frac{1}{1-x}}.$$

Donc : $P_{n+1}\left(\frac{1}{1-x}\right) e^{\frac{1}{1-x}}$, en posant :

$$(3)\ \ P_{n+1}(X) = X^2\left(P_n'(X) + P_n(X)\right).$$

Ainsi, **l'assertion c) est fausse** et **l'assertion d) est vraie.**

Puis, en appliquant (3) avec $n = 1$, puis avec $n = 2$, on a :

$$P_2(X) = X^2\,(P_1'(X) + P_1(X)) = X^5 + 4X^4 + 2X^3,$$

$$P_3(X) = X^2\,(P_2'(X) + P_2(X)) = X^7 + 9X^6 + 18X^5 + 6X^4.$$

L'assertion a) est vraie et **l'assertion b) est fausse**.

Question 33 : Partons de $(1-x)^2y' = (2-x)y$ et en dérivant n fois les deux membres de (E), pour tout $n \in \mathbf{N}^\star$,

$$\left[(1-x)^2y'\right]^{(n)} = [(2-x)y]^{(n)}.$$

Il est temps de faire un rappel de cours.

Formule de Leibniz. *Si f_1 et f_2 sont deux applications de $\mathscr{C}^n(I,\mathbf{R})$ alors la fonction produit f_1f_2 appartient à $\mathscr{C}^n(I,\mathbf{R})$ et, pour tout $p \leqslant n$:*

$$(f_1f_2)^{(p)} = \sum_{i=0}^{p}\binom{p}{i} f_1^{(i)} f_2^{(p-i)}.$$

On applique la formule de Leibniz avec $f_1(x) = (1-x)^2$ et $f_2(x) = y'(x)$ et $p = n$ à $\left[(1-x)^2y'\right]^{(n)}$. Cette quantité devient :

$$(4):\ \ (1-x)^2y^{(n+1)} - n \times 2(1-x)y^{(n)} + n(n-1)y^{(n-1)}.$$

Puis on applique la formule de Leibniz avec $f_1(x) = 2-x$ et $f_2(x) = y$ et $p = n$ à $[(2-x)y]^{(n)}$. Cette quantité devient :

$$(5):\ \ (2-x)y^n - ny^{(n-1)}.$$

En égalant (4) et (5), on a :

$$(1-x)^2y^{(n+1)}(x) = [2n(1-x) + 2 - x]\,y^{(n)} - [n + n(n-1)]\,y^{(n-1)}.$$

Ce qui donne :

$$P_{n+1}\left(\frac{1}{1-x}\right) = \left[\frac{2n}{1-x} + \frac{2-x}{(1-x)^2}\right] P_n\left(\frac{1}{1-x}\right) - \frac{n^2}{(1-x)^2}P_{n-1}\left(\frac{1}{1-x}\right).$$

En posant $X = 1/(1-x)$, on a :

$$(6):\ \ P_{n+1}(X) = \left(2nX + X + X^2\right) P_n(X) - n^2X^2P_{n-1}(X).$$

L'assertion b) est vraie et **les assertions a), c) et d) sont fausses**.

Question 34 : Pour tout n entier naturel, on pose $a_n = f^{(n)}(0) = P_n(1)\,e$. En appliquant (6) avec $X = 1$,

$$(7):\ \ P_{n+1}(1) = (2n+2)\,P_n(1) - n^2P_{n-1}(1).$$

Et (7) devient : $a_{n+1} = (2n+2)a_n - n^2 a_{n-1}$ pour $n \geqslant 1$.
L'assertion a) est vraie et **l'assertion b) est fausse**.
Il est encore temps de faire un (petit) rappel de cours :

Formule de Taylor-Young. *On suppose que f est de classe $\mathscr{C}^n$ sur I et à valeurs dans $\mathbf{R}$. Soit $a \in I$. Pour tout x dans un voisinage de a inclus dans I,*

$$f(x) = f(a) + f'(a) + \frac{f''(a)}{2!}(x-a)^2 + \ldots + \frac{f^{(n)}(a)}{n!}(x-a)^n + o((x-a)^n).$$

Ici on l'applique avec $n = 4$ et $a = 0$. On a :

$$f(x) = f(0) + f'(0) + \frac{f''(0)}{2!}x^2 + \frac{f^{(3)}(0)}{3!}x^3 + \frac{f^{(4)}(0)}{4!}x^4 + o(x^4).$$

Il reste à calculer $f^{(p)}(0)$ pour p entier de 0 à 4. Pour cela, on écrit :

$$P_0(1) = 1,\ P_1(1) = 2,\ P_2(1) = 7,\ P_3(1) = 34 \text{ et } P_4(1) = 8 \times 34 - 63 = 209.$$

Le développement limité de la fonction f au voisinage de 0 à l'ordre 4 s'écrit donc :

$$f(x) = e\left(1 + 2x + \frac{7}{2}x^2 + \frac{34}{6}x^3 + \frac{209}{24}x^4\right) + o(x^4).$$

L'assertion c) est vraie et **l'assertion d) est fausse**.

<u>Question 35</u> : On désigne par (u_p) la suite définie par : $\forall p,\ u_p = \sum_{k=0}^{p} \frac{1}{k!}$.

Pour tout $(n,p) \in \mathbf{N}^2$, on pose $S_p(n) = \sum_{k=0}^{p} \frac{(n+k)!}{(k!)^2}$. Alors :

$$S_p(0) = \sum_{k=0}^{p} \frac{k!}{(k!)^2} = \sum_{k=0}^{p} \frac{1}{k!} = u_p.$$

Puis :

$$S_p(1) = \sum_{k=0}^{p} \frac{(1+k)!}{(k!)^2} = \sum_{k=0}^{p} \frac{k}{k!} + \sum_{k=0}^{p} \frac{1}{k!} = \sum_{k=1}^{p} \frac{1}{(k-1)!} + u_p.$$

Donc : $S_p(1) = \sum_{k=0}^{p-1} \frac{1}{k!} + u_p = u_{p-1} + u_p$.
L'assertion a) est fausse et **l'assertion b) est vraie**.
Alors : $\lim_{p\to+\infty} S_p(0) = e$ et $\lim_{p\to+\infty} S_p(1) = 2e$ car $\lim_{p\to+\infty} u_p = e$.
L'assertion c) est vraie et **l'assertion d) est fausse**.

<u>Question 36</u> : Pour tout couple (n,p) d'entiers strictement positifs, vu le premier membre des égalités des assertions a) et b) proposées, il est clair que l'on nous oriente vers le calcul de :

$$A(n,p) = S_p(n+1) - (2n+2)S_p(n) + n^2 S_p(n-1).$$

On écrit courageusement que $A(n,p)$ vaut :

$$\sum_{k=0}^{p} \frac{(n+1+k)!}{(k!)^2} - \sum_{k=0}^{p} \frac{2(n+1)(n+k)!}{(k!)^2} + \sum_{k=0}^{p} \frac{n^2(n-1+k)!}{(k!)^2}.$$

Cela donne : $A(n,p) = \sum_{k=0}^{p} \frac{(n-1+k)!}{(k!)^2} B(n,k)$.
Où : $B(n,k) = (n+1+k)(n+k) - 2(n+1)(n+k) + n^2 = -(n+k-k^2)$.
Donc :

$$A(n,p) = -\sum_{k=0}^{p} \frac{(n-1+k)!}{(k!)^2}(n+k) + \sum_{k=0}^{p} \frac{k^2(n-1+k)!}{(k!)^2}.$$

C'est-à-dire : $A(n,p) = -\sum_{k=0}^{p} \frac{(n+k)!}{(k!)^2} + \sum_{k=1}^{p} \frac{(n-1+k)!}{(k-1)!^2}$. Soit :

$$A(n,p) = -\sum_{k=0}^{p} \frac{(n+k)!}{(k!)^2} + \sum_{k=0}^{p-1} \frac{(n-k)!}{k!^2} = -S_p(n) + S_{p-1}(n).$$

Ainsi : $S_p(n+1) - (2n+2)S_p(n) + n^2 S_p(n-1) = S_{p-1}(n) - S_p(n)$.
On en déduit que **l'assertion a) est vraie** et que **l'assertion b) est fausse**.
Puis :

$$\binom{n+k}{n} = \frac{(n+k)!}{n!k!} \Rightarrow \frac{n!}{k!}\binom{n+k}{n} = \frac{(n+k)!}{(k!)^2}.$$

Donc :

$$S_p(n) = \sum_{k=0}^{p} \frac{n!}{k!}\binom{n+k}{n} = n! \sum_{k=0}^{p} \frac{\binom{n+k}{n}}{k!}.$$

Maintenant, dans les assertions c) et d), on a a_n qui apparaît.
Donc, on doit avoir : $b_n = \lim_{p\to+\infty} S_p(n) = a_n$, avec n fixé.
On remarque que $\lim_{p\to+\infty} [S_{p-1}(n) - S_p(n)] = 0$. Donc, si $b_n = \lim_{p\to+\infty} S_p(n)$,

$$b_{n+1} - (2n+2)b_n + n^2 b_{n-1} = 0,\ \forall n \geqslant 1.$$

On a : $b_0 = e$ et $b_1 = 2e$ d'après la question 35. Or a_n vérifie la même récurrence avec les mêmes conditions initiales et si $w_n = a_n - b_n$, alors :

$$w_{n+1} = 2(n+1)w_n - n^2 w_{n-1} = 0,\ \forall n \geqslant 1 \text{ avec } w_0 = w_1 = 0.$$

Cela implique $w_n = 0$ pour tout n. Donc : $a_n = b_n$ et $a_n = \lim_{p\to+\infty} S_p(n)$.

Ainsi, $a_n = \lim_{p\to+\infty} \sum_{k=0}^{p} \frac{\binom{n+k}{n}}{k!}$.

L'assertion c) est vraie et **l'assertion d) est fausse**.

CONCOURS EPL
Epreuve de Mathématiques
SESSION 2014

Questions liées : *Questions 1 à 5, questions 6 à 8, questions 9 à 15, questions 16 à 23, questions 24 à 32, questions 33 à 36.*

ENONCE

Les lettres* R, C *ou* N *désignent respectivement les ensembles des réels, des complexes et des entiers naturels.

PARTIE I

On note $GL_n(\mathbf{R})$ le sous-ensemble de $\mathcal{M}_n(\mathbf{R})$ (matrices carrées de dimension n), formé des matrices inversibles. On l'appelle le groupe linéaire d'ordre n. La notation « . » désigne le produit matriciel.

Question 01 : Alors

a) $GL_n(\mathbf{R})$ est un sous-espace vectoriel de $\mathcal{M}_n(\mathbf{R})$.

b) $GL_n(\mathbf{R})$ n'est pas un sous-espace vectoriel de $\mathcal{M}_n(\mathbf{R})$.

c) $(GL_n(\mathbf{R}), .)$ est un groupe commutatif.

d) $(GL_n(\mathbf{R}), .)$ n'est pas un groupe commutatif.

$E_{i,j}$ désigne dans la suite la matrice élémentaire dont tous les termes sont nuls, sauf $e_{i,j} = 1$. Enfin, I désigne la matrice identité de $\mathbf{R}^n$.

Question 02 : Alors

a) Pour toute matrice élémentaire $E_{i,j}$, $i \neq j$, la matrice $I + E_{i,j}$ est inversible et admet un inverse de la forme $I + \alpha E_{i,j}$, avec $\alpha \in \mathbf{R}$.

b) Pour toute matrice élémentaire $E_{i,j}$, $i \neq j$, la matrice $I + E_{i,j}$ n'est pas inversible.

c) Pour toute matrice élémentaire $E_{i,i}$, la matrice $I + E_{i,i}$ est inversible et admet un inverse de la forme $I + \alpha E_{i,i}$, avec $\alpha \in \mathbf{R}$.

d) Pour toute matrice élémentaire $E_{i,i}$, la matrice $I + E_{i,i}$ n'est pas inversible.

Question 03 : *On appelle centralisateur de $GL_n(\mathbf{R})$, noté $C(GL_n(\mathbf{R}))$, l'ensemble des matrices de $GL_n(\mathbf{R})$ qui commutent avec toute matrice inversible.*
On a alors

a) $C(GL_n(\mathbf{R})) = GL_n(\mathbf{R})$. b) $C(GL_n(\mathbf{R})) = \left\{ \sum_{i=1}^{n} \alpha_i E_{i,i},\ (\alpha_1, ..., \alpha_n) \in \mathbf{R}^n \right\}$.

c) $C(GL_n(\mathbf{R})) = \left\{ \sum_{i=1}^{n} \alpha E_{i,i},\ \alpha \in \mathbf{R} \right\}$.

d) $C(GL_n(\mathbf{R})) = \left\{ \sum_{i=1}^{n} \sum_{j=1}^{n} \alpha_i E_{i,j},\ (\alpha_1, ..., \alpha_n) \in \mathbf{R}^n \right\}$.

Question 04 : Soit la matrice $P = \begin{pmatrix} 1 & 1 & 0 & -1 \\ -1 & 0 & 1 & 1 \\ 1 & 1 & -1 & 0 \\ 0 & 1 & -1 & 1 \end{pmatrix}$. Alors

a) la matrice P est inversible et $P^{-1} = \begin{pmatrix} 1 & -1 & 1 & 0 \\ 1 & 0 & 1 & 1 \\ 0 & 1 & -1 & -1 \\ -1 & 1 & 0 & 1 \end{pmatrix}$.

b) la matrice P est inversible et $P^{-1} = \begin{pmatrix} -1 & 1 & 3 & -2 \\ 1 & 0 & -1 & 1 \\ 0 & 1 & 1 & -1 \\ -1 & 1 & 2 & -1 \end{pmatrix}$.

c) la matrice P est inversible et $P^{-1} = \begin{pmatrix} 1 & 0 & 1 & 0 \\ 1 & 0 & -1 & 1 \\ 0 & 1 & -1 & -1 \\ -1 & 1 & 2 & -1 \end{pmatrix}$.

d) la matrice P n'est pas inversible.

Question 05 : *Soit k un entier non nul, une matrice A est dite nilpotente si $A^k = 0$ et $A^{k-1} \neq 0$. On dit alors que A est nilpotente d'ordre k. On note $N_n(\mathbf{R})$ le sous-ensemble des matrices de $\mathcal{M}_n(\mathbf{R})$ formé des matrices nilpotentes.*
Alors

a) la somme de deux matrices nilpotentes est une matrice nilpotente.

b) le produit de deux matrices nilpotentes est une matrice nilpotente.

c) la somme de deux matrices nilpotentes n'est jamais inversible.

d) Si $A \in \mathbf{N}_n(\mathbf{R})$ matrice nilpotente d'ordre k, alors on a : $k \leqslant n$.

PARTIE II

Soit $f : [0,1] \mapsto \mathbf{R}$, une fonction continue et $n \in \mathbf{N}^\star$. On pose :

$$u_n(f) = \left(\int_0^1 |f(t)|^n \, dt \right)^{\frac{1}{n}}.$$

Question 06 : Soit λ un nombre réel, alors $u_n(\lambda f)$ vaut

a) $\lambda^n\, u_n(f)$. **b)** $\lambda^{\frac{1}{n}} u_n(f)$. **c)** $\lambda\, u_n(f)$. **d)** $|\lambda|\, u_n(f)$.

Question 07 : On suppose ici que $f(x) \geqslant 0$ pour tout $x \in [0,1]$ et que le maximum de la fonction f est 1. Soit $\epsilon > 0$.

a) Pour tout entier $n \geqslant 1$, on a $u_n(f) \geqslant 1$.

b) Il existe des nombres u et v vérifiant $0 \leqslant u < v \leqslant 1$ tels que $f(x) \geqslant 1-\epsilon$ pour tout $x \in [u,v]$.

c) Pour tout entier $n \geqslant 1$, $u_n(f)$ vérifie : $u_n(f) \leqslant (v-u)^{\frac{1}{n}}(1-\epsilon)$.

d) La suite $(u_n(f))$ admet pour limite 1.

Question 08 : Soit $g : [0,1] \to \mathbf{R}$ une fonction continue et M le maximum de la fonction $x \mapsto |g(x)|$ sur $[0,1]$. Alors $\lim\limits_{n\to+\infty} u_n(g)$ vaut

a) M. b) $\dfrac{1}{M}$. c) $|M|$. d) $\dfrac{1}{|M|}$.

PARTIE III

Pour tout entier $n \in \mathbf{N}$, ***on pose*** $I_n = \displaystyle\int_0^{\frac{\pi}{2}} (\cos t)^n \, dt$.

Question 09 :

a) La suite (I_n) est croissante.

b) La suite (I_n) est décroissante.

c) La suite (I_n) n'est ni croissante, ni décroissante.

d) Il existe $n_0 \in \mathbf{N}$ tel que la suite (I_n) soit décroissante pour $n \geqslant n_0$.

Question 10 : On a :

a) $I_0 = 1$. b) $I_0 = \dfrac{\pi}{2}$. c) $I_1 = 1$. d) $I_1 = \frac{\pi}{4}$.

Question 11 : À l'aide d'une intégration par parties, on montre que la suite (I_n) vérifie la propriété :

a) $(n+1)I_{n+1} = nI_n$. b) $nI_{n+2} = (n+2)I_n$. c) $(n+2)I_{n+2} = nI_n$.
d) $(n+1)I_{n+2} = (n+2)I_n$.

Question 12 : On en déduit que la suite (I_n) vérifie

a) $\lim\limits_{n\to+\infty} (nI_nI_{n-1}) = \dfrac{\pi}{2}$. b) $\lim\limits_{n\to+\infty} (nI_nI_{n-1}) = 1$. c) $\lim\limits_{n\to+\infty} \dfrac{I_{n-1}}{I_n} = 1$.
d) $\lim\limits_{n\to+\infty} \dfrac{I_{n-1}}{I_n} = \dfrac{\pi}{2}$.

Question 13 : On déduit des résultats précédents

a) $\lim\limits_{n\to+\infty} n(I_n)^2 = \dfrac{2}{\pi}$. b) $\lim\limits_{n\to+\infty} n(I_n)^2 = \dfrac{\pi}{2}$. c) $\lim\limits_{n\to+\infty} I_n = \sqrt{\dfrac{2}{\pi}}$.
d) $\lim\limits_{n\to+\infty} I_n = \sqrt{\dfrac{\pi}{2}}$.

Question 14 : On montre que pour tout $n \geqslant 1$, I_{2n} vaut

a) $\dfrac{1 \times 3 \times ... \times (2n-1)}{2 \times 4 \times ... \times (2n)}$. b) $\dfrac{1 \times 3 \times ... \times (2n+1)}{2 \times 4 \times ... \times (2n)}$.

c) $\dfrac{1 \times 3 \times ... \times (2n-1)}{2 \times 4 \times ... \times (2n)} \cdot \dfrac{\pi}{2}$. d) $\dfrac{1 \times 3 \times ... \times (2n+1)}{2 \times 4 \times ... \times (2n)} \cdot \dfrac{\pi}{2}$.

Question 15 : On déduit des résultats précédents

a) $\lim\limits_{n \to +\infty} \dfrac{1 \times 3 \times ... \times (2n+1)}{2 \times 4 \times ... \times (2n)} \cdot \dfrac{1}{\sqrt{n}} = \sqrt{\dfrac{2}{\pi}}$.

b) $\lim\limits_{n \to +\infty} \dfrac{1 \times 3 \times ... \times (2n+1)}{2 \times 4 \times ... \times (2n)} \cdot \dfrac{1}{\sqrt{n}} = \dfrac{2}{\sqrt{\pi}}$.

c) $\lim\limits_{n \to +\infty} \dfrac{1 \times 3 \times ... \times (2n+1)}{2 \times 4 \times ... \times (2n)} \cdot \dfrac{1}{\sqrt{n}} = \dfrac{\sqrt{2}}{\pi}$.

d) $\lim\limits_{n \to +\infty} \dfrac{1 \times 3 \times ... \times (2n+1)}{2 \times 4 \times ... \times (2n)} \cdot \dfrac{1}{\sqrt{n}} = \dfrac{2}{\pi}$.

Pour tout entier $n \in \mathbf{N}$ ***et tout nombre*** $x \in \left]-\dfrac{\pi}{2}, \dfrac{\pi}{2}\right[$, ***on pose***

$$F_n(x) = \int_0^x (\tan t)^n \, dt.$$

Question 16 : On a

a) $F_1(x) = 1 + \tan^2 x$. b) $F_1(x) = x$.

c) $F_2(x) = \tan x - x$. d) $F_2(x) = 2(\tan x + \tan^3 x)$.

Question 17 : Pour $|x| < \frac{\pi}{2}$, la quantité $F_{n+2}(x) + F_n(x)$ vaut

a) $\dfrac{1}{n-1}(\tan x)^{n-1}$. b) $\dfrac{1}{n}(\tan x)^n$.

c) $\dfrac{1}{n+1}(\tan x)^{n+1}$. d) $\dfrac{1}{n+2}(\tan x)^{n+2}$.

Question 18 : On en déduit que $F_4(x)$ vaut

a) $\dfrac{\tan^2 x}{2} - \tan x + x$. b) $\dfrac{\tan^3 x}{3} - \tan x + x$.

c) $\dfrac{\tan^4 x}{4} - \tan x + x$. d) $-\dfrac{\tan x}{2} + x$.

Pour tout entier $n \in \mathbf{N}$***, on pose*** $J_n = \displaystyle\int_0^{\frac{\pi}{4}} (\tan t)^n \, dt$.

Question 19 : La suite (J_n) est

a) croissante et convergente.

b) décroissante et convergente.

c) croissante et divergente.

d) décroissante et divergente.

Question 20 : Soit a un réel vérifiant $0 < a < \frac{\pi}{4}$. Alors

a) $J_n \geqslant a(\tan a)^n + \frac{\pi}{4} - a$.

b) $J_n \leqslant a(\tan a)^n + \frac{\pi}{4} - a$.

c) $J_n \geqslant \frac{\pi}{4} + a$.

d) $J_n \leqslant \frac{\pi}{4} + a$.

Question 21 : On en déduit que $\lim_{n \to +\infty} J_n$ vaut :

a) $\frac{\pi}{4}$. b) $1 - \frac{\pi}{4}$. c) 0. d) $+\infty$.

Question 22 : Pour tout entier $n \geqslant 1$, la quantité $\frac{\pi}{4} + (-1)^n J_{2n+2}$ vaut

a) $1 - \frac{1}{3} + \frac{1}{5} + \ldots + \frac{(-1)^n}{2n-1}$.

b) $1 - \frac{1}{3} + \frac{1}{5} + \ldots + \frac{(-1)^{n-1}}{2n+1}$.

c) $1 - \frac{1}{3} + \frac{1}{5} + \ldots + \frac{(-1)^{n+1}}{2n-1}$.

d) $1 - \frac{1}{3} + \frac{1}{5} + \ldots + \frac{(-1)^n}{2n+1}$.

Question 23 : On peut ainsi en déduire que :

a) $\lim_{n \to +\infty} 1 - \frac{1}{3} + \frac{1}{5} + \ldots + \frac{(-1)^n}{2n-1} = \frac{\pi}{4}$.

b) $\lim_{n \to +\infty} 1 - \frac{1}{3} + \frac{1}{5} + \ldots + \frac{(-1)^{n-1}}{2n+1} = \frac{\pi}{4}$.

c) $\lim_{n \to +\infty} 1 - \frac{1}{3} + \frac{1}{5} + \ldots + \frac{(-1)^{n+1}}{2n-1} = \frac{\pi}{4}$.

d) $\lim_{n \to +\infty} 1 - \frac{1}{3} + \frac{1}{5} + \ldots + \frac{(-1)^n}{2n+1} = \frac{\pi}{4}$.

PARTIE IV

Soient $n \in \mathbf{N} \setminus \{0,1\}$ ***et*** $\{\omega_0, \ldots, \omega_{n-1}\}$ ***les racines*** $n^{\text{èmes}}$ ***de l'unité :***

$$\omega_k = \omega^k, \text{ avec } \omega = e^{i\frac{2\pi}{n}}.$$

Soit $p \in \mathbf{N}$.

La notation $\binom{n}{k}$ ***désigne le coefficient binomial*** $\frac{n!}{k!(n-k)!}$.

Question 24 : On établit que

a) $\displaystyle\sum_{k=0}^{n-1} \omega_k^p = \frac{1+\omega^{np}}{1-\omega^p}$ si $\omega^p \neq 1$.

b) $\displaystyle\sum_{k=0}^{n-1} \omega_k^p = \frac{1-\omega^{np}}{1-\omega^p}$ si $\omega^p \neq 1$.

c) $\displaystyle\sum_{k=0}^{n-1} \omega_k^p = n$ si $\omega^p = 1$.

d) $\displaystyle\sum_{k=0}^{n-1} \omega_k^p = 1$ si $\omega^p = 1$.

Question 25 : Un calcul permet d'obtenir

a) $\displaystyle\sum_{k=0}^{n-1} \binom{n}{k}\omega_k = 2^n \cos^n \frac{\pi}{n} - 1$. b) $\displaystyle\sum_{k=0}^{n-1} \binom{n}{k}\omega_k = -2^n \cos^n \frac{\pi}{n} + 1$.

c) $\displaystyle\sum_{k=0}^{n-1} \binom{n}{k}\omega_k = 2^n \cos^n \frac{\pi}{n} + 1$. d) $\displaystyle\sum_{k=0}^{n-1} \binom{n}{k}\omega_k = -2^n \cos^n \frac{\pi}{n} - 1$.

Question 26 : Le produit $\displaystyle\prod_{k=1}^{n-1} \omega_k$ vaut

a) $(-1)^n$. b) $(-1)^{n-1}$. c) $(-1)^{n-1}\omega$. d) $(-1)^n\omega$.

Dans toute la suite, $E(x)$ désigne la fonction « partie entière de x », et j est la racine cubique de l'unité dont la partie imaginaire est strictement positive.

Question 27 : On a :

a) $\displaystyle(1+1)^n = \sum_{k=0}^{n} 2\binom{n}{k}$.

b) $\displaystyle(1+1)^n = \sum_{k=0}^{n} \binom{n}{k}$.

c) $\displaystyle(1+j)^n = \sum_{k=0}^{n} j^k\binom{n}{k}$.

d) $\displaystyle(1+j)^n = \sum_{k=0}^{n} j^{2k}\binom{n}{k}$.

Question 28 : De même :

a) $\displaystyle(1+j^2)^n = \sum_{k=0}^{n} \binom{n}{k}\bar{j}^{2k}$.

b) $\displaystyle(1+j^2)^n = \sum_{k=0}^{n} \binom{n}{k}j^k$.

En posant $Z_n = 2^n + (1+j)^n + (1+j^2)^n$, on obtient aussi

c) $Z_n = \sum_{k=0}^{n} \binom{n}{k} \left(2 + j^k + j^{2k}\right).$

d) $Z_n = \sum_{k=0}^{n} \binom{n}{k} \left(1 + j^k + \bar{j}^{2k}\right).$

La notation $k \equiv j\ (n)$ signifie que le reste de la division euclidienne de k par n est j. On souhaite distinguer les cas selon lesquels :

$$k \equiv 0\ (3),\ k \equiv 1\ (3)\ \textbf{\textit{et}}\ k \equiv 2\ (3).$$

Question 29 : On a la décomposition suivante de Z_n :

a) $$\sum_{k=0}^{E((n-2)/3)} \binom{n}{3k} \left(1 + j^{3k} + j^{6k}\right) + \sum_{k=0}^{E((n-1)/3)} \binom{n}{3k+1} \left(1 + j^{3k+1} + j^{6k+2}\right) + \sum_{k=0}^{E(n/3)} \binom{n}{3k+2} \left(1 + j^{3k+2} + j^{6k+4}\right).$$

b) $$\sum_{k=0}^{E((n-1)/3)} \binom{n}{3k} \left(1 + j^{3k} + j^{6k}\right) + \sum_{k=0}^{E(n/3)} \binom{n}{3k+1} \left(1 + j^{3k+1} + j^{6k+2}\right) + \sum_{k=0}^{E((n+1)/3)} \binom{n}{3k+2} \left(1 + j^{3k+2} + j^{6k+4}\right).$$

c) $$\sum_{k=0}^{E((n-1)/3)} \binom{n}{3k-1} \left(1 + j^{3k} + j^{6k}\right) + \sum_{k=0}^{E(n/3)} \binom{n}{3k} \left(1 + j^{3k+1} + j^{6k+2}\right) + \sum_{k=0}^{E((n+1)/3)} \binom{n}{3k+1} \left(1 + j^{3k+2} + j^{6k+4}\right).$$

d) $$\sum_{k=0}^{E(n/3)} \binom{n}{3k} \left(1 + j^{3k} + j^{6k}\right) + \sum_{k=0}^{E((n-1)/3)} \binom{n}{3k+1} \left(1 + j^{3k+1} + j^{6k+2}\right) + \sum_{k=0}^{E((n-2)/3)} \binom{n}{3k+2} \left(1 + j^{3k+2} + j^{6k+4}\right).$$

Question 30 : On obtient alors

a) $Z_n = 3 \sum_{k=0}^{E(n/3)} \binom{n}{3k}.$

b) $Z_n = 3 \sum_{k=0}^{E((n-1)/3)} \binom{n}{3k}.$

c) $Z_n = 3 \sum_{k=0}^{E((n-2)/3)} \binom{n}{3k}.$

d) $Z_n = 3 \sum_{k=0}^{E((n-1)/3)} \binom{n}{3k-1}$.

Question 31 : On remarque que

a) $(1+j)^n + (1+j^2)^n = -2\,\Re\left[(1+j)^n\right]$.

b) $(1+j)^n + (1+j^2)^n = 2\,\mathrm{Im}\left[(1+j)^n\right]$.

c) $(1+j)^n = 2^n \cos^n \frac{\pi}{3} e^{\frac{in\pi}{3}}$.

d) $(1+j^2)^n = e^{\frac{-in\pi}{3}}$.

Question 32 : Il en résulte que

a) $(1+j)^n + (1+j^2)^n = -2\cos\frac{n\pi}{3}$.

b) $(1+j)^n + (1+j^2)^n = 2\sin\frac{n\pi}{3}$.

Finalement, on obtient pour valeur de Z_n :

c) $\sum_{k=0}^{E(n/3)} \binom{n}{3k} = \frac{1}{3}\left(2^n + 2\cos\frac{n\pi}{3}\right)$.

d) $\sum_{k=0}^{E(n/3)} \binom{n}{3k} = \frac{1}{3}\left(2^n + 2\sin\frac{n\pi}{3}\right)$.

PARTIE V

Soit $(a,b,c) \in \mathbf{C}^3$. ***On considère le système d'inconnue*** $(x,y,z) \in \mathbf{C}^3$ ***:***

$$\left\{\begin{array}{rcl} x+y+z & = & a \\ x+jy+j^2z & = & b \\ x+j^2y+jz & = & c \end{array}\right. \qquad (S),$$

où j ***désigne la racine cubique de l'unité dont la partie imaginaire est strictement positive.***

Question 33 :

a) $\forall (a,b,c) \in \mathbf{C}^3$, le système (S) n'admet pas de solution dans $\mathbf{C}^3$.

b) $\forall (a,b,c) \in \mathbf{C}^3$, le système (S) admet une solution unique dans $\mathbf{C}^3$.

c) $\forall (a,b,c) \in \mathbf{C}^3$, le système (S) admet une infinité de solutions dans $\mathbf{C}^3$.

d) Il existe un sous-ensemble $E \subset \mathbf{C}^3$, $E \neq \mathbf{C}^3$ tel que le système (S) admet une solution si $(a,b,c) \in E$ et aucune solution si $(a,b,c) \notin E$.

Question 34 : Une solution de (S) est alors :

a) $(x,y,z) = \left(\frac{a+bj^2+cj}{3}, \frac{a+b+c}{3}, \frac{a+bj+cj^2}{3}\right)$.

b) $(x,y,z) = \left(\frac{a+b+c}{3}, \frac{a+bj+cj^2}{3}, \frac{a+bj^2+cj}{3}\right)$.

c) $(x,y,z) = \left(\frac{a+b+c}{3}, \frac{a+bj^2+cj}{3}, \frac{a+bj+cj^2}{3}\right)$.

d) $(x,y,z) = \left(\frac{a+bj^2+cj}{3}, \frac{a+bj+cj^2}{3}, \frac{a+b+c}{3}\right)$.

Question 35 : Une condition nécessaire et suffisante pour qu'une solution de (S) soit réelle ($i.e$ $(x, y, z) \in \mathbf{R}^3$) est :

a) $a \in \mathbf{R}$ et $b = c$.

b) $a \in \mathbf{R}$ et $b = \bar{c}$.

c) $(a, b, c) \in \mathbf{R}^3$.

d) $a \in \mathbf{R}$ et $(b, c) \in i\mathbf{R}^2$.

Question 36 : Une solution réelle de (S) est alors

a) $(x, y, z) = \left(\dfrac{a + 2\,\Re(b)}{3}, \dfrac{a + 2\,\Re(bj^2)}{3}, \dfrac{a + 2\,\Re(bj)}{3}\right)$.

b) $(x, y, z) = \left(\dfrac{a + 2\,\mathrm{Im}\,(b)}{3}, \dfrac{a + 2\,\mathrm{Im}\,(b)}{3}, \dfrac{a + 2\,\mathrm{Im}\,(bj^2)}{3}\right)$.

c) $(x, y, z) = \left(\dfrac{a + 2b}{3}, \dfrac{a + 2\,\Re(bj^2)}{3}, \dfrac{a + 2\,\Re(bj)}{3}\right)$.

d) $(x, y, z) = \left(\dfrac{a + 2\,\Re(b)}{3}, \dfrac{a + 2\,\Re(bj)}{3}, \dfrac{a + 2\,\Re(bj^2)}{3}\right)$.

CORRIGE

Question 01 : Déjà $I_n \in GL_n(\mathbf{R})$ donc $GL_n(\mathbf{R}) \neq \emptyset$. Comme $-I_n \in GL_n(\mathbf{R})$, on écrit : $I_n - I_n = O_n$ (où O_n désigne la matrice nulle), or $O_n \notin GL_n(\mathbf{R})$ et donc $GL_n(\mathbf{R})$ n'est pas un sous-espace vectoriel de $\mathcal{M}_n(\mathbf{R})$.
L'assertion a) est fausse et **l'assertion b) est vraie.**
D'après le cours, on sait que $(GL_n(\mathbf{R}), .)$ est un groupe. Par contre, en général deux matrices (même inversibles) ne commutent pas (sauf si $n = 1$). Donc $(GL_n(\mathbf{R}), .)$ n'est pas un groupe commutatif (en général). **L'assertion c) est fausse.**
Quant à l'assertion d), on a des exemples de matrices A et B et de valeur n telles que $AB \neq BA$. Donc on peut déclarer que **l'assertion d) est vraie.**

Remarque : maintenant comme pour $n = 1$, deux matrices commutent toujours, il est faux aussi de dire que $(GL_n(\mathbf{R}), .)$ n'est pas commutatif car il l'est pour $n = 1$ et alors l'assertion d) est fausse. Voilà une assertion dont la véracité peut être mise en doute par manque de précision. Il aurait fallu écrire « $(GL_n(\mathbf{R}), .)$ n'est pas en général un groupe commutatif ». Et l'assertion aurait été vraie sans discussion. Si l'on avait écrit : « $(Gl_n(\mathbf{R}), .)$ n'est jamais un groupe commutatif » alors l'assertion serait fausse sans discussion aussi.

Question 02 : $E_{i,j}$ désigne dans la suite la matrice élémentaire dont tous les termes sont nuls, sauf $e_{i,j} = 1$. Si $i \neq j$, $E_{i,j}E_{i,j} = O_n$ et donc :

$$(I + E_{i,j})(I - E_{i,j}) = I + E_{i,j} - E_{i,j} = I.$$

Pour toute matrice élémentaire $E_{i,j}$, $i \neq j$, la matrice $I + E_{i,j}$ est donc inversible et admet un inverse de la forme $I + \alpha E_{i,j}$, avec $\alpha = -1$.
L'assertion a) est vraie et **l'assertion b) est fausse.**
Si $i = j$, $E_{i,i}^2 = E_{i,i}$. On a :

$$(I + E_{i,i})\left(I - \frac{1}{2}E_{i,i}\right) = I - \frac{1}{2}E_{i,i} + E_{i,i} - \frac{1}{2}E_{i,i} = I.$$

Donc pour toute matrice élémentaire $E_{i,i}$, la matrice $I + E_{i,i}$ est inversible et admet un inverse de la forme $I + \alpha E_{i,i}$, avec $\alpha = -1/2$.
L'assertion c) est vraie et **l'assertion d) est fausse.**

Question 03 : On appelle centralisateur de $GL_n(\mathbf{R})$, noté $C(GL_n(\mathbf{R}))$, l'ensemble des matrices de $GL_n(\mathbf{R})$ qui commutent avec toute matrice inversible.
L'ensemble $\left\{\sum_{i=1}^{n} \alpha_i E_{i,i},\ (\alpha_1, ..., \alpha_n) \in \mathbf{R}^n\right\}$ contient la matrice nulle O_n en prenant tous les α_i nuls. Les matrices de $C(GL_n(\mathbf{R}))$ sont inversibles.

Il y a contradiction et **l'assertion b) est fausse.**

De même, l'ensemble $\left\{\sum_{i=1}^{n} \alpha E_{i,i},\ \alpha \in \mathbf{R}^n\right\}$ contient la matrice nulle O_n en prenant $\alpha = 0$. Donc comme les matrices de $C(GL_n(\mathbf{R}))$ sont (toujours) inversibles, il y a contradiction et **l'assertion c) est fausse.**

Toujours de même, l'ensemble $\left\{\sum_{i=1}^{n}\sum_{j=1}^{n} \alpha_i E_{i,j},\ (\alpha_1, ..., \alpha_n) \in \mathbf{R}^n\right\}$ contient la matrice nulle O_n en prenant tous les α_i nuls. Donc comme les matrices de $C(GL_n(\mathbf{R}))$ restent inversibles, il y a contradiction et **l'assertion d) est fausse.**

Reste le cas de l'assertion a). Si l'on avait $C(GL_n(\mathbf{R})) = GL_n(\mathbf{R})$, cela signifierait que toutes les matrices inversibles commutent entre-elles. Il est facile de trouver deux matrices inversibles qui ne commutent pas. Par exemple, pour $n = 3$,

$$A = \begin{pmatrix} 2 & 1 & -1 \\ 0 & 1 & 0 \\ 0 & 0 & 1 \end{pmatrix} \text{ et } B = \begin{pmatrix} 1 & 0 & 1 \\ 0 & 1 & 1 \\ 0 & 0 & 2 \end{pmatrix}$$

$$\Rightarrow AB = \begin{pmatrix} 2 & 1 & 1 \\ 0 & 1 & 1 \\ 0 & 0 & 2 \end{pmatrix} \text{ et } BA = \begin{pmatrix} 2 & 1 & 0 \\ 0 & 1 & 1 \\ 0 & 0 & 2 \end{pmatrix}.$$

A et B sont bien dans $GL_3(\mathbf{R})$ et ni A, ni B sont dans $C(GL_3(\mathbf{R}))$.

Donc **l'assertion a) est fausse.** Ainsi **l'assertion e) est vraie.**

Remarque : un exercice classique est de montrer que les endomorphismes qui commutent avec tous les autres sont les homothéties. Si l'on veut les automorphismes, il suffit que le rapport ne soit pas nul. Ainsi $C(GL_n(\mathbf{R})) = \{t\,I,\ t \in \mathbf{R}^\star.\}$.

<u>Question 04</u> : Soit la matrice $P = \begin{pmatrix} 1 & 1 & 0 & -1 \\ -1 & 0 & 1 & 1 \\ 1 & 1 & -1 & 0 \\ 0 & 1 & -1 & 1 \end{pmatrix}$. Alors si $\operatorname{Det} P \neq 0$, P est inversible. Si $\operatorname{Det} P = 0$, notre question serait faite. Donc autant voir. On a, en développant par exemple selon la première colonne :

$$\operatorname{Det} P = \begin{vmatrix} 0 & 1 & 1 \\ 1 & -1 & 0 \\ 1 & -1 & 1 \end{vmatrix} + \begin{vmatrix} 1 & 0 & -1 \\ 1 & -1 & 0 \\ 1 & -1 & 1 \end{vmatrix} + \begin{vmatrix} 1 & 0 & -1 \\ 0 & 1 & 1 \\ 1 & -1 & 1 \end{vmatrix},$$

ce qui donne toujours par développement ou par Sarrus (car ce sont des déterminants d'ordre 3, $\operatorname{Det} P = -2 + 1 - 1 - 0 + 2 + 1 = 1 \neq 0$.

Déjà, **l'assertion d) est fausse.** Lançons nous enfin dans le calcul direct de P^{-1}. Appliquons par exemple la méthode de Gauss-Jordan (on pourrait aussi inverser un système linéaire, le faire pour s'entraîner). Partons de :

$$(P|I) = \left(\begin{array}{cccc|cccc} 1 & 1 & 0 & -1 & 1 & 0 & 0 & 0 \\ -1 & 0 & 1 & 1 & 0 & 1 & 0 & 0 \\ 1 & 1 & -1 & 0 & 0 & 0 & 1 & 0 \\ 0 & 1 & -1 & 1 & 0 & 0 & 0 & 1 \end{array}\right).$$

On va faire des opérations élémentaires sur les lignes pour arriver à $(I|P^{-1})$.

On commence par $L_2 \leftarrow L_1 + L_2$ et $L_3 \leftarrow L_3 - L_1$.

$$\left(\begin{array}{cccc|cccc} 1 & 1 & 0 & -1 & 1 & 0 & 0 & 0 \\ 0 & 1 & 1 & 0 & 1 & 1 & 0 & 0 \\ 0 & 0 & -1 & 1 & -1 & 0 & 1 & 0 \\ 0 & 1 & -1 & 1 & 0 & 0 & 0 & 1 \end{array}\right).$$

Puis $L_4 \leftarrow L_4 - L_2$ et $L_3 \leftarrow -L_3$, on a :

$$\left(\begin{array}{cccc|cccc} 1 & 1 & 0 & -1 & 1 & 0 & 0 & 0 \\ 0 & 1 & 1 & 0 & 1 & 1 & 0 & 0 \\ 0 & 0 & 1 & -1 & 1 & 0 & -1 & 0 \\ 0 & 0 & 0 & -1 & 1 & -1 & -2 & 1 \end{array}\right).$$

Puis $L_4 \leftarrow L_4 + 2L_3$ et $L_4 \leftarrow -L_4$, on a :

$$\left(\begin{array}{cccc|cccc} 1 & 1 & 0 & -1 & 1 & 0 & 0 & 0 \\ 0 & 1 & 1 & 0 & 1 & 1 & 0 & 0 \\ 0 & 0 & 1 & -1 & 1 & 0 & -1 & 0 \\ 0 & 0 & 0 & 1 & -1 & 1 & 2 & -1 \end{array}\right).$$

Puis $L_3 \leftarrow L_4 + L_3$ et $L_1 \leftarrow L_1 + L_4$, on a :

$$\left(\begin{array}{cccc|cccc} 1 & 1 & 0 & 0 & 0 & 1 & 2 & -1 \\ 0 & 1 & 1 & 0 & 1 & 1 & 0 & 0 \\ 0 & 0 & 1 & 0 & 0 & 1 & 1 & -1 \\ 0 & 0 & 0 & 1 & -1 & 1 & 2 & -1 \end{array}\right).$$

Et enfin $L_2 \leftarrow L_2 - L_3$ et $L_1 \leftarrow L_1 - L_2$, on a :

$$\left(\begin{array}{cccc|cccc} 1 & 0 & 0 & 0 & -1 & 1 & 3 & -2 \\ 0 & 1 & 0 & 0 & 1 & 0 & -1 & 1 \\ 0 & 0 & 1 & 0 & 0 & 1 & 1 & -1 \\ 0 & 0 & 0 & 1 & -1 & 1 & 2 & -1 \end{array}\right).$$

Il reste $P^{-1} = \begin{pmatrix} -1 & 1 & 3 & -2 \\ 1 & 0 & -1 & 1 \\ 0 & 1 & 1 & -1 \\ -1 & 1 & 2 & -1 \end{pmatrix}$.

Ainsi, **l'assertion b) est vraie** et **les assertions a) et c) sont fausses.**

Remarque : les déterminants d'ordre 4 ne sont au programme que de MPSI. Le candidat qui ne connait pas leur résolution calculera P^{-1} directement. Par ailleurs, comme dans les assertions a), b) et c), on propose une forme de P^{-1}, on aurait pu faire les calculs $P^{-1}P$ pour voir si l'on obtient I. Et on conclut alors rapidement. Maintenant, on a fait le calcul de P^{-1} pour vous préparer au concours. Car on ne peut prévoir les questions des prochains sujets.

Question 05 : Un peu de cours pour commencer :

Soit k un entier non nul, une matrice A est dite nilpotente si $A^k = 0$ et $A^{k-1} \neq 0$. On dit alors que A est nilpotente d'ordre k.

Attention, cette notion n'est plus citée dans le programme officiel et si vous n'etes ni MPSI, ni MP, vous risquez de ne pas savoir ce qu'est une matrice nuilpotente. Mais rassurez vous, on le rappelle dans l'énoncé. Maintenant celui qui a déjà travaillé les matrices nilpotentes est avantagé.

On note ici $N_n(\mathbf{R})$ le sous-ensemble des matrices de $\mathcal{M}_n(\mathbf{R})$ formé des matrices nilpotentes.
La somme de deux matrices nilpotentes est-elle une matrice nilpotente ? Prenons $E_{1,2}$ et $E_{2,1}$, elles sont clairement nilpotentes d'ordre 2. Par contre $E_{1,2} + E_{2,1}$ n'est pas nilpotente. Car son carré est I. Aucune puissance de $E_{1,2} + E_{2,1}$ ne peut donner la matrice nulle. Donc **l'assertion a) est fausse**.
Le produit de deux matrices nilpotentes est-elle une matrice nilpotente ? Comme on ne change pas une équipe qui gagne, prenons encore $E_{1,2}$ et $E_{2,1}$ puis effectuons le produit : $E_{1,2} \times E_{2,1}$. On trouve $E_{1,1}$ qui est la matrice d'un projecteur donc non nilpotente. **L'assertion b) est fausse**.
La somme de deux matrices nilpotentes n'est-elle jamais inversible ? Reprenons l'exemple $E_{1,2} + E_{2,1}$. Cette matrice est inversible. Donc **l'assertion c) est fausse**.
Si $A \in \mathbf{N}_n(\mathbf{R})$ matrice nilpotente d'ordre k, alors on a : $k \geqslant n$? La réponse est oui. Donnons une preuve en remarque. Ainsi, **l'assertion d) est vraie**.

Remarque : le fait que si A matrice carrée d'ordre n est nilpotente d'ordre k alors $k \leqslant n$, est un résultat plus qu'en marge du programme officiel. Donnons une preuve type deuxième année prépa. Soit $A \in \mathcal{M}_n(\mathbf{C})$ alors A est trigonalisable et la diagonale principale de T, une matrice triangulaire supérieure semblable à A, est composée des valeurs propres de A. Comme A est nilpotente d'ordre k, $A^k = 0$ et donc $T^k = 0$. Si le spectre de A est $\{\lambda_1, ..., \lambda_p\}$, on a $\lambda_1^k = ... = \lambda_p^k = 0$. Donc tous les λ_i du spectre de A sont nuls. Donc T est une matrice triangulaire supérieure stricte (c'est-à-dire que la diagonale principale n'est composée que de 0). Comme $T \in \mathcal{M}_n(\mathbf{C})$, on montre rapidement que $T^n = 0$ et donc que $A^n = 0$.

Question 06 : Soit $f : [0,1] \mapsto \mathbf{R}$, une fonction continue et $n \in \mathbf{N}^\star$. On pose : $u_n(f) = \left(\int_0^1 |f(t)|^n \, dt\right)^{\frac{1}{n}}$. Et λ est un nombre réel, alors :

$$u_n(\lambda f) = \left(\int_0^1 |\lambda f(t)|^n \, dt\right)^{\frac{1}{n}} = (|\lambda|^n)^{\frac{1}{n}} \left(\int_0^1 |f(t)|^n \, dt\right)^{\frac{1}{n}} = |\lambda| \, u_n(f).$$

Ainsi, **les assertions a), b) et c) sont fausses** et **l'assertion d) est vraie**.

Question 07 : On suppose ici que $f(x) \geqslant 0$ pour tout $x \in [0,1]$ et que le maximum de la fonction f est 1. Soit $\epsilon > 0$. On a pour commencer pour tout t, $|f(t)| = f(t)$.

Remarque : il y a une imprécision dans l'énoncé. Il faut préciser que le maximum est dans $[0,1]$. Mais c'est sous-entendu.

Pour commencer, il existe bien des nombres u et v vérifiant $0 \leqslant u < v \leqslant 1$ tels que $f(x) \geqslant 1 - \epsilon$ pour tout $x \in [u,v]$ par continuité de f sur $[0,1]$.
L'assertion b) est vraie.

Puis : $u_n(f) \leqslant \left(\int_0^1 1^n \, dt\right)^{\frac{1}{n}} = 1$. Donc **l'assertion a) est fausse** car $u_n(f) \geqslant 1$ n'est pas possible (sauf si f est identiquement égale à 1 ce qui est un cas très particulier).
Par contre, pour tout entier $n \geqslant 1$,

$$u_n(f) \geqslant \left(\int_u^v |f(t)|^n \, dt\right)^{\frac{1}{n}} \geqslant \left(\int_v^u (1-\epsilon)^n \, dt\right)^{\frac{1}{n}} \geqslant (v-u)^{\frac{1}{n}}(1-\epsilon).$$

Donc **l'assertion c) est fausse** bien qu'elle ait un côté pédagogique car elle permet de voir là où on veut aller.
Si l'on fait tendre n vers $+\infty$, $1/n$ tend vers 0 et $(v-u)^{\frac{1}{n}}$ tend vers 1. Donc il existe $N \in \mathbf{N}$ tel que pour tout $n \geqslant N$, $(v-u)^{\frac{1}{n}}(1-\epsilon) \geqslant 1-2\epsilon$.
Donc : $\forall n \geqslant N$, $u_n(f) \geqslant 1-2\epsilon$.
Comme $u_n(f) \leqslant 1$, on peut écrire que : $\forall n \geqslant N$, $|u_n(f)-1| \leqslant 2\epsilon$.
Donc la suite $(u_n(f))$ admet pour limite 1. Et **l'assertion d) est donc vraie**.

Question 08 : Soit $g : [0,1] \to \mathbf{R}$ une fonction continue et M le maximum de la fonction $x \mapsto |g(x)|$ sur $[0,1]$. Alors (en appliquant le même genre de méthode qu'à la question 07) :

$$u_n(g) = \left(\int_0^1 |g(t)|^n \, dt\right)^{\frac{1}{n}} \leqslant \left(\int_0^1 M^n \, dt\right)^{\frac{1}{n}} \leqslant M.$$

Puis il existe u et v avec $0 \leqslant u < v \leqslant 1$ tels que $|g(t)| \geqslant M-\epsilon$ pour tout $t \in [u,v]$.
Donc :

$$u_n(g) \geqslant \left(\int_u^v |g(t)|^n \, dt\right)^{\frac{1}{n}} \geqslant \left(\int_u^v (M-\epsilon)^n \, dt\right)^{\frac{1}{n}} \geqslant (M-\epsilon)(v-u)^{\frac{1}{n}}.$$

On fait tendre n vers $+\infty$ et donc $1/n$ vers 0 et il existe $N \in \mathbf{N}$ tel que pour tout $n \geqslant N$, $u_n(g) \geqslant M-2\epsilon$. Donc toujours à partir du rang $n \geqslant N$, $|u_n(g)-M| \leqslant 2\epsilon$.
Ainsi $\lim\limits_{n\to+\infty} u_n(g) = M$.
Donc **l'assertion a) est vraie** et **les assertions b) et d) sont fausses**.
Comme $|M| = M$, **l'assertion c) est vraie**.

Question 09 : Pour tout entier $n \in \mathbf{N}$, on pose $I_n = \displaystyle\int_0^{\frac{\pi}{2}} (\cos t)^n \, dt$.

Donc : $I_{n+1} = \displaystyle\int_0^{\frac{\pi}{2}} (\cos t)^{n+1} \, dt$.
Puis : $0 \leqslant \cos t \leqslant 1 \Rightarrow 0 \leqslant \cos^2 t \leqslant \cos t$.
Par récurrence immédiate, pour $n \in \mathbf{N}$, $0 \leqslant \cos^{n+1} t \leqslant \cos^n t$ pour tout $t \in [0, \pi/2]$.
Ainsi, $I_{n+1} \leqslant I_n$. La suite (I_n) est décroissante. **L'assertion a) est fausse** et **l'assertion b) est vraie**. Donc **l'assertion c) est fausse** bien entendu. Enfin, il existe bien $n_0 \in \mathbf{N}$ tel que la suite (I_n) soit décroissante pour $n \geqslant n_0$. Il suffit de prendre par exemple $n_0 = 0$. Et **l'assertion d) est vraie**.

Question 10 : On a $I_0 = \displaystyle\int_0^{\frac{\pi}{2}} (\cos t)^0 \, dt = \int_0^{\frac{\pi}{2}} dt = \frac{\pi}{2}$.
Donc **l'assertion a) est fausse** et **l'assertion b) est vraie**.
On a : $I_1 = \displaystyle\int_0^{\frac{\pi}{2}} (\cos t)^1 \, dt = 1$.
Donc **l'assertion d) est fausse** et **l'assertion c) est vraie**.

Question 11 : Partons de $I_{n+2} = \displaystyle\int_0^{\frac{\pi}{2}} (\cos t)^{n+2} \, dt = \int_0^{\frac{\pi}{2}} (\cos t)^{n+1} \cos t \, dt$. Alors, on effectue une intégration par parties en dérivant $t \mapsto (\cos t)^{n+1}$ et en intégrant $t \mapsto \cos t$, on a :

$$I_{n+2} = -\int_0^{\frac{\pi}{2}} (n+1)(-\sin t)(\cos t)^n \sin t \, dt + \left[(\cos t)^n \sin t\right]_0^{\frac{\pi}{2}}.$$

Donc : $I_{n+2} = (n+1)\int_0^{\frac{\pi}{2}} (n+1)(\cos t)^n \sin^2 t\,dt$. Or $\sin^2 t = 1 - \cos^2 t$. Et :

$$I_{n+2} = (n+1)\int_0^{\frac{\pi}{2}} (n+1)(\cos t)^n\,dt - (n+1)\int_0^{\frac{\pi}{2}} (n+1)(\cos t)^{n+2}\,dt,$$

ce qui donne $I_{n+2} = (n+1)I_n - (n+1)I_{n+2}$.
Et : $(n+2)I_{n+2} = (n+1)I_n$. **L'assertion a) est fausse** car la relation concerne I_n et I_{n+2} pas I_n et I_{n+1}.
Puis **les assertions b), c) et d) sont fausses** à leur tour.
Et **l'assertion e) est vraie**.

Question 12 : Posons d'abord $u_n = (n+1)I_nI_{n+1}$ alors :

$$u_{n+1} = (n+2)I_{n+1}I_{n+2} = (n+1)I_nI_{n+1} = u_n,$$

et ainsi (u_n) est une suite constante. Puis $u_n = I_0I_1 = \frac{\pi}{2}$. On peut en déduire que $\lim_{n\to+\infty}(nI_nI_{n-1}) = \frac{\pi}{2}$. **L'assertion a) est vraie** et **l'assertion b) est fausse**.
Pour tout $n \in \mathbf{N}$,

$$0 \leqslant I_{n+2} \leqslant I_{n+1} \leqslant I_n \Rightarrow 1 \leqslant \frac{I_{n+1}}{I_{n+2}} \leqslant \frac{I_n}{I_{n+2}} \leqslant \frac{n+2}{n+1}.$$

Donc $I_n \sim I_{n+1}$ quand n tend vers $+\infty$ car $\lim_{n\to+\infty}\frac{n+2}{n+1} = 1$.
Finalement, $\lim_{n\to+\infty}\frac{I_{n-1}}{I_n} = 1$. **L'assertion c) est vraie** et **l'assertion d) est fausse**.

Question 13 : Comme $I_n \sim I_{n+1}$, quand n tend vers $+\infty$, alors :

$$(n+1)I_n^2 \sim \frac{\pi}{2} \Rightarrow I_n \sim \sqrt{\frac{\pi}{2(n+1)}} \sim \sqrt{\frac{\pi}{2n}}.$$

L'assertion a) est fausse et **l'assertion b) est vraie**.
Puis quand n tend vers $+\infty$, $nI_n^2 \sim n \times \frac{\pi}{2n} = \frac{\pi}{2}$.
Comme $\lim_{n\to+\infty} I_n = 0$, **les assertions c) et d) sont fausses**.

Question 14 : Pour tout $n \geqslant 1$, I_{2n} vaut :

$$\frac{2n-1}{2n}I_{2n-2} = \frac{1\times 3\times \dots \times(2n-1)}{2\times 4\times \dots\times(2n)}I_0 = \frac{1\times 3\times \dots \times(2n-1)}{2\times 4\times \dots\times(2n)}.\frac{\pi}{2}.$$

Donc **l'assertion c) est vraie** et **les assertions a), b) et d) sont fausses**.

Question 15 : On a, quand n tend vers $+\infty$,

$$\frac{(2n-1)(2n-3)\times \dots \times 1}{2\times 4\times \dots\times(2n)} \times \frac{\pi}{2} \sim \sqrt{\frac{\pi}{4n}}.$$

Et donc :

$$\frac{1\times 3\times \dots \times(2n+1)}{2\times 4\times \dots\times(2n)} \sim \frac{2}{\pi}\times\frac{\sqrt{\pi}}{2\sqrt{n}}(2n+1) = \frac{2n+1}{\sqrt{\pi}\sqrt{n}}.$$

Donc : $\lim_{n\to+\infty} \dfrac{1\times 3\times\ldots\times(2n+1)}{2\times 4\times\ldots\times(2n)}.\dfrac{1}{\sqrt{n}} = \lim_{n\to+\infty} \dfrac{2n+1}{\sqrt{\pi n}} = \dfrac{2}{\sqrt{\pi}}$.

L'assertion b) est vraie et **les assertions a), c) et d) sont fausses.**

Question 16 : Pour tout entier $n \in \mathbf{N}$ et tout nombre $x \in \left]-\dfrac{\pi}{2}, \dfrac{\pi}{2}\right]$, on pose $F_n(x) = \displaystyle\int_0^x (\tan t)^n\,dt$. Alors :

$$F_1(x) = \int_0^x \tan t\,dt = \int_0^x \frac{\sin t}{\cos t}\,dt = [-\ln|\cos t|]_0^x = -\ln|\cos x|.$$

De même,

$$F_2(x) = \int_0^x (\tan t)^2\,dt = \int_0^x (1+\tan^2 t - 1)\,dt = \int_0^x (1+\tan^2 t\,dt - x = \tan x - x.$$

Les assertions a), b) et d) sont fausses et **l'assertion c) est vraie.**

Question 17 : Pour $|x| < \frac{\pi}{2}$, calculons la quantité $F_{n+2}(x) + F_n(x)$. On a :

$$F_{n+2}(x) + F_n(x) = \int_0^x \left[(\tan t)^{n+2} + (\tan t)^n\right]\,dt = \int_0^x (\tan t)^n \left[1 + (\tan t)^2\right]\,dt.$$

Et donc : $F_{n+2}(x) + F_n(x) = \displaystyle\int_0^x (\tan t)^n\,d(\tan t)$.

Le changement de variable $w = \tan t$ donne :

$$F_{n+2}(x) + F_n(x) = \int_0^{\tan x} w^n\,dw = \left[\frac{w^{n+1}}{n+1}\right]_0^{\tan x} = \frac{1}{n+1}(\tan x)^{n+1}.$$

L'assertion c) est vraie et **les assertions a), b) et d) sont fausses.**

Question 18 : On a : $F_4(x)+F_2(x) = \frac{1}{3}\tan^3 x$. Donc $F_4(x)$ vaut $\dfrac{\tan^3 x}{3} - \tan x + x$.

L'assertion b) est vraie et **les assertions a), c) et d) sont fausses.**

Question 19 : Pour tout entier $n \in \mathbf{N}$, on pose $J_n = \displaystyle\int_0^{\frac{\pi}{4}} (\tan t)^n\,dt$.

On a pour tout $t \in \left[0, \dfrac{\pi}{4}\right]$,

$$0 \leqslant \tan t \leqslant 1 \Rightarrow 0 \leqslant (\tan t)^{n+1} \leqslant (\tan t)^n \Rightarrow J_{n+1} \leqslant J_n.$$

La suite (J_n) est décroissante. Comme $J_n \geqslant 0$ pour tout n, la suite (J_n) est décroissante et minorée donc convergente.

On peut en déduite que **l'assertion b) est vraie.**

Et on peut aussi en déduire que **les assertions a), c) et d) sont fausses.**

Question 20 : Soit a un réel vérifiant $0 < a < \dfrac{\pi}{4}$. Alors

$$J_n = \int_0^{\frac{\pi}{4}} (\tan t)^n\,dt = \int_0^a (\tan t)^n\,dt + \int_a^{\frac{\pi}{4}} (\tan t)^n\,dt.$$

Comme $t \mapsto \tan t$ est croissante sur $[0,a]$, $\displaystyle\int_0^a (\tan t)^n\,dt \leqslant a(\tan a)^n$.

Puis, on remarque que : $(\tan t)^n \leqslant 1$, pour tout $t \in \left[0, \dfrac{\pi}{4}\right]$.

$$\int_a^{\frac{\pi}{4}} (\tan t)^n \, dt \leqslant \int_a^{\frac{\pi}{4}} dt \leqslant \frac{\pi}{4} - a.$$

Et $J_n \leqslant a(\tan a)^n + \frac{\pi}{4} - a$.
Ainsi **l'assertion a) est fausse** et **l'assertion b) est vraie**.

Comme $J_n \leqslant \displaystyle\int_0^{\frac{\pi}{4}} dt = \frac{\pi}{4}$, on a aussi : $J_n \leqslant \frac{\pi}{4} + a$.
Et bien entendu, $J_n \geqslant \frac{\pi}{4} + a$ est impossible.
L'assertion c) est fausse et **l'assertion d) est vraie**.

Question 21 : Partons de :

$$J_n \leqslant a(\tan a)^n + \frac{\pi}{4} - a,$$

pour tout $a \in]0, \pi/4[$. Comme $0 < \tan a < 1 \Rightarrow \lim\limits_{n\to+\infty} (\tan a)^n = 0$.
Et $\lim\limits_{n\to+\infty} J_n \leqslant \frac{\pi}{4} - a$, pour tout $a \in \left]0, \frac{\pi}{4}\right[$. Donc : $\lim\limits_{n\to+\infty} J_n = 0$.
L'assertion c) est vraie et **les assertions a), b) et d) sont fausses**.

Question 22 : Pour tout entier $n \geqslant 1$,

$$F_{n+2}\left(\frac{\pi}{4}\right) + F_n\left(\frac{\pi}{4}\right) = \frac{1}{n+1} \Rightarrow J_{n+2} + J_n = \frac{1}{n+1}$$

Donc $J_2 + J_0 = 1 = J_2 + \frac{\pi}{4}$, $J_4 + J_2 = \frac{1}{3}$, donc $-J_4 + \frac{\pi}{4} = 1 - \frac{1}{3}$.
Puis $J_6 + J_4 = \frac{1}{5}$, et donc $J_6 + \frac{\pi}{4} = 1 - \frac{1}{3} + \frac{1}{5}$. Puis $J_8 + J_6 = \frac{1}{7}$.
Puis $-J_8 + \frac{\pi}{4} = 1 - \frac{1}{3} + \frac{1}{5} - \frac{1}{7}$ etc.
On aboutit à la quantité $\frac{\pi}{4} + (-1)^n J_{2n+2}$ qui vaut

$$1 - \frac{1}{3} + \frac{1}{5} + \ldots + \frac{(-1)^n}{2n+1}.$$

En conclusion, **l'assertion d) est vraie** et **les assertions a), b) et c) sont fausses**.

Question 23 : Comme J_{2n+2} tend vers 0, quand n tend vers $+\infty$,

$$\lim_{n\to+\infty} 1 - \frac{1}{3} + \frac{1}{5} + \ldots + \frac{(-1)^{n+1}}{2n-1} = \frac{\pi}{4}.$$

Puis on remarque que $\displaystyle\sum_{k=1}^{n} \frac{(-1)^{k+1}}{2k-1}$ et $\displaystyle\sum_{k=0}^{n} \frac{(-1)^k}{2k+1}$ ont la même limite. Donc

$$\lim_{n\to+\infty} 1 - \frac{1}{3} + \frac{1}{5} + \ldots + \frac{(-1)^n}{2n+1} = \frac{\pi}{4}.$$

Ainsi, **les assertions c) et d) sont vraies** et **les assertions a) et b) sont fausses**.

Question 24 : Soient $n \in \mathbf{N} \setminus \{0, 1\}$ et $\{\omega_0, \ldots, \omega_{n-1}\}$ les racines $n^{\text{èmes}}$ de l'unité : $\omega_k = \omega^k$, avec $\omega = e^{i\frac{2\pi}{n}}$. Soit $p \in \mathbf{N}$.
Si $k \in [\![0, n]\!]$, la notation $\dbinom{n}{k}$ désigne le coefficient binomial $\dfrac{n!}{k!(n-k)!}$.

$$\sum_{k=0}^{n-1} \omega_k^p = \sum_{k=0}^{n-1} e^{i\frac{2k\pi}{n}p} = \sum_{k=0}^{n-1} e^{i\frac{2p\pi}{n}k}.$$

Si $e^{i\frac{2p\pi}{n}} \neq 1$, $\displaystyle\sum_{k=0}^{n-1} \omega_k^p = \frac{1-e^{i\frac{2p\pi}{n}n}}{1-e^{i\frac{2p\pi}{n}}} = \frac{1-\omega^{np}}{1-\omega^p}$.

Et donc **l'assertion a) est fausse** et **l'assertion b) est vraie.**

Si $e^{i\frac{2p\pi}{n}} = 1$, $\displaystyle\sum_{k=0}^{n-1} \omega_k^p = \sum_{k=0}^{n-1} 1 = n$.

Et on peut conclure que **l'assertion c) est vraie** et que **l'assertion d) est fausse.**

Question 25 : Puisque l'on veut qu'on calcule, on calcule ! On commence par calculer $\displaystyle\sum_{k=0}^{n} \binom{n}{k}\omega_k$ avant de calculer $\displaystyle\sum_{k=0}^{n-1} \binom{n}{k}\omega_k$ car on applique directement la formule du binôme de Newton :

$$\sum_{k=0}^{n} \binom{n}{k}\omega_k = \sum_{k=0}^{n} \binom{n}{k} e^{i\frac{2k\pi}{n}} 1^{n-k} = \left(1+e^{i\frac{2\pi}{n}}\right)^n.$$

Puis : $\left(1+e^{i\frac{2\pi}{n}}\right)^n = e^{i\frac{\pi}{n}}\left(e^{-i\frac{\pi}{n}}+e^{i\frac{\pi}{n}}\right)^n = e^{i\pi}2^n\cos^n\frac{\pi}{n}$.

Comme $e^{i\pi} = -1$, $\displaystyle\sum_{k=0}^{n} \binom{n}{k}\omega_k = -2^n\cos^n\frac{\pi}{n}$. Et on écrit :

$$\sum_{k=0}^{n-1} \binom{n}{k}\omega_k = -2^n\cos^n\frac{\pi}{n} - 1.$$

En conclusion, **l'assertion d) est vraie** et **les assertions a), b) et c) sont fausses.**

Question 26 : Calculons le produit $\displaystyle\prod_{k=1}^{n-1} \omega_k$. On écrit :

$$\prod_{k=1}^{n-1} \omega_k = \prod_{k=1}^{n-1} e^{i\frac{2k\pi}{n}} = \exp\left(i\sum_{k=1}^{n-1}\frac{2k\pi}{n}\right) = \exp\left(\frac{2i\pi}{n}\,\frac{n(n-1)}{2}\right) = e^{i(n-1)\pi}.$$

Et finalement, $\displaystyle\prod_{k=1}^{n-1} \omega_k = (-1)^{n-1}$.

L'assertion b) est vraie et **les assertions a), c) et d) sont fausses.**

Question 27 : Dans toute la suite, $E(x)$ désigne la fonction « partie entière de x », et j est la racine cubique de l'unité dont la partie imaginaire est strictement positive. Alors :

$$(1+1)^n = 2^n = \sum_{k=0}^{n} \binom{n}{k} 1^k 1^{n-k} = \sum_{k=0}^{n} \binom{n}{k}.$$

Donc **l'assertion a) est fausse** et **l'assertion b) est vraie.**

$$(1+j)^n = \sum_{k=0}^{n} j^k \binom{n}{k}.$$

L'assertion c) est vraie et **l'assertion d) est fausse.**

Question 28 : De même,

$$(1+j^2)^n = \sum_{k=0}^{n} \binom{n}{k} j^{2k}.$$

Puis $j^2 = \bar{j} \Rightarrow \bar{j}^{2k} = j^k$. **Les assertions a) et b) sont fausses.**
En posant $Z_n = 2^n + (1+j)^n + (1+j^2)^n$, on obtient aussi :

$$Z_n = \sum_{k=0}^{n} \binom{n}{k} \left(1 + j^k + j^{2k}\right).$$

Les assertions c) et d) sont fausses et **l'assertion e) est vraie.**

Question 29 : La notation $k \equiv j(n)$ signifie que le reste de la division euclidienne de k par n est j. On souhaite distinguer les cas selon lesquels $k \equiv 0(3)$, $k \equiv 1(3)$ et $k \equiv 2(3)$. L'idée est donc de décomposer Z_n en prenant les entiers successivement sous la forme $3k$, $3k+1$ et $3k+2$, avec $3k \leqslant n$, puis $3k+1 \leqslant n$ et $3k+2 \leqslant n$. Cela donne $k \leqslant E(n/3)$ puis $k \leqslant E((n-1)/3)$ et enfin $k \leqslant E((n-2)/3)$.
On a la décomposition suivante de Z_n :

$$\sum_{k=0}^{E(n/3)} \binom{n}{3k} \left(1 + j^{3k} + j^{6k}\right) + \sum_{k=0}^{E((n-1)/3)} \binom{n}{3k+1} \left(1 + j^{3k+1} + j^{6k+2}\right)$$

$$+ \sum_{k=0}^{E((n-2)/3)} \binom{n}{3k+2} \left(1 + j^{3k+2} + j^{6k+4}\right).$$

Ainsi **l'assertion d) est vraie.**

Pour l'assertion c), le premier terme étant $\binom{n}{-1}$, qui n'est pas défini, on peut en déduire que **l'assertion c) est fausse.**

Pour l'assertion b), la seconde somme va de 0 à $E(n/3)$, la première somme va de 0 à $E((n-1)/3)$. Ce n'est pas possible. **L'assertion b) est fausse.**

De même, de façon identique, on voit que **l'assertion a) est fausse.**

Question 30 : On a $j^{3k} = j^{6k} = 1$, puis $j^{3k+1} = j$, $j^{6k+2} = j^2$, $j^{3k+2} = j^2$ et $j^{6k+4} = j$. Or $1 + j + j^2 = 0$, donc :

$$1 + j^{3k+1} + j^{6k+2} = 0 \text{ et } 1 + j^{3k+2} + j^{6k+4} = 0.$$

Il reste : $Z_n = 3 \displaystyle\sum_{k=0}^{E(n/3)} \binom{n}{3k}$.

L'assertion a) est vraie et **les assertions b), c) et d) sont fausses.**

Question 31 : On a :

$$(1+j)^n + (1+j^2)^n = (1+j)^n + (1+\bar{j})^n = 2\,Re\left[(1+j)^n\right].$$

Donc **les assertions a) et b) sont fausses**. Puis :

$$(1+j)^n = \left(1+e^{\frac{i2\pi}{3}}\right)^n = e^{\frac{in\pi}{3}}\left(e^{\frac{-i\pi}{3}}+e^{\frac{i\pi}{3}}\right)^n = 2^n\cos^n\tfrac{\pi}{3}e^{\frac{in\pi}{3}}.$$

L'assertion c) est vraie. De plus, $\cos\pi/3 = 1/2$ donc $(1+j)^n = e^{\frac{in\pi}{3}}$. Et :

$$(1+j^2)^n = \overline{(1+j)}^n = 2^n\cos^n\tfrac{\pi}{3}e^{\frac{-in\pi}{3}} = e^{\frac{-in\pi}{3}}.$$

Ainsi, **l'assertion d) est vraie**.

Question 32 : Puis, de la même façon,

$$(1+j)^n + (1+j^2)^n = 2^n\cos^n\tfrac{\pi}{3}\left(e^{\frac{in\pi}{3}}+e^{\frac{-in\pi}{3}}\right) = 2^n\cos^n\tfrac{\pi}{3}\times 2\cos\left(\frac{n\pi}{3}\right),$$

ce qui donne $2\cos\left(\dfrac{n\pi}{3}\right)$ car $\cos\frac{\pi}{3} = 1/2$.

Les assertions a) et b) sont fausses. Puis :

$$Z_n = 3\sum_{k=0}^{E(n/3)}\binom{n}{3k} = 2^n + (1+j)^n + (1+j^2)^n,$$

ce qui donne :

$$Z_n = 2^n + 2\cos\left(\frac{n\pi}{3}\right).$$

L'assertion c) est vraie et **l'assertion d) est fausse**.

Question 33 : Soit $(a,b,c)\in\mathbf{C}^3$ et le système d'inconnue $(x,y,z)\in\mathbf{C}^3$:

$$\left\{\begin{array}{rcl} x+y+z &=& a\\ x+jy+j^2z &=& b\\ x+j^2y+jz &=& c\end{array}\right. \qquad (S),$$

où j désigne la racine cubique de l'unité dont la partie imaginaire est strictement positive. Le mieux pour répondre aux questions 33 et 34, c'est de résoudre (S). On utilisera évidemment $j^3 = 1$ et $1+j+j^2 = 0$. Le mieux est de s'inspirer de la forme du second membre proposée dans les assertions de la question 34.

Développons $a+bj^2+cj$, on a :

$$a+bj^2+cj = x+y+z+j^2x+y+jz+jx+y+j^2z$$

et donc :

$$a+bj^2+cj = x(1+j+j^2)+3y+z(1+j+j^2) = (x+z)(1+j+j^2)+3y = 3y.$$

Par ailleurs,

$$a+bj+cj^2 = x(1+j+j^2)+y(1+j+j^2)+3z = 3z.$$

Enfin,

$$a+b+c = 3x+y(1+j+j^2)+z(1+j+j^2) = 3x.$$

Finalement :

$$x = \frac{1}{3}(a+b+c),\ y = \frac{1}{3}(a+bj^2+cj) \text{ et } z = \frac{1}{3}(a+bj+cj^2)$$

La solution du système de l'énoncé est un triplet $(x,\ y,\ z)$ unique. Quels que soient $(a,b,c)\in\mathbf{C}^3$, le système (S) admet une solution unique dans $\mathbf{C}^3$. On peut dire que **l'assertion b) est vraie** et **les assertions a) et c) sont fausses**. Enfin, il n'existe pas de sous-ensemble $E\subset\mathbf{C}^3$, $E\neq\mathbf{C}^3$ tel que le système (S) admet une solution si $(a,b,c)\in E$ et aucune solution si $(a,b,c)\notin E$. (Car E n'a pas le droit d'être $\mathbf{C}^3$.) **L'assertion d) est fausse**.

Question 34 : D'aprés le développement précédent, la solution de (S) est alors :

$$(x,y,z)=\left(\frac{a+b+c}{3},\frac{a+bj^2+cj}{3},\frac{a+bj+cj^2}{3}\right).$$

L'assertion c) est vraie et **les assertions a), b) et d) sont fausses**.

Remarque : On écrit « une solution de (S) ». Ce n'est pas génant s'il y a une seule solution.

Question 35 : On veut une condition nécessaire et suffisante pour qu'une solution de (S) soit réelle ($i.e$ $(x,y,z)\in\mathbf{R}^3$). Il est clair que si $(a,b,c)\in\mathbf{R}^3$, $x\in\mathbf{R}$. Par contre, rien n'oblige à ce que y ou z soit réel. Donc on doit approfondir les choses.

$$x\in\mathbf{R}\Leftrightarrow a+b+c=\bar{a}+\bar{b}+\bar{c}\ (1).$$

$$y\in\mathbf{R}\Leftrightarrow a+bj^2+cj=\bar{a}+\bar{b}j+\bar{c}j^2.$$

Donc comme $j^2=-1-j$,

$$y\in\mathbf{R}\Leftrightarrow a-b-bj+cj=\bar{a}+\bar{b}j-\bar{c}-\bar{c}j\Leftrightarrow a-b+j(c-b)=\bar{a}-\bar{c}+j(\bar{b}-\bar{c})\ (2).$$

De même,

$$z\in\mathbf{R}\Leftrightarrow a-c+j(b-c)=\bar{a}-\bar{b}+j(\bar{c}-\bar{b})\ (3).$$

Si l'on ajoute (2) et (3), $a-b+a-c=\bar{a}-\bar{c}+\bar{a}-\bar{b}$. Si l'on ajoute cette nouvelle égalité à (1), $3a=3\bar{a}$ c'est-à-dire $a=\bar{a}$ donc $a\in\mathbf{R}$.
On remplace a par $\bar{a}$ dans (1), (2) et (3), l'on obtient :

$$\left\{\begin{array}{rcl} a-b+j(c-b) & = & a-\bar{c}+j(\bar{b}-\bar{c}) \\ a-c+j(b-c) & = & a-\bar{b}+j(\bar{c}-\bar{b}) \\ a+b+c & = & a+\bar{b}+\bar{c} \end{array}\right. .$$

Il reste :

$$\left\{\begin{array}{rcl} -b+j(c-b) & = & -\bar{c}+j(\bar{b}-\bar{c}) \\ -c+j(b-c) & = & -\bar{b}+j(\bar{c}-\bar{b}) \\ b+c & = & \bar{b}+\bar{c} \end{array}\right. .$$

On arrange le système :

$$\left\{\begin{array}{rcl} j^2b+jc & = & j\bar{b}+j^2\bar{c} \\ jb+j^2c & = & j^2\bar{b}+j\bar{c} \\ b+c & = & \bar{b}+\bar{c} \end{array}\right. \Leftrightarrow \left\{\begin{array}{rcl} b+j^2c & = & j^2\bar{b}+\bar{c} \\ j^2b+c & = & \bar{b}+j^2\bar{c} \\ b+c & = & \bar{b}+\bar{c} \end{array}\right. .$$

Si l'on retranche la première ligne et la troisième ligne, on a : $(j^2-1)c=(j^2-1)\bar{c}$ et donc $c=\bar{b}$ puis $\bar{c}=b$. Si l'on remplace dans le système, toutes les lignes sont vérifiées et la condition est finalement :

$$a\in\mathbf{R}\text{ et }b=\bar{c}.$$

L'assertion b) est vraie et **les assertions a), c) et d) sont fausses**.

Question 36 : On reprend les solutions trouvées à la question 34,

$$(x, y, z) = \left(\frac{a+b+c}{3}, \frac{a+bj^2+cj}{3}, \frac{a+bj+cj^2}{3}\right).$$

On désire une solution réelle de (S), alors

$$x = \frac{a+b+c}{3} = \frac{a+b+\bar{b}}{3} = \frac{a+2\,Re(b)}{3}.$$

Puis :

$$y = \frac{a+bj^2+cj}{3} = \frac{a+bj^2+\bar{b}\bar{j}^2}{3} = \frac{a+2\,Re(bj^2)}{3}.$$

Et enfin :

$$z = \frac{a+bj+cj^2}{3} = \frac{a+bj+\bar{b}\bar{j}}{3} = \frac{a+2\,Re(bj)}{3}.$$

L'assertion a) est vraie et **les assertions b), c) et d) sont fausses**.

Remarque : si l'on avait trouvé l'assertion b) de la question 34 vraie, on aurait été entraîné à trouver l'assertion b) de cette question vraie aussi. Ce genre de piège est classique dans ce type de Q.C.M.

CONCOURS EPL
Epreuve de Mathématiques
SESSION 2015

Questions liées : *Questions 3 à 6, questions 8 à 9, questions 11 à 13, questions 14 à 18, questions 19 à 30 (sauf question 23), questions 31 à 32.*

ENONCE

PARTIE I

On donne a, b ***et*** c ***trois entiers relatifs et*** n ***un entier naturel.***
Nous rappelons que l'écriture $a \equiv b\,[n]$, ***qui représente la relation de congruence, signifie que*** $a - b$ ***est divisible par*** n ***ou autrement dit qu'il existe un entier relatif*** k ***tel que :*** $a - b = k \times n$.

Question 01 : On démontre que la relation de congruence

a) est une relation d'ordre. b) est une relation d'ordre total.
c) est une relation d'équivalence.
d) est une relation qui ne confère aucune structure à l'ensemble des nombres entiers.

Question 02 : parmi les propositions suivantes, quelle(s) propriété(s) est (sont) vraie(s) ?

a) Si P est un polynôme à coefficients entiers et si $a \equiv b[n]$ alors $P(a) \equiv P(b)\ [n]$.
b) Si $a \times c \equiv b \times c\ [n]$ alors $a \equiv b\ [n]$.
c) Si $a \equiv b\ [n]$ et si un entier naturel m divise n alors $a \equiv b\ [m]$.
d) Si un nombre entier naturel d divise a et b alors $\dfrac{a}{d} \equiv \dfrac{b}{d}\ [n]$.

Question 03 : On a :

a) $5^4 \equiv -1\ [13]$. b) $5^4 \equiv 1\ [13]$. c) $5^4 \equiv 7\ [13]$. d) $5^4 \equiv 0\ [13]$.

Question 04 : On en déduit alors que pour tout couple d'entiers naturels (k, r) :

a) $5^{4k+r} \equiv (-1)^k \times 5^r\ [13]$. b) $5^{4k+r} \equiv 0\ [13]$. c) $5^{4k+r} \equiv 5^r\ [13]$.
d) $5^{4k+r} \equiv 7^k \times 5^r\ [13]$.

Question 05 : soit n un entier naturel. Les restes possibles de la division de 5^n par 13 sont

a) $1, 5, -1$ et -5. b) $1, 5, 8$ et 12.
c) $1, 2, 5$ et 10. d) $1, 5, 7$ et 9.

Question 06 : Soit $n \in \mathbf{N}$. On définit l'entier A_n par $A_n = 1 + 5^n + 5^{2n} + 5^{3n}$. On démontre que $A_n \equiv 0$ [13] si et seulement si

a) n est un multiple de 4. b) n n'est pas un multiple de 4.

c) n est un multiple de 5. d) n n'est pas un multiple de 5.

PARTIE II

Soit f la fonction définie pour $x \in \mathbf{R}_+^\star$ par $f(x) = \displaystyle\int_x^{2x} \frac{1}{\ln(1+t^2)}\,dt$.
On note C_f la représentation graphique de f.

Question 07 : on établit que f est définie car :

a) la fonction $g : t \mapsto \dfrac{1}{\ln(1+t^2)}$ est continue pour tout $t \in \mathbf{R}_+^\star$.

b) la fonction $g : t \mapsto \dfrac{1}{\ln(1+t^2)}$ est non nulle pour tout $t \in \mathbf{R}_+^\star$.

c) l'intervalle $[x, 2x]$ est inclus dans l'ensemble des réels strictement positifs.

d) la fonction $h : t \mapsto \ln(1+t^2)$ est croissante pour tout $t \in \mathbf{R}_+^\star$.

Question 08 : On démontre que pour tout $x \in \mathbf{R}_+^\star$, $f'(x)$ vaut

a) $\dfrac{1}{\ln(1+x^2)}$. b) $\dfrac{\ln(x^4+2x^2+1) - \ln(1+4x^2)}{\ln(1+4x^2)\ln(1+x^2)}$.

c) $\dfrac{\ln(1+x^2) - \ln(1+4x^2)}{\ln(1+4x^2)\ln(1+x^2)}$. d) $\dfrac{\ln(1+x^2) - \ln(1+2x^2)}{\ln(1+2x^2)\ln(1+x^2)}$.

Question 09 : On en déduit alors que f est :

a) strictement croissante pour tout réel x strictement positif.

b) strictement décroissante pour tout réel x strictement positif.

c) strictement décroissante pour tout réel x appartenant à l'intervalle $]0, \sqrt{2}]$ et strictement croissante pour tout réel x appartenant à l'intervalle $[\sqrt{2}, +\infty[$.

d) strictement décroissante pour tout réel x appartenant à l'intervalle $[\sqrt{2}, +\infty[$ et strictement croissante pour tout réel x appartenant à l'intervalle $]0, \sqrt{2}]$.

Question 10 : On démontre que $\lim_{x \to +\infty} f(x) = +\infty$ car pour tout réel x strictement positif, nous avons pour tout $t \in [x, 2x]$:

a) $\dfrac{1}{\ln(1+x^2)} \leqslant g(t)$. b) $\dfrac{x}{\ln(1+2x^2)} \leqslant g(t)$.

c) $\dfrac{x}{\ln(1+4x^2)} \leqslant g(t)$. d) $\dfrac{1}{\ln(1+2x^2)} \leqslant g(t)$.

Question 11 : De façon plus précise, on démontre que la fonction f vérifie pour tout x nombre réel strictement positif :

a) $\dfrac{2x}{\ln(1+x^2)} \leqslant f(x) \leqslant \dfrac{2x}{\ln(1+x^2)}$. b) $\dfrac{x}{\ln(1+2x^2)} \leqslant f(x) \leqslant \dfrac{x}{\ln(1+x^2)}$.

c) $\dfrac{x}{\ln(1+4x^2)} \leqslant f(x) \leqslant \dfrac{x}{\ln(1+x^2)}$. d) $\dfrac{1}{\ln(1+2x^2)} \leqslant f(x) \leqslant \dfrac{1}{\ln(1+x^2)}$.

Question 12 : On démontre alors que pour x tendant vers $+\infty$, nous avons :

a) $f(x) \sim \dfrac{2\ln x}{x}$. b) $f(x) \sim \dfrac{x}{2\ln x}$. c) $f(x) \sim \dfrac{\ln x}{x}$. d) $f(x) \sim \dfrac{x}{\ln x}$.

Question 13 : On en déduit que la courbe représentative C_f de f :

a) admet une asymptote verticale.

b) admet une asymptote horizontale.

c) admet une branche parabolique d'axe l'axe des abscisses.

d) admet une branche parabolique d'axe l'axe des ordonnées.

PARTIE III

Soit n un entier naturel non nul. On définit pour tout nombre réel x la fonction f_n par $f_n(x) = x^5 + nx - 1$.

Question 14 : après étude des variations de la fonction f_n :

a) On démontre que, pour tout entier naturel non nul n, l'équation $f_n(x) = 0$ admet une unique solution sur l'ensemble des réels que l'on note u_n.

b) On démontre que, pour tout entier naturel non nul n, l'équation $f_n(x) = 0$ admet deux solutions réelles que l'on note u_n et v_n.

c) On démontre que, pour tout entier naturel non nul n, l'équation $f_n(x) = 0$ n'admet pas de solution réelle.

d) On ne peut rien dire quant à l'équation $f_n(x) = 0$.

Question 15 : on démontre que pour tout réel x appartenant à l'intervalle $[1, e]$:

a) (u_n) est croissante car f_n est croissante.

b) (u_n) est décroissante car f_n est croissante.

c) (u_n) est croissante puis décroissante.

d) On ne peut rien dire quant aux variations de (u_n).

Question 16 : on en déduit que $\lim\limits_{n\to+\infty} u_n = 0$ car pour tout réel x appartenant à l'intervalle $[1, e]$:

a) $0 < u_n < \dfrac{1}{n}$. b) $0 < u_n < \dfrac{1}{2n}$. c) $0 < u_n < \dfrac{1}{3n}$. d) $0 < u_n < \dfrac{1}{4n}$.

Question 17 : Alors :

a) on démontre que quand $n \to +\infty$, $u_n \sim \frac{1}{2n}$.

b) on démontre que quand $n \to +\infty$, $u_n \sim \frac{1}{n}$.

c) on démontre que quand $n \to +\infty$, $u_n \sim \frac{1}{n-1}$.

d) il n'est pas possible de trouver un équivalent de cette suite.

Question 18 : On démontre que, quand n tend vers $+\infty$,

a) $\dfrac{1}{n} - u_n \sim \dfrac{1}{n^6}$. b) $\dfrac{1}{n} - u_n \sim \dfrac{1}{2n^6}$.

c) $\dfrac{1}{n} - u_n \sim \dfrac{1}{n^5}$. d) $\dfrac{1}{n} - u_n \sim \dfrac{1}{2n^5}$.

PARTIE IV

Soit k ***la fonction définie par***

$$k(x) = x - \ln(1 + x^2).$$

On note C_k ***la courbe représentative de*** k ***dans un repère orthonormé. On donne la valeur approchée de*** $\ln 2$ ***égale à*** 0.69.

Question 19 : On établit que la fonction k est définie, continue et dérivable

a) sur l'ensemble des réels positifs. b) sur l'ensemble des réels négatifs.

c) uniquement sur l'ensemble des réels strictement positifs.

d) uniquement sur l'ensemble des réels strictement négatifs.

Question 20 : On établit que la fonction k est strictement croissante car :

a) $k'(x) = \dfrac{(1+x)^2}{1+x^2}$. b) $k'(x) = \dfrac{(x-1)^2}{1+x^2}$.

c) $k'(x) = \dfrac{(1-x)^2}{1-x^2}$. d) $k'(x) = \dfrac{1}{1+x^2} + 1$.

Question 21 : On en déduit que C_k admet au point d'abscisse 0 une tangente

a) horizontale. b) d'équation $y = 2x$. c) d'équation $y = x$. d) verticale.

Question 22 : On en déduit que C_k admet au point d'abscisse 1 une tangente

a) horizontale. b) d'équation $y = 2x$. c) d'équation $y = \frac{3}{2}x$. d) verticale.

Question 23 : On démontre que $\lim\limits_{x \to +\infty} f(x) = +\infty$ car pour tout réel x strictement positif, $k(x)$ vaut

a) $x\left[1 - 2\dfrac{\ln x}{x} - \dfrac{\ln\left(1 + \dfrac{1}{x^2}\right)}{x}\right]$. b) $x\left[1 - \dfrac{\ln x}{x} - \dfrac{\ln\left(1 + \dfrac{1}{x^2}\right)}{x}\right]$.

c) $x\left[1 - 2\dfrac{\ln x}{x} + \dfrac{\ln\left(1 + \dfrac{1}{x^2}\right)}{x}\right]$. d) $x\left[1 - \dfrac{\ln x}{x} + \dfrac{\ln\left(1 + \dfrac{1}{x^2}\right)}{x}\right]$.

$\forall n \in \mathbf{N}$, ***on définit la suite*** (u_n) ***par :***

$$u_0 = 1 \text{ et } u_{n+1} = k(u_n).$$

Question 24 : On peut alors établir que la suite

a) (u_n) est croissante car la fonction k est croissante sur l'ensemble des réels positifs.

b) (u_n) est croissante car la fonction k est croissante sur l'ensemble des réels positifs et $u_1 > u_0$.

c) (u_n) est décroissante car la fonction k est croissante sur l'ensemble des réels positifs et $u_1 < u_0$.

d) (u_{2n}) est croissante et que la suite $(u_{2n+1)}$ est décroissante.

Question 25 : On démontre que la suite (u_n) est convergente vers l car la suite

a) (u_n) est croissante et majorée.

b) (u_n) est décroissante et minorée par -1.

c) (u_n) est décroissante et minorée par 0.

d) (u_{2n}) est croissante majorée et que la suite (u_{2n+1}) est décroissante minorée.

Question 26 : On établit que cette limite l est l'unique solution de l'équation

$$k(l) = l$$

car la fonction k est

a) continue sur l'ensemble des réels positifs.

b) strictement croissante sur l'ensemble des réels positifs.

c) croissante sur l'ensemble des réels positifs.

d) croissante sur l'ensemble des réels.

Question 27 : On démontre que :

a) $\forall x \in [0, 1]$, on a : $k(x) \leqslant x - \dfrac{1}{2}x^2$.

b) $\forall x \in [0, +\infty[$, on a : $k(x) \leqslant x - \dfrac{1}{2}x^2$.

c) $\forall x \in [1, +\infty[$, on a : $k(x) \leqslant x - \dfrac{1}{2}x^2$.

d) $\forall x \in]-\infty, +\infty[$, on a : $k(x) \leqslant x - \dfrac{1}{2}x^2$.

Question 28 : On en déduit que

a) $u_n^2 \leqslant 2(u_n - u_{n+1})$ car $u_n \geqslant 0$.

b) $u_n^2 \leqslant 2(u_n - u_{n+1})$ car $0 \leqslant u_n \leqslant 1$.

c) $\dfrac{1}{2}u_n^2 \leqslant 2(u_n - u_{n+1})$ car $0 \leqslant u_n \leqslant 1$.

d) $\dfrac{1}{2}u_n^2 \leqslant 2(u_n - u_{n+1})$ car $u_n \geqslant 0$.

Pour tout réel n, on définit deux suites (S_n) et (T_n) telles que

$$S_n = \sum_{k=0}^{n} u_k^2 \text{ et } T_n = \sum_{k=0}^{n} 2(u_k - u_{k+1}).$$

Question 29 : On démontre que la suite :

a) (S_n) est croissante et que $\forall n \in \mathbf{N}$, $S_n \leqslant T_n$.

b) (S_n) est décroissante et que $\forall n \in \mathbf{N}$, $S_n \leqslant T_n$.

c) (S_n) est décroissante et que $\forall n \in \mathbf{N}$, $S_n \leqslant T_n$.

d) (S_n) est croissante et que $\forall n \in \mathbf{N}$, $S_n \leqslant T_n$.

Question 30 : On démontre que :

a) $\lim\limits_{n\to+\infty} S_n = +\infty$ et par conséquent $\lim\limits_{n\to+\infty} T_n = +\infty$.

b) $\lim\limits_{n\to+\infty} T_n = 0$ et par conséquent $\lim\limits_{n\to+\infty} S_n = 0$.

c) $\lim\limits_{n\to+\infty} T_n = 1$ et la suite $(S_n)_{n\in\mathbf{N}}$ converge.

d) $\lim\limits_{n\to+\infty} T_n = 2$ et la suite $(S_n)_{n\in\mathbf{N}}$ converge.

PARTIE V

On note $\mathcal{M}_n(\mathbf{C})$ l'ensemble des matrices carrées $n \times n$ dont les coefficients sont des nombres complexes. Soit $A = (a_{ij})_{1\leqslant i,j\leqslant n}$ une matrice de $\mathcal{M}_n(\mathbf{C})$ qui vérifie la propriété suivante, que l'on note $P(n)$: « il existe un entier naturel non nul n tel que

$$A^n + A^{n-1} + ... + A + I = O,$$

où O est la matrice nulle.

Question 31 : On établit que

a) A est inversible d'inverse A^n.

b) A n'est pas inversible.

c) A est nilpotente, c'est-à-dire qu'il existe un entier naturel k tel que

$$A^k = O \text{ et } A^{k-1} \neq O.$$

d) A est quelconque.

Question 32 : On démontre que la matrice $A = \begin{pmatrix} 2i+1 & i+1 & -i-1 \\ 0 & i & 0 \\ 2i+2 & 2i+2 & -i-2 \end{pmatrix}$

a) vérifie $P(n)$.

b) ne vérifie pas $P(n)$.

c) a pour inverse $A^{-1} = \begin{pmatrix} 1+2i & 1-i & -1+i \\ 0 & i & 0 \\ 2-2i & 2-2i & 2+i \end{pmatrix}$.

d) a pour inverse $A^{-1} = \begin{pmatrix} 1-2i & 1-i & -1+i \\ 0 & -i & 0 \\ 2-2i & 2-2i & i-2 \end{pmatrix}$.

Question 33 : λ étant un nombre complexe non nul, en s'inspirant du résultat $\dfrac{1}{1-\frac{a}{\lambda}} = \displaystyle\sum_{k=0}^{+\infty} \left(\frac{a}{\lambda}\right)^k$ appliqué aux matrices, on démontre que si la matrice A est nilpotente alors $A - \lambda I$

a) n'est pas inversible.

b) est inversible d'inverse $(A-\lambda I)^{-1} = -\lambda^{-1}I - \lambda^{-2}A - ... - \lambda^{-n}A^{n-1}$.

c) est nilpotente.

d) est la matrice nulle.

Question 34 : $A = (a_{ij})_{1\leqslant i,j\leqslant n}$ vérifie à présent pour tout i entier de 1 à n,

$$|a_{i,i}| > \sum_{j\neq i}^{n} |a_{i,j}|.$$

On démontre que :

a) Les vecteurs colonnes de A forment un système lié et donc la matrice n'est pas inversible.

b) Les vecteurs colonnes de A forment un système libre et donc la matrice est inversible.

c) Les vecteurs colonnes de A forment un système libre mais on ne peut pas se prononcer sur le fait que A soit inversible.

d) Les vecteurs colonnes de A forment un système lié mais on ne peut pas se prononcer sur le fait que A soit inversible.

Question 35 : On démontre que la matrice $B = \begin{pmatrix} -1 & -1 & -3 \\ 1 & 2 & 0 \\ 0 & 0 & 1 \end{pmatrix}$

a) n'est pas inversible.

b) est inversible, d'inverse $B^{-1} = \begin{pmatrix} 2 & 1 & 6 \\ 1 & 1 & 3 \\ 0 & 0 & 1 \end{pmatrix}$.

c) est inversible, d'inverse $B^{-1} = \begin{pmatrix} -2 & -1 & -6 \\ 1 & 1 & 3 \\ 0 & 0 & 1 \end{pmatrix}$.

d) est inversible, d'inverse $B^{-1} = \begin{pmatrix} -2 & -1 & -6 \\ -1 & 1 & 3 \\ 0 & 0 & 1 \end{pmatrix}$.

Question 36 : On démontre que la matrice $C = \begin{pmatrix} 1 & 1 & -2 \\ -1 & 3 & 4 \\ -1 & 11 & 8 \end{pmatrix}$

a) n'est pas inversible.

b) est inversible, d'inverse $C^{-1} = \begin{pmatrix} 1 & 0 & 0 \\ 1 & 1 & 0 \\ -2 & -3 & 1 \end{pmatrix}$.

c) est inversible, d'inverse $C^{-1} = \begin{pmatrix} 1 & 1 & -2 \\ 0 & 4 & 2 \\ 0 & 0 & 0 \end{pmatrix}$.

d) est inversible, d'inverse $C^{-1} = \begin{pmatrix} 1 & 0 & 0 \\ 1 & 1 & 0 \\ 2 & 3 & 1 \end{pmatrix}$.

CORRIGE

Question 01 : On donne a, b et c trois entiers relatifs et n un entier naturel. Nous rappelons que l'écriture $a \mod b\,[n]$, qui représente la relation de congruence, signifie que $a - b$ est divisible par n ou autrement dit qu'il existe un entier relatif k tel que : $a - b = k \times n$. La relation de congruence est une relation d'équivalence :
$\forall a \in \mathbf{Z},\ a \mod a\,[n]$.
$\forall (a,b) \in \mathbf{Z}^2,\ a \mod b\,[n] \Leftrightarrow b \mod a\,[n]$.
$\forall (a,b,c) \in \mathbf{Z}^3,\ a \mod b\,[n]$ et $b \mod c\,[n] \Rightarrow a \mod c\,[n]$.
Donc **l'assertion c) est vraie.**
Pour que la relation de congruence soit une relation d'ordre, il faudrait que cette relation soit antisymétrique, c'est-à-dire :
$\forall (a,b) \in \mathbf{Z}^2,\ [a \mod b\,[n]$ et $b \mod a\,[n] \Rightarrow a = b]$?
C'est faux car la relation est symétrique.
Donc **les assertions a) et b) sont fausses.**
La dernière assertion n'est pas très claire. « Une relation qui ne confère aucune structure à l'ensemble des nombres entiers » ? Une relation d'ordre ou d'équivalence est une structure, on imagine. Donc **l'assertion d) est fausse.**

Question 02 : Analysons chaque assertion.
« Si P est un polynôme à coefficients entiers et si $a \mod b[n]$ alors on a $P(a) \mod P(b)\ [n]$ » ?
Supposons donc $a \mod b[n]$. Cela signifie que $a = b + kn$, où $k \in \mathbf{Z}$. Puis, $a^2 = b^2 + 2knb + k^2n^2 = b^2 + n(2kb + k^2n)$. Donc $a^2 \mod b^2[n]$. De même, $a^p \mod b^p[n]$ pour tout entier p. On a bien $P(a) \mod P(b)\ [n]$ car P est à coefficients entiers. **L'assertion a) est vraie.**
« Si $a \times c \mod b \times c\ [n]$ alors $a \mod b\ [n]$ » ? Prenons l'exemple $1 \times 2 \mod 3 \times 2\ [4]$ et pourtant $1 \mod 3\ [4]$ est faux. Donc **l'assertion b) est fausse.**
« Si $a \mod b\ [n]$ et si un entier naturel m divise n alors $a \mod b\ [m]$ » ? On a $a = b + kn$, où $k \in \mathbf{Z}$. Si $n = mp$, où $p \in \mathbf{N}$ alors $a = b + kpm$ et $a \mod b\ [m]$.
On peut en déduire que **l'assertion c) est vraie.**
« Si un nombre entier naturel d divise a et b alors $\dfrac{a}{d} \mod \dfrac{b}{d}\ [n]$ fg ? D'après la règle des deux vraies maximums, on a fait le plein des vraies. Sinon, on peut dire par exemple que $1 \mod 3\ [4]$ est faux en prenant $d = 1$. **L'assertion d) est fausse.**

Question 03 : On a $5^2 \mod -1\ [13]$ et donc $5^4 \mod (-1)^2\ [13]$, soit $5^4 \mod 1\ [13]$.
L'assertion b) est vraie et **les assertions a), c) et d) sont fausses.**

Question 04 : Pour tout couple d'entiers naturels (k, r) : $5^{4k+r} = 5^{4k}.5^r$.
Comme $5^4 \mod 1\ [13]$, $5^{4k+r} \mod 5^r\ [13]$.
L'assertion c) est vraie et **les assertions a), b) et d) sont fausses.**

Question 05 : Soit n un entier naturel. On désire les restes possibles de la division de 5^n par 13. On utilise ce que l'on a fait précedemment. On sait que $5^{4k+r} \mod 5^r\ [13]$. On commence par la division euclidienne de n par 4 qui s'écrit $n = 4k + r$, où $k \in \mathbf{N}$ et r est un entier entre 0 et 3.

D'après la question précédente, on développe.
Si $n \mod 0\,[4]$ alors $5^n \mod 5^0 \mod 1\,[13]$.
Si $n \mod 1\,[4]$ alors $5^n \mod 5^1 \mod 5\,[13]$.
Si $n \mod 2\,[4]$ alors $5^n \mod 5^2 \mod -1 \mod 12\,[13]$.
Si $n \mod 3\,[4]$ alors $5^n \mod 5^3 \mod -5 \mod 8\,[13]$.
On peut conclure d'abord que **les assertions a) et b) sont vraies** et ensuite que **les assertions c) et d) sont fausses**.

Question 06 : Soit n un entier naturel. On définit l'entier A_n par : $A_n = 1 + 5^n + 5^{2n} + 5^{3n}$. On cherche quand on a : $A_n \mod 0\,[13]$.
On recommence comme dans la question 05.
Si $n \mod 0\,[4]$ alors $5^n \mod 1\,[13]$, $5^{2n} \mod 1\,[13]$ et $5^{3n} \mod 1\,[13]$.
Donc : $A_n \mod 1+1+1+1 \mod 4\,[13]$.
Si $n \mod 1\,[4]$ alors $5^n \mod 5^1 \mod 5\,[13]$, $5^{2n} \mod 5^2 \mod -1\,[13]$ et $5^{3n} \mod -5\,[13]$. Donc : $A_n \mod 1+5-1-5 \mod 0\,[13]$.
Si $n \mod 2\,[4]$ alors $5^n \mod 5^2 \mod -1, [13]$, $5^{2n} \mod 5^2 \mod 1\,[13]$ et $5^{3n} \mod -1\,[13]$. Donc : $A_n \mod 1-1+1-1 \mod 0\,[13]$.
Si $n \mod 3\,[4]$ alors $5^n \mod 5^3 \mod -5\,[13]$, $5^{2n} \mod 5^2 \mod 1\,[13]$ et $5^{3n} \mod 5\,[13]$. Donc : $A_n \mod 1-5-1+5 \mod 0\,[13]$.
Ainsi, A_n est divisible par 13 si et seulement si n n'est pas un multiple de 4.
Il reste : **l'assertion b) est vraie** et **les assertions a), c) et d) sont fausses**.

Question 07 : Soit f la fonction définie pour $x \in \mathbf{R}_+^\star$ par $f(x) = \displaystyle\int_x^{2x} \frac{1}{\ln(1+t^2)}\,dt$.
On note C_f la représentation graphique de f. La fonction f est définie car

$$g : t \mapsto \frac{1}{\ln(1+t^2)}$$

est continue pour tout nombre réel strictement positif.
Donc **l'assertion a) est vraie**.
En effet, l'intégrale sur un ensemble borné d'une fonction continue existe. Par contre bien qu'il soit vrai que la fonction $g : t \mapsto \dfrac{1}{\ln(1+t^2)}$ est non nulle pour tout nombre réel strictement positif, que l'intervalle $[x, 2x]$ soit inclus dans l'ensemble des réels strictement positifs et que la fonction $h : t \mapsto \ln(1+t^2)$ est croissante pour tout nombre réel strictement positif, ces conditions ne suffisent pas pour établir que f est définie.
Ainsi, **les assertions b), c) et d) sont fausses**.

Remarque : Ici, il faut faire attention. C'est l'implication $P \Rightarrow Q$ qui doit être vraie pas seulement P ou Q.

Question 08 : Posons G la primitive de g qui s'annule pour 0. Alors :

$$\forall x > 0,\ G(x) = \int_0^x \frac{1}{\ln(1+t^2)}\,dt.$$

Donc : $\forall x > 0$, $f(x) = G(2x) - G(x)$. Et pour tout $x > 0$,

$$f'(x) = 2g(2x) - g(x) = \frac{2}{\ln(1+4x^2)} - \frac{1}{\ln(1+x^2)} = \frac{2\ln(1+x^2) - \ln(1+4x^2)}{\ln(1+4x^2)\ln(1+x^2)}.$$

On peut alors écrire que **les assertions a), c) et d) sont fausses**.
Puis : $2\ln(1+x^2) = \ln(1+x^2)^2 = \ln(1+x^4+2x^2)$.

$$f'(x) = \frac{\ln(x^4 + 2x^2 + 1) - \ln(1 + 4x^2)}{\ln(1 + 4x^2)\ln(1 + x^2)}.$$

L'assertion b) est vraie.

Question 09 : Il est clair que l'on doit étudier le signe de $f'(x)$. Le dénominateur $\ln(1 + 4x^2)\ln(1 + x^2)$ est toujours positif. Le numérateur est :

$$\ln(x^4 + 2x^2 + 1) - \ln(1 + 4x^2) = \ln\left(\frac{x^4 + 2x^2 + 1}{4x^2 + 1}\right).$$

Donc cette quantité est positive si et seulement si

$$\frac{x^4 + 2x^2 + 1}{4x^2 + 1} > 1 \Leftrightarrow x^4 + 2x^2 + 1 > 4x^2 + 1 \Leftrightarrow x^4 - 2x^2 > 0.$$

Puis $x^4 - 2x^2 = x^2(x^2 - 2) = x^2(x - \sqrt{2})(x + \sqrt{2})$. Donc f' est strictement négative sur $]0, \sqrt{2}[$ et strictement positive sur $]\sqrt{2}, +\infty[$. Donc f est strictement décroissante sur $]0, \sqrt{2}[$ et strictement croissante sur $]\sqrt{2}, +\infty[$. On peut conclure que **l'assertion c) est vraie** et que **les assertions a), b) et d) sont fausses.**

Question 10 : On prend $x > 0$ fixé. Pour $t \in [x, 2x]$, $0 < \ln(1 + t^2) \leqslant \ln(1 + 4x^2)$ car $t \mapsto \ln(1 + t^2)$ est croissante. On en déduit que pour tout $t \in [x, 2x]$,

$$g(t) \geqslant \frac{1}{\ln(1 + 4x^2)}.$$

Les quatre assertions proposées sont incohérentes car bien qu'elles permettent de conclure que $\lim\limits_{x \to +\infty} f(x) = +\infty$, les quatre premiers membres des inégalités sont supérieures à la quantité $\dfrac{1}{\ln(1 + 4x^2)}$. Par contre, continuons avec l'inégalité trouvée. On a :

$$f(x) = \int_x^{2x} g(t)\,dt \geqslant \int_x^{2x} \frac{1}{\ln(1 + 4x^2)}\,dt = \frac{2x - x}{\ln(1 + 4x^2)} = \frac{x}{\ln(1 + 4x^2)}.$$

Il reste pour tout x tendant vers $+\infty$,

$$\frac{x}{\ln(1 + 4x^2)} \sim \frac{x}{\ln(4x^2)} \sim \frac{x}{2\ln x}.$$

Comme $\lim\limits_{x \to +\infty} \dfrac{x}{2\ln x} = +\infty$, $\lim\limits_{x \to +\infty} f(x) = +\infty$.
En tout cas, **les quatre assertions a), b), c) et d) sont fausses.**
Et donc on dit que **l'assertion e) est vraie.**

Remarque : dans l'énoncé initial, $\lim\limits_{x \to +\infty} f(x) = +\infty$ était remplacé par $\lim\limits_{x \to 0} f(x) = +\infty$, ce qui est absurde car immédiatement $f(x) = \displaystyle\int_x^{2x} g(t)\,dt$ et comme g est continue sur $\mathbf{R}$, $f(0) = \displaystyle\int_0^0 g(t)\,dt = 0$. Par contre l'étude en $+\infty$ est poursuivie et affinée dans les questions suivantes.

Question 11 : Pour tout x nombre réel strictement positif fixé et $t \in [x, 2x]$,

$$0 < \ln(1+x^2) \leqslant \ln(1+t^2) \leqslant \ln(1+4x^2) \Rightarrow \frac{1}{\ln(1+4x^2)} \leqslant g(t) \leqslant \frac{1}{\ln(1+x^2)}.$$

Comme à la question 10, il ne reste plus qu'à intégrer entre x et $2x$:

$$\int_x^{2x} \frac{1}{\ln(1+4x^2)}\,dt \leqslant \int_x^{2x} g(t)\,dt \leqslant \int_x^{2x} \frac{1}{\ln(1+x^2)}\,dt$$

$$\Rightarrow \frac{x}{\ln(1+4x^2)} \leqslant f(x) \leqslant \frac{x}{\ln(1+x^2)}.$$

Et **l'assertion c) est vraie**, **les assertions a), b) et d) sont fausses**.

Question 12 : On utilise : $\dfrac{x}{\ln(1+4x^2)} \leqslant f(x) \leqslant \dfrac{x}{\ln(1+x^2)}$, valable pour $x > 0$ donc pour x tendant vers $+\infty$. On peut écrire :

$$\frac{x}{\ln(1+4x^2)} \sim \frac{x}{2\ln x} \text{ et } \frac{x}{\ln(1+x^2)} \sim \frac{x}{2\ln x} \Rightarrow f(x) \sim \frac{x}{2\ln x}.$$

On conclut : **l'assertion b) est vraie** et **les assertions a), c) et d) sont fausses**.

Question 13 : Comme $\lim\limits_{x\to+\infty} f(x) = +\infty$, la courbe représentative C_f de f n'admet ni asymptote verticale, ni asymptote horizontale. **Les assertions a) et b) sont fausses**. Par contre :

$$\lim_{x\to+\infty} \frac{1}{2\ln x} = 0 \Rightarrow \lim_{x\to+\infty} \frac{f(x)}{x} = 0.$$

Ainsi, C_f admet une branche parabolique d'axe l'axe des abscisses.
L'assertion c) est vraie et **l'assertion d) est fausse**.

Question 14 : Soit n un entier naturel non nul. On définit pour tout nombre réel x la fonction f_n par $f_n(x) = x^5 + nx - 1$. On nous propose l'étude des variations de la fonction f_n. On remarque que f_n est dérivable sur **R** et que pour tout $x \in$ **R**, $f_n'(x) = 5x^4 + n$. Cette quantité est toujours strictement positive (car $n > 0$ ici). Donc f_n est continue et strictement croissante sur **R**. On a : $f_n(0) = -1 < 0$ et $f_n(1) = n > 0$. D'après le T.V.I, f_n s'annule une et une seule fois en $x = u_n$ sur **R** et plus précisément entre 0 et 1 au sens strict. On a donc prouvé que, pour tout entier naturel non nul n, l'équation $f_n(x) = 0$ admet une unique solution sur l'ensemble des réels que l'on note u_n. Et on a en bonus rien que pour vous montré que $u_n \in]0, 1[$. **L'assertion a) est vraie** et **les assertions b), c) et d) sont fausses**.

Question 15 : On sait que f_n et donc f_{n+1} sont strictement croissantes sur **R** donc sur $[0, 1]$. On sait que $f_{n+1}(u_{n+1}) = 0$. Trouvons le signe de $f_{n+1}(u_n)$. On a :

$$f_{n+1}(u_n) = u_n^5 + (n+1)u_n - 1 = u_n^5 + nu_n - 1 + u_n = u_n$$

car $f_n(u_n) = u_n^5 + nu_n - 1 = 0$. Comme $u_n > 0$, $f_{n+1}(u_n) > 0$. Donc $u_n > u_{n+1}$. La suite (u_n) est décroissante. La seule assertion cohérente est l'assertion b). En effet, (u_n) est bien décroissante car f_n est croissante.
En conclusion, **l'assertion b) est vraie, les assertions a), c) et d) sont fausses**.

Remarque : dans l'énoncé, on écrit « Pour tout réel x appartenant à l'intervalle $[1, e]$ ». Cela n'a pas de sens, est inutile et induit en erreur.

<u>Question 16</u> : Comme $u_n \in]0, 1[$ pour tout n entier non nul et comme la suite est monotone (ici décroissante), elle converge vers un réel de $[0, 1[$. On propose de vérifier : $\lim\limits_{n \to +\infty} u_n = 0$, c'est-à-dire de prouver que la limite est nulle. Pour cela, on va visiblement utiliser le théorème des Gendarmes. On propose de comparer u_n et les quantités $1/n$, $1/(2n)$, $1/(3n)$ et $1/(4n)$. On écrit :

$$f_n\left(\frac{1}{4n}\right) = \frac{1}{(4n)^5} + \frac{n}{4n} - 1 = \frac{1}{(4n)^5} - \frac{3}{4} < 0.$$

Cela signifie que comme f_n est croissante, $1/(4n) < u_n$ car $f_n(u_n) = 0$.
Donc **l'assertion d) est fausse**. Puis :

$$f_n\left(\frac{1}{3n}\right) = \frac{1}{(3n)^5} + \frac{n}{3n} - 1 = \frac{1}{(3n)^5} - \frac{2}{3} < 0.$$

Cela signifie que comme f_n est croissante, $1/(3n) < u_n$ car $f_n(u_n) = 0$.
Donc **l'assertion c) est fausse**. Puis :

$$f_n\left(\frac{1}{2n}\right) = \frac{1}{(2n)^5} + \frac{n}{2n} - 1 = \frac{1}{(2n)^5} - \frac{1}{2} < 0.$$

Cela signifie que comme f_n est croissante, $1/(2n) < u_n$ car $f_n(u_n) = 0$.
Donc **l'assertion b) est fausse**. Enfin :

$$f_n\left(\frac{1}{n}\right) = \frac{1}{n^5} + \frac{n}{n} - 1 = \frac{1}{n^5} > 0.$$

Cela signifie que comme f_n est croissante, $1/n > u_n$ car $f_n(u_n) = 0$.
Donc **l'assertion a) est vraie**.
On peut donc conclure avec le théorème des Gendarmes : $\lim\limits_{n \to +\infty} u_n = 0$.

Remarque : dans l'énoncé, on écrit encore au début de la question : « Pour tout réel x appartenant à l'intervalle $[1, e]$ ». Cela n'a pas toujours pas de sens, est toujours inutile et induit toujours en erreur.

<u>Question 17</u> : La question précédente permet l'encadrement : $\dfrac{1}{2n} < u_n < \dfrac{1}{n}$ qui ne suffit pas pour conclure. Travaillons avec l'intuition :

$$f_n\left(\frac{1}{n+1}\right) = \frac{1}{(n+1)^5} + \frac{n}{n+1} - 1 = \frac{1}{(n+1)^5} - \frac{1}{n+1} < 0.$$

Donc : $\dfrac{1}{n+1} < u_n < \dfrac{1}{n}$. Ainsi :

$$\frac{n}{n+1} < nu_n < \frac{n}{n} \Rightarrow \lim_{n \to +\infty} u_n = 1 \Rightarrow u_n \sim \frac{1}{n}.$$

Donc **l'assertion b) est vraie** et **les assertions a) et d) sont fausses.**
Attention, on a aussi $\lim_{n\to+\infty}(n-1)u_n = 1$ et donc **l'assertion c) est vraie**.

Question 18 : C'est classique, on pousse le développement limité. Partons de $f_n(u_n) = 0$. Quand n tend vers $+\infty$,

$$u_n^5 + nu_n - 1 = 0 \Rightarrow nu_n = 1 - u_n^5 = 1 - \left(\frac{1}{n} + o\left(\frac{1}{n}\right)\right)^5.$$

Cela donne :

$$nu_n = 1 - \frac{1}{n^5} + o\left(\frac{1}{n^5}\right) \Rightarrow u_n = \frac{1}{n} - \frac{1}{n^6} + o\left(\frac{1}{n^6}\right).$$

On a bien : $\frac{1}{n} - u_n \sim \frac{1}{n^6}$.
L'assertion a) est vraie et **les assertions b), c) et d) sont fausses.**

Question 19 : Soit k la fonction définie par $k(x) = x - \ln(1+x^2)$. On note C_k la courbe représentative de k dans un repère orthonormé. La fonction k est définie, continue et dérivable sur $\mathbf{R}$ car $1 + x^2 > 0$ pour tout $x \in \mathbf{R}$. Comme qui peut le plus peut le moins, k est bien définie, continue et dérivable sur l'ensemble des réels strictement positifs et sur l'ensemble des réels strictement négatifs.
Les assertions a) et b) sont vraies et **les assertions c) et d) sont fausses.**

Question 20 : Pour tout $x \in \mathbf{R}$, $k'(x) = 1 - \frac{2x}{1+x^2} = \frac{(1-x)^2}{1+x^2} \geqslant 0$. On établit donc que la fonction k est strictement croissante sur $\mathbf{R}$.
Seule **l'assertion b) est vraie. Les assertions a), c) et d) sont fausses.**

Question 21 : $k(0) = -\ln 1 = 0$, $k'(0) = 1$, la tangente au point d'abscisse 0 est $y = x$. **L'assertion c) est vraie** et **les assertions a), b) et d) sont fausses.**

Question 22 : $k(1) = 1 - \ln 2$ et $k'(1) = 0$. La tangente en $(1, 1 - \ln 2)$ est horizontale, **l'assertion a) est vraie** et **les assertions b), c), d) sont fausses.**

Question 23 : Si $x > 0$, $k(x) = x\left[1 - \frac{1}{x}\ln(1+x^2)\right]$, c'est-à-dire :

$$k(x) = x\left[1 - 2\frac{\ln x}{x} - \frac{\ln\left(1 + \frac{1}{x^2}\right)}{x}\right].$$

Seule l'expression de l'assertion a) convient.
Donc **les assertions b), c) et d) sont fausses.**

Puis $\lim_{x\to+\infty} 2\frac{\ln x}{x} + 0$, de même, $\lim_{x\to+\infty} \frac{\ln\left(1+\frac{1}{x^2}\right)}{x} = 0$ et donc $f(x) \sim x$ quand x tend vers $+\infty$. On en déduit bien que $\lim_{x\to+\infty} f(x) = +\infty$.

Ainsi, **l'assertion a) est vraie.**

Question 24 : Pour tout entier naturel n, on définit la suite (u_n) par : $u_0 = 1$ et $u_{n+1} = k(u_n)$. Déjà, $u_0 = 1$, $u_1 = k(1) = 1 - \ln 2 \equiv 0,31$. Donc $u_0 > u_1$. Comme k est croissante, la suite $(u_n)_n$ est décroissante. Pour celui qui n'est pas convaincu peut faire une récurrence. Supposons $u_n < u_{n-1}$ pour $n \geqslant 1$ donné.

Alors : $k(u_n) < k(u_{n-1}) \Rightarrow u_{n+1} < u_n$.
On en déduit que $(u_n)_n$ est bien décroissante.
L'assertion c) est vraie et **les assertions a), b), d) sont fausses**.
Pour l'assertion d), (u_{2n+1}) est bien décroissante mais (u_{2n}) n'est pas croissante car (u_n) est décroissante.

Question 25 : Comme pour $x \geqslant 0$, $k(x) \geqslant k(0) = 0$. La suite (u_n) est donc à valeurs positives (la récurrence est immédiate). Donc la suite $(u_n)_n$ est minorée par 0. Ainsi, la suite (u_n) est convergente vers l car la suite est décroissante et minorée par 0. **L'assertion c) est vraie** et **les assertions a) et d) sont fausses**. De plus, si la suite est décroissante et minorée par 0, la suite est décroissante et minorée par -1. **L'assertion b) est vraie**.

Question 26 : On sait que comme k est continue, et pour tout $n \in \mathbf{N}$, $u_{n+1} = k(u_n)$ alors :

$$\lim_{n\to+\infty} u_{n+1} = k\left(\lim_{n\to+\infty} u_n\right) = \lim_{n\to+\infty} k(u_n).$$

Si l est la limite de la suite $(u_n)_n$, $k(l) = l$. Ainsi, l est solution de $k(x) = x$. Les variations de k ne suffisent pas pour étudier les solutions de $k(x) = x$. (Ceci dit dans quelques cas simples, on peut s'en sortir.) Il faut étudier les variations de $g : x \mapsto k(x) - x$.
On peut déjà affirmer que **les assertions b), c) et d) sont fausses**.
On sait que (u_n) converge et comme l, sa limite, vérifie $k(l) = l$, on sait que $k(x) = x \Leftrightarrow g(x) = 0$ a au moins une solution $l \geqslant 0$. On affirme que l est l'unique solution de $g(x) = 0$. Montrons-le, en étudiant $g(x) = -\ln(1 + x^2)$.
On a pour tout $x \in \mathbf{R}$, $g'(x) = -\dfrac{2x}{1+x^2} \leqslant 0$ donc g est décroissante sur $\mathbf{R}_+$.
$g(0) = 0$, $g'(x) \geqslant 0$ pour $x < 0$ et g est croissante sur$\mathbf{R}_-$.
En conclusion, seul $x = 0$ est solution de $g(x) = 0$.
On a montré au passage que $\lim\limits_{n\to+\infty} u_n = 0$. Comme la continuité de k sur $\mathbf{R}_+$ a été utile, on peut dire que **l'assertion a) est vraie**.

Question 27 : On étudie :

$$h(x) = x - \frac{1}{2}x^2 - k(x) = \ln(1 + x^2) - \frac{1}{2}x^2.$$

Cette fonction h est définie sur $\mathbf{R}$ et dérivable sur $\mathbf{R}$ et :

$$h'(x) = \frac{2x}{1+x^2} - x = \frac{x - x^3}{1+x^2} = \frac{x(1-x)(1+x)}{1+x^2}.$$

Donc $h' \geqslant 0$ pour $x \in]-\infty, -1] \cup [0, 1]$ et $h' \leqslant 0$ pour $x \in [-1, 0] \cup [1, +\infty[$. On en déduit que h est croissante sur $]-\infty, -1] \cup [0, 1]$ et h est décroissante sur $[-1, 0] \cup [1, +\infty[$.
Si l'on pose $\alpha = h(1) = h(-1) = 0,19$, et si l'on remarque que $h(0) = 0$ et $\lim\limits_{x\to\pm\infty} h(x) = -\infty$, on peut passer aux assertions.
Sur $[0, 1]$, $h(x) \geqslant 0$ et **l'assertion a) est vraie**.
Sur $[0, +\infty[$, h change de signe une fois et **l'assertion b) est fausse**.
Sur $[1, +\infty[$, h change de signe une fois et **l'assertion c) est fausse**.
Enfin sur $\mathbf{R}$, h change de signe deux fois et **l'assertion d) est fausse**.

Question 28 : On sait que pour tout $x \in [0,1]$,

$$k(x) \leqslant x - \frac{1}{2}x^2,$$

d'après le développement de la question 27 et comme $u_n \in [0,1]$ (en effet, $u_0 = 1$, (u_n) est décroissante et $\lim_{n \to +\infty} u_n = 0$), on peut conclure :

$$k(u_n) \leqslant u_n - \frac{1}{2}u_n^2 \Leftrightarrow u_{n+1} \leqslant u_n - \frac{1}{2}u_n^2$$

$$\Leftrightarrow \frac{1}{2}u_n^2 \leqslant u_n - u_{n+1} \Leftrightarrow u_n^2 \leqslant 2(u_n - u_{n+1}).$$

On peut remarquer que $u_n^2/2 \leqslant u_n^2$ donc on a aussi : $\frac{1}{2}u_n^2 \leqslant 2(u_n - u_{n+1})$ car $u_n \in [0,1]$. Donc **les assertions b) et c) sont vraies**.
Par contre, pour les assertions a) et d), la première inégalité proposée est juste mais la seconde partie de la proposition ne convient pas. En effet, $u_n \geqslant 0$ n'est pas suffisant pour conclure $u_n^2 \leqslant 2(u_n - u_{n+1})$ et ainsi **l'assertion a) est fausse**. Et de même, **l'assertion d) est fausse**.

Remarque : il faut avouer que c'est un peu subtil dans cette question.

Question 29 : Pour tout réel n, on définit deux suites (S_n) et (T_n) telles que

$$S_n = \sum_{k=0}^{n} u_k^2 \text{ et } T_n = \sum_{k=0}^{n} 2(u_k - u_{k+1}).$$

D'après le développement de la question 28, on peut dire que $S_n \leqslant T_n$ pour tout $n \geqslant 0$. Donc la seconde partie des quatre assertions est vraie.

$$S_{n+1} - S_n = \sum_{k=0}^{n+1} u_k^2 - \sum_{k=0}^{n} u_k^2 = u_{n+1}^2 \geqslant 0.$$

Donc la suite (S_n) est croissante.
L'assertion a) est vraie et **l'assertion b) est fausse**.

$$T_{n+1} - T_n = \sum_{k=0}^{n+1} 2(u_k - u_{k+1}) - \sum_{k=0}^{n} 2(u_k - u_{k+1}) = 2(u_{n+1} - u_{n+2}) \geqslant 0$$

car comme (u_n) est décroissante, $u_{n+1} - u_{n+2} > 0$ donc (T_n) est croissante.
L'assertion c) est fausse et **l'assertion d) est vraie**.

Question 30 : On commence par remarquer que :

$$T_n = 2\sum_{k=0}^{n} 2(u_k - u_{k+1}) = 2(u_0 - u_{n+1}).$$

Comme u_{n+1} tend vers 0 quand n tend vers $+\infty$, T_n tend vers $2u_0 = 2$.
Donc : $\lim\limits_{n\to+\infty} T_n = 2$.
On peut déjà conclure que **les assertions a), b) et c) sont fausses**.
Il reste l'étude de la convergence de $(S_n)_n$. La limite de (S_n), si elle existe, est inférieure à 2 car pour tout n, $S_n \leqslant T_n$. Comme (T_n) est croissante, $T_n \leqslant 2$ donc $S_n \leqslant 2$ pour tout n. Comme la suite $(S_n)_n$ est majorée et croissante, elle est convergente. Ainsi, **l'assertion d) est vraie**.
Par contre, on ne peut pas en déduire la valeur de $\lim\limits_{n\to+\infty} S_n$, du moins avec ce qui a été fait.

Question 31 : On note $\mathcal{M}_n(\mathbf{C})$ l'ensemble des matrices carrées $n \times n$ dont les coefficients sont des nombres complexes. Soit $A = (a_{ij})_{1\leqslant i,j\leqslant n}$ une matrice de $\mathcal{M}_n(\mathbf{C})$ qui vérifie la propriété suivante, que l'on note $P(n)$: « il existe un entier naturel non nul n tel que $A^n + A^{n-1} + ... + A + I = O$, où O est la matrice nulle.
Attention, l'entier n est celui de l'ordre de la matrice visiblement. On a :

$$A^n + A^{n-1} + ... + A + I = O \Rightarrow A(-A^{n-1} - ... - A - I) = I.$$

Donc A est inversible d'inverse $-A^{n-1} - ... - A - I$. Ainsi, **les assertions a), b) sont fausses**. Puis « A est quelconque » ne signifie pas grand chose. On dira que **l'assertion d) est fausse**. Enfin, A ne peut pas être nilpotente car une telle matrice n'est pas inversible. En effet, s'il existe un entier naturel k tel que $A^k = O$ et $A^{k-1} \neq O$, alors $\mathsf{Det}\,(A^k) = 0$ et donc $\mathsf{Det}\,(A)^k = 0$, ce qui donne $\mathsf{Det}\,(A) = 0$. On peut conclure que **l'assertion c) est fausse**. Il reste que **l'assertion e) est vraie**.
Remarque : je trouve que l'énoncé n'est pas trés clair. L'entier n de la propriété $P(n)$ est le même que le n de l'ordre de la matrice. Mais cela aurait dû être précisé.

Question 32 : Soit la matrice $A = \begin{pmatrix} 2i+1 & i+1 & -i-1 \\ 0 & i & 0 \\ 2i+2 & 2i+2 & -i-2 \end{pmatrix}$. On calcule $\mathsf{Det}\,A = 1$. On peut calculer $A^{-1} = \dfrac{1}{\mathsf{Det}\,A}\,(Com(A))^T$ courageusement (pour ceux qui sont en MPSI ou en MP). On peut aussi prendre les deux matrices proposées dans les assertions c) et d) et faire leur produit avec A. J'avoue que ce sera plus rapide. On remarque que $A^{-1}A = I$ fonctionne pour celle de l'assertion d). Donc **l'assertion d) est vraie** et **l'assertion c) est fausse**. On écrit :

$$A^{-1} = \begin{pmatrix} 1-2i & 1-i & -1+i \\ 0 & -i & 0 \\ 2-2i & 2-2i & i-2 \end{pmatrix}.$$

A vérifie $P(3)$ (ici $n = 3$) si : $I + A + A^2 + A^3 = 0$. On calcule très courageusement :

$$I + A = \begin{pmatrix} 2i+2 & i+1 & -i-1 \\ 0 & 1+i & 0 \\ 2i+2 & 2i+2 & -i-1 \end{pmatrix},\ A^2 = \begin{pmatrix} -3 & -2 & 2 \\ 0 & -1 & 0 \\ -4 & -4 & 3 \end{pmatrix},$$

puis $I + A + A^2 = -\begin{pmatrix} 1-2i & 1-i & -1+i \\ 0 & -i & 0 \\ 2-2i & 2-2i & i-2 \end{pmatrix} = -A^{-1}$. Donc :

$$A^{-1} + I + A + A^2 = 0 \Rightarrow I + A + A^2 + A^3.$$

Ainsi, **l'assertion a) est vraie** et **l'assertion b) est fausse**.

Remarque : celui qui est (ou a fait) une deuxième année de prépa peut diagonaliser A. Il trouvera i pour valeur propre double et -1 pour valeur propre simple. Il vérifiera que le rang de $A - iI$ est 1. Donc $\dim \text{Ker}\,(A - iI) = 2$ et A est diagonalisable. A est semblable à $D = Diag(i, i, -1)$. On remarque rapidement que $I + D + D^2 + D^3 = 0$. En multipliant par P, matrice de passage de la basecanonique à une base de vecteurs propres, à gauche dans cette égalité et par P^{-1} à droite, on obtient bien $I + A + A^2 + A^3 = 0$.
La détermination effective de P n'est pas utile.

Question 33 : λ étant un nombre complexe non nul, en s'inspirant du résultat

$$\frac{1}{1 - \frac{a}{\lambda}} = \sum_{k=0}^{+\infty} \left(\frac{a}{\lambda}\right)^k,$$

appliqué aux matrices, démontrons que si la matrice A est nilpotente alors $A - \lambda I$ est inversible d'inverse :

$$(A - \lambda I)^{-1} = -\lambda^{-1} I - \lambda^{-2} A - ... - \lambda^{-n} A^{n-1}.$$

Comme A est nilpotente, il existe $k \in \mathbf{N}^\star$ tel que $A^k = 0$. On écrit :

$$(A - \lambda I) \sum_{l=0}^{k-1} A^l (\lambda I)^{k-1-l} = A^k - (\lambda I)^k = -\lambda^k I.$$

On divise par $-\lambda^k$ et $A - \lambda I$ a pour inverse :

$$\frac{-1}{\lambda^k} \sum_{l=0}^{k-1} A^l (\lambda I)^{k-1-l} = -\lambda^{-1} I - \lambda^{-2} A - ... - \lambda^{-k} A^{k-1}.$$

Or, on sait que si A matrice carrée d'ordre n est nilpotente d'ordre k alors $k \leqslant n$. Donc si p est un entier compris entre k et n, $A^p = 0$. Ainsi l'inverse de $A - \lambda I$ est aussi :

$$(A - \lambda I)^{-1} = -\lambda^{-1} I - \lambda^{-2} A - ... - \lambda^{-n} A^{n-1}.$$

L'assertion b) est vraie et donc **les assertions a), c) sont fausses**.
Enfin, A étant nilpotente, on exclut la matrice nulle et **l'assertion d) est fausse**.

Remarque : le fait que si A matrice carrée d'ordre n est nilpotente d'ordre k alors $k \leqslant n$, est un résultat plus qu'en marge du programme officiel. Donnons une preuve type deuxième année prépa (que l'on a déjà faite dans le corrigé de EPL 2014 mais comme les corrigés doivent être indépendants, on la refait). Soit $A \in \mathcal{M}_n(\mathbf{C})$ alors A est trigonalisable et la diagonale principale de T, une matrice triangulaire supérieure semblable à A, est composée des valeurs propres de A. Comme A est nilpotente d'ordre k, $A^k = 0$ et donc $T^k = 0$. Si le spectre de A est $\{\lambda_1, ..., \lambda_p\}$, on a $\lambda_1^k = ... = \lambda_p^k = 0$. Donc tous les λ_i du spectre de A sont nuls. Donc T est une matrice triangulaire supérieure stricte (c'est-à-dire que la diagonale principale n'est composée que de 0). Comme $T \in \mathcal{M}_n(\mathbf{C})$, on montre rapidement que $T^n = 0$ et donc que $A^n = 0$.

Question 34 : $A = (a_{ij})_{1 \leqslant i,j \leqslant n}$ vérifie à présent pour tout i entier de 1 à n, $|a_{i,i}| > \sum_{j \neq i}^{n} |a_{i,j}|$. On démontre que A est inversible. C'est un exercice un peu technique mais qui est classique. Maintenant, c'est un peu hardu comme simple question sur 36 questions à l'EPL. Le candidat a dû souffir (ou tout simplement a sauté la question). Proposons quand même une solution. Allons y !
Si $C_1, ..., C_n$ sont les vecteurs colonnes de A, supposons que les vecteurs colonnes de A forment un système lié. Introduisons alors $c_1, ..., c_n$ n nombres complexes tels que $\sum_{j=1}^{n} c_j C_j = 0$. On pose $M = \max(|c_1|, ..., |c_n|)$. On note i_0 un indice tel que $|c_{i_0}| = M$. On sait qu'un tel i_0 existe car l'ensemble $\{|c_1|, ..., |c_n|\}$ est fini.
Comme la famille $\{C_1, ..., C_n\}$ est liée, alors $M > 0$. On écrit :

$$\forall i \in [\![1, n]\!], \sum_{j=1}^{n} c_j a_{i,j} = 0 \Rightarrow \forall i \in [\![1, n]\!], -c_i a_{i,i} = \sum_{j=1,\, j \neq i}^{n} c_j a_{i,j}.$$

En passant aux valeurs absolues :

$$\forall i \in [\![1, n]\!], |-c_i a_{i,i}| = \left| \sum_{j=1,\, j \neq i}^{n} c_j a_{i,j} \right| \Rightarrow \forall i \in [\![1, n]\!], |c_i|.|a_{i,i}| \leqslant \sum_{j=1,\, j \neq i}^{n} |c_j|.|a_{i,j}|.$$

Vous avez reconnu la célèbre inégalité triangulaire. Puis, en introduisons enfin M :

$$\forall i \in [\![1, n]\!], |c_i|.|a_{i,i}| \leqslant \sum_{j=1,\, j \neq i}^{n} M\,|a_{i,j}| \Rightarrow |c_{i_0}|.|a_{i_0,i_0}| \leqslant \sum_{j=1,\, j \neq i_0}^{n} M\,|a_{i,j}|,$$

en choisissant $i = i_0$. Et enfin :

$$|a_{i_0,i_0}|\, M \leqslant \left(\sum_{j=1,\, j \neq i_0}^{n} |a_{i,j}| \right) M.$$

On divise par M qui est non nul et :

$$|a_{i_0,i_0}| \leqslant \left(\sum_{j=1,\, j \neq i_0}^{n} |a_{i,j}| \right).$$

On a prouvé que si la famille des vecteurs colonnes est liée alors il existe i_0 compris entre 1 et n tel que : $|a_{i_0,i_0}| \leqslant \left(\sum_{j=1,\, j \neq i_0}^{n} |a_{i,j}| \right)$. La contraposée dit que si pour tout i entier de 1 à n, $|a_{i,i}| > \left(\sum_{j=1,\, j \neq i}^{n} |a_{i,j}| \right)$ alors la famille des vecteurs colonnes de A est libre. Sous cette condition, A est donc inversible. On peut conclure que **l'assertion b) est vraie** et que **les assertions a), c) et d) sont fausses**.

Question 35 : La matrice $B = \begin{pmatrix} -1 & -1 & -3 \\ 1 & 2 & 0 \\ 0 & 0 & 1 \end{pmatrix}$ est inversible car :

$$\mathsf{Det}\, B = -1 \neq 0.$$

Donc **l'assertion a) est fausse.**
Pour les autres assertions, on essaye BB^{-1} pour comparer avec I. On trouve que c'est l'assertion c) qui a gagné le premier prix :

$$B^{-1} = \begin{pmatrix} -2 & -1 & -6 \\ 1 & 1 & 3 \\ 0 & 0 & 1 \end{pmatrix}.$$

L'assertion c) est vraie et **les assertions b) et d) sont fausses.**

Question 36 : On recommence comme à la question 35. Ici $\mathsf{Det}\, C = 0$. C'est cruel mais la matrice C n'est pas inversible.
L'assertion a) est vraie et **les assertions b), c) et d) sont fausses.**

Remarque : on pouvait utiliser la question 34 et voir si l'on avait ou pas la condition d'inversiblilité. Mais c'est bien plus rapide avec le calcul du déterminant.

CONCOURS EPL
Epreuve de Mathématiques
SESSION 2016

Questions liées : *Questions 1 à 5, questions 6 à 8, questions 9 à 11, questions 12 à 15, questions 16 à 18, questions 19 à 24, questions 25 à 27, questions 28 à 31.*

ENONCE

R, **C**, **N** *et* **Z** *désignent respectivement les ensembles des réels, des complexes, des entiers naturels et des entiers relatifs. On rappelle :* $e^{ix} = \cos x + i \sin x$, *où* i *désigne le nombre complexe tel que* $i^2 = -1$ *et* x *est un nombre réel.*

PARTIE I

Soient x ***et*** y ***deux réels tels que*** $0 < x \leqslant y$.

On pose : $m = \dfrac{x+y}{2}$, $g = \sqrt{xy}$ ***et*** $\dfrac{1}{h} = \dfrac{1}{2}\left(\dfrac{1}{x} + \dfrac{1}{y}\right)$.

Question 01 : On a :

a) $m - x \leqslant 0$. b) $m - x \geqslant 0$. c) $m - y \geqslant 0$. d) $m - y \geqslant 0$.

Question 02 : La quantité g vérifie :

a) $g - x \geqslant 0$. b) $g - y \geqslant 0$. c) $g - x \leqslant 0$. d) $g - y \leqslant 0$.

Question 03 : La quantité h vérifie :

a) $h - x \leqslant 0$. b) $h - y \geqslant 0$. c) $h - x \geqslant 0$. d) $h - y \leqslant 0$.

Question 04 : Les quantités m, g, h vérifient :

a) $m - g \leqslant 0$. b) $h - g \geqslant 0$. c) $m - h \geqslant 0$. d) $h - m \geqslant 0$.

Question 05 : On en déduit enfin :

a) $x \leqslant m \leqslant g \leqslant h \leqslant y$. b) $x \leqslant h \leqslant g \leqslant m \leqslant y$.
c) $x \leqslant g \leqslant m \leqslant h \leqslant y$. d) $x \leqslant m \leqslant h \leqslant g \leqslant y$.

PARTIE II

Soit $z = e^{\frac{2i\pi}{5}}$. ***On pose*** $\alpha = z + z^4$ ***et*** $\beta = z^2 + z^3$.

Question 06 : On montre que

a) $\alpha + \beta = 1$. b) $\alpha + \beta = -1$. c) $\alpha\beta = 1$. d) $\alpha\beta = -1$.

Question 07 : Les nombres α et β sont les racines du trinôme du second degré

a) X^2+X-1. b) X^2-X-1. c) X^2+X+1. d) X^2-X+1.

Question 08 : On déduit des résultats précédents

a) $\cos\frac{2\pi}{5}=\frac{\sqrt{5}-1}{2}$ et $\sin\frac{2\pi}{5}=\sqrt{\frac{\sqrt{5}-1}{2}}$.

b) $\cos\frac{4\pi}{5}=\frac{-\sqrt{5}-1}{4}$ et $\sin\frac{4\pi}{5}=\frac{1}{4}\sqrt{10+2\sqrt{5}}$.

c) $\cos\frac{6\pi}{5}=\frac{\sqrt{5}-1}{4}$ et $\sin\frac{6\pi}{5}=\frac{1}{4}\sqrt{10-2\sqrt{5}}$.

d) $\cos\frac{8\pi}{5}=\frac{\sqrt{5}-1}{4}$ et $\sin\frac{8\pi}{5}=\frac{-1}{4}\sqrt{10-2\sqrt{5}}$.

PARTIE III

Soit pour $k\in\mathbf{N}$, $I_k=\displaystyle\int_0^1\frac{x^k}{\sqrt{1+x^2}}\,dx$.

Question 09 : On a

a) $I_0=\ln(1+\sqrt{2})$. b) $I_0=\frac{\pi}{2}$. c) $I_1=\frac{2}{3}(1-2\sqrt{2})$. d) $I_1=1-\sqrt{2}$.

Question 10 : Une intégration par parties permet d'exhiber la relation de récurrence :

a) $kI_k=\sqrt{2}+(k-1)I_{k-2}$. b) $kI_k=\sqrt{2}-(k-1)I_{k-2}$.

c) $kI_k=-\sqrt{2}+(k-1)I_{k-2}$. d) $kI_k=-\sqrt{2}-(k+1)I_{k-2}$.

Question 11 : On en déduit

a) $I_2=\dfrac{1}{2}\ln\left(\dfrac{e^{\sqrt{2}}}{1+\sqrt{2}}\right)$. b) $I_3=\dfrac{2-\sqrt{2}}{3}$. c) $I_2=\dfrac{\sqrt{2}+\ln(1+\sqrt{2})}{2}$.

d) $I_3=\sqrt{2}-\dfrac{2}{3}$.

PARTIE IV

On considère le système linéaire (S) : $\begin{cases} 3x+y &= 8\\ -2x+y-2z &= -1\\ x-2y+3z &= -3\end{cases}$, ***qui s'écrit alors matriciellement*** $AX=B$.

Question 12 : Alors A, X et B valent successivement

a) $A=\begin{pmatrix}3&1&0\\-2&1&-2\\1&-2&3\end{pmatrix}$, $X=\begin{pmatrix}x&y&z\end{pmatrix}$ et $B=\begin{pmatrix}8&-1&-3\end{pmatrix}$.

b) $A=\begin{pmatrix}3&1&0\\-2&1&-2\\1&-2&3\end{pmatrix}$, $X=\begin{pmatrix}x\\y\\z\end{pmatrix}$ et $B=\begin{pmatrix}8\\-1\\-3\end{pmatrix}$.

c) $A=\begin{pmatrix}3&-2&1\\1&1&-2\\0&-2&3\end{pmatrix}$, $X=\begin{pmatrix}x&y&z\end{pmatrix}$ et $B=\begin{pmatrix}8&-1&-3\end{pmatrix}$.

d) $A=\begin{pmatrix}3&-2&1\\1&1&-2\\0&-2&3\end{pmatrix}$, $X=\begin{pmatrix}x\\y\\z\end{pmatrix}$ et $B=\begin{pmatrix}8\\-1\\-3\end{pmatrix}$.

Question 13 : Le déterminant de la matrice A vaut

a) 0, car un des coefficients de la matrice A est nul.

b) 1.

c) 0, car la somme des coefficients d'une ligne ou d'une colonne de la matrice A est nulle.

d) 25.

Question 14 : Le système (S)

a) possède une infinité de solutions.

b) admet pour unique solution $(x, y, z) = (1, 5, 2)$.

c) n'admet pas de solutions dans $\mathbf{R}^3$.

d) admet pour unique solution $(x, y, z) = \left(2, 2, -\frac{1}{2}\right)$.

Question 15 : L'inverse A^{-1} de la matrice A :

a) n'existe pas puisque A n'est pas inversible.

b) vaut $A^{-1} = \dfrac{1}{25}\begin{pmatrix} -1 & 4 & 3 \\ -3 & 9 & 7 \\ -2 & 6 & 5 \end{pmatrix}$.

c) vaut $A^{-1} = \begin{pmatrix} 1/3 & -1/2 & 1 \\ 1 & 1 & -1/2 \\ 0 & -1/2 & 1/3 \end{pmatrix}$.

d) vaut $A^{-1} = \begin{pmatrix} -1 & -3 & -2 \\ 4 & 9 & 6 \\ 3 & 7 & 5 \end{pmatrix}$.

PARTIE V

***Soit** $\theta \in]-\pi, \pi[$. **On considère le nombre complexe** $z = 1 + \cos\theta + i\sin\theta$.*

Question 16 : Le module de z vaut

a) $\sqrt{2 + 2\cos\theta}$. b) 2. c) $2\cos(\theta/2)$. d) $\sqrt{2} + \cos(\theta/2)$.

Question 17 : Un argument α de z vérifie

a) $\alpha = \theta/2 + 2k\pi$, $k \in \mathbf{Z}$. b) $\alpha = \theta/2 + k\pi$, $k \in \mathbf{Z}$.

c) $\tan\alpha = \tan(\theta/2)$. d) $\tan\alpha = \tan(\theta/2) + k\pi$, $k \in \mathbf{Z}$.

Question 18 : On obtient ainsi

a) $z = 2\cos(\theta/2)\, e^{i\frac{\theta}{2}}$. b) $z = 2\,|\cos(\theta/2)|\, e^{-i\frac{\theta}{2}}$.

c) $z = 2\,|\cos(\theta/2)|\,(\cos|\theta/2| + i\sin|\theta/2|)$.

d) $z = 2\cos^2(\theta/2)\,(1 + i\tan(\theta/2))$.

PARTIE VI

***Soient** a **et** b **des réels vérifiant, pour tout** $k \in \mathbf{Z}$ **:** $a \neq \frac{\pi}{2} + k\pi$, $b \neq \frac{\pi}{2} + k\pi$, $a + b \neq \frac{\pi}{2} + k\pi$, $a - b \neq \frac{\pi}{2} + k\pi$.*

Question 19 : On a

a) $\tan(a+b) = \dfrac{\tan a + \tan b}{1 + \tan a \tan b}$. b) $\tan(a-b) = \dfrac{\tan a + \tan b}{1 + \tan a \tan b}$.

c) $\tan(a+b) = \dfrac{\tan a + \tan b}{1 - \tan a \tan b}$. d) $\tan(a-b) = \dfrac{\tan a - \tan b}{1 - \tan a \tan b}$.

Question 20 : En posant $\theta = \arctan \frac{1}{5}$, on en déduit que

a) $\tan(2\theta) = \dfrac{5}{13}$. b) $\tan(2\theta) = \dfrac{5}{12}$.

c) $\tan(4\theta) = \dfrac{65}{97}$. d) $\tan(4\theta) = \dfrac{119}{120}$.

Question 21 : On obtient alors

a) $\tan\left(4\theta - \dfrac{\pi}{4}\right) = -\dfrac{81}{16}$. b) $\tan\left(4\theta - \dfrac{\pi}{4}\right) = -\dfrac{1}{239}$.

c) $\tan\left(4\theta - \dfrac{\pi}{4}\right) = -\dfrac{16}{81}$. d) $\tan\left(4\theta - \dfrac{\pi}{4}\right) = \dfrac{1}{239}$.

Question 22 : On a

a) Pour tout $x \in \mathbf{R}$, $\arctan(\tan x) = x$.

b) $\arctan(\tan x) = x$ uniquement si $x \in \left]-\dfrac{\pi}{2}, \dfrac{\pi}{2}\right[$.

c) Pour tout $x \in \mathbf{R}$, $\tan(\arctan x) = x$.

d) $\tan(\arctan x) = x$ uniquement si $x \in \left]-\dfrac{\pi}{2}, \dfrac{\pi}{2}\right[$.

Question 23 : On déduit des résultats précédents

a) $\dfrac{\pi}{4} = 4\arctan\dfrac{1}{5} + \arctan\dfrac{1}{239}$. b) $\dfrac{\pi}{4} = 4\arctan\dfrac{1}{5} - \arctan\dfrac{1}{239}$.

c) $\dfrac{\pi}{4} = 4\arctan\dfrac{1}{5} + \arctan\dfrac{81}{16}$. d) $\dfrac{\pi}{4} = 4\arctan\dfrac{1}{5} - \arctan\dfrac{16}{81}$.

Question 24 : En posant $\phi = \arctan \frac{1}{2}$, en calculant $\tan\left(\phi - \dfrac{\pi}{4}\right)$ et $\tan\left(2\phi - \dfrac{\pi}{4}\right)$, on obtient

a) $\dfrac{\pi}{4} = \arctan\dfrac{1}{2} + \arctan\dfrac{1}{3}$. b) $\dfrac{\pi}{4} = \arctan\dfrac{1}{2} - \arctan\dfrac{1}{3}$.

c) $\dfrac{\pi}{4} = 2\arctan\dfrac{1}{2} + \arctan\dfrac{1}{7}$. d) $\dfrac{\pi}{4} = 2\arctan\dfrac{1}{2} - \arctan\dfrac{1}{7}$.

PARTIE VII

Dans une entreprise deux ateliers fabriquent les mêmes pièces. L'atelier numéro** 1, **mieux équipé, a une cadence de production deux fois plus rapide que l'atelier numéro** 2. **Le pourcentage de pièces défectueuses est** 3% **pour l'atelier numéro** 1 **et** 4% **pour l'atelier numéro** 2. **On prélève au hasard une pièce dans l'ensemble de la production.

Question 25 : La probabilité qu'une pièce provienne de l'atelier numéro 1 est

a) $P(A_1) = \dfrac{2}{3}$. b) $\mathrm{P}(\mathrm{A}_1) = \dfrac{4}{7}$.

La probabilité qu'une pièce provienne de l'atelier numéro 2 est

c) $P(A_2) = \dfrac{2}{3}$. d) $P(A_2) = \dfrac{3}{7}$.

Question 26 : La probabilité qu'une pièce provienne de l'atelier numéro 1 et soit défectueuse est

a) $p_1 = \frac{3}{100}$. **b)** $p_1 = \frac{1}{60}$.

La probabilité qu'une pièce provienne de l'atelier numéro 2 et soit défectueuse est

c) $p_2 = \frac{4}{100}$. **d)** $p_2 = \frac{1}{75}$.

Question 27 : Alors :

a) La probabilité qu'une pièce soit défectueuse est $p_3 = \frac{7}{200} = 0.035$.

b) La probabilité qu'une pièce soit défectueuse est $p_3 = \frac{1}{30}$.

Alors

c) La probabilité qu'une pièce provienne de l'atelier numéro 1 sachant su'elle est défectueuse est $p_4 = \frac{4}{7}$.

d) La probabilité qu'une pièce provienne de l'atelier numéro 1 sachant su'elle est défectueuse est $p_4 = \frac{5}{9}$.

PARTIE VIII

Soit E l'espace vectoriel des fonctions polynomiales de degré inférieur ou égal à 2, pour lequel l'application

$$\Psi : E \to \mathbf{R},\ (P, Q) \mapsto \int_{-1}^{1} P(t)Q(t)\,dt$$

définit un produit scalaire sur E.
On considère la base (P_0, P_1, P_2) de E, où

$$P_0(t) = 1,\ P_1(t) = t \textbf{ et } P_2(t) = t^2.$$

Question 28 : En posant $Q_0(t) = P_0(t)$, une base orthogonale de E est (Q_0, Q_1, Q_2) avec

a) $Q_1(t) = t$.

b) $Q_1(t) = t + 1$.

c) $Q_2(t) = t^2 - \frac{t}{2} - \frac{1}{3}$.

d) $Q_2(t) = t^2 - \frac{1}{3}$.

Question 29 : Une base orthonormée associée est alors (R_0, R_1, R_2) avec

a) $R_0(t) = \frac{1}{\sqrt{2}}$, $R_1(t) = \sqrt{\frac{3}{2}}\frac{(t+1)}{2}$.

b) $R_0(t) = \frac{1}{\sqrt{2}}$, $R_1(t) = t\sqrt{\frac{3}{2}}$.

c) $R_2(t) = \frac{3\sqrt{10}}{4}\left(t^2 - \frac{1}{3}\right)$.

d) $R_2(t) = 3\sqrt{\frac{10}{31}}\left(t^2 - \frac{t}{2} - \frac{1}{3}\right)$.

Question 30 : Si $S_0(t) = P_2(t)$, une base orthogonale de E est (S_0, S_1, S_2) avec

a) $S_1(t) = t$. b) $S_1(t) = t - \frac{5}{4}t^2$. c) $1 - \frac{5}{3}t^2$. d) $t^2 - \frac{1}{3}$.

Question 31 : La base orthonormée associée est alors (T_0, T_1, T_2) avec

a) $T_0(t) = \sqrt{\frac{5}{2}}t^2$ et $T_1(t) = 2\sqrt{\frac{6}{31}}\left(t - \frac{5}{4}t^2\right)$.

b) $T_0(t) = \sqrt{\frac{5}{2}}t^2$ et $T_1(t) = t\sqrt{\frac{3}{2}}$.

c) $T_2(t) = \frac{3\sqrt{2}}{4}\left(1 - \frac{5}{3}t^2\right)$.

d) $T_2(t) = \frac{3\sqrt{10}}{4}\left(t^2 - \frac{1}{3}\right)$.

PARTIE IX

Équations : on peut traiter les questions 32 à 36 de façon indépendante.

Question 32 : L'équation $\sin 4x + \sin 3x = \sin x$ admet pour solutions :

a) $S = \left\{\pi + 2k\pi,\ -\pi + 2k\pi,\ \frac{2k\pi}{3},\ \frac{\pi}{4} + k\frac{\pi}{2},\ k \in \mathbf{Z}\right\}$.

b) $S = \left\{\pi + 4k\pi,\ -\pi + 4k\pi,\ \frac{k\pi}{3},\ \frac{\pi}{4} + k\frac{\pi}{2},\ k \in \mathbf{Z}\right\}$.

c) $S = \left\{\pi + 4k\pi,\ -\pi + 2k\pi,\ \frac{2k\pi}{3},\ \frac{\pi}{4} + k\frac{\pi}{4},\ k \in \mathbf{Z}\right\}$.

d) $S = \left\{\pi + 2k\pi,\ -\pi + 4k\pi,\ \frac{2k\pi}{3},\ \frac{\pi}{4} + k\frac{\pi}{2},\ k \in \mathbf{Z}\right\}$.

Question 33 : Les solutions de l'équation $\cos 3x + \sin 3x = \sqrt{2}$ sont

a) $x = \frac{\pi}{6} + \frac{2k\pi}{3}$, $k \in \mathbf{Z}$.

b) $x = \frac{\pi}{12} + \frac{2k\pi}{3}$, $k \in \mathbf{Z}$.

c) $x = \frac{\pi}{6} + \frac{k\pi}{3}$, $k \in \mathbf{Z}$.

d) $x = \frac{-7\pi}{12} + \frac{2k\pi}{3}$, $k \in \mathbf{Z}$.

Question 34 : Dans $\mathbf{C}$, l'équation $\sin z = 3$

a) admet des solutions de la forme $z = \dfrac{\pi}{2} + 2k\pi - i\ \ln\left(3 - 2\sqrt{2}\right)$.

b) admet des solutions de la forme $z = \dfrac{\pi}{2} + 2k\pi - i\ \ln\left(3 + 2\sqrt{2}\right)$.

c) admet des solutions de la forme $z = \frac{\pi}{2} + 2k\pi + i\ \ln\left(3 - 2\sqrt{2}\right)$.

d) n'admet pas de solution.

Question 35 : Pour $a \in \mathbf{R}$, on considère le système d'équations :

$$(S)\left\{\begin{array}{rcl} ax + y + z & = & 1 \\ x + ay + z & = & a \\ x + y + az & = & a^2 \end{array}\right. .$$

a) $\forall a \in \mathbf{R} \setminus \{-2\}$, le système (S) admet une solution unique

$$(x, y, z) = \left(-\frac{1+a}{2+a}, \frac{1}{a+2}, \frac{(a+1)^2}{a+2}\right).$$

b) Si $a = -2$, le système (S) admet une infinité de solutions.

c) Si $a = 0$, alors pour tout $(x, y, z) \in \mathbf{R}^3$ est solution de (S).

d) Si $a = 1$, le système (S) admet une infinité de solutions.

Question 36 : Soit le système (S) : $\left\{\begin{array}{rcl} x + y & = & \dfrac{\pi}{3} \\ \sin x + \sin y & = & \dfrac{1}{2} \end{array}\right.$.

Les solutions de (S) sont

a) $\left\{\left(\frac{\pi}{2} + 2k\pi, -\frac{\pi}{6} + 2k\pi\right),\ k \in \mathbf{Z}\right\} \cup \left\{\left(-\frac{\pi}{6} + 2k\pi, \frac{\pi}{2} + 2k\pi\right),\ k \in \mathbf{Z}\right\}$.

b) $\left\{\left(\frac{\pi}{2} + 2k\pi, -\frac{\pi}{6} - \frac{2k\pi}{3}\right),\ k \in \mathbf{Z}\right\} \cup \left\{\left(-\frac{\pi}{6} + \frac{2k\pi}{3}, \frac{\pi}{2} - 2k\pi\right),\ k \in \mathbf{Z}\right\}$.

c) $\left\{\left(\frac{\pi}{2} + 2k\pi, -\frac{\pi}{6} - 2k\pi\right),\ k \in \mathbf{Z}\right\} \cup \left\{\left(-\frac{\pi}{6} + 2k\pi, \frac{\pi}{2} - 2k\pi\right),\ k \in \mathbf{Z}\right\}$.

d) $\left\{\left(\frac{\pi}{2} + 2k\pi, -\frac{\pi}{6} + \frac{2k\pi}{3}\right),\ k \in \mathbf{Z}\right\} \cup \left\{\left(-\frac{\pi}{6} + \frac{2k\pi}{3}, \frac{\pi}{2} + 2k\pi\right),\ k \in \mathbf{Z}\right\}$.

CORRIGE

Question 01 : Ici x et y sont deux réels tels que $0 < x \leqslant y$.
On pose : $m = \dfrac{x+y}{2}$, $g = \sqrt{xy}$ et $\dfrac{1}{h} = \dfrac{1}{2}\left(\dfrac{1}{x} + \dfrac{1}{y}\right)$.
On peut remarquer que $m = \dfrac{x+y}{2} \geqslant \dfrac{x+x}{2} = x$ car $x \leqslant y$. Donc $m - x \geqslant 0$.
On peut déjà affirmer que **l'assertion b) est vraie**.
De même, $m = \dfrac{x+y}{2} \leqslant \dfrac{y+y}{2} = y$ car $x \leqslant y$. Donc $m - y \leqslant 0$.
Donc **l'assertion c) est vraie**.
D'après les règles de ce type de Q.C.M, il n'y a que deux vraies au plus et on pourra rapidement cocher que **les assertions a) et d) sont fausses**. Pour présenter un corrigé développé, nous allons quand même écrire pourquoi. Attention, la négation de $m - x \geqslant 0$ n'est pas $m - x \leqslant 0$. On doit plutôt remarquer que quand $x < y$ alors $x < m$ et donc on n'a pas obligatoirement $m - x \leqslant 0$. Donc on a bien l'assertion a) fausse. On peut faire un raisonnement semblable pour l'assertion d).

Question 02 : On peut écrire que $g = \sqrt{xy} \geqslant \sqrt{x^2} = |x| = x$ car $0 < x \leqslant y$.
Donc $g - x \geqslant 0$. Ainsi, **l'assertion a) est vraie**.
De même, on peut écrire que $g = \sqrt{xy} \leqslant \sqrt{y^2} = |y| = y$ car $0 < x \leqslant y$.
Donc $g - y \leqslant 0$. Ainsi, **l'assertion d) est vraie**.
Les deux autres assertions sont fausses, par la règle des deux vraies au maximum. Maintenant, pour être complet dans notre corrigé, prouvons-le ! On peut dire que $g = \sqrt{xy} > \sqrt{x^2} = |x| = x$ si $0 < x < y$. Donc $g - x > 0$ dans ce cas et $g - x \leqslant 0$ est faux. Il en découle que **l'assertion c) est fausse**.
On prouve aussi (le faire) que **l'assertion b) est fausse**.

Question 03 : On a : $0 < x \leqslant y \Rightarrow 0 < \frac{1}{y} \leqslant \frac{1}{x}$. Ainsi :

$$\frac{2}{y} \leqslant \frac{1}{x} + \frac{1}{y} \leqslant \frac{2}{x} \Rightarrow \frac{1}{y} \leqslant \frac{1}{h} \leqslant \frac{1}{x} \Rightarrow x \leqslant h \leqslant y.$$

Donc $h - x \geqslant 0$ et $h - y \leqslant 0$. Ainsi, **l'assertion c) et l'assertion d) sont vraies**.
En prenant encore $0 < x < y$, on aboutit à $h - x > 0$ et $h - y < 0$, ce qui prouve que **l'assertion a) et l'assertion b) sont fausses**.

Question 04 : On a :

$$m - g = \frac{x+y}{2} - \sqrt{xy} = \frac{1}{2}\left(\sqrt{x}^2 + \sqrt{y}^2 - 2\sqrt{x}\sqrt{y}\right) = \frac{1}{2}\left(\sqrt{x} - \sqrt{y}\right)^2 \geqslant 0.$$

Donc on a : $m - g \geqslant 0$. En particulier, si l'on applique avec $x < y$ alors $m - g > 0$ et **l'assertion a) est fausse**.
On peut reprendre le même cheminement avec x^{-1} et y^{-1} à la place de x et de y :

$$\frac{1}{h} - \frac{1}{g} = \frac{x^{-1} + y^{-1}}{2} - \sqrt{x^{-1}y^{-1}} = \frac{1}{2}\left(\frac{1}{\sqrt{x}^2} + \frac{1}{\sqrt{y}^2} - 2\frac{1}{\sqrt{x}}.\frac{1}{\sqrt{y}}\right).$$

Et donc $\frac{1}{h}-\frac{1}{g}=\frac{1}{2}\left(\frac{1}{\sqrt{x}}-\frac{1}{\sqrt{y}}\right)^2$. En conclusion,

$$\frac{1}{h}\geqslant\frac{1}{g}\Rightarrow h-g\leqslant 0.$$

Si l'on passe encore une fois aux inégalités strictes, on a : $h-g<0$ et donc **l'assertion b) est fausse**.
Il reste à comparer m et h. Pour cela, on utilise ce qui précède :

$$h\leqslant g\leqslant m.$$

Donc $m-h\geqslant 0$ et **l'assertion c) est vraie**.
Si $x<y$, on a l'inégalité stricte : $m-h>0$ et donc **l'assertion d) est fausse**.
<u>Question 05</u> : En combinant les questions 01 à 04, on a :

$$x\leqslant h\leqslant g\leqslant m\leqslant y.$$

(Avec les inégalités strictes si $x<y$.)
Donc **l'assertion b) est vraie** et **les assertions a) c) et d) sont fausses**.

<u>Question 06</u> : On a déjà : $\alpha+\beta+1=z+z^4+z^2+z^3+1=\frac{1-z^5}{1-z}=0$ en utilisant la formule de la somme de rang n d'une suite géométrique : $\sum_{k=0}^{n}z^k=\frac{1-z^{n+1}}{1-z}$ si $z\neq 1$, ce qui est le cas ici. Ainsi, $\alpha+\beta=-1$. Donc **l'assertion a) est fausse** et **l'assertion b) est vraie**.
$\alpha\beta=(z+z^4)(z^2+z^3)=z^3+z^4+z^6+z^7=z^3+z^4+z+z^2=\alpha+\beta\Rightarrow\alpha\beta=-1.$
L'assertion c) est fausse et **l'assertion d) est vraie**.

<u>Question 07</u> : α et β sont racines de $X^2-SX+P=0$, où $S=\alpha+\beta$ et $P=\alpha\beta$, donc sont racines de $X^2+X-1=0$.
L'assertion a) est vraie et **les assertions b), c) et d) sont fausses**.

<u>Question 08</u> : On résout $X^2+X-1=0$. Rapidement, ses racines sont $\frac{-1\pm\sqrt{5}}{2}$.
Puis $\alpha=z+z^4=e^{2i\frac{\pi}{5}}+e^{8i\frac{\pi}{5}}=e^{2i\frac{\pi}{5}}+e^{-2i\frac{\pi}{5}}=2\cos\left(2\frac{\pi}{5}\right)$.
Puis $\beta=z^2+z^3=e^{4i\frac{\pi}{5}}+e^{-4i\frac{\pi}{5}}=2\cos\left(4\frac{\pi}{5}\right)$.
Or $\cos\left(2\frac{\pi}{5}\right)>0$ et $\cos\left(4\frac{\pi}{5}\right)<0$.
Ce qui donne : $2\cos\left(2\frac{\pi}{5}\right)=\frac{-1+\sqrt{5}}{2}$ et $2\cos\left(4\frac{\pi}{5}\right)=\frac{-1-\sqrt{5}}{2}$. Finalement :

$$\cos\left(2\frac{\pi}{5}\right)=\frac{-1+\sqrt{5}}{4}\text{ et }\frac{\cos\left(4\frac{\pi}{5}\right)=(-1-\sqrt{5}}{4.}$$

On remarque que $\sin\left(2\frac{\pi}{5}\right)>0$,

$$\sin\left(2\frac{\pi}{5}\right)=\sqrt{-\left(\frac{-1+\sqrt{5}}{4}\right)^2+1}=\frac{1}{4}\sqrt{10+2\sqrt{5}}\neq\sqrt{\frac{\sqrt{5}-1}{2}}.$$

On remarque que $\sin\left(4\frac{\pi}{5}\right)>0$.

$$\sin\left(4\frac{\pi}{5}\right) = \sqrt{-\left(\frac{-1-\sqrt{5}}{4}\right)^2+1} = \frac{1}{4}\sqrt{10-2\sqrt{5}}.$$

L'assertion a) est fausse car $\sin\left(2\frac{\pi}{5}\right)$ proposé est faux et **l'assertion b) est fausse** car $\sin\left(4\frac{\pi}{5}\right)$ proposé est faux.
Puis :

$$\cos\left(6\frac{\pi}{5}\right) = \cos\left(4\frac{\pi}{5}\right) = \frac{-1-\sqrt{5}}{4}, \sin\left(6\frac{\pi}{5}\right) = -\sin\left(4\frac{\pi}{5}\right) = -\frac{1}{4}\sqrt{10-2\sqrt{5}}.$$

Et :

$$\cos\left(8\frac{\pi}{5}\right) = \cos\left(2\frac{\pi}{5}\right) = \frac{-1+\sqrt{5}}{4}, \sin\left(8\frac{\pi}{5}\right) = -\sin\left(2\frac{\pi}{5}\right) = -\frac{1}{4}\sqrt{10+2\sqrt{5}}.$$

L'assertion c) est fausse et **l'assertion d) est fausse.**
Ainsi, **l'assertion e) est vraie.**

__Question 09__ : Soit pour $k \in \mathbf{N}$, $I_k = \displaystyle\int_0^1 \frac{x^k}{\sqrt{1+x^2}}\,dx$.
On a : $I_0 = \displaystyle\int_0^1 \frac{1}{\sqrt{1+x^2}}\,dx = \left[\ln(x+\sqrt{1+x^2})\right]_0^1 = \ln(1+\sqrt{2})$.
Donc **l'assertion a) est vraie** et **l'assertion b) est fausse.**
Remarque : si vous n'êtes pas en MPSI ou en MP, vous risquez de ne pas savoir que la dérivée de $\ln(x+\sqrt{1+x^2})$ est $1/\sqrt{1+x^2}$. En particulier, un MP sait qu'il s'agit de la dérivée de $argsh\, x$. Reprenons le fil du sujet.
Puis $I_1 = \displaystyle\int_0^1 \frac{x}{\sqrt{1+x^2}}\,dx$. Il suffit de faire le changement de variable $t = x^2$ et :

$$I_1 = \int_0^1 \frac{1}{2\sqrt{1+t}}\,dt = \left[\sqrt{1+t}\right]_0^1 = \sqrt{2}-1.$$

Ainsi, **les assertions c) et d) sont fausses.**
__Question 10__ : Procédons à une intégration par parties pour $k \geqslant 2$.
On dérive $x \mapsto x^{k-1}$ et on intègre $x \mapsto \dfrac{x}{\sqrt{1+x^2}}$:

$$I_k = \int_0^1 \frac{x^k}{\sqrt{1+x^2}}\,dx = \left[x^{k-1}\sqrt{1+x^2}\right]_0^1 - \int_0^1 (k-1)x^{k-2}\sqrt{1+x^2}\,dx.$$

Il reste à remarquer que : $(1+x^2)/\sqrt{1+x^2} = \sqrt{1+x^2}$, Donc :

$$I_k = \sqrt{2} - (k-1)\int_0^1 \frac{x^{k-2}(1+x^2)}{\sqrt{1+x^2}}\,dx = \sqrt{2} - (k-1)\left(I_{k-2}+I_k\right).$$

Cela donne la relation de récurrence : $kI_k = \sqrt{2} - (k-1)I_{k-2}$.
Donc **l'assertion b) est vraie** et **les assertions a), c) et d) sont fausses.**
__Question 11__ : On rappelle que $I_0 = \ln(1+\sqrt{2})$ et $I_1 = \sqrt{2}-1$.
En utilisant la relation de récurrence prouvée à la question 10 pour $k = 2$,

$$2I_2 = \sqrt{2} - I_0 = \sqrt{2} - \ln(1+\sqrt{2}) \Rightarrow I_2 = \frac{1}{2}\left(\sqrt{2} - \ln(1+\sqrt{2})\right).$$

Or, $\frac{1}{2}\ln\left(\frac{e^{\sqrt{2}}}{1+\sqrt{2}}\right) = \frac{1}{2}\left(\sqrt{2} - \ln(1+\sqrt{2})\right)$.

Donc **l'assertion a) est vraie** et **l'assertion c) est fausse.**

En utilisant la relation de récurrence prouvée à la question 10 pour $k = 3$,

$$3I_3 = \sqrt{2} - 2I_1 = \sqrt{2} - 2(\sqrt{2} - 1) = 2 - \sqrt{2} \Rightarrow I_3 = \frac{2-\sqrt{2}}{3}.$$

Ainsi, **l'assertion b) est vraie** et **l'assertion d) est fausse.**

Question 12 : On considère le système linéaire $(S) : \begin{cases} 3x + y &= 8 \\ -2x + y - 2z &= -1 \\ x - 2y + 3z &= -3 \end{cases}$,

alors il s'écrit matriciellement $AX = B$ avec :

$$A = \begin{pmatrix} 3 & 1 & 0 \\ -2 & 1 & -2 \\ 1 & -2 & 3 \end{pmatrix}, X = \begin{pmatrix} x \\ y \\ z \end{pmatrix} \text{ et } B = \begin{pmatrix} 8 \\ -1 \\ -3 \end{pmatrix}.$$

Ainsi **l'assertion b) est vraie** et **les assertions a), c) et d) sont fausses.**

Remarque : les assertions a) et c) sont incohérentes car $A \in \mathcal{M}_3(\mathbf{R})$ et X proposé appartenant à $\mathcal{M}_{1,3}(\mathbf{R})$, le produit AX n'existe pas.

Question 13 : Une matrice dont un des coefficients est nul peut avoir un déterminant non nul (par exemple I_3 de déterminant 1). Ainsi, **l'assertion a) est fausse.**

De même, la somme des coefficients d'une rangée peut être nulle sans que le déterminant le soit aussi donc **l'assertion c) est fausse.** Celui qui n'est pas convaincu peut prendre par exemple la matrice A de déterminant 1. (Le faire car on n'a pas le choix de toute façon, car on demande $\mathrm{Det}\, A$).

Remarque : par contre si par exemple la somme de toutes les lignes donne une ligne composée que de 0, le déterminant est nul.

Comme $\mathrm{Det}\, A = 1$, **l'assertion b) est vraie** et **l'assertion d) est fausse.**

Question 14 : D'après le cours, on peut dire que le système (S) étant de Cramer, possède une et une seule solution (car $\mathrm{Det}\, A \neq 0$).

Déjà, on peut dire que **les assertions a) et c) sont fausses.**

Pour les deux autres assertions, on peut résoudre le système de Cramer mais on peut aussi (ce qui est plus rapide) rentrer la solution proposée et voir si c'est la bonne. Quand on rentre $(x, y, z) = \left(2, 2, -\frac{1}{2}\right)$ dans le système, on n'obtient pas $(8, -1, -3)$ et **l'assertion d) est fausse.** Par contre quand on rentre $(x, y, z) = (1, 5, 2)$ dans le système, on obtient $(8, -1, -3)$ et on peut conclure que **l'assertion b) est vraie.**

Question 15 : Comme $\mathrm{Det}\, A \neq 0$, l'inverse A^{-1} de la matrice A existe et déjà, **l'assertion a) est fausse.**

Puis soit en inversant un système, soit en utilisant $A^{-1} = (\mathrm{Det}\, A)^{-1}\left(com(A)\right)^T$, soit encore en faisant les produits AA^{-1} avec chacune des trois matrices A^{-1} proposées. On trouve :

$$A^{-1} = \begin{pmatrix} -1 & -3 & -2 \\ 4 & 9 & 6 \\ 3 & 7 & 5 \end{pmatrix}.$$

Ainsi, **l'assertion d) est vraie** et **les assertions b) et c) sont fausses.**

Question 16 : Soit $\theta \in]-\pi, \pi[$ et le nombre complexe $z = 1 + \cos\theta + i\sin\theta$.
On écrit :

$$z = 1 + \cos\theta + i\sin\theta = 2\cos^2\left(\frac{\theta}{2}\right) + 2i\sin\left(\frac{\theta}{2}\right)\cos\left(\frac{\theta}{2}\right) = 2\cos\left(\frac{\theta}{2}\right)e^{i\frac{\theta}{2}}.$$

Comme $\theta \in]-\pi, \pi[$, $\theta/2 \in]-\pi/2, \pi/2[$ et donc $\cos\left(\frac{\theta}{2}\right) > 0$.

Ainsi $|z| = 2\cos\left(\frac{\theta}{2}\right)$. Donc **l'assertion c) est vraie.**

Comme $\sqrt{2 + 2\cos\theta} = 2\cos\left(\frac{\theta}{2}\right)$, **l'assertion a) est vraie** elle aussi.

Par voie de conséquence, **les assertions b) et d) sont fausses.**

Question 17 : Reprenons le développement de la question 16 :

$$z = 2\cos\left(\frac{\theta}{2}\right)e^{i\frac{\theta}{2}} = |z|e^{i\frac{\theta}{2}}.$$

Un argument α de z vérifie donc $\alpha = \theta/2 + 2k\pi$, $k \in \mathbf{Z}$. **L'assertion a) est vraie.**
Puis $\tan(\alpha) = \tan(\theta/2)$ (comme tan est de période π), **l'assertion c) est vraie.**
Par contre, **l'assertion d) est fausse.**
Pour l'assertion b), c'est moins clair. Un argument α de z vérifie bien $\alpha = \theta/2$ avec $k \in \mathbf{Z}$. Il suffit de prendre k pair. Mais toutes les mesures d'angles $\theta/2 + k\pi$, où $k \in \mathbf{Z}$, ne sont pas solutions (celles avec k impair ne le sont pas).
On écrit finalement que **l'assertion b) est fausse**, pas par conviction mais parce qu'il y a deux vraies au maximum par question.

Question 18 : D'après ce qui précède, **l'assertion a) est vraie.**
Puis $2\cos\left(\frac{\theta}{2}\right) = \left|\cos\left(\frac{\theta}{2}\right)\right|$ et comme $e^{i\frac{\theta}{2}} \neq e^{-i\frac{\theta}{2}}$, en général, on peut en conclure que **l'assertion b) est fausse.**
Puis d'après Abraham De Moivre :

$$2\cos\left(\frac{\theta}{2}\right)e^{i\frac{\theta}{2}} = 2\left|\cos\left(\frac{\theta}{2}\right)\right|\left(\cos\left(\frac{\theta}{2}\right) + i\sin\left(\frac{\theta}{2}\right)\right),$$

l'assertion c) est fausse visiblement.
Par contre, en utilisant le développement de la question 16,

$$z = 2\cos^2\left(\frac{\theta}{2}\right) + 2i\sin\left(\frac{\theta}{2}\right)\cos\left(\frac{\theta}{2}\right).$$

Ce qui donne :

$$z = 2\cos^2\left(\frac{\theta}{2}\right)\left(1 + i\tan\left(\frac{\theta}{2}\right)\right).$$

Ainsi, **l'assertion d) est vraie.**

Question 19 : Soient a et b des réels vérifiant, pour tout $k \in \mathbf{Z}$:

$$a \neq \frac{\pi}{2} + k\pi,\ b \neq \frac{\pi}{2} + k\pi,\ a+b \neq \frac{\pi}{2} + k\pi,\ a-b \neq \frac{\pi}{2} + k\pi.$$

Ces restrictions permettent de définir $\tan a$, $\tan b$, $\tan(a+b)$ et $\tan(a-b)$.
D'après le cours, on sait que :

$$\tan(a+b) = \frac{\tan a + \tan b}{1 - \tan a \tan b} \text{ et } \tan(a-b) = \frac{\tan a - \tan b}{1 + \tan a \tan b}.$$

Pour redémontrer ces formules, il suffit par exemple d'écrire :

$$\tan(a+b) = \frac{\sin(a+b)}{\cos(a+b)}$$

et d'utiliser les formules de développement de $\sin(a+b)$ et de $\cos(a+b)$ puis de diviser le numérateur et le dénominateur par $\cos a \cos b$. Pour $\tan(a-b)$, il suffit de remplacer b par $-b$. On peut conclure que **l'assertion c) est vraie** et que **les assertions a), b) et d) sont fausses**.

Question 20 : Posons $\theta = \arctan \frac{1}{5}$, déjà, on remarque que $2\theta = 2 \arctan \frac{1}{5}$ est compris entre 0 et $\pi/2$. En effet, $0 < 1/5 < 1$ et comme arctan est croissante, $0 < \theta < \pi/4$ donc $0 < 2\theta < \pi/2$. Ce qui fait que $\tan(2\theta)$ existe, ce qui est la moindre des choses. Puis, il reste à utiliser la formule $\tan(a+b) = \dfrac{\tan a + \tan b}{1 - \tan a \tan b}$ avec $a = b = \theta$. On a :

$$\tan(2\theta) = \frac{2\tan\theta}{1 - \tan^2\theta} = \frac{5}{12}.$$

Donc **l'assertion b) est vraie** et **l'assertion a) est fausse**.
Puis utilisons l'identité valable pour $x > 0$, $\arctan x < x$ (que vous pouvez montrer en étudiant $x \mapsto x - \arctan x$). On a : $0 < \theta < 1/5$ et donc $0 < 4\theta < 4/5 < \pi/2$. Donc $\tan(4\theta)$ existe.

Puis, il reste à utiliser de nouveau la formule $\tan(a+b) = \dfrac{\tan a + \tan b}{1 - \tan a \tan b}$ avec $a = b = 2\theta$. On a :

$$\tan(4\theta) = \frac{2\tan 2\theta}{1 - \tan^2 2\theta} = \frac{\dfrac{10}{12}}{1 - \dfrac{25}{144}} = \frac{120}{119}.$$

Donc **les assertions c) et d) sont fausses**.

Question 21 : Utilisons la formule $\tan(a-b) = \dfrac{\tan a - \tan b}{1 + \tan a \tan b}$ avec $a = 4\theta$ et $b = \dfrac{\pi}{4}$. On a :

$$\tan\left(4\theta - \frac{\pi}{4}\right) = \frac{\tan 4\theta - \tan(\pi/4)}{1 + \tan 4\theta \tan(\pi/4)} = \frac{\dfrac{120}{119} - 1}{1 + \dfrac{120}{119}} = \frac{1}{239}.$$

L'assertion d) est vraie et **les assertions a), b) et c) sont fausses.**

Question 22 : $\arctan(\tan x)$ n'existe que pour x différent de $\pi/2 + k\pi$, $k \in \mathbf{Z}$ et donc pas pour tout x réel. **L'assertion a) est fausse.**

Remarque : si $x \in]-\pi/2, \pi/2[$, $\arctan(\tan x) = x$.

$\arctan(\tan x) = x$ uniquement si $x \in \left]-\frac{\pi}{2}, \frac{\pi}{2}\right[$. En effet, soit $\alpha = \arctan(\tan x)$ alors $\tan\alpha = \tan x$ et comme $x \in]-\pi/2, \pi/2[$ et $\alpha \in]-\pi/2, \pi/2[$, $\alpha = x$.
Et donc : **l'assertion b) est vraie.**
Pour tout $x \in \mathbf{R}$, $\tan(\arctan x) = x$ est vraie, d'après le cours, et on peut en conclure que **l'assertion c) est vraie.**
$\tan(\arctan x) = x$ est vraie, pas uniquement quand $x \in \left]-\frac{\pi}{2}, \frac{\pi}{2}\right[$.
Ainsi, **l'assertion d) est fausse.**

Question 23 : On doit déduire des résultats précédents la formule dite de John Machin. Visiblement, les quatre quantités possèdent le groupement $-\frac{\pi}{4} + 4\arctan\frac{1}{5}$ qu'on peut écrire aussi, avec les notations plus haut : $-\frac{\pi}{4} + 4\theta$.
Or d'après la question 21, on sait que :

$$\tan\left(4\theta - \frac{\pi}{4}\right) = \frac{1}{239}.$$

Puis $0 < \theta < \pi/4 \Rightarrow 0 < 4\theta < \pi$ et comme $\tan(4\theta) > 0$, $0 < 4\theta < \pi/2$ (on peut aussi utiliser $0 < 4\theta < 4/5$ écrit plus haut). Donc $-\pi/4 < 4\theta - \pi/4 < \pi/4$ et finalement : $-\pi/2 < 4\theta - \pi/4 < \pi/2$.

On peut en conclure que comme $\tan\left(\arctan\frac{1}{239}\right) = \frac{1}{239}$, on a :

$$\frac{\pi}{4} - 4\arctan\frac{1}{5} = \arctan\frac{1}{239}.$$

L'assertion b) est vraie et **les assertions a), c) et d) sont vraies.**

Question 24 : On pose $\phi = \arctan\frac{1}{2}$. Pour commencer justifions la légitimité du calcul de $\tan\left(\phi - \frac{\pi}{4}\right)$ puis de $\tan\left(2\phi - \frac{\pi}{4}\right)$. En effet,

$$0 < \phi < \frac{\pi}{4} \Rightarrow -\frac{\pi}{4} < \phi - \frac{\pi}{4} < 0 \Rightarrow -\frac{\pi}{4} < 2\phi - \frac{\pi}{4} < \frac{\pi}{4}.$$

Les deux quantités $\phi - \frac{\pi}{4}$ et $2\phi - \frac{\pi}{4}$ sont dans $]-\pi/2, \pi/2[$ et leurs tangentes existent.

Remarque : le fait dans notre rédaction de justifier l'existence des tangentes n'est pas forcément utile pour établir la véracité de nos assertions mais on pourrait imaginer d'autres questions où on « jouerait » sur cette existence. Donc autant se préparer à tout.

Appliquons ce qui est proposé (en utilisant $\tan\phi = \tan\left(\arctan\frac{1}{2}\right) = \frac{1}{2}$) :

$$\tan\left(\phi - \frac{\pi}{4}\right) = \frac{\tan\phi - 1}{1 + \tan\phi} = \frac{1/2 - 1}{1 + 1/2} = -\frac{1}{3}.$$

Donc : $\phi - \frac{\pi}{4} = \arctan\left(\arctan\frac{-1}{3}\right) = -\arctan\left(\arctan\frac{1}{3}\right)$. Ainsi :

$$\frac{\pi}{4} = \arctan\frac{1}{2} + \arctan\frac{1}{3}.$$

Ainsi, **l'assertion a) est vraie** et **l'assertion b) est fausse**. De même :

$$\tan\left(2\phi - \frac{\pi}{4}\right) = \frac{\tan 2\phi - 1}{1 + \tan 2\phi}.$$

Donc il nous faut $\tan 2\phi$. On utilise :

$$\tan 2\phi = \frac{2\tan\phi}{1 - \tan^2\phi} = \frac{1}{1 - 1/4} = \frac{4}{3}.$$

Continuons :

$$\tan\left(2\phi - \frac{\pi}{4}\right) = \frac{\frac{4}{3} - 1}{1 + \frac{4}{3}} = \frac{1}{7}.$$

Il reste :

$$\frac{\pi}{4} = 2\arctan\frac{1}{2} - \arctan\frac{1}{7}.$$

On peut en conclure que **l'assertion d) est vraie** et que **l'assertion c) est fausse**.

Question 25 : Reprenons la problématique : dans une entreprise deux ateliers fabriquent les mêmes pièces. L'atelier numéro 1, mieux équipé, a une cadence de production deux fois plus rapide que l'atelier numéro 2. On prélève au hasard une pièce dans l'ensemble de la production.
Notons A_i l'événement : « la pièce prélevée provient de l'atelier numéro i. »
La probabilité que cette pièce provient de l'atelier numéro 1 est donc $P(A_1) = \frac{2}{3}$.
L'assertion a) est vraie et **l'assertion b) est fausse**.
La probabilité qu'une pièce provienne de l'atelier numéro 2 est donc :

$$1 - P(A_1) = P(A_2) = \frac{1}{3}.$$

Les assertions c) et d) sont fausses.

Question 26 : Notons D l'événement : « la pièce choisie est défectueuse ». La probabilité qu'une pièce provienne de l'atelier numéro 1 et soit défectueuse est $P(A_1 \cap D)$. On rappelle, toujours d'après l'énoncé, que le pourcentage de pièces défectueuses est 3% pour l'atelier numéro 1 et 4% pour l'atelier numéro 2. Donc $P_{A_1}(D) = 0.03$ et $P_{A_2}(D) = 0.04$. Et :

$$p_1 = P(A_1 \cap D) = P(A_1) \times P_{A_1}(D) = \frac{2}{3} \times \frac{3}{100} = \frac{1}{50}.$$

Ainsi, **les assertions a) et b) sont fausses**.
La probabilité qu'une pièce provienne de l'atelier numéro 2 et soit défectueuse est $P(A_2 \cap D)$.

$$p_2 = P(A_2 \cap D) = P(A_2) \times P_{A_2}(D) = \frac{1}{3} \times \frac{4}{100} = \frac{1}{75}.$$

Ainsi, **l'assertion c) est fausse** et **l'assertion d) est vraie**.

Question 27 : La probabilité qu'une pièce soit défectueuse est $P(D)$. On utilise bien entendu la formule des probabilités totales :

$$p_3 = P(D) = P(A_1 \cap D) + P(A_2 \cap D) = \frac{1}{50} + \frac{1}{75} = \frac{1}{30}.$$

Ainsi, **l'assertion a) est fausse** et **l'assertion b) est vraie**.
La probabilité qu'une pièce provienne de l'atelier numéro 1 sachant qu'elle est défectueuse est $P_D(A_1)$. Donc :

$$p_4 = P_D(A_1) = \frac{P(A_1 \cap D)}{P(D)} = \frac{1/50}{1/30} = \frac{3}{5}.$$

Donc **l'assertion c) et l'assertion d) sont fausses**.

Question 28 : Soit E l'espace vectoriel des fonctions polynomiales de degré inférieur ou égal à 2, pour lequel l'application $\Psi : E \to \mathbf{R}$, $(P, Q) \mapsto \int_{-1}^{1} P(t)Q(t)\,dt$ définit un produit scalaire sur E. On considère la base (P_0, P_1, P_2) de E, où

$$P_0(t) = 1,\ P_1(t) = t \text{ et } P_2(t) = t^2.$$

Posons $Q_0(t) = P_0(t)$, dans la question, on cherche à savoir si (Q_0, Q_1, Q_2) est une base orthogonale de E pour certaines valeurs de Q_1 et Q_2. On ne cherche pas à appliquer l'algorithme de Gram-Schmidt à (P_0, P_1, P_2). On fait un peu le travail à l'envers.
On a : $\Psi(1, t) = \int_{-1}^{1} t\,dt = 0$ donc (Q_0, Q_1) est une famille orthogonale.
On a : $\Psi(1, t+1) = \int_{-1}^{1} (t+1)\,dt = 2 \neq 0$ donc (Q_0, Q_1) n'est pas une famille orthogonale. Donc dans ce cas de Q_1, la famille (Q_0, Q_1, Q_2) ne peut pas être orthogonale et **l'assertion b) est fausse**.
Puis :

$$\Psi\left((1, t^2 - \frac{t}{2} - \frac{1}{3}\right) = \int_{-1}^{1} \left(t^2 - \frac{t}{2} - \frac{1}{3}\right) dt = 0,$$

$$\Psi\left((1, t^2 - \frac{1}{3}\right) = \int_{-1}^{1} \left(t^2 - \frac{1}{3}\right) dt = 0.$$

Il reste à vérifier $\Psi(Q_1, Q_2)$ pour $Q_1(t) = t$ pour les deux choix de Q_2 proposés.

$$\Psi\left(t, t^2 - \frac{t}{2} - \frac{1}{3}\right) = \int_{-1}^{1} \left(t^3 - \frac{t^2}{2} - \frac{1}{3}t\right) dt = -\frac{1}{3} \neq 0,$$

$$\Psi\left(t, t^2 - \frac{1}{3}\right) = \int_{-1}^{1} \left(t^3 - \frac{1}{3}t\right) dt = 0.$$

Donc, (Q_0, Q_1, Q_2) est une famille orthogonale seulement pour :

$$Q_1(t) = t \text{ et } Q_2(t) = t^2 - \tfrac{1}{3}.$$

Or, on sait qu'une famille orthogonale est libre et comme $\dim E = 3$, notre famille est une base orthogonale de E.
On conclut que **l'assertion a) et l'assertion d) sont vraies** et que, bien entendu, **l'assertion c) est fausse**.

Question 29 : Le plus simple est de « normaliser » la base orthogonale (Q_0, Q_1, Q_2) trouvée à la question 28. Appelons (R_0, R_1, R_2) la base ainsi normalisée. On a :

$$\|Q_0\|^2 = \int_{-1}^{1} dt = 2 \Rightarrow R_0 = \frac{Q_0}{\|Q_0\|} = \frac{1}{\sqrt{2}}.$$

Pour l'instant, aucune assertion « ne tombe ». Continuons :

$$\|Q_1\|^2 = \int_{-1}^{1} t^2 dt = \frac{2}{3} \Rightarrow R_1 = \frac{Q_1}{\|Q_1\|} = \frac{t\sqrt{3}}{\sqrt{2}}.$$

Alors, **l'assertion a) est fausse** et **l'assertion b) est vraie**.
Puis, on termine avec R_2.

$$\|Q_2\|^2 = \int_{-1}^{1} \left(t^2 - \frac{1}{3}\right)^2 dt = \frac{8}{45}$$

$$\Rightarrow R_2 = \frac{Q_2}{\|Q_2\|} = \frac{\sqrt{45}}{\sqrt{8}}\left(t^2 - \frac{1}{3}\right) = \frac{3\sqrt{10}}{4}\left(t^2 - \frac{1}{3}\right).$$

On peut conclure que **l'assertion c) est vraie** et que **l'assertion d) est fausse**.

Remarque : on pouvait aussi poser $R_i = \pm\dfrac{Q_i}{\|Q_i\|}$. Il y a donc plusieurs bases orthonormées. L'énoncé est incorrect. Mais il ne faut pas trop réflechir.

Question 30 : On pose maintenant $S_0(t) = P_2(t)$, et on construit de nouveau une base orthogonale de E notée (S_0, S_1, S_2). Encore une fois, on propose des polynômes et on teste leur orthogonalité.

$$\Psi(t^2, t) = \int_{-1}^{1} t^3\, dt = 0 \text{ et } \Psi\left(t^2, t - \frac{5}{4}t^2\right) = \int_{-1}^{1} \left(t^3 - \frac{5}{4}t^4\right) dt = -\frac{1}{2} \neq 0.$$

Déjà, **l'assertion b) est fausse**.
Puis l'assertion a) est sur le chemin de la véracité. En effet, si aucun des polynômes S_2 n'est valable pour avoir (S_0, S_1, S_2) orthogonale, l'on ne peut pas affirmer que l'assertion a) est vraie bien que (S_0, S_1) soit une famille orthogonale.
Il reste à écrire :

$$\Psi\left(t^2, t^2 - \frac{1}{3}\right) = \int_{-1}^{1} \left(t^4 - \frac{1}{3}t^2\right) dt = \frac{1}{15} \neq 0,$$

$$\Psi\left(t^2, 1 - \frac{5}{3}t^2\right) = \int_{-1}^{1} \left(t^2 - \frac{5}{3}t^4\right) dt = 0.$$

À ce niveau, on peut dire que **l'assertion d) est fausse**.
Il reste enfin à calculer :

$$\Psi\left(t, 1-\frac{5}{3}t^2\right) = \int_{-1}^{1}\left(t-\frac{5}{3}t^3\right)\,dt = 0.$$

La famille $\left(t^2,\, t,\, 1-\frac{5}{3}t^2\right)$ est une famille orthogonale et est une base de E (car $\dim E = 3$). On peut enfin conclure que **l'assertion a) et l'assertion c) sont vraies**.

Question 31 : Le plus simple encore une fois est de « normaliser » la base orthogonale (S_0, S_1, S_2) trouvée à la question 30. Appelons (T_0, T_1, T_2) la base ainsi normalisée. On a :

$$\|T_0\|^2 = \int_{-1}^{1} t^4\,dt = \frac{2}{5} \Rightarrow T_0 = \frac{S_0}{\|S_0\|} = \frac{\sqrt{5}}{\sqrt{2}}t^2.$$

Pour l'instant, aucune assertion « ne tombe ». Continuons :

$$\|T_1\|^2 = \int_{-1}^{1} t^2\,dt = \frac{2}{3} \Rightarrow T_1 = \frac{S_1}{\|S_1\|} = \frac{\sqrt{3}}{\sqrt{2}}t.$$

Donc, **l'assertion a) est fausse** et **l'assertion b) est vraie**. Enfin :

$$\|T_2\|^2 = \int_{-1}^{1}\left(1-\frac{5}{3}t^2\right)^2\,dt = \frac{8}{9}$$

$$\Rightarrow T_2 = \frac{S_2}{\|S_2\|} = \frac{3}{2\sqrt{2}}\left(1-\frac{5}{3}t^2\right) = \frac{3\sqrt{2}}{4}\left(1-\frac{5}{3}t^2\right).$$

On peut en conclure que **l'assertion c) est vraie** et que **l'assertion d) est fausse**.

Question 32 : On va utiliser la formule qui donne $\sin p + \sin q$ sous forme d'un produit de deux sinus. Comme on a du mal à la retenir, on va la retrouver. La technique la plus efficace est de passer dans **C**. Eh oui !

$$e^{ip} + e^{iq} = e^{i(p/2+q/2)}\left(e^{i(p/2-q/2)} + e^{-i(p/2-q/2)}\right) = 2\cos\left(\frac{p}{2}-\frac{q}{2}\right)e^{i(p/2+q/2)}.$$

Il reste à récupérer la partie imaginaire et :

$$\sin p + \sin q = 2\cos\left(\frac{p}{2}-\frac{q}{2}\right)\sin\left(\frac{p}{2}+\frac{q}{2}\right).$$

L'équation (E) $\sin 4x + \sin 3x = \sin x$ s'écrit :

$$(E)\quad 2\cos\left(2x-\frac{3x}{2}\right)\sin\left(2x+\frac{3x}{2}\right) = \sin x,$$

que l'on arrange un peu pour commencer.

$$2\cos\left(\frac{x}{2}\right)\sin\left(\frac{7x}{2}\right) = 2\sin\frac{x}{2}\cos\frac{x}{2}.$$

Premier cas :

$$\cos\frac{x}{2} = 0 \Leftrightarrow \frac{x}{2} = \frac{\pi}{2} + k\pi, k \in \mathbf{Z} \Leftrightarrow x = \pi + 2k\pi, k \in \mathbf{Z}.$$

Deuxième cas : $\sin\frac{x}{2} = \sin\frac{x}{2} \Leftrightarrow 7\frac{x}{2} = \frac{x}{2} + 2k\pi, k \in \mathbf{Z}$ ou $7\frac{x}{2} = \pi - \frac{x}{2} + 2k\pi, k \in \mathbf{Z}$.
Cela donne :

$$x = 2k\frac{\pi}{3},\ \text{où } k \in \mathbf{Z} \text{ ou } x = \frac{\pi}{4} + k\frac{\pi}{2},\ \text{où } k \in \mathbf{Z}.$$

Maintenant, regardons nos assertions. Il est écrit : « l'équation admet pour solutions », ce qui ne signifie pas que ce sont toutes les solutions. On commence par remarquer que l'ensemble des mesures $\pi + 2k\pi$ quand k parcourt $\mathbf{Z}$ est l'ensemble des mesures $-\pi + 2k\pi$, quand k parcourt $\mathbf{Z}$. L'ensemble des solutions de (E) est :

$$S = \left\{\pi + 2k\pi,\ -\pi + 2k\pi,\ \frac{2k\pi}{3},\ \frac{\pi}{4} + k\frac{\pi}{2},\ k \in \mathbf{Z}\right\}.$$

Donc **l'assertion a) est vraie**.
Comme l'ensemble des mesures $-\pi + 4k\pi$ quand k parcourt $\mathbf{Z}$ est inclus dans l'ensemble des mesures $-\pi + 2k\pi$, quand k parcourt $\mathbf{Z}$, on a aussi pour ensemble des solutions de (E) :

$$S = \left\{\pi + 2k\pi,\ -\pi + 4k\pi,\ \frac{2k\pi}{3},\ \frac{\pi}{4} + k\frac{\pi}{2},\ k \in \mathbf{Z}\right\}.$$

Et **l'assertion d) est vraie**.
Puis comme $\pi/3$ n'est pas solution de (E), l'ensemble

$$S = \left\{\pi + 4k\pi,\ -\pi + 4k\pi,\ \frac{k\pi}{3},\ \frac{\pi}{4} + k\frac{\pi}{2},\ k \in \mathbf{Z}\right\}$$

n'est pas inclus dans les solutions de (E). **L'assertion b) est fausse.**
Enfin, $\frac{\pi}{4} + \frac{\pi}{4} = \frac{\pi}{2}$ n'est pas solution de (E), donc l'ensemble :

$$S = \left\{\pi + 4k\pi,\ -\pi + 2k\pi,\ \frac{2k\pi}{3},\ \frac{\pi}{4} + k\frac{\pi}{4},\ k \in \mathbf{Z}\right\}$$

n'est pas inclus dans les solutions de (E). **L'assertion c) est fausse.**

Question 33 : Déterminons les solutions de l'équation (F) : $\cos 3x + \sin 3x = \sqrt{2}$.
Ici, plutôt qu'utiliser une formule donnant $\cos p + \sin q$ sous forme d'un produit, vu que $p = q$, on va introduire un développement de $A\cos(3x - \phi)$ (avec $A > 0$) qui remplace le premier membre de (F), divisé par $\sqrt{2}$.

$$A\cos(3x - \phi) = A\cos\phi\cos 3x + A\sin\phi\sin 3x = \frac{1}{\sqrt{2}}\left(\cos 3x + \sin 3x\right).$$

On a : $A\cos\phi = A\sin\phi = 1 \Rightarrow A^2 = 1 \Rightarrow A = 1$.

Puis : $\cos\phi = \sin\phi = \dfrac{1}{\sqrt{2}} \Rightarrow \phi = \dfrac{\pi}{4}$. Finalement, (F) est :

$$\cos\left(3x - \frac{\pi}{4}\right) = 1 \Leftrightarrow 3x - \frac{\pi}{4} = 2k\pi, k \in \mathbf{Z} \Leftrightarrow x = \frac{\pi}{12} + \frac{2k\pi}{3},\ k \in \mathbf{Z}.$$

Donc **l'assertion b) est vraie**.
Comme $\pi/6$ n'est pas solution de (F), **l'assertion a) est fausse**.
Il en est de même de **l'assertion c) qui est fausse**.
Enfin $-7\pi/12 = \pi/12 - 2\pi/3$, l'ensemble des mesures d'angle $\left\{\dfrac{-7\pi}{12} + \dfrac{2k\pi}{3},\ k \in \mathbf{Z}\right\}$ est identique à l'ensemble des mesures d'angle $\left\{\dfrac{\pi}{12} + \dfrac{2k\pi}{3},\ k \in \mathbf{Z}\right\}$.
Donc **l'assertion d) est vraie**.

Remarque : attention, ici, dans l'énoncé de la question, il est écrit : « les solutions de l'équation sont : » ce qui signifie que l'on veut ici toutes les solutions et non pas éventuellement une partie des solutions. Mais le concepteur a-t-il vraiment voulu faire une différence entre les questions ?

Question 34 : tout d'abord, une remarque, avant de commencer.

Remarque : le sinus à variable complexe n'est pas au programme officiel, il aurait suffit de le définir par $\sin z = (e^{iz} - e^{-iz})/(2i)$ car l'exponentielle à variable complexe est elle au programme. Donc ici deux possibilités : soit vous savez définir $\sin z$ comme plus haut et vous continuez, soit vous sautez la question. Et comme vous devez éliminer 12 questions sur 36, ce n'est finalement pas bien grave.

$$\sin z = 3 \Leftrightarrow e^{iz} - e^{-iz} = 6i \Leftrightarrow (e^{iz})^2 - 6i\, e^{iz} - 1 = 0.$$

Donc e^{iz} est solution de l'équation du second degré $X^2 - 6i\,X - 1 = 0$.
Les racines de cette équation sont $3i + 2i\sqrt{2}$ et $3i - 2i\sqrt{2}$. (On passe les détails, à faire par vous !) Donc :

$$e^{iz} = (3 + 2\sqrt{2})i = (3 + 2\sqrt{2})e^{i\frac{\pi}{2}} \text{ ou } e^{iz} = (3 - 2\sqrt{2})i = (3 + 2\sqrt{2})e^{i\frac{\pi}{2}}.$$

On remarque que $3 \pm 2\sqrt{2} > 0$. Donc :

$$e^{iz} = e^{\ln(3+2\sqrt{2}) + i\frac{\pi}{2}} \text{ ou } e^{iz} = e^{\ln(3-2\sqrt{2}) + i\frac{\pi}{2}}.$$

Il reste :

$$iz = \ln(3 + 2\sqrt{2}) + i\frac{\pi}{2} + 2ik\pi \text{ ou } iz = \ln(3 - 2\sqrt{2}) + i\frac{\pi}{2} + 2ik\pi,$$

où $k \in \mathbf{Z}$.
C'est-à-dire :

$$z = -i\ln(3 + 2\sqrt{2}) + \frac{\pi}{2} + 2k\pi \text{ ou } z = -i\ln(3 - 2\sqrt{2}) + \frac{\pi}{2} + 2k\pi,$$

où $k \in \mathbf{Z}$.
On remarque pour finir que $(3 + 2\sqrt{2})(3 - 2\sqrt{2}) = 1$ et donc :

$$\ln(3 + 2\sqrt{2}) = -\ln(3 - 2\sqrt{2}).$$

Passons à nos assertions. Il est écrit : « admet des solutions de la forme » ce qui signifie que l'on ne veut pas nécessairement toutes les solutions.
Donc **les assertions a), b) et c) sont vraies** et **l'assertion d) est fausse.**
Cela pose problème car trois vraies c'est interdit ! En conclusion, il fallait vraiment sauter cette question.

Question 35 : Pour $a \in \mathbf{R}$, considérons le système d'équations :

$$(S)\left\{\begin{array}{rcl} ax+y+z & = & 1 \\ x+ay+z & = & a \\ x+y+az & = & a^2 \end{array}\right. .$$

Il s'agit ici bien entendu de le résoudre.

Remarque : ici, donnons une opinion sur le sujet complet. Il est plutôt calculatoire ce qui n'est finalement pas très amusant pour le candidat.

Commençons par calculer le déterminant, pour savoir si l'on à faire à un système de Cramer (une seule solution) ou non (aucune ou une infinité de solutions) :

$$\begin{vmatrix} a & 1 & 1 \\ 1 & a & 1 \\ 1 & 1 & a \end{vmatrix} = \begin{vmatrix} a+2 & 1 & 1 \\ a+2 & a & 1 \\ a+2 & 1 & a \end{vmatrix} = (a+2)\begin{vmatrix} 1 & 1 & 1 \\ 1 & a & 1 \\ 1 & 1 & a \end{vmatrix},$$

avec l'opération élémentaire $C_1 \leftarrow C_1 + C_2 + C_3$.
Maintenant, on fait : $L_2 \leftarrow L_2 - L_1$ et $L_3 \leftarrow L_3 - L_1$.
Il reste : $\mathsf{Det}\,(S) = (a+2)(a-1)^2$.
Le système (S) admet une et une seule solution si et seulement si $a \notin \{-2, 1\}$.
L'assertion a) est fausse car si $a = 1$, la solution n'est pas unique (on n'en a pas ou on en a une infinité) et **l'assertion c) est fausse** car si $a = 0$, on sait que la solution est unique. Pour les deux autres assertions, il faut continuer.
Si $a = -2$, le système (S) devient (en additionnant les trois équations) :

$$(S)\left\{\begin{array}{rcl} -2x+y+z & = & 1 \\ x-2y+z & = & -2 \\ x+y-2z & = & 4 \end{array}\right. \Rightarrow 0 = 3.$$

Le système n'a pas de solutions et **l'assertion b) est fausse.**
Si $a = 1$, le système (S) devient :

$$(S)\left\{\begin{array}{rcl} x+y+z & = & 1 \\ x+y+z & = & 1 \\ x+y+z & = & 1 \end{array}\right. .$$

On a une seule équation et (S) a une infinité de solutions, **l'assertion d) est vraie.**

Question 36 : Ici le système (S) est : $\left\{\begin{array}{rcl} x+y & = & \frac{\pi}{3} \\ \sin x + \sin y & = & \frac{1}{2} \end{array}\right.$.
On cherche évidemment les solutions de (S). Utilisons la formule retrouvée au développement de la question 32 :

$$\sin p + \sin q = 2\cos\left(\frac{p}{2} - \frac{q}{2}\right)\sin\left(\frac{p}{2} + \frac{q}{2}\right).$$

Notre système devient maintenant :

$$\begin{cases} x + y &= \dfrac{\pi}{3} \\ \cos\left(\dfrac{x}{2} - \dfrac{y}{2}\right)\sin\left(\dfrac{x}{2} + \dfrac{y}{2}\right) &= \dfrac{1}{4} \end{cases}.$$

Comme $x + y = \frac{\pi}{3}$, la seconde équation devient :

$$\cos\left(\frac{x}{2} - \frac{y}{2}\right)\sin\left(\frac{\pi}{6}\right) = \frac{1}{4}.$$

Alors :

$$\cos\left(\frac{x}{2} - \frac{y}{2}\right) = \frac{1}{4\sin\left(\frac{\pi}{6}\right)} = \frac{1}{2} = \cos\left(\frac{\pi}{3}\right).$$

Donc on a le système :

$$\begin{cases} x + y &= \dfrac{\pi}{3} \\ \dfrac{x}{2} - \dfrac{y}{2} &= \pm\dfrac{\pi}{3} + 2k\pi \end{cases},$$

où $k \in \mathbf{Z}$. Cela donne en ajoutant et en retranchant les deux équations :

$$(x, y) = \left((\frac{\pi}{2} + 2k\pi, -\frac{\pi}{6} - 2k\pi\right) \text{ ou } (x, y) = \left((-\frac{\pi}{6} + 2k\pi, \frac{\pi}{2} - 2k\pi\right), \text{ où } k \in \mathbf{Z}.$$

Ici, on demande clairement toutes les solutions de (S). **L'assertion a) est fausse** à cause de $2k\pi$ à la place de $-2k\pi$, **l'assertion b) est fausse** à cause du $-2k\pi/3$ qui n'est pas bon, **l'assertion d) est fausse** toujours à cause d'un $2k\pi/3$ et enfin, **l'assertion c) est vraie**.

CONCOURS IESSA
Epreuve de Mathématiques
SESSION 2014

Questions liées : *Questions 1 à 6, questions 7 à 14, questions 15 à 20*

ENONCE

Les lettres **R**, **C**, **N** *et désignent respectivement les ensembles des réels, des complexes, des entiers naturels et des entiers relatifs. Le symbole i représente le nombre complexe défini par* $i^2 = -1$.

PARTIE I

Soit $x \in [0, 2\pi]$ ***et soit*** $\lambda \in \mathbf{R}^\star$ ***tel que*** $|\lambda| < 1$.

Question 01 : Soit $A(\lambda) = \dfrac{1}{1 - \lambda\, e^{ix}}$.
Son module $|A(\lambda)|$ vaut :

a) $\dfrac{1}{1-\lambda}$. **b)** $\dfrac{1}{\sqrt{1+\lambda^2}}$.

Le conjugué de $A(\lambda)$ vaut :

c) $\dfrac{1}{1+\lambda\, e^{ix}}$. **d)** $\dfrac{1}{1-\lambda\, e^{-ix}}$.

Question 02 : Pour tout $x \in [0, 2\pi]$, la série : $\displaystyle\sum_{k=0}^{+\infty} \lambda^k e^{-ikx}$

a) diverge. **b)** converge car $|\lambda\, e^{-ikx}| < 1$.

c) converge vers $\dfrac{1}{1-\lambda\, e^{ix}}$. **d)** converge vers $\dfrac{1}{1+\lambda\, e^{ix}}$.

Question 03 : On a l'égalité :

a) $\dfrac{1-\lambda^2}{\lambda^2 - 2\lambda\cos(x) + 1} = \dfrac{1}{1-\lambda\, e^{-ix}} + \dfrac{\lambda\, e^{ix}}{1-\lambda\, e^{ix}}$.

b) $\dfrac{1-\lambda^2}{\lambda^2 - 2\lambda\cos(x) + 1} = \dfrac{1}{1-\lambda\, e^{-ix}} - \dfrac{\lambda\, e^{ix}}{1-\lambda\, e^{ix}}$.

c) $\dfrac{1-\lambda^2}{\lambda^2 + 2\lambda\cos(x) + 1} = \dfrac{1}{1+\lambda\, e^{-ix}} + \dfrac{\lambda\, e^{ix}}{1+\lambda\, e^{ix}}$.

d) $\dfrac{1-\lambda^2}{\lambda^2 + 2\lambda\cos(x) + 1} = \dfrac{1}{1-\lambda\, e^{-ix}} - \dfrac{\lambda\, e^{ix}}{1+\lambda\, e^{ix}}$.

Question 04 : Pour $n \in \mathbf{N}$, pour $k \in \mathbf{N}$, l'intégrale $I = \displaystyle\int_0^{2\pi} e^{i(n-k)x}\,dx$ vaut

a) $I = 1$ car $\left|e^{-i(n-k)x}\right| = 1$. **b)** $I = 0$ car $e^0 = e^{-2(n-k)i\pi}$.
c) $I = 0$ si $n \neq k$. **d)** $I = 2\pi$ si $n = k$.

Question 05 : Pour $n \in \mathbf{N}$, on considère l'intégrale $J = \displaystyle\int_0^{2\pi} \frac{e^{inx}}{1 - \lambda\, e^{-ix}}\,dx$.

À l'aide des questions 02 et 04, on peut montrer que :

a) $J = 0$. **b)** $J = 2\pi\lambda^n$.

Pour $n \in \mathbf{N}$, on considère l'intégrale $K = \displaystyle\int_0^{2\pi} \frac{\lambda\, e^{i(n+1)x}}{1 - \lambda\, e^{ix}}\,dx$.

À l'aide des questions 02 et 04, on peut montrer que :

c) $K = 0$. **d)** $K = 2\pi\lambda^{n+1}$.

Question 06 : Pour $n \in \mathbf{N}$, on considère l'intégrale $L = \displaystyle\int_0^{2\pi} \frac{e^{inx}}{1 - 2\lambda\,\cos x + \lambda^2}\,dx$.

a) $L = K + J$. **b)** $L = 0$. **c)** $L = 2\pi\lambda^n$. **d)** $L = J - K$.

PARTIE II

Soit a un réel non nul. On considère les fonctions f et g suivantes :

- ***g est périodique de période $T = 2\pi$ et $g(x) = \dfrac{a^2x^2}{2}$, pour $x \in [-\pi, \pi[$.***
- $f(x) = 2a^2 \displaystyle\sum_{n=1}^{+\infty} \frac{(-1)^n}{n^2 + a^2} \cos(nx)$.

Question 07 : Alors la fonction g

a) est continue sur $\mathbf{R}$. **b)** est dérivable sur $\mathbf{R}$ car elle y est continue.
c) est paire. **d)** est impaire.

Question 08 : Les coefficients de Fourier de la décomposition réelle en série de Fourier de g vérifient :

a) $a_n = 0$ pour $n \in \mathbf{N}$ car g est impaire.

b) $a_0 = \dfrac{a^2\pi^2}{6}$.

c) $a_n = \dfrac{2}{T} \displaystyle\int_0^{\pi} g(x)\,\cos(nx)\,dx$ pour $n \in \mathbf{N}^\star$.

d) $a_n = \dfrac{2a^2}{n^2}(-1)^n$ pour $n \in \mathbf{N}^\star$.

Question 09 : La décomposition en série de Fourier de g s'écrit

a) $g(x) = \displaystyle\sum_{n=1}^{+\infty} \frac{2a^2}{n^2}(-1)^n \sin(nx)$. **b)** $g(x) = \displaystyle\sum_{n=1}^{+\infty} \frac{2a^2}{n^2}(-1)^n \cos(nx)$.

c) $g(x) = \dfrac{a^2\pi^2}{6} + \displaystyle\sum_{n=1}^{+\infty} \frac{2a^2}{n^2}(-1)^n$. **d)** $g(x) = \dfrac{a^2\pi^2}{6} + 2a^2 \displaystyle\sum_{n=1}^{+\infty} \frac{(-1)^n}{n^2} \cos(nx)$.

Question 10 : On pose $h(x) = g(x) - f(x)$. On a :

a) $h(x) = \dfrac{a^2\pi^2}{6}$.

b) $h(x) = \dfrac{a^2\pi^2}{6} + 2a^2 \displaystyle\sum_{n=1}^{+\infty} \dfrac{(-1)^n}{n^2(n^2+a^2)} \cos(nx)$.

c) $h'(x) = -2a^2 \displaystyle\sum_{n=1}^{+\infty} \dfrac{xa^2}{n(n^2+a^2)} (-1)^n \sin(nx)$.

d) $h''(x) = -a^2 f(x)$.

Question 11 : La fonction f vérifie :

a) $f''(x) - a^2 f(x) = 0$. **b)** $f''(x) = f(x)$.

L'équation différentielle $y'' - a^2 y = 0$ admet comme solution générale :

c) $y(x) = \lambda_1 e^{-ax} + \lambda_2 e^{ax}$. **d)** $y(x) = \lambda_1 + \lambda_2 e^{ax}$.

Question 12 : La fonction f

a) est paire. **b)** est impaire.

L'intégrale $\displaystyle\int_{-\pi}^{\pi} f(x)\, dx$

c) vaut 0. **d)** est nulle car f est impaire.

Question 13 : On suppose que la fonction f s'écrit $f(x) = \beta\, e^{-ax} + \mu\, e^{ax} - 1$, où β et μ sont des constantes réelles. On a alors :

a) $\beta = -\mu$ car f est impaire.

b) $\beta = \mu$ car f est paire.

c) $\displaystyle\int_{-\pi}^{\pi} f(x)\, dx = \left[-\frac{\beta}{ax} e^{-ax} + \frac{\mu}{ax} e^{ax} - x \right]_{-\pi}^{\pi}$.

d) $\beta = \dfrac{a\pi}{e^{a\pi} - e^{-a\pi}}$.

Question 14 : On a :

a) La série $\displaystyle\sum_{n \geqslant 1} \frac{(-1)^n}{n^2+a^2}$ converge car c'est une série alternée dont le terme général tend vers 0.

b) La suite $\left(\dfrac{1}{n^2+a^2} \right)_{n \geqslant 1}$ est une suite décroissante qui tend vers 0 donc la série $\displaystyle\sum_{n \geqslant 1} \frac{(-1)^n}{n^2+a^2}$ converge.

c) La série $\displaystyle\sum_{n \geqslant 1} \frac{(-1)^n}{n^2+a^2}$ converge car son terme général tend vers 0.

d) La série $\displaystyle\sum_{n \geqslant 1} \frac{(-1)^n}{n^2+a^2}$ converge vers $\dfrac{\pi}{a(e^{a\pi} - e^{-a\pi})} - \dfrac{1}{2a^2}$.

PARTIE III

Dans cette partie, on note $u(t)$ l'échelon unité (ou échelon de Heaviside), défini par $u(t) = \begin{cases} 0 & si \quad t < 0 \\ 1 & si \quad t \geqslant 0 \end{cases}$.
Si $\mathcal{L}$ symbolise la transformée de Laplace, on note $S(p) = \mathcal{L}(s(t))$ la transformée de Laplace d'un signal $t \mapsto s(t)$ et $Y(p) = \mathcal{L}(y(t))$ la transformée de Laplace d'une fonction $t \mapsto y(t)$.
On considère le signal $t \mapsto s(t)$ suivant ($s(1) = 2, s(0) = s(3) = 0$) :

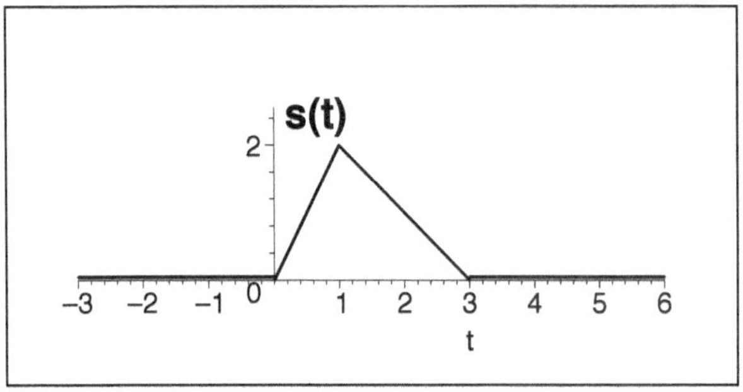

Question 15 : Soit le signal $t \mapsto s_1(t)$ ci-dessous ($s1(2) = 2, s1(0) = s1(6) = 0$) :

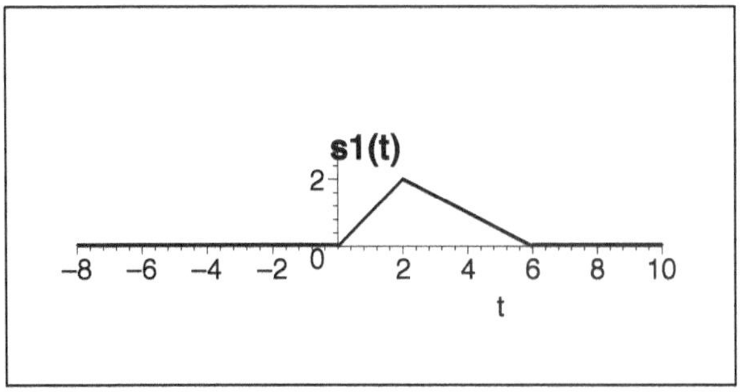

a) $s_1(t) = 2s(t)$. **b)** $s_1(t) = s(t+2)$.
c) $s_1(t) = s(2t)$. **d)** $s_1(t) = s\left(\frac{t}{2}\right)$.

Question 16 : Le signal s s'écrit :

a) $s(t) = \begin{cases} 2t & \text{si} & 0 \leqslant t \leqslant 1 \\ -t & \text{si} & t > 1 \end{cases}$. **b)** $s(t) = \begin{cases} 2t & \text{si} & 0 \leqslant t \leqslant 1 \\ -t+2 & \text{si} & t > 1 \\ 0 & \text{si} & t \geqslant 3 \end{cases}$.

c) $s(t) = 2\,t\,u(t) - t\,u(t-1) + t\,u(t-3)$.
d) $s(t) = 2\,t\,u(t) - 3(t-1)\,u(t-1) + (t-3)\,u(t-3)$.

Question 17 : Pour $p \neq 0$, $S(p)$ vaut

a) $\dfrac{2}{p^2} - \dfrac{3}{p^2}e^{-p} + \dfrac{2}{p^2}e^{-3p}$. **b)** $\dfrac{2}{p^2} - \dfrac{3}{(p+1)^2}$.

c) $\dfrac{2}{p^2} - \dfrac{3}{p+1}e^{-p}$. **d)** $\dfrac{2}{p^2} - \dfrac{3}{p^2}e^{-p} + \dfrac{2}{p}e^{-3p}$.

Question 18 : La décomposition en éléments simples de $G(p) = \dfrac{1}{p^2(2p^2 - 10p + 8)}$ donne :

a) $G(p) = \dfrac{1}{16p} + \dfrac{1}{4p^2} - \dfrac{1}{3(p-1)} + \dfrac{1}{48(p-4)}$.

b) $G(p) = \dfrac{5}{32p} + \dfrac{1}{8p^2} - \dfrac{1}{6(p-1)} + \dfrac{1}{96(p-4)}$.

c) $G(p) = \dfrac{1}{8p^2} - \dfrac{1}{6(p-1)} + \dfrac{1}{96(p-4)}$.

d) $G(p) = \dfrac{5}{32p} + \dfrac{1}{8p^2} - \dfrac{1}{6(p+1)} + \dfrac{1}{96(p+4)}$.

Question 19 : Soit l'équation différentielle $2y''(t) - 10y'(t) + 8y(t) = t\,u(t)$, avec $y(0) = 0$ et $y'(0) = 0$. En appliquant la transformation de Laplace à cette équation, on obtient :

a) $2\,Y''(p) - 10Y'(p) + 8Y(p) = \dfrac{1}{p^2}$.

b) $Y(p) = \dfrac{1}{2p^2(p^2 - 5p + 4)}$.

La solution de cette équation différentielle s'écrit alors :

c) $y(t) = \dfrac{1}{2}\left(\dfrac{5}{16} + \dfrac{1}{4}t - \dfrac{1}{3}e^{t} + \dfrac{1}{48}e^{4t}\right)u(t)$.

d) $y(t) = \dfrac{1}{2}\left(\dfrac{5}{16} + \dfrac{1}{4}t - \dfrac{1}{3}e^{-t} + \dfrac{1}{48}e^{-4t}\right)u(t)$.

Question 20 : Soit l'équation différentielle $2x''(t) - 10x'(t) + 8x(t) = s(t)$, avec $x(0) = 0$ et $x'(0) = 0$. La solution de cette équation différentielle s'écrit

a) $x(t) = 2y(t) - 3y(t+1) + y(t+3)$.

b) $x(t) = 2y(t) - 3y(t)e^{-t} + y(t)e^{-3t}$.

c) $x(t) =$

$$\left(\frac{5}{16} + \frac{1}{4}t - \frac{1}{3}e^{t} + \frac{1}{48}e^{4t}\right)u(t)$$
$$-\frac{3}{2}\left(\frac{5}{16} + \frac{1}{4}(t-1) - \frac{1}{3}e^{t-1} + \frac{1}{48}e^{4(t-1)}\right)u(t-1)$$
$$+\frac{1}{2}\left(\frac{5}{16} + \frac{1}{4}(t-3) - \frac{1}{3}e^{t-3} + \frac{1}{48}e^{4(t-3)}\right)u(t-3).$$

d) $x(t) = 2\,y(t) - 3\,y(t-1) + y(t-3)$.

CORRIGE

Question 01 : Soit $A(\lambda) = \dfrac{1}{1-\lambda\, e^{ix}}$.
Son module $|A(\lambda)|$ vaut :

$$|A(\lambda)|^2 = A(\lambda)\overline{A(\lambda)} = \left(\frac{1}{1-\lambda\, e^{ix}}\right)\cdot\left(\frac{1}{1-\lambda\, e^{-ix}}\right).$$

C'est-à-dire : $|A(\lambda)|^2 = \dfrac{1}{\lambda^2 - 2\lambda\cos x + 1}$. Donc : $|A(\lambda)| = \dfrac{1}{\sqrt{\lambda^2 - 2\lambda\cos x + 1}}$.
Les assertions a) et b) sont fausses.
Or dans ce que l'on vient de faire, on a utilisé le fait que le conjugué de $A(\lambda)$ vaut $\dfrac{1}{1-\lambda\, e^{-ix}}$. **L'assertion c) est fausse** et **l'assertion d) est vraie.**

Question 02 : Pour tout $x \in [0, 2\pi]$, la série $\displaystyle\sum_{k=0}^{+\infty} \lambda^k e^{-ikx}$ converge car :

$$|\lambda\, e^{-ikx}| = |\lambda| < 1.$$

L'assertion a) est fausse et **l'assertion b) est vraie.**
On reconnait une suite géométrique de raison λe^{-ix} et donc :

$$\sum_{k=0}^{+\infty} \lambda^k e^{-ikx} = \frac{1}{1-\lambda\, e^{-ix}}.$$

Les assertions c) et d) sont fausses.

Remarque : Dans l'énoncé, on parle de converge de la série $\displaystyle\sum_{k=0}^{+\infty} \lambda^k e^{-ikx}$, c'est incorrect, on devrait parler de convergence de la série $\displaystyle\sum_{k\geqslant 0} \lambda^k e^{-ikx}$ et dans le cas où elle converge, sa somme est alors $\displaystyle\sum_{k=0}^{+\infty} \lambda^k e^{-ikx}$.

Question 03 : On sait d'après la question 01 que :

$$\lambda^2 - 2\lambda\, \cos(x) + 1 = (1-\lambda\, e^{-ix})(1-\lambda\, e^{ix}).$$

Cela rend cohérent les assertions a) et b). On réduit au même dénominateur le second membre de l'assertion a) :

$$\frac{1}{1-\lambda\, e^{-ix}} + \frac{\lambda\, e^{ix}}{1-\lambda\, e^{ix}} = \frac{1-\lambda^2}{\lambda^2 - 2\lambda\, \cos(x) + 1}.$$

Donc, **l'assertion a) est vraie**.
Pour l'assertion b), on se doute de son destin mais par vérification, on la traite quand même.
On réduit au même dénominateur le second membre de l'assertion b) :

$$\frac{1}{1-\lambda\, e^{-ix}} - \frac{\lambda\, e^{ix}}{1-\lambda\, e^{ix}} = \frac{1-2\lambda e^{ix}+\lambda^2}{\lambda^2-2\lambda\, \cos(x)+1}.$$

Donc **l'assertion b) est fausse.**
On a : $\lambda^2+2\lambda\, \cos(x)+1 = (1+\lambda\, e^{-ix})(1+\lambda\, e^{ix})$.
Cela rend cohérent les assertions c) et d).
On réduit au même dénominateur le second membre de l'assertion c) :

$$\frac{1}{1+\lambda\, e^{-ix}} + \frac{\lambda\, e^{ix}}{1+\lambda\, e^{ix}} = \frac{1+2\lambda e^{ix}+\lambda^2}{\lambda^2-2\lambda\, \cos(x)+1}.$$

Donc **l'assertion c) est fausse.**
On réduit au même dénominateur le second membre de l'assertion d) :

$$\frac{1}{1+\lambda\, e^{-ix}} - \frac{\lambda\, e^{ix}}{1+\lambda\, e^{ix}} = \frac{1-\lambda^2}{\lambda^2+2\lambda\, \cos(x)+1}.$$

Donc **l'assertion d) est vraie.**

Question 04 : Pour $n \in \mathbf{N}$, pour $k \in \mathbf{N}$, posons l'intégrale $I = \displaystyle\int_0^{2\pi} e^{i(n-k)x}\, dx$.

Si $n = k$, $I = \displaystyle\int_0^{2\pi} dx = 2\pi$ et **l'assertion d) est vraie.**

Si $n \neq k$, $I = \left[\dfrac{e^{i(n-k)x}}{i(n-k)}\right]_0^{2\pi} = \dfrac{e^{i(n-k)2\pi}}{i(n-k)} - \dfrac{1}{i(n-k)} = 0$ car $e^{i(n-k)2\pi} = 1$.
L'assertion c) est vraie.
Comme $I = 0$ seulement si $n \neq k$, **l'assertion b) est fausse.**
Enfin, **l'assertion a) est fausse** (cette assertion a été faite pour mettre en erreur les mauvais mais je sais que ce n'est pas votre cas !)

Question 05 : Pour $n \in \mathbf{N}$, on considère ici l'intégrale $J = \displaystyle\int_0^{2\pi} \frac{e^{inx}}{1-\lambda\, e^{-ix}}\, dx$.
Utilisons comme indiqué les questions 02 et 04. On commence par écrire que :

$$\frac{e^{inx}}{1-\lambda\, e^{-ix}} = \sum_{k=0}^{+\infty} \lambda^k e^{-ikx} e^{inx} = \sum_{k=0}^{+\infty} \lambda^k e^{i(k-n)x}.$$

Donc :

$$J = \int_0^{2\pi} \frac{e^{inx}}{1-\lambda\, e^{-ix}}\, dx = \int_0^{2\pi} \sum_{k=0}^{+\infty} \lambda^k e^{i(k-n)x}\, dx.$$

On peut inverser $\sum$ et $\int$.

Remarque : l'inversion vient de la convergence normale de la série $\sum_{k\geqslant 0} \lambda^k e^{i(k-n)x}$ sur $[0,\pi]$. Maintenant, cette notion ne semble pas être au programme pour un candidat de l'IESSA. En tout cas, ce qu'il doit faire, c'est admettre que l'intervertion est possible et qu'il la fasse sans se demander si c'est légitime ou pas. Un candidat qui passe IESSA et qui est (ou a fait) une année de MP, PC ou PSI peut s'amuser à justifier (pour le fun).

On continue donc :

$$J = \sum_{k=0}^{+\infty} \int_0^{2\pi} \lambda^k e^{i(k-n)x}\, dx = \lambda^n 2\pi$$

car $\displaystyle\int_0^{2\pi} e^{i(k-n)x}\, dx = 0$ si $k \neq n$.

On conclut : **l'assertion a) est fausse** et **l'assertion b) est vraie**.

Pour $n \in \mathbf{N}$, on considère maintenant l'intégrale $K = \displaystyle\int_0^{2\pi} \frac{\lambda\, e^{i(n+1)x}}{1-\lambda\, e^{ix}}\, dx.$

On utilise le même processus que plus haut :

$$\frac{\lambda\, e^{i(n+1)x}}{1-\lambda\, e^{ix}} = \sum_{k=0}^{+\infty} \lambda^k e^{ikx} \lambda e^{i(n+1)x} = \sum_{k=0}^{+\infty} \lambda^{k+1} e^{i(k+n+1)x}.$$

Cela donne :

$$K = \int_0^{2\pi} \frac{\lambda\, e^{i(n+1)x}}{1-\lambda\, e^{ix}}\, dx = \int_0^{2\pi} \sum_{k=0}^{+\infty} \lambda^{k+1} e^{i(k+n+1)x}\, dx,$$

et finalement : $K = \displaystyle\sum_{k=0}^{+\infty} \lambda^{k+1} \int_0^{2\pi} e^{i(k+n+1)x}\, dx$, en inversant encore la somme et l'intégrale. Il reste le calcul de :

$$\int_0^{2\pi} e^{i(k+n+1)x}\, dx = \left[\frac{e^{i(k+n+1)x}}{k+n+1}\right]_0^{2\pi} = 1-1=0.$$

Donc $K=0$, **l'assertion c) est vraie** et **l'assertion d) est fausse**.

Question 06 : Pour $n \in \mathbf{N}$, on pose : $L = \displaystyle\int_0^{2\pi} \frac{e^{inx}}{1-2\lambda \cos x + \lambda^2}\, dx.$

On commence par écrire :

$$\frac{e^{inx}}{1-2\lambda\cos x+\lambda^2} = \frac{e^{inx}}{1-\lambda^2} \times \frac{1-\lambda^2}{1-2\lambda\cos x+\lambda^2}.$$

Donc :

$$\frac{e^{inx}}{1-2\lambda\cos x+\lambda^2} = \frac{e^{inx}}{1-\lambda^2} \times \left[\frac{1-\lambda^2}{\lambda^2 - 2\lambda\cos(x)+1}\right],$$

c'est-à-dire : $\displaystyle\frac{e^{inx}}{1-2\lambda\cos x+\lambda^2} = \frac{e^{inx}}{1-\lambda^2} \times \left[\frac{1}{1-\lambda\, e^{-ix}} + \frac{\lambda\, e^{ix}}{1-\lambda\, e^{ix}}\right]$. Ainsi :

$$\frac{e^{inx}}{1-2\lambda\cos x+\lambda^2} = \frac{1}{1-\lambda^2} \times \left[\frac{e^{inx}}{1-\lambda\, e^{-ix}} + \frac{\lambda\, e^{i(n+1)x}}{1-\lambda\, e^{ix}}\right].$$

Il reste à intégrer de 0 à 2π et l'on a : $(1-\lambda^2)L = J + K$.
Les assertions a) et d) sont fausses. Puis en utilisant la question 05,

$$(1-\lambda^2)L = 2\pi\lambda^n \Rightarrow L = \frac{2\pi\lambda^n}{1-\lambda^2}.$$

Ainsi, **les deux assertions b) et c) sont fausses**.

Question 07 : Soit a un réel non nul. On considère les fonctions f et g suivantes :

- g est périodique de période $T = 2\pi$ et $g(x) = \dfrac{a^2x^2}{2}$, pour $x \in [-\pi, \pi[$.
- $f(x) = 2a^2 \displaystyle\sum_{n=1}^{+\infty} \frac{(-1)^n}{n^2+a^2} \cos(nx)$.

On trace la fonction g sur $[-3\pi, 3\pi]$ (pour $a = 1$) :

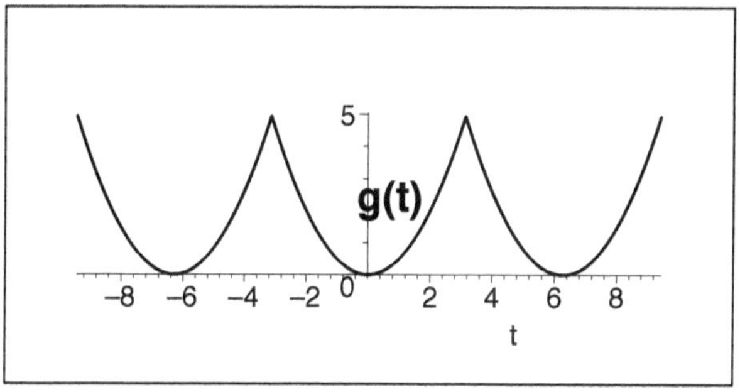

La fonction g est continue sur **R** et **l'assertion a) est vraie**.
Puis, il est clair que g est paire et par voie de conséquence, on peut en déduire que **l'assertion c) est vraie** et **l'assertion d) est fausse**.
La dernière assertion à voir est obligatoirement fausse. En effet, on sait que si g est dérivable sur **R**, alors g est continue sur **R**, le contraire n'est pas toujours vrai.

Remarque : attention, c'est l'implication qui est fausse, donc **l'assertion b) est fausse** et non le fait que g soit dérivable ou non. On peut voir par contre que g n'est pas dérivable en π par exemple car $g'_d(\pi) \neq g'_g(\pi)$.

Question 08 : Faisons un petit rappel du cours :

Si g est une fonction de période T alors le ***développement en série de Fourier*** *de $g(t)$ s'écrit : $S_g(t) = a_0 + \displaystyle\sum_{n=1}^{+\infty}(a_n \cos(n\omega t) + b_n \sin(n\omega t))$, où $\omega = 2\pi/T$.*

On a : $a_0 = \dfrac{1}{T}\displaystyle\int_\alpha^{\alpha+T} g(t)\,dt$ et pour tout $n \geqslant 1$,

$$a_n = \frac{2}{T}\int_\alpha^{\alpha+T} g(t)\cos(n\omega t)\,dt \text{ et } b_n = \frac{2}{T}\int_\alpha^{\alpha+T} g(t)\sin(n\omega t)\,dt.$$

Si g est paire, ce qui est le cas ici, alors $b_n = 0$ pour tout n.
L'assertion a) est fausse car g n'est pas impaire.
De plus $T = 2\pi$ et $\omega = 1$.
On peut choisir $\alpha = -\pi$ en raison de la définition de g dans l'énoncé.

$$a_0 = \frac{1}{2\pi}\int_{-\pi}^{\pi} g(t)\,dt = \frac{1}{\pi}\int_0^{\pi} \frac{a^2t^2}{2}\,dt,$$

en raison la parité de g. Cela donne :

$$a_0 = \frac{1}{\pi}\left[\frac{a^2t^3}{6}\right]_0^{\pi} = \frac{a^2\pi^2}{6}.$$

L'assertion b) est vraie.
Si $n \geqslant 1$,

$$a_n = \frac{1}{\pi}\int_{-\pi}^{\pi} g(t)\cos(nt)\,dt = \frac{1}{\pi}\int_0^{\pi} a^2t^2\cos(nt)\,dt.$$

Déjà, on remarque que **l'assertion c) est fausse** car ce que l'on propose dans cette assertion pour a_n est le double du bon a_n. Puis on doit maintenant faire bravement deux intégrations par parties successives.

$$\int_0^{\pi} t^2\cos(nt)\,dt = -\int_0^{\pi} 2t\frac{\sin(nt)}{n}\,dt + \left[t^2\frac{\sin(nt)}{n}\right]_0^{\pi} = -\frac{2}{n}\int_0^{\pi} t\sin(nt)\,dt.$$

Puis :

$$-\frac{2}{n}\int_0^{\pi} t\sin(nt)\,dt = \frac{2}{n}\int_0^{\pi} \frac{-\cos(nt)}{n}\,dt - \frac{2}{n}\left[-t\frac{\cos(nt)}{n}\right]_0^{\pi}.$$

Cela donne :

$$-\frac{2}{n}\int_0^{\pi} t\sin(nt)\,dt = \frac{2}{n}\left[\frac{-\sin(nt)}{n^2}\right]_0^{\pi} - \frac{2}{n}\left[-t\frac{\cos(nt)}{n}\right]_0^{\pi} = \frac{2\pi(-1)^n}{n^2}$$

sachant que $\cos(n\pi) = (-1)^n$. Il reste :

$$a_n = \frac{a^2}{\pi} \times \frac{2\pi(-1)^n}{n^2} = \frac{2a^2(-1)^n}{n^2}.$$

Finalement, **l'assertion d) est vraie.**

Question 09 : La décomposition en série de Fourier de g s'écrit (en utilisant le rappel de cours écrit à la question précédente,

$$S_g(x) = \frac{a^2\pi^2}{6} + 2a^2\sum_{n=1}^{+\infty}\frac{(-1)^n}{n^2}\cos(nx).$$

Or d'après le théorème de Dirichlet, g est de classe $\mathcal{C}^1$ par morceaux et étant continue sur $\mathbf{R}$, g est égale à son développement en série de Fourier pour tout $x \in \mathbf{R}$. On a :

$$g(x) = \frac{a^2\pi^2}{6} + 2a^2\sum_{n=1}^{+\infty}\frac{(-1)^n}{n^2}\cos(nx).$$

L'assertion d) est vraie et **les assertions a), b) et c) sont fausses.**

Remarque : il y a un manque de rigueur dans l'énoncé, on ne précise pas que les égalités doivent être valables pour tout réel x. Et cette remarque n'est pas que pour cette question.

Question 10 : On a en utilisant la question précédente et la définition de $f(x)$,

$$h(x) = g(x) - f(x) = \frac{a^2\pi^2}{6} + 2a^2 \sum_{n=1}^{+\infty} \frac{(-1)^n}{n^2} \cos(nx) - 2a^2 \sum_{n=1}^{+\infty} \frac{(-1)^n}{n^2+a^2} \cos(nx).$$

Cela donne :

$$h(x) = \frac{a^2\pi^2}{6} + 2a^2 \sum_{n=1}^{+\infty} (-1)^n \cos(nx) \left[\frac{1}{n^2} - \frac{1}{n^2+a^2}\right].$$

Et donc : $h(x) = \dfrac{a^2\pi^2}{6} + 2a^2 \displaystyle\sum_{n=1}^{+\infty} \frac{(-1)^n a^2}{n^2(n^2+a^2)} \cos(nx)$.

Finalement, **les assertions a) et b) sont fausses.**

Puis, on applique la dérivation sous le signe somme (en admettant la convergence normale de la série des dérivées sur $[0,\pi]$, voir la remarque de la question 05),

$$h'(x) = -2a^2 \sum_{n=1}^{+\infty} \frac{a^2}{n(n^2+a^2)} (-1)^n \sin(nx).$$

Donc **l'assertion c) est fausse** à cause du x en trop.

Puis en supposant possible encore la dérivation de la série de somme $h'(x)$,

$$h''(x) = -2a^2 \sum_{n=1}^{+\infty} \frac{na^2}{n(n^2+a^2)} (-1)^n \cos(nx) = -2a^2 \sum_{n=1}^{+\infty} \frac{a^2}{n^2+a^2} (-1)^n \cos(nx),$$

ce qui fait bien $-a^2 f(x)$. **L'assertion d) est vraie.**

Question 11 : Si $x \in [-\pi, \pi[$, $h''(x) = g''(x) - f''(x)$, puis :

$$g'(x) = a^2 x \text{ et } g''(x) = a^2.$$

Il reste :

$$-a^2 f(x) = a^2 - f''(x) \Rightarrow f''(x) - a^2 f(x) = a^2.$$

Ainsi, **les assertions a) et b) sont fausses.**

Puis l'équation différentielle $y'' - a^2 y = 0$ admet comme solution générale :

$$y(x) = \lambda_1 e^{-ax} + \lambda_2 e^{ax},$$

où λ_1 et λ_2 sont des constantes dépendantes des conditions initiales.

L'assertion c) est vraie et **l'assertion d) est fausse.**

Question 12 : À cause de $x \mapsto \cos(nx)$ qui est une fonction paire, il en est de même de f.

Donc, **l'assertion a) est vraie** et **l'assertion b) est fausse.**

L'intégrale $\int_{-\pi}^{\pi} f(x)\,dx = 2\int_{0}^{\pi} f(x)\,dx$ car f est paire et $2\int_{0}^{\pi} f(x)\,dx = 0$ car $\int_{0}^{\pi} \cos(nx)\,dx = 0$.
Donc **l'assertion c) est vraie** et **l'assertion d) est fausse** car f n'est pas impaire.

Remarque : ici aussi on a admis la possibilité d'inverser $\sum$ et $\int$.

<u>**Question 13**</u> **:** On suppose ici que la fonction f s'écrit sous la forme :

$$f(x) = \beta\, e^{-ax} + \mu\, e^{ax} - 1,$$

où β et μ sont des constantes réelles.
On peut remarquer que f a bien cette forme car elle vérifie l'équation différentielle

$$y'' - a^2 y = a^2.$$

Comme f est paire, immédiatement, on voit que **l'assertion a) est fausse**.
Puis comme f est paire,

$$f(-x) = \beta\, e^{ax} + \mu\, e^{-ax} - 1 = f(x) = \beta\, e^{-ax} + \mu\, e^{ax} - 1.$$

Et cela pour tout x. Donc $\beta = \mu$ et **l'assertion b) est vraie**. Puis :

$$\int_{-\pi}^{\pi} f(x)\,dx = \left[-\frac{\beta}{a}e^{-ax} + \frac{\mu}{a}e^{ax} - x\right]_{-\pi}^{\pi}.$$

Et **l'assertion c) est fausse** car il n'y a pas de x en bas. Enfin :

$$\left[-\frac{\beta}{a}e^{-ax} + \frac{\mu}{a}e^{ax} - x\right]_{-\pi}^{\pi} = \frac{2\beta}{a}e^{a\pi} - \frac{2\beta}{a}e^{-a\pi} - 2\pi.$$

(On rappelle que $\mu = \beta$.) Or $\beta = \dfrac{a\pi}{e^{a\pi} - e^{-a\pi}}$ n'est vraie que si $\displaystyle\int_{-\pi}^{\pi} f(x)\,dx = 0$.
Ce qui est le cas. Donc **l'assertion d) est vraie**.

<u>**Question 14**</u> **: L'assertion a) est fausse**, en effet, $\displaystyle\sum_{n\geqslant 1} \frac{(-1)^n}{n^2 + a^2}$ est une série alternée dont le terme général tend vers 0. Mais il faut que la valeur absolue de ce terme soit décroissant (ce qui est le cas d'ailleurs mais ce n'est pas dit).
L'assertion b) est vraie car c'est le théorème spécial des séries alternées.
Et **l'assertion c) est fausse** car il existe des séries dont le terme général tend vers 0 et qui divergent (la série de terme général $1/n$ par exemple).
On a :

$$f(x) = \frac{a\pi}{e^{a\pi} - e^{-a\pi}}\left(e^{-ax} + e^{ax}\right) - 1 = 2a^2 \sum_{n=1}^{+\infty} \frac{(-1)^n}{n^2 + a^2}\cos(nx).$$

On applique pour $x = 0$.

$$f(0) = \frac{a\pi}{e^{a\pi} - e^{-a\pi}}(1+1) - 1 = 2a^2 \sum_{n=1}^{+\infty} \frac{(-1)^n}{n^2 + a^2}.$$

Cela donne :

$$\sum_{n=1}^{+\infty} \frac{(-1)^n}{n^2+a^2} = \frac{\pi}{a\left(e^{a\pi}-e^{-a\pi}\right)} - \frac{1}{2a^2}.$$

Ainsi **l'assertion d) est vraie**.

Question 15 : On note $u(t)$ l'échelon unité (ou échelon de Heaviside), défini par

$$u(t) = \begin{cases} 0 & \text{si} \quad t<0 \\ 1 & \text{si} \quad t \geqslant 0 \end{cases}.$$

Si $\mathcal{L}$ symbolise la transformée de Laplace, on note $S(p) = \mathcal{L}(s(t))$ la transformée de Laplace d'un signal $t \mapsto s(t)$ et $Y(p) = \mathcal{L}(y(t))$ la transformée de Laplace d'une fonction $t \mapsto y(t)$. On commence par écrire :

$$s(t) = \begin{cases} 2t & \text{si} \quad 0 \leqslant t \leqslant 1 \\ -t+3 & \text{si} \quad 1 \leqslant t \leqslant 3 \\ 0 & \text{si} \quad t \leqslant 3 \end{cases}.$$

Puis, de même,

$$s_1(t) = \begin{cases} t & \text{si} \quad 0 \leqslant t \leqslant 2 \\ -\frac{1}{2}t+3 & \text{si} \quad 2 \leqslant t \leqslant 6 \\ 0 & \text{si} \quad t \leqslant 6 \end{cases}.$$

Déjà, on remarque que $s_1(t) \neq 2s(t)$ car le découpage de $s(t)$ est $[0,1,3]$ et celui de $s_1(t)$ est $[0,2,6]$.
Donc **l'assertion a) est fausse**.
Puis par exemple $s_1(0) = 0$ et $s(0+2) = s(2) = 1$ donc il existe t tel que $s_1(t) \neq s(t+2)$ et **l'assertion b) est fausse**.
Enfin, $s\left(\frac{t}{2}\right) = t$ pour $0 \leqslant \frac{t}{2} \leqslant 1 \Leftrightarrow 0 \leqslant t \leqslant 2$.
$s\left(\frac{t}{2}\right) = -\frac{t}{2}+3$ pour $1 \leqslant \frac{t}{2} \leqslant 3 \Leftrightarrow 2 \leqslant t \leqslant 6$.
$s\left(\frac{t}{2}\right) = 0$ pour $\frac{t}{2} \leqslant 3 \Leftrightarrow t \leqslant 6$.
Donc pour tout t, $s_1(t) = s\left(\frac{t}{2}\right)$ donc **l'assertion d) est vraie** et par voie de conséquence, **l'assertion c) est fausse**.

Question 16 : Il est clair que **l'assertion a) et l'assertion b) sont fausses** d'après la question 15.
Posons :

$$\phi : t \mapsto 2\,t\,u(t) - t\,u(t-1) + t\,u(t-3).$$

Si $0 \leqslant t \leqslant 1$, $u(t) = 1$, $u(t-1) = u(t-3) = 0$.
On a donc : $\phi(t) = 2t$ pour $0 \leqslant t \leqslant 1$.
Si $1 \leqslant t \leqslant 3$, $u(t) = 1$, $u(t-1) = 1$ et $u(t-3) = 0$.
Donc $\phi(t) = 2t - t = t$ pour $1 \leqslant t \leqslant 3$.
Comme ϕ et s ne sont pas égales sur $[1,3]$, $\phi \neq s$.
Et **l'assertion c) est fausse**.

Posons maintenant :

$$\psi : t \mapsto 2\,t\,u(t) - 3(t-1)\,u(t-1) + (t-3)\,u(t-3).$$

Si $0 \leqslant t \leqslant 1$, $u(t) = 1$, $u(t-1) = u(t-3) = 0$.
Donc $\psi(t) = 2t = s(t)$ pour $0 \leqslant t \leqslant 1$.
Si $1 \leqslant t \leqslant 3$, $u(t) = 1 = u(t-1)$ et $u(t-3) = 0$.
Donc $\psi(t) = 2t - 3(t-1) = -t + 3 = s(t)$ pour $1 \leqslant t \leqslant 3$.
Si $t \geqslant 3$, $u(t) = 1 = u(t-1) = u(t-3)$.
Et alors $\psi(t) = 2t - 3(t-1) + t - 3 = 0 = s(t)$ pour $t \geqslant 3$.
Ainsi $\psi = s$ et **l'assertion d) est vraie**.

Question 17 : Commençons par un rappel utile ici et pour les autres sujets d'IESSA. (On pose $\Re(p)$ la partie réelle de p.)

*1) **Transformée de Laplace** de* $t \mapsto a\,u(t) : p \mapsto \dfrac{a}{p}$. *(Avec* $\Re(p) > 0$.*)*

*2) **Transformée de Laplace** de* $t \mapsto e^{at}\,u(t) : p \mapsto \dfrac{1}{p-a}$. *(Avec* $\Re(p-a) > 0$.*)*

*3) **Transformée de Laplace** de* $t \mapsto u(t-a) : p \mapsto \dfrac{e^{-ap}}{p}$. *(Avec* $\Re(p) > 0$.*)*

*4) **Transformée de Laplace** de* $t \mapsto (t-a)^n\,u(t-a) : p \mapsto e^{-ap}\dfrac{n!}{p^{n+1}}$.
(Avec $\Re(p) > 0$.*)*

*5) **Transformée de Laplace** de* $t \mapsto u(t)\,\sin(at) : p \mapsto \dfrac{p}{a^2+p^2}$.
(Avec $\Re(p) > 0$.*)*

*6) **Transformée de Laplace** de* $t \mapsto u(t)\,\cos(at) : p \mapsto \dfrac{a}{a^2+p^2}$.
(Avec $\Re(p) > 0$.*)*

*7) **Transformée de Laplace** de* $t \mapsto y'(t) : p \mapsto pY(p) - y(0)$.
*8) **Transformée de Laplace** de* $t \mapsto y''(t) : p \mapsto p^2Y(p) - py(0) - y'(0)$.
Pour les deux dernières, $Y(p)$ *est la transformée de Laplace de* $y(t)$.

Il suffit d'aller piocher dans les rappels ce qui nous intéresse car

$$s(t) = 2\,t\,u(t) - 3(t-1)\,u(t-1) + (t-3)\,u(t-3).$$

On a :

$$\mathcal{L}(2tu(t)) = \frac{2}{p^2},\ \mathcal{L}(-3(t-1)u(t-1)) = -\frac{3}{p^2}e^{-p},$$

$$\mathcal{L}((t-3)u(t-3)) = \frac{1}{p^2}e^{-3p}.$$

Donc $S(p) = \dfrac{2}{p^2} - \dfrac{3}{p^2}e^{-p} + \dfrac{1}{p^2}e^{-3p}$.
On peu conclure.
Les quatre assertions a), b), c) et d) sont fausses et **l'assertion e) est vraie**.

Question 18 : On désire ici la décomposition en éléments simples de

$$G(p) = \frac{1}{p^2(2p^2 - 10p + 8)}.$$

On a pour commencer : $2p^2 - 10p + 8 = 2(p-1)(p-4)$.
Puis écrivons $G(p)$ sous la forme $\dfrac{\alpha}{p} + \dfrac{\beta}{p^2} + \dfrac{\gamma}{p-1} + \dfrac{\delta}{p-4}$.
On a : $\beta = \left[p^2 G(p)\right]_{p=0} = \left[\dfrac{1}{2(p-1)(p-4)}\right]_{p=0} = \dfrac{1}{8}$.
Puis : $\gamma = [(p-1)G(p)]_{p=1} = \left[\dfrac{1}{p^2 2(p-4)}\right]_{p=1} = -\dfrac{1}{6}$.
Puis : $\delta = [(p-4)G(p)]_{p=4} = \left[\dfrac{1}{p^2 2(p-1)}\right]_{p=4} = \dfrac{1}{96}$.
Il reste le calcul de α. On remarque que $\lim\limits_{p \to +\infty} pG(p) = 0$ et de plus,

$$\lim_{p \to +\infty} pG(p) = \alpha + \gamma + \delta.$$

Donc $\alpha = -\gamma - \delta = \dfrac{5}{32}$.
Finalement,

$$G(p) = \frac{5}{32p} + \frac{1}{8p^2} - \frac{1}{6(p-1)} + \frac{1}{96(p-4)}.$$

Ainsi, **l'assertion b) est vraie** et **les assertions a), c) et d) sont fausses**.
Question 19 : On considère ici l'équation différentielle :

$$2y''(t) - 10y'(t) + 8y(t) = t\,u(t),$$

avec $y(0) = 0$ et $y'(0) = 0$. On applique la transformation de Laplace à cette équation.
On commence par le premier membre : $\mathcal{L}\left(2y''(t) - 10y'(t) + 8y(t)\right)$.
Il vaut :

$$2\mathcal{L}\left(y''(t)\right) - 10\mathcal{L}\left(y'(t)\right) + 8\mathcal{L}\left(y(t)\right).$$

Or : $\mathcal{L}\left(y''(t)\right) = p^2 Y(p) - py(0) - y'(0)$, $\mathcal{L}\left(y'(t)\right) = pY(p) - y(0)$, $\mathcal{L}\left(y(t)\right) = Y(p)$.
Puis pour le second membre, on a immédiatement : $\mathcal{L}\left(t\,u(t)\right) = \dfrac{1}{p^2}$.
On a utilisé un des rappels au niveau du corrigé de la question 17.
Donc :

$$(2p^2 - 10p + 8)Y(p) = \frac{1}{p^2} \Rightarrow Y(p) = G(p).$$

Ainsi, **l'assertion a) est fausse** et **l'assertion b) est vraie**.
En utilisant, ce qui précède,

$$Y(p) = \frac{5}{32p} + \frac{1}{8p^2} - \frac{1}{6(p-1)} + \frac{1}{96(p-4)}.$$

Alors : $y(t) = \frac{5}{32}u(t) + \frac{t}{8}u(t) - \frac{1}{6}e^t u(t) + \frac{1}{96}e^{4t}u(t)$.

On a finalement : $y(t) = \frac{1}{2}\left(\frac{5}{16} + \frac{t}{4} - \frac{1}{3}e^t + \frac{1}{48}e^{4t}\right)u(t)$.

Donc : **l'assertion c) est vraie** et **l'assertion d) est fausse**.

Question 20 : Soit maintenant l'équation différentielle :

$$2x''(t) - 10x'(t) + 8x(t) = s(t),$$

avec $x(0) = 0$ et $x'(0) = 0$. Posons $\mathcal{L}(x(t)) = X(p)$. On a :

$$2(p-1)(p-4)X(p) = S(p),$$

en utilisant ce qui précède. Alors :

$$X(p) = \frac{S(p)}{2(p-1)(p-4)} = \left[\frac{2}{p^2} - \frac{3}{p^2}e^{-p} + \frac{1}{p^2}e^{-3p}\right] \times \frac{1}{2(p-1)(p-4)}.$$

En développant :

$$X(p) = \frac{1}{p^2(p-1)(p-4)} - \frac{3}{2p^2(p-1)(p-4)}e^{-p} + \frac{1}{2p^2(p-1)(p-4)}e^{-3p}.$$

On voit que $-3G(p)e^{-p}$ est la transformée de Laplace de $-3y(t-1)$.
De même, $G(p)e^{-3p}$ est la transformée de $y(t-3)$.
Donc :

$$x(t) = 2y(t) - 3y(t-1) + y(t-3).$$

On peut en conclure que **l'assertion d) est vraie**.
Par voie de conséquence, **les assertions a) et b) sont fausses**.
Il reste à tout rassembler, pour savoir si l'assertion c) est vraie ou fausse.
D'après la question 19, $x(t)$ vaut :

$$\left(\frac{5}{16} + \frac{1}{4}t - \frac{1}{3}e^t + \frac{1}{48}e^{4t}\right)u(t) - \frac{3}{2}\left(\frac{5}{16} + \frac{1}{4}(t-1) - \frac{1}{3}e^{t-1} + \frac{1}{48}e^{4(t-1)}\right)u(t-1)$$
$$+\frac{1}{2}\left(\frac{5}{16} + \frac{1}{4}(t-3) - \frac{1}{3}e^{t-3} + \frac{1}{48}e^{4(t-3)}\right)u(t-3).$$

Finalement, **l'assertion c) est vraie**.

CONCOURS IESSA
Epreuve de Mathématiques
SESSION 2015

Questions liées : *Questions 1 à 4, questions 5 à 6, questions 7 à 11, questions 12 à 15, questions 16 à 18, questions 19 à 20*

ENONCE

Les lettres **R**, **C**, **N** *et désignent respectivement les ensembles des réels, des complexes, des entiers naturels et des entiers relatifs. Le symbole i représente le nombre complexe défini par $i^2 = -1$.*

Les fonctions cosh ***et*** sinh ***sont définies sur*** **R** ***par :***

$$\cosh(x) = \frac{e^x + e^{-x}}{2} \textit{ et } \sinh(x) = \frac{e^x + e^{-x}}{2}.$$

PARTIE I

On considère l'équation différentielle (E_0) : $y''(t) + 5y'(t) + 6y(t) = 0$.

Question 01 : les solutions de (E_0) sont de la forme :

a) $y(t) = A\,e^{2t} + B\,e^{3t}$, avec A et B réels.

b) $y(t) = e^{-2t}\left(A + B\,e^{-t}\right)$, avec A et B réels.

c) $y(t) = e^{-\frac{5}{2}t}\left(A\cosh\left(\dfrac{t}{2}\right) + B\sinh\left(\dfrac{t}{2}\right)\right)$, avec A et B réels.

d) $y(t) = A\,e^{-5t} + B\,e^{-6t}$, avec A et B réels.

Question 02 : On adjoint à l'équation (E_0) les conditions initiales $y(0) = 3$ et $y'(0) = -7$. La solution $y(t)$ de (E_0) vérifiant ces conditions initiales est alors :

a) $16\,e^{2t} - 13\,e^{3t}$.

b) $2\,e^{-2t}\left(1 + e^{-t}\right)$.

c) $e^{-\frac{5}{2}t}\left(3\cosh\left(\dfrac{t}{2}\right) + \sinh\left(\dfrac{t}{2}\right)\right)$.

d) $11\,e^{-5t} - 8\,e^{-6t}$.

Question 03 : Ici (E) $y''(t) + 5y'(t) + 6y(t) = e^{-2t} + e^{-t} + e^{-5t}$.
Une solution particulière de (E) est :

a) $y_p(t) = \left(t + \dfrac{1}{4}\right)e^{-2t} + \dfrac{1}{2}e^{-t} + \dfrac{1}{6}e^{-5t}$.

b) $y_p(t) = -\dfrac{1}{3}t\,e^{-2t} + \dfrac{1}{2}t\,e^{-t} + \dfrac{1}{6}\,e^{-5t}$.

c) $y_p(t) = t\,e^{-2t} + \dfrac{1}{2}\left(e^{-t} + e^{-\frac{5}{2}t}\sinh\left(\dfrac{t}{2}\right)\right) + \dfrac{1}{6}e^{-5t}$.

d) $y_p(t) = \dfrac{1}{3}e^{-2t} + \dfrac{1}{2}e^{-t} + \dfrac{1}{6}t\,e^{-5t}$.

Question 04 : Les solutions de (E) sont alors de la forme :

a) $y_p(t) = A\,e^{2t} + B\,e^{3t} + \left(\dfrac{1}{3}t + \dfrac{1}{4}\right)e^{-2t} + \dfrac{1}{2}e^{-t} + \dfrac{1}{6}e^{-5t}$, avec A et B réels.

b) $y_p(t) = e^{-2t}\left(A + B\,e^{-t}\right) - \dfrac{1}{3}t\,e^{-2t} + \dfrac{1}{2}t\,e^{-t} + \dfrac{1}{6}e^{-5t}$, avec A et B réels.

c) $y_p(t) = e^{-\frac{5}{2}t}\left(A\cosh\left(\dfrac{t}{2}\right) + B\sinh\left(\dfrac{t}{2}\right)\right) + \dfrac{1}{3}t\,e^{-2t}$
$+\dfrac{1}{6}\left(e^{-t} + e^{-\frac{5}{2}t}\sinh\left(\dfrac{t}{2}\right)\right) + \dfrac{1}{2}\,e^{-5t}$, avec A et B réels.

d) $y_p(t) = A\,e^{-5t} + B\,e^{-6t} + \dfrac{1}{3}\,e^{-2t} + \dfrac{1}{2}e^{-t} + \dfrac{1}{6}\,t\,e^{-5t}$, avec A et B réels.

PARTIE II

Soit f définie par $f(x) = \dfrac{3x+8}{x^2+5x+6}$.

Question 05 : La décomposition en éléments simples de la fonction f est

a) $f(x) = \dfrac{8}{x+\frac{1}{3}} + \dfrac{5}{x+\frac{1}{2}}$. **b)** $f(x) = \dfrac{2}{x+2} + \dfrac{1}{x+3}$.

c) $f(x) = \dfrac{\frac{11}{8}}{x-1} + \dfrac{\frac{13}{8}}{x+6}$. **d)** $f(x) = \dfrac{2}{x-1} - \dfrac{\frac{5}{2}}{x+\frac{1}{2}}$.

Question 06 : Soit $I = \displaystyle\int_{-5}^{-4} f(x)\,dx$. On obtient :

a) $I = \ln 2 - 2\ln 3$.

b) $I = 8(\ln 11 - \ln 14) + 5(\ln 7 - \ln 9)$.

c) $I = 2(\ln 5 - \ln 6) + \frac{5}{2}(\ln 9 - \ln 7)$.

d) I n'existe pas car la fonction $t \mapsto \ln t$ n'est pas définie pour $t \leqslant 0$.

PARTIE III

On considère la série entière de terme général $u_n(x) = \dfrac{x^n}{n(n+1)}$, ***où*** x ***est un réel.***

Question 07 : Le rayon de convergence de cette série est :

a) 0. **b)** $\dfrac{1}{2}$. **c)** 1. **d)** ∞.

Question 08 : Soit $R = \alpha$ le rayon de convergence précédemment calculé.

a) La série converge pour $x = \alpha$ et $x = -\alpha$.

b) La série converge pour $x = \alpha$ et diverge pour $x = -\alpha$.

c) La série converge pour $x = -\alpha$ et diverge pour $x = \alpha$.
d) La série ne converge ni pour $x = \alpha$, ni pour $x = -\alpha$.

On désigne par I ***l'intervalle de convergence de la série.***
On pose : $f(x) = \sum_{n=1}^{+\infty} \frac{x^n}{n(n+1)}$ ***pour*** $x \in I$.

Question 09 : Alors pour tout $x \in I$, $f'(x)$ vaut

a) $\sum_{n=1}^{+\infty} \frac{x^{n+1}}{n(n+1)^2}$. **b)** $\sum_{n=0}^{+\infty} \frac{x^{n+1}}{n+1}$. **c)** $\sum_{n=1}^{+\infty} \frac{x^{n-1}}{n+1}$. **d)** $\sum_{n=1}^{+\infty} \frac{x^n}{n+2}$.

Pour un ensemble donné J ***contenant*** 0, ***on désigne par*** $J^\star$ ***l'ensemble formé des éléments de*** J ***sauf*** 0.

Question 10 : En identifiant le développement en série entière, on obtient :

a) $f'(x) = -\ln(1-x)$ pour $x \in (]-\alpha,\alpha[)^\star$ et $f'(0) = 0$.
b) $f'(x) = -\frac{\ln(1-x)}{x^2} - \frac{1}{x}$ pour $x \in (]-\alpha,\alpha[)^\star$ et $f'(0) = \frac{1}{2}$.
c) $f'(x) = \frac{\ln(1+x)}{x^2} - \frac{1}{x}$ pour $x \in (]-\alpha,\alpha[)^\star$ et $f'(0) = \frac{1}{2}$.
d) $f'(x) = -\frac{\ln(1+x)}{x^2} - \frac{1}{x}$ pour $x \in (]-\alpha,\alpha[)^\star$ et $f'(0) = \frac{1}{3}$.

Question 11 : Finalement, une intégration nous permet de conclure que pour $x \in]-\alpha,\alpha[$, $f(x)$ vaut :

a) $\frac{(1+x)\ln(1+x)}{x} - 1$. **b)** $-\frac{(1+x)\ln(1+x)}{x} + 1$.
c) $(1-x)\ln(1-x) + x$. **d)** $\frac{(1-x)\ln(1-x)}{x} + 1$.

PARTIE IV

On considère la fonction f, ***périodique de période*** $T = 2\pi$, ***définie par*** $f(x) = x^2 - \pi^2$ ***sur l'intervalle*** $]-\pi,\pi]$. ***On pose*** $\omega = 2\pi/T$.

Question 12 : Dans le développement en série de Fourier de f, les coefficients de Fourier a_n, $n \in \mathbf{N}^\star$, sont donnés par :

a) $a_n = 0$ pour $n \in \mathbf{N}^\star$ car f est paire.
b) $a_n = \frac{4}{n^2}$ pour $n \in \mathbf{N}^\star$.
c) $a_n = \frac{2}{T}\int_0^\pi f(x)\,\cos(nx)\,dx$ pour $n \in \mathbf{N}^\star$.
d) $a_n = \frac{2}{\pi}\int_0^\pi f(x)\,\cos(nx)\,dx$ pour $n \in \mathbf{N}^\star$.

Question 13 : Dans le développement en série de Fourier de f, les coefficients de Fourier b_n, $n \in \mathbf{N}^\star$, sont donnés par :

a) $b_n = 0$ pour $n \in \mathbf{N}^\star$ car f est paire.

b) $b_n = \dfrac{4(-1)^n}{n^2}$ pour $n \in \mathbf{N}^\star$.

c) $b_n = \dfrac{2}{T}\displaystyle\int_0^\pi f(x)\,\sin(nx)\,dx$ pour $n \in \mathbf{N}^\star$.

d) $b_n = \dfrac{2}{\pi}\displaystyle\int_0^\pi f(x)\,\sin(nx)\,dx$ pour $n \in \mathbf{N}^\star$.

Question 14 : Après calcul éventuel du coefficient a_0, la décomposition en série de Fourier de f s'écrit

a) $f(x) = 4\displaystyle\sum_{n=1}^{+\infty} \frac{(-1)^n}{n^2}\sin(nx)$. **b)** $f(x) = \dfrac{2}{3}\pi^2 + \displaystyle\sum_{n=1}^{+\infty} \frac{4}{n^2}\cos(nx)$.

c) $f(x) = -\dfrac{2}{3}\pi^2 + 4\displaystyle\sum_{n=1}^{+\infty} \frac{(-1)^n}{n^2}\cos(nx)$. **d)** $f(x) = -\dfrac{2}{3}\pi^2 + \displaystyle\sum_{n=1}^{+\infty} \frac{4}{n^2}\cos(nx)$.

Question 15 : Les valeurs moyenne m et efficace E de la fonction f sont

a) $m = -\dfrac{2}{3}\pi^2$ et $\mathrm{E} = 2\,\pi^2\sqrt{\dfrac{2}{15}}$. **b)** $m = \dfrac{2}{3}\pi^2$ et $\mathrm{E} = \dfrac{8\pi^4}{15}$.

c) $m = -\dfrac{2}{3}\pi^2$ et $\mathrm{E} = \dfrac{8\pi^4}{15}$. **d)** $m = \dfrac{2}{3}\pi^2$ et $\mathrm{E} = 2\,\pi^2\sqrt{\dfrac{2}{15}}$.

PARTIE V

Dans cette partie, on notera $u(t)$ ***l'échelon unité (ou échelon de Heaviside), défini par*** $u(t) = \begin{cases} 0 & si \quad t < 0 \\ 1 & si \quad t \geqslant 0 \end{cases}$.

On considère la fonction f_0, ***nulle partout sauf sur*** $[0, 6]$, ***où elle est représentée par :***

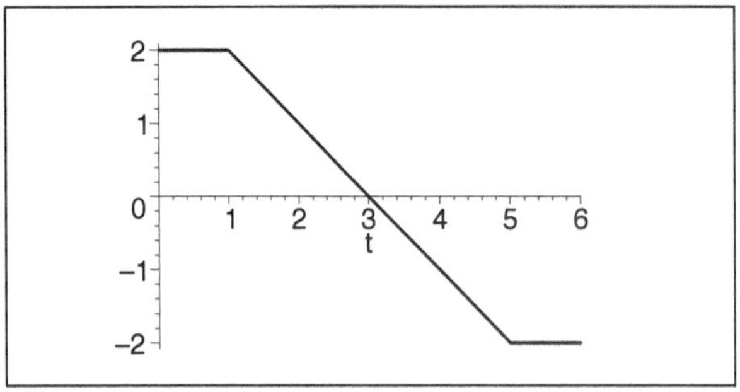

Question 16 : La fonction f_0 peut s'écrire :

a) $f_0(t) = \begin{cases} 0 & \text{si} & t < 0 \text{ ou } t > 6 \\ 2 & \text{si} & 0 \leqslant t \leqslant 1 \\ 3 - t & \text{si} & 1 \leqslant t \leqslant 5 \\ -2 & \text{si} & 5 \leqslant t \leqslant 6 \end{cases}$.

b) $f_0(t) = 2\,u(t) + (3 - t)\,u(t - 1) - 2\,u(t - 5)$.

c) $f_0(t) = 2\,u(t) + (1 - t)\,u(t - 1) + (-5 + t)\,u(t - 5) + 2\,u(t - 6)$.

d) $f_0(t) = 2\,u(t) + (1 - t)\,u(t + 1) + (-5 + t)\,u(t + 5) + 2\,u(t + 6)$.

Question 17 : Pour $p \neq 0$, on a

a) $\displaystyle\int_0^1 2\,e^{-pt}\,dt = -\frac{2}{p}\left(e^{-p}+1\right).$ **b)** $\displaystyle\int_0^1 2\,e^{-pt}\,dt = -2p\left(e^{-p}-1\right).$

c) $\displaystyle\int_1^5 (3-t)\,e^{-pt}\,dt = \frac{2}{p}\left(e^{-5p}+e^{-p}\right)+\frac{1}{p^2}\left(e^{-5p}-e^{-p}\right).$

d) $\displaystyle\int_1^5 (3-t)\,e^{-pt}\,dt = \frac{2}{p}\left(e^{-5p}-e^{-p}\right)+\frac{1}{p^2}\left(e^{-5p}+e^{-p}\right).$

Question 18 : On a également :

a) $\displaystyle\int_5^6 -2\,e^{-pt}\,dt = -\frac{2}{p}\left(-e^{-6p}+e^{-5p}\right).$ **b)** $\displaystyle\int_5^6 -2\,e^{-pt}\,dt = \frac{2}{p}\left(e^{-5p}-e^{-6p}\right).$

Ainsi, on en déduit que pour $p \neq 0$, la quantité $I(p) = \displaystyle\int_0^{+\infty} f_0(t)\,e^{-pt}\,dt$ admet pour valeur :

c) $I(p) = -\dfrac{2}{p}\left(1-e^{-6p}\right)+\dfrac{1}{p^2}\left(e^{-p}-e^{-5p}\right).$

d) $I(p) = \dfrac{2}{p}\left(1+e^{-6p}\right)+\dfrac{1}{p^2}\left(e^{-5p}-e^{-p}\right).$

PARTIE VI

On considère le système linéaire (S) : $\begin{cases} -x-3y-2z &= 1 \\ 4x+9y+6z &= 5 \\ 3x+7y+5z &= 2 \end{cases}.$

Question 19 : Ce système s'écrit de façon matricielle $AX = B$, avec :

a) $A = \begin{pmatrix} -1 & -3 & -2 \\ 4 & 9 & 6 \\ 3 & 7 & 5 \end{pmatrix}$, $X = \begin{pmatrix} x & y & z \end{pmatrix}$ et $B = \begin{pmatrix} 1 & 5 & 2 \end{pmatrix}$.

b) $A = \begin{pmatrix} -1 & 4 & 3 \\ -3 & 9 & 7 \\ -2 & 6 & 5 \end{pmatrix}$, $X = \begin{pmatrix} x & y & z \end{pmatrix}$ et $B = \begin{pmatrix} 1 & 5 & 2 \end{pmatrix}$.

c) $A = \begin{pmatrix} -1 & -3 & -2 \\ 4 & 9 & 6 \\ 3 & 7 & 5 \end{pmatrix}$, $X = \begin{pmatrix} x \\ y \\ z \end{pmatrix}$ et $B = \begin{pmatrix} 1 \\ 5 \\ 2 \end{pmatrix}$.

d) $A = \begin{pmatrix} -1 & 4 & 3 \\ -3 & 9 & 7 \\ -2 & 6 & 5 \end{pmatrix}$, $X = \begin{pmatrix} x \\ y \\ z \end{pmatrix}$ et $B = \begin{pmatrix} 1 \\ 5 \\ 2 \end{pmatrix}$.

Question 20 : Le système (S)

a) possède une infinité de solutions : ce n'est pas un système de Cramer.

b) est un système de Cramer, de solution $(x, y, z) = (8, -1, -3)$.

c) n'admet pas de solutions dans $\mathbf{R}^3$, car ce n'est pas un système de Cramer.

d) est un système de Cramer, de solution $(x, y, z) = (8, -5, 3)$.

CORRIGE

Question 01 : L'équation différentielle (E_0) : $y''(t) + 5y'(t) + 6y(t) = 0$ a pour équation caractéristique :

$$x^2 + 5x + 6 = 0.$$

Son discriminant est $\Delta = 25 - 24 = 1$ et donc ses racines sont $(-5 \pm 1)/2$, soit -3 et -2. On sait que l'ensemble des solutions de (E_0) est l'ensemble des combinaisons linéaires de $t \mapsto e^{-2t}$ et de $t \mapsto e^{-3t}$.
Déjà, **l'assertion a) et l'assertion d) sont fausses**.
Puis comme $e^{-2t}\left(A + B\,e^{-t}\right) = A\,e^{-2t} + B\,e^{-3t}$, **l'assertion b) est vraie**.
Attention, pour l'assertion c), il faut développer :

$$e^{-\frac{5}{2}t}\left(A\,\cosh\left(\frac{t}{2}\right) + B\,\sinh\left(\frac{t}{2}\right)\right),$$

ce qui donne :

$$\frac{A}{2}\,e^{-\frac{5}{2}t}\left(e^{\frac{1}{2}t} + e^{-\frac{1}{2}t}\right) + \frac{B}{2}\,e^{-\frac{5}{2}t}\left(e^{\frac{1}{2}t} - e^{-\frac{1}{2}t}\right),$$

en utilisant la définition de cosh et de sinh. Il reste, en développant, la quantité :

$$\frac{A}{2}\left(e^{-2t} + e^{-3t}\right) + \frac{B}{2}\left(e^{-2t} - e^{-3t}\right) = \left(\frac{A}{2} + \frac{B}{2}\right)e^{-2t} + \left(\frac{A}{2} - \frac{B}{2}\right)e^{-3t}.$$

Or posons $A/2 + B/2 = C$ et $A/2 - B/2 = D$. Il existe un couple (C, D) unique pour un couple (A, B) donné et réciproquement. Donc l'ensemble des fonctions du type $t \mapsto e^{-\frac{5}{2}t}\left(A\,\cosh\left(\frac{t}{2}\right) + B\,\sinh\left(\frac{t}{2}\right)\right)$, où (A, B) parcourt $\mathbf{R}^2$ est égal à l'ensemble des fonctions du type $t \mapsto C\,e^{-2t} + D\,e^{-3t}$, où (C, D) parcourt $\mathbf{R}^2$.
En conclusion, **l'assertion c) est vraie**.

Remarque : ici, il faut aller au bout des choses car le jour du concours, on survole parfois trop vite. Maintenant, cette question était la première de l'épreuve et le candidat avait encore toute son énergie.

Question 02 : On adjoint à l'équation (E_0) les conditions initiales $y(0) = 3$ et $y'(0) = -7$. On sait d'après le cours qu'il existe une et une seule solution de (E_0) vérifiant ces conditions initiales.

Remarque : de plus, on est très influencé par la question précédente. Celui qui n'a pas vu que l'assertion c) de la question 01 était vraie, risque de répondre faux immédiatement à l'assertion c) de la question 02.

On peut déjà écrire sans sourciller que **les assertions a) et d) sont fausses**. Pour les deux autres assertions, les formes proposées sont bien des solutions de (E_0) mais correspondent-elles aux conditions initiales imposées ?
Si $y(t) = 2\,e^{-2t}\left(1 + e^{-t}\right)$, $y(0) = 4$ et **l'assertion b) est fausse**.
Si $y(t) = e^{-\frac{5}{2}t}\left(3\,\cosh\left(\frac{t}{2}\right) + \sinh\left(\frac{t}{2}\right)\right)$, $y(0) = 3$.

Car on a : $\cosh(0) = 1$ et $\sinh(0) = 0$.
Il faut vérifier $y'(0) = -7$. Pour commencer, on a :

$$\cosh x = \frac{e^x + e^{-x}}{2} \Rightarrow (\cosh x)' = \frac{e^x - e^{-x}}{2} = \sinh x,$$

$$\sinh x = \frac{e^x - e^{-x}}{2} \Rightarrow (\sinh x)' = \frac{e^x + e^{-x}}{2} = \cosh x,$$

donc en utilisant $(uv)' = u'v + uv'$, $y'(t)$ vaut

$$-\frac{5}{2}e^{-\frac{5}{2}t}\left(3\cosh\left(\frac{t}{2}\right) + \sinh\left(\frac{t}{2}\right)\right) + e^{-\frac{5}{2}t}\left(\frac{3}{2}\sinh\left(\frac{t}{2}\right) + \frac{1}{2}\cosh\left(\frac{t}{2}\right)\right).$$

On remplace t par 0 et on obtient bien $-\frac{15}{2} + \frac{1}{2} = -7$.
Ainsi, **l'assertion c) est vraie**.

Question 03 : On considère maintenant l'équation différentielle :

$$(E) y''(t) + 5y'(t) + 6y(t) = e^{-2t} + e^{-t} + e^{-5t}.$$

On cherche une solution particulière de (E). Le plus efficace (bien que cela soit un peu long) est de partir des formes proposées et de voir si elles vérifient l'égalité qui caractérise (E). Plus précisément, pour chaque $y_p(t)$, on calcule :

$$y_p''(t) + 5y_p'(t) + 6y_p(t).$$

Et on compare à $e^{-2t} + e^{-t} + e^{-5t}$.
Pour l'assertion a), $y_p(t) = \left(t + \frac{1}{4}\right)e^{-2t} + \frac{1}{2}e^{-t} + \frac{1}{6}e^{-5t}$. Alors, $y_p'(t)$ vaut :

$$\left(-2t + \frac{1}{2}\right)e^{-2t} - \frac{1}{2}e^{-t} - \frac{5}{6}e^{-5t}.$$

Et $y_p''(t)$ vaut : $(4t-3)\,e^{-2t} + \frac{1}{2}e^{-t} + \frac{25}{6}e^{-5t}$.
Donc $y_p''(t) + 5y_p'(t) + 6y_p(t)$ vaut : $e^{-2t} + e^{-t} + e^{-3t}$.
Et finalement, **l'assertion a) est vraie**.
Pour l'assertion b), $y_p(t) = -\frac{1}{3}t\,e^{-2t} + \frac{1}{2}t\,e^{-t} + \frac{1}{6}\,e^{-5t}$. Alors, $y_p'(t)$ vaut :

$$\left(-\frac{1}{3} + \frac{2}{3}t\right)e^{-2t} + \left(\frac{1}{2} - \frac{1}{2}t\right)e^{-t} - \frac{5}{6}e^{-5t}.$$

Et $y_p''(t)$ vaut :

$$\left(\frac{4}{3} - \frac{4}{3}t\right)e^{-2t} + \left(-1 + \frac{1}{2}t\right)e^{-t} + \frac{25}{6}e^{-5t}.$$

Donc $y_p''(t) + 5y_p'(t) + 6y_p(t)$ vaut :

$$-\frac{1}{3}e^{-2t} + \left(\frac{9}{2} - 2t\right)e^{-t} + e^{-5t}.$$

C'est différent de $e^{-2t}+e^{-t}+e^{-5t}$. **L'assertion b) est fausse.**
Pour l'assertion c), $y_p(t)=t\,e^{-2t}+\frac{1}{2}\left(e^{-t}+e^{-\frac{5}{2}t}\sinh\left(\frac{t}{2}\right)\right)+\frac{1}{6}e^{-5t}$.
Alors, $y_p'(t)$ vaut :

$$(1-2t)\,e^{-2t}-\frac{1}{2}e^{-t}-\frac{5}{4}e^{-\frac{5}{2}t}\sinh\left(\frac{t}{2}\right)+\frac{1}{4}e^{-\frac{5}{2}t}\cosh\left(\frac{t}{2}\right)-\frac{5}{6}e^{-5t}.$$

Et $y_p''(t)$ vaut :

$$(-4+4t)\,e^{-2t}+\frac{1}{2}e^{-t}+\frac{26}{8}e^{-\frac{5}{2}t}\sinh\left(\frac{t}{2}\right)-\frac{10}{8}e^{-\frac{5}{2}t}\cosh\left(\frac{t}{2}\right)+\frac{25}{6}e^{-5t}.$$

Donc, $y_p''(t)+5y_p'(t)+6y_p(t)$ vaut :

$$e^{-2t}+e^{-t}+0\times e^{-\frac{5}{2}t}\sinh\left(\frac{t}{2}\right)+0\times e^{-\frac{5}{2}t}\cosh\left(\frac{t}{2}\right)+e^{-5t}.$$

C'est bien $e^{-2t}+e^{-t}+e^{-5t}$. **L'assertion c) est vraie.**
Pour l'assertion d), $y_p(t)=\frac{1}{3}e^{-2t}+\frac{1}{2}e^{-t}+\frac{1}{6}t\,e^{-5t}$. Alors, $y_p'(t)$ vaut :

$$-\frac{2}{3}e^{-2t}-\frac{1}{2}e^{-t}+\left(\frac{1}{6}-\frac{5}{6}t\right)e^{-5t}.$$

Et $y_p''(t)$ vaut :

$$\frac{4}{3}e^{-2t}+\frac{1}{2}e^{-t}+\left(-\frac{5}{3}+\frac{25}{6}t\right)e^{-5t}.$$

Donc, $y_p''(t)+5y_p'(t)+6y_p(t)$ vaut :

$$e^{-t}+\left(-\frac{5}{6}+t\right)e^{-5t}.$$

C'est différent de $e^{-2t}+e^{-t}+e^{-5t}$. **L'assertion d) est fausse.**

Question 04 : Les solutions de (E) sont les sommes des solutions de (E_0) et d'une solution particulière de (E). On en a déterminé deux à la question précédente. Par ailleurs, une solution générale de l'équation homogène (E_0) a été trouvée à la question 01, en prenant l'assertion b) ou l'assertion c). En regroupant, on commence par éliminer **les assertions a) et d) qui sont fausses**. Puis **l'assertion b) est fausse** car la solution particulière n'est pas la bonne. Et c'est la même chose pour **l'assertion c) qui est fausse**. Donc **l'assertion e) est vraie.**

Question 05 : Soit f définie par $f(x)=\dfrac{3x+8}{x^2+5x+6}$.
On sait que $x^2+5x+6=(x+2)(x+3)$ et la décomposition en éléments simples de la fonction f est de la forme $f(x)=\dfrac{a}{x+2}+\dfrac{b}{x+3}$.
On peut déjà dire que **les assertions a), c) et d) sont fausses.**
Il reste l'assertion b).

$$\frac{2}{x+2}+\frac{1}{x+3}=\frac{2x+6+x+2}{(x+2)(x+3)}=\frac{3x+8}{x^2+5x+6}.$$

L'assertion b) est vraie.

Question 06 : Pour calculer I, on utilise la décomposition en éléments simples trouvée à la question 05 :

$$I=\int_{-5}^{-4} f(x)\,dx=\int_{-5}^{-4}\left[\frac{2}{x+2}+\frac{1}{x+3}\right]dx=\int_{-5}^{-4}\frac{2}{x+2}\,dx+\int_{-5}^{-4}\frac{1}{x+3}\,dx.$$

Or $\displaystyle\int \frac{1}{x+a}\,dx=\ln|x+a|$, et donc :

$$I=[2\ln|x+2|]_{-5}^{-4}+[\ln|x+3|]_{-5}^{-4}=-2\ln 3+\ln 2.$$

Donc, **l'assertion a) est vraie.**
Puis, **les assertions b) et c) sont fausses** car la vraie expression de I est différente.
Et enfin comme I existe, **l'assertion d) est fausse.**
Donc, en conclusion, **l'assertion e) est vraie.**

Question 07 : On considère maintenant la série entière de terme général

$$u_n(x)=\frac{x^n}{n(n+1)},$$

où x est un réel. Pour déterminer le rayon de convergence de cette série, on écrit pour $x\neq 0$,

$$\left|\frac{u_{n+1}(x)}{u_n(x)}\right|=\left|\frac{\dfrac{x^{n+1}}{(n+1)(n+2)}}{\dfrac{x^n}{n(n+1)}}\right|=\left|\frac{n\,x}{n+2}\right|.$$

Si l'on fait tendre n vers $+\infty$, il reste $|x|$. Donc si $|x|<1$, la série $\displaystyle\sum_{n\geqslant 0} u_n(x)$ est absolument convergente et si $|x|>1$, elle diverge grossièrement.
Donc son rayon de convergence est $R=1$.
L'assertion c) est vraie et **les assertions a), b) et d) sont fausses.**

Question 08 : On a bien entendu $\alpha=1$.
Si $x=\pm 1$, $u_n(x)=\dfrac{(\pm 1)^n}{n(n+1)}$ et $|u_n(x)|\sim\dfrac{1}{n^2}$ quand n tend vers $+\infty$. Donc la série $\displaystyle\sum_{n\geqslant 0} u_n(x)$ est absolument convergente pour $x=\pm\alpha$.
Elle est donc convergente.
L'assertion a) est vraie et **les assertions b), c) et d) sont fausses.**

Question 09 : On désigne par I l'intervalle de convergence de la série.
On sait alors que $I=[-1,1]$. Soit $f(x)=\displaystyle\sum_{n=1}^{+\infty}\frac{x^n}{n(n+1)}$ qui existe pour tout $x\in[-1,1]$. Alors pour tout $x\in I$, $f'(x)$ vaut :

$$\sum_{n=1}^{+\infty}\frac{n\,x^{n-1}}{n(n+1)}=\sum_{n=1}^{+\infty}\frac{x^{n-1}}{n+1}=\sum_{n=0}^{+\infty}\frac{x^n}{n+2}.$$

Les assertions a) et b) sont fausses et **l'assertion d) est vraie** car c'est la forme trouvée. Enfin, **l'assertion c) est vraie** car c'est la formule de l'assertion d) avec juste un décalage d'indice.

Question 10 : Pour un ensemble donné J contenant 0, on désigne par $J^\star$ l'ensemble formé des éléments de J sauf 0.

Remarque : on peut déjà remarquer que la série $\sum_{n\geqslant 0} u_n'(x)$ diverge absolument pour $x = \pm\alpha$. Par contre, si $x=-1$, la série est convergente. Maintenant, on travaille sur l'ouvert $]-\alpha,\alpha[$ et même obligatoirement sur $(]-\alpha,\alpha[)^\star$ car dans trois des quatre assertions, apparaît la quantité $1/x$.

Commençons par le développement en série entière de $\ln(1-x)$ et de celui de $\ln(1+x)$, valables sur $]-1,1[$:

$$\ln(1-x) = -\sum_{n=0}^{+\infty} \frac{x^{n+1}}{n+1} \text{ et } \ln(1+x) = \sum_{n=0}^{+\infty} \frac{(-1)^n x^{n+1}}{n+1}.$$

Il est clair que de la présence de $(-1)^n$ dans le développement en série entière de $\ln(1+x)$, on peut dire que **les assertions c) et d) sont fausses**. Puis d'après la formule $f'(x) = \sum_{n=0}^{+\infty} \frac{x^n}{n+2}$, on a $f'(0) = \frac{1}{2}$ et donc **l'assertion a) est fausse**.

Enfin, pour tout $x \in (]-\alpha,\alpha[)^\star$,

$$-\frac{\ln(1-x)}{x^2} - \frac{1}{x} = \sum_{n=0}^{+\infty} \frac{x^{n-1}}{n+1} - \frac{1}{x} = \sum_{n=1}^{+\infty} \frac{x^{n-1}}{n+1} = f'(x)$$

et donc **l'assertion b) est vraie**.

Question 11 : Faisons une intégration pour $x \in]-\alpha,\alpha[$, $f(x) = \int f'(x)\,dx$ vaut :

$$f(x) = \int \left(-\frac{\ln(1-x)}{x^2} - \frac{1}{x}\right) dx + K = -\int \frac{\ln(1-x)}{x^2}\,dx - \ln|x| + K,$$

où K est une constante d'intégration à préciser.

On fait ensuite une intégration par parties :

$$\int \frac{\ln(1-x)}{x^2}\,dx = -\int \frac{1}{x(1-x)}\,dx - \frac{\ln(1-x)}{x}.$$

On a dérivé $x \mapsto \ln(1-x)$ et intégré $x \mapsto \frac{1}{x^2}$. Comme $\frac{1}{x(x-1)} = \frac{1}{x-1} - \frac{1}{x}$,

$$\int \frac{\ln(1-x)}{x^2}\,dx = \ln(1-x) - \ln|x| - \frac{\ln(1-x)}{x}.$$

Il reste :

$$f(x) = -\ln(1-x) + \ln|x| + \frac{\ln(1-x)}{x} - \ln|x| + K.$$

Comme $f(0)=0$, $f(0) = -\ln(1-0) + \lim_{x\to 0} \frac{\ln(1-x)}{x} + K = -1+K$ et donc $K=1$.
En effet, $\ln(1-x) = -x + o(x)$, au voisinage de 0.

$$f(x) = -\ln(1-x) + \frac{\ln(1-x)}{x} + 1.$$

L'assertion d) est vraie et **les assertions a), b) et c) sont fausses.**

Question 12 : On considère maintenant la fonction f, périodique de période $T = 2\pi$, définie par $f(x) = x^2 - \pi^2$ sur l'intervalle $]-\pi, \pi]$. On pose $\omega = 2\pi/T$. Si l'on fait le graphe de f, on obtient un arc de parabole sur $[-\pi, \pi]$ qui est symétrique par rapport à Oy. Il en est de même du graphe de f sur $\mathbf{R}$. Le signal f est donc pair. Dans le développement en série de Fourier de f, les coefficients de Fourier b_n, $n \in \mathbf{N}^\star$ sont nuls. Par contre, au moins un coefficient a_n ne l'est pas. Calculons a_0 car ce sera utile à la question 14. On a :

$$a_0 = \frac{1}{2\pi}\int_{-\pi}^{\pi}(x^2-\pi^2)\,dx = \frac{1}{\pi}\int_0^{\pi}(x^2-\pi^2)\,dx = \frac{1}{\pi}\left[\frac{x^3}{3} - \pi^2 x\right]_{-\pi}^{\pi} = -\frac{2\pi^2}{3}.$$

Puis pour $n \in \mathbf{N}^\star$,

$$a_n = \frac{2}{T}\int_{-\pi}^{\pi} f(x)\,\cos(nx)\,dx = \frac{1}{\pi}\int_{-\pi}^{\pi} f(x)\,\cos(nx)\,dx = \frac{2}{\pi}\int_0^{\pi} f(x)\,\cos(nx)\,dx.$$

Ainsi, **l'assertion c) est fausse** et **l'assertion d) est vraie**.

Lançons nous dans le calcul de a_n avec une intégration par parties sur l'intégrale :

$$\int_0^{\pi} f(x)\,\cos(nx)\,dx = \int_0^{\pi}(x^2-\pi^2)\,\cos(nx)\,dx.$$

On a : $\displaystyle\int_0^{\pi}(x^2-\pi^2)\,\cos(nx)\,dx = -\int_0^{\pi} 2x\,\frac{\sin(nx)}{n}\,dx + \left[2x\frac{\sin(nx)}{n}\right]_0^{\pi}$.

Puis : $\displaystyle\int_0^{\pi} 2x\,\frac{\sin(nx)}{n}\,dx = -\int_0^{\pi} 2\,\frac{-\cos(nx)}{n^2}\,dx + \left[2x\frac{-\cos(nx)}{n^2}\right]_0^{\pi}$.

C'est-à-dire : $\displaystyle\int_0^{\pi} 2x\,\frac{\sin(nx)}{n}\,dx = \left[2\frac{\sin(nx)}{n^3}\right]_0^{\pi} + \left[2x\frac{-\cos(nx)}{n^2}\right]_0^{\pi}$.

Donc : $\displaystyle\int_0^{\pi} 2x\,\frac{\sin(nx)}{n}\,dx = -2\pi\frac{(-1)^n}{n^2}$.

Il reste :

$$\int_0^{\pi} f(x)\,\cos(nx)\,dx = 2\pi\frac{(-1)^n}{n^2} + \left[2x\frac{\sin(nx)}{n}\right]_0^{\pi} = 2\pi\frac{(-1)^n}{n^2}.$$

Finalement, $a_n = \dfrac{2}{\pi} \times 2\pi\dfrac{(-1)^n}{n^2} = \dfrac{4(-1)^n}{n^2}$.

On peut conclure, **les assertions a) et b) sont fausses**.

Question 13 : Dans le développement en série de Fourier de f, les coefficients de Fourier b_n, $n \in \mathbf{N}^\star$, sont nuls car f est paire.

L'assertion a) est vraie et **l'assertion b) est fausse**.

Pour tromper l'ennemi, le bon a_n correspond au b_n proposé dans l'assertion b).

Puis, pour $n \in \mathbf{N}^\star$,

$$b_n = \frac{2}{T}\int_{-\pi}^{\pi} f(x)\,\sin(nx)\,dx = \frac{1}{\pi}\int_{-\pi}^{\pi} f(x)\,\sin(nx)\,dx = 0.$$

Par contre, $\displaystyle\int_0^{\pi} f(x)\,\sin(nx)\,dx$ n'est pas nul et **les assertions c) et d) sont fausses.**

Question 14 : Après calcul éventuel du coefficient a_0, (comme si l'on pouvait s'en passer !) la décomposition en série de Fourier de f s'écrit :

$$f(x) = -\frac{2}{3}\pi^2 + 4\sum_{n=1}^{+\infty} \frac{(-1)^n}{n^2}\cos(nx).$$

L'assertion c) est vraie et **les assertions a), b) et d) sont fausses.**

Question 15 : *La valeur moyenne d'un signal de période T est $m = \dfrac{1}{T}\displaystyle\int_a^{a+T} f(t)\,dt$ et la valeur efficace E d'un signal de période T est $\sqrt{\dfrac{1}{T}\displaystyle\int_a^{a+T} |f(t)|^2\,dt}$.*

Ici $a = -\pi$, $T = 2\pi$ et $f(t) = t^2 - \pi^2$. Il est clair que $m = a_0 = -\dfrac{2\pi^2}{3}$.
Déjà, **les assertions b) et d) sont fausses.** Puis :

$$E^2 = \frac{1}{2\pi}\int_{-\pi}^{\pi} \left(t^2 - \pi^2\right)^2 dt = \frac{1}{\pi}\int_0^{\pi} \left(t^2 - \pi^2\right)^2 dt.$$

Ce qui donne :

$$\pi\,E^2 = \int_0^{\pi} \left(t^4 - 2\pi^2 t^2 + \pi^4\right) dt = \left[\frac{t^5}{5} - 2\pi^2\frac{t^3}{3} + \pi^4 t\right]_0^{\pi}.$$

Donc : $\pi\,E^2 = \dfrac{8\pi^5}{15} \Rightarrow E^2 = \dfrac{8\pi^4}{15} \Rightarrow E = 2\pi^2\sqrt{\dfrac{2}{15}}$.
L'assertion a) est vraie et **l'assertion c) est fausse.**

Question 16 : On notera $u(t)$ l'échelon unité (ou échelon de Heaviside), défini par

$$u(t) = \begin{cases} 0 & \text{si} \quad t < 0 \\ 1 & \text{si} \quad t \geqslant 0 \end{cases}.$$

On considère la fonction f_0, nulle partout sauf sur $[0,6]$, et représentée par le graphe de l'énoncé.
Si $0 \leqslant t \leqslant 1$, $f_0(t) = 2$.
Si $5 \leqslant t \leqslant 6$, $f_0(t) = -2$.
Si $1 \leqslant t \leqslant 5$, $f_0(t)$ est affine et donc de la forme $at + b$. Les extrémités sont $(1,2)$ et $(5,-2)$. Donc : $a + b = 2$ et $5a + b = -2$, ce qui donne $a = -1$ et $b = 3$. La fonction f_0 peut donc s'écrire :

$$f_0(t) = \begin{cases} 0 & \text{si} \quad t < 0 \text{ ou } t > 6 \\ 2 & \text{si} \quad 0 \leqslant t \leqslant 1 \\ 3 - t & \text{si} \quad 1 \leqslant t \leqslant 5 \\ -2 & \text{si} \quad 5 \leqslant t \leqslant 6 \end{cases}.$$

L'assertion a) est vraie.
Pour les trois autres assertions, l'une au plus est vraie et il faut tester sur chaque compartiment de t les valeurs de $f_0(t)$ proposées.
En avant !

$$\phi_1 : t \mapsto 2\,u(t) + (3-t)\,u(t-1) - 2\,u(t-5).$$

Si $t < 0$, $u(t) = 0$, $u(t-1) = 0$ et $u(t-5) = 0$ donc $\phi_1(t) = 0$.
Si $0 \leqslant t \leqslant 1$, $u(t) = 1$, $u(t-1) = 0$ et $u(t-5) = 0$ et $\phi_1(t) = 2$.
Si $1 \leqslant t \leqslant 5$, $u(t) = 1$, $u(t-1) = 1$ et $u(t-5) = 0$ donc :

$$\phi_1(t) = 2 + 3 - t = 5 - t \neq 3 - t,$$

et **l'assertion b) est fausse**.
Soit :

$$\phi_2 : t \mapsto 2\,u(t) + (1-t)\,u(t-1) + (-5+t)\,u(t-5) + 2\,u(t-6).$$

Si $t < 0$, $u(t) = 0$, $u(t-1) = 0$, $u(t-5) = 0$ et $u(t-6) = 0$ donc $\phi_2(t) = 0$.
Si $0 \leqslant t \leqslant 1$, $u(t) = 1$, $u(t-1) = 0$, $u(t-5) = 0$ et $u(t-6) = 0$ et $\phi_2(t) = 2$.
Si $1 \leqslant t \leqslant 5$, $u(t) = 1$, $u(t-1) = 1$, $u(t-5) = 0$ et $u(t-6) = 0$ et on en déduit qu'alors $\phi_2(t) = 2 + 1 - t = 3 - t$.
Si $5 \leqslant t \leqslant 6$, $u(t) = 1$, $u(t-1) = 1$, $u(t-5) = 1$ et $u(t-6) = 0$ donc on peut alors en déduire que $\phi_2(t) = 3 - t - 5 + t = -2$.
Si $t > 6$, $u(t) = 1$, $u(t-1) = 1$, $u(t-5) = 0$ et $u(t-6) = 1$ donc dans ce cas là, on écrit que $\phi_2(t) = -2 + 2 = 0$.
Finalement, **l'assertion c) est vraie**.
On peut faire le même raisonnement à **l'assertion d) fausse** car de toute façon c'est son destin (deux vraies au plus). Pour celui qui veut à tout prix une preuve, par exemple on voit que si $0 < t < 1$ alors le second membre de l'égalité proposé à l'assertion d) donne $3 - t$ qui est différent de 2.

Question 17 : question dont on voit que l'idée est d'aboutir à la transformée de Laplace de f_0. Pour $p \neq 0$, on a :

$$\int_0^1 2\,e^{-pt}\,dt = \left[\frac{2}{-p}e^{-pt}\right]_0^1 = \frac{2}{p}\left(1 - e^{-p}\right).$$

Les deux assertions a) et b) sont fausses. Puis :

$$\int_1^5 (3-t)\,e^{-pt}\,dt = \int_1^5 \frac{e^{-pt}}{-p}\,dt + \left[(3-t)\frac{e^{-pt}}{-p}\right]_1^5,$$

ce qui doit donner :

$$\int_1^5 (3-t)\,e^{-pt}\,dt = \left[\frac{e^{-pt}}{p^2}\right]_1^5 + \left[(3-t)\frac{e^{-pt}}{-p}\right]_1^5,$$

et on a bien : $\displaystyle\int_1^5 (3-t)\,e^{-pt}\,dt = \frac{2}{p}\left(e^{-5p} + e^{-p}\right) + \frac{1}{p^2}\left(e^{-5p} - e^{-p}\right).$

L'assertion c) est vraie et **l'assertion d) est fausse**.

Question 18 : On n'a plus de doute sur le calcul futur de la transformée de Laplace de f_0. On a :

$$\int_5^6 -2\,e^{-pt}\,dt = \left[\frac{-2}{p}e^{-pt}\right]_5^6 = \frac{-2}{p}\left(-e^{-6p} + e^{-5p}\right).$$

L'assertion a) est vraie et **l'assertion b) est fausse.**

Puis on en déduit que pour $p \neq 0$, $I(p) = \displaystyle\int_0^{+\infty} f_0(t)\, e^{-pt}\, dt$ vaut

$$\int_0^1 2\, e^{-pt}\, dt + \int_1^5 (3-t)\, e^{-pt}\, dt + \int_5^6 -2\, e^{-pt}\, dt,$$

c'est-à-dire :

$$\frac{2}{p}\left(1 - e^{-p}\right) + \frac{2}{p}\left(e^{-5p} + e^{-p}\right) + \frac{1}{p^2}\left(e^{-5p} - e^{-p}\right) - \frac{2}{p}\left(-e^{-6p} + e^{-5p}\right).$$

Cela donne : $I(p) = \dfrac{2}{p}\left(1 + e^{-6p}\right) + \dfrac{1}{p^2}\left(e^{-5p} - e^{-p}\right)$.

Et **l'assertion c) est fausse** et **l'assertion d) est vraie.**

Question 19 : On considère le système linéaire (S) : $\begin{cases} -x - 3y - 2z &= 1 \\ 4x + 9y + 6z &= 5 \\ 3x + 7y + 5z &= 2 \end{cases}$.

Ce systéme s'écrit de manière matricielle $AX = B$, avec :

$$A = \begin{pmatrix} -1 & -3 & -2 \\ 4 & 9 & 6 \\ 3 & 7 & 5 \end{pmatrix}, X = \begin{pmatrix} x \\ y \\ z \end{pmatrix} \text{ et } B = \begin{pmatrix} 1 \\ 5 \\ 2 \end{pmatrix}.$$

Ainsi, **l'assertion c) est vraie** et **les assertions a), b) et d) sont fausses.**

Question 20 : Pour savoir si (S) est de Cramer, on va calculer $\text{Det}\, A$.

$$\text{Det}\, A = \begin{vmatrix} -1 & -3 & -2 \\ 4 & 9 & 6 \\ 3 & 7 & 5 \end{vmatrix},$$

Soit : $\text{Det}\, A = -\begin{vmatrix} 9 & 6 \\ 7 & 5 \end{vmatrix} - 4\begin{vmatrix} -3 & -2 \\ 7 & 5 \end{vmatrix} + 3\begin{vmatrix} -3 & -2 \\ 9 & 6 \end{vmatrix} = 1 \neq 0$ et donc (S) est de Cramer. On peut aussi trouver l'unique solution et (S) est alors automatiquement de Cramer.

Déjà, **les assertions a) et c) sont fausses.**

Puis si l'on remplace x par 8, y par -1 et z par -3, on obtient bien $(1, 5, 2)$ et l'unique solution est $(8, -1, -3)$.

L'assertion b) est vraie et **l'assertion d) est fausse.**

CONCOURS IESSA
Epreuve de Mathématiques
SESSION 2016

Questions liées : *Questions 1 à 6, questions 7 à 12, questions 13 à 20*

ENONCE

Les lettres **R**, **C**, **N** *et désignent respectivement les ensembles des réels, des complexes, des entiers naturels et des entiers relatifs. Le symbole i représente le nombre complexe défini par* $i^2 = -1$.

Exercice 1

On considère le signal $s(t)$ ***suivant, périodique, de période*** $T = \pi$.
(***On a en particulier :*** $s(0^+) = s(\pi^+) = 2$, $s(1) = s(\pi + 1) = 0$.)

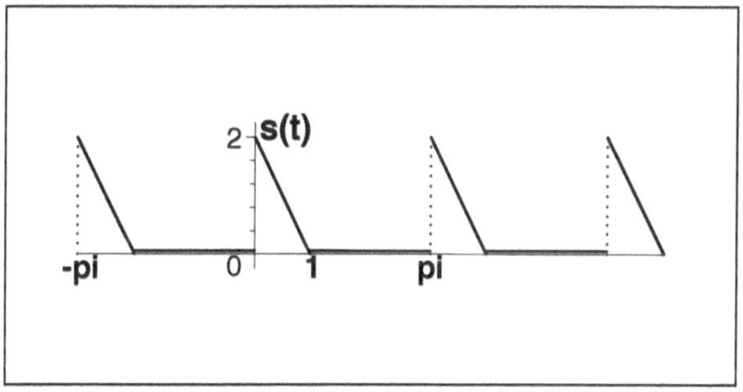

Question 01 :

a) le signal $s(t)$ est pair.

b) L'expression de $s(t)$ pour $t \in [0, 1]$ est $s(t) = -2t$.

c) $s(t)$ est défini par $s(t) = -2t + 2$.

d) $s(t)$ est continu par morceaux et dérivable par morceaux sur **R**.

Question 02 : Le développement en série de Fourier de $s(t)$ s'écrit :

$$s(t) = a_0 + \sum_{n=1}^{+\infty} (a_n \cos(n\omega t) + b_n \sin(n\omega t)).$$

En calculant les coefficients de Fourier, on obtient :

a) $a_0 = \dfrac{2}{\pi}$. **b)** $a_n = 0$ pour $n \geqslant 1$.

c) $a_n = \dfrac{1-\cos(2n)}{n^2\pi}$ pour $n \geqslant 1$. **d)** $b_n = \dfrac{2n-\sin(2n)}{n^2\pi}$ pour $n \geqslant 1$.

Question 03 : Afin de simplifier les coefficients de Fourier, on peut utiliser des formules de trigonométrie. Parmi les formules suivantes, quelles sont celles qui sont exactes ?

a) $1-\cos(x) = 2\sin^2\left(\frac{x}{2}\right)$. **b)** $1-\cos(x) = -2\sin^2\left(\frac{x}{2}\right)$.

c) $1-\sin(x) = \cos(x)$. **d)** $1-\sin^2(x) = \cos^2(x)$.

Question 04 : La décomposition en série de Fourier de $s(t)$ s'écrit :

a) $$\frac{1}{\pi} + \sum_{n=1}^{+\infty}\left(\frac{2\sin^2(n)}{n^2\pi}\cos(2nt) + \frac{2n-\sin(2n)}{n^2\pi}\sin(2nt)\right).$$

b) $$\frac{1}{\pi} + \sum_{n=1}^{+\infty}\left(\frac{\sin(2n)}{n^2\pi}\cos(2nt) + \frac{2n-\sin(2n)}{n^2\pi}\sin(2nt)\right).$$

c) $$\frac{1}{\pi} + \sum_{n=1}^{+\infty}\left(\frac{2\sin^2(n)}{n^2\pi}\cos(\pi nt) + \frac{2n-\sin(2n)}{n^2\pi}\sin(\pi nt)\right).$$

d) $$\frac{2}{\pi} + \sum_{n=1}^{+\infty}\left(\frac{2\sin^2(n)}{n^2\pi}\cos(2nt) + \frac{2n-\sin(2n)}{n^2\pi}\sin(2nt)\right).$$

Question 05 : À l'aide de la série de Fourier au point $t = \dfrac{1}{2}$, on peut montrer que :

a) $$\frac{1}{\pi} + \frac{1}{\pi}\sum_{n=1}^{+\infty}\left(\frac{2\sin^2(n)}{n^2}\cos(n) + \frac{2n-\sin(2n)}{n^2}\sin(n)\right) = 1.$$

b) $$\frac{1}{\pi} + \frac{1}{\pi}\sum_{n=1}^{+\infty}\left(\frac{2\sin^2(n)}{n^2}\cos(n) + \frac{2n-\sin(2n)}{n^2}\sin(n)\right) = 0.$$

c) $$\sum_{n=1}^{+\infty}\frac{\sin(n)}{n} = \frac{\pi-1}{2}.$$

d) $$\sum_{n=1}^{+\infty}\frac{\sin(n)}{n} = 1.$$

Question 06 : À l'aide de la série de Fourier au point $t = 0$, on peut montrer que

a) $$\frac{1}{\pi} + \frac{1}{\pi}\sum_{n=1}^{+\infty}\frac{2\sin^2(n)}{n^2} = 2.$$

b) $$\frac{1}{\pi} + \frac{1}{\pi}\sum_{n=1}^{+\infty}\frac{2\sin^2(n)}{n^2} = 1.$$

c) $$\sum_{n=1}^{+\infty}\frac{\sin^2(n)}{n^2} = \left(\frac{\pi-1}{2}\right)^2.$$

d) $$\sum_{n=1}^{+\infty}\frac{\sin^2(n)}{n^2} = \frac{\pi-1}{2}.$$

Exercice 2

On considère le signal $s_1(t)$ suivant :

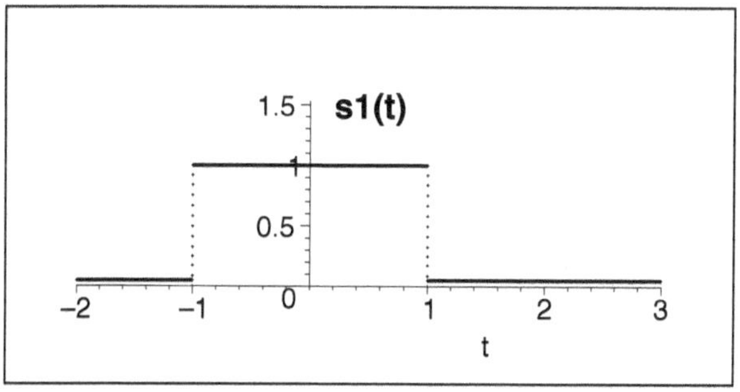

Question 07 : La transformée de Fourier $S_1(f)$ de $s_1(t)$ vaut :

a) $\sin(2\pi f)$. **b)** $2\sin(\pi f)$. **c)** $2\,\mathrm{sinc}\,(2\pi f)$. **d)** $2\,\mathrm{sinc}\,(\pi f)$.

On considère le signal $s_2(t)$ suivant :

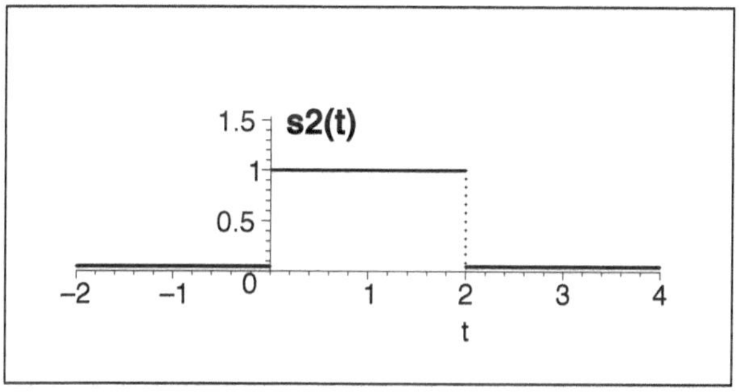

Question 08 : On peut écrire que

a) $s_2(t) = s_1(t-1)$. **b)** $s_2(t) = s_1(t+1)$.

c) $s_1(t) = s_2(t-1)$. **d)** $s_1(t) = s_2(t+1)$.

Question 09 : La transformée de Fourier $S_2(f)$ de $s_2(t)$ vaut :

a) $S_1(f-1)$. **b)** $S_1(f)$. **c)** $e^{-2i\pi f} S_1(f)$. **d)** $e^{2i\pi f} S_1(f)$.

Question 10 : La transformée de Fourier $S_3(f)$ de $s_3(t) = \mathrm{sinc}\,(2\pi t)$ vaut :

a) $s_1(f)$. **b)** $\frac{1}{2}s_1(f)$. **c)** $s_1\left(\frac{f}{2}\right)$. **d)** $\frac{1}{2}s_1\left(\frac{f}{2}\right)$.

Question 11 : La transformée de Fourier de $s_4(t) = \mathrm{sinc}\,(2\pi t)\cos(2\pi f_0 t)$ est

a) $S_4(f) = s_1(f) \times \delta(f - f_0)$, où $\delta(f)$ représente l'impulsion de Dirac.

b) $S_4(f) = s_1(f - f_0)$.

c) $S_4(f) = \frac{1}{2}\left(s_1(f - f_0) + s_1(f + f_0)\right)$.

d) $S_4(f) = \frac{1}{4}\left(s_1(f - f_0) + s_1(f + f_0)\right)$.

Question 12 : Le spectre du signal $s_5(t) = \text{sinc}\,(2\pi t)\cos(6\pi t)$ est

a)

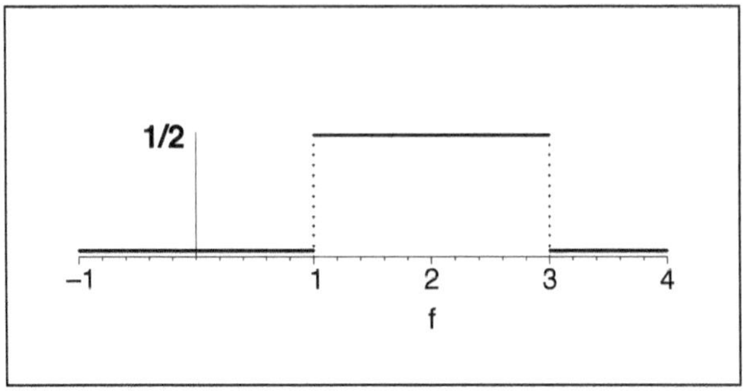

b)

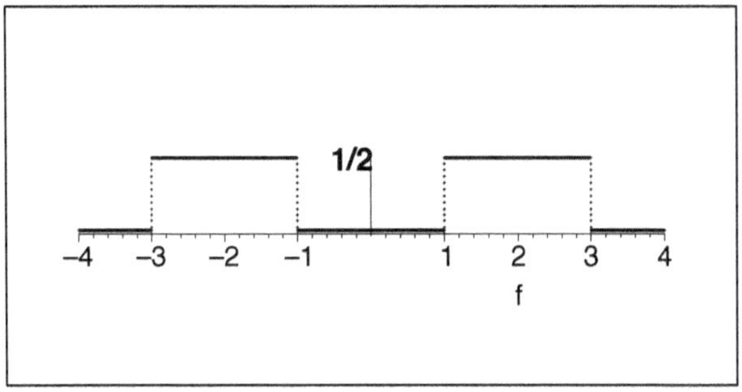

c)

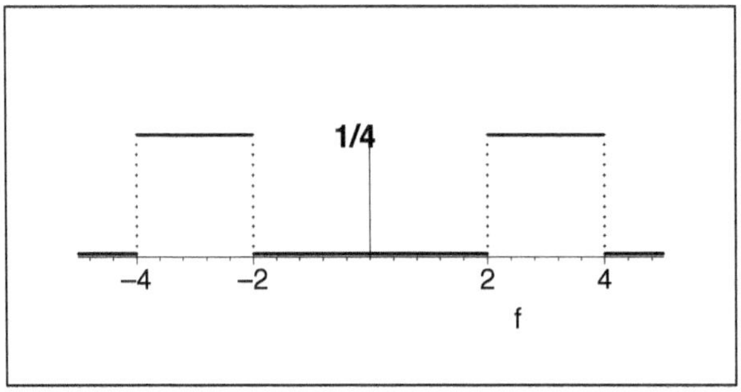

d)

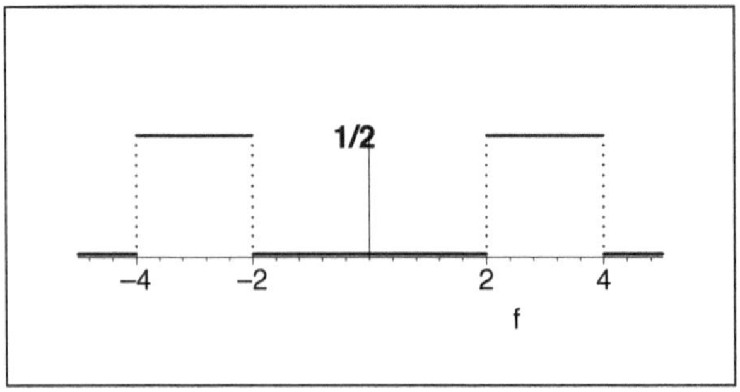

Exercice 3

On considère une matrice M carrée d'ordre 3 dont le terme de la $k^{\text{ème}}$ ligne et $l^{\text{ème}}$ colonne s'écrit :

$$M_{k,l} = e^{\frac{2i\pi kl}{3}}.$$

Question 13 : La matrice M s'écrit :

a) $\begin{pmatrix} e^{\frac{2i\pi}{3}} & e^{\frac{2i\pi}{3}} & 1 \\ e^{\frac{2i\pi}{3}} & e^{\frac{2i\pi}{3}} & 1 \\ 1 & 1 & 1 \end{pmatrix}$. **b)** $\begin{pmatrix} e^{\frac{2i\pi}{3}} & e^{\frac{4i\pi}{3}} & 1 \\ e^{\frac{4i\pi}{3}} & e^{\frac{8i\pi}{3}} & 1 \\ 1 & 1 & 1 \end{pmatrix}$.

c) $\begin{pmatrix} e^{\frac{2i\pi}{3}} & e^{\frac{-2i\pi}{3}} & 1 \\ e^{\frac{2i\pi}{3}} & e^{\frac{-2i\pi}{3}} & 1 \\ 1 & 1 & 1 \end{pmatrix}$. **d)** $\begin{pmatrix} \frac{-1+i\sqrt{3}}{2} & \frac{-1-i\sqrt{3}}{2} & 1 \\ \frac{-1-i\sqrt{3}}{2} & \frac{-1+i\sqrt{3}}{2} & 1 \\ 1 & 1 & 1 \end{pmatrix}$.

Question 14 : On considère l'équation $z^3 = 1$.

a) Elle n'admet qu'une seule solution dans **C**.

b) Elle n'admet qu'une seule solution dans **R**.

c) Ses solutions complexes (non réelles) vérifient : $z^2 + z + 1 = 0$.

d) Ses solutions réelles vérifient : $z^2 + z + 1 = 0$.

Question 15 : On note $\overline{M}$ la matrice conjuguée de M. On a alors :

a) $M\,\overline{M} = \overline{M}\,M$. **b)** $M\,\overline{M} = M^2$. **c)** $M\,\overline{M} = I$. **d)** $M\,\overline{M} = 3I$.

Question 16 : La matrice M est inversible et M^{-1} vaut

a) M. **b)** $\overline{M}$. **c)** $\frac{1}{3}\,M$. **d)** $3\,\overline{M}$.

Question 17 : On a

a) $\text{Det}\,(M) = 1$ car $M\,\overline{M} = I$.

b) $\text{Det}\,(M) = \sqrt{3}$ car $M\,\overline{M} = 3I$.

c) $\text{Det}\,(M) = 3i$.

d) $\text{Det}\,\left(\overline{M}\right) = \overline{\text{Det}\,M}$.

On considère le système

$$(S)\left\{\begin{array}{rcl} (-1+i\sqrt{3})x - (1+i\sqrt{3})y + 2z & = & 2 \\ -(1+i\sqrt{3})x + (-1+i\sqrt{3})y + 2z & = & 2 \\ 2x + 2y + 2z & = & 2 \end{array}\right.$$

et on note $X = \begin{pmatrix} x \\ y \\ z \end{pmatrix}$ ***et*** $B = \begin{pmatrix} 1 \\ 1 \\ 1 \end{pmatrix}$.

Question 18 : Ce système peut s'écrire sous forme matricielle :

a) $XM = B$. **b)** $MX = B$. **c)** $MX = 2B$. **d)** $2XM = 2B$.

Question 19 : Le système (S)

a) admet une infinité de solutions.

b) n'admet pas de solutions réelles car $\mathsf{Det}\, M$ est un nombre complexe.

c) admet une unique solution réelle.

d) trois solutions complexes.

Question 20 : Le vecteur X est défini par :

a) $X = B\, M^{-1}$. **b)** $X = \dfrac{1}{3}\,\overline{M}\, B$. **c)** $X = \begin{pmatrix} \frac{4}{3} \\ \frac{4}{3} \\ 1 \end{pmatrix}$. **d)** $X = \begin{pmatrix} 1 \\ 1 \\ 1 \end{pmatrix}$.

CORRIGE

Question 01 : s n'est pas paire car la courbe n'est pas symétrique par rapport à l'axe Oy. **L'assertion a) est fausse.**
Si $t \in]0,1[$, $s(t)$ est de la forme $at+b$ avec $a<0$. Ici $s(0^+)=2$ et $s(1^-)=0$. Donc $b=2$ et $a+b=0$, ce qui donne $a=-2$. Si $t \in]0,1[$, $s(t)=-2t+2$. **L'assertion b) est fausse.**
Par contre cette expression de $s(t)$ n'est pas valable sur **R**.
Et par conséquent, **l'assertion c) est fausse.**
Enfin, **l'assertion d) est vraie**, $s(t)$ est continu par morceaux et dérivable par morceaux sur **R**.

Remarque : le fait de donner s sous forme d'un graphique permet de visualiser le signal mais ne donne pas les valeurs aux points de cassure. Les valeurs de $s(t)$ sous la forme $at+b$ ne peuvent donc rigoureusement être écrites que sur des intervalles ouverts.

Question 02 : On écrit que $s(t)=\begin{cases} -2t+2 & , \quad t\in]0,1[\\ 0 & , \quad t\in [1,\pi] \end{cases}$.
Le développement en série de Fourier de $s(t)$ s'écrivant :

$$s(t)=a_0+\sum_{n=1}^{+\infty}(a_n\cos(n\omega t)+b_n\sin(n\omega t)),$$

cela impose à définir $a_0=\dfrac{1}{T}\displaystyle\int_0^T s(t)\,dt$, c'est-à-dire :

$$a_0=\frac{1}{\pi}\int_0^\pi s(t)\,dt=\frac{1}{\pi}\int_0^1(-2t+2)\,dt.$$

Un calcul rapide donne $a_0=1/\pi$. Et **l'assertion a) est fausse.**
Comme $T=\dfrac{2\pi}{\omega}$, nécessairement $\omega=2$. Puis pour tout $n\geqslant 1$,

$$a_n=\frac{2}{T}\int_0^T s(t)\cos(n\omega t)\,dt=\frac{4}{\pi}\int_0^1(1-t)\cos(2nt)\,dt.$$

Et : $a_n=\dfrac{4}{\pi}\left[\displaystyle\int_0^1\cos(2nt)\,dt-\int_0^1 t\,\cos(2nt)\,dt\right]$.
Une intégration par parties donne :

$$\int_0^1 t\,\cos(2nt)\,dt=-\int_0^1\frac{\sin(2nt)}{2n}\,dt+\left[t\,\frac{\sin(2nt)}{2n}\right]_0^1.$$

Et donc : $\displaystyle\int_0^1 t\cos(2nt)\,dt = \left[\frac{\cos(2nt)}{4n^2}\right]_0^1 + \left[t\,\frac{\sin(2nt)}{2n}\right]_0^1$.

On trouve : $\displaystyle\int_0^1 t\cos(2nt)\,dt = \frac{\cos(2n)}{4n^2} - \frac{1}{4n^2} + \frac{\sin(2n)}{2n}$.

Ainsi, a_n vaut :

$$\frac{4}{\pi}\left[\frac{\sin(2n)}{2n} - \frac{\cos(2n)}{4n^2} + \frac{1}{4n^2} - \frac{\sin(2n)}{2n}\right] = \frac{4}{\pi}\left[-\frac{\cos(2n)}{4n^2} + \frac{1}{4n^2}\right] = \frac{1-\cos(2n)}{\pi n^2}.$$

L'assertion b) est fausse et **l'assertion c) est vraie**.

Puis, pour tout $n \geqslant 1$,

$$b_n = \frac{2}{T}\int_0^T s(t)\sin(n\omega t)\,dt = \frac{4}{\pi}\int_0^1 (1-t)\sin(2nt)\,dt,$$

c'est-à-dire :

$$b_n = \frac{4}{\pi}\left[\int_0^1 \sin(2nt)\,dt - \int_0^1 t\sin(2nt)\,dt\right].$$

Une intégration par parties donne :

$$\int_0^1 t\sin(2nt)\,dt = -\int_0^1 -\frac{\cos(2nt)}{2n}\,dt + \left[-t\,\frac{\cos(2nt)}{2n}\right]_0^1 = \left[\frac{\sin(2nt)}{4n^2}\right]_0^1 - \frac{\cos(2n)}{2n}.$$

On trouve : $\displaystyle\int_0^1 t\sin(2nt)\,dt = \frac{\sin(2n)}{4n^2} - \frac{\cos(2n)}{2n}$.

Ainsi, b_n vaut :

$$\frac{4}{\pi}\left[\left[-\frac{\cos(2nt)}{2n}\right]_0^1 - \frac{\sin(2n)}{4n^2} + \frac{\cos(2n)}{2n}\right] = \frac{4}{\pi}\left[-\frac{\sin(2n)}{4n^2} + \frac{1}{2n}\right] = \frac{2n-\sin(2n)}{\pi n^2}.$$

L'assertion d) est vraie.

Remarque : on a parfois une autre définition de a_0 qui correspond au double de celle imposée ici, et alors $s(t) = \frac{a_0}{2} + \displaystyle\sum_{n=1}^{+\infty}(a_n\cos(n\omega t) + b_n\sin(n\omega t))$. Ici, on ne peut pas se tromper vu la forme du développement de Fourier demandé. C'est important pour la véracité ou non de l'assertion a).

<u>**Question 03**</u> **:** Afin de simplifier les coefficients de Fourier, on peut utiliser des formules de trigonométrie.

Parmi les formules suivantes, quelles sont celles qui sont exactes ?

Déjà, l'on peut écrire :

$$\cos x = 1 - 2\sin^2\left(\tfrac{x}{2}\right) \Rightarrow 1 - \cos(x) = 2\sin^2\left(\tfrac{x}{2}\right).$$

L'assertion a) est vraie et **l'assertion b) est fausse**.

La formule $1 - \sin(x) = \cos(x)$ est fausse, prendre par exemple $x = \frac{\pi}{4}$ et alors si l'égalité était vraie, on aurait : $1 - \frac{\sqrt{2}}{2} = \frac{\sqrt{2}}{2}$, ce qui est faux.

Donc **l'assertion c) est fausse**.

Et $1 - \sin^2(x) = \cos^2(x)$ découle de la célèbre égalité $\cos^2 x + \sin^2 x = 1$.

L'assertion d) est vraie.

Remarque : les questions sont très inégales en difficulté. Il faut l'exploiter dans une épreuve de ce type en répondant en priorité à toutes les questions faciles. Ce serait bien dommage d'en zapper.

Question 04 : Comme $a_0 = \frac{1}{\pi}$, et pour tout $n \geqslant 1$,

$$a_n = \frac{1 - \cos(2n)}{\pi n^2} \text{ et } b_n = \frac{2n - \sin(2n)}{\pi n^2},$$

la décomposition $S_s(t)$ de $s(t)$ en série de Fourier vaut :

$$S_s(t) = \frac{1}{\pi} + \sum_{n=1}^{+\infty} \left[\frac{1 - \cos(2n)}{\pi n^2} \cos(2nt) + \frac{2n - \sin(2n)}{\pi n^2} \sin(2nt) \right].$$

L'assertion d) est fausse visiblement à cause de a_0.
Puis on a : $1 - \cos(2n) = 2\sin^2 n$ et **l'assertion a) est vraie**.
Comme $1 - \cos(2n) \neq \sin(2n)$, bien entendu, **l'assertion b) est fausse**.
Enfin, **l'assertion c) est fausse** car $\omega = 2 \neq \pi$.
On prendra donc dans la suite :

$$S_s(t) = \frac{1}{\pi} + \sum_{n=1}^{+\infty} \left(\frac{2\sin^2(n)}{n^2 \pi} \cos(2nt) + \frac{2n - \sin(2n)}{n^2 \pi} \sin(2nt) \right).$$

Question 05 : Donnons d'abord un rappel de cours :

Théorème de Dirichlet. *Si f est de classe $\mathcal{C}^1$ par morceaux et si $S_f(t)$ est le développement en série de Fourier de f, alors $\forall t \in \mathbf{R}, S_f(t) = \frac{1}{2}(f(t^+) + f(t^-))$. Si de plus f est continue sur $\mathbf{R}$ alors $S_f(t) = f(t)$.*

Comme s est bien de classe $\mathcal{C}^1$ par morceaux et comme s est continue en $t = \frac{1}{2}$, on a : $S_s(1/2) = s(1/2) = 1$. Donc :

$$1 = \frac{1}{\pi} + \sum_{n=1}^{+\infty} \left(\frac{2\sin^2(n)}{n^2 \pi} \cos(n) + \frac{2n - \sin(2n)}{n^2 \pi} \sin(n) \right).$$

L'assertion a) est vraie et **l'assertion b) est fausse**.
Puis : $2\sin^2 n \cos n + (2n - \sin(2n)) \sin n = 2n \sin n$, en utilisant $\sin 2n = 2 \sin n \cos n$. Donc :

$$1 = \frac{1}{\pi} + \frac{1}{\pi} \sum_{n=1}^{+\infty} \frac{2n\sin(n)}{n^2} = \frac{1}{\pi} + \frac{1}{\pi} \sum_{n=1}^{+\infty} \frac{2\sin(n)}{n}.$$

Ainsi : $\displaystyle\sum_{n=1}^{+\infty} \frac{\sin(n)}{n} = \frac{\pi - 1}{2}$.

L'assertion c) est vraie et **l'assertion d) est fausse**.

Remarque : cette fin de la question 05 est redoutable. En effet, il faut penser à arranger le numérateur de la fraction dans la somme pour obtenir l'assertion c) qui s'avère vraie. Celui qui va un peu vite risque de répondre qu'elle est fausse.

Question 06 : Ici d'après le théorème de Dirichlet rappelé à la question précédente, $S_s(0) = \frac{1}{2}(s(0^+) + s(0^-))$, c'est-à-dire $S_s(0) = \frac{1}{2}(2 + 0) = 1$.

$$1 = \frac{1}{\pi} + \sum_{n=1}^{+\infty} \left(\frac{2\sin^2(n)}{n^2\pi} \cos 0 + \frac{2n - \sin(2n)}{n^2\pi} \sin 0 \right),$$

ce qui donne : $1 = \dfrac{1}{\pi} + \dfrac{1}{\pi} \displaystyle\sum_{n=1}^{+\infty} \frac{2\sin^2(n)}{n^2}$. **L'assertion a) est fausse** (pour celui qui a oublié que $s(0) = 2$ seulement à droite de 0) et **l'assertion b) est vraie**.

Cela donne : $\displaystyle\sum_{n=1}^{+\infty} \frac{\sin^2(n)}{n^2} = \frac{\pi - 1}{2}$.

L'assertion c) est fausse et **l'assertion d) est vraie**.

<u>Question 07</u> : On change de signal. Faisons quelques rappels de cours :

Transformée de Fourier.

Soit s une fonction telle que $\displaystyle\int_{-\infty}^{+\infty} |s(t)|\, dt < +\infty$ ou $\displaystyle\int_{-\infty}^{+\infty} |s^2(t)|\, dt < +\infty$ (par exemple toute fonction à support bornée vérifie ces deux conditions), alors s possède une transformée de Fourier pour tout $x \in \mathbf{R}$,

$$F(s)(x) = \int_{-\infty}^{+\infty} s(t) e^{-2i\pi tx}\, dt.$$

Ici vue les assertions, la transformée de Fourier du signal s_1 est notée S_1 et sa variable est f (ce n'est pas ma variable préférée mais bon, c'est l'énoncé qui a toujours raison !).

Donc : pour tout $f \in \mathbf{R}$, $S_1(f) = \displaystyle\int_{-\infty}^{+\infty} s_1(t) e^{-2i\pi tf}\, dt.$

Remarque : c'est quand-même un peu curieux de noter une transformée de Fourier S_1 comme l'on note une série de Fourier et de prendre pour variable f car on pourrait confondre la fonction dont on prend la transformée de Fourier (qui est ici s_1) et la variable. Maintenant comme je l'ai dit, on s'adapte aux notations de l'énoncé.

Donc finalement la transformée de Fourier $S_1(f)$ de $s_1(t)$ vaut :

$$\int_{-\infty}^{+\infty} s_1(t) e^{-2i\pi tf}\, dt = \int_{-1}^{+1} e^{-2i\pi tf}\, dt = \left[e^{\frac{-2i\pi tf}{-2i\pi f}} \right]_{-1}^{1},$$

c'est-à-dire : $\dfrac{-1}{2i\pi f}\left[e^{-2i\pi f} - e^{2i\pi f}\right] = \dfrac{-1}{2i\pi f}\left[-2i\sin(2\pi f)\right] = 2\,\mathrm{sinc}(2\pi f)$.

L'assertion c) est vraie et **les assertions a), b) et d) sont fausses**.

<u>Question 08</u> : À-t-on $s_2(t) = s_1(t-1)$?

Si $t \leqslant 0$, on écrit que $s_1(t-1) = 0 = s_2(t)$.

Si $t \in [0, 2]$, $t - 1 \in [-1, 1]$, $s_1(t-1) = 1 = s_2(t)$.

Si $t > 2$, $t - 1 > 1$ et $s_1(t-1) = 0 = s_2(t)$.

Donc **l'assertion a) est vraie** et **l'assertion b) est fausse**.

Puis $s_2(t') = s_1(t'-1)$ pour tout t'. On a :

$$t' = t + 1 \Rightarrow s_2(t+1) = s_1(t+1-1) = s_1(t).$$

L'assertion d) est vraie et **l'assertion c) est fausse.**

__Question 09__ **:** Commençons par un rappel de cours :

Translation en temps *: pour tout $a \in \mathbf{R}$ et pour tout $x \in \mathbf{R}$,*

$$F(s(t-a))(x) = e^{-2i\pi xa}F(s(t))(x),$$

où $F(s(t))(x)$ est la transformée de Fourier de $t \mapsto s(t)$.

Translation en fréquence *: pour tout $a \in \mathbf{R}$ et pour tout $x \in \mathbf{R}$*

$$F\left(e^{-2i\pi ta}s(t)\right)(x) = F(s(t))(x+a),$$

où $F(s(t))(x)$ est la transformée de Fourier de $t \mapsto s(t)$.

Ici $S_2(f)$ est la transformée de Fourier $S_2(f)$ de $s_2(t) = s_1(t-1)$ et donc, en utilisant la translation en temps : $S_2(f) = e^{-2i\pi f}S_1(f)$.

L'assertion c) est vraie et **l'assertion d) est fausse.**

Puis en utilisant la translation en fréquence,

$$S_1(f-1) = F(s_1(t))(f-1) = F\left(e^{2i\pi t}s_1(t)\right)(f),$$

où $F(s(t))$ est la transformée de Fourier de s. Cela donne :

$$S_1(f-1) = \int_{-\infty}^{+\infty} e^{2i\pi t}e^{-2i\pi ft}s_1(t)\,dt = \int_{-\infty}^{+\infty} e^{-2i\pi t(f-1)}s_1(t)\,dt.$$

Et $S_2(f) = e^{-2i\pi f}S_1(f) = e^{-2i\pi f}\displaystyle\int_{-\infty}^{+\infty} e^{-2i\pi ft}s_1(t)\,dt = \int_{-\infty}^{+\infty} e^{-2i\pi f(t+1)}s_1(t)\,dt$.

Or $\displaystyle\int_{-\infty}^{+\infty} e^{-2i\pi f(t+1)}s_1(t)\,dt \neq \int_{-\infty}^{+\infty} e^{-2i\pi t(f-1)}s_1(t)\,dt$ et **l'assertion a) est fausse.**

Bien entendu, **l'assertion b) est fausse.**

__Question 10__ **:** Commençons encore par du cours.

Transformée de Fourier inverse.

Soit s une fonction telle que $\displaystyle\int_{-\infty}^{+\infty} |s(t)|\,dt < +\infty$ ou $\displaystyle\int_{-\infty}^{+\infty} |s^2(t)|\,dt < +\infty$. La transformée de Fourier inverse de s est notée $F^{-1}(s)$ et pour tout $x \in \mathbf{R}$,

$$F^{-1}(s(t))(x) = \int_{-\infty}^{+\infty} s(t)e^{+2i\pi tx}\,dt.$$

Si s est bornée et de classe $\mathcal{C}^1$ par morceaux sur $\mathbf{R}$, pour tout $x \in \mathbf{R}$,

$$\int_{-\infty}^{+\infty} F(s(t))(u)e^{+2i\pi ux}\,du = \frac{1}{2}\left(f(x^+) + f(x^-)\right).$$

Si s est continue sur $\mathbf{R}$, $F^{-1}(F(s(t))(x)) = s(x)$ et $F(F^{-1}(s(t))(x)) = s(x)$.

*On a la **symétrie hermitienne**, c'est-à-dire que $F^{-1}(s(t)) = F(s(-t))$.*

Si de plus s est paire, $F^{-1}(s) = F(s)$.

On peut attaquer nos assertions.

Appelons $F(s_3(t))$ la transformée de Fourier $S_3(f)$ de $s_3(t) = \text{sinc}\,(2\pi t)$.

On sait que $F(s_1(t))(f) = 2\,\text{sinc}(2\pi f)$. Donc $F\left(\frac{1}{2}s_1(t)\right)(f) = \text{sinc}(2\pi f)$.

Comme s_1 est paire, $\frac{1}{2}s_1$ aussi.

$$F\left(\tfrac{1}{2}s_1(t)\right)(f) = F^{-1}\left(\tfrac{1}{2}s_1(t)\right)(f) = \text{sinc}(2\pi f).$$

Donc :

$$\forall f \in \mathbf{R},\ F\left(\text{sinc}(2\pi t)\right)(f) = F\left(\left(F^{-1}\left(\tfrac{1}{2}s_1(f)\right)\right)(t)\right)(f).$$

Ce qui donne :

$$S_3(f) = F\left(\text{sinc}(2\pi t)\right)(f) = \frac{1}{2}s_1(f).$$

Donc **l'assertion b) est vraie** et **les assertions a), c) et d) sont fausses**.

<u>Question 11</u> : Calculons la transformée de Fourier de $s_4(t) = \text{sinc}\,(2\pi t)\ \cos(2\pi f_0 t)$:

$$S_4(f) = \int_{-\infty}^{+\infty} \text{sinc}\,(2\pi t)\ \cos(2\pi f_0 t) e^{-i2\pi f t}\, dt.$$

Et donc :

$$S_4(f) = \frac{1}{2}\int_{-\infty}^{+\infty} \text{sinc}\,(2\pi t)\, e^{-i2\pi f t}\left[e^{i2\pi f_0 t} + e^{-i2\pi f_0 t}\right]\, dt,$$

c'est-à-dire :

$$S_4(f) = \frac{1}{2}\int_{-\infty}^{+\infty} \text{sinc}\,(2\pi t) e^{-2i\pi(f-f_0)t}\, dt + \frac{1}{2}\int_{-\infty}^{+\infty} \text{sinc}\,(2\pi t) e^{-2i\pi(f+f_0)t}\, dt.$$

Et comme $\displaystyle\int_{-\infty}^{+\infty} \text{sinc}\,(2\pi t) e^{-2i\pi t f}\, dt = \frac{1}{2}s_1(f)$,

$$S_4(f) = \frac{1}{2}\left[\frac{1}{2}s_1(f-f_0) + \frac{1}{2}s_1(f+f_0)\right],$$

c'est-à-dire : $S_4(f) = \dfrac{1}{4}\left[s_1(f-f_0) + s_1(f+f_0)\right]$.

Et **l'assertion d) est vraie** et **les assertions a), b) et c) sont fausses**.

<u>Question 12</u> : Commençons toujours par du cours.

Le spectre d'un signal périodique *s est représenté par un diagramme en bâtons donnant les amplitudes a_n et b_n de sa décomposition en série de Fourier en fonction des pulsations $n\omega$.*

Dans le cas ***d'un signal non-périodique simple et déterministe*** *s (comme dans cette question), le spectre est donné par le module de sa transformée de Fourier. Si cette transformée est à valeurs positives comme ici, le signal coincidera avec sa transformée de Fourier.*

Le spectre est aussi appelé ***spectre d'amplitude*** *du signal s (qui est donc le module de sa transformée de Fourier $F(s(t))$).*

On a aussi ***le spectre de phase*** *du signal s qui est l'argument de sa transformée de Fourier $F(s(t))$.*

Et enfin, ***la densité spectrale d'énergie*** *du signal s qui est $|F(s(t))|^2$.*

Dans la question, on demande le spectre du signal s_5, c'est donc certainement le tracé de la transformée de Fourier de s_5.

D'après la question 11, en appliquant avec $f_0 = 3$, la transformée de Fourier de $s_5(t) = \mathrm{sinc}\,(2\pi t)\cos(6\pi t)$ est :

$$\frac{1}{4}\left[s_1(f-3) + s_1(f+3)\right].$$

Demander le spectre du signal s_5, c'est faire le tracé de la transformée de Fourier de s_5. On sait que $s_1(t)$ est nulle sauf pour $t \in [-1, 1]$. Donc $s_1(f-3) = 1$ si et seulement si $f - 3 \in [-1, 1]$ soit $f \in [2, 4]$ et $s_1(f+3) = 1$ si et seulement si $f + 3 \in [-1, 1]$ soit $f \in [-4, -2]$. Le seul graphe qui corresponde à la transformée de Fourier de s_5 est l'assertion c).
Donc **l'assertion c) est vraie** et **les assertions a), b) et d) sont fausses.**

Question 13 : On considère maintenant une matrice M carrée d'ordre 3 dont le terme de la $k^{\text{ème}}$ ligne et $l^{\text{ème}}$ colonne s'écrit : $M_{k,l} = e^{\frac{2i\pi kl}{3}}$.
La matrice M va être donc :

$$\begin{pmatrix} e^{\frac{2i\pi}{3}} & e^{\frac{4i\pi}{3}} & 1 \\ e^{\frac{4i\pi}{3}} & e^{\frac{8i\pi}{3}} & 1 \\ 1 & 1 & 1 \end{pmatrix} = \begin{pmatrix} \frac{-1+i\sqrt{3}}{2} & \frac{-1-i\sqrt{3}}{2} & 1 \\ \frac{-1-i\sqrt{3}}{2} & \frac{-1+i\sqrt{3}}{2} & 1 \\ 1 & 1 & 1 \end{pmatrix}.$$

Ainsi, **les assertions b) et d) sont vraies** et **les assertions a) et c) sont fausses.**

Remarque : attention, $e^{\frac{4i\pi}{3}} = e^{\frac{-2i\pi}{3}}$ et $e^{\frac{8i\pi}{3}} = e^{\frac{2i\pi}{3}}$.

Question 14 : On considère maintenant l'équation $z^3 = 1$. Si l'on pose $z = \rho\, e^{i\theta}$,

$$z^3 = \rho^3\, e^{i3\theta} = 1 = e^{i2k\pi},$$

où k est un entier relatif. Donc $\rho = 1$ et $\theta = 2k\pi/3$, où k entier entre 0 et 2.
Il reste pour solution 1, $e^{2i\pi/3}$ et $e^{4i\pi/3}$. Une seule de ces solutions est réelle et trois de ces solutions sont complexes (un complexe a le droit d'être un réel !).
Donc **l'assertion a) est fausse** et **l'assertion b) est vraie.**
De plus, $z^3 - 1 = (z-1)(z^2 + z + 1)$ et donc si $z \neq 0$, les deux solutions complexes (non réelles) de cette équation vérifient bien $z^2 + z + 1 = 0$.
L'assertion c) est vraie.
Comme les solutions réelles de cette équation ne vérifient pas $z^2 + z + 1 = 0$, on peut en déduire que **l'assertion d) est fausse.**

Question 15 : On note $\overline{M}$ la matrice conjuguée de M. On a alors :

$$\overline{M} = \begin{pmatrix} e^{\frac{-2i\pi}{3}} & e^{\frac{-4i\pi}{3}} & 1 \\ e^{\frac{-4i\pi}{3}} & e^{\frac{-8i\pi}{3}} & 1 \\ 1 & 1 & 1 \end{pmatrix} = \begin{pmatrix} e^{\frac{4i\pi}{3}} & e^{\frac{2i\pi}{3}} & 1 \\ e^{\frac{2i\pi}{3}} & e^{\frac{4i\pi}{3}} & 1 \\ 1 & 1 & 1 \end{pmatrix}.$$

Donc : $M\,\overline{M} = \begin{pmatrix} e^{\frac{2i\pi}{3}} & e^{\frac{4i\pi}{3}} & 1 \\ e^{\frac{4i\pi}{3}} & e^{\frac{8i\pi}{3}} & 1 \\ 1 & 1 & 1 \end{pmatrix} \times \begin{pmatrix} e^{\frac{4i\pi}{3}} & e^{\frac{2i\pi}{3}} & 1 \\ e^{\frac{2i\pi}{3}} & e^{\frac{4i\pi}{3}} & 1 \\ 1 & 1 & 1 \end{pmatrix} = 3I_3.$

De même, $\overline{M}\,M = \begin{pmatrix} e^{\frac{4i\pi}{3}} & e^{\frac{2i\pi}{3}} & 1 \\ e^{\frac{2i\pi}{3}} & e^{\frac{4i\pi}{3}} & 1 \\ 1 & 1 & 1 \end{pmatrix} \times \begin{pmatrix} e^{\frac{2i\pi}{3}} & e^{\frac{4i\pi}{3}} & 1 \\ e^{\frac{4i\pi}{3}} & e^{\frac{8i\pi}{3}} & 1 \\ 1 & 1 & 1 \end{pmatrix} = 3I_3.$

Les assertions a) et d) sont vraies et **les assertions b) et c) sont fausses.**

Question 16 : La matrice M est inversible car $M\overline{M} = 3I$ et donc

$$M M^{-1} = I \Rightarrow M^{-1} = \frac{1}{3}\overline{M},$$

par identification.
L'assertion c) est vraie et **les assertions a), b) et d) sont fausses.**

Question 17 : On a : $\text{Det}\left(\overline{M}\right) = \overline{\text{Det}\, M}$. Et **l'assertion d) est vraie.**
Puis **l'assertion a) est fausse** car $M\overline{M} \neq I$. Puis :

$$M\overline{M} = 3I \Rightarrow \text{Det}\left(M\overline{M}\right) = \text{Det}\,(M)\ \text{Det}\left(\overline{M}\right) = |\text{Det}\, M|^2 = 3^3\,\text{Det}\,(I) = 27.$$

Donc : $|\text{Det}\, M| = \sqrt{27}$, **l'assertion b) est fausse.**
Enfin, si $\text{Det}\, M = 3i$, $|\text{Det}\, M|^2 = 9 \neq 27$, **l'assertion c) est fausse.**

Question 18 : On considère à partir de maintenant le système :

$$(S)\left\{\begin{array}{rcl} (-1+i\sqrt{3})x - (1+i\sqrt{3})y + 2z & = & 2 \\ -(1+i\sqrt{3})x + (-1+i\sqrt{3})y + 2z & = & 2 \\ 2x + 2y + 2z & = & 2 \end{array}\right. .$$

Si l'on note

$$X = \begin{pmatrix} x \\ y \\ z \end{pmatrix} \text{ et } B = \begin{pmatrix} 1 \\ 1 \\ 1 \end{pmatrix},$$

le système (S) peut s'écrire sous forme matricielle : $MX = B$, en utilisant la forme trouvée à l'assertion d) de la question 13 pour la matrice M.
Donc : **l'assertion b) est vraie** et **les assertions a), c) et d) sont fausses.**

Question 19 : On a :

$$MX = B \Rightarrow X = M^{-1}B = \tfrac{1}{3}\overline{M}B.$$

(S) admet une solution unique. **Les assertions a) et d) sont fausses.**
On a :

$$\left\{\begin{array}{rcl} 3x & = & e^{\frac{4i\pi}{3}} + e^{\frac{2i\pi}{3}} + 1 \\ 3y & = & e^{\frac{2i\pi}{3}} + e^{\frac{4i\pi}{3}} + 1 \\ 3z & = & 3 \end{array}\right. .$$

Cela donne $x = y = 0$ et $z = 1$. Le triplet solution est un élément de $\mathbf{R}^3$ donc réel.
L'assertion b) est fausse et **l'assertion c) est vraie.**

Question 20 : Ce que l'on a développé à la question précédente permet d'affirmer que **l'assertion b) est vraie** et **les assertions a), c) et d) sont fausses.**

CONCOURS ICNA
Epreuve commune
SESSION 2014

Questions liées : *Questions 01 à 14, questions 15 à 25, questions 26 à 32, questions 33 à 40*

ENONCE

Première partie

Soit** n **un entier** $\geqslant 2$, **on note dans toute cette partie,** $E = \mathcal{M}_n(\mathbf{R})$ **le** $\mathbf{R}$**-espace vectoriel des matrices carrées d'ordre** n **à coefficients réels, on note** $E^\star = \mathcal{L}(E, \mathbf{R})$ **le** $\mathbf{R}$**-espace vectoriel des formes linéaires sur** E**. La matrice élémentaire** $E_{i,j}$ **est la matrice de** E **dont les coefficients sont tous nuls à l'exception de celui qui se trouve sur la** $i^{\text{ème}}$ **ligne et sur la** $j^{\text{ème}}$ **colonne, qui vaut** 1**. Si** $M \in E$**, on note** $\mathsf{Vect}(M)$ **le sous-espace vectoriel de** E **engendré par** M**.

L'objectif du problème est de montrer que chaque hyperplan vectoriel de** E **possède au moins une matrice inversible.

Si** $M = (m_{ij}) \in E$**, on note** $T(M)$ **le réel** $\sum_{k=1}^{n} m_{k,k}$ **(trace de la matrice** M**).

On définit ainsi une application** T **de** E **dans** $\mathbf{R}$ **:** $M \mapsto T(M)$**.

À chaque matrice** U **de** E**, on associe :

- ***L'application** T_U **de** E **dans** $\mathbf{R}$ **:** $M \mapsto T_U(M) = T(UM)$**.***
- ***L'ensemble** $H_U = \{M \in E, T(UM) = 0\} = \mathsf{Ker}\,(T_U)$**.***

Question 01 : On a

a) $\dim(E^\star) = \dim E$. **b)** $\dim(E^\star) = 1 + \dim E$. **c)** $\dim(E^\star) = 2\dim E$. **d)** $\dim(E^\star) = (\dim E)^2$.

Question 02 : L'application T de E dans $\mathbf{R}$: $M \mapsto T(M)$ est

a) inversible. **b)** élément de $E^\star$. **c)** injective. **d)** surjective.

Question 03 : L'application T vérifie :

a) pour tout $(A, B) \in E^2$, $T(AB) = T(BA)$.

b) pour tout $(A, B, C) \in E^3$, $T(ABC) = T(BAC)$.

c) pour tout $(A, B, C) \in E^3$, $T(ABC) = T(CAB)$.

d) si $(A, B) \in E^2$, A inversible, $T(AB) = T(A)$.

Question 04 : Soit $A = (a_{i,j})$ et $B = (b_{i,j})$ des éléments de E.
On note A^T la transposée de A.

a) $T(AB) = \sum_{i=1}^{n}\sum_{j=1}^{n} a_{i,j}b_{i,j}$. **b)** $\mathrm{T(AB)} = \sum_{i=1}^{n}\sum_{j=1}^{n} a_{j,i}b_{i,j}$.

c) $T(A^T B) = \sum_{i=1}^{n}\sum_{j=1}^{n} a_{i,j}b_{i,j}$. **d)** $\mathrm{T}(\mathrm{A}^T B) = \sum_{i=1}^{n}\sum_{j=1}^{n} a_{j,i}b_{i,j}$.

Question 05 : Pour $U \in E$,

a) l'application T_U n'est pas linéaire. **b)** l'application T_U est élément de $E^\star$.

c) pour tout $(A, B) \in E^2$, $T_U(AB) = T_U(BA)$.

d) H_U est un sous-espace vectoriel de E.

Question 06 : Pour tout couple $(i, j) \in \mathbf{N}^2$,

a) $E_{i,j}$ est une matrice inversible. **b)** $E_{i,j}$ est une matrice diagonalisable.

c) $E_{i,j}$ est une matrice de rang 1. **d)** $E_{i,j}$ est une matrice de trace nulle.

Dans les questions 07 et 08 uniquement, on prend $n = 2$ ***et on pose***

$$U = \begin{pmatrix} 1 & 1 \\ 1 & 1 \end{pmatrix}.$$

Question 07 : On a :

a) la famille $\mathcal{B} = (E_{1,1}, E_{1,2}, E_{2,1}, E_{2,2})$ est une base de $E = \mathcal{M}_2(\mathbf{R})$.

b) pour tout couple $(i, j) \in \{1, 2\}^2$, $T_U(E_{i,j}) = 0$.

c) $\mathrm{Ker}\,(T_U) = \{0\}$.

d) H_U est l'ensemble des matrices de E dont la somme des quatre coefficients vaut 0.

Question 08 : On a :

a) $\dim H_U = 1$. **b)** $\dim H_U = 2$. **c)** $\dim H_U = 3$.

d) H_U possède une matrice inversible.

On revient au cas général.

Question 09 : Soit U une matrice non nulle de E, on a :

a) pour tout couple $(i, j) \in \mathbf{N}^2$, $T_U(E_{i,j}) = 0$.

b) on peut trouver un couple d'entiers (i_0, j_0) tel que $T_U(E_{i_0,j_0}) \neq 0$.

c) $\dim H_U = n - 1$. **d)** $\dim H_U = n^2 - 1$.

Question 10 : Si H est un hyperplan vectoriel de $E = \mathcal{M}_n(\mathbf{R})$, on a :

a) $\dim H = n - 1$. **b)** $\dim H = n^2 - 1$.

c) il existe $A \notin H$ et non nulle de E telle que : $E = H \oplus \mathrm{Vect}\,(A)$.

d) H est un sous-espace vectoriel de E ayant un supplémentaire de dimension n.

Dans la suite, pour $r \in [\![1, n]\!]$, ***on note*** $R_r = \sum_{i=1}^{r} E_{i,i} \in E$.

Question 11 : On a, pour tout $r \in [\![1, n]\!]$:

a) la matrice R_r est de rang n. **b)** la matrice R_r est inversible.
c) la matrice R_r est de trace nulle. **d)** $H_{R_r} = \{0\}$.

Soit $P = \begin{pmatrix} 0 & 0 & . & 0 & 1 \\ 1 & . & . & . & 0 \\ . & . & . & . & . \\ 0 & . & . & . & 0 \\ 0 & 0 & . & 1 & 0 \end{pmatrix}$, ***c'est-à-dire*** $P = (p_{i,j})$ ***avec*** $p_{i+1,i} = 1$ ***pour tout*** $i \in [\![1, n-1]\!]$, $p_{1,n} = 1$ ***et*** $p_{i,j} = 0$ ***ailleurs.***

Question 12 : Alors P

a) est inversible. **b)** n'est pas inversible. **c)** appartient à l'hyperplan H_{R_r}.
d) n'appartient pas à l'hyperplan H_{R_r}.

Question 13 : Une matrice V de E est de rang r si et seulement si

a) il existe une matrice inversible Q de E telle que $Q^{-1}VQ = R_r$.
b) il existe une matrice inversible Q de E telle que $V = Q^{-1}R_rQ$.
c) la trace de la matrice V est r.
d) il existe deux matrices S_1 et S_2 inversibles de E telles que $S_1VS_2 = R_r$.

Question 14 : *On admet ici le résultat suivant :*
Si H est un hyperplan de E, il existe un élément U non nul de E tel que $H = H_U$. De plus U est de rang r.
On suppose dans cette question qu'il existe deux matrices S_1 et S_2 inversibles de E telles que $S_1US_2 = R_r$.

a) La matrice S_2PS_1 est inversible. **b)** $S_2PS_1 \in H$. **c)** $R_rP \in H$.
d) H ne contient aucune matrice inversible.

Deuxième partie

On considère la série de fonctions $\sum_{n \geqslant 1} u_n$, ***où pour tout réel*** x,

$$u_n(x) = \frac{1}{2^n} \cos(nx).$$

Question 15 : On a :

a) il existe au moins un réel x pour lequel la série $\sum_{n \geqslant 1} u_n(x)$ diverge.
b) le terme général de cette série ne converge jamais vers 0.
c) la série $\sum_{n \geqslant 1} u_n(x)$ converge normalement sur $\mathbf{R}$.
d) la série $\sum_{n \geqslant 1} u_n(x)$ ne converge pas normalement sur $\mathbf{R}$.

Dans la suite, on pose pour tout x pour lequel cela a un sens,

$$U(x) = \sum_{n=1}^{+\infty} u_n(x).$$

Question 16 : On a :

a) $U(0) = \dfrac{1}{2}$. **b)** $U(0) = \dfrac{1}{4}$. **c)** $U(\pi) = \dfrac{3}{2}$. **d)** $U(\pi) = \dfrac{-1}{2}$.

Question 17 : On a :

a) $\cos(nx)$ est la partie réelle de e^{inx}.

b) $\cos(nx)$ est la partie imaginaire de e^{inx}.

c) pour tout réel x, $\cos(nx) = \frac{1}{2}\left(e^{ix} + e^{-ix}\right)$.

d) pour tout réel x, $\sin(nx) = \frac{1}{2}\left(e^{inx} - e^{-inx}\right)$.

Question 18 : On a, pour tout réel x,

a) $U(x) = \dfrac{\cos x - 2}{4\cos x - 5}$. **b)** $U(x) = \dfrac{\cos x - 2}{5\cos x - 4}$. **c)** $U(x) = \dfrac{2\cos x - 1}{5 - 4\cos x}$.

d) Il n'existe aucune formule donnant $U(x)$ pour tout réel x.

Soient $\alpha \in]-1,1[$, la série de fonctions $\sum_{n\geqslant 1} w_n$, où $w_n(x) = \dfrac{\alpha^n}{n}\cos(nx)$ et enfin pour x réel, $W(x) = \sum_{n=1}^{+\infty} w_n(x)$.

Question 19 : Pour tout $\alpha \in]-1,1[$, $W(0)$ vaut

a) $\ln(1-\alpha)$. **b)** $-\ln(1-\alpha)$. **c)** $\ln(1+\alpha)$. **d)** $\ln(\alpha - 1)$.

Question 20 : Pour tout $\alpha \in]-1,1[$,

a) la série $\sum_{n\geqslant 1} \dfrac{\alpha^n}{n}$ diverge.

b) la série $\sum_{n\geqslant 1} \dfrac{|\alpha|^n}{n}$ converge car c'est le terme général de la série exponentielle.

c) pour $\alpha \neq 0$, la règle de d'Alembert permet de prouver que la série $\sum_{n\geqslant 1} \dfrac{|\alpha|^n}{n}$ converge.

d) la série $\sum_{n\geqslant 1} w_n$ converge normalement sur $\mathbf{R}$.

Question 21 : De plus, la fonction W est de classe $\mathcal{C}^1$ sur $\mathbf{R}$ car toutes les fonctions w_n sont de classe $\mathcal{C}^1$ sur $\mathbf{R}$ et que :

a) la série de fonctions $\sum_{n\geqslant 1} w_n$ converge simplement sur $\mathbf{R}$.

b) la série de fonctions $\sum_{n\geqslant 1} w_n$ converge normalement sur $\mathbf{R}$.

c) la série de fonctions $\sum_{n\geqslant 1} w_n$ converge normalement sur tout compact de $\mathbf{R}$.

d) la série de fonctions $\sum_{n\geqslant 1} w_n'$ converge normalement sur $\mathbf{R}$.

Question 22 : On note $\operatorname{Im} z$ la partie imaginaire d'un complexe z.
Pour $\alpha \in]-1,1[$, on a :

a) $\displaystyle\sum_{n=1}^{+\infty} \alpha^n e^{inx} = \frac{\alpha e^{ix}}{1-\alpha e^{ix}}$. **b)** $\displaystyle\sum_{n=1}^{+\infty} \alpha^n e^{inx} = \frac{1}{1-\alpha e^{ix}}$.

c) $W'(x) = -\operatorname{Im}\left(\displaystyle\sum_{n=1}^{+\infty} \alpha^n e^{inx}\right)$. **d)** $W'(x) = \operatorname{Im}\left(\displaystyle\sum_{n=1}^{+\infty} \alpha^n e^{inx}\right)$.

Question 23 : Pour tout réel x, $W'(x)$ vaut :

a) $\dfrac{2\sin x}{1-2\alpha\cos x+\alpha^2}$. **b)** $\dfrac{-\alpha\sin x}{1-2\alpha\cos x+\alpha^2}$. **c)** $\dfrac{\sin x}{1-2\alpha\cos x+\alpha^2}$.
d) $\dfrac{\alpha\cos x}{1-2\alpha\cos x+\alpha^2}$.

Ainsi pour tout réel x, $W(x) = k\ln\left(1-2\alpha\cos x+\alpha^2\right)$, ***où*** $k \in \mathbf{R}^\star$.

Question 24 : On peut en déduire l'intégrale $\displaystyle\int_{-\pi}^{\pi} \ln\left(1-2\alpha\cos x+\alpha^2\right)\,dx$ en

a) effectuant une intégration par parties.
b) effectuant un changement de variables.
c) utilisant un argument de parité.
d) utilisant que la série de fonctions $\sum_{n\geqslant 1} w_n$ converge normalement sur $\mathbf{R}$.

Question 25 : On peut conclure que

a) $\displaystyle\int_{-\pi}^{\pi} \ln\left(1-2\alpha\cos x+\alpha^2\right)\,dx = k$. **b)** $\displaystyle\int_{-\pi}^{\pi} \ln\left(1-2\alpha\cos x+\alpha^2\right)\,dx = 0$.

c) $\displaystyle\int_{-\pi}^{\pi} \ln\left(1-2\alpha\cos x+\alpha^2\right)\,dx = \frac{1}{2}$. **d)** $\displaystyle\int_{-\pi}^{\pi} \ln\left(1-2\alpha\cos x+\alpha^2\right)\,dx \neq 0$.

Troisième partie

On note $A = \begin{pmatrix} 1 & 4 & -2 \\ 0 & 6 & -3 \\ -1 & 4 & 0 \end{pmatrix}$ ***et*** $\chi_A(X) = \operatorname{Det}(XI_3 - A)$.

Question 26 : Alors $\chi_A(X)$ vaut :

a) $(X-3)(X-2)^2$. **b)** $(3-X)(X-2)^2$.
c) $(X-3)^2(X-2)$. **d)** $(X-3)(X-2)(X-1)$.

Question 27 : La matrice A ci-dessus est :

a) diagonalisable car son polynôme caractéristique est scindé à racines simples.

b) diagonalisable car son polynôme caractéristique est scindé et que la dimension de chaque sous-espace propre est égal à l'ordre de multiplicité de la valeur propre.

c) non diagonalisable. **d)** inversible.

Question 28 : Si A est la matrice d'un endomorphisme u de $\mathbf{R}^3$ dans la base canonique $(e_1, e_2, e_3) \in \mathbf{R}^3$, si l'on pose $\epsilon_1 = e_1 + e_2 + e_3$, $\epsilon_2 = 4e_1 + 3e_2 + 4e_3$ et $\epsilon_3 = -2e_1 - e_3$, on a :

a) $(\epsilon_1, \epsilon_2, \epsilon_3)$ est une base de $\mathbf{R}^3$.

b) ϵ_1, ϵ_2 et ϵ_3 sont trois vecteurs propres de u.

c) $u(\epsilon_3) = \epsilon_2 + 2\epsilon_3$.

d) $u(\epsilon_3) = -2\epsilon_1 - \epsilon_3$.

On note $B = \begin{pmatrix} 3 & 0 & 0 \\ 0 & 2 & 1 \\ 0 & 0 & 2 \end{pmatrix}$.

Question 29 : Les matrices A et T sont semblables car elles ont

a) le même rang. **b)** le même déterminant.

c) le même polynôme caractéristique. **d)** la même trace.

Question 30 : Si l'on note $P = \begin{pmatrix} 1 & 4 & -2 \\ 1 & 3 & 0 \\ 1 & 4 & -1 \end{pmatrix}$, on a :

a) $PAP^{-1} = \begin{pmatrix} 3 & 0 & 0 \\ 0 & 2 & 1 \\ 0 & 0 & 2 \end{pmatrix}$. **b)** $P^{-1}AP = \begin{pmatrix} 3 & 0 & 0 \\ 0 & 2 & 1 \\ 0 & 0 & 2 \end{pmatrix}$.

c) $PAP^{-1} = \begin{pmatrix} 2 & 0 & 0 \\ 0 & 3 & 1 \\ 0 & 0 & 2 \end{pmatrix}$. **d)** $P^{-1}AP = \begin{pmatrix} 2 & 0 & 0 \\ 0 & 3 & 1 \\ 0 & 0 & 2 \end{pmatrix}$.

On note dans la suite $T = \begin{pmatrix} 3 & 0 & 0 \\ 0 & 2 & 1 \\ 0 & 0 & 2 \end{pmatrix}$, $J = \begin{pmatrix} 1 & 0 & 0 \\ 0 & 0 & 0 \\ 0 & 0 & 0 \end{pmatrix}$,

$K = \begin{pmatrix} 0 & 0 & 0 \\ 0 & 1 & 0 \\ 0 & 0 & 1 \end{pmatrix}$, $L = \begin{pmatrix} 0 & 0 & 0 \\ 0 & 0 & 1 \\ 0 & 0 & 0 \end{pmatrix}$.

On note $C(T)$ ***le sous-espace vectoriel de*** $\mathcal{M}_3(\mathbf{R})$ ***des matrices qui commutent avec la matrice*** T ***c'est-à-dire les matrices*** M ***de*** $\mathcal{M}_3(\mathbf{R})$ ***telles que*** $MT = TM$.

Question 31 : On a :

a) $C(T) = \{0\}$.

b) $C(T)$ est un espace vectoriel de dimension 3 engendré par J, K et L.

c) $C(T)$ est un espace vectoriel de dimension 2 engendré par K et L.
d) $C(T)$ est un espace vectoriel de dimension 4.

Question 32 : On admet que $C(A)$, le sous-espace vectoriel de $\mathcal{M}_{\ni}(\mathbf{R})$ des matrices qui commutent avec la matrice A, est de dimension 3, alors $C(A)$ est

a) Vect $(\{J, K, L\})$. **b)** Vect $(\{T, T^2, T^3\})$.
c) Vect $(\{I_3, A, A^2\})$. **d)** $C(T)$.

Quatrième partie

Question 33 : Une série entière de la variable réelle $\sum_{n\geqslant 0} a_n x^n$ de rayon $R \neq 0$

a) converge normalement sur l'intervalle $]-R, R[$.
b) converge normalement sur l'intervalle $[-R, R]$.
c) converge normalement sur tout segment $[a, b] \subset]-R, R[$.
d) diverge si $x \in \{-R, R\}$.

Question 34 : Soit $\sum_{n\geqslant 0} u_n$ une série de réels, on a :

a) $\sum_{n\geqslant 0} u_n$ converge $\Rightarrow \sum_{n\geqslant 0} |u_n|$ converge.
b) $\sum_{n\geqslant 0} |u_n|$ converge $\Rightarrow \sum_{n\geqslant 0} u_n$ converge.
c) $\sum_{n\geqslant 0} |u_n|$ diverge $\Rightarrow \sum_{n\geqslant 0} u_n$ diverge.
d) Si (u_n) est une suite de réels décroissante et de limite nulle, $\sum_{n\geqslant 0} (-1)^n u_n$ converge.

On s'intéresse dans la suite aux séries $\sum_{n\geqslant 2} u_n$, ***où pour*** a ***et*** b ***réels,***

$$u_n = \frac{(-1)^n}{n^a (\ln n)^b}.$$

Question 35 : On a :

a) pour tout couple (a, b) de réels, la série $\sum_{n\geqslant 2} u_n$ converge.
b) si $a > 1$, la série $\sum_{n\geqslant 2} u_n$ est absolument convergente.
c) si $a < 1$, la série $\sum_{n\geqslant 2} u_n$ diverge.
d) si $a = b = 1$, la règle de d'Alembert permet de donner la nature de $\sum_{n\geqslant 2} |u_n|$.

Question 36 : *Dans cette question,* $a = 1$. On a :

a) l'intégrale $\displaystyle\int_2^{+\infty} \frac{1}{x\,(\ln x)^b}\,dx$ ne converge que si $b \neq 1$.

b) l'intégrale $\displaystyle\int_2^{+\infty} \frac{1}{x\,(\ln x)^b}\,dx$ ne converge que si $b < 1$.

c) si l'intégrale $\displaystyle\int_2^{+\infty} \frac{1}{x\,(\ln x)^b}\,dx$ converge alors $\displaystyle\sum_{n\geqslant 2} |u_n|$ converge.

d) si l'intégrale $\displaystyle\int_2^{+\infty} \frac{1}{x\,(\ln x)^b}\,dx$ diverge alors $\displaystyle\sum_{n\geqslant 2} |u_n|$ diverge.

Question 37 : Soit (a, b) un couple de réels strictement positifs, on a :

a) $\displaystyle\left|\sum_{n=2}^{+\infty} u_n\right| \leqslant \sum_{n=2}^{+\infty} |u_n|$.

b) $\displaystyle\left|\sum_{k=n}^{+\infty} u_k\right| \leqslant \sum_{k=n}^{+\infty} |u_k|$.

c) $\displaystyle\left|\sum_{k=n}^{+\infty} u_k\right| \leqslant \frac{1}{n^a(\ln n)^b}$, pour tout entier $n \geqslant 2$.

d) si de plus, $a > 1$, la série entière $\displaystyle\sum_{n\geqslant 2} u_n x^n$ converge normalement sur $]-1, 1[$.

Question 38 : *Dans cette question,* $b = 0$ *et on admet que* $\displaystyle\sum_{n=1}^{+\infty} \frac{1}{n^2} = \frac{\pi^2}{6}$. On a

a) si $a = 1$ et si $n \geqslant 1$, $\displaystyle\sum_{n=1}^{+\infty} u_n = \sum_{n=1}^{+\infty} \frac{(-1)^n}{n} = \ln 2$.

b) si $a = 1$ et si $n \geqslant 1$, $\displaystyle\sum_{n=1}^{+\infty} u_n = \sum_{n=1}^{+\infty} \frac{1}{n} = \frac{\pi}{\sqrt{6}}$.

c) si $a = 2$ et si $n \geqslant 1$, $\displaystyle\sum_{n\geqslant 1} u_n$ diverge.

d) si $a = 2$ et si $n \geqslant 1$, $\displaystyle\sum_{n=1}^{+\infty} u_n = \sum_{n=1}^{+\infty} \frac{(-1)^n}{n^2} = \frac{\pi^2}{12}$.

Dans la suite, on considère la série de fonctions $\displaystyle\sum_{n\geqslant 2} f_n$, ***où l'on pose pour tout*** $x \in [0, 1[$, ***et tout*** $n \geqslant 2$,

$$f_n(x) = \frac{1}{\ln n} x^n (1 - x).$$

On note $\displaystyle\|f_n\|_\infty = \sup_{x\in(0,1[} |f_n(x)|$.

Question 39 : On a

a) $\|f_n\|_\infty = \dfrac{1}{(n+1)\ln n}\left(\dfrac{n}{n+1}\right)^n$.

b) $\|f_n\|_\infty = \left(\dfrac{n}{n+1}\right)^n$.

c) $\left(\dfrac{n}{n+1}\right)^n$ équivaut à 1 au voisinage de l'infini.

d) $\left(\dfrac{n}{n+1}\right)^n$ équivaut à $\dfrac{1}{e}$ au voisinage de l'infini.

Question 40 : La série de fonctions $\sum\limits_{n\geqslant 2} f_n$ ne converge pas normalement sur l'intervalle $[0,1[$ car

a) $\left(\dfrac{n}{n+1}\right)^n$ ne tend pas vers 0 en $+\infty$.

b) la série $\sum\limits_{n\geqslant 2} \dfrac{1}{n\ \ln n}$ diverge.

c) la série $\sum\limits_{n\geqslant 2} \dfrac{(-1)^n}{n\ \ln n}$ converge.

d) la série $\sum\limits_{n\geqslant 2} \|f_n\|_\infty$ diverge.

CORRIGE

Question 01 : Soit n un entier $\geqslant 2$, on note dans toute cette partie, $E = \mathcal{M}_n(\mathbf{R})$ le $\mathbf{R}$-espace vectoriel des matrices carrées d'ordre n à coefficients réels, on note $E^\star = \mathcal{L}(E, \mathbf{R})$ le $\mathbf{R}$-espace vectoriel des formes linéaires sur E.
Alors $\dim(E^\star) = \dim E$. (C'est un résultat de cours de l'ancien programme.)
Finalement, **l'assertion a) est vraie** et **les assertions b), c) et d) sont fausses**.

Remarque : $E^\star$ s'appelle **l'espace dual** de E. Cette notion n'est plus au programme en filière PC, ni en filière PSI. Il n'est donc plus envisageable d'avoir des acquis sur le dual (comme $\dim E = \dim E^\star$) dans l'épreuve commune de l'ICNA. Maintenant si l'on vous le définit et si l'on vous propose de montrer des choses autour, pourquoi pas. Le reste de l'épreuve est très faisable pour quelqu'un qui ne connaît que le nouveau programme.

Question 02 : Si $M = (m_{ij}) \in E$, on note $T(M)$ le réel $\sum_{k=1}^{n} m_{k,k}$ (trace de la matrice M). On définit ainsi une application T de E dans $\mathbf{R}$: $M \mapsto T(M)$.
L'application T de E dans $\mathbf{R}$: $M \mapsto T(M)$ est linéaire car pour tout $(M, N) \in E^2$ et tout $a \in \mathbf{R}$, si $M = (m_{i,j})$ et $N = (N_{i,j})$,

$$T(M + aN) = \sum_{k=1}^{n} (m_{k,k} + an_{k,k}) = \sum_{k=1}^{n} m_{k,k} + a\sum_{k=1}^{n} n_{k,k} = T(M) + aT(N).$$

Donc T est bien un élément de $E^\star$. **l'assertion b) est vraie**.
Puis T est surjective car tout élément de $\mathbf{R}$ est atteint. Par exemple si $x \in \mathbf{R}$, la matrice n'ayant que des 0 sauf un x sur la diagonale en position $(1, 1)$ a pour trace x. **L'assertion d) est vraie**. Puis, la matrice n'ayant que des 0 et un x sur la diagonale en position (n, n) a aussi pour trace x. Donc T n'est pas injective et **l'assertion c) est fausse**. Comme T n'est pas bijective, T ne peut pas être inversible et **l'assertion a) est fausse**.

Remarque : la linéarité de T fait parti du programme officiel.

Question 03 : L'application T vérifie pour tout $(A, B) \in E^2$, $T(AB) = T(BA)$.
C'est dans le cours. Redémontrons le pour le fun :
Posons $A = (a_{i,j})$, $B = (b_{i,j})$, $AB = (c_{i,j})$ et $BA = (d_{i,j})$. Alors pour tout (i, j) :

$$c_{i,j} = \sum_{k=1}^{n} a_{i,k}b_{k,j} \text{ et } d_{i,j} = \sum_{k=1}^{n} b_{i,k}a_{k,j}$$

Ainsi : $T(AB) = \sum_{i=1}^{n} c_{i,i} = \sum_{i=1}^{n} \left(\sum_{k=1}^{n} a_{i,k}b_{k,i} \right)$.

Et, de même, $T(BA) = \sum_{i=1}^{n} d_{i,i} = \sum_{i=1}^{n} \left(\sum_{k=1}^{n} b_{i,k}a_{k,i} \right)$.

Il ne reste qu'à inverser les sommations et de permuter i et k.

$$T(AB) = \sum_{k=1}^{n}\left(\sum_{i=1}^{n} a_{i,k}b_{k,i}\right) = \sum_{i=1}^{n}\left(\sum_{k=1}^{n} a_{k,i}b_{i,k}\right) = T(BA).$$

On en déduit ensuite, pour tout $(A,B,C) \in E^3$,

$$T(ABC) = T((AB)C) = T(C(AB)) = T(CAB).$$

Donc **l'assertion c) est vraie**.
Les deux autres assertions sont fausses par la règle des deux vraies au plus. Maintenant, prouvons le pour avoir un corrigé complet.
Analysons : « pour tout $(A,B,C) \in E^3$, $T(ABC) = T(BAC)$. »
Si l'on essaye $A = B$ par exemple ou $A = I_n$ ou $C = A^{-1}$, etc. on aboutit à l'égalité. Donc il faut des contre-exemples moins particuliers. Tentons dans le cas $n = 2$ et prenons :

$$A = \begin{pmatrix} 1 & 1 \\ 1 & 1 \end{pmatrix}, B = \begin{pmatrix} 1 & -1 \\ 1 & -1 \end{pmatrix} \text{ et } C = \begin{pmatrix} 1 & 2 \\ -2 & 1 \end{pmatrix}.$$

Premier calcul : $ABC = \begin{pmatrix} 1 & 1 \\ 1 & 1 \end{pmatrix} \times \begin{pmatrix} 1 & -1 \\ 1 & -1 \end{pmatrix} \times \begin{pmatrix} 1 & 2 \\ -2 & 1 \end{pmatrix} = \begin{pmatrix} 6 & 2 \\ 6 & 2 \end{pmatrix}$
et $T(ABC) = 8$.
Deuxième calcul : $BAC = \begin{pmatrix} 1 & -1 \\ 1 & -1 \end{pmatrix} \times \begin{pmatrix} 1 & 1 \\ 1 & 1 \end{pmatrix} \times \begin{pmatrix} 1 & 2 \\ -2 & 1 \end{pmatrix} = \begin{pmatrix} 0 & 0 \\ 0 & 0 \end{pmatrix}$
et $T(BAC) = 0$.
(On a pris un exemple où $BA = O$ et $AB \neq O$.) Et **l'assertion b) est fausse**.
Analysons : « si $(A,B) \in E^2$, A inversible, $T(AB) = T(A)$. »
Le contre-exemple va être plus simple à trouver. Par exemple, $A = I_n$ est bien inversible et $AB = B$. Il suffit de prendre B de trace différente de celle de A (qui est n). Par exemple prenons pour B la matrice n'ayant que des 0 sauf un 1 en position $(1,1)$. Sa trace est 1. Donc $T(AB) \neq T(A)$. Et **l'assertion d) est fausse**.

Question 04 : Soit $A = (a_{i,j})$ et $B = (b_{i,j})$ des éléments de E. On note A^T la transposée de A. On rappelle que $(A,B) \mapsto \text{Tr}\left(A^T B\right)$ est le produit scalaire canonique sur $\mathcal{M}_n(\mathbf{R})$, pour lequel la base $(E_{i,j})_{1 \leqslant i,j \leqslant n}$ est orthonormale. (On rappelle dans l'énoncé que la matrice élémentaire $E_{i,j}$ est la matrice de E dont les coefficients sont tous nuls à l'exception de celui qui se trouve sur la $i^{\text{ème}}$ ligne et sur la $j^{\text{ème}}$ colonne, qui vaut 1.) On sait que :

$$\text{Tr}\left(A^T B\right) = T(A^T B) = \sum_{i=1}^{n}\sum_{j=1}^{n} a_{i,j}b_{i,j}.$$

Donc **l'assertion c) est vraie**. En prenant A^T à la place de A, on a :

$$\text{Tr}\left([A^T]^T B\right) = T(AB) = \sum_{i=1}^{n}\sum_{j=1}^{n} a_{j,i}b_{i,j}.$$

Donc **l'assertion b) est vraie**.
Et par voie de conséquence, **les assertions a) et d) sont fausses**.

Question 05 : À chaque matrice U de E, on associe l'application T_U de E dans $\mathbf{R}$:

$$M \mapsto T_U(M) = T(UM).$$

Pour $U \in E$ fixée et $(M, N) \in E^2$, $a \in \mathbf{R}$, on a :

$$T_U(M + aN) = T(U(M + aN)) = T(UM + aUN) = T(UM) + aT(UN),$$

et : $T_U(M + aN) = T_U(M) + aRT_U(N)$. (On utilise la linéarité de T.)
Donc **l'assertion a) est fausse**.
Comme $T_U(M) \in \mathbf{R}$, T_U est bien un élément de $E^\star$ et **l'assertion b) est vraie**.
Puis analysons l'assertion : « pour tout $(A, B) \in E^2$, $T_U(AB) = T_U(BA)$. »
Montrons qu'elle est fausse sur un contre-exemple.
On a : $T_U(AB) = T_U(BA) \Leftrightarrow T(UAB) = T(UBA)$. Prenons

$$A = \begin{pmatrix} 1 & 1 \\ 1 & 1 \end{pmatrix}, B = \begin{pmatrix} 1 & -1 \\ 1 & -1 \end{pmatrix} \text{ et } U = \begin{pmatrix} 1 & 2 \\ -2 & 1 \end{pmatrix}.$$

On reconnait le contre-exemple de la question 03. On ne change pas une équipe qui gagne !
On a : $UAB = \begin{pmatrix} 1 & 2 \\ -2 & 1 \end{pmatrix} \times \begin{pmatrix} 2 & -2 \\ 2 & -2 \end{pmatrix} = \begin{pmatrix} 6 & -6 \\ -2 & 2 \end{pmatrix}$. Et $T(UAB) = 8$.
Par contre, comme $BA = O$, $T(UBA) = T(O) = 0$.
Ainsi, **l'assertion c) est fausse**.
On définit l'ensemble $H_U = \{M \in E,\ T(UM) = 0\} = \mathrm{Ker}\,(T_U)$.
Pour ceux qui savent, on peut utiliser le fait que H_U étant le noyau d'une forme linéaire, c'est donc un sous-espace vectoriel de E. Sinon, on remarque que la matrice nulle O appartient à H_U car $T(UO) = 0$. Puis si M et N sont deux matrices de H_U et a un réel,

$$T(U(M + aN)) = T(UM) + aT(UN) = 0 + 0 = 0 \Rightarrow M + aN \in H_U.$$

En conclusion, **l'assertion d) est vraie**.

Question 06 : Pour tout couple $(i, j) \in \mathbf{N}^2$, $E_{i,j}$ est une matrice ayant $n - 1$ colonnes nulles et une colonne avec un 1 et que des 0. C'est donc une matrice de rang 1. **L'assertion c) est vraie**.
Comme son rang est strictement inférieur à n, (on rappelle que $n \geqslant 2$), $E_{i,j}$ ne peut pas être inversible et **l'assertion a) est fausse**.
Puis $E_{i,i}$ est diagonale donc diagonalisable. Par contre $E_{i,j}$ avec $i \neq j$ est triangulaire supérieure ou inférieure avec que 0 comme coefficient sauf un seul 1. En particulier, il n'y a que 0 sur la diagonale principale. Si $E_{i,j}$ était diagonalisable, 0 serait la seule valeur propre et donc $E_{i,j}$ serait semblable à la matrice nulle donc serait la matrice nulle. Contradictoire avec la présence d'un 1 (bien qu'il soit tout seul !). En conclusion, **l'assertion b) est fausse**.
Enfin, par exemple $E_{1,1}$ a pour trace 1 et il existe au moins (i, j) pour lequel $E_{i,j}$ ne soit pas une matrice de trace nulle. **L'assertion d) est fausse**.

Question 07 : Dans les questions 07 et 08 uniquement, on prend $n = 2$ et on pose

$$U = \begin{pmatrix} 1 & 1 \\ 1 & 1 \end{pmatrix}.$$

La famille $\mathcal{B} = (E_{1,1}, E_{1,2}, E_{2,1}, E_{2,2})$ est bien une base de $E = \mathcal{M}_2(\mathbf{R})$.
C'est le cours. Sinon on fait la piqûre de rappel :

$$\begin{pmatrix} a & b \\ c & d \end{pmatrix} = a\,E_{1,1} + b\,E_{1,2} + c\,E_{2,1} + d\,E_{2,2}.$$

Toute matrice de E est combinaison linéaire des matrices de $\mathcal{B}$.
Par ailleurs, il est clair que :

$$a\,E_{1,1} + b\,E_{1,2} + c\,E_{2,1} + d\,E_{2,2} \Rightarrow a = b = c = d = 0.$$

La famille $\mathcal{B}$ est libre, c'est donc une base de E. **L'assertion a) est vraie.**
Pour tout couple $(i,j) \in \{1,2\}^2$, $T_U(E_{i,j}) = T\,(U\,E_{i,j})$.
Par exemple, $T_U(E_{1,1}) = 1 \neq 0$ et **l'assertion b) est fausse.**

Pour la suite, prenons une matrice quelconque de E, $M = \begin{pmatrix} a & b \\ c & d \end{pmatrix}$. Alors :

$$UM = \begin{pmatrix} a+c & b+d \\ a+c & b+d \end{pmatrix} \Rightarrow T_U(M) = T(UM) = a+b+c+d.$$

On en déduit que $\mathsf{Ker}\,(T_U)$ est l'ensemble des matrices dont la somme de tous les coefficients est nulle. Et donc $\mathsf{Ker}\,(T_U) \neq \{0\}$. **L'assertion c) est fausse.**
Et bien entendu, **l'assertion d) est vraie** car on vient de le dire.

Question 08 : On sait que H_U étant le noyau d'une forme linéaire, est un hyperplan. On peut aller plus loin en reprenant le développement de la question 07.
Si $M = \begin{pmatrix} a & b \\ c & d \end{pmatrix}$ est dans H_U alors $a = -b-c-d$ et :

$$M = (-b-c-d)\,E_{1,1} + b\,E_{1,2} + c\,E_{2,1} + d\,E_{2,2} =$$
$$b\,(-E_{1,1} + E_{1,2}) + c(-E_{1,1} + E_{2,1}) + d\,(-E_{1,1} + E_{2,2}).$$

Finalement H_U a pour base $\{-E_{1,1} + E_{1,2}, -E_{1,1} + E_{2,1}, -E_{1,1} + E_{2,2}\}$.
La dimension de H_U est 3, et on retrouve donc un hyperplan.
Les assertions a) et b) sont fausses et **l'assertion c) est vraie.**
Enfin, prenons par exemple $\begin{pmatrix} -2 & 0 \\ 0 & 2 \end{pmatrix}$, elle est inversible et appartient clairement à H_U donc **l'assertion d) est vraie.**

Question 09 : On revient au cas général. Soit U une matrice non nulle de E fixée. On sait que l'on ne peut pas avoir pour tout couple $(i,j) \in \mathbf{N}^2$, $T_U(E_{i,j}) = 0$ car ce n'est pas vrai pour $n = 2$ et $U \neq O$ donnée à la question 07 (voir précédemment dans le développement de la question 07). Donc **l'assertion a) est fausse.**
On peut trouver un couple d'entiers (i_0, j_0) tel que $T_U(E_{i_0,j_0}) \neq 0$.
Ainsi, **l'assertion b) est vraie.**
H_U étant le noyau d'une forme linéaire avec E de dimension finie, c'est un hyperplan de E. Comme $\dim E = n^2$, $\dim H_U = n^2 - 1$.
L'assertion c) est fausse et **l'assertion d) est vraie.**

Remarque : on peut tenter un développement analogue à la question 08 avec n quelconque supérieur à 2. Soit $M \in E$ avec $M = (m_{i,j})$ et $U = (u_{i,j})$.

Alors d'après la question 04, $T(UM) = \displaystyle\sum_{i=1}^{n}\sum_{j=1}^{n} u_{j,i}m_{i,j} = 0$. Comme U n'est pas la matrice nulle, il existe k et l tels que $u_{l,k} \neq 0$.
Donc en posant $T_{k,l} = \{(i,j) \in [\![1,n]\!]^2,\ (i,j) \neq (k,l)\}$,

$$u_{l,k}m_{k,l} = -\sum\sum_{(i,j)\in T_{k,l}} u_{j,i}m_{i,j} \Rightarrow m_{k,l} = -\frac{1}{u_{l,k}}\sum\sum_{(i,j)\in T_{k,l}} u_{j,i}m_{i,j}.$$

Par ailleurs : $M = \sum_{i=1}^{n}\sum_{j=1}^{n} m_{i,j}E_{i,j} = m_{k,l}E_{k,l} + \sum\sum_{(i,j)\in T_{k,l}} m_{i,j}E_{i,j}$. Donc :

$$M = -\left[\frac{1}{u_{l,k}}\sum\sum_{(i,j)\in T_{k,l}} u_{j,i}m_{i,j}\right]E_{k,l} + \sum\sum_{(i,j)\in T_{k,l}} m_{i,j}E_{i,j},$$

c'est-à-dire : $M = \sum\sum_{(i,j)\in T_{k,l}} m_{i,j}\left(E_{i,j} - \frac{u_{j,i}}{u_{l,k}}E_{k,l}\right)$.

La famille $\left\{E_{i,j} - \frac{u_{j,i}}{u_{l,k}}E_{k,l}\right\}_{i,j)\in T_{k,l}}$ est une famille de n^2-1 matrices qui est libre et génératrice de H_U. On retrouve $\dim H_U = n^2 - 1$.

Question 10 : Si H est un hyperplan vectoriel de $E = \mathcal{M}_n(\mathbf{R})$, comme $\dim E = n^2$, on a : $\dim H = n^2 - 1$. Et **l'assertion a) est fausse** et **l'assertion b) est vraie**. Comme un sous-espace supplémentaire d'un hyperplan est un espace vectoriel de dimension 1, il existe A une matrice non nulle de E qui n'appartient pas à H telle que : $E = H \oplus \mathrm{Vect}\,(A)$.
Et **l'assertion c) est vraie**. Par voie de conséquence, **l'assertion d) est fausse**.

Question 11 : Dans la suite, pour $r \in [\![1, n]\!]$, on note $R_r = \sum_{i=1}^{r} E_{i,i} \in E$. C'est la matrice J_r du programme officiel. C'est une matrice de rang r.
On peut l'écrire (par blocs) :

$$R_r = \begin{pmatrix} I_r & O_{r,n-r} \\ O_{n-r,r} & O_{n-r} \end{pmatrix},$$

où $O_{m,p}$ est la matrice nulle à m lignes et p colonnes. Pour tout $r \in [\![1, n]\!]$, la matrice R_r est de rang r et **l'assertion a) est fausse**.
Puis R_r est inversible si et seulement si $r = n$ (car alors elle est de rang n) donc **l'assertion b) est fausse** car si $r \neq n$, ce n'est pas le cas.
Puis la matrice R_r est de trace égale àr qui n'est pas nul : **l'assertion c) est fausse**.
Enfin, H_{R_r} est composé des matrices M telles que $T(R_rM) = 0$. D'après la question précédente, H_{R_r} est un hyperplan et n'est donc pas nul, et en conclusion, **l'assertion d) est fausse**. Ainsi, **l'assertion e) est vraie**.

Question 12 : Soit $P = \begin{pmatrix} 0 & 0 & . & 0 & 1 \\ 1 & . & . & . & 0 \\ . & . & . & . & . \\ 0 & . & . & . & 0 \\ 0 & 0 & . & 1 & 0 \end{pmatrix}$, c'est-à-dire$P = (p_{i,j}$ avec $p_{i+1,i} = 1$ pour tout $i \in [\![1, n-1]\!]$, $p_{1,n} = 1$ et $p_{i,j} = 0$ ailleurs. On peut remarquer que P est la matrice de passage de la base canonique $(e_1, ..., e_n)$ à $(e_2, ..., e_n, e_1)$ qui est aussi une base. Donc P est une matrice inversible.
Et **L'assertion a) est vraie** et **l'assertion b) est fausse**.
Pour savoir si R appartient à l'hyperplan H_{R_r}, nous allons effectuer le produit R_rP. Pour cela, nous considérons la matrice K_p qui va suivre.

$$K_p = \begin{pmatrix} 0 & 0 & . & 0 & 0 \\ 1 & . & . & . & 0 \\ . & . & . & . & . \\ 0 & . & . & . & 0 \\ 0 & 0 & . & 1 & 0 \end{pmatrix},$$

matrice carrée d'ordre p. Et soit $L_{p,q}$ la matrice de p lignes et q colonnes n'ayant que des 0 sauf son terme d'indice $(1, q)$ qui vaut 1. Alors on écrit en blocs :

$$R_r P = \begin{pmatrix} I_r & O_{r,n-r} \\ O_{n-r,r} & O_{n-r} \end{pmatrix} \times \begin{pmatrix} K_r & L_{r,n-r} \\ L_{n-r,r} & K_{n-r} \end{pmatrix} = \begin{pmatrix} K_r & L_{r,n-r} \\ O_{n-r,r} & O_{n-r} \end{pmatrix}.$$

Le produit $R_r P$ a donc une trace nulle. Et P appartient bien à l'hyperplan H_{R_r}. **L'assertion c) est vraie** et **l'assertion d) est fausse**.

Remarque : Ici et dans d'autres questions, on utilise la notion de matrices par blocs et les opérations possibles sur ces matrices. Faisons quelques rappels :
Soit $\beta = (e_1, ...e_n)$ une base de E, espace vectoriel sur $\mathbb{K}$ et les sous-espaces vectoriels supplémentaires F et G de E, adaptés à cette base β, c'est-à-dire que l'on suppose que la famille $\beta' = (e_1, ..., e_p)$ est une base de F et que la famille $\beta'' = (e_{p+1}, ..., e_n)$ est une base de G. On notera $q = n - p$.
La matrice $M = (\mu_{ij})$ d'un endomorphisme ϕ de E dans β peut alors être décomposée en une matrice écrite sous la forme $\begin{pmatrix} A & C \\ B & D \end{pmatrix}$ de blocs correspondant à la partition $\beta = \beta' \cup \beta''$. Le bloc C, par exemple, est une matrice de $M_{p,q}(\mathbb{K})$. C'est la partie du tableau des coefficients situés à la croisée des lignes d'indice variant de 1 à p et des colonnes d'indice variant de $p+1$ à n. C'est la matrice de l'application $p_F \circ \phi_{|G}$ de G dans F. (p_F est la projection sur F et $\phi_{|G}$ est la restriction de ϕ à G.)
La combinaison $\mu M + \mu' M'$ de deux matrices par blocs (dont les tailles des sous-matrices permettent les additions et produits effectués) :

$$M = \begin{pmatrix} A & C \\ B & D \end{pmatrix} \text{ et } M' = \begin{pmatrix} A' & C' \\ B' & D' \end{pmatrix}$$

est évidemment la matrice :

$$\begin{pmatrix} \mu A + \mu' A' & \mu C + \mu' C' \\ \mu B + \mu' B' & \mu D + \mu' D' \end{pmatrix}.$$

Le produit MM' est donné par :

$$\begin{pmatrix} AA' + CB' & AC' + CD' \\ BA' + DB' & BC' + DD' \end{pmatrix}.$$

__Question 13__ : S'il existe une matrice inversible Q de E telle que $Q^{-1}VQ = R_r$ ou s'il existe une matrice inversible Q de E telle que $V = Q^{-1}R_rQ$, cela signifie que V et R_r sont semblables. Or deux matrices peuvent avoir le même rang sans être semblables. Par exemple R_r et $2R_r$ ont le même rang r et pourtant si ϕ est l'endomorphisme associé à R_r, 2ϕ est associé à $2R_r$. Et comme $\phi \neq 2\phi$, R_r et $2R_r$ ne peuvent pas être semblables car elles ne représentent pas le même endomorphisme. Donc **les assertions a) et b) sont fausses**.

Remarque : ceux qui connaissent le programme de MPSI et de MP savent que deux matrices ont le même rang si et seulement si elles sont équivalentes. Plus précisément, V est de rang r si et seulement si elle est équivalente à R_r, c'est-à-dire s'il existe deux matrices inversibles P et Q telles que $R_r = PVQ$. Or dans les assertions proposées, P et Q sont l'inverse l'une de l'autre ce qui est un cas très particulier : les matrices V et R_r sont alors semblables. Donc si deux matrices sont semblables, elles ont le même rang. C'est la seule implication que l'on ait.

Une matrice V de E n'est pas de rang r si et seulement si la trace de la matrice V est r. En effet, prenons la matrice K_p définie plus haut qui est de rang $p-1$. Comme elle n'a que des 0 sur la diagonale principale, sa trace est nulle.
Donc **l'assertion c) est fausse**.
Il existe deux matrices S_1 et S_2 inversibles de E telles que $S_1VS_2 = R_r$. C'est la remarque précédente. Le hasard fait bien les choses ! **L'assertion d) est vraie**.

Question 14 : On admet ici le résultat suivant :
Si H est un hyperplan de E, il existe un élément U non nul de E tel que $H = H_U$.

Remarque : prouvons le résultat admis. Si H est un hyperplan de E, prenons le produit scalaire canonique de E (déjà rappelé plus haut). Considérons l'orthogonal de H. C'est une droite vectorielle engendrée par la matrice A non nulle.
On a : $H = \{M \in E,\ \langle A, M\rangle = 0\} = \{M \in E, T(A^T M) = 0\}$.
Donc : $M \in H_{A^T}$. *q.e.d*

De plus U est de rang r.
On suppose dans cette question qu'il existe deux matrices S_1 et S_2 inversibles de E telles que $S_1US_2 = R_r$.
Déjà comme S_2, P et S_1 sont inversibles, il en est de même de leur produit S_2PS_1 qui est donc inversible. **L'assertion a) est vraie**.
La matrice S_2PS_1 est élément de H si et seulement si la matrice S_2PS_1 est élément de H_U, donc si et seulement si $T_U(S_2PS_1) = 0$. On écrit :

$$T_U(S_2PS_1) = T(U\,S_2PS_1) = \mathrm{Tr}\,(US_2PS_1) = \mathrm{Tr}\,(S_1^{-1}R_rS_2^{-1}S_2PS_1),$$

en utilisant $S_1US_2 = R_r \Rightarrow U = S_1^{-1}R_rS_2^{-1}$. Donc :

$$T_U(S_2PS_1) = \mathrm{Tr}\,(S_1^{-1}R_rPS_1) = \mathrm{Tr}\,(R_rP) = 0,$$

en utilisant le fait que deux matrices semblables ont la même trace.
Donc $T_U(S_2PS_1) = 0$ et $S_2PS_1 \in H_U = H$. **L'assertion b) est vraie**.
Comme S_2PS_1 est inversible et appartient à H, **l'assertion d) est fausse**.
La matrice R_rP est-elle élément de H ? On calcule $T(UR_rP) = \mathrm{Tr}\,(UR_rP)$.
On sait que $\mathrm{Tr}\,(R_rP) = 0$. Si U s'écrit en blocs $\begin{pmatrix} A & B \\ C & D \end{pmatrix}$, où A est carrée d'ordre r, D est carrée d'ordre $n-r$, $B \in \mathcal{M}_{r,n-r}(\mathbf{R})$ et $C \in \mathcal{M}_{n-r,r}(\mathbf{R})$, alors :

$$UR_rP = \begin{pmatrix} A & B \\ C & D \end{pmatrix} \times \begin{pmatrix} K_r & L_{r,n-r} \\ O_{n-r,r} & O_{n-r} \end{pmatrix} = \begin{pmatrix} AK_r & AL_{r,n-r} \\ CK_r & CL_{r,n-r} \end{pmatrix}.$$

Il ne faut pas oublier que U doit être de rang r. Prenons B, C et D composées que de 0 et A inversible (donc de rang r). Pour A, on choisit une matrice triangulaire supérieure de diagonale principale $1, 2, ..., r$ et n'ayant que des 1 au dessus de cette diagonale. Le produit AK_r est une matrice ayant $r-1$ coefficients 1 et un coefficient 0 sur la diagonale principale. Donc sa trace est $r-1$ qui est aussi celle de UR_rP.

Elle est non nulle (si $r \neq 1$). Donc **l'assertion d) est fausse.**

Question 15 : On considère ici la série de fonctions $\sum_{n\geqslant 1} u_n$, où pour tout réel x,

$$u_n(x) = \frac{1}{2^n}\cos(nx).$$

Comme pour tout $n \in \mathbf{N}^\star$, $|u_n(x)| \leqslant 1/2^n$, et comme la série de terme général $1/2^n$ est convergente car c'est une série géométrique dont la raison $1/2$ est dans $]-1,1[$. Ainsi, $\sum_{n\geqslant 1} |u_n|$ converge et la série est absolument convergente sur $\mathbf{R}$ donc convergente simplement sur $\mathbf{R}$. Il n'existe pas de réel x pour lequel la série $\sum_{n\geqslant 1} u_n(x)$ diverge. Et **l'assertion a) est fausse.**

Le terme général de cette série converge vers 0 et **l'assertion b) est fausse.**

Comme $\|u_n\|_\infty = 2^{-n}$, la série $\sum_{n\geqslant 1} \|u_n\|_\infty$ est convergente et donc la série $\sum_{n\geqslant 1} u_n$ est normalement convergente sur $\mathbf{R}$.

L'assertion c) est vraie et par voie de conséquence, **l'assertion d) est fausse.**

Question 16 : Dans la suite, on pose pour tout x pour lequel cela a un sens, $U(x) = \sum_{n=1}^{+\infty} u_n(x)$. Et cela a du sens puisque la série converge. Et donc $U(x)$ existe pour tout x réel. On a :

$$U(0) = \sum_{n=1}^{+\infty} u_n(0) = \sum_{n=1}^{+\infty} \frac{1}{2^n} = \frac{1}{2} \times \frac{1}{1-\frac{1}{2}} = 1.$$

Les deux assertions a) et b) sont fausses. De même,

$$U(\pi) = \sum_{n=1}^{+\infty} u_n(0) = \sum_{n=1}^{+\infty} \frac{(-1)^n}{2^n} = \frac{-1}{2} \times \frac{1}{1+\frac{1}{2}} = -\frac{1}{3}.$$

Les deux assertions c) et d) sont fausses et **l'assertion e) est vraie.**

Question 17 : $\cos(nx)$ est bien la partie réelle de e^{inx}.

Ainsi, **l'assertion a) est vraie** et **l'assertion b) est fausse.**

Il est temps d'écrire les formules d'Euler, pour tout x,

$$\cos(nx) = \frac{1}{2}\, e^{inx} + e^{-inx}) \text{ et } \sin(nx) = \frac{1}{2i}\, e^{inx} - e^{-inx}).$$

Les deux assertions c) et d) sont fausses clairement.

Question 18 : Pour tout réel x,

$$U(x) = \sum_{n=1}^{+\infty} \frac{\cos(nx)}{2^n} = \frac{1}{2}\sum_{n=1}^{+\infty} \frac{1}{2^n}\, e^{inx} + e^{-inx}) = \frac{1}{2}\sum_{n=1}^{+\infty}\left(\frac{e^{ix}}{2}\right)^n + \frac{1}{2}\sum_{n=1}^{+\infty}\left(\frac{e^{-ix}}{2}\right)^n.$$

On reconnait encore une somme de suite géométrique.

$$U(x) = \frac{1}{2} \times \frac{e^{ix}}{2} \times \frac{1}{1 - \dfrac{e^{ix}}{2}} + \frac{1}{2} \times \frac{e^{-ix}}{2} \times \frac{1}{1 - \dfrac{e^{-ix}}{2}}.$$

On arrange un peu :

$$U(x) = \frac{e^{ix}}{4 - 2e^{ix}} + \frac{e^{-ix}}{4 - 2e^{-ix}} = \frac{2\cos x - 1}{5 - 4\cos x}$$

en utilisant les formules d'Euler. Donc **l'assertion c) est vraie** et par conséquent, **les assertions a) et b) sont fausses**.
Enfin, comme $U(x)$ a bien une expression, **l'assertion d) est fausse**.

Question 19 : Soit $\alpha \in]-1, 1[$, on considère la série de fonctions

$$\sum_{n \geqslant 1} w_n, \text{ où } w_n(x) = \frac{\alpha^n}{n} \cos(nx).$$

Et on pose pour x réel, $W(x) = \sum_{n=1}^{+\infty} w_n(x)$.

$$W(0) = \sum_{n=1}^{+\infty} W_n(0) = \sum_{n=1}^{+\infty} \frac{\alpha^n}{n}.$$

On sait que pour tout $\alpha \in]-1, 1[$, $-\ln(1-\alpha) = \sum_{n=1}^{+\infty} \frac{\alpha^n}{n}$. (Si l'on a oublié cela, on le retrouve en développant $\alpha \mapsto 1/(1-\alpha)$ en série entière et en l'intégrant.) Ainsi, pour tout $\alpha \in]-1, 1[$, $W(0)$ vaut $-\ln(1-\alpha)$.
L'assertion b) est vraie et **les assertions a), c) et d) sont fausses**.

Remarque : certaines assertions sont fausses sans aucun besoin de calcul pour le prouver. Ainsi l'assertion d) de cette question car on a $\alpha - 1 < 0$ et donc l'expression ne peut pas exister.

Question 20 : Pour tout $\alpha \in]-1, 1[$, la série $\sum_{n \geqslant 1} \frac{\alpha^n}{n}$ converge (car sa somme est $-\ln(1-\alpha)$). Donc **l'assertion a) est fausse**.
La série $\sum_{n \geqslant 1} \frac{|\alpha|^n}{n}$ converge mais pas parceque c'est le terme général de la série exponentielle. En effet, le terme général de la série exponentielle est $\frac{|\alpha|^n}{n!}$ qui est différent de celui qui est proposé. Et **l'assertion b) est fausse**. Pour $\alpha \neq 0$, appliquons la règle de d'Alembert à la série $\sum_{n \geqslant 1} \frac{|\alpha|^n}{n}$. Posons $Z_n = \frac{|\alpha|^n}{n}$.

$$\frac{Z_{n+1}}{Z_n} = \frac{|\alpha|^{n+1}}{n+1} \times \frac{n}{|\alpha|^n} = \frac{|\alpha| n}{n+1}$$

tend vers $|\alpha|$ quand n tend vers $+\infty$. Comme $|\alpha| < 1$, la série $\sum_{n \geqslant 1} \frac{|\alpha|^n}{n}$ converge.

L'assertion c) est vraie.

Comme $\|w_n(x)\|_\infty = \dfrac{|\alpha|^n}{n}$, la série $\sum_{n\geqslant 1} \|w_n(x)\|_\infty$ converge et la série $\sum_{n\geqslant 1} w_n$ converge normalement sur $\mathbf{R}$. **L'assertion d) est vraie**.

Question 21 : Rappelons le cours.

(***Théorème de dérivation d'une série de fonctions.***
*Si l'on a les **hypothèses suivantes** :*
- *Pour tout $n \geqslant 1$, $x \mapsto w_n(x)$ est de classe $\mathcal{C}^1$ sur $\mathbf{R}$.*
- *La série de fonctions $x \mapsto \sum_{n\geqslant 1} w_n(x)$ converge simplement en tout point de $x \in \mathbf{R}$.*
- *La série de fonctions $x \mapsto \sum_{n\geqslant 1} w_n'(x)$ converge uniformément sur $\mathbf{R}$.*

*Alors on a la **conclusion suivante** : la somme $W : x \mapsto \sum_{n=1}^{+\infty} w_n(x)$ est de classe $\mathcal{C}^1$ sur $\mathbf{R}$ et pour tout $x \in \mathbf{R}$, $W'(x) = \sum_{n=1}^{+\infty} w_n'(x)$.*

Si $x \mapsto \sum_{n\geqslant 1} w_n'(x)$ converge normalement sur tout compact de $\mathbf{R}$ ou sur $\mathbf{R}$, alors $x \mapsto \sum_{n\geqslant 1} w_n'(x)$ converge uniformément sur $\mathbf{R}$.

Il est clair qu'ici, pour tout $n \geqslant 1$, $x \mapsto w_n(x)$ est de classe $\mathcal{C}^1$ sur $\mathbf{R}$.
Puis : $\forall x \in \mathbf{R}$, $\forall n \geqslant 1$, $w_n'(x) = -\alpha^n \sin(nx)$.
Ensuite : $\|w_n'\|_\infty = |\alpha|^n$. Or $\sum_{n\geqslant 1} \|w_n'\|_\infty$ converge car c'est une série géométrique de raison $|\alpha| < 1$. La série $x \mapsto \sum_{n\geqslant 1} w_n'$ converge normalement sur $\mathbf{R}$ donc converge normalement sur tout compact de $\mathbf{R}$. Ceci fait, nous allons pourtant écrire que **les trois assertions a), b) et c) sont fausses**. Car dans chacune d'elle, il manque une des trois hypothèses du théorème de dérivation d'une série de fonctions.
Pour l'assertion a), on dit que la fonction W est de classe $\mathbf{C}^1$ sur $\mathbf{R}$ car toutes les fonctions w_n sont de classe $\mathbf{C}^1$ sur $\mathbf{R}$ et que la série de fonctions $\sum_{n\geqslant 1} w_n$ converge simplement sur $\mathbf{R}$. Il manque la convergence uniforme ou normale de la série de fonctions $\sum_{n\geqslant 1} w_n'$.
Pour l'assertion b), idem, il manque la convergence uniforme ou normale de la série de fonctions $\sum_{n\geqslant 1} w_n'$. De plus, la série de fonctions $\sum_{n\geqslant 1} w_n$ n'a pas besoin de converger normalement sur $\mathbf{R}$. La convergence simple suffit.
Pour l'assertion c), c'est pratiquement la même remarque que l'assertion b).
Enfin, pour l'assertion d), la série de fonctions $\sum_{n\geqslant 1} w_n'$ converge normalement sur $\mathbf{R}$. Et on se lance : **l'assertion d) est vraie**.

Remarque : pour l'assertion d), pour conclure rigoureusement, il manque d'indiquer la convergence simple de la série de fonctions $\sum_{n\geqslant 1} w_n(x)$.

Le fait qu'on parle de $W(x)$ dans l'énoncé de la question oblige à cette hypothèse, certes mais une phrase du genre : « la série de fonctions $\sum_{n\geqslant 1} w_n$ converge simplement en tout point de $\mathbf{R}$ » en début de question, aurait levé tout doute.

Question 22 : On écrit pour $\alpha \in]-1,1[$,

$$\sum_{n=1}^{+\infty} \alpha^n e^{inx} = \alpha e^{ix} \sum_{n=0}^{+\infty} \left[\alpha\, e^{ix}\right]^n = \frac{\alpha e^{ix}}{1-\alpha e^{ix}}.$$

L'assertion a) est vraie et **l'assertion b) est fausse.**

On sait que $W'(x) = -\sum_{n=1}^{+\infty} \alpha^n \sin(nx)$ pour tout x d'après la question 21.

C'est-à-dire : $W'(x) = -\mathsf{Im}\left(\sum_{n=1}^{+\infty} \alpha^n e^{inx}\right)$.

L'assertion c) est vraie et **l'assertion d) est fausse.**

Question 23 : Pour tout réel x, $W'(x)$ vaut donc :

$$-\mathsf{Im}\left[\frac{\alpha e^{ix}}{1-\alpha e^{ix}}\right] = -\mathsf{Im}\left[\frac{\alpha e^{ix}(1-\alpha e^{-ix})}{(1-\alpha e^{ix})(1-\alpha e^{-ix})}\right],$$

ce qui donne :

$$-\mathsf{Im}\left[\frac{\alpha e^{ix}-\alpha^2}{1-2\alpha\cos x+\alpha^2}\right] = \frac{-\alpha\,\sin x}{1-2\alpha\cos x+\alpha^2}.$$

L'assertion b) est vraie et **les assertions a), c) et d) sont fausses.**

Question 24 : Pour tout réel x, $(1-2\alpha\cos x+\alpha^2)' = 2\alpha\sin x$. On écrit :

$$W'(x) = -\frac{1}{2}\frac{2\alpha\,\sin x}{1-2\alpha\cos x+\alpha^2} \Rightarrow W(x) = -\frac{1}{2}\ln\left(1-2\alpha\cos x+\alpha^2\right)+L,$$

où $L \in \mathbf{R}$. Puis

$$W(0) = -\frac{1}{2}\ln\left(1-2\alpha\cos 0+\alpha^2\right)+L = -\frac{1}{2}\ln\left((\alpha-1)^2\right)+L,$$

ce qui donne : $W(0) = -\ln(1-\alpha)+L$.

D'après la question 19, on en déduit que $L=0$.

On peut donc justifier l'écriture $W(x) = k\,\ln\left(1-2\alpha\cos x+\alpha^2\right)$, où k est une constante non nulle qui vaut $-1/2$.

On est mûr pour en déduire l'intégrale $I_1 = \int_{-\pi}^{\pi} \ln\left(1-2\alpha\cos x+\alpha^2\right)\,dx$.

On propose des pistes pour le faire.

Par Chasles, on a :

$$I_1 = \int_{-\pi}^{0} \ln\left(1-2\alpha\cos x+\alpha^2\right)\,dx + \int_{0}^{\pi} \ln\left(1-2\alpha\cos x+\alpha^2\right)\,dx.$$

Si l'on fait le changement de variable $t=-x$ dans la première intégrale :

$$I_1 = \int_{\pi}^{0} \ln\left(1-2\alpha\cos t+\alpha^2\right)\,(-dt) + \int_{0}^{\pi} \ln\left(1-2\alpha\cos x+\alpha^2\right)\,dx.$$

C'est-à-dire :

$$I_1 = 2\int_0^{\pi} \ln\left(1 - 2\alpha\cos x + \alpha^2\right)\, dx,$$

Donc l'idée d'utiliser un argument de parité ne semble pas permettre de calculer l'intégrale mais par contre, permet de simplifier un peu le problème en raccourcissant les bornes. On déclarera que **l'assertion c) est fausse**.
Ceci dit, comment être certain qu'aucun changement de variables magique ne permet pas d'y arriver ?
On travaille « au feeling » ici.
Tentons l'autre piste proposée, c'est-à-dire l'intégration par partie.
On va travailler sur $J = \displaystyle\int_0^{\pi} \ln\left(1 - 2\alpha\cos x + \alpha^2\right) dx$ qui est la moitié de I_1.
On va dire que $\ln\left(1 - 2\alpha\cos x + \alpha^2\right)$ est $1 \times \ln\left(1 - 2\alpha\cos x + \alpha^2\right)$. De toute façon, on ne voit pas quoi faire d'autre. Alors :

$$J = -\int_0^{\pi} x \times \frac{2\alpha\,\sin x}{1 - 2\alpha\cos x + \alpha^2}\, dx + \left[x\ln\left(1 - 2\alpha\cos x + \alpha^2\right)\right]_0^{\pi}.$$

On remarque que l'intégrale n'est pas très jolie. On peut peut-être y arriver avec du temps et de l'espoir. Maintenant, il est clair qu'une simple intégration par parties ne permet pas de trouver J et donc I_1 rapidement, **l'assertion b) est fausse**.
On propose enfin dans l'assertion d) d'utiliser que la série de fonctions $\sum\limits_{n\geqslant 1} w_n$ converge normalement sur $\mathbf{R}$. Là on sent qu'il faut intervertir série et intégrale. Commençons par nous rappeler le cours.

Remarque : on va donc utiliser le cours, ici l'interversion d'une intégrale et d'une série. Nous avons plusieurs outils au programme. C'est l'occasion de les rappeler.

Intégration somme-integrale sur un segment
Soit $[a,b]$ un segment et $(f_n)_{n\in\mathbf{N}}$ une suite d'applications continues sur $[a,b]$.
Si la série $\sum\limits_{n\geqslant 0} f_n$ converge uniformément sur $[a,b]$ alors la série des intégrales est convergente et : $\displaystyle\int_a^b \sum_{n=0}^{+\infty} f_n(x)\, dx = \sum_{n=0}^{+\infty} \int_a^b f_n(x)\, dx.$

Integration somme-intégrale sur un intervalle
Ici I est un intervalle (qui peut être ouvert ou (et) non borné). Soit $(f_n)_{n\in\mathbf{N}}$ une suite de fonctions à valeurs dans $\mathbf{R}$ ou $\mathbf{C}$ telle que pour tout n, f_n est continue par morceaux et intégrable sur I.
On suppose de plus que la série $\sum f_n$ converge simplement sur I et a pour somme une fonction S continue par morceaux sur I.
On suppose de plus que la série $\sum\left(\int_I |f_n|\right)$ converge.
Alors, on peut en déduire que la fonction $S = \sum\limits_{n=0}^{+\infty} f_n$ est intégrable sur I.
Et de plus, on a : $\displaystyle\int_I S = \sum_{n=0}^{+\infty} \int_I f_n.$

Ici, $I = [-\pi, \pi]$ est un segment et on va utiliser le premier théorème. La suite (f_n) du théorème est la suite (w_n). Pour tout $n \geqslant 1$, w_n est continue sur $[-\pi, \pi]$.

Puis la série $\sum_{n\geqslant 1} \frac{\alpha^n}{n}\cos(nx)$ converge uniformément sur $[-\pi,\pi]$ car elle converge normalement sur $\mathbf{R}$. Donc on a :

$$\int_{-\pi}^{\pi} \ln\left(1-2\alpha\cos x+\alpha^2\right)dx = -2\int_{-\pi}^{\pi}\sum_{n=1}^{+\infty}\frac{\alpha^n}{n}\cos(nx)\,dx.$$

Et donc en inversant :

$$\int_{-\pi}^{\pi} \ln\left(1-2\alpha\cos x+\alpha^2\right)dx == -2\sum_{n=0}^{+\infty}\int_{-\pi}^{\pi}\frac{\alpha^n}{n}\cos(nx)\,dx.$$

Donc :

$$\int_{-\pi}^{\pi} \ln\left(1-2\alpha\cos x+\alpha^2\right)dx = -2\sum_{n=0}^{+\infty}\frac{\alpha^n}{n}\left[\frac{\sin(nx)}{n}\right]_{-\pi}^{\pi} = 0.$$

Et finalement, **l'assertion d) est vraie.**

Question 25 : On peut conclure immédiatement d'après le développement précédent que **l'assertion b) est vraie** et que **les assertions a), c) et d) sont fausses.**

Remarque : On suppose implicitement que k de l'assertion a) est $k=-1/2$ trouvé à la question 24. Cela aurait dû être précisé.

Question 26 : On note $A=\begin{pmatrix}1 & 4 & -2\\ 0 & 6 & -3\\ -1 & 4 & 0\end{pmatrix}$ et $\chi_A(X)=\mathsf{Det}\,(XI_3-A)$.

Remarque : l'énoncé initial donnait $\chi_A(X)=\mathsf{Det}\,(A-XI_3)$ pour définition, ce qui n'est plus la bonne depuis 2014. J'ai pris la liberté de la modifier car ce qui importe pour vous, futurs candidats, ce sont les prochains sujets qui sont créés à partir du programme postérieur à 2014.

Calculons maintenant $\chi_A(X)$ qui vaut :

$$\begin{vmatrix} X-1 & -4 & 2\\ 0 & X-6 & 3\\ 1 & -4 & X\end{vmatrix} = \begin{vmatrix} X-2 & 0 & 2-X\\ 0 & X-6 & 3\\ 1 & -4 & X\end{vmatrix},$$

en faisant l'opération élémentaire : $L_1 \leftarrow L_1 - L_2$. Donc :

$$\chi_A(X) = (X-2)\begin{vmatrix} 1 & 0 & -1\\ 0 & X-6 & 3\\ 1 & -4 & X\end{vmatrix} = (X-2)\begin{vmatrix} 1 & 0 & 0\\ 0 & X-6 & 3\\ 1 & -4 & X+1\end{vmatrix},$$

soit $\chi_A(X)=(X-2)\begin{vmatrix} X-6 & 3\\ -4 & X+1\end{vmatrix}$, en mettant $(X-2)$ en facteur dans L_1 puis en faisant $C_3 \leftarrow C_1+C_3$ puis en développant selon la première colonne. On obtient :

$$\chi_A(X) = (X-2)\left[(X-6)(X+1)+12\right] = (X-2)(X^2-5X+6).$$

En cherchant les racines de $X^2 - 5X + 6$. On a : $\chi_A(X) = (X-2)^2(X-3)$.
L'assertion a) est vraie et **les assertions b), c) et d) sont fausses**.

Remarque : on peut faire autrement ; maintenant 99% des candidats l'auront fait comme plus haut. Ceci dit, c'est toujours intéressant pour l'entraînement d'avoir plusieures pistes. On remarque que la somme de chaque ligne de A est égale à 3 et $A\begin{pmatrix}1\\1\\1\end{pmatrix} = 3\begin{pmatrix}1\\1\\1\end{pmatrix}$. Ainsi 3 est une valeur propre de A. Ensuite, on a $Tr(A) = 7$ et $\mathsf{Det}\,(A) = 12$. Soient a et b les deux valeurs propres qui manquent. On a : $a + b + 3 = 7$ et $3ab = 12$ donc $a + b = 4$ et $ab = 4$. Il reste $a = b = 2$.
On retrouve $\chi_A(X)$.

Question 27 : Dire que la matrice A ci-dessus est diagonalisable car son polynôme caractéristique est scindé à racines simples, n'est pas correct car $\chi_A(X)$ a une racine double.
Donc **l'assertion a) est fausse**.
Par ailleurs, 0 n'est pas valeur propre de A donc A est diagonalisable et on peut en déduire que **l'assertion d) est vraie**.
Pour les deux autres assertions, on doit aller plus loin et déterminer le sous-espace propre $E_2(A)$ associé à la valeur propre 2.

Le vecteur $\begin{pmatrix}x\\y\\z\end{pmatrix}$ est dans $E_2(A)$ si et seulement si :

$$A\begin{pmatrix}x\\y\\z\end{pmatrix} = 2\begin{pmatrix}x\\y\\z\end{pmatrix} \Leftrightarrow \begin{pmatrix}1 & 4 & -2\\0 & 6 & -3\\-1 & 4 & 0\end{pmatrix}\begin{pmatrix}x\\y\\z\end{pmatrix} = 2\begin{pmatrix}x\\y\\z\end{pmatrix} \Leftrightarrow$$

$$\begin{cases} x + 4y - 2z & = & 2x \\ 6y - 3z & = & 2y \\ -x + 4y & = 2z \end{cases}.$$

Il reste : $\begin{cases} x - 4y + 2z & = & 0 \\ 4y - 3z & = & 0 \\ -x + 4y - 2z & = 0 \end{cases}.$

On remarque que la première ligne et la troisième ligne sont égales. Il reste deux égalités indépendantes. On a $y = 3/4z$ et $x = 4y - 2z = 3z - 2z = z$. Une base de $E_2(A)$ est le vecteur $(4, 3, 4)$. Comme $\dim E_2(A) = 1$, A n'est pas diagonalisable (même si son polynôme caractéristique est scindé) car la dimension de chaque sous-espace propre n'est pas toujours égal à l'ordre de multiplicité de la valeur propre.
L'assertion b) est fausse et **l'assertion c) est vraie**.

Question 28 : Ici A est la matrice d'un endomorphisme u de $\mathbf{R}^3$ dans la base canonique $(e_1, e_2, e_3) \in \mathbf{R}^3$, et on pose $\epsilon_1 = e_1 + e_2 = e_3$, $\epsilon_2 = 4e_1 + 3e_2 + 4e_3$ et $\epsilon_3 = -2e_1 - e_3$.
Déjà, $(\epsilon_1, \epsilon_2, \epsilon_3)$ est une base de $\mathbf{R}^3$ car par exemple :

$$\mathsf{Det}\,(\epsilon_1, \epsilon_2, \epsilon_3) = \begin{vmatrix}1 & 4 & -2\\1 & 3 & 0\\1 & 4 & -1\end{vmatrix} \neq 0.$$

Et **l'assertion a) est vraie**.

Par ailleurs, d'après la question 27, on sait que ϵ_2 est un vecteur propre de A associé à 2. Puis :

$$A\epsilon_1 = \begin{pmatrix} 1 & 4 & -2 \\ 0 & 6 & -3 \\ -1 & 4 & 0 \end{pmatrix} \begin{pmatrix} 1 \\ 1 \\ 1 \end{pmatrix} = \begin{pmatrix} 3 \\ 3 \\ 3 \end{pmatrix} = 3\epsilon_1 \text{ et}$$
$$A\epsilon_3 = \begin{pmatrix} 1 & 4 & -2 \\ 0 & 6 & -3 \\ -1 & 4 & 0 \end{pmatrix} \begin{pmatrix} -2 \\ 0 \\ -1 \end{pmatrix} = \begin{pmatrix} 0 \\ 3 \\ 2 \end{pmatrix}.$$

Donc ϵ_1 est bien un vecteur propre de A (associé à 3) mais ϵ_3 n'est pas un vecteur propre de A (on le savait, sinon, A serait diagonalisable).
Donc **l'assertion b) est fausse.**
Puis : $u(\epsilon_3) = (0, 3, 2) = \epsilon_2 + 2\epsilon_3$.
Donc **l'assertion c) est vraie** et **l'assertion d) est fausse.**

Question 29 : On note ici $T = \begin{pmatrix} 3 & 0 & 0 \\ 0 & 2 & 1 \\ 0 & 0 & 2 \end{pmatrix}$. Il est clair que le but est de trigonaliser A et de certainement montrer que A et T sont semblables. Pour cela, on s'aide de la question 28. Si l'on pose $P = \begin{pmatrix} 1 & 4 & -2 \\ 1 & 3 & 0 \\ 1 & 4 & -1 \end{pmatrix}$ la matrice de passage de la base canonique à la base $(\epsilon_1, \epsilon_2, \epsilon_3)$, comme $u(\epsilon_1) = 3\epsilon_1$, $u(\epsilon_2) = 2\epsilon_2$ et $u(\epsilon_3) = \epsilon_2 + 2\epsilon_3$, alors la matrice de u dans la base $(\epsilon_1, \epsilon_2, \epsilon_3)$ est la fameuse matrice T. Donc on peut affirmer que A et T sont semblables. Par contre, toutes les assertions proposées sont fausses car ce n'est jamais le bon sens. En effet on peut dire que si les matrices A et T sont semblables alors elles ont le même rang, le même déterminant, le même polynôme caractéristique et la même trace.
Les quatre assertions a), b), c) et d) sont fausses et **l'assertion e) est vraie.**

Question 30 : On note toujours :

$$P = \begin{pmatrix} 1 & 4 & -2 \\ 1 & 3 & 0 \\ 1 & 4 & -1 \end{pmatrix},$$

on a d'après la question 29, $T = P^{-1}AP$ c'est-à-dire :

$$P^{-1}AP = \begin{pmatrix} 3 & 0 & 0 \\ 0 & 2 & 1 \\ 0 & 0 & 2 \end{pmatrix}.$$

Ainsi **l'assertion b) est vraie** et **l'assertion d) est fausse.**
Par contre, $PTP^{-1} = A$ et **les assertions a) et c) sont fausses.**

Question 31 : Ici, l'on pose $M = \begin{pmatrix} a & b & c \\ d & e & f \\ g & h & i \end{pmatrix}$ une matrice de $\mathcal{M}_3(\mathbf{R})$. On veut qu'elle commute avec T :

$$MT = TM \Leftrightarrow \begin{pmatrix} a & b & c \\ d & e & f \\ g & h & i \end{pmatrix} \begin{pmatrix} 3 & 0 & 0 \\ 0 & 2 & 1 \\ 0 & 0 & 2 \end{pmatrix} = \begin{pmatrix} 3 & 0 & 0 \\ 0 & 2 & 1 \\ 0 & 0 & 2 \end{pmatrix} \begin{pmatrix} a & b & c \\ d & e & f \\ g & h & i \end{pmatrix}.$$

C'est-à-dire :

$$\begin{pmatrix} 3a & 2b & b+2c \\ 3d & 2e & e+2f \\ 3g & 2h & h+2i \end{pmatrix} = \begin{pmatrix} 3a & 3b & 3c \\ 2d+g & 2e+h & 2f+i \\ 2g & 2h & 2i \end{pmatrix} \Leftrightarrow$$

$$\begin{cases} 3b = 2b & 3c = b+2c \\ 2d+g = 3d & 2e+h = 2e \\ 2f+i = e+2f & 2g = 3g \\ h+2i = 2i \end{cases}.$$

Cela donne : $b = 0$, $g = 0$, $d = 0$, $c = 0$, $h = 0$, et $i = e$.
Les matrices M qui commutent avec T sont de la forme :

$$M = \begin{pmatrix} a & 0 & 0 \\ 0 & e & f \\ 0 & 0 & e \end{pmatrix} \Leftrightarrow M = aJ + eK + fL.$$

L'ensemble de telles matrices quand a, e et f parcourent $\mathbf{R}$ est non vide, donc on peut dire que **l'assertion a) est fausse**, est bien un espace vectoriel (car c'est $\text{Vect}\,(J, K, L)$ qui est un sous-espace vectoriel de $\mathcal{M}_3(\mathbf{R})$). Comme (J, K, L) est une famille génératrice de $C(T)$, sa dimension ne peut pas être 4.
Et **l'assertion d) est fausse**. Puis, on a :

$$aJ + eK + fL = O \Rightarrow \begin{pmatrix} a & 0 & 0 \\ 0 & e & f \\ 0 & 0 & e \end{pmatrix} = \begin{pmatrix} 0 & 0 & 0 \\ 0 & 0 & 0 \\ 0 & 0 & 0 \end{pmatrix},$$

et donc $a = e = f = 0$. La famille (J, K, L) est libre et est donc une base de $C(T)$.
Et $\dim C(T) = 3$.
On conclut que **l'assertion b) est vraie** et que **l'assertion c) est fausse**.

<u>Question 32</u> : On admet ici que $C(A)$, le sous-espace vectoriel de $\mathcal{M}_3(\mathbf{R})$ des matrices qui commutent avec la matrice A, est de dimension 3.

Remarque : ce que l'on admet permet de donner une indication sur la voie à suivre. Maintenant, ce résultat peut se montrer rapidement en utilisant ce que l'on a montré à la question 31. On écrit :

$$M \in C(A) \Leftrightarrow MA = AM \Leftrightarrow MPTP^{-1} = PTP^{-1}M$$

$$\Leftrightarrow P^{-1}MPT = TP^{-1}MP \Leftrightarrow P^{-1}MP \in C(T).$$

On remarque ensuite que $\phi : M \mapsto P^{-1}MP$ est linéaire de $\mathcal{M}_3(\mathbf{R})$ dans $\mathcal{M}_3(\mathbf{R})$ donc est un endomorphisme puis $M' = P^{-1}MP \Leftrightarrow M = PM'P^{-1}$ donc ϕ est un isomorphisme. Les espaces vectoriels $C(T)$ et $C(A)$ sont isomorphes et ont donc la même dimension qui est 3.

Il est donc clair que $M \in C(A)$ équivaut à l'existence de $(a, e, f) \in \mathbf{R}^3$ tel que $P^{-1}MP = aJ + eK + fL$. Cela équivaut à l'existence de $(a, e, f) \in \mathbf{R}^3$ tel que $M = aPJP^{-1} + ePKP^{-1} + fPLP^{-1}$. Déjà, **les assertions a) et d) sont fausses**. Pour la suite, on peut tenter de calculer P^{-1} mais c'est long ! Plus simplement, on connait plein de matrices qui commutent avec A, ce sont les puissances de A. Prenons I_3, A et A^2. On peut vérifier que $\{I_3, A, A^2\}$ est une famille libre, comme c'est une famille libre de cardinal 3 incluse dans un espace vectoriel de dimension 3, c'est une base de $C(A)$, donc une famille génératrice de $C(A)$.

Et **l'assertion c) est vraie**.
Enfin, on voit que A et T ne commutent pas. Et **l'assertion b) est fausse**.

Question 33 : D'après le cours, une série entière de la variable réelle $\sum_{n\geqslant 0} a_n x^n$ de rayon $R \neq 0$, converge normalement sur tout segment $[a, b] \subset]-R, R[$.
Et **l'assertion c) est vraie**.
Par contre, on peut trouver des séries entières convergentes normalement sur $]-R, R[$ ou sur $[-R, R]$ et d'autres non convergentes sur $]-R, R[$ ou sur $[-R, R]$.
Ainsi, la série entière $\sum_{n\geqslant 0} \frac{1}{n+1} x^n$, de rayon 1, ne converge pas normalement ni sur $[-1, 1]$, ni sur $]-1, 1[$ et la série entière $\sum_{n\geqslant 0} \frac{1}{(n+1)^2} x^n$, de rayon 1, converge normalement sur $[-1, 1]$.
Donc **les assertions a) et b) sont fausses**.
Comme la série entière $\sum_{n\geqslant 0} \frac{1}{(n+1)^2} x^n$, de rayon 1, converge en $x = \pm 1$, on peut donc conclure que **l'assertion d) est fausse**.

Question 34 : Soit $\sum_{n\geqslant 0} u_n$ une série de réels.

A-t-on « $\sum_{n\geqslant 0} u_n$ converge $\Rightarrow \sum_{n\geqslant 0} |u_n|$ converge » ? Si l'on prend $u_n = \frac{(-1)^n}{n+1}$, on sait d'après le critère spécial des séries alternées que la série $\sum_{n\geqslant 0} u_n$ converge et pourtant $\sum_{n\geqslant 0} |u_n|$ ne converge pas. Donc **l'assertion a) est fausse**.

Par contre, « $\sum_{n\geqslant 0} |u_n|$ converge $\Rightarrow \sum_{n\geqslant 0} u_n$ converge » est vraie d'après le cours, et on en déduit que **l'assertion b) est vraie**.
A t-on « $\sum_{n\geqslant 0} |u_n|$ diverge $\Rightarrow \sum_{n\geqslant 0} u_n$ diverge » ?
C'est la contraposée de l'assertion a), donc **l'assertion c) est fausse**.
Enfin, si (u_n) est une suite de réels décroissante et de limite nulle, $\sum_{n\geqslant 0} (-1)^n u_n$ converge. C'est le fameux critère des séries alternées. Et **l'assertion d) est vraie**.

Question 35 : On s'intéresse maintenant aux séries $\sum_{n\geqslant 2} u_n$, où pour a et b réels, l'on ait : $u_n = \frac{(-1)^n}{n^a (\ln n)^b}$.

Si $a < 0$, alors u_n n'est pas bornée en $+\infty$ et $\sum_{n\geqslant 2} u_n$ diverge grossièrement.

En conclusion, **l'assertion a) est fausse**.

• Supposons $a > 1$, alors $|u_n| = \frac{1}{n^a (\ln n)^b}$.

Si $b \geqslant 0$, $|u_n| \leqslant \frac{1}{n^a}$ et comme $\sum_{n\geqslant 2} \frac{1}{n^a}$ converge alors $\sum_{n\geqslant 2} |u_n|$ converge.

Et si $b < 0$, $1/(\ln n)^b$ tend vers $+\infty$ quand n tend vers ∞ mais il existe $N_0 \in \mathbf{N}$ tel que pour tout $n \geqslant N_0$,

$$\frac{1}{\ln n}^{b} \leqslant n^{\frac{a-1}{2}} \Rightarrow |u_n| \leqslant \frac{n^{\frac{a-1}{2}}}{n^a} = \frac{1}{n^{\frac{a+1}{2}}}.$$

Comme $(a+1)/2 > 1 \Leftrightarrow a > 1$, $\sum_{n\geqslant n_0} \frac{1}{n^{\frac{a+1}{2}}}$ converge, donc $\sum_{n\geqslant 2} |u_n|$ converge.

Et **l'assertion b) est vraie**.

• Supposons $a < 0$, alors $\sum_{n\geqslant 2} |u_n|$ diverge grossièrement.

• Supposons $0 \leqslant a < 1$.

Si $b < 0$, alors :

$$|u_n| = \frac{(\ln n)^{-b}}{n^a} > \frac{1}{n^a}$$

et comme $\sum_{n\geqslant 2} 1/n^a$ diverge, $\sum_{n\geqslant 2} |u_n|$ diverge.

Si $b \geqslant 0$, il existe $N_0 \in \mathbf{N}$ tel que pour tout $n \geqslant N_0$,

$$(\ln n)^b < n^{\frac{1-a}{2}} \Rightarrow |u_n| > \frac{1}{n^{a+\frac{1-a}{2}}} = \frac{1}{n^{\frac{a+1}{2}}}.$$

Comme $(a+1)/2 < 1 \Leftrightarrow a < 1$, la série $\sum_{n\geqslant n_0} \frac{1}{n^{\frac{a+1}{2}}}$ diverge et donc $\sum_{n\geqslant 2} |u_n|$ diverge.

Ainsi si $a < 1$, $\sum_{n\geqslant 2} |u_n|$ diverge.

L'assertion c) est vraie.

On sait que **l'assertion d) est fausse** (car il n'y en a que deux de vraies au maximum) mais prouvons le directement.

Si $a = b = 1$, $u_n = \frac{(-1)^n}{n \ln n}$ et $|u_n| = \frac{1}{n \ln n}$.

La règle de d'Alembert impose de calculer $\lim_{n\to+\infty} \frac{|u_{n+1}|}{|u_n|}$. Rapidement cette limite vaut 1. On est dans le cas douteux et la règle de d'Alembert ne permet pas de donner la nature de $\sum_{n\geqslant 2} |u_n|$.

__**Question 36**__ : Dans cette question, $a = 1$. Effectuons le changement de variable $X = \ln x$ dans $I = \int_2^{+\infty} \frac{1}{x\,(\ln x)^b}\,dx$ alors $I = \int_{\ln 2}^{+\infty} \frac{1}{X^b}\,dX$ et donc I converge si et seulement si $b > 1$.

Les assertions a) et b) sont fausses.

On sait d'aprè le cours que la nature de l'intégrale $\int_2^{+\infty} f(x)\,dx$ et celle de $\sum_{n\geqslant 2} f(n)$ est la même si f est une fonction décroissante vers 0. Il suffit de remarquer que c'est le cas pour $f : x \mapsto \frac{1}{x\,(\ln x)^b}$. Donc si l'intégrale $\int_2^{+\infty} \frac{1}{x\,(\ln x)^b}\,dx$ converge (respectivement diverge) alors $\sum_{n\geqslant 2} |u_n|$ converge (respectivement diverge).

Les assertions c) et d) sont fausses, ceci dit car les séries commencent à $n=0$ dans ces deux assertions et les termes u_0 et u_1 n'existent pas. Maintenant le concepteur du sujet voulait-il vraiment rendre fausses ces deux assertions ? Encore une fois dans le doute, autant s'abstenir.

Question 37 : Si a et b sont strictement positifs, $n \mapsto |u_n|$ est décroissante vers 0. on peut donc appliquer le critère spécial des séries alternées. En particulier, si $R_n = \sum_{k=n}^{+\infty} u_k$ alors $|R_n| \leqslant |u_n|$.

L'assertion c) est vraie.

Si $a > 1$, $\sum_{n\geqslant 2} |u_n|$ converge d'après la question 35. Comme $\|u_n x^n\|_\infty = |u_n|$, et comme $\sum_{n\geqslant 2} \|u_n x^n\|_\infty$ converge, $\sum_{n\geqslant 2} u_n x^n$ converge normalement sur $]-1,1[$.

Donc **l'assertion d) est vraie.**

Enfin, **les assertions a) et b) sont fausses** à cause de la règle des deux vraies maximum.

Remarque : maintenant, ces deux assertions présentent une ambiguité. Elles sont fausses clairement car l'expression $\sum_{n=2}^{+\infty} |u_n|$ ou l'expression $\sum_{k=n}^{+\infty} |u_k|$ n'est finie que si $a > 1$. par contre l'expression $\left|\sum_{n=2}^{+\infty} u_n\right|$ ou $\left|\sum_{k=n}^{+\infty} u_k\right|$ existent d'après le théorème spécial des séries alternées. Donc ces deux assertions reviennent à majorer une valeur absolue finie par $+\infty$. Or cela est-il vraiment incorrect ? C'est ce que doit penser le concepteur du sujet en tout cas.

Question 38 : Dans cette question, $b=0$ (donc $u_n = (-1)^n/n^a$ et on admet que

$$\sum_{n=1}^{+\infty} \frac{1}{n^2} = \frac{\pi^2}{6}.$$

Si $a = 1$, $u_n = (-1)^n/n$, $\sum_{n=1}^{+\infty} u_n = \sum_{n=1}^{+\infty} (-1)^n/n$. On sait que cette somme existe.

On se ramène au développement en série entière de :

$$\ln(1+x) = \sum_{n=0}^{+\infty} (-1)^n \frac{x^{n+1}}{n+1} = \sum_{n=1}^{+\infty} (-1)^{n-1} \frac{x^n}{n}.$$

Et ceci est valable pour tout $x \in]-1,1]$. Si l'on applique pour $x=1$,

$$\sum_{n=1}^{+\infty} u_n = \sum_{n=1}^{+\infty} \frac{(-1)^{n-1}}{n} = \ln 2.$$

Et **l'assertion a) est fausse** car $\displaystyle\sum_{n=1}^{+\infty} \frac{(-1)^n}{n} = -\ln 2.$

Comme $\sum_{n=1}^{+\infty} \frac{1}{n}$ diverge, **l'assertion b) est fausse**. En plus $\sqrt{\sum_{n=1}^{+\infty} \frac{1}{n^2}} \neq \sum_{n=1}^{+\infty} \sqrt{\frac{1}{n^2}}$.
Si $a = 2$, $u_n = (-1)^n/n^2$. $\sum_{n\geqslant 1} |u_n|$ converge et donc $\sum_{n\geqslant 1} u_n$ converge.
Ainsi, **l'assertion c) est fausse**. Puis

$$\sum_{n=1}^{+\infty} u_n = \sum_{n=1}^{+\infty} \frac{(-1)^n}{n^2} = \sum_{n=1, n \text{ pair}}^{+\infty} \frac{(-1)^n}{n^2} + \sum_{n=1, n \text{ impair}}^{+\infty} \frac{(-1)^n}{n^2}.$$

Soit : $\sum_{n=1}^{+\infty} u_n = \sum_{p=1}^{+\infty} \frac{(-1)^{2p}}{4p^2} + \sum_{p=0}^{+\infty} \frac{(-1)^{2p+1}}{(2p+1)^2}$. C'est-à-dire :

$$\sum_{n=1}^{+\infty} u_n = \frac{1}{4}\sum_{p=1}^{+\infty} \frac{1}{p^2} - \sum_{p=0}^{+\infty} \frac{1}{(2p+1)^2} = \frac{\pi^2}{24} - \sum_{p=0}^{+\infty} \frac{1}{(2p+1)^2}.$$

Or $\sum_{p=0}^{+\infty} \frac{1}{(2p+1)^2} = \frac{\pi^2}{8}$ et $\sum_{n=1}^{+\infty} u_n = \frac{\pi^2}{24} - \frac{\pi^2}{8} = -\frac{\pi^2}{12}$.
Donc **l'assertion d) est fausse** et **l'assertion e) est vraie**.

Remarque : celui qui ne sait pas retrouver $\sum_{p=0}^{+\infty} \frac{1}{(2p+1)^2} = \frac{\pi^2}{8}$ aura été bloqué.

Comment retrouver ce résultat ?

$$\sum_{n=1}^{+\infty} \frac{1}{n^2} = \sum_{n=1, n \text{ pair}}^{+\infty} \frac{1}{n^2} + \sum_{n=1, n \text{ impair}}^{+\infty} \frac{1}{n^2} = \sum_{p=1}^{+\infty} \frac{1}{4p^2} + \sum_{p=0}^{+\infty} \frac{1}{(2p+1)^2},$$

c'est-à-dire :

$$\sum_{n=1}^{+\infty} \frac{1}{n^2} - \frac{1}{4}\sum_{n=1}^{+\infty} \frac{1}{n^2} = \sum_{p=0}^{+\infty} \frac{1}{(2p+1)^2}.$$

Or $\frac{\pi^2}{6} = \sum_{n=1}^{+\infty} \frac{1}{n^2}$ et $\sum_{p=0}^{+\infty} \frac{1}{(2p+1)^2} = \frac{\pi^2}{6} - \frac{\pi^2}{24} = \frac{\pi^2}{8}$.

<u>**Question 39**</u> : Dans la suite, on considère la série de fonctions $\sum_{n\geqslant 2} f_n$, où l'on pose pour tout $x \in [0, 1[$, et tout $n \geqslant 2$, $f_n(x) = \frac{1}{\ln n} x^n (1 - x)$.
On note $\|f_n\|_\infty = \sup_{x\in[0,1[} |f_n(x)|$. Précisons cette valeur. La fonction f_n est dérivable sur $[0, 1[$ et $f_n'(x) = \frac{1}{\ln n}\left[nx^{n-1}(1-x) - x^n\right] = \frac{x^{n-1}}{\ln n}\left[n - (n+1)x\right]$.
f_n a un extremum en $x_n = \frac{n}{n+1}$. Ainsi, f_n est croissante sur $[0, x_n]$ et f_n est décroissante sur $[x_n, 1[$.
Sa valeur en x_n est :

$$f_n(x_n) = \frac{1}{\ln n}\left[\frac{n}{n+1}\right]^n \left(1 - \frac{n}{n+1}\right) = \frac{1}{\ln n}\left[\frac{n}{n+1}\right]^n \left(\frac{1}{n+1}\right) = \|f_n\|_\infty.$$

L'assertion a) est vraie et **l'assertion b) est fausse**.

Puis : $\left[\dfrac{n}{n+1}\right]^n = e^{n\ln\left(\frac{n}{n+1}\right)} = e^{-n\ln\left(1+\frac{1}{n}\right)} = e^{-n\left(\frac{1}{n}+o\left(\frac{1}{n}\right)\right)} = e^{-1+o(1)}$, quantité qui tend vers e^{-1} quand n tend vers $+\infty$.

Donc, **l'assertion c) est fausse** et **l'assertion d) est vraie**.

Remarque : comme $n/(n+1)$ tend vers 1 quand n tend vers $+\infty$, on peut penser que $1^n = 1$ permet de conclure que $\left[\dfrac{n}{n+1}\right]^n \sim 1$. C'est en fait la forme indéterminée 1^∞ qui ne vaut pas toujours 1.

<u>Question 40</u> : La série de fonctions $\sum\limits_{n\geqslant 2} f_n$ converge normalement sur l'intervalle $[0,1[$ si et seulement si $\sum\limits_{n\geqslant 2} \|f_n\|_\infty$ converge. Or :

$$\|f_n\|_\infty = \frac{1}{n\ln n}\left[\frac{n}{n+1}\right]^{n+1} \sim \frac{1}{e\,n\ln n},$$

quand n tend vers $+\infty$. La série $\sum\limits_{n\geqslant 2} \dfrac{1}{n\ln n}$ diverge car elle est de même nature que $\displaystyle\int_\alpha^{+\infty} \frac{dx}{x\ln x}$, où $\alpha > 1$. Or cette dernière intégrale diverge car si l'on effectue le changement de variable $t = \ln x$,

$$\int_\alpha^{+\infty} \frac{dx}{x\ln x} = \int_{\ln(\alpha)}^{+\infty} \frac{dt}{t}$$

qui est une intégrale de Riemann divergente.

Passons à nos assertions. Le fait que $\left(\dfrac{n}{n+1}\right)^n$ ne tend pas vers 0 en $+\infty$ est vrai mais n'est pas suffisant pour prouver que $\sum\limits_{n\geqslant 2} \|f_n\|_\infty$ diverge.

Et **l'assertion a) est fausse**.

Par contre, **l'assertion b) et l'assertion d) sont vraies**, d'après notre développement.

Enfin, le fait que la série $\sum\limits_{n\geqslant 2} \dfrac{(-1)^n}{n\,\ln n}$ soit convergente n'apporte rien et ainsi, on peut finalement conclure que **l'assertion c) est fausse**.

CONCOURS ICNA
Epreuve facultative
SESSION 2014

Questions liées : *Questions 1 à 14, questions 15 à 25, questions 26 à 40*

ENONCE

Problème 1

On pose pour tout $n \in \mathbf{N}$, ***l'intégrale*** $I_n = \displaystyle\int_0^{\pi/2} (\sin x)^n \, dx.$

Question 01 : La suite $(I_n)_{n\in\mathbf{N}}$ vérifie :

a) $I_n > 0$ pour tout entier $n \geqslant 0$.

b) (I_n) est strictement décroissante.

c) (I_n) est croissante.

d) (I_n) est une suite alternée.

Question 02 : On a pour tout $n \geqslant 2$:

a) $(n+1)I_n = (n-1)I_{n-2}$. **b)** $nI_n = (n-1)I_{n-2}$. **c)** $nI_n = (n+2)I_{n-2}$.
d) $(n+2)I_n = (n+1)I_{n-2}$.

Question 03 : On a alors pour tout $n \in \mathbf{N}$,

a) $I_n = \dfrac{(2n)!}{2^n n!}\dfrac{\pi}{2}$. **b)** $I_n = \dfrac{2^n n!}{2n+1}\dfrac{\pi}{2}$.

c) $I_{2n+1} = \dfrac{(2^n n!)^2}{(2n+1)!}$. **d)** $I_{2n} = \dfrac{(2n)!}{(2^n n!)^2}\dfrac{\pi}{2}$.

Question 04 : On a pour tout $n > 0$,

a) $\dfrac{n-1}{2n+1} \leqslant \dfrac{I_{2n}}{I_{2n-1}} \leqslant 1$. **b)** $\dfrac{n}{2n+1} \leqslant \dfrac{I_{2n}}{I_{2n-1}} \leqslant \dfrac{1}{2}$.

c) $\dfrac{2n}{2n+1} \leqslant \dfrac{I_{2n}}{I_{2n-1}} \leqslant 1$. **d)** $\dfrac{2n}{n+1} \leqslant \dfrac{I_{2n}}{I_{2n-1}} \leqslant 1$.

Question 05 : $\displaystyle\lim_{n\to+\infty} \frac{I_{2n}}{I_{2n-1}}$ vaut

a) 0. **b)** $-\dfrac{1}{2}$. **c)** $\dfrac{1}{2}$. **d)** non définie.

Question 06 : On pose $u_n = \sqrt{n}\dfrac{(2n)!}{(2^n n!)^2}$.

a) (u_n) est divergente. **b)** (u_n) est convergente.

c) $\lim\limits_{n\to+\infty} u_n = \dfrac{2}{\sqrt{\pi}}$. **d)** $\lim\limits_{n\to+\infty} u_n = +\infty$.

On pose pour tout $n > 0$, $F_n = n!\left(\dfrac{n}{e}\right)^{-n} n^{-1/2}$ ***et on forme pour tout*** $n > 0$, $V_n = \ln(F_{n+1}) - \ln(F_n)$.

Question 07 :

a) $V_n = 1 - n\ln\left(1+\dfrac{1}{n}\right)$. **b)** $V_n = 1 - \dfrac{1}{2n^2}$.

c) $V_n = 1 - \left(n+\dfrac{1}{2}\right)\ln\left(1+\dfrac{1}{n}\right)$. **d)** $V_n = 1 - \left(n+\dfrac{1}{2}\right)$.

Question 08 : On a, quand n tend vers $+\infty$,

a) $V_n = -\dfrac{1}{n^2} + o\left(\dfrac{1}{n^2}\right)$. **b)** $V_n = \dfrac{1}{2n^2} + \dfrac{1}{n^3} + o\left(\dfrac{1}{n^3}\right)$.

c) $V_n = \dfrac{1}{6n^2} + \dfrac{1}{6n^3} + o\left(\dfrac{1}{n^3}\right)$. **d)** $V_n = -\dfrac{1}{12n^2} + \dfrac{1}{12n^3} + o\left(\dfrac{1}{n^3}\right)$.

Question 09 : La série de terme général V_n

a) est convergente. **b)** est divergente.

c) vérifie $\sum\limits_{p=1}^{n} V_p = \ln(F_{n+1}) - \ln(F_1)$. **d)** vérifie $\sum\limits_{p=1}^{n} V_p = \ln(F_n) - \ln(F_1)$.

Question 10 : En calculant $\dfrac{F_{2n}}{(F_n)^2}$, on obtient :

a) $\dfrac{u_n}{2}$. **b)** $\dfrac{u_{n-1}}{2}$. **c)** $\dfrac{u_n}{\sqrt{2}}$. **d)** $\dfrac{u_{n-1}}{\sqrt{2}}$.

Question 11 : La suite $(F_n)_{n\in\mathbf{N}^\star}$

a) est divergente. **b)** vérifie $\lim\limits_{n\to+\infty} F_n = 2\pi$. **c)** vérifie $\lim\limits_{n\to+\infty} F_n = \sqrt{\dfrac{\pi}{2}}$.

d) vérifie $\lim\limits_{n\to+\infty} F_n = +\infty$.

Question 12 : Soit $J_n = \displaystyle\int_0^{\pi/2} (\cos x)^n\,dx$ avec $n \geqslant 0$. Alors

a) $J_n = (-1)^n I_n$. **b)** $J_n = I_n$. **c)** $J_n + I_n = \pi$. **d)** $J_n \leqslant \dfrac{\pi}{2}$.

Question 13 : Soit $K_n = \displaystyle\int_{-1}^{1} (1-x^2)^n\,dx$ avec $n \geqslant 0$. Alors

a) $K_n = 2I_{2n+2}$. **b)** $K_n = 2I_{2n+1}$. **c)** $K_n = \dfrac{2^{2n+1}(n!)^2}{(2n+1)!}$.

d) $K_n = \dfrac{\pi}{2} I_{n+1}$.

Question 14 : Soit $L_n = \int_{-1}^{1} (x^2-1)^n \, dx$ avec $n \geqslant 0$. Alors

a) $L_n = K_n$. **b)** $L_n = (-1)^n K_n$. **c)** $L_n = \pi I_n$. **d)** $L_n = \frac{\pi}{2} n! I_{n-1}$.

Problème 2

Étant donnés deux réels strictement positifs a ***et*** b, ***on pose :***
$$I(a,b) = \int_0^{+\infty} \frac{dt}{\sqrt{(t^2+a^2)(t^2+b^2)}} \text{ et } J(a,b) = \int_{-\infty}^{+\infty} \frac{dt}{\sqrt{(t^2+a^2)(t^2+b^2)}}.$$

Question 15 : La fonction $t \mapsto \frac{1}{\sqrt{(t^2+a^2)(t^2+b^2)}}$

a) n'est pas continue sur $]-\infty, +\infty[$.
b) est continue sur $[0, +\infty[$ uniquement.
c) est continue sur $]-\infty, +\infty[$.
d) est continue sur $]0, +\infty[$ uniquement.

Question 16 : La fonction $t \mapsto \frac{1}{\sqrt{(t^2+a^2)(t^2+b^2)}}$

a) est équivalente à $t \mapsto 1/t^2$ quand $t \to 0$.
b) est équivalente à $t \mapsto 1/t^2$ quand $t \to \pm\infty$.
c) est équivalente à $t \mapsto 1/|t|$ quand $t \to 0$.
d) est équivalente à $t \mapsto 1/|t|$ quand $t \to \pm\infty$.

Question 17 : Pour tout $(a,b) \in \left(\mathbf{R}_+^\star\right)^2$, on a

a) $I(a,b)$ divergente. **b)** $I(a,b)$ convergente.
c) $J(a,b)$ divergente. **d)** $J(a,b) = \frac{1}{2} I(a,b)$.

Question 18 : $I(a,b)$ vaut :

a) $\int_0^{\pi} \frac{d\theta}{\sqrt{a^2\cos^2\theta + b^2\sin^2\theta}}$. **b)** $\int_0^{\pi/2} \frac{d\theta}{\sqrt{a^2\cos^2\theta + b^2\sin^2\theta}}$.
c) $\int_0^{\pi} \frac{d\theta}{\sqrt{a^2\tan^2\theta + b^2\sin^2\theta}}$. **d)** $\int_0^{\pi} \frac{d\theta}{\sqrt{a^2\cos^2\theta + b^2\tan^2\theta}}$.

Question 19 : On pose pour $x > 0$, $g(x) = I(1,x)$. Alors

a) g est continue sur $]0, +\infty[$. **b)** $g(1) = 1$.
c) g a une limite finie en 0. **d)** $\lim_{x \to 0} g(x) = +\infty$.

Question 20 : On a :

a) g non dérivable sur $]0, +\infty[$.
b) g dérivable sur $]0, +\infty[$.
c) $g'(x) = \int_0^{\pi/2} \frac{x\sin^2\theta}{\sqrt{\cos^2\theta + x^2\sin^2\theta}} \, d\theta$ pour $x \in]0, +\infty[$.
d) $g'(x) = \int_0^{\pi/2} \frac{x\cos^2\theta}{\sqrt{\cos^2\theta + x^2\sin^2\theta}} \, d\theta$ pour $x \in]0, +\infty[$.

Question 21 : Pour tout $a > 0$ et tout $b > 0$, on a l'égalité

a) $I(a,b) = I(\lambda a, b)$ pour $\lambda > 0$.

b) $I(a,b) = I(b,a)$.

c) $I(a,a) = I(b,b)$.

d) $I(a,b) = \lambda\, I(\lambda a, \lambda b)$ pour $\lambda > 0$.

Question 22 : Pour tout $a > 0$ et tout $b > 0$, on a l'égalité

a) $I(a,b) = b\, g\left(\dfrac{1}{a}\right)$. **b)** $I(a,b) = \dfrac{1}{b}\, g\,(a)$. **c)** $I(a,b) = \dfrac{a}{b}\, g\,(a)$.

d) $I(a,b) = \dfrac{1}{\sqrt{a}}\, g\left(\dfrac{b}{a}\right)$.

Question 23 : Si $a > 0$, $b > 0$, on a, en utilisant le changement de variable

$$s = \frac{1}{2}\left(t - \frac{ab}{t}\right),\ t > 0 :$$

a) $J\left(\dfrac{a+b}{2}, \sqrt{ab}\right) = I(a,b)$. **b)** $J\left(\dfrac{a+b}{2}, \sqrt{ab}\right) = 2I(a,b)$.

c) $J\left(\dfrac{a+b}{2}, \sqrt{ab}\right) = \dfrac{1}{2} I(a,b)$. **d)** $J\left(\dfrac{a+b}{2}, \sqrt{ab}\right) = 0$.

Dans la suite, si $a > 0$ ***et*** $b > 0$, ***on note*** (a_n) ***et*** (b_n) ***les suites définies par*** $a_0 = a$, $b_0 = b$, ***et pour tout*** $n \geqslant 0$, $a_{n+1} = \dfrac{a_n + b_n}{2}$ ***et*** $b_{n+1} = \sqrt{a_n b_n}$.

Question 24 : Pour tout $n \geqslant 0$, $I(a_n, b_n)$ vérifie

a) $I(a_n, b_n) = I(2a, b)$. **b)** $I(a_n, b_n) = I(a, 2b)$.

c) $I(a_n, b_n) = I(a, b)$. **d)** $I(a_n, b_n) = 0$.

Question 25 : Pour tout $n \geqslant 0$, $I(a_n, b_n)$ vérifie

a) $I(a_n, b_n) = \dfrac{1}{a_n} g\left(\dfrac{b_n}{a_n}\right)$. **b)** $I(a_n, b_n) = \dfrac{1}{b_n} g\left(\dfrac{b_n}{a_n}\right)$.

c) $I(a_n, b_n) = \dfrac{1}{a_n^2} g\left(\dfrac{b_n}{a_n}\right)$. **d)** $I(a_n, b_n) = \dfrac{1}{b_n^2} g\left(\dfrac{b_n}{a_n}\right)$.

Problème 3

Dans tout le problème, E ***est un*** $\mathbf{C}$***-espace vectoriel de dimension*** $n \geqslant 1$, ***on désigne par*** $I = [\![1, n]\!]$ ***l'ensemble des entiers naturels compris entre*** 1 ***et*** n. ***Si*** $A \in \mathcal{M}_n(\mathbf{C})$, ***on rappelle que la trace de*** A, ***notée*** $\mathrm{Tr}\,(A)$ ***représente la somme des éléments de la diagonale principale de*** A.
On note $\chi_A(\lambda) = \mathrm{Det}\,(\lambda I - A)$ ***le polynôme caractéristique de*** A.

Partie I

Question 26 : Pour tout $(A,B) \in (\mathcal{M}_n(\mathbf{C}))^2$, on a

a) $\mathrm{Tr}\,(AB) = (-1)^n \mathrm{Tr}\,(BA)$. **b)** $\mathrm{Tr}\,(AB) = \mathrm{Tr}\,(BA)$.

c) $\text{Det}(AB) = \text{Det}(BA)$. **d)** $\text{Tr}(AB) = \text{Tr}(A)\,\text{Tr}(B)$.

Question 27 : Soit $A = (a_{i,j})_{1\leqslant i,j\leqslant n} \in \mathcal{M}_n(\mathbf{C})$ triangulaire supérieure, on a alors :

a) $\text{Det}\, A = (-1)^n \prod_{i\in I} a_{i,i}$. **b)** $\chi_A(\lambda) = \prod_{i\in I} (\lambda - a_{i,i})$.

c) Les valeurs propres de A sont réelles. **d)** A est toujours inversible.

Question 28 : Soit $u \in \mathcal{L}(E)$, on désigne par λ_i ses valeurs propres, si u est nilpotent, alors :

a) il n'existe pas de base de E dans laquelle u peut être représentée par une matrice triangulaire supérieure.

b) il existe une base de E dans laquelle u peut être représentée par une matrice triangulaire supérieure.

c) il existe un entier $p \in I$ tel que $u^p = 0$ et $\prod_{i\in I} \lambda_i \neq 0$.

d) toutes les valeurs propres de u sont nulles.

Question 29 : Soit u différent de 0 un élément de $\mathcal{L}(E)$. On définit sa trace $\text{Tr}(u)$ par la trace de sa matrice dans n'importe quelle base. On suppose que toutes les valeurs propres de u sont nulles, alors :

a) $u^n = 0$. **b)** $\forall k \in I,\ \text{Tr}(u^k) = 0$.

c) u est diagonalisable. **d)** $u^2 = u$.

Question 30 : Si $A \in \mathcal{M}_2(\mathbf{C})$ alors on peut écrire $\chi_A(\lambda)$ sous la forme :

a) $\lambda^2 + \lambda\,\text{Tr}(A) - \text{Det}\, A$. **b)** $\lambda^2 - \lambda\,\text{Tr}(A) + \text{Det}\, A$.

c) $\lambda^2 + \lambda\,\text{Det}\, A - \text{Tr}(A)$. **d)** $\lambda^2 - \lambda\,\text{Det}\, A - \text{Tr}(A)$.

Question 31 : Si $A \in \mathcal{M}_3(\mathbf{C})$ alors on peut écrire $\chi_A(\lambda)$ sous la forme :

a) $\lambda^3 - \lambda^2\,\text{Tr}(A) + 2(\text{Tr}(A^2) - (\text{Tr}(A))^2)\lambda + \text{Det}\, A$.

b) $\lambda^3 - \lambda^2\,\text{Tr}(A) + \frac{1}{2}(\text{Tr}(A^2) + (\text{Tr}(A))^2)\lambda - \text{Det}\, A$.

c) $\lambda^3 - \lambda^2\,\text{Tr}(A) + \frac{1}{2}(\text{Tr}(A^2) - (\text{Tr}(A))^2)\lambda + \text{Det}\, A$.

d) $\lambda^3 - \lambda^2\,\text{Tr}(A) - 2(\text{Tr}(A^2) - (\text{Tr}(A))^2)\lambda + 2\text{Det}\, A$.

Dans les trois questions suivantes, on pose $A = \begin{pmatrix} 2 & -1 & 2 \\ 5 & -3 & 3 \\ -1 & 0 & -2 \end{pmatrix}$.

Question 32 : Le polynôme caractéristique de A est

a) $\chi_A(\lambda) = \lambda^3 - 3\lambda^2 - 3\lambda + 1$. **b)** $\chi_A(\lambda) = \lambda^3 + 3\lambda^2 + 3\lambda + 1$.

c) $\chi_A(\lambda) = \lambda^3 - 3\lambda^2 + 3\lambda - 1$. **d)** $\chi_A(\lambda) = \lambda^3 - 3\lambda^2 - 3\lambda - 1$.

Question 33 : La matrice inverse de la matrice A est :

a) $A^{-1} = -A^2 - 3A - 3I_3$. **b)** $A^{-1} = A^2 + 3A - I_3$.

c) $A^{-1} = A^2 - 3A + 3I_3$. **d)** $A^{-1} = -A^2 - 3A + I_3$.

Question 34 : On a aussi :

a) $A^4 = 7A^2 - 5A + 3I_3$. **b)** $A^4 = 6A^2 + 8A + 3I_3$.
c) $A^4 = 8A^2 + 3I_3$. **d)** $A^4 = 6A^2 - 5A + 3I_3$.

Partie II

Dans cette partie seulement on suppose $n = 2$. ***Soit*** $u \in \mathcal{L}(E)$, ***on définit sa trace*** $\mathrm{Tr}\,(u)$ ***par la trace de sa matrice dans n'importe quelle base. De plus,*** u ***et*** v ***appartiennent à*** $\mathcal{L}(E)$ ***avec*** $u \neq 0$ ***et*** $u\,o\,v - v\,o\,u = u$.

Question 35 :

a) u est inversible et $\mathrm{Tr}\,(v) \neq \mathrm{Tr}\,(u^{-1}\,o\,v\,o\,u)$.
b) u est inversible et $\mathrm{Tr}\,(v) - \mathrm{Tr}\,(u^{-1}\,o\,v\,o\,u) = 0$.
c) u est inversible et $\mathrm{Tr}\,(v) - \mathrm{Tr}\,(u^{-1}\,o\,v\,o\,u) = 2$.
d) u n'est pas inversible.

Question 36 : On a

a) $\mathrm{Tr}\,(u) = 1$. **b)** $\mathrm{Det}\,(u) = 1$. **c)** $u^2 = 0$. **d)** $u^2 = u - Id$.

Question 37 : Soit e un vecteur de E tel que $u(e) \neq 0$, on a :

a) $u^2 = 0$. **b)** $u^2(e) \neq 0$.
c) la famille $(u(e), e)$ forme une base de E.
d) la famille $(u(e), e)$ est liée.

Question 38 : Dans une base B : (e_1, e_2), on suppose alors que u est représentée par $\begin{pmatrix} 0 & 1 \\ 0 & 0 \end{pmatrix}$. En posant $v(e_2) = ae_1 + be_2$, on a :

a) $u(e_2) = e_1$.
b) $v(e_1) = a\,u(e_1) + (b+1)\,u(e_2)$.
c) $v(e_1) = b\,u(e_1) + (a-1)\,u(e_2)$.
d) v est représentée dans B par $\begin{pmatrix} b-1 & a \\ 0 & b \end{pmatrix}$.

Partie III

Dans cette partie on ne suppose plus seulement $n = 2$ ***et*** u ***et*** v ***désignent toujours deux éléments de*** $\mathcal{L}(E)$ ***avec*** $u \neq 0$ ***et*** $u\,o\,v - v\,o\,u = u$.

Question 39 : Dans cette question, on désire pour $k \in \mathbf{N}$, calculer $u^k\,o\,v - v\,o\,u^k$ en fonction de u et de k. On note $S_k = u^k\,o\,v - v\,o\,u^k$.

a) $S_k = \sum_{p=1}^{k} u^p$. **b)** $S_k = \sum_{p=2}^{k} p\,u^p$. **c)** $S_k = (k-1)(k-2)u^k$.
d) $S_k = ku^k$.

Question 40 : On en déduit que

a) $\forall k \in \mathbf{N}^\star$, $\mathrm{Tr}\,(u^k) = 0$. **b)** $\forall k \in \mathbf{N}^\star$, $\mathrm{Tr}\,(u^k\,o\,v) = 0$.
c) toutes les valeurs propres de u sont nulles.
d) u n'est pas nilpotent.

CORRIGE

Question 01 : On pose donc pour tout $n \in \mathbf{N}$, $I_n = \int_0^{\pi/2} (\sin x)^n \, dx$.

La suite $(I_n)_{n \subset \mathbf{N}}$ est bien à valeurs strictement positives car $\sin x > 0$ pour tout $x \in]0, \pi/2[$ et il en est de même de $(\sin x)^n$ pour tout n entier.

Ainsi, **l'assertion a) est vraie**.

Comme $0 < \sin x < 1$ pour $0 < x < \frac{\pi}{2}$, $(\sin x)^{n+1} < (\sin x)^n$. Et donc $I_{n+1} < I_n$.

La suite (I_n) est strictement décroissante et **l'assertion b) est vraie**.

Donc **l'assertion c) est fausse** automatiquement et comme I_n ne change pas de signe, (I_n) n'est pas une suite alternée. **L'assertion d) est fausse**.

Question 02 : Pour tout $n \geqslant 1$: $\sin^n x = \sin x \, \sin^{n-1} x$. Donc par une intégration par partie,

$$I_n = - \left[\sin^{n-1} x \, \cos x\right]_0^{\pi/2} + (n-1) \int_0^{\pi/2} (\sin x)^{n-2} \, \cos^2 x \, dx.$$

Comme $\cos^2 x = 1 - \sin^2 x$, on écrit (pour $n \geqslant 2$) :

$$I_n = (n-1) \int_0^{\pi/2} (\sin x)^{n-2} dx - (n-1) \int_0^{\pi/2} (\sin x)^n \, dx = (n-1) I_{n-2} - (n-1) I_n.$$

Donc pour tout $n \geqslant 2$,

$$n I_n = (n-1) I_{n-2}.$$

L'assertion b) est vraie et **les assertions a), c) et d) sont fausses**.

Question 03 : On remarque : $I_0 = \dfrac{\pi}{2}$ et $I_1 = 1$, puis pour $n \in \mathbf{N}^\star$,

$$\left\{ \begin{array}{ccc} 2n I_{2n} & = & (2n-1) I_{2n-2} \\ (2n-2) I_{2n-2} & = & (2n-3) I_{2n-4} \\ & & \\ 4 I_4 & = & 3 I_2 \\ 2 I_2 & = & I_0 \end{array} \right. .$$

On multiplie toutes ces égalités entre-elles et l'on obtient :

$$(2n) \times (2n-2) \times \ldots \times 4 \times 2 \times I_{2n} = (2n-1) \times \ldots \times 3 \times 1 \times \frac{\pi}{2}.$$

Donc :

$$I_{2n} = \frac{(2n-1) \times \ldots \times 3 \times 1}{(2n) \times (2n-2) \times \ldots \times 4 \times 2} = \frac{(2n)!}{(2n) \left[(2n) \times (2n-2) \times \ldots \times 4 \times 2\right]^2} . \frac{\pi}{2}$$

$$\Rightarrow I_{2n} = \frac{(2n)!}{[2^n n!]^2}.\frac{\pi}{2} = \frac{(2n)!\pi}{2^{2n+1}(n!)^2}.$$

De même, on peut écrire pour $n \in \mathbf{N}^\star$,

$$\left\{\begin{array}{rcl} (2n+1)I_{2n+1} & = & (2n)I_{2n-1} \\ (2n-1)I_{2n-1} & = & (2n-2)I_{2n-3} \\ & & \\ 5I_5 & = & 4I_3 \\ 3I_3 & = & 2I_1 \end{array}\right. .$$

On multiplie toutes ces égalités entre-elles et l'on obtient en multipliant par le produit des impairs maintenant en haut et en bas :

$$I_{2n+1} = \frac{2^{2n}(n!)^2}{(2n+1)!}.$$

On en déduit :
les assertions c) et d) sont vraies et **les assertions a) et b) sont fausses.**

<u>Question 04</u> : On a pour tout $n > 0$,

$$\frac{I_{2n}}{I_{2n-1}} = \frac{(2n)!\pi}{2^{2n+1}(n!)^2} \times \frac{(2n-1)!}{2^{2n-2}(n-1)!^2}.$$

Cela ne semble pas très engageant. Sinon, faisons une autre approche.
On a rapidement $I_2 = \frac{\pi}{4}$. Donc $\frac{I_2}{I_1} = \frac{\pi}{4}$.
L'inégalité $\frac{I_{2n}}{I_{2n-1}} \leqslant \frac{1}{2}$ est fausse pour $n = 1$ car on aurait $\frac{\pi}{4} \leqslant \frac{1}{2}$ qui est absurde.
Donc **l'assertion b) est fausse.**
Puis, $\frac{2n}{n+1} = 1$ pour $n = 1$ et la double inégalité :

$$\frac{2n}{n+1} \leqslant \frac{I_{2n}}{I_{2n-1}} \leqslant 1$$

est fausse pour $n = 1$ car $1 \leqslant \frac{\pi}{4}$ est impossible.
Et on peut en conclure que **l'assertion d) est fausse.**
Attaquons l'assertion c). Comme (I_n) est décroissante,

$$I_{n+1} \leqslant I_n \leqslant I_{n-1} \Rightarrow I_n I_{n+1} \leqslant I_n^2 \leqslant I_n I_{n-1}.$$

On applique avec $2n$ à la place de n.

$$I_{2n}I_{2n+1} \leqslant I_{2n}^2 \leqslant I_{2n}I_{2n-1} \Rightarrow I_{2n}\frac{2n}{2n+1}I_{2n-1} \leqslant I_{2n}^2 \leqslant I_{2n}I_{2n-1},$$

en utilisant : $(2n+1)I_{2n+1} = 2nI_{2n-1}$.
Donc en divisant par $I_{2n}I_{2n-1}$, quantité strictement positive,

$$\frac{2n}{2n+1} \leqslant \frac{I_{2n}}{I_{2n-1}} \leqslant 1.$$

Donc **l'assertion c) est vraie**.
Puis : $\dfrac{n-1}{2n+1} \leqslant \dfrac{2n}{2n+1} \Leftrightarrow n-1 \leqslant 2n \Leftrightarrow -1 \leqslant n$. Donc **l'assertion a) est vraie**.
Maintenant, la double inégalité la plus efficace est celle de l'assertion c).

Question 05 : Comme $\lim\limits_{n\to+\infty} \dfrac{2n}{2n+1} = 1$, $\lim\limits_{n\to+\infty} \dfrac{I_{2n}}{I_{2n-1}} = 1$. En conclusion, **les quatre assertions a), b), c) et d) sont fausses**. Et **l'assertion e) est vraie**.

Question 06 : Prenons le rapport I_{2n}/I_{2n+1}. On a :

$$\frac{I_{2n}}{I_{2n+1}} = \frac{(2n)!\pi}{2^{2n+1}(n!)^2} \times \frac{(2n+1)!}{2^{2n}2n!^2} = \frac{\pi}{2}.\frac{u_n}{\sqrt{n}}.\frac{(2n+1)u_n}{\sqrt{n}} = \frac{(2n+1)}{2n}\pi u_n^2,$$

en posant $u_n = \sqrt{n}\dfrac{(2n)!}{(2^n n!)^2}$. Or $\lim\limits_{n\to+\infty} \dfrac{I_{2n}}{I_{2n+1}} = \lim\limits_{n\to+\infty} \dfrac{I_{2n}}{I_{2n-1}} = 1$.
Donc $\lim\limits_{n\to+\infty} \pi u_n^2 = 1$, ce qui donne $\lim\limits_{n\to+\infty} u_n = \dfrac{1}{\sqrt{\pi}}$.
L'assertion b) est vraie et **les assertions a), c) et d) sont fausses**.

Question 07 : On pose ici pour tout $n > 0$, $F_n = n!\left(\dfrac{n}{e}\right)^{-n} n^{-1/2}$ et on forme :

$$V_n = \ln(F_{n+1}) - \ln(F_n).$$

Alors partons de :

$$V_n = \ln\left[(n+1)!\left(\frac{n+1}{e}\right)^{-n-1}(n+1)^{-1/2}\right] - \ln\left[n!\left(\frac{n}{e}\right)^{-n} n^{-1/2}\right].$$

On arrange :

$$V_n = \ln\left[\frac{(n+1)!\left(\dfrac{n+1}{e}\right)^{-n-1}(n+1)^{-1/2}}{n!\left(\dfrac{n}{e}\right)^{-n} n^{-1/2}}\right] = \ln\left[e\left(\frac{n+1}{n}\right)^{-n-\frac{1}{2}}\right],$$

qui se met : $V_n = 1 - \left(n+\dfrac{1}{2}\right)\ln\left(1+\frac{1}{n}\right)$.
L'assertion c) est vraie et **les assertions a), b) et d) sont fausses**.

Question 08 : On rappelle (le retrouver pour s'amuser) que, au $V(0)$,

$$\ln(1+x) = x - \frac{1}{2}x^2 + \frac{1}{3}x^3 - \frac{1}{4}x^4 + o(x^4).$$

Donc, quand n tend vers $+\infty$,

$$\ln\left(1+\frac{1}{n}\right) = \frac{1}{n} - \frac{1}{2n^2} + \frac{1}{3n^3} - \frac{1}{4n^4} + o\left(\frac{1}{n^4}\right).$$

Il reste à remplacer dans l'expression de V_n trouvée à la question 07 et :

$$V_n = 1 - \left(n+\frac{1}{2}\right)\left(\frac{1}{n} - \frac{1}{2n^2} + \frac{1}{3n^3} - \frac{1}{4n^4} + o\left(\frac{1}{n^4}\right)\right).$$

Ce qui donne en développant et en remarquant que $n \times o\left(\frac{1}{n^4}\right) = o\left(\frac{1}{n^3}\right)$,

$$V_n = -\frac{1}{12n^2} + \frac{1}{12n^3} + o\left(\frac{1}{n^3}\right).$$

L'assertion d) est vraie et **les assertions a), b) et c) sont fausses.**

Question 09 : La série de terme général V_n est convergente car elle est à termes négatifs et $V_n \sim \dfrac{-1}{12n^2}$, or $\dfrac{1}{n^2}$ est le terme général d'une série de Riemann convergente. Ainsi, **l'assertion a) est vraie** et **l'assertion b) est fausse.**
Puis, pour tout $n \geqslant 1$,

$$\sum_{p=1}^{n} V_p = \sum_{p=1}^{n} [\ln F_{p+1} - \ln F_p] = \ln(F_{n+1}) - \ln(F_1).$$

Donc **l'assertion c) est vraie** et **l'assertion d) est fausse.**

Question 10 : Calculons $\dfrac{F_{2n}}{(F_n)^2}$, puisque c'est ce qu'ils veulent :

$$\frac{F_{2n}}{(F_n)^2} = \frac{(2n)!\left(\dfrac{2n}{e}\right)^{-2n}(2n)^{-\frac{1}{2}}}{(n!)^2\left(\dfrac{n}{e}\right)^{-2n} n^{-1}} = \frac{(2n)!}{(n!)^2}.\frac{1}{2^{2n}}.1\sqrt{2}.\frac{n}{\sqrt{n}} = \frac{u_n}{\sqrt{2}}.$$

Donc **l'assertion c) est vraie** et **les assertions a), b) et d) sont fausses.**

Question 11 : D'après la question 09, $\lim\limits_{n\to+\infty} \sum\limits_{p=1}^{n} V_p = \lim\limits_{n\to+\infty} \left(\ln(F_{n+1}) - \ln(F_1)\right)$.

Or, la série de terme général V_n converge et donc $\lim\limits_{n\to+\infty} \sum\limits_{p=1}^{n} V_p$ existe et donc par conséquent, $\lim\limits_{n\to+\infty} \ln(F_{n+1})$ existe et enfin : $\lim\limits_{n\to+\infty} V_n$ existe.
La suite $(F_n)_{n\in\mathbf{N}^*}$ converge et **les assertions a) et d) sont fausses.**
Puis, $\dfrac{F_{2n}}{(F_n)^2}$ tend vers $\dfrac{1}{\sqrt{2\pi}}$ quand n tend vers $+\infty$.
Comme $\lim\limits_{n\to+\infty} F_{2n} = \lim\limits_{n\to+\infty} F_n = l \neq 0$ (si $l = 0$, alors $\lim\limits_{n\to+\infty} \ln(F_{n+1}) = -\infty$ ce qui est impossible). Alors :

$$\frac{l}{l^2} = \frac{1}{\sqrt{2\pi}} \Rightarrow l = \sqrt{2\pi}.$$

Les assertions b) et c) sont fausses et **l'assertion e) est vraie.**

Question 12 : Soit $J_n = \displaystyle\int_0^{\pi/2} (\cos x)^n\, dx$ avec $n \geqslant 0$.
Le changement de variable $\frac{\pi}{2} - x = t$ donne :

$$J_n = \int_{\pi/2}^{0} (\sin t)^n\,(-dt) = \int_0^{\pi/2} (\sin t)^n\, dt = I_n.$$

L'assertion a) est fausse et **l'assertion b) est vraie**.
Comme $I_n = J_n$, $I_n + J_n = 2I_n = \pi$ n'est vraie que pour $n = 0$.
Donc **l'assertion c) est fausse**.
Enfin : $0 \leqslant (\cos x)^n \leqslant 1 \Rightarrow 0 \leqslant J_n \leqslant \frac{\pi}{2}$. **L'assertion d) est vraie**.

Question 13 : Faisons le changement de variable $x = \cos t$, $t \in [0, \pi]$. à K_n :

$$K_n = \int_{-1}^{1} (1 - x^2)^n \, dx = \int_{\pi}^{0} (1 - \cos^2 t)^n (-\sin t) \, dt = \int_{0}^{\pi} (\sin t)^{2n+1} \, dt.$$

Avec Chasles, on a :

$$K_n = \int_{0}^{\pi/2} (\sin t)^{2n+1} \, dt + \int_{\pi/2}^{\pi} (\sin t)^{2n+1} \, dt.$$

Effectuons le changement de variable $x = t - \frac{\pi}{2}$ dans la seconde intégrale et utilisons $\sin\left(\frac{\pi}{2} + x\right) = \cos x$,

$$K_n = \int_{0}^{\pi/2} (\sin t)^{2n+1} \, dt + \int_{0}^{\pi/2} (\cos x)^{2n+1} \, dx = I_{2n+1} + J_{2n+1} = 2I_{2n+1}.$$

L'assertion b) est vraie et **l'assertion a) est fausse**.
De même, **l'assertion d) est fausse** car la valeur proposée n'est pas la bonne.
Comme $I_{2n+1} = \dfrac{2^{2n}(n!)^2}{(2n+1)!}$, $K_n = \dfrac{2^{2n+1}(n!)^2}{(2n+1)!}$. **L'assertion c) est vraie**.

Question 14 : Soit $L_n = \displaystyle\int_{-1}^{1} (x^2 - 1)^n \, dx$ avec $n \geqslant 0$.
On remarque que :

$$(x^2 - 1)^n = (-1)^n (1 - x^2)^n \Rightarrow L_n = 2(-1)^n I_{2n+1} = (-1)^n K_n.$$

Ainsi **l'assertion a), c) et d) sont fausses** et **l'assertion b) est vraie**.

Question 15 : La fonction $t \mapsto \dfrac{1}{\sqrt{(t^2 + a^2)(t^2 + b^2)}}$ est continue sur $]-\infty, +\infty[$ car elle est composée et produit de fonctions continues sur $]-\infty, +\infty[$.
(On voit qu'elle est paire au passage.)
Donc **l'assertion c) est vraie** et **les assertions a), b) et d) sont fausses**.

Question 16 : La fonction $t \mapsto \dfrac{1}{\sqrt{(t^2 + a^2)(t^2 + b^2)}}$ qui est continue en 0 tend vers $\dfrac{1}{ab}$ qui est son équivalent en $t = 0$.
Donc **les assertions a) et c) sont fausses**.
Si t tend vers $\pm\infty$, $t \mapsto \dfrac{1}{\sqrt{(t^2 + a^2)(t^2 + b^2)}}$ a pour équivalent $t \mapsto 1/t^2$.
L'assertion b) est vraie et **l'assertion d) est fausse**.

Question 17 : Étant donnés deux réels strictement positifs a et b, on pose :

$$I(a, b) = \int_{0}^{+\infty} \frac{dt}{\sqrt{(t^2 + a^2)(t^2 + b^2)}} \text{ et } J(a, b) = \int_{-\infty}^{+\infty} \frac{dt}{\sqrt{(t^2 + a^2)(t^2 + b^2)}}.$$

Pour tout $(a,b) \in \left(\mathbf{R}_+^\star\right)^2$ fixé, $I(a,b)$ n'a pas de souci de convergence en 0. En $\pm\infty$, comme la fonction est équivalente à $t \mapsto 1/t^2$, et comme cette dernière fonction est intégrable, $I(a,b)$ converge.
L'assertion a) est fausse et **l'assertion b) est vraie**.
Comme $J(a,b) = 2I(a,b)$, **l'assertion d) est fausse**.
Comme $I(a,b)$ converge, $J(a,b)$ aussi et **l'assertion c) est fausse**.

Question 18 : Comme $I(a,b)$ a une borne infinie, un changement de variable du type $t = \cos\theta$ ou $t = \sin\theta$ semble inadapté. Par contre, $t = \tan\theta$ semble plus plausible car alors si $t \in [0,+\infty[$, $\theta \in [0, \frac{\pi}{2}[$. On peut aussi hésiter avec $t = \tan(\theta/2)$ car alors $\theta \in [0,\pi[$, les bornes proposées étant $0, \pi$ ou $0,\ \pi/2$.
On commence par remarquer que les deux intégrales

$$\int_0^\pi \frac{d\theta}{\sqrt{a^2\tan^2\theta + b^2\sin^2\theta}} \text{ et } \int_0^\pi \frac{d\theta}{\sqrt{a^2\cos^2\theta + b^2\tan^2\theta}}$$

ont un problème de définition en $\pi/2$ à cause de $\tan\theta$. On les écarte.
Les assertions c) et d) sont fausses.
Le changement de variable $t = \tan\theta$ ou $t = \tan\theta/2$ n'apporte pas directement $\sqrt{a^2\cos^2\theta + b^2\sin^2\theta}$. On pose $t = \lambda\tan\theta$ avec $\lambda > 0$ que l'on précisera.
Alors $dt = \frac{\lambda}{\cos^2\theta}\,d\theta$. En avant !

$$I(a,b) = \int_0^{\pi/2} \frac{\lambda\,d\theta}{\cos^2\theta\,\sqrt{(\lambda^2\tan^2\theta + a^2)(\lambda^2\tan^2\theta + b^2)}}$$

$$\Rightarrow I(a,b) = \int_0^{\pi/2} \frac{\lambda d\theta}{\sqrt{(\lambda^2\sin^2\theta + a^2\cos^2\theta)(\lambda^2\sin^2\theta + b^2\cos^2\theta)}}.$$

Le choix de $\lambda = b$ donne :

$$I(a,b) = \int_0^{\pi/2} \frac{b\,d\theta}{\sqrt{(b^2\sin^2\theta + a^2\cos^2\theta)(b^2\sin^2\theta + b^2\cos^2\theta)}}$$

$$\Rightarrow I(a,b) = \int_0^{\pi/2} \frac{d\theta}{\sqrt{a^2\cos^2\theta + b^2\sin^2\theta}},$$

en utilisant $\cos^2\theta + \sin^2\theta = 1$.
Donc **l'assertion b) est vraie** et **l'assertion a) est fausse**.

Question 19 : On pose pour $x > 0$, $g(x) = I(1,x)$.
Alors $g(x) = \displaystyle\int_0^{+\infty} \frac{dt}{\sqrt{(t^2+1)(t^2+x^2)}}$.
Posons ensuite : $f(t,x) = \dfrac{1}{\sqrt{(t^2+1)(t^2+x^2)}}$. On peut écrire que :
$t \mapsto f(t,x)$ est continue par morceaux sur $[0,+\infty[$.
$x \mapsto f(t,x)$ est continue sur $]0,\infty[$.

Pour tout $x \in [\alpha, \beta] \subset]0, +\infty[$, $|f(t,x)| \leqslant \dfrac{1}{\sqrt{(t^2+1)(t^2+\alpha^2)}} = h(t)$ et $t \mapsto h(t)$ est intégrable sur $[0, +\infty[$.
Donc $x \mapsto g(x)$ est continue sur $[\alpha, \beta]$ et ainsi sur $]0, +\infty[$.
Finalement, **l'assertion a) est vraie**.
Puis : $g(1) = \displaystyle\int_0^{+\infty} \frac{dt}{\sqrt{(t^2+1)(t^2+1^2)}} = \int_0^{+\infty} \frac{dt}{t^2+1} = [\arctan t]_0^{+\infty} = \frac{\pi}{2}$.
Donc **l'assertion b) est fausse**.
Pour les deux dernières assertions, l'idée dans un QCM est d'aller vite et quand on sent les choses, c'est plus efficient. Comme $\displaystyle\lim_{t\to 0^+} f(t,x) = \frac{1}{t\sqrt{t^2+1}}$, cette fonction n'est pas intégrable en 0 et donc g ne peut pas avoir une limite finie en 0.
n**L'assertion c) est fausse** et **l'assertion d) est vraie**.
Maintenant, donnons une preuve plus rigoureuse, en utilisant la définition initiale de I. On écrit :

$$g(x) = I(1,x) = \int_0^{+\infty} \frac{dt}{\sqrt{(t^2+1)(t^2+x^2)}} \geqslant \int_0^{1} \frac{dt}{\sqrt{(t^2+1)(t^2+x^2)}}.$$

Et donc : $g(x) \geqslant \dfrac{1}{\sqrt{2}} \displaystyle\int_0^1 \frac{dt}{\sqrt{t^2+x^2}}$.
Si vous etes (ou avez été) un vrai MP, vous savez intégrer la dernière intégrale :

$$g(x) \geqslant \frac{1}{\sqrt{2}} \left[\ln\left(t + \sqrt{t^2+x^2}\right)\right]_{t=0}^{t=1} = \frac{1}{\sqrt{2}} \left[\ln\left(1+\sqrt{1+x^2}\right) - \ln x\right].$$

On en déduit que : $\displaystyle\lim_{x\to 0^+} g(x) = +\infty$.

<u>**Question 20**</u> : Reprenons la forme obtenue avec $t = \tan\theta$ dans $I(1,x)$.
Comme $I(1,x) = I(a,b)$ avec $a = 1$, $b = x$, alors :

$$I(1,x) = \int_0^{\pi/2} \frac{d\theta}{\sqrt{(\sin^2\theta + \cos^2\theta)(\sin^2\theta + x^2\cos^2\theta)}}$$

$$\Rightarrow I(1,x) = \int_0^{\pi/2} \frac{d\theta}{\sqrt{\sin^2\theta + x^2\cos^2\theta}} = \int_0^{\pi/2} \frac{d\theta}{\sqrt{\cos^2\theta + x^2\sin^2\theta}},$$

(avec $\theta \leftarrow \frac{\pi}{2} - \theta$). Posons $\psi : (\theta, x) \mapsto \dfrac{1}{\sqrt{\cos^2\theta + x^2\sin^2\theta}}$. Alors :

$$\forall x \in]0, +\infty[,\ \forall \theta \in [0, \tfrac{\pi}{2}],\ \frac{\partial\psi}{\partial x}(\theta, x) = \frac{-x\sin^2\theta}{(\cos^2\theta + x^2\sin^2\theta)^{3/2}}.$$

La fonction $\theta \mapsto \dfrac{\partial\psi}{\partial x}(\theta, x)$ est continue par morceaux sur $[0, \frac{\pi}{2}]$.
La fonction $x \mapsto \dfrac{\partial\psi}{\partial x}(\theta, x)$ est continue sur $]0, +\infty[$.
Si $x \in [\alpha, \beta]$, $\left|\dfrac{\partial\psi}{\partial x}(\theta, x)\right| \leqslant \dfrac{\beta\sin^2\theta}{(\cos^2\theta + \alpha^2\sin^2\theta)^{3/2}} = h(\theta)$.
La fonction h est intégrable sur $\left[0, \dfrac{\pi}{2}\right]$.
En conclusion, d'après le cours, g est dérivable sur $]0, +\infty[$.

$$\forall x > 0,\ g'(x) = \int_0^{\pi/2} \frac{\partial \psi}{\partial x}(\theta, x)\, d\theta = -\int_0^{\pi/2} \frac{x \sin^2\theta}{(\cos^2\theta + x^2 \sin^2\theta)^{3/2}}\, d\theta.$$

L'assertion b) est vraie et **les assertions a), c) et d) sont fausses**.

Question 21 : Pour tout $a > 0$ et tout $b > 0$, il est clair que $I(a, b) = I(b, a)$. Déjà, on peut dire que **l'assertion b) est vraie**.

$I(a, a) = \displaystyle\int_0^{+\infty} \frac{dt}{t^2 + a^2} \neq I(b, b) = \int_0^{+\infty} \frac{dt}{t^2 + b^2}$ (sauf si $a = b$).

Donc **l'assertion c) est fausse**.

De même, on voit rapidement que **l'assertion a) est fausse**.

Puis si $\lambda > 0$,

$$I(\lambda a, \lambda b) = \int_0^{+\infty} \frac{dt}{\sqrt{(t^2 + \lambda a^2)(t^2 + \lambda^2 b^2)}},$$

C'est-à-dire : $I(\lambda a, \lambda b) = \displaystyle\int_0^{+\infty} \frac{dt}{\lambda^2 \sqrt{\left(\frac{t^2}{\lambda^2} + a^2\right)\left(\frac{t^2}{\lambda^2} + b^2\right)}}$.

Il reste à poser le changement de variable $x = \frac{t}{\lambda}$, soit $dt = \lambda dx$ et :

$$I(\lambda a, \lambda b) = \int_0^{+\infty} \frac{\lambda\, dx}{\lambda^2 \sqrt{(x^2 + a^2)(x^2 + b^2)}} = \frac{1}{\lambda} I(a, b).$$

Ainsi : $I(a, b) = \lambda\, I(\lambda a, \lambda b)$ pour $\lambda > 0$. **L'assertion d) est vraie**.

Question 22 : Pour tout $a > 0$ et tout $b > 0$, on a :

$$g\left(\frac{1}{a}\right) = I\left(1, \frac{1}{a}\right) \Rightarrow b\, g\left(\frac{1}{a}\right) = b\, I\left(1, \frac{1}{a}\right) = I\left(\frac{1}{b}, \frac{1}{ab}\right).$$

De même,

$$\frac{1}{b}\, g(a) = \frac{1}{b}\, I(1, a) = I(b, ab).$$

Puis :

$$\frac{a}{b}\, g(a) = \frac{a}{b}\, I(1, a) = I\left(\frac{a}{b}, b\right).$$

Enfin :

$$\frac{1}{\sqrt{a}}\, g\left(\frac{b}{a}\right) = \frac{1}{\sqrt{a}}\, I\left(1, \frac{b}{a}\right) = I\left(\sqrt{a}, \sqrt{a}\frac{b}{a}\right).$$

Les assertions a), b), c) et d) sont fausses et **l'assertion e) est vraie**.

Remarque : $\forall a > 0,\ \forall b > 0,\ \dfrac{1}{a}\, g\left(\dfrac{b}{a}\right) = \dfrac{1}{a}\, I\left(1, \dfrac{b}{a}\right) = I(a, b)$.

Question 23 : On a encore $a > 0$, $b > 0$, et on utilise le changement de variable $s = \dfrac{1}{2}\left(t - \dfrac{ab}{t}\right)$, $t > 0$. Nous allons partir de $J\left(\dfrac{a+b}{2}, \sqrt{ab}\right)$, vue les assertions à analyser. Si $s : t \mapsto \dfrac{1}{2}\left(t - \dfrac{ab}{t}\right)$, $s'(t) = \dfrac{1}{2}\left(1 + \dfrac{ab}{t^2}\right) > 0$ et par ailleurs,

$\lim_{t\to 0^+} s(t) = -\infty$ et $\lim_{t\to +\infty} s(t) = +\infty$. Donc si $t \in]0, +\infty[$, $s \in]-\infty, +\infty[$.

Prenons s comme variable initiale de l'intégrale $J\left(\frac{a+b}{2}, \sqrt{ab}\right)$.

On a : $ds = \frac{1}{2}\left(1+\frac{ab}{t^2}\right)dt$. Donc :

$$J\left(\frac{a+b}{2}, \sqrt{ab}\right) = \int_{-\infty}^{+\infty} \frac{ds}{\sqrt{\left(s^2+\left(\frac{a+b}{2}\right)^2\right)(s^2+ab)}},$$

ce qui donne :

$$J\left(\frac{a+b}{2}, \sqrt{ab}\right) = \int_0^{+\infty} \frac{\frac{1}{2}\left(1+\frac{ab}{t^2}\right)dt}{\sqrt{\left(\frac{1}{4}\left(t-\frac{ab}{t}\right)^2+\left(\frac{a+b}{2}\right)^2\right)\left(\frac{1}{4}\left(t-\frac{ab}{t}\right)^2+ab\right)}}.$$

Il reste à arranger :

$$J\left(\frac{a+b}{2}, \sqrt{ab}\right) = \int_0^{+\infty} \frac{2\left(1+\frac{ab}{t^2}\right)dt}{\sqrt{t^2+\frac{a^2b^2}{t^2}+a^2+b^2}\sqrt{t^2+\frac{a^2b^2}{t^2}+2ab}},$$

c'est-à-dire :

$$J\left(\frac{a+b}{2}, \sqrt{ab}\right) = \int_0^{+\infty} \frac{2\left(1+\frac{ab}{t^2}\right)dt}{\frac{1}{t}\sqrt{t^4+a^2b^2+a^2t^2+b^2t^2}\sqrt{\left(t+\frac{ab}{2}\right)^2}}.$$

Et cela donne :

$$J\left(\frac{a+b}{2}, \sqrt{ab}\right) = \int_0^{+\infty} \frac{2t\left(1+\frac{ab}{t^2}\right)dt}{\left(t+\frac{ab}{t}\right)\sqrt{(t^2+a^2)(t^2+b^2)}} = 2I(a,b).$$

Donc **l'assertion b) est vraie. Les assertions a), c) et d) sont fausses.**

Question 24 : Dans la suite, si $a > 0$ et $b > 0$, on note (a_n) et (b_n) les suites définies par $a_0 = a$, $b_0 = b$, et pour tout $n \geqslant 0$, $a_{n+1} = \frac{a_n+b_n}{2}$ et $b_{n+1} = \sqrt{a_n b_n}$. On commence par écrire :

$$J(a,b) = 2I(a,b) = J\left(\frac{a+b}{2}, \sqrt{ab}\right)$$

$$\Rightarrow I\left(\frac{a+b}{2}, \sqrt{ab}\right) = \frac{1}{2}J\left(\frac{a+b}{2}, \sqrt{ab}\right) = I(a,b).$$

Donc pour tout $n \geqslant 0$, $I(a_n, b_n)$ vérifie :

$$I(a_n, b_n) = I\left(\frac{a_n + b_n}{2}, \sqrt{a_n b_n}\right) = I(a_{n+1}, b_{n+1}).$$

Donc $I(a_n, b_n) = I(a, b)$ pour tout n.
L'assertion c) est vraie et **les assertions a), b) et d) sont fausses.**

Question 25 : Comme on a vu que $\frac{1}{a} g\left(\frac{b}{a}\right) = I(a, b)$ alors pour tout $n \geqslant 0$, $I(a_n, b_n)$ vaut $\frac{1}{a_n} g\left(\frac{b_n}{a_n}\right)$.

L'assertion a) est vraie et **les assertions b), c) et d) sont fausses.**

Remarque : on peut continuer l'exercice un peu. Le concepteur n'était pas allé plus loin car il fallait bien passer à une autre partie du programme.
La relation $\frac{1}{a} g\left(\frac{b}{a}\right) = I(a, b)$ permet de montrer que g étant continue sur $\mathbf{R}_+^\star$ alors I est continue sur $(\mathbf{R}_+^\star)^2$. Par ailleurs, les suites (a_n) et (b_n) sont adjacentes et tendent vers la même limite $l > 0$. On rappelle que pour faire cela, on doit étudier le signe de $a_{n+1} - a_n$ ce qui permet de connaître le sens de variation de (a_n) (le faire) et étudier la position de b_{n+1}/b_n par rapport à 1, ce qui donne le sens de variation de (b_n) (le faire). Ainsi, par passage à la limite $I(a, b) = I(l, l) = \frac{\pi}{2l}$. Donc si l'on a une valeur approchée de l, on a alors celle de $I(a, b)$.

Question 26 : Dans tout le problème, E est un $\mathbf{C}$-espace vectoriel de dimension $n \geqslant 1$, on désigne par $I = [\![1, n]\!]$ l'ensemble des entiers naturels compris entre 1 et n. Si $A \in \mathcal{M}_n(\mathbf{C})$, on rappelle que la trace de A, notée $\text{Tr}\,(A)$ représente la somme des éléments de la diagonale principale de A.
D'après le cours, on sait que pour tout $(A, B) \in (\mathcal{M}_n(\mathbf{C}))^2$, on a la relation $\text{Tr}\,(AB) = \text{Tr}\,(BA)$.

Remarque : faisons une démonstration pour la forme.
On reprend la preuve développée à la question 03 de l'ICNA Obligatoire 2014. En effet, les candidats qui ont fait les deux épreuves ont eu cette année là des questions communes !
Posons $A = (a_{i,j})$, $B = (b_{i,j})$, $AB = (c_{i,j})$ et $BA = (d_{i,j})$. Alors pour tout (i, j) :

$$c_{i,j} = \sum_{k=1}^{n} a_{i,k} b_{k,j} \text{ et } d_{i,j} = \sum_{k=1}^{n} b_{i,k} a_{k,j}$$

Ainsi : $\text{Tr}\,(AB) = \sum_{i=1}^{n} c_{i,i} = \sum_{i=1}^{n}\left(\sum_{k=1}^{n} a_{i,k} b_{k,i}\right)$.

Et, de même, $\text{Tr}\,(BA) = \sum_{i=1}^{n} d_{i,i} = \sum_{i=1}^{n}\left(\sum_{k=1}^{n} b_{i,k} a_{k,i}\right)$.

D'où en inversant les sommations et en permutant i et k,

$$\text{Tr}\,(AB) = \sum_{k=1}^{n}\left(\sum_{i=1}^{n} a_{i,k} b_{k,i}\right) = \sum_{i=1}^{n}\left(\sum_{k=1}^{n} a_{k,i} b_{i,k}\right) = \text{Tr}\,(BA).$$

Donc **l'assertion a) est fausse** et **l'assertion b) est vraie.**
Toujours d'après le cours, pour tout $(A, B) \in (\mathcal{M}_n(\mathbf{C}))^2$, $\text{Det}\,(AB) = \text{Det}\,(BA)$.

Remarque : c'est un résultat connu mais proposons là aussi une démonstration, histoire d'avoir un corrigé complet.
Soit Det_β le déterminant par rapport à la base canonique de $\mathbf{K}^n$, $\beta = (e_1, ..., e_n)$ et f et g deux endomorphismes de $\mathbf{K}^n$ dans $\mathbf{K}^n$ associés respectivement à A et à B par rapport à β.
Soit : $D_f : (x_1, ..., x_n) \mapsto \mathsf{Det}_\beta(f(x_1), ..., f(x_n))$.
Alors D_f est une forme n-linéaire alternée. Donc il existe $k \in \mathbf{K}$ tel que $D_f = k\,\mathsf{Det}_\beta$. En appliquant à la base β, on a :

$$D_f(e_1, ..., e_n) = k\,\mathsf{Det}_\beta(e_1, ..., e_n) = k.$$

Donc : $D_f(x_1, ..., x_n) = D_f(e_1, ..., e_n)\,\mathrm{Det}_\beta(x_1, ..., x_n)$.
On a : $D_f(e_1, ..., e_n) = \mathsf{Det}_\beta(A)$.
Puis : $\mathsf{Det}_\beta(f(x_1), ..., f(x_n)) = \mathsf{Det}_\beta(A)\,\mathsf{Det}_\beta(x_1, ..., x_n)$.
De même, $\mathsf{Det}_\beta(g(x_1), ..., g(x_n)) = \mathsf{Det}_\beta(B)\,\mathsf{Det}_\beta(x_1, ..., x_n)$.
Posons $h = f\,o\,g$. On a : $\mathsf{Det}_\beta(h(x_1), ..., h(x_n)) = \mathsf{Det}_\beta(AB)\,\mathsf{Det}_\beta(x_1, ..., x_n)$.
Mais aussi : $\mathsf{Det}_\beta(h(x_1), ..., h(x_n))$
$= \mathsf{Det}_\beta(f(g(x_1)), ..., f(g(x_n)))\mathsf{Det}_\beta(A)\,\mathsf{Det}_\beta(g(x_1), ..., g(x_n))$.
Soit : $\mathsf{Det}_\beta(h(x_1), ..., h(x_n)) = \mathsf{Det}_\beta(A)\,\mathsf{Det}_\beta(B)\,\mathsf{Det}_\beta(x_1, ..., x_n)$.
En identifiant, $\mathsf{Det}_\beta(AB) = \mathsf{Det}_\beta(A)\,\mathsf{Det}_\beta(B)$.
On applique le même développement à $g{,}o\,f$ et l'on obtient :
$\mathsf{Det}_\beta(BA) = \mathsf{Det}_\beta(B)\,\mathsf{Det}_\beta(A)$. On a le résultat.

Donc **l'assertion c) est vraie**. Bien entendu, **l'assertion d) est fausse**.

Question 27 : On note $\chi_A(\lambda) = \mathsf{Det}\,(\lambda I - A)$ le polynôme caractéristique de A. On suppose ici que $A = (a_{i,j})_{1 \leqslant i,j \leqslant n} \in \mathcal{M}_n(\mathbf{C})$ est triangulaire supérieure. On sait que le déterminant d'une matrice triangulaire supérieure est égal au produit de ses éléments diagonaux. Donc $\mathsf{Det}\,A = \prod_{i \in I} a_{i,i}$. Et **l'assertion a) est fausse**.

Puis comme $\lambda I - A$ est encore triangulaire supérieure, on a bien :

$$\chi_A(\lambda) = \prod_{i \in I} (\lambda - a_{i,i})\,.$$

L'assertion b) est vraie.
Enfin, les valeurs propres de A ne sont pas nécessairement réelles et A n'est pas toujours inversible. Donc **les assertions c) et d) sont fausses**.

Remarque : J'ai transformé la définition du polynôme caractéristique pour respecter la définition officielle en classe préparatoire depuis 2014. En effet, on a pris $\chi_A(\lambda) = \mathsf{Det}\,(\lambda I - A)$. Dans l'énoncé initial, il y avait $\chi_A(\lambda) = \mathsf{Det}\,(A - \lambda I)$.
L'important pour vous, c'est de préparer les futurs concours où la nouvelle définition de χ_A sera sûrement (j'espère) respectée.

Question 28 : Soit $u \in \mathrm{L}(E)$, on désigne par λ_i ses valeurs propres. On suppose que u est nilpotent, c'est-à-dire qu'il existe un entier p non nul tel que $u^p = 0$. Dans ce cas, X^p est un polynôme annulateur de u. Les valeurs propres de u étant nécessairement parmi les racines de ce polynôme annulateur (qui n'a que 0 comme racine), la seule valeur propre possible de u est 0. Comme $\mathsf{Det}\,u^p = (\mathsf{Det}\,u)^p = 0$ et donc $\mathsf{Det}\,u = 0$, u n'est pas bijective et 0 est bien valeur propre de u. Si u est diagonalisable, comme 0 est son unique valeur propre, sa matrice dans une base de diagonalisation serait la matrice nulle, et alors u serait nul. Impossible.

Donc u n'est pas diagonalisable. Passons maintenant à nos assertions.
Comme E est un espace vectoriel sur $\mathbf{C}$, u est trigonalisable et il existe une base de E dans laquelle u peut être représentée par une matrice triangulaire supérieure.
L'assertion a) est fausse et **l'assertion b) est vraie**.
Comme $\prod_{i\in I} \lambda_i = 0$, (la seule valeur propre est 0), on peut en déduire sans aucun souci que **l'assertion c) est fausse**.
Enfin, en effet, « toutes les valeurs propres de u sont nulles », car 0 est la seule valeur propre. Et **l'assertion d) est vraie**. Maintenant, cette phrase n'est pas trop correcte. J'aurais plutôt écrit : « la seule valeur propre est 0 » mais bon, ce n'est pas le francais que l'on juge ici !

Question 29 : Soit u différent de 0 un élément de $\mathbb{L}(E)$. On définit sa trace $\mathrm{Tr}\,(u)$ par la trace de sa matrice dans n'importe quelle base. On suppose que toutes les valeurs propres de u sont nulles. (Encore une fois j'aurai préféré : la seule valeur propre de u est 0). Comme le spectre de u est $\{0\}$ et que u est trigonalisable, il existe une base de E dans laquelle la matrice T de u est triangulaire supérieure avec que des 0 sur la diagonale principale. Le polynôme caractéristique de u est

$$\chi_u(X) = \mathsf{Det}\,(XI_n - T) = X^n.$$

D'après le théorème de Cayley-Hamilton (au programme de l'option), $u^n = 0$.
Ainsi, **l'assertion a) est vraie**.
Par ailleurs comme T est triangulaire supérieure avec que des 0 sur la diagonale principale, il en est de même de T^k pour tout k entier non nul. Donc sa trace est nulle. Ainsi, pour tout k dans I, $\mathrm{Tr}(u^k) = 0$.
Et **l'assertion b) est vraie**.
u n'est toujours pas diagonalisable (sinon il serait l'endomorphisme nul).
L'assertion c) est fausse.
$u^2 = u$ signifie que u est un projecteur qui n'a que 0 pour valeur propre.
Donc u est nul. Contradictoire avec l'hypothèse $u \neq 0$. **L'assertion d) est fausse**.

Question 30 : Soit $A = \begin{pmatrix} a & b \\ c & d \end{pmatrix} \in \mathcal{M}_2(\mathbf{C})$ alors écrivons $\chi_A(\lambda)$. On a :

$$\chi_A(\lambda) = \begin{vmatrix} \lambda - a & -b \\ -c & \lambda - d \end{vmatrix} = (\lambda - a)(\lambda - d) - bc = \lambda^2 - (a+d)\lambda + ad - bc.$$

Comme $\mathrm{Tr}\,(A) = a + d$ et $\mathsf{Det}\,A = ad - bc$, $\chi_A(\lambda) = \lambda^2 - \lambda\,\mathrm{Tr}\,(A) + \mathsf{Det}\,A$.
Ainsi **l'assertion b) est vraie** et **les assertions a), c) et d) sont fausses**.

Question 31 : Soit $A \in \mathcal{M}_3(\mathbf{C})$ alors écrivons $\chi_A(\lambda)$ sous une forme développée.
Commençons par un rappel de cours :

Si E désigne un espace vectoriel de dimension finie, le ***polynôme caractéristique*** *de ϕ est $\chi_\phi = \mathsf{Det}\,(X\mathrm{Id}_E - \phi)$ et le degré du polynôme caractéristique est égal à n, dimension de l'espace E.*
On a : $\chi_\phi = X^n - \mathrm{Tr}\,(\phi)X^{n-1} + \ldots + (-1)^n\mathsf{Det}\,(\phi)$.
En particulier si $n = 2$, le calcul est immédiat : $\chi_\phi = X^2 - \mathrm{Tr}\,(\phi)X + \mathsf{Det}\,(\phi)$.

Ici $X = \lambda$ et $\chi_A(\lambda) = \lambda^3 - \mathrm{Tr}\,(\phi)(\lambda)^2 + \alpha\,\lambda + (-1)^3\mathsf{Det}\,(A)$.
On peut déjà éliminé **les assertions a), c) et d) fausses** nécessairement.
Il reste l'assertion b). Le coefficient α est-il $2(\mathrm{Tr}\,(A^2) - (\mathrm{Tr}\,(A))^2)$?

Pour cela, si λ_1, λ_2 et λ_3 sont les trois valeurs propres (éventuellement complexes) de A, en utilisant la forme triangulaire semblable à A, on sait que :

$$\mathrm{Tr}\,(A) = \lambda_1 + \lambda_2 + \lambda_3 \text{ et } \mathrm{Tr}\,(A^2) = \lambda_1^2 + \lambda_2^2 + \lambda_3^2.$$

Puis $\chi_A(\lambda) = (\lambda - \lambda_1)(\lambda - \lambda_2)(\lambda - \lambda_3)$.
On développe $\chi_A(\lambda)$ et le terme devant λ est : $-(\lambda_1\lambda_2 + \lambda_2\lambda_3 + \lambda_3\lambda_1)$.
Or $2(\mathrm{Tr}\,(A^2) - (\mathrm{Tr}\,(A))^2)$ vaut :

$$2\left((\lambda_1^2 + \lambda_2^2 + \lambda_3^2) - (\lambda_1 + \lambda_2 + \lambda_3)^2\right),$$

c'est-à-dire en développant :

$$-4\,(\lambda_1\lambda_2 + \lambda_2\lambda_3 + \lambda_3\lambda_1).$$

On remarque que le bon coefficient est $\frac{1}{2}(\mathrm{Tr}\,(A^2) - (\mathrm{Tr}\,(A))^2)$.
Donc **l'assertion b) est fausse** à son tour. Et **l'assertion e) est vraie**.

Question 32 : Dans les trois questions suivantes, on pose $A = \begin{pmatrix} 2 & -1 & 2 \\ 5 & -3 & 3 \\ -1 & 0 & -2 \end{pmatrix}$.

Déterminons le polynôme caractéristique de A :

$$\chi_A(X) = \begin{vmatrix} X-2 & 1 & -2 \\ -5 & X+3 & -3 \\ 1 & 0 & X+2 \end{vmatrix}$$

$$= \begin{vmatrix} 1 & -2 \\ X+3 & -3 \end{vmatrix} + (X+2)\begin{vmatrix} X-2 & 1 \\ -5 & X+3 \end{vmatrix},$$

ce qui donne : $\chi_A(X) = X^3 + 3X^3 + 3X + 1 = (X+1)^3$. On remplace X par λ (car ils veulent à tout prix du λ), on remarque que **l'assertion b) est vraie** et que **les assertions a), c) et d) sont fausses**.

Question 33 : Déterminons la matrice inverse de la matrice A.
D'après Cayley-Hamilton,

$$A^3 + 3A^3 + 3A + I_3 = 0.$$

Donc : $I_3 = A(-A^2 - 3A - 3I_3)$. Et : $A^{-1} = -A^2 - 3A - 3I_3$;
Ainsi, **l'assertion a) est vraie** et **les assertions b), c) et d) sont fausses**.

Question 34 : Partons de $A^3 = -3A^2 - 3A - I_3$ et multiplions par A, on obtient :

$$A^4 = -3A^3 - 3A^2 - A = -3(-3A^2 - 3A - I_3) - 3A^2 - A = 6A^2 + 8A + 3I_3.$$

Ici, **l'assertion b) est vraie** et **les assertions a), c) et d) sont fausses**.

Question 35 : Dans cette partie seulement on suppose $n = 2$.
Soit $u \in \mathrm{Ł}(E)$, on définit sa trace $\mathrm{Tr}\,(u)$ par la trace de sa matrice dans n'importe quelle base.
De plus, u et v désignent deux éléments de $\mathrm{Ł}(E)$ avec $u \neq 0$ et $u\,o\,v - v\,o\,u = u$.
On commence par écrire :

$$u\,o\,v - v\,o\,u = u \Rightarrow \mathrm{Tr}\,(u\,o\,v) - \mathrm{Tr}\,(v\,o\,u) = \mathrm{Tr}\,u = 0.$$

On a utilisé la linéarité de la trace et le fait que $\text{Tr}\,(u\,o\,v) = \text{Tr}\,(v\,o\,u)$.
Maintenant, la question fondamentale, c'est de savoir si u est inversible. Écrivons :

$$u\,o\,v - v\,o\,u = u \Rightarrow u^2\,o\,v - u\,o\,v\,o\,u = u^2 = u^2\,o\,v - (u + v\,o\,u)\,o\,u.$$

En développant, on a :

$$u^2\,o\,v - u^2 - v\,o\,u^2 \Longrightarrow 2u^2 = u^2\,o\,v - v\,o\,u^2 \Rightarrow \text{Tr}\,(2u^2) = \text{Tr}\,(u^2\,o\,v) - \text{Tr}\,(v\,o\,u^2).$$

Ce qui donne $\text{Tr}\,(2u^2) = \text{Tr}\,(u^2) = 0$. Comme on est en dimension 2, u ne possède que deux valeurs propres complexes distinctes ou non. On a :

$$\text{Tr}\,(u) = \lambda_1 + \lambda_2 = \text{Tr}\,(u^2) = \lambda_1^2 + \lambda_2^2 = 0.$$

Or cela implique $\lambda_1\lambda_2 = 0$. Deux complexes dont la somme et le produit sont nuls le sont aussi obligatoirement.
Donc u ne peut pas être inversible et **les assertions a), b) et c) sont fausses**.
Et bien entendu, **l'assertion d) est vraie**. Les égalités avec les traces dans les assertions n'avaient aucun intérêt.

Question 36 : Comme c'est le même u que dans la question 35, $\text{Tr}\,(u) = 0 \neq 1$ et **l'assertion a) est fausse**.
Puis comme u n'est pas inversible, $\text{Det}\,(u) = 0 \neq 1$ et **l'assertion b) est fausse**.
Puis comme dans une base de trigonalisation, u a pour matrice une matrice nulle sauf éventuellement le coefficient d'indice $(1, 2)$, le carré de cette matrice est la matrice nulle et donc $u^2 = 0$.
L'assertion c) est vraie. Enfin, $u^2 = u - Id$ impliquerait $u = Id$, ce qui est impossible donc on peut conclure que **l'assertion d) est fausse**.

Question 37 : Soit e un vecteur de E tel que $u(e) \neq 0$.
On a bien $u^2 = 0$ et **l'assertion a) est vraie**.
Puis $u^2(e) = 0$ nécessairement et **l'assertion b) est fausse**.
La famille $(u(e), e)$ forme une base de E si et seulement si elle est libre. On considère donc a et b deux complexes avec $a\,e + b\,u(e) = 0$. En appliquant u, $a\,u(e) = 0$. Comme $u(e) \neq 0$, $a = 0$ et donc $b\,u(e) = 0$ qui implique à son tour $b = 0$. La famille $(e, u(e))$ est libre.
L'assertion c) est vraie et **l'assertion d) est fausse** obligatoirement.

Question 38 : Dans une base $B : (e_1, e_2)$, on suppose alors que u est représentée par $\begin{pmatrix} 0 & 1 \\ 0 & 0 \end{pmatrix}$. On pose $v(e_2) = ae_1 + be_2$. La relation $u(e_2) = e_1$ se lit de manière immédiate sur la matrice et **l'assertion a) est vraie**.
Puis :

$$u\,o\,v - v\,o\,u = u \Rightarrow u\,o\,v(e_1) - v\,o\,u(e_1) = u(e_1) = 0 = u\,o\,v(e_1).$$

Donc $v(e_1)$ appartient au noyau de u donc est colinéaire à e_1.
On a donc $c \in \mathbf{C}$ tel que $v(e_1) = c\,e_1$. On écrit aussi :

$$u\,o\,v - v\,o\,u = u \Rightarrow u\,o\,v(e_2) - v\,o\,u(e_2) = u(e_2) = e_1.$$

Donc $u\,o\,v(e_2) = v\,o\,u(e_2) + e_1 = v(e_1) + e_1 = (c + 1)\,e_1$.

Puis :

$$u\,o\,v(e_2) = u\,(ae_1 + be_2) = au(e_1) + bu(e_2) = be_1 = (c+1)\,e_1.$$

Donc $c = b - 1$. Et $v(e_1) = (b-1)e_1$. Comme $u(e_1) = 0$, les réponses

$$v(e_1) = a\,u(e_1) + (b+1)\,u(e_2) \text{ et } v(e_1) = b\,u(e_1) + (a-1)\,u(e_2)$$

sont fausses, donc **les assertions b) et c) sont fausses.**

Et enfin, v est bien représentée dans B par $\begin{pmatrix} b-1 & a \\ 0 & b \end{pmatrix}$.

En conclusion, **l'assertion d) est vraie**.

Question 39 : Dans cette partie on ne suppose plus seulement $n = 2$ et u et v désignent toujours deux éléments de $L(E)$ avec $u \neq 0$ et $u\,o\,v - v\,o\,u = u$. Dans cette question, on désire pour $k \in \mathbf{N}$, calculer $u^k\,o\,v - v\,o\,u^k$ en fonction de u et de k. On note $S_k = u^k\,o\,v - v\,o\,u^k$. Commençons par S_2.

$$S_2 = u^2\,o\,v - v\,o\,u^2.$$

Cela donne :

$$S_2 = u\,o(v\,o\,u + u) - v\,o\,u^2.$$

Puis :

$$S_2 = u\,o(v\,o\,u + u) - (u\,o\,v - u)\,o\,u = 2u^2.$$

Déjà l'assertion a) donne $S_2 = u + u^2$, l'assertion b) donne $S_2 = u + 2u^2$ et l'assertion c) donne $S_2 = 0$. Donc **les assertions a), b) et c) sont fausses**.

Prouvons l'assertion d) par récurrence. On suppose le résultat vrai pour k entier supérieur ou égal à 2. On va faire quelque chose d'analogue au cas $k = 2$.

$$u^{k+1}\,o\,v - v\,o\,u^{k+1} = u^k\,o(v\,o\,u + u) - v\,o\,u^{k+1}.$$

Ce qui donne, en utilisant $v\,o\,u^k = u^k\,o\,v - k\,u^k$:

$$u^{k+1}\,o\,v - v\,o\,u^{k+1} = u^k\,o(v\,o\,u + u) - (u^k\,o\,v - k\,u^k)\,o\,u = u^{k+1} + ku^{k+1}.$$

Et : $u^{k+1}\,o\,v - v\,o\,u^{k+1} = (k+1)u^{k+1}$.

On a bien la proposition au rang $k+1$.

Et on peut conclure : **l'assertion d) est vraie**.

Question 40 : On déduit de la question 39 que pour tout $k \in \mathbf{N}^\star$,

$$u^k = \frac{1}{k}\left(u^k\,o\,v - v\,o\,u^k\right) \Rightarrow \mathrm{Tr}\,(u^k) = \frac{1}{k}\mathrm{Tr}\,\left(u^k\,o\,v\right) - \mathrm{Tr}\,\left(v\,o\,u^k\right) = 0.$$

Donc **l'assertion a) est vraie**. Puis **l'assertion b) est fausse** car $\mathrm{Tr}\,(u^k\,o\,v)$ pour tout k entier strictement positif, n'a aucune raison d'être nul.

Il reste à dire que si $\mathrm{Tr}\,(u^k) = 0$ pour tout k entier strictement positif, alors la seule valeur propre possible de u est 0. On a prouvé ce résultat dans le cas où $n = 2$ à la question 38. On propose la preuve dans le cas général en remarque. Comme la seule valeur propre possible est 0, u est nilpotent.

Ainsi, **l'assertion c) est vraie** et **l'assertion d) est fausse**.

Remarque : montrons que si $\mathrm{Tr}\,(u^k) = 0$ pour tout k entier strictement positif, alors la seule valeur propre possible de u est 0.
Supposons A la matrice de$u$ dans la base canonique de E, alors $\mathrm{Tr}\,A^k = 0$ pour tout entier $k \geqslant 1$ donc pour $k \in [\![1, n]\!]$. Appelons $\lambda_1, ..., \lambda_n$ les n valeurs propres (distinctes ou non) complexes de A.
Alors :

$$\forall k \in [\![1, n]\!],\ S_k = \lambda_1^k + ... + \lambda_n^k = 0.$$

Par combinaison linéaire des n égalités $S_k = 0$, on en déduit que pour tout polynôme P de degré au plus n, et s'annulant en 0, $P(\lambda_k) = 0$.
Supposons maintenant $\mu_1, ..., \mu_p$ les p valeurs propres complexes distinctes de A (avec $p \leqslant n$).
Fixons i un entier entre 1 et p.
Si $p \geqslant 2$, prenons :

$$P = X \prod_{j \neq i} (X - \mu_j).$$

Et si $p = 1$, prenons $P = X$.
Alors on a bien $P(0) = 0$ et P est un polynôme de degré au plus n.
μ_i étant une valeur propre de A, on a : $P(\mu_i) = 0$. Ce qui entraîne $\mu_i = 0$. Comme μ_i est quelconque, toutes les valeurs propres de A sont nulles donc 0 est la seule valeur propre possible.

CONCOURS ICNA
Epreuve commune
SESSION 2015

Questions liées : *Questions 1 à 14, questions 15 à 26, questions 27 à 40*

ENONCE

PROBLEME I

Soit S l'ensemble des suites (a_n) dont le terme général a_n est un nombre complexe. On suppose de plus que I est l'ensemble des suites (a_n) telles que la série $\sum_n |a_n|$ de terme général $|a_n|$ converge et J l'ensemble des suites (a_n) telles que la série $\sum_n |a_n|^2$ de terme général $|a_n|^2$ converge.

Question 01 : Soit (a_n) un élément de I, on a alors :

a) I est un sous-espace vectoriel de S.

b) I n'est pas un sous espace vectoriel de S.

c) $\lim_{n\to+\infty} |a_n| = 0$. **d)** $\lim_{n\to+\infty} |a_n| > 0$.

Question 02 : L'ensemble I

a) n'est pas inclus dans l'ensemble des suites convergeant vers 0.

b) est inclus dans l'ensemble des suites convergentes dans **C**.

c) n'est pas inclus dans l'ensemble des suites bornées.

d) contient J.

Question 03 : Soit $\sum_n a_n z^n$ une série entière de rayon de convergence R. On a

a) si $R > 1$, alors $(a_n) \in I$. **b)** si $R < 1$, alors $(a_n) \in I$.

c) si $R > 1$, alors $(a_n) \notin I$. **d)** si $R < 1$, alors $(a_n) \notin I$.

Question 04 : Soit la série $\sum_{n\geqslant 1} \frac{z^n}{n^2}$. Alors

a) son rayon de convergence est ∞. **b)** son rayon de convergence vaut 1.

c) la suite $\left(\frac{1}{n^2}\right)$ est dans I. **d)** la suite $\left(\frac{1}{n^2}\right) \notin I$.

Question 05 : Soit la série $\sum_{n \geqslant 0} \frac{x^n}{b^n}$, où $b \in \mathbf{N} \setminus \{0, 1\}$.

a) Son rayon de convergence est b.

b) Son rayon de convergence est $\frac{1}{b}$.

c) La somme de cette série est $\frac{1}{b-x}$.

d) La somme de cette série est $\frac{1}{x-b}$.

Soit dans la suite la fonction $f : x \mapsto \frac{1}{(2-x)(3-x)}$.

Question 06 : La fonction f

a) est développable en série entière autour de 0, de rayon de convergence 1.

b) est développable en série entière autour de 0, de rayon de convergence 2.

c) est développable en série entière autour de 0, de rayon de convergence 3.

d) n'est pas développable en série entière autour de 0.

Question 07 : La dérivée $f^{(n)}(x)$ d'ordre n de $f(x)$ vaut :

a) $\frac{1}{n!} \frac{(2-x)^n - (3-x)^n}{(x^2+5x-6)^n}$.

b) $\frac{1}{n!} \frac{(2-x)^n - (3-x)^n}{(x^2-5x+6)^n}$.

c) $\frac{1}{n!} \frac{(3-x)^{n+1} - (2-x)^{n+1}}{(x^2-5x+6)^n}$.

d) $\frac{(3-x)^{n+1} - (2-x)^{n+1}}{(x^2-5x+6)^{n+1}}$.

Question 08 : Considérons la suite (a_n) définie par $a_n = f^{(n)}(0)$.

a) Cette suite n'appartient pas à I.

b) Cette suite appartient à I.

c) L'expression de son terme général est $\frac{1}{2^{n+1}} + \frac{1}{3^{n+1}}$.

d) L'expression de son terme général est $\frac{1}{3^{n+1}} - \frac{1}{2^{n+1}}$.

Dans toute la suite, on suppose que n ***est un entier naturel tel que*** $n \geqslant 2$ ***et*** p ***et*** q ***deux entiers supérieurs ou égaux à*** 1. ***On note*** I_n ***l'intervalle*** $\left[n - \frac{1}{n^p}, n + \frac{1}{n^p}\right]$. ***On définit alors une application*** g ***de*** $[1, +\infty[$ ***dans*** $\mathbf{R}$ ***de la façon suivante :***

$$g(x) = \begin{cases} 0 & \text{si} \quad x \notin I_n \\ n^q(n^p x + 1 - n^{p+1}) & \text{si} \quad x \in \left[n - \frac{1}{n^p}, n\right] \\ n^q(-n^p x + 1 + n^{p+1}) & \text{si} \quad x \in \left[n, n + \frac{1}{n^p}\right] \end{cases}.$$

Et on note : $A_n = \displaystyle\int_{n-\frac{1}{p}}^{n+\frac{1}{p}} g(x)\,dx$ ***et*** $B_n = \displaystyle\int_{n-\frac{1}{p}}^{n+\frac{1}{p}} (g(x))^2\,dx$.

Question 09 : L'application g

a) est de classe $\mathcal{C}^0$ sur **R**. **b)** n'est pas de classe $\mathcal{C}^0$ sur **R**.

c) est de classe $\mathcal{C}^1$ sur **R**. **d)** n'est pas de classe $\mathcal{C}^1$ sur **R**.

Question 10 : La valeur de A_n est :

a) $\dfrac{1}{n^{p-q}}$. **b)** $\dfrac{1}{n^{q-p}}$. **c)** $(-1)^n\dfrac{1}{n^{p-q}}$. **d)** $(-1)^n\dfrac{1}{n^{q-p}}$.

Question 11 : La valeur de B_n est :

a) $\dfrac{2}{3}\dfrac{1}{n^{p-2q}}$. **b)** $\dfrac{3}{2}\dfrac{1}{n^{2p-q}}$. **c)** $\dfrac{1}{n^{p-q}}$. **d)** $\dfrac{1}{n^{2q-p}}$.

Question 12 : A_n est le terme d'une suite convergente sous la condition que

a) $q-p > -1$. **b)** $q-p < -1$. **c)** $p-q \geqslant 1$. **d)** $p-q \leqslant 1$.

Question 13 : B_n est le terme d'une suite convergente sous la condition que

a) $p-2q < 1$. **b)** $2q-p > 1$. **c)** $p-2q \geqslant -1$. **d)** $2q-p \leqslant -1$.

Question 14 : On veut que les séries associées à A_n et à B_n soient convergentes en même temps.

a) Ceci n'est pas possible. **b)** Cela est possible si $p=2$ et $q=3$.

c) Cela est possible si $p=4$ et $q=2$. **d)** Cela est possible si $p=3$ et $q=2$.

PROBLEME II

Soit f ***une fonction définie sur l'intervalle*** $I=[a,b]\subset \mathbf{R}$, ***de classe*** $\mathcal{C}^{n+1}$, ***avec*** $n\geqslant 1$. ***On utilise dans le problème la norme*** $N_\infty(f) = \sup_{x\in I}|f(x)|$.

I. On veut trouver une expression de $f(b)$ ***en fonction de*** $f(a)$ ***et des dérivées de*** $f(x)$ ***au point*** a. ***Pour cela, on introduit la fonction*** F, ***où*** $F(x)$ ***vaut***

$$f(b)-f(x)-(b-x)f'(x)-\ldots-\frac{(b-x)^k}{k!}f^{(k)}(x)-\ldots-\frac{(b-x)^n}{n!}f^{(n)}(x)-\frac{(b-x)^{n+1}}{(n+1)!}A.$$

La constante A ***sera calculée en imposant que*** F ***est nulle en*** a, ***donc*** $F(a)=0$.

Question 15 : On a :

a) $F(b)\neq 0$. **b)** $F'(x) = \dfrac{(b-x)^n}{n!}\left(A - f^{(n)}(x)\right)$.

c) il existe $c\in]a,b[$ tel que $F'(c)=0$. **d)** il existe $c\in]a,b[$ tel que $F(c)=0$.

Question 16 : On peut alors écrire qu'il existe $c\in]a,b[$ tel que

a) $f(b) = f(a) + (b-a)f(a) + \ldots + \dfrac{(b-a)^k}{k!}f^{(k)}(a) + \ldots$
$+\dfrac{(b-a)^n}{n!}f^{(n)}(a) + \dfrac{(b-a)^n}{n!}f^{(n)}(c)$.

b) $f(b) = f(a) + (b-a)f(a) + ... + \frac{(b-a)^k}{k!} f^{(k)}(a) + ...$
$+ \frac{(b-a)^n}{n!} f^{(n)}(a) + (-1)^n \frac{(b-a)^n}{n!} f^{(n)}(c).$

c) $f(b) = f(a) + (b-a)f(a) + ... + \frac{(b-a)^k}{k!} f^{(k)}(a) + ...$
$+ \frac{(b-a)^n}{n!} f^{(n)}(a) + \frac{(b-a)^{n+1}}{(n+1)!} f^{(n)}(c).$

d) $f(b) = f(a) + (b-a)f(a) + ... + \frac{(b-a)^k}{k!} f^{(k)}(a) + ...$
$+ \frac{(b-a)^n}{n!} f^{(n)}(a) + \frac{(b-a)^{n+1}}{(n+1)!} f^{(n+1)}(c).$

Question 17 : Si l'on pose $a = x$ et $b = x + \lambda$, on peut alors écrire que :

a) $f(x+\lambda) = f(x) + \sum_{k=1}^{n} \lambda^k f^{(k)}(x) + \frac{\lambda^n}{n!} f^{(n)}(x + \theta\lambda)$, $\theta \in]0,1[$.

b) $f(x+\lambda) = f(x) + \sum_{k=1}^{n} \lambda^k f^{(k)}(x) + (-1)^n \frac{\lambda^n}{n!} f^{(n)}(x - \theta\lambda)$, $\theta \in]0,1[$.

c) $f(x+\lambda) = f(x) + \sum_{k=1}^{n} \lambda^k f^{(k)}(x) + \frac{\lambda^{n+1}}{(n+1)!} f^{(n)}(x - \theta\lambda)$, $\theta \in]0,1[$.

d) $f(x+\lambda) = f(x) + \sum_{k=1}^{n} \lambda^k f^{(k)}(x) + \frac{\lambda^{n+1}}{(n+1)!} f^{(n+1)}(x + \theta\lambda)$, $\theta \in]0,1[$.

Question 18 : On désire exprimer le polynôme $P(x) = x^4 - x^3 - x^2 + 4x + 1$, en fonction de $X = x + 1$, en utilisant les résultats précédents, on obtient comme expression :

a) $X^4 + 6X^3 + 12X^2 + 8X + 2$. **b)** $X^4 + 12X^3 + 6X^2 - 2X - 2$.
c) $X^4 - 5X^3 + 8X^2 - X - 2$. **d)** $X^4 - 12X^3 - 6X^2 + X - 2$.

II. On suppose maintenant que f est une fonction positive de classe $\mathcal{C}^2$ sur R et telle que sa dérivée seconde f'' soit bornée.

Question 19 : Pour tous x et λ éléments de **R**, on peut écrire :

a) $f(x+\lambda) = f(x) + \lambda f'(x) + \frac{\lambda^2}{2} f''(x + \theta\lambda)$, où $\theta \in]0,1[$.

b) $f(x+\lambda) = f(x) - \lambda f'(x) + \frac{\lambda^2}{2} f''(x - \theta\lambda)$, où $\theta \in]0,1[$.

c) $f(x+\lambda) = f(x) + \lambda f'(x) - \frac{\lambda^2}{2} f''(x + \theta\lambda)$, où $\theta \in]0,1[$.

d) $f(x+\lambda) = f(x) + \lambda f'(x) + \frac{\lambda^2}{2} f''(x - \theta\lambda)$, où $\theta \in]0,1[$.

Question 20 : Pour tous x et λ éléments de **R**, on a :

a) $f(x+\lambda) \leqslant f(x) + \lambda f'(x) + \frac{\lambda^2}{2} N_{\infty,\mathbf{R}}(f'')$.

b) $f(x+\lambda) \leqslant f(x) + \lambda f'(x) - \frac{\lambda^2}{2} N_{\infty,\mathbf{R}}(f')$.

c) $f(x+\lambda) \leqslant f(x) + \lambda f'(x) - \dfrac{\lambda^2}{2} N_{\infty,\mathbf{R}}(f'')$.

d) $f(x+\lambda) \leqslant f(x) - \lambda f'(x) + \dfrac{\lambda^2}{2} N_{\infty,\mathbf{R}}(f')$.

Question 21 : On a :

a) $\dfrac{\lambda^2}{2} N_{\infty,\mathbf{R}}(f'') + \lambda f'(x) + f(x) \geqslant 0$. **b)** $\dfrac{\lambda^2}{2} N_{\infty,\mathbf{R}}(f'') + \lambda f'(x) + f(x) \leqslant 0$.

c) si $N_{\infty,\mathbf{R}}(f'')$ est non nulle alors $|f'(x)| \leqslant \left(2\, N_{\infty,\mathbf{R}}(f'').f(x)\right)^{1/2}$.

d) si $N_{\infty,\mathbf{R}}(f'')$ est non nulle alors $|f'(x)| \geqslant \left(2\, N_{\infty,\mathbf{R}}(f'').f(x)\right)^{1/2}$.

Question 22 : Si $N_{\infty,\mathbf{R}}(f'')$ est nulle, alors :

a) f est une fonction affine. **b)** f est la fonction nulle. **c)** $f'(x) = 0$, $\forall x \in \mathbf{R}$.
d) $f'(x) > 0$, $\forall x \in \mathbf{R}$.

Question 23 : On pose $g(x) = \sqrt{f(x)}$ pour tout $x \in \mathbf{R}$.

a) g est continue sur $\mathbf{R}$.

b) g est dérivable en tout point x.

c) g est continue sur $\mathbf{R}$ et dérivable en tout point x où $f(x) \neq 0$.

d) g n'est pas dérivable sur $\mathbf{R}$.

Question 24 : Soit x_0 un élément de $\mathbf{R}$ tel que $f(x_0) = 0$, on a :

a) $f'(x_0) > 0$. **b)** $f'(x_0) > 1$. **c)** $f'(x_0) = 0$. **d)** $f'(x_0)$ n'est pas définie.

Question 25 : On peut alors déduire que pour tout x élément de $\mathbf{R}$, $x \neq x_0$, il existe un réel c compris entre x_0 et x tel que :

a) $f(x) = \frac{1}{2}(x-x_0)^2 f'(c)$. **b)** $f(x) = \frac{1}{2}(x-x_0)^2 f''(c)$.
c) $f(x-c) = \frac{1}{2}(x-x_0)^2$. **d)** $f''(c) < 0$.

Question 26 : On a :

a) en étudiant la variation de $f(x)$ au voisinage de x_0, on montre que $f''(x_0) \geqslant 0$.

b) en étudiant la variation de $f(x)$ au voisinage de x_0, on montre que $f''(x_0) \leqslant 0$.

c) si $f''(x_0) > 0$ alors $g(x)$ n'est pas dérivable en x_0.

d) si $f''(x_0) > 0$ alors $g(x)$ est dérivable en x_0.

PROBLEME III

I. Le but de cette première partie est de déterminer les coefficients d'un polynôme P de degré n à partir de ses racines $x_i \in \mathbf{C}$. On l'écrit : $P(x) = x^n + a_1 x^{n-1} + a_2 x^{n-2} + \ldots + a_{n-1}x + a_n$, ***où*** $x \in \mathbf{C}$ ***et*** $a_i \in \mathbf{R}$ ***pour tout*** $i \in [\![1, n]\!]$.

On note $S_k = \displaystyle\sum_{i=1}^{n} x_i^k$ ***pour tout*** $k \in [\![1, n]\!]$.

Question 27 : Pour $\lambda \in \mathbf{C}$, on effectue la division euclidienne de $P(x)$ par $x - \lambda$ et on note : $Q(x) = b_0 x^{n-1} + b_1 x^{n-2} + ... + b_{n-2}x + b_{n-1}$ le polynôme quotient et b_n est le reste de cette division euclidienne. Alors :

a) b_n est un polynôme en x de degré 1.

b) $b_n = 0$ si $\lambda = x_i$.

c) pour tout $k \in [\![1, n-1]\!]$, $b_k \in \mathbf{R}$.

d) $b_n = a_n - \lambda b_{n-1}$.

Question 28 : On veut maintenant établir l'expression en fonction de λ des différents b_k, $k \in [\![1, n]\!]$. On obtient

a) $b_k = \lambda^k - a_1\lambda^{k-1} + ... + (-1)^i a_i \lambda^{k-i} + ... + 1$.

b) $b_k = a_k\lambda^k - a_{k-1}\lambda^{k-1} + ... + (-1)^i a_{k-i}\lambda^{k-i} + ... + 1$.

c) $b_k = \lambda^k + a_1\lambda^{k-1} + ... + a_i\lambda^{k-i} + ... + a_k$.

d) $b_k = a_k\lambda^k + a_{k-1}\lambda^{k-1} + ... + a_{k-i}\lambda^{k-i} + ... + 1$.

Question 29 : On utilise le résultat précédent pour exprimer la somme

$$E(x) = \sum_{i=1}^{n} \frac{P(x)}{x - x_i} = c_0 x^{n-1} + c_1 x^{n-2} + c_2 x^{n-3} + ... + c_{n-2}x + c_{n-1}.$$

On obtient :

a) $c_0 = 1$.

b) $c_k = S_k + a_1 S_{k-1} + ... + a_{k-1}(S_1 + n a_k) = 0$.

c) $S_k + a_1 S_{k-1} + ... + a_{k-1}S_1 = 0$.

d) $S_k + a_1 S_{k-1} + ... + a_{k-1}(S_1 + a_k) = 0$.

Question 30 : En exprimant $P'(x) = \dfrac{dP(x)}{dx}$ à l'aide de $E(x)$, on obtient :

a) $S_1 + a_1 = 0$.

b) $S_k + a_1 S_{k-1} + a_2 S_{k-2} + ... + (k-1)a_k = 0$, $k \in [\![2, n]\!]$.

c) $S_k + a_{k-1}S_{k-1} + a_{k-2}S_{k-2} + ... + k a_k = 0$, $k \in [\![2, n]\!]$.

d) $S_k + a_1 S_{k-1} + a_2 S_{k-2} + ... + k a_k = 0$, $k \in [\![1, n-1]\!]$.

En complétant les résultats précédents avec la relation obtenue en calculant $\sum_{i=1}^{n} P(x_i)$, ***on obtient ainsi*** n ***relations permettant la détermination de tous les coefficients de*** $P(x)$.

Question 31 : On veut déterminer le polynôme $P(x)$ pour lequel on aurait obtenu : $S_1 = 2$, $S_2 = -4$, $S_3 = 8$ et $S_4 = 48$. On obtient :

a) $P(x) = x^4 + 2x^3 + 4x^2 - x + 1$.

b) $P(x) = x^4 + x^3 - 4x^2 - 4x$.

c) $P(x) = x^4 - 2x^3 + 4x^2 - 8x$.

d) $P(x) = x^4 - 2x^3 - 4x^2 + 1$.

II. Dans cette deuxième partie, les résultats précédents vont être utilisés pour déterminer le polynôme caractéristique d'une matrice $A \in \mathcal{M}_n(\mathbf{R})$ avec $A = (a_{i,j})$, où i et j sont dans $[\![1, n]\!]$, en calculant les puissances successives de A. On rappelle que la trace de A est définie par

$$Tr(A) = \sum_{i=1}^{n} a_{i,i}.$$

On note $\chi_A(\lambda) = \mathrm{Det}\,(\lambda I - A)$ le polynôme caractéristique de A et par $\lambda_i \in \mathbf{C}$ l'ensemble des valeurs propres de A. On définit cette fois les termes S_k par

$$S_k = \sum_{i=1}^{n} (\lambda_i)^k,$$

avec $k \in [\![1, n]\!]$.

Question 32 : Soit $T \in \mathcal{M}_n(\mathbf{R})$ une matrice triangulaire supérieure semblable à A, on a alors :

- **a)** $\chi_T(\lambda) = \prod_{i=1}^{n} (\lambda - t_{ii})$.
- **b)** $Tr\,(T^k) = (-1)^k\, Tr\,(A^k)$.
- **c)** $S_k = Tr\,(A^k)$.
- **d)** $\chi_T(\lambda)$ est toujours scindé dans $\mathbf{R}$.

Question 33 : Soit $P(\lambda)$ le polynôme défini par $P(\lambda) = \mathrm{Det}\,(A - \lambda I)$, on a :

- **a)** $P(\lambda) = \chi_A(\lambda)$, $\forall n$.
- **b)** $P(\lambda) = (-1)^n \chi_A(\lambda)$, $\forall n$.
- **c)** $P(\lambda_i) = 0$, $\forall i \in [\![1, n]\!]$.
- **d)** $P(\lambda_i) \neq 0$, $\forall i \in [\![1, n]\!]$.

On veut maintenant déterminer le polynôme caractéristique de

$$B = \begin{pmatrix} 0 & 2 & 0 & 0 \\ 1 & 0 & -1 & 0 \\ 0 & 2 & 0 & 0 \\ 0 & 0 & 0 & 2 \end{pmatrix}.$$

Question 34 : On obtient avec les notations précédentes :

- **a)** $S_3 = 8$ et $S_4 = -16$.
- **b)** $S_3 = -4$ et $S_4 = 8$.
- **c)** $S_3 = 8$ et $S_4 = 48$.
- **d)** $S_3 = -2$ et $S_4 = 16$.

Question 35 : Le polynôme caractéristique $\chi_B(\lambda)$ de B est alors :

a) $\lambda^4 + 2\lambda^3 + 4\lambda^2 - 4\lambda + 1$.

b) $\lambda^4 + \lambda^3 - 4\lambda^2 - 4\lambda$.

c) $\lambda^4 - 2\lambda^3 + 4\lambda^2 - 8\lambda$.

d) $\lambda^4 - 2\lambda^3 - 4\lambda^2 + 1$.

III. On suppose maintenant que pout tout $i \neq j$, alors $\lambda_i \neq \lambda_j$, où i et j sont dans $[\![1, n]\!]$, Et on se propose de déterminer un vecteur propre X_i associé à un λ_i donné.

Pour cela, on se donne un vecteur non nul $u_0 \in \mathbf{R}^n$ a priori arbitraire et on génère la suite de vecteurs u_k par la relation de récurrence $u_k = A u_{k-1}$, où $k \in [\![1, n-1]\!]$.

À chaque λ_i, on associe (avec toujours $\chi_A(\lambda) = \mathrm{Det}\,(\lambda I - A)$) : d'une part, le polynôme

$$\phi_i(\lambda) = \frac{\chi_A(\lambda)}{\lambda - \lambda_i} = \lambda^{n-1} + (d_i)_1\lambda^{n-2} + (d_i)_2\lambda^{n-3} + ... + (d_i)_{n-1}$$

et d'autre part la somme vectorielle :

$$Y_i = u_{n-1} + (d_i)_1 u_{n-2} + (d_i)_2 u_{n-3} + ... + (d_i)_{n-1} u_0.$$

Question 36 : On peut alors dire :

a) les vecteurs X_i ne forment pas une base.

b) $\forall j \neq i$, alors X_i est orthogonal à X_i.

c) il existe une matrice diagonale D telle que $D = P^{-1}AP$.

d) la matrice D admet les mêmes vecteurs propres que A.

Question 37 : On peut remarquer que :

a) $\phi_i(\lambda_i) = P'(\lambda_i)$. **b)** $\phi_i(\lambda_i) \neq 0$ pour $i \neq j$.

c) si $(d_i)_{n-1} = 0$ alors le coefficient a_n de $P(\lambda)$ est également nul.

d) si $(d_i)_{n-1} \neq 0$ alors le coefficient a_n de $P(\lambda)$ est également toujours $\neq 0$.

Question 38 : On se propose d'écrire le vecteur u_0 sous la forme

$$u_0 = \mu_1 X_1 + \mu_2 X_2 + ... + \mu_n X_n.$$

a) Cette décomposition n'est pas unique.

b) Cette décomposition peut ne pas exister.

c) On peut exprimer u_k en fonction des coefficients de u_0.

d) On ne peut pas exprimer u_k en fonction des coeffivients de u_0.

Question 39 : En calculant la somme vectorielle Y_i pour un λ_i donné, on peut remarquer que :

a) Y_i est aussi un vecteur propre associé à λ_i si μ_i est non nul.

b) Y_i est un vecteur orthogonal à X_i.

c) si $\mu_i = 0$ alors u_0 est orthogonal à X_i.

d) si $\mu_i = 0$ alors u_0 n'est jamais orthogonal à X_i.

Question 40 : Soit une matrice $C \in \mathcal{M}_3(\mathbf{R})$ de polynôme caractéristique

$$X_C(\lambda) = \lambda^3 + \lambda^2 - 10\lambda + 8$$

dont l'une des racines est $\lambda = 1$.
En partant de $u_0 = (1, 0, 0)$, on obtient :

$$u_1 = (0, 3, -2) \text{ et } u_2 = (8, -6, 4).$$

Un vecteur propre associé à la valeur propre de plus grand module est :

a) $(1, 1, 0)$. **b)** $(-1, 10, -4)$. **c)** $(10, -15, 10)$. **d)** $(1, -8, 8)$.

CORRIGE

Question 01 : Ici $I = \left\{(a_n), \sum_n |a_n| < +\infty\right\}$, $J = \left\{(a_n), \sum_n |a_n|^2 < +\infty\right\}$ et $S = \mathbf{C}^{\mathbf{N}}$. La suite nulle appartient à I.
De plus si $\alpha \in \mathbf{C}$ et $((a_n),(b_n)) \in I^2$, alors :

$$\forall n \in \mathbf{N},\ |a_n + \alpha b_n| \leqslant |a_n| + |\alpha|\,|b_n|.$$

Donc si $\sum |a_n|$ et $\sum |b_n|$ convergent alors $\sum |a_n + \alpha b_n|$ converge et donc la suite $(a_n + \alpha b_n) \in I$. Ainsi I est un sous-espace vectoriel de S.
L'assertion a) est vraie et **l'assertion b) est fausse.**
Si $\sum_n |a_n|$ converge alors la suite $(|a_n|)$ tend vers 0. On a : $\lim_{n\to+\infty} |a_n| = 0$.
L'assertion c) est vraie et **l'assertion d) est fausse.**
Remarque : 1) Si une série converge, son terme général tend vers 0 mais on n'a pas la réciproque (on pense à $a_n = 1/n$).
2) L'ensemble I est tout simplement l'ensemble des séries absolument convergentes.

Question 02 : L'ensemble I est bien inclus dans l'ensemble des suites convergeant vers 0. **L'assertion a) est fausse** et comme une suite qui tend vers 0 est bien entendu convergente, **l'assertion b) est vraie.**
Comme une suite convergente est bornée, **l'assertion c) est fausse.**
Enfin, si, par exemple, $a_n = \dfrac{1}{n}$, alors $|a_n|^2 = \dfrac{1}{n^2}$, on sait que $\sum |a_n|^2 < +\infty$ donc la suite $(1/n)_{n\geqslant 1} \in J$. Pourtant $\sum |a_n| = +nfty$ et la suite $\left(\dfrac{1}{n}\right)_{n\geqslant 1} \notin I$. Et J ne peut pas être inclus dans J car il existe au moins une suite qui est dans J et qui n'est pas dans I.
On peut conclure : **l'assertion d) est fausse.**

Question 03 : Soit $\sum_n a_n z^n$ une série entière de rayon de convergence R.
Commençons par un rappel de cours (parfois c'est utile !).
Pour $\sum_{n\geqslant 0} a_n z^n$, *donnée, il existe* R *unique dans* $\mathbf{R}_+ \cup \{+\infty\}$ *tel que :*

1. $|z| < R \Rightarrow \sum_{n\geqslant 0} a_n z^n$ *converge absolument*

2. $|z| > R \Rightarrow \sum_{n\geqslant 0} a_n z^n$ *diverge grossièrement*

Alors : $R = \sup\left\{|z|, (|a_n z^n|)_{n\geqslant 0} \text{ est bornée }\right\} = \inf\left\{|z|, \sum_{n\geqslant 0} a_n z^n \text{ diverge }\right\}$

Donc si $R > 1$ et $z = 1$, $\sum |a_n|$ converge et ainsi $(a_n) \in I$.
L'assertion a) est vraie et **l'assertion c) est fausse.**
Puis si $R < 1$, pour encore $z = 1$, alors $(|a_n|)$ n'est pas une suite bornée et on peut alors écrire que $(|a_n|)) \notin I$.
L'assertion b) est fausse et **l'assertion d) est vraie.**

Remarque : 1) on peut retrouver le fait que **l'assertion b) est fausse** car par exemple prenons $\sum_n n!z^n$ de rayon de convergence $R = 0$. Alors $\sum_n n! = +\infty$ et la suite $(n!) \notin I$.
2) On peut raisonner aussi avec la règle de d'Alembert. Posons $u_n = a_n z^n$.
Alors $\left|\frac{u_{n+1}}{u_n}\right| = \left|\frac{a_{n+1}}{a_n}\right| |z|$ (en supposant $a_n \neq 0$ à partir d'un certain rang de n.)
Si $R = +\infty$, $\lim_{n\to+\infty} \left|\frac{u_{n+1}}{u_n}\right| = 0 = \lim_{n\to+\infty} \left|\frac{a_{n+1}}{a_n}\right| < 1$. Donc $\sum |a_n| < +\infty$.
Si R est fini avec $R > 1$, $\lim_{n\to+\infty} \left|\frac{a_{n+1}}{a_n}\right| = 1/R < 1$ et $\sum_n |a_n| < +\infty$.
Alors $(a_n) \in I$. Donc on retrouve que **l'assertion a) est vraie.**
Si $0 < R < 1$, alors $\lim_{n\to+\infty} \left|\frac{a_{n+1}}{a_n}\right| = 1/R > 1$ et $\sum_n |a_n| = +\infty$ donc $(a_n) \notin I$.
Si $R = 0$, alors $\lim_{n\to+\infty} \left|\frac{a_{n+1}}{a_n}\right| = +\infty$ et $\sum_n |a_n| = +\infty$ donc $(a_n) \notin I$.
On retrouve que **l'assertion d) est vraie.**

<u>Question 04</u> : Ici l'on propose la série $\sum_{n\geqslant 1} \frac{z^n}{n^2}$. Posons $u_n = \frac{z^n}{n^2}$.
Déterminons le rayon de convergence R de cette série entière :

$$\lim_{n\to+\infty} \left|\frac{u_{n+1}}{u_n}\right| = \lim_{n\to+\infty} \frac{n^2}{(n+1)^2}|z| = |z|.$$

Donc $R = 1$. **L'assertion a) est fausse** et **l'assertion b) est vraie.**
Comme $\sum_{n\geqslant 1} \frac{1}{n^2}$ converge, $(a_n) \in I$.
Finalement, **l'assertion c) est vraie** et **l'assertion d) est fausse.**

<u>Question 05</u> : Ici l'on propose la série $\sum_{n\geqslant 0} \frac{x^n}{b^n}$, où b est un entier > 1. On écrit :

$$\sum_{n=0}^{+\infty} \frac{x^n}{b^n} = \sum_{n=0}^{+\infty} \left(\frac{x}{b}\right)^n = \frac{1}{1-\frac{x}{b}} = \frac{b}{b-x}$$

si $|x| < b$. Si $|x| > b$, la somme diverge. Le rayon de convergence est $R = b$.
L'assertion a) est vraie et **l'assertion b) est fausse.**
Enfin, **les assertions c) et d) sont fausses**, vue la somme trouvée.

<u>Question 06</u> : Soit la fonction $f : x \mapsto \frac{1}{(2-x)(3-x)}$. Elle est développable en série entière autour de $x = 0$ et son rayon de convergence vaut 2.
Car : $\frac{1}{(2-x)(3-x)} = \frac{1}{2-x} - \frac{1}{3-x}$.

Et $x \mapsto \dfrac{1}{a-x}$ est développable en série entière sur $]-a,a[$ (son rayon de convergence est $R=a$). Donc le rayon de convergence du développement en série entière de f est $\min(2,3)=2$.
L'assertion b) est vraie et **les assertions a), c) et d) sont fausses**.

Question 07 : On cherche ici la dérivée $f^{(n)}$ d'ordre n de la fonction f.
Essayons de la « deviner ». On écrit pour tout $x \in]-2,2[$,

$$f(x)=\frac{1}{x^2-5x+6} \Rightarrow f'(x)=\frac{-2x+5}{(x^2-5x+6)^2}.$$

Si l'assertion a) était vraie, on aurait $f^{(n)}(x)=\dfrac{1}{n!}\dfrac{(2-x)^n-(3-x)^n}{(x^2+5x-6)^n}$ pour tout n et en particulier pour $n=1$, $f'(x)=\dfrac{1}{1}\dfrac{(2-x)-(3-x)}{(x^2+5x-6)}$ qui diffère de la valeur trouvée pour $f'(x)$.
Donc **l'assertion a) est fausse**.
Puis **l'assertion b) est fausse** pour la même raison.
Par contre, les assertions c) et d) ne peuvent pas être écartées pour l'instant. Il ne reste plus qu'à continuer de dériver :

$$f'(x)=\frac{-2x+5}{(x^2-5x+6)^2} \Rightarrow f''(x)=\frac{6x^2-30x+38}{(x^2-5x+6)^3}.$$

Si l'assertion c) était vraie, $f^{(n)}(x)=\dfrac{1}{n!}\dfrac{(3-x)^{n+1}-(2-x)^{n+1}}{(x^2-5x+6)^n}$ pour tout n.
On l'applique avec $n=2$. On trouve $f''(x)=\dfrac{1}{2}\dfrac{3x^2-15x+19}{(x^2-5x+6)^3}$, ce qui est le quart du bon résultat.
De même, si l'assertion d) était vraie, $f^{(n)}(x)=\dfrac{(3-x)^{n+1}-(2-x)^{n+1}}{(x^2-5x+6)^n}$ pour tout n.
On l'applique avec $n=2$. On trouve $f''(x)=\dfrac{3x^2-15x+19}{(x^2-5x+6)^3}$, ce qui est la moitié du bon résultat.
Donc **les assertions c) et d) sont fausses**. Ainsi, **l'assertion e) est vraie**.
Maintenant, pour la suite, déterminons la bonne expression de $f^{(n)}(x)$.
Il semblerait que :

$$\forall n,\ f^{(n)}(x)=\frac{n!\left[(3-x)^{n+1}-(2-x)^{n+1}\right]}{(x^2-5x+6)^{n+1}}.$$

Notons $\mathcal{P}_n$ cette proposition. D'après plus haut, $\mathcal{P}_n$ est vraie pour $n=0$, $n=1$ et $n=2$. Cela donne une bonne initialisation. Supposons $\mathcal{P}_n$ vraie pour n donné supérieur ou égal à 2. On dérive une fois $f^{(n)}(x)$:

$$\frac{f^{(n+1)}(x)}{n!}=\frac{Num(x)}{(x^2-5x+6)^{2n+2}},$$

où $Num(x)=\left[-(n+1)(3-x)^n+(n+1)(2-x)^n\right](x^2-5x+6)^{n+1}$
$-(n+1)(2x-5)\left[(3-x)^{n+1}-(2-x)^{n+1}\right](x^2-5x+6)^n$.
Il ne reste plus qu'à arranger.

$$\frac{f^{(n+1)}(x)}{n!\,(n+1)} = \frac{f^{(n+1)}(x)}{(n+1)!} = \frac{-(2-x)^{n+2}+(3-x)^{n+2}}{(x^2-5x+6)^{n+2}}.$$

La proposition $\mathcal{P}_{n+1}$ est vraie.

Remarque : les assertions proposées dans la question 07 nous ont finalement dirigé vers une forme de $f^{(n)}(x)$ devinée. On aurait pu directement partir de la forme décomposée de $f(x)$. En effet, on voit rapidement que :
$\left[(2-x)^{-1}\right]^{(n)} = n!(2-x)^{-(n+1)}$ et $\left[(3-x)^{-1}\right]^{(n)} = n!(3-x)^{-(n+1)}$.
Ce qui donne :

$$f^{(n)}(x) = \frac{n!}{(2-x)^{n+1}} - \frac{n!}{(3-x)^{n+1}} = \frac{n!\left[(3-x)^{n+1}-(2-x)^{n+1}\right]}{(6-5x+x^2)^{n+1}}.$$

Question 08 : Considérons ici la suite (a_n) définie par $a_n = f^{(n)}(0)$. Alors :

$$\forall n \in \mathbf{N},\ a_n = \frac{n!\left[3^{n+1}-2^{n+1}\right]}{6^{n+1}} = n!\left[\left(\frac{1}{2}\right)^{n+1} - \left(\frac{1}{3}\right)^{n+1}\right].$$

On utilise la formule de Stirling :

Formule de Stirling. *Quand n tend vers $+\infty$: $n! \sim \left(\frac{n}{\mathrm{e}}\right)^n \sqrt{2\pi n}$.*

Ici, quand n tend vers $+\infty$:

$$a_n \sim \left(\frac{n}{2\,\mathrm{e}}\right)^n \sqrt{2\pi n} \times \tfrac{1}{2},$$

quantité qui tend vers $+\infty$.
La série de terme général a_n diverge et la suite (a_n) n'appartient pas à I.
L'assertion a) est vraie et **l'assertion b) est fausse**.
Enfin, l'expression du terme a_n est ni $\frac{1}{2^{n+1}} + \frac{1}{3^{n+1}}$, ni $\frac{1}{3^{n+1}} - \frac{1}{2^{n+1}}$.
Les assertions c) et d) sont fausses.

Question 09 : Dans toute la suite, on suppose donc que n est un entier naturel tel que $n \geqslant 2$ et p et q deux entiers supérieurs ou égaux à 1. On note aussi I_n l'intervalle $\left[n - \frac{1}{n^p}, n + \frac{1}{n^p}\right]$. On définit alors une application g de $[1, +\infty[$ dans $\mathbf{R}$ de la façon suivante :

$$g(x) = \begin{cases} 0 & \text{si} \quad x \notin I_n \\ n^q(n^p x + 1 - n^{p+1}) & \text{si} \quad x \in \left[n - \frac{1}{n^p}, n\right] \\ n^q(-n^p x + 1 + n^{p+1}) & \text{si} \quad x \in \left[n, n + \frac{1}{n^p}\right] \end{cases}.$$

Pour tout $n \geqslant 2$ et $p \geqslant 1$, $q \geqslant 1$, $g\left(n - \frac{1}{n^p}\right) = n^q\left(n^{p+1} - 1 + 1 - n^{p+1}\right) = 0$.

Et donc : $\lim\limits_{x \to (n - \frac{1}{n^p})^-} g(x) = g\left(n - \frac{1}{n^p}\right) = 0$.

De même, $g\left(n+\dfrac{1}{n^p}\right)=n^q\left(-n^{p+1}-1+1+n^{p+1}\right)=0$.

Et donc $\displaystyle\lim_{x\to(n+\frac{1}{n^p})^+} g(x)=g\left(n+\dfrac{1}{n^p}\right)=0$. Puis,

$$g(n)=n^q(n^{p+1}+1-n^{p+1})=n^q=n^q(-n^{p+1}+1+n^{p+1}),$$

et donc il y a continuité en n.
Enfin, g est clairement continue (car constante ou affine) sur $[1,+\infty[\backslash\{n,n\pm n^{-p}\}$.
En concluson, g est continue sur $[1,+\infty[$. Par contre g n'est pas continue sur $\mathbf{R}$ car g n'est pas censée être définie sur $\mathbf{R}$. Ce qui est dommage car on pouvait prolonger à $]-\infty,1[$ par la fonction nulle sans souci. Est ce une erreur du concepteur ? Dans le doute, on écrit que **l'assertion a) est fausse** et que **l'assertion b) est vraie**.
En effet, une fonction qui n'est pas définie sur $\mathbf{R}$ ne peut pas être continue sur $\mathbf{R}$.
On peut aussi conclure immédiatement pour les deux autres assertions.
Une fonction qui n'est pas définie sur R ne peut pas être de classe $\mathcal{C}^1$ sur $\mathbf{R}$.
L'assertion c) est fausse et **l'assertion d) est vraie**.

Remarque : et si g était définie sur $\mathbf{R}$, on aurait écrit que $g'(x)=n^{p+q}$ pour tout $x\in\left[n-\dfrac{1}{n^p},n\right]$ et que $g'(x)=-n^{p+q}$ pour tout $x\in\left[n,n+\dfrac{1}{n^p}\right]$.
Comme :

$$\lim_{x\to n^+} g'(n)=-n^{p+q} \text{ et } \lim_{x\to n^-} g'(x)=n^{p+q},$$

alors il redevient clair que g n'est pas de classe $\mathcal{C}^1$.

Question 10 : On note : $A_n=\displaystyle\int_{n-\frac{1}{p}}^{n+\frac{1}{p}} g(x)\,dx$. On commence par écrire :

$$\frac{A_n}{n^q}=\int_{n-\frac{1}{p}}^{n}\left(n^px+1-n^{p+1}\right)dx+\int_{n}^{n+\frac{1}{p}}\left(-n^px+1+n^{p+1}\right)dx.$$

Il reste à intégrer tranquillement et $\dfrac{A_n}{n^q}$ vaut $\dfrac{1}{n^p}$.
La valeur de A_n est donc $\dfrac{1}{n^{p-q}}$.
L'assertion a) est vraie et **les assertions b), c) et d) sont fausses**.

Question 11 : On pose maintenant : $B_n=\displaystyle\int_{n-\frac{1}{p}}^{n+\frac{1}{p}} (g(x))^2\,dx$.
On refait comme à la question 10 :

$$\frac{B_n}{n^{2q}}=\int_{n-\frac{1}{p}}^{n}\left(n^px+1-n^{p+1}\right)^2dx+\int_{n}^{n+\frac{1}{p}}\left(-n^px+1+n^{p+1}\right)^2dx.$$

Le calcul est quand même un plus long. Maintenant l'erreur serait de développer les carrés avant d'intégrer. On écrit plutôt :

$$\frac{B_n}{n^{2q}}=\left[\frac{1}{3n^p}\left(n^px+1-n^{p+1}\right)^3\right]_{n-\frac{1}{p}}^{n}+\left[\frac{1}{-3n^p}\left(-n^px+1+n^{p+1}\right)^3\right]_{n}^{n+\frac{1}{p}}.$$

Il reste à développer. Après calculs,

$$\frac{B_n}{n^{2q}} = \frac{2}{3n^p} \Rightarrow B_n = \frac{2}{3}\frac{1}{n^{p-2q}}.$$

L'assertion a) est vraie et **les assertions b), c) et d) sont fausses.**

Question 12 : La série de Riemann $\sum_{n\geqslant 1} \frac{1}{n^{p-q}}$ converge si et seulement si $p-q > 1$, c'est-à-dire si et seulement si $q - p < -1$.
L'assertion b) est vraie et **les assertions a), c) et d) sont fausses.**

Question 13 : De même, B_n est le terme d'une suite de Riemman qui converge si et seulement si $p - 2q > 1$. Et donc $2q - p < -1$.
Toutes les assertions a), b), c) et d) sont fausses.
Ainsi, on dit que **l'assertion e) est vraie.**

Question 14 : On veut que les séries associées à A_n et à B_n soient convergentes en même temps, il faut donc $p - q > 1$ et $p - 2q > 1$ à la fois avec p et q deux entiers naturels non nuls. Comme un tel couple (p, q) existe (on prend par exemple $p = 4$ et $q = 1$), **l'assertion a) est fausse.**
Si $p = 2$ et $q = 3$, $p - q = -1$ et $p - q > 1$ est fausse donc **l'assertion b) est fausse.**
Si $p = 4$ et $q = 2$, $p - q = 2$ et $p - q > 1$ est vraie puis $p - 2q = 0$ donc $p - 2q > 1$ est fausse et **l'assertion c) est fausse.**
Enfin, si $p = 3$ et $q = 2$, $p - q = 1$ et $p - q > 1$ est fausse.
Donc **l'assertion d) est fausse.** Ainsi, **l'assertion e) est vraie.**

Question 15 : Soit maintenant f une fonction définie sur $I = [a, b] \subset \mathbf{R}$, de classe $\mathcal{C}^{n+1}$, avec $n \geqslant 1$. On utilise la norme $N_\infty(f) = \sup_{x\in I} |f(x)|$. On introduit la fonction F de valeur $F(x)$ égale à :

$$f(b)-f(x)-(b-x)f'(x)-\ldots-\frac{(b-x)^k}{k!}f^{(k)}(x)-\ldots-\frac{(b-x)^n}{n!}f^{(n)}(x)-\frac{(b-x)^{n+1}}{(n+1)!}A.$$

La constante A est définie en imposant que la fonction F est nulle en a.
On commence par calculer $F(b)$:

$$f(b)-f(b)-(b-b)f'(b)-\ldots-\frac{(b-b)^k}{k!}f^{(k)}(b)-\ldots-\frac{(b-b)^n}{n!}f^{(n)}(b)-\frac{(b-b)^{n+1}}{(n+1)!}A.$$

Cette quantité vaut 0. Donc $F(b) = 0$.
Ainsi, déjà, on peut dire que **l'assertion a) est fausse.**
On dérive maintenant F (on a le droit car $f^{(n)}$ est dérivable au moins une fois).

$$F'(x) = -f'(x) + f'(x) - (b-x)f''(x) + (b-x)f''(x) - \ldots$$

$$-\frac{(b-x)^{n-1}}{(n-1)!}f^{(n)}(x) + \frac{(b-x)^{n-1}}{(n-1)!}f^{(n)}(x) - \frac{(b-x)^n}{n!}f^{(n+1)}(x) + \frac{(b-x)^n}{n!}A.$$

Il reste : $F'(x) = \frac{(b-x)^n}{n!}\left[A - f^{(n+1)}(x)\right]$.
Comme $F'(x) \neq \frac{(b-x)^n}{n!}\left(A - f^{(n)}(x)\right)$, **l'assertion b) est fausse.**
D'après le théorème de Rolle, il existe $c \in]a, b[$ tel que $F'(c) = 0$.

Et **l'assertion c) est vraie**. Enfin, on ne peut affirmer ni infirmer s'il existe $c \in]a, b[$ tel que $F(c) = 0$.
On conclura que **l'assertion d) est fausse**.

Question 16 : Utilisons bien sûr ce qui précède. Comme il existe $c \in]a, b[$ tel que $F'(c) = 0$, on introduit ce c. Et :

$$F'(c) = 0 \Rightarrow \frac{(b-c)^n}{n!}\left[A - f^{(n+1)}(c)\right] + 0 \Rightarrow A = f^{(n+1)}(c),$$

car $b - c > 0$. Puis, on se rappelle que $F(a) = 0$ et donc :

$$0 = f(b) - f(a) - (b-a)f'(a) - ... - \frac{(b-a)^k}{k!}f^{(k)}(a) - ...$$

$$-... - \frac{(b-a)^n}{n!}f^{(n)}(a) - \frac{(b-a)^{n+1}}{(n+1)!}f^{(n+1)}(c).$$

Et donc $f(b)$ vaut :

$$f(a)+(b-a)f'(a)+...+\frac{(b-a)^k}{k!}f^{(k)}(a)+...+\frac{(b-a)^n}{n!}f^{(n)}(a)+\frac{(b-a)^{n+1}}{(n+1)!}f^{(n+1)}(c).$$

Les quatre assertions a), b), c) et d) sont fausses et **l'assertion e) est vraie**.

Remarque : le concepteur a t-il volontairement mis $(b-a)f(a)$ partout à la place de $(b-a)f'(a)$? Nul ne le saura. Si la coquille n'est pas volontaire, l'assertion aurait été juste.

Question 17 : Posons $a = x$ et $b = x + \lambda$ dans l'expression trouvée à la question 16. On peut écrire que :

$$f(x+\lambda) = f(x) + \sum_{k=1}^{n} \frac{\lambda^k}{k!} f^{(k)}(x) + \frac{\lambda^{n+1}}{(n+1)!} f^{(n+1)}(x+\theta\lambda),\ \theta \in]0,1[.$$

La quantité $k!$ n'apparaît dans aucune des quatre assertions.
Finalement, **les quatre assertions a), b) , c) et d) sont fausses**.
Et donc, on écrit que **l'assertion e) est vraie**.

Remarque : là aussi, il y a une coquille curieuse. Si l'oubli de $k!$ n'est pas volontaire, remplacer λ^k par $\frac{\lambda^k}{k!}$ partout rend l'assertion d) vraie.

Question 18 : On exprime le polynôme $P(x) = x^4 - x^3 - x^2 + 4x + 1$, en fonction de $X = x + 1$. Ce qui donne $x = X - 1$. Rapidement, en développant $(X-1)^2$, $(X-1)^3$ et $(X-1)^4$, $Q(X) = P(X-1) = X^4 - 5X^3 + 8X^2 - X - 2$. Il n'est donc pas nécessaire d'utiliser ce qui précède. Si l'on veut à tout prix le faire, on pose $\lambda = -1$, $f = P$ et comme $P^{(5)} = 0$, on prend $n = 4$. On a :

$$P(X-1) = P(X) + \sum_{k=1}^{4} \frac{(-1)^k}{k!} P^{(k)}(X) + 0.$$

Comme $P'(X) = 4X^3 - 3X^2 - 2X + 4$, $P''(X) = 12X^2 - 6X - 2$, $P^{(3)}(X) = 24X - 6$ et $P^{(4)}(X) = 24$,

$$P(X-1) = P(X) - P'(X) + \frac{1}{2}(12X^2 - 6X - 2) - \frac{1}{6}(24X - 6) + \frac{1}{24}24.$$

Ce qui redonne $P(X-1) = X^4 - 5X^3 + 8X^2 - X - 2$.
Donc **l'assertion c) est vraie** et **les assertions a), b) et d) sont fausses.**

Question 19 : On suppose maintenant que f est une fonction positive de classe $\mathcal{C}^2$ sur $\mathbf{R}$ et telle que sa dérivée seconde f'' soit bornée.
Pour tous x et λ éléments de $\mathbf{R}$, on peut écrire :

$$f(x+\lambda) = f(x) + \lambda f'(x) + \frac{\lambda^2}{2} f''(x+\theta\lambda), \text{ où } \theta \in]0,1[.$$

Donc **l'assertion a) est vraie** et **les assertions b), c) et d) sont fausses.**

Remarque : le fait que f est positive n'apporte rien à la question 19. Idem pour le fait que f'' soit bornée sur $\mathbf{R}$.

Question 20 : En utilisant la question précédente, on peut donc écrire que pour tous x et λ éléments de $\mathbf{R}$, on a :

$$f(x+\lambda) \leqslant f(x) + \lambda f'(x) + \frac{\lambda^2}{2} N_{\infty,\mathbf{R}}(f'')$$

car $f''(x+\theta\lambda)$ est majorée par $N_{\infty,\mathbf{R}}(f'')$.
Donc **l'assertion a) est vraie** et **les assertions b), c) et d) sont fausses.**

Question 21 : La quantité

$$\frac{\lambda^2}{2} N_{\infty,\mathbf{R}}(f'') + \lambda f'(x) + f(x)$$

majore $f(x+\lambda)$ qui est positive car f est une fonction positive sur $\mathbf{R}$.
Donc : $\frac{\lambda^2}{2} N_{\infty,\mathbf{R}}(f'') + \lambda f'(x) + f(x) \geqslant 0$.
Et **l'assertion a) est vraie, l'assertion b) est fausse.**

Pour x fixé, la quantité $\frac{\lambda^2}{2} N_{\infty,\mathbf{R}}(f'') + \lambda f'(x) + f(x)$ est un polynôme du second degré en λ (car la quantité $N_{\infty,\mathbf{R}}(f'')$ est non nulle) qui est toujours positif ou nul donc son discriminant $\Delta \leqslant 0$. On peut préciser :

$$\Delta = f'^2(x) - 4 \times \frac{N_{\infty,\mathbf{R}}(f'')}{2} \times f(x) \leqslant 0.$$

Donc $f'^2(x) \leqslant 2N_{\infty,\mathbf{R}}(f'')f(x)$. Et : $|f'(x)| \leqslant \left(2\, N_{\infty,\mathbf{R}}(f'').f(x)\right)^{1/2}$.
L'assertion c) est vraie et **l'assertion d) est fausse.**

Remarque : on reconnaît la démonstration de l'inégalité de Cauchy-Schwarz. Donc les démos de cours, elles peuvent être utiles !

Question 22 : On suppose que $N_{\infty,\mathbf{R}}(f'')$ est nulle, alors f'' est la fonction nulle et donc il existe $(a,b) \in \mathbf{R}^2$ tel que pour tout $x \in \mathbf{R}$, $f(x) = ax + b$.
L'assertion a) est vraie et **les assertions b), c) et d) sont fausses.**

Remarque : Certaines questions peuvent être beaucoup plus simples que d'autres. Autant ne pas les rater !

Question 23 : On pose $g(x) = \sqrt{f(x)}$ pour tout $x \in \mathbf{R}$. Comme f est positive, on remarque déjà que g est bien définie sur $\mathbf{R}$. Comme g est la composée de deux fonctions continues sur $\mathbf{R}$, g est continue sur $\mathbf{R}$. **L'assertion a) est vraie.**

Puis $g'(x) = \frac{f'(x)}{2\sqrt{f(x)}}$ convient si $f(x) > 0$, ce qui n'est pas certain.

Comme f est positive, $f(x) > 0 \Leftrightarrow f(x) \neq 0$.
Donc **l'assertion b) est fausse** et **l'assertion c) est vraie**.
Pour la dernière assertion, il faut réflechir. On peut trouver des exemples de fonctions f pour lesquelles g est dérivable sur **R** donc **l'assertion d) est fausse** (bien que l'on puisse trouver des exemples de fonctions f pour lesquelles g ne soit pas dérivable sur **R**!).

Remarque : Ceci dit, si vous doutez, passez votre chemin. Une réponse erronée peut enlever des points.

Question 24 : Si f est la fonction nulle (pourquoi pas!), alors pour tout $x \in R$, $f'(x) = 0$ et donc $f'(x_0) = 0$ aussi. On n'a pas $f'(x_0) > 0$.
Et **l'assertion a) est fausse**. *A fortiori*, **l'assertion b) est fausse**.
Puis comme $f'(x_0)$ est définie (au moins pour la fonction nulle), on peut conclure que **l'assertion d) est fausse**.
Si f n'est pas la fonction nulle, x_0 est nécessairement un minimun local et on a nécessairement $f'(x_0) = 0$. **L'assertion c) est vraie**.

Question 25 : On imagine que l'on suppose qu'il s'agit ici du x_0 de la question 24 (bien que cela ne soit pas précisé) et donc $f(x_0) = f'(x_0) = 0$. Donc d'après ce qui précède, pour tout x élément de **R**, $x \neq x_0$, il existe un réel c compris entre x_0 et x tel que :

$$f(x) = \frac{1}{2}(x - x_0)^2 f''(c).$$

Ainsi, **l'assertion a) et c) sont fausses** et **l'assertion b) est vraie**.
Puis $f(x) \geqslant 0$ ce qui signifie que $f''(c) \geqslant 0$. Donc **l'assertion d) est fausse**.

Question 26 : Si $f''(c) = 0$ alors dans un voisinage de x_0, $f(x) = 0$ et donc f'' est nulle dans un voisinage de x_0 et $f''(x_0) = 0$.
Si $f''(c) > 0$, comme f'' est continue, il existe un voisinage de x_0 dans lequel $f'' > 0$ et donc $f''(x_0) > 0$. Et donc $f''(x_0) \geqslant 0$.
On en déduit que **l'assertion a) est vraie** et que **l'assertion b) est fausse** car $f''(x_0) > 0$ n'entraîne pas $f''(x_0) \leqslant 0$.
Si $f''(x_0) > 0$ alors dans un certain voisinage de x_0, $f(x) > 0$. Donc $g(x) = \sqrt{f(x)}$ est dérivable dans ce voisinage et donc en x_0.
L'assertion d) est vraie et **l'assertion c) est fausse**.

Question 27 : On veut dans cette partie déterminer les coefficients d'un polynôme P de degré n à partir de ses racines $x_i \in$ **C**. On écrit le polynôme sous la forme :

$$P(x) = x^n + a_1 x^{n-1} + a_2 x^{n-2} + ... + a_{n-1} x + a_n,$$

où $x \in$ **C** et $a_i \in$ **R** pour $i \in [\![1, n]\!]$.

Remarque : avant de continuer, juste une remarque. Les questions qui vont suivre traitent des relations coefficients-racines d'un polynôme unitaire. Or le nouveau programme depuis 2014 a considérablement allégé cette partie du cours. Et bien évidemment, les nombreux exercices sur ce sujet ont pour la plupart disparus (il ne reste que les égalités donnant la somme et le produit des racines). Dans ce qui suit, on doit établir des relations impliquant les fonctions S_k, appelées fonctions de Newton. Ces relations faisaient souvent l'objet d'un beau devoir à la maison en Sup avant 2013. Mais à cette époque là, (pas si lointaine!), les élèves étaient bien mieux entraînés pour ce genre de question. De plus, on introduit $E(x)$ ici qui est une fraction rationnelle et idem, on manipule les fractions rationnelles beaucoup moins (à moins d'être dans la filière MP, ce qui n'est pas obligatoire pour l'épreuve commune. Bref, les candidats de 2015 ont dû souffrir. En plus comme on va le voir, certaines questions ou assertions manquent de précision. Reprenons le fil du sujet.

Pour $\lambda \in \mathbf{C}$, effectuons la division euclidienne de $P(x)$ par $x - \lambda$.
Alors $P(x) = (x-\lambda)Q(x)+P(\lambda)$, avec $Q \in \mathbf{C}_{n-1}[X]$ et le reste étant un polynôme de degré au plus 0, c'est une constante b_n qui vaut $P(\lambda)$.
Donc déjà, **l'assertion a) est fausse**.
Puis comme x_i est une racine de P,

$$P(x_i) = (x_i - \lambda)Q(x_i) + P(\lambda) = 0.$$

Si $\lambda = x_i$ alors on retrouve $0 = 0$. En effet si $\lambda = x_i$, b_n est nul.
Et **l'assertion b) est vraie**.
Comme l'on fait la division euclidienne dans $\mathbf{C}[X]$, $Q \in \mathbf{C}[X]$ et **l'assertion c) est fausse** car rien n'oblige que les coefficients b_k soient réels.
Enfin, comme $Q(x) = b_0x^{n-1} + b_1x^{n-2} + ... + b_{n-2}x + b_{n-1}$,

$$P(x) = (x - \lambda)\left(b_0x^{n-1} + b_1x^{n-2} + ... + b_{n-2}x + b_{n-1}\right) + b_n.$$

Si l'on applique à $x = 0$, $P(0) = -\lambda b_{n-1} + b_n = a_n$ et $b_n = a_n + \lambda b_{n-1}$.
Finalement, **l'assertion d) est fausse**.

Remarque : on a $b_0 = 1$.

<u>Question 28</u> : Pour commencer, le développement de $(x - \lambda)Q + b_n$ par P (en écrivant que $b_n = a_n + b_{n-1}\lambda$) s'écrit :

$$(x - \lambda)(x^{n-1} + b_1x^{n-2} + ... + b_{n-2}x + b_{n-1}) + a_n + b_{n-1}\lambda.$$

Et il est égal à $x^n + a_1x^{n-1} + ... + a_{n-1}x + a_n$.
En développant et en identifiant degré par degré, le terme devant x^{n-1} donne $b_1 - \lambda = a_1$, le terme devant x^{n-2} donne $b_2 - \lambda b_1 = a_2$, c'est-à-dire

$$b_2 = \lambda^2 + \lambda a_1 + a_2.$$

De façon générale, le terme devant x^{n-k} donne pour $k \in [\![1, n]\!]$:

$$b_k - \lambda b_{k-1} = a_k.$$

On peut commencer à faire du ménage. Si l'on applique la relation de l'assertion a) avec $k = 2$, on aurait : $b^2 = \lambda^2 - a_1\lambda + 1$, ce n'est pas la bonne relation.
Il est clair que **l'assertion a) est fausse**.
Si l'on applique la relation de l'assertion b) avec $k = 2$, on aurait alors :
$b^2 = a_2\lambda^2 - a_1\lambda + 1$, ce n'est pas la bonne relation.
Encore une fois, il est clair que **l'assertion b) est fausse**.
Quant à l'assertion c), elle fonctionne pour $k = 1$ et $k = 2$. On va faire une récurrence. L'initialisation est faite.
Passons à l'hérédité : on suppose c) vraie pour k donné et partons de :

$$b_{k+1} = a_{k+1} + \lambda b_k$$

et de la relation : $b_k = \lambda^k + a_1\lambda^{k-1} + ... + a_i\lambda^{k-i} + ... + a_{k-1}\lambda + a_k$.

En remplaçant, on a :

$$b_{k+1} = a_{k+1} + \lambda\left[\lambda^k + a_1\lambda^{k-1} + \ldots + a_k\right].$$

On a bien :

$$b_{k+1} = \lambda^{k+1} + a_1\lambda^k + \ldots + a_i\lambda^{k+1-i} + \ldots + a_k\lambda + a_{k+1}.$$

Et **l'assertion c) est vraie.**
Puis **l'assertion d) est fausse** car comme l'assertion c) est vraie, rien n'oblige à ce que a_k vaille 1.

Remarque : si l'on applique les différentes assertions de la question 28 avec $\lambda = x_i$, comme alors $b_n = 0$, seule l'assertion c) est cohérente car elle donne $b_n = P(x_i) = 0$. Les autres peuvent être ainsi éliminées d'office.

Question 29 : on demande ici d'utiliser le résultat précédent pour exprimer la somme :

$$E(x) = \sum_{i=1}^{n} \frac{P(x)}{x - x_i} = c_0x^{n-1} + c_1x^{n-2} + c_2x^{n-3} + \ldots + c_{n-2}x + c_{n-1}.$$

En fait, ce que l'on veut, c'est visiblement le coefficient c_k devant x^{n-k} de $E(x)$. On sait que $P(x) = Q_i(x)(x - x_i)$, (car $\lambda = x_i$ est une racine de P) avec :

$$Q_i(x) = x^{n-1} + b_1^{(i)}x^{n-2} + \ldots + b_{n-2}^{(i)}x + b_{n-1}^{(i)}.$$

En utilisant l'assertion c) de la question 28, on a pour tout $k \in [\![1, n]\!]$ la relation (R_i) :

$$b_k^{(i)} = x_i^k + a_1x_i^{k-1} + \ldots + a_jx_i^{k-j} + \ldots + a_{k-1}x_i + a_k.$$

Puis :

$$E(x) = \sum_{i=1}^{n} \frac{P(x)}{x - x_i} = \sum_{i=1}^{n} Q_i(x),$$

c'est-à-dire :

$$nx^{n-1} + \left(\sum_{i=1}^{n} b_1^{(i)}\right)x^{n-2} + \ldots + \left(\sum_{i=1}^{n} b_{n-2}^{(i)}\right)x + \left(\sum_{i=1}^{n} b_{n-1}^{(i)}\right).$$

Or cette dernière expression est identifiable à :

$$c_0x^{n-1} + c_1x^{n-2} + \ldots + c_{n-2}x + c_{n-1}.$$

Déjà, $c_0 = n$ et **l'assertion a) est fausse.**

En identifiant par le degré $n - k$: $c_k = \sum_{i=1}^{n} b_k^{(i)}$.

En utilisant (R_i) et avec les notations $S_j = \sum_{i=1}^{n} x_i^j$, on a :

$$c_k = S_k + a_1S_{k-1} + \ldots + a_{k-1}S_1 + na_k.$$

Cette relation est valable pour tout $k \in [\![1, n-1]\!]$.
On remarque qu'en posant $a_0 = 1$, on peut étendre à $k = 0$ car $c_0 = n$.
L'assertion b) est fausse à cause d'une parenthèse.
Puis, comme $c_k \neq na_k$ en général et que $c_k - na_k \neq a_{k-1}a_k$, on peut en déduire aussi que **les assertions c) et d) sont fausses**. Ici **l'assertion e) est vraie**.

<u>Question 30</u> : Comme $P(x) = \prod_{i=1}^{n}(x - x_i)$, alors $P'(x) = \sum_{i=1}^{n} \prod_{j=1, j\neq i}^{n} (x - x_i)$ et :

$$P'(x) = \sum_{i=1}^{n} \frac{P(x)}{x - x_i}.$$

On retrouve $E(x)$. Ici :

$$E(x) = P'(x) = nx^{n-1} + (n-1)a_1x^{n-2} + ... + 2a_{n-2}x + a_{n-1}.$$

Cela signifie que pour tout $k \in [\![1, n-1]\!]$: $c_k = (n-k)a_k$.
En utilisant maintenant la relation entre c_k et les S_j, trouvée à la question 29 :

$$S_k + a_1S_{k-1} + ... + a_{k-1}S_1 + na_k - na_k + ka_k = 0.$$

On trouve la relation de l'assertion d), **l'assertion d) est vraie**.
Si l'on applique pour $k = 1$, $c_1 = (n-1)a_1 = na_1 - a_1 = S_1 + na_1$ et on a bien la relation $S_1 + a_1 = 0$. **L'assertion a) est vraie**.
Il est clair que **les assertions b) et c) sont fausses**.

<u>Question 31</u> : En complétant les résultats précédents avec la relation obtenue en calculant $\sum_{i=1}^{n} P(x_i)$, on obtient :

$$0 = S_n + a_1S_{n-1} + ... + a_{n-1}S_1 + na_n = 0.$$

On a ainsi n relations permettant la détermination de tous les coefficients de $P(x)$.
On veut maintenant déterminer le polynôme $P(x)$ pour lequel on aurait obtenu :

$$S_1 = 2,\ S_2 = -4,\ S_3 = 8 \text{ et } S_4 = 48.$$

On a le système :

$$\left\{\begin{array}{rcl} S_1 + a_1 & = & 0 \\ S_2 + a_1S_1 + 2a_2 & = & 0 \\ S_3 + a_1S_2 + a_2S_1 + 3a_3 & = & 0 \\ S_4 + a_1S_3 + a_2S_2 + a_3S_1 + 4a_4 & = & 0 \end{array}\right..$$

Puis, en utilisant les données, on a :

$$\left\{\begin{array}{rcl} 2 + a_1 & = & 0 \\ -4 + 2a_1 + 2a_2 & = & 0 \\ 8 - 4a_1 + 2a_2 + 3a_3 & = & 0 \\ 48 + 8a_1 - 4a_2 + 2a_3 + 4a_4 & = & 0 \end{array}\right..$$

Il reste : $a_1 = -2$, $a_2 = 4$, $a_3 = -8$ et $a_4 = 0$.

$$P(x) = x^4 - 2x^3 + 4x^2 - 8x.$$

Ainsi, **l'assertion c) est vraie** et **les assertions a), b) et d) sont fausses.**

Question 32 : Soit une matrice $A \in \mathcal{M}_n(\mathbf{R})$ avec $A = (a_{i,j})$, où i et j sont dans $[\![1, n]\!]$. On rappelle que la trace de A est définie par $Tr(A) = \sum_{i=1}^{n} a_{i,i}$. On note $\chi_A(\lambda) = \mathsf{Det}\,(\lambda_I - A)$ le polynôme caractéristique de A et par $\lambda_i \in \mathbf{C}$ l'ensemble des valeurs propres de A. On définit cette fois les termes S_k par $S_k = \sum_{i=1}^{n}(\lambda_i)^k$ avec $k \in [\![1, n]\!]$. Soit enfin $T \in \mathcal{M}_n(\mathbf{R})$ une matrice triangulaire supérieure semblable à A. Les éléments de la diagonale principale de T sont $t_{1,1}, ..., t_{n,n}$. La matrice $\lambda I - T$ est aussi triangulaire supérieure et sa diagonale principale est composée des coefficients $\lambda - t_{1,1}, ..., \lambda - t_{n,n}$. Alors :

$$\chi_T(\lambda) = \prod_{i=1}^{n}(\lambda - t_{ii}).$$

Et **l'assertion a) est vraie.**

Puis on sait que A et T sont semblables, donc il existe $P \in GL_n(\mathbf{R})$ telle que $T = P^{-1}AP$. Et pour tout $k \in \mathbf{N}$, $T^k = P^{-1}A^kP$. Donc :

$$Tr(T^k) = Tr\left(P^{-1}A^kP\right) = Tr\left(PP^{-1}A^k\right) = Tr(A^k).$$

On a montré que deux matrices semblables ont même trace (je sais c'est un résultat du cours mais c'est toujours sympa de savoir le remontrer).

Donc **l'assertion b) est fausse** car k peut être impair et la formule proposée est alors fausse.

On remarque maintenant que $(\lambda_1, ..., \lambda_n)$ forme la diagonale principale de T, (ce sont aussi alors nécessairement les valeurs propres de A car T est triangulaire supérieure et semblable à A), on sait que A^k est semblable à T^k de diagonale $\lambda_1^k, ..., \lambda_n^k$. Comme $Tr(A^k) = Tr(T^k)$, $S_k = Tr(A^k)$. **L'assertion c) est vraie.**

Enfin, $\chi_T(\lambda)$ est toujours scindé dans $\mathbf{C}$ mais pas dans $\mathbf{R}$. Ce qui fait que l'on aurait dû prendre $T \in \mathcal{M}_n(\mathbf{C})$ (voir remarque). Maintenant, on impose à T d'appartenir à $\mathcal{M}_n(\mathbf{R})$ et d'"être triangulaire supérieure. Donc $\chi_T(\lambda)$ est bien scindé dans $\mathbf{R}$. C'est le « toujours » qui est curieux.

Donc dans le doute, on dit que **l'assertion d) est fausse.**

Remarque : 1) le sujet était truffé d'erreurs ou d'incorrections. Ainsi, on définissait $\chi_A(\lambda) = \mathsf{Det}\,(A - \lambda I)$ au début de la partie III et ensuite à la question 33, $\chi_A(\lambda)$ vaut $\mathsf{Det}\,(\lambda I - A)$ qui est la définition officielle du polynôme caractéristique depuis 2014. Pour finir d'embrouiller, c'est cette définition correcte qui est visiblement utilisée à la question 35. Voir plus loin. L'idée est qu'un polynôme caractéristique est unitaire par définition (son coefficient de degré n est 1.) Nous avons rectifié le sujet en y mettant la définition correcte dès le début de la partie III et cela pour ne pas vous perturber dans votre préparation.

2) Par ailleurs, au début de la question 32, on parle de $T \in \mathcal{M}_n(\mathbf{R})$ triangulaire supérieure semblable à A, c'est une hypothèse dans ce cas car si l'on avait écrit que $T \in \mathcal{M}_n(\mathbf{C})$, cela aurait été vrai. Est ce voulu par le concepteur ?

Question 33 : Attention, ici, comme nous avons rectifié la définition de χ_A, **l'assertion a) est fausse** immédiatement et **l'assertion b) est vraie.**

(Si n est pair, les deux définitions du polynôme caractéristique sont identiques.) D'après le cours, on sait que les valeurs propres sont les racines du polynôme caractéristique et donc :

$$P(\lambda_i) = 0, \forall i \in [\![1, n]\!].$$

Par voie de conséquence, **l'assertion c) est vraie** et **l'assertion d) est fausse**.

Question 34 : On veut maintenant déterminer le polynôme caractéristique de $B = \begin{pmatrix} 0 & 2 & 0 & 0 \\ 1 & 0 & -1 & 0 \\ 0 & 2 & 0 & 0 \\ 0 & 0 & 0 & 2 \end{pmatrix}$. Pour cela, on commence à calculer S_3 et S_4.

L'idée est de calculer B^2, B^3 et B^4.

$$B^2 = \begin{pmatrix} 2 & 0 & -2 & 0 \\ 0 & 0 & 0 & 0 \\ 2 & 0 & -2 & 0 \\ 0 & 0 & 0 & 4 \end{pmatrix}, B^3 = \begin{pmatrix} 0 & 0 & 0 & 0 \\ 0 & 0 & 0 & 0 \\ 0 & 0 & 0 & 0 \\ 0 & 0 & 0 & 8 \end{pmatrix}.$$

Et enfin : $B^4 = \begin{pmatrix} 0 & 0 & 0 & 0 \\ 0 & 0 & 0 & 0 \\ 0 & 0 & 0 & 0 \\ 0 & 0 & 0 & 16 \end{pmatrix}$. Les matrices B^3 et B^4 sont de rang 1 et sont diagonales donc diagonalisables.

Si $\lambda_1, ..., \lambda_4$ sont les valeurs propres de B, celles de B^3 sont $\lambda_1^3, ..., \lambda_4^3$ et celles de B^4 sont $\lambda_1^4, ..., \lambda_4^4$. Donc :

$$S_3 = \sum_{i=1}^{4} (\lambda_i)^3 = Tr(B^3) = 8 \text{ et } S_4 = \sum_{i=1}^{4} (\lambda_i)^4 = Tr(B^4) = 16.$$

Les quatre assertions a), b), c) et d) sont fausses et **l'assertion e) est vraie**.

Remarque : on peut avoir des idées rien qu'en regardant la matrice B. On commence par remarquer que $Tr(B) = 2$. De plus, les colonnes C_1 et C_3 de B sont opposées donc $\operatorname{Rg} B \leqslant 3$. Donc 0 est nécessairement une valeur propre. On voit rapidement que le rang de B est exactement 3 puis enfin, vue la colonne C_4, 2 est valeur propre. Donc $X(X-2)$ divise le polynôme caractéristique. Et donc χ_B est de la forme $(X^2 - 2X)(X^2 + aX + b) = X^4 + (a-2)X + (b-2a)X^2 - 2bX$.

Question 35 : Si l'on utilise la remarque précédente, il est déjà clair que l'on peut conclure que **les assertions a) et d) sont fausses**.

Puis la trace est la somme des valeurs propres, donc c'est S_1 et vaut donc 2. Comme on sait que le coefficient devant X^3 (qui est le a_1 des questions 27 à 31) est $-S_1 = -2$, χ_B est de la forme : $X^4 - 2X^3 + bX^2 - 2bX$.

Ainsi, **l'assertion b) est fausse**.

Il reste l'assertion c). Aidons nous de plus haut :

$$\left\{ \begin{array}{rcl} S_1 + a_1 & = & 0 \\ S_2 + a_1 S_1 + 2a_2 & = & 0 \\ S_3 + a_1 S_2 + a_2 S_1 + 3a_3 & = & 0 \\ S_4 + a_1 S_3 + a_2 S_2 + a_3 S_1 + 4a_4 & = & 0 \end{array} \right. .$$

On sait que $S_1 = 2$, $S_3 = 8$ et $S_4 = 16$.
Puis comme B^2 a pour trace 4, c'est S_2. Il reste :

$$\left\{\begin{array}{rcl} 2 + a_1 & = & 0 \\ 4 + 2a_1 + 2a_2 & = & 0 \\ 8 + 4a_1 + 2a_2 + 3a_3 & = & 0 \\ 16 + 8a_1 + 4a_2 + 2a_3 + 4a_4 & = & 0 \end{array}\right. .$$

Cela donne $a_1 = -2$, $a_2 = 0$, $a_3 = 0$ et $a_4 = 0$. Donc : $\chi_B(X) = X^4 - 2X^3$.
Finalement, **l'assertion c) est fausse** et **l'assertion e) est vraie**.

Question 36 : On suppose maintenant que pour tout $i \neq j$, alors $\lambda_i \neq \lambda_j$, où i et j sont dans $[\![1, n]\!]$, Et on se propose de déterminer un vecteur propre X_i associé à un λ_i donné.
Pour cela, on se donne un vecteur non nul $u_0 \in \mathbf{R}^n$ *a priori* arbitraire et on génère la suite de vecteurs u_k par la relation de récurrence $u_k = Au_{k-1}$ où $k \in [\![1, n-1]\!]$.
L'assertion « les vecteurs X_i ne forment pas une base » est très imprécise. On ne sait pas si λ_i est réel. Parle-t-on de base de $\mathbf{R}^n$ ou de base de l'espace vectoriel engendré par les (X_i) ? En effet, A n'est peut-être pas diagonalisable dans $\mathcal{M}_n(\mathbf{R})$.
Comme les n valeurs propres sont distinctes, la famille $(X_1, ..., X_n)$ est libre et est une base au moins de $\mathbf{C}^n$.
On va tenter le coup et conclure que **l'assertion a) est fausse**.
« $\forall j \neq i$, alors X_j est orthogonal à X_i » ? Si A est symétrique réelle, en effet, comme X_i et X_j ne sont pas associés à la même valeur propre, X_j est orthogonal à X_i. Mais malheureusement dans le cas général, on n'en sait rien.
Conclusion : **l'assertion b) est fausse**.
Il existe en effet une matrice diagonale D telle que $D = P^{-1}AP$ car les n valeurs propres sont distinctes. Mais attention, $D \in \mathcal{M}_n(\mathbf{C})$ et $P \in GL_n(\mathbf{C})$. On aurait dû le préciser dans l'énoncé.
On écrit quand même que **l'assertion c) est vraie**.
La matrice D admet bien entendu les mêmes vecteurs propres que A.
Et donc **l'assertion d) est vraie**.

Question 37 : À chaque λ_i, on associe (avec toujours $\chi_A(\lambda) = \mathrm{Det}\,(\lambda I - A)$) : d'une part, le polynôme :

$$\phi_i(\lambda) = \frac{\chi_A(\lambda)}{\lambda - \lambda_i} = \lambda^{n-1} + (d_i)_1\lambda^{n-2} + (d_i)_2\lambda^{n-3} + ... + (d_i)_{n-1}.$$

Et d'autre part la somme vectorielle :

$$Y_i = u_{n-1} + (d_i)_1u_{n-2} + (d_i)_2u_{n-3} + ... + (d_i)_{n-1}u_0.$$

D'après le développement de la question 30, on sait que $\displaystyle\sum_{j=1}^{n} \phi_j(\lambda) = \chi'_A(\lambda)$.

Or si $j \neq i$, $\phi_j(\lambda_i) = \dfrac{\chi_A(\lambda_i)}{\lambda_i - \lambda_j} = 0$ car $\chi_A(\lambda_i) = 0$.

En conclusion, $\displaystyle\sum_{j=1}^{n} \phi_j(\lambda_i) = \phi_i(\lambda_i) = \chi'_A(\lambda_i)$.

Donc **l'assertion a) est vraie** et **l'assertion b) est fausse** d'après ce que l'on vient d'écrire.

Remarque : par contre, comme λ_i est une racine simple de χ_A, $\chi'_A(\lambda_i) \neq 0$ pour tout i. Donc : $\phi_i(\lambda_i) \neq 0$ pour tout i.

Supposons que $(d_i)_{n-1} = 0$. Pour commencer, on a oublié de préciser pour tout i variant de 1 à n.
De plus, on suppose que : $\chi_A(\lambda) = \lambda^n + a_1\lambda^{n-1} + ... + a_{n-1}\lambda + a_n$.
Et donc : $\chi'_A(\lambda) = n\lambda^{n-1} + a_1(n-1)\lambda^{n-2} + ... + a_{n-1}$.
On a supposé que les coefficients de χ_A étaient les mêmes que ceux de P de la question 27. Cela aussi ce n'était pas précisé.

Puis on utilise encore une fois : $\displaystyle\sum_{j=1}^{n} \phi_j(\lambda) = \chi'_A(\lambda)$.

Comme $\displaystyle\sum_{j=1}^{n}(d_j)_{n-1} = 0$, $a_{n-1} = 0$. **L'assertion c) est fausse.**

De même, le fait que tous les $(d_i)_{n-1}$ ne soient pas nuls n'apporte rien. La somme $\displaystyle\sum_{j=1}^{n}(d_j)_{n-1}$ peut d'ailleurs être nulle. **L'assertion d) est fausse.**

Question 38 : On se propose ici d'écrire le vecteur u_0 sous la forme :

$$u_0 = \mu_1 X_1 + \mu_2 X_2 + ... + \mu_n X_n.$$

Déjà, comme $(X_1, ..., X_n)$ est une base de $\mathbf{K}^n$, (avec $\mathbf{K} = \mathbf{R}$ si A est diagonalisable dans $\mathcal{M}_n(\mathbf{R})$), alors u_0 se décompose de façon unique dans cette base.
Les assertions a) et b) sont fausses. Pour l'assertion b), on est quand même moins convaincu car si l'on impose aux X_i d'être dans $\mathbf{R}^n$, la décomposition peut ne pas exister car deux des λ_i peuvent être complexes conjugués.
Supposons donc que la décomposition existe et est unique.
Alors : $u_1 = Au_0 = \mu_1 AX_1 + \mu_2 AX_2 + ... + \mu_n AX_n$.
Cela donne : $u_1 = \mu_1\lambda_1 X_1 + ... + \mu_n\lambda_n X_n$.
De façon générale, $\forall k \in \mathbf{N}, u_k = \mu_1(\lambda_1)^k X_1 + ... + \mu_n(\lambda_n)^k X_n$.
On a la réponse : on peut exprimer u_k en fonction des coefficients de u_0.
L'assertion c) est vraie et **l'assertion d) est fausse.**

Question 39 : On calcule la somme vectorielle Y_i pour un λ_i donné. On rappelle que pour tout entier i entre 1 et n :

$$Y_i = u_{n-1} + (d_i)_1 u_{n-2} + (d_i)_2 u_{n-3} + ... + (d_i)_{n-1} u_0.$$

On sait que $u_k = \displaystyle\sum_{j=1}^{n}(\lambda_j)^k \mu_j X^j$. Donc pour i fixé :

$$Y_i = \sum_{j=1}^{n}(\lambda_j)^{n-1}\mu_j X^j + \left[\sum_{j=1}^{n}(\lambda_j)^{n-2}\mu_j X^j\right](d_i)_1 + ... + \left[\sum_{j=1}^{n}\mu_j X^j\right](d_i)_{n-1}.$$

En regroupant selon les X_j, on remarque que dans Y_i, le terme devant X_1 est :

$$\left[\lambda_1^{n-1} + (\lambda_1)^{n-1}(d_i)_1 + ... + (d_i)_{n-1}\right]\mu_1.$$

Ainsi de suite jusqu'au terme devant X_n :

$$\left[\lambda_n^{n-1} + (\lambda_n)^{n-1}(d_i)_1 + ... + (d_i)_{n-1}\right]\mu_n.$$

Ainsi :

$$Y_i = \sum_{j=1}^{n} \phi_i(\lambda_j)\mu_j X_j.$$

Comme $\phi_i(\lambda_j) = 0$ si $j \neq i$, il reste : $Y_i = \phi_i(\lambda_i)\mu_i X_i$.
On sait que $\phi_i(\lambda_i)$ est non nul et si μ_i est aussi non nul, la quantité $\phi_i(\lambda_i)\mu_i$ est non nulle. Alors Y_i est bien non nul et colinéaire à X_i donc appartient au sous-espace propre associé à λ_i. C'est un vecteur propre associé à λ_i.
Il en découle que **l'assertion a) est vraie**.
Comme Y_i est colinéaire à X_i (et non nul si $\mu_i \neq 0$), Y_i n'est pas un vecteur orthogonal à X_i en général. Alors **l'assertion b) est fausse**.
Si $\mu_i = 0$ alors $Y_i = 0$. De plus, u_0 est une combinaison linéaire des $n-1$ vecteurs $X_1, ..., X_{i-1}, X_{i+1}, ..., X_n$. Si A est symétrique réelle, u_0 est alors orthogonal à X_i car les sous-espaces propres sont deux à deux orthogonaux. Si par contre, A n'est pas symétrique réele, on ne peut strictement rien dire.
L'assertion c) est fausse par conséquent.
Puis **l'assertion d) est fausse** car rien n'interdit à u_0 d'être orthogonal à X_i (cas où A est symétrique réelle).

Question 40 : Soit une matrice $C \in \mathcal{M}_3(\mathbf{R})$ de polynôme caractéristique $\chi_C(\lambda) = \lambda^3 + \lambda^2 - 10\lambda + 8$ dont l'une des racines est $\lambda = 1$.
Rapidement, on factorise $\chi_C(\lambda)$ par λ et $\chi_C(\lambda) = (\lambda - 1)(\lambda - 2)(\lambda + 4)$.
Appelons X_1 un vecteur propre associé à $\lambda_1 = 1$, X_2 un vecteur propre associé à $\lambda_2 = 2$ et X_3 un vecteur propre associé à $\lambda_3 = -4$. Donc le vecteur propre associé à la valeur propre de plus grand module est : X_3. Partons de $u_0 = (1, 0, 0)$, $u_1 = (0, 3, -2)$ et $u_2 = (8, -6, 4)$. On a le système :

$$\begin{cases} u_0 &= \mu_1 X_1 + \mu_2 X_2 + \mu_3 X_3 \\ u_1 &= \mu_1\lambda_1 X_1 + \mu_2\lambda_2 X_2 + \mu_3\lambda_3 X_3 \\ u_2 &= \mu_1\lambda_1^2 X_1 + \mu_2\lambda_2^2 X_2 + \mu_3\lambda_3^2 X_3 \end{cases}$$

Cela donne :

$$\begin{cases} (1,0,0) &= \mu_1 X_1 + \mu_2 X_2 + \mu_3 X_3 \\ (0,3,-2) &= \mu_1 X_1 + 2\mu_2 X_2 - 4\mu_3 X_3 \\ (8,-6,4) &= \mu_1 X_1 + 4\mu_2 X_2 + 16\mu_3 X_3 \end{cases}$$

On a un système de trois équations à trois inconnues. On trouve rapidement :

$$\mu_3 X_3 = \left(\frac{1}{3}, -\frac{1}{2}, \frac{1}{3}\right).$$

Ce vecteur est colinéaire à $(10, -15, 10)$. Donc **l'assertion c) est vraie**.
Les assertions a), b) et d) sont fausses car aucun des vecteurs $(1, 1, 0)$, $(-1, 10, -4)$ et $(1, -8, 8)$ n'est colinéaire à $\mu_3 X_3$ trouvé.

CONCOURS ICNA
Epreuve facultative
SESSION 2015

Questions liées : *Questions 1 à 13, questions 14 à 22, questions 23 à 33, questions 34 à 40*

ENONCE

PARTIE I

Question 01 : On a, pour une série de réels :

a) une série convergente est absolument convergente.

b) une série divergente est absolument divergente.

c) une série absolument convergente est convergente.

d) une série absolument divergente est divergente.

Question 02 : On a, pour une série de fonctions définies sur un intervalle I et à valeurs dans $\mathbf{R}$:

a) la convergence uniforme sur I entraîne la convergence normale sur I.

b) la convergence uniforme sur I entraîne la convergence absolue en tout point de I.

c) la convergence absolue en tout point de I entraîne la convergence uniforme sur I.

d) pour établir que la série ne converge pas normalement sur I, il est nécessaire d'établir la non convergence uniforme sur I.

On pose pour x réel et n entier naturel, $u_n(x) = \dfrac{(-1)^n}{(2n+1)^x}$ ***et lorsque cette série converge, on note f sa somme :*** $f(x) = \sum_{n=0}^{+\infty} u_n(x)$.

Question 03 : On a :

a) si $x \leqslant 0$, la série $\sum_{n \geqslant 0} u_n(x)$ diverge grossièrement puisque $(u_n(x))_n$ ne converge pas vers 0.

b) si $x \leqslant 0$, la série $\sum_{n \geqslant 0} u_n(x)$ ne diverge pas grossièrement.

c) si $0 < x \leqslant 1$, la série $\sum_{n \geqslant 0} |u_n(x)|$ diverge.

d) si $0 < x \leqslant 1$, la série $\sum_{n \geqslant 0} u_n(x)$ diverge.

Question 04 : On a :

a) la série de fonctions $\sum_{n \geqslant 0} u_n$ est absolument convergente pour $x \in]0, +\infty[$.

b) la série de fonctions $\sum_{n \geqslant 0} u_n$ est absolument convergente pour $x \in]1, +\infty[$.

c) l'ensemble de définition de la fonction f est $]0, +\infty[$.

d) l'ensemble de définition de la fonction f est $]1, +\infty[$.

Question 05 : On a :

a) pour tout $x \in]0, +\infty[$, $f(x) \geqslant 0$.

b) pour tout $x \in]0, +\infty[$, $f(x) \leqslant 0$.

c) la fonction f ne garde pas un signe constant sur $]0, +\infty[$.

d) pour tout $x \in]0, +\infty[$, $f(x) \leqslant 1$.

Question 06 : La série de fonctions $x \mapsto \sum_{n \geqslant 0} u_n(x)$

a) converge uniformément sur $]0, +\infty[$. **b)** converge normalement sur $]0, +\infty[$.

c) converge uniformément sur $]1, +\infty[$.

d) converge normalement sur tout compact inclus dans $]1, +\infty[$.

Question 07 : On a :

a) une série de fonctions qui est uniformément convergente sur tout segment inclus dans $]0, +\infty[$ n'est pas nécessairement uniformément convergente sur cet intervalle.

b) si $\sum_{n \geqslant 0} v_n$ est une série de réels convergente, on peut toujours écrire :

$$\left| \sum_{k=0}^{+\infty} v_k \right| \leqslant \sum_{k=0}^{+\infty} |v_k|.$$

c) si $\sum_{n \geqslant 0} v_n$ est une série de réels convergente, on peut toujours écrire, pour $n \in \mathbf{N}$,

$$\left| \sum_{k=n+1}^{+\infty} v_k \right| \leqslant \sum_{k=n+1}^{+\infty} |v_k|.$$

d) si $\sum_{n \geqslant 0} v_n$ est une série de réels convergente, on peut toujours écrire, pour $n \in \mathbf{N}$,

$$\left| \sum_{k=n+1}^{+\infty} v_k \right| \leqslant v_{n+1}.$$

Question 08 : Soit $[a,b] \subset]0,+\infty[$. On a pour tout $x \in [a,b]$,

a) $|R_n(x)| = \left|\sum_{k=n+1}^{+\infty} u_k(x)\right| \leqslant \frac{1}{(2n+3)^x}$ **b)** $|R_n(x)| = \left|\sum_{k=n+1}^{+\infty} u_k(x)\right| \leqslant \frac{1}{(2n+3)^a}$

c) $|R_n(x)| = \left|\sum_{k=n+1}^{+\infty} u_k(x)\right| \leqslant \frac{1}{(2n+3)^b}$ **d)** $|R_n(x)| = \left|\sum_{k=n+1}^{+\infty} u_k(x)\right| \leqslant \frac{(-1)^n}{(2n+3)^x}$

Question 09 : On a :

a) si $x \in [a,b]$, puisque $\lim\limits_{x \to +\infty} \frac{1}{(2n+3)^x} = 0$, la suite des restes (R_n) (où $R_n(x) = \sum_{k=n+1}^{+\infty} u_k(x)$) converge uniformément vers la fonction nulle sur $[a,b]$ et donc la série de fonctions $\sum_{n \geqslant 0} u_n$ est uniformément convergente sur $[a,b]$.

b) la fonction f n'est continue que sur $]1,+\infty[$.

c) $\lim\limits_{x \to +\infty} \frac{1}{(2n+3)^x} = 0$ donc $\lim\limits_{x \to +\infty} f(x) = 0$. **d)** $\lim\limits_{x \to +\infty} f(x) = 1$.

Question 10 : On note $I =]1,+\infty[$ et on a :

a) les fonctions $x \mapsto u_n(x)$ sont dérivables sur $I =]1,+\infty[$ et pour $x \in I$, on a l'égalité $u_n'(x) = \frac{(-1)^{n+1}x}{(2n+1)^{x+1}}$.

b) la série de fonctions $x \mapsto \sum_{n \geqslant 0} u_n'(x)$ converge normalement sur tout segment inclus dans I.

c) la série de fonctions $x \mapsto \sum_{n \geqslant 0} u_n'(x)$ converge normalement sur I.

d) Par le théorème de dérivation terme à terme d'une série de fonctions, la fonction f est dérivable sur I et pour tout $x \in I$,

$$f'(x) = \sum_{n=0}^{+\infty} u_n'(x) = \sum_{n=0}^{+\infty} \frac{(-1)^{n+1}}{(2n+1)^x} \ln(2n+1).$$

Question 11 : On a :

a) $f(1) = \sum_{n=0}^{+\infty} \frac{(-1)^n}{2n+1} = \sum_{n=0}^{+\infty} (-1)^n \int_0^1 t^{2n}\, dt$.

b) la série de fonctions $t \mapsto \sum_{n \geqslant 0} (-1)^n t^{2n}$ converge uniformément sur $[0,1]$.

c) la série $\sum_{n \geqslant 0} \int_0^1 \left|(-1)^n t^{2n}\right| dt$ converge .

d) on peut appliquer un théorème d'intégration terme à terme pour intervertir $\sum_{n=0}^{+\infty}$ et $\int_0^1$.

Question 12 : On pose $S_N = \sum_{n=0}^{N} \int_0^1 (-1)^n t^{2n}\, dt$. On a :

a) $S_N = 1 + J_N$, où $J_N = \int_0^1 \frac{(-t^2)^{N+1}}{1+t^2}\, dt$.

b) $S_N = \frac{\pi}{4} + J_N$, où $J_N = \int_0^1 \frac{1}{1+t^2}\, dt$.

c) $f(1) = \frac{\pi}{4}$. **d)** $f(1) = 1$.

Question 13 : Pour tout $x \in]-1,1[$, $\arctan x$ est égal à

a) $\sum_{n=0}^{+\infty} \frac{(-1)^n}{(2n+1)^x}$. **b)** $\sum_{n=0}^{+\infty} \frac{x^{2n+1}}{2n+1}$.

c) $\sum_{n=0}^{+\infty} \frac{(-1)^n x^{2n+1}}{2n+1}$. **d)** $\sum_{n=0}^{+\infty} \frac{(-1)^n x^n}{2n+1}$.

PARTIE II

On note F l'ensemble des applications dérivables f de $]0,+\infty[$ dans $\mathbf{R}$ vérifiant :

$$\forall x \in]0,+\infty[,\ f'(x) = f(\sqrt{x}).$$

On note G l'ensemble des applications dérivables g de $\mathbf{R}$ dans $\mathbf{R}$ vérifiant :

$$\forall t \in \mathbf{R},\ g'(t) = e^t\, g\left(t/2\right).$$

Question 14 : On a :

a) F et G ne sont pas des $\mathbf{R}$-espaces vectoriels pour les opérations usuelles.

b) si $f \in F$, $t \mapsto f\left(e^{\frac{t}{2}}\right)$ est élément de G.

c) si $f \in F$, $t \mapsto f\left(e^t\right)$ est élément de G.

d) soit $g \in G$, si l'on pose pour tout $x \in]0,+\infty[$, $f(x) = g(\ln x)$, alors $f \in F$.

Question 15 : Soit Ψ l'application de F dans G qui, à toute application f de F, associe l'application g de G définie par : $\forall t \in \mathbf{R}$, $g(t) = f(e^t)$.

a) Ψ est linéaire. **b)** $\mathrm{Ker}\,\Psi = \{0\}$ et Ψ est injective.

c) Ψ est un isomorphisme car endomorphisme injectif en dimension finie.

d) Ψ n'est pas surjective.

Question 16 : On sait que

a) le produit de Cauchy de deux séries convergentes est une série convergente.

b) le produit de Cauchy de deux séries absolument convergentes est une série absolument convergente.

c) si $\sum_{n\geqslant 0} a_n x^n$ et $\sum_{n\geqslant 0} b_n x^n$ sont deux séries entières de rayon respectivement R_a et R_b, et si l'on pose pour tout n entier naturel, $c_n = \sum_{k=0}^{n} a_k b_{n-k}$, le rayon de la série produit $\sum_{n\geqslant 0} c_n x^n$ est $R = \min(R_a, R_b)$.

d) si $\sum_{n\geqslant 0} a_n x^n$ et $\sum_{n\geqslant 0} b_n x^n$ sont deux séries entières de rayon respectivement R_a et R_b, et si l'on pose pour tout n entier naturel, $c_n = \sum_{k=0}^{n} a_k b_{n-k}$, le rayon R de la série produit $\sum_{n\geqslant 0} c_n x^n$ vérifie $R \leqslant \min(R_a, R_b)$.

Question 17 : Supposons qu'il existe une série entière de la variable réelle $\sum_{n\geqslant 0} a_n t^n$ de rayon de convergence infini, avec $a_0 = 1$, dont la somme est élément de G. On a pour tout $n \geqslant 1$:

a) $\displaystyle\sum_{k=0}^{n-1} \frac{a_k}{2^k} \frac{1}{(n-1-k)!} = n a_n$. **b)** $\displaystyle\sum_{k=0}^{n-1} \frac{a_k}{2^k} \frac{1}{(n-1-k)!} = a_n$.

c) $\displaystyle\sum_{k=0}^{n-1} \frac{a_k}{(n-1-k)!} = a_n$. **d)** $\displaystyle\sum_{k=0}^{n-1} \frac{a_k}{2^k} \frac{1}{(n-1-k)!} = a_n$.

Question 18 : On a, pour tout $n \in \mathbf{N}$:

a) $|a_n| \leqslant \dfrac{2^n}{n!}$. **b)** $|a_n| \leqslant \dfrac{1}{n!}$. **c)** $|a_n| \leqslant \dfrac{2^n}{n}$. **d)** $|a_n| \leqslant \dfrac{n!}{2^n}$.

Question 19 : Soit g élément de G, alors on a :

a) g est de classe $\mathcal{C}^\infty$ sur $\mathbf{R}$.

b) g est uniquement de classe $\mathcal{C}^1$ sur $\mathbf{R}$.

Et la formule de Leibniz pour $n \geqslant 1$ donne :

c) $\displaystyle\forall t \in \mathbf{R},\ g^{(n)}(t) = \sum_{i=0}^{n-1} \binom{i}{n-1} e^t\, g^{(i)}\left(\frac{t}{2}\right)$.

d) $\displaystyle\forall t \in \mathbf{R},\ g^{(n)}(t) = \sum_{i=0}^{n-1} \binom{i}{n-1} e^t\, \frac{1}{2^i}\, g^{(i)}\left(\frac{t}{2}\right)$.

Question 20 : Soit $A \geqslant 1$ et $M = \max_{t\in[-A,A]} |g(t)|$, on a :

a) $\forall t \in [-A, A],\ \forall n \in \mathbf{N},\ |g^{(n)}(t)| \leqslant M$.

b) $\forall t \in [-A, A],\ \forall n \in \mathbf{N},\ |g^{(n)}(t)| \leqslant M\, e^{nA}$.

c) $\forall t \in [-A, A],\ \forall n \in \mathbf{N},\ |g^{(n)}(t)| \leqslant M\, e^{A}$.

d) $\forall t \in [-A, A],\ \forall n \in \mathbf{N},\ |g^{(n)}(t)| \leqslant M\, n\, e^{nA}$.

Question 21 : Pour tout $t \in [-A, A]$ et en appliquant la formule de Taylor avec reste intégral entre 0 et t à l'ordre N,

a) $g(t) - \sum_{n=0}^{N} \frac{g^{(n)}(0)}{n!} t^n = \int_0^t \frac{(t-u)^N}{N!} g^{(N)}(u)\, du.$

b) $g(t) - \sum_{n=0}^{N} \frac{g^{(n)}(0)}{n!} t^n = \int_0^t \frac{(t-u)^N}{n!} g^{(N+1)}(u)\, du.$

c) $g(t) - \sum_{n=0}^{N} \frac{g^{(n)}(0)}{n!} t^n = \int_0^t \frac{(t-u)^N}{N!} g^{(N+1)}(u)\, du.$

d) $g(t) - \sum_{n=0}^{N} \frac{g^{(n)}(0)}{n!} t^n = \int_0^t \frac{(t-u)^{N+1}}{(N+1)!} g^{(N+1)}(u)\, du.$

On pourra utiliser les deux résultats suivants :
toute application g élément de G est développable en série entière ;
il existe une unique application de G développable en série entière sur $\mathbf{R}$, et prenant la valeur 1 en $t = 0$. On la notera ϕ.

Question 22 : On a :

a) $G = \{\phi\}$. **b)** $\dim G \geqslant 2$. **c)** $G = \mathrm{Vect}\,\{\phi\}$.
d) $\dim F = \dim G$ car F et G sont isomorphes.

PARTIE III

On désigne par M et A deux matrices de $\mathcal{M}_n(\mathbf{C})$ avec $n \geqslant 2$, ϕ et f sont leurs endomorphismes canoniquement associés.

Question 23 : On suppose que $M^2 = I$, où I est la matrice unité de $\mathcal{M}_n(\mathbf{C})$.

a) La matrice M est diagonalisable.

b) Si l'on note $Sp(M)$ l'ensemble des valeurs propres de la matrice M, on a : $\{-1, 1\} \subset Sp(M)$.

c) On a nécessairement $M = I$ ou $M = -I$.

d) Il n'existe pas de matrice différente de I vérifiant $M^2 = I$.

Question 24 : On a :

a) on suppose que M est diagonalisable et que $M^2 = A$ alors A est diagonalisable.

b) M est diagonalisable si et seulement si M^2 est diagonalisable.

c) si A est diagonalisable, il existe au moins une matrice diagonalisable M telle que $M^2 = A$.

d) une matrice nilpotente non nulle est diagonalisable.

Question 25 : On a :

a) il existe deux matrices M vérifiant $M^2 = A$.

b) si M et A commutent alors $M^2 = A$.

c) si $M^2 = A$, alors ϕ est un projecteur.

d) si $M^2 = A$, alors M et A commutent.

Question 26 : On a :

a) si μ est une valeur propre de ϕ, μ est une valeur propre de ϕ^2.

b) si μ est une valeur propre de ϕ^2, μ est une valeur propre de ϕ.

c) si $\vec{x}$ est un vecteur propre de ϕ, $\vec{x}$ est un vecteur propre de ϕ^2.

d) si $\vec{x}$ est un vecteur propre de ϕ^2, $\vec{x}$ est un vecteur propre de ϕ.

Question 27 : On donne quatre assertions :
(1) ϕ est non injectif. (2) 0 est valeur propre de ϕ.
(3) 0 est valeur propre de ϕ^2. (4) ϕ^2 est non injectif.
On a :

a) les quatre assertions sont équivalentes.

b) trois des quatre assertions seulement sont équivalentes.

c) deux des quatre assertions seulement sont équivalentes.

d) aucune de ces assertions n'est équivalente à une autre.

Question 28 : Pour ϕ un endomorphisme d'un espace vectoriel E, si P et Q sont deux polynômes à coefficients réels, on a :

a) $\mathsf{Ker}\, P(\phi) \oplus \mathsf{Ker}\, Q(\phi) = \mathsf{Ker}\, (PQ)(\phi)$.

b) $\mathsf{Ker}\, P(\phi) \oplus \mathsf{Ker}\, Q(\phi) = E$.

c) $\mathsf{Ker}\, P \oplus \mathsf{Ker}\, Q = \mathsf{Ker}\, (PQ)(\phi)$.

d) $\mathsf{Ker}\, P(\phi) \oplus \mathsf{Ker}\, Q(\phi) = \mathsf{Ker}\, (\phi)$.

Question 29 : Soit λ une valeur propre non nulle de ϕ^2, et μ un nombre complexe tel que $\mu^2 = \lambda$; alors :

a) $\mathsf{Ker}\, \left(\phi^2 - \lambda Id\right) = \mathsf{Ker}\, (\phi - \mu Id) \oplus \mathsf{Ker}\, (\phi + \mu Id)$.

b) $E = \mathsf{Ker}\, (\phi - \mu Id) \oplus \mathsf{Ker}\, (\phi + \mu Id)$.

c) si l'on suppose que ϕ^2 est diagonalisable, on a :
(ϕ diagonalisable) $\Leftrightarrow$ ($\mathsf{Ker}\, \phi^2 = \mathsf{Ker}\, \phi$).

d) on a : (ϕ^2 diagonalisable) $\Leftrightarrow$ ($\mathsf{Ker}\, \phi^2 = \mathsf{Ker}\, \phi$).

Question 30 : On suppose que f possède n valeurs propres distinctes, on note $\mathsf{Sp}\,(f)$ leur ensemble et soit ϕ un endomorphisme vérifiant $\phi^2 = f$, on a

a) ϕ est diagonalisable.

b) il y a $2n$ endomorphismes ϕ vérifiant $\phi^2 = f$ si $0 \notin \mathsf{Sp}\,(f)$.

c) il y a 2^n endomorphismes ϕ vérifiant $\phi^2 = f$ si $0 \notin \mathsf{Sp}\,(f)$.

d) il y a 2 endomorphismes ϕ vérifiant $\phi^2 = f$ si $0 \in \mathsf{Sp}\,(f)$.

Dans les deux questions suivantes, $n = 3$ ***et*** $A = \begin{pmatrix} 0 & -1 & 0 \\ -1 & 0 & 0 \\ 0 & 0 & 4 \end{pmatrix}$.

Question 31 : On a

a) la matrice A est symétrique réelle donc diagonalisable donc son polynôme caractéristique est scindé à racines simples.

b) $P = \begin{pmatrix} 1 & 1 & 1 \\ 1 & -1 & 1 \\ 1 & 0 & 0 \end{pmatrix}$ est une matrice de passage qui permet de diagonaliser la matrice A.

c) $P = \begin{pmatrix} 0 & 2 & 1 \\ 0 & -1 & 1 \\ 1 & 0 & 0 \end{pmatrix}$ est une matrice de passage qui permet de diagonaliser la matrice A.

d) $P = \begin{pmatrix} 0 & 1 & 2 \\ 0 & -1 & 0 \\ 1 & 0 & 0 \end{pmatrix}$ est une matrice de passage qui permet de diagonaliser la matrice A.

Question 32 : Si l'on fait la somme et le produit de toutes les matrices M de $\mathcal{M}_3(\mathbf{C})$ vérifiant $M^2 = A$.

a) La somme est la matrice identité.

b) La somme est la matrice nulle.

c) Le produit donne une matrice de trace 258.

d) Le produit donne une matrice de trace 2^8.

*A **et** n **sont à nouveau quelconques.***

Question 33 : On suppose que f est diagonalisable et que l'une au moins de ses valeurs propres est non nulle avec un ordre de multiplicité $\geqslant 2$.

a) Il n'existe aucun endomorphisme ϕ diagonalisable tels que $\phi^2 = f$.

b) Il existe un nombre fini d'endomorphismes ϕ diagonalisables tels que $\phi^2 = f$.

c) Il existe une infinité d'endomorphismes ϕ diagonalisables tels que $\phi^2 = f$.

d) Il existe deux endomorphismes ϕ diagonalisables tels que $\phi^2 = f$.

PARTIE IV

Question 34 : Une variable aléatoire X suit une loi de Poisson de paramètre λ lorsque pour tout $n \in \mathbf{N}$, $P(X = n)$ vaut

a) $e^{\lambda}\frac{\lambda}{n}$. **b)** $e^{-\lambda}\frac{\lambda}{n}$. **c)** $e^{\lambda}\frac{\lambda^n}{n}$. **d)** $e^{-\lambda}\frac{\lambda}{n!}$.

Question 35 : Si une variable aléatoire X suit une loi de Poisson de paramètre λ,

a) son espérance $E(X)$ et sa variance $V(X)$ sont égales.

b) son espérance est : $E(X) = e^{-\lambda}$.

c) sa série génératrice est une série entière de rayon 1.

d) sa série génératrice est une série entière de rayon $+\infty$.

Question 36 : On a :

a) si X et Y sont deux variables aléatoires indépendantes suivant chacune une loi de Poisson de paramètres respectivement λ et μ, alors $E(X+Y) = \lambda\,\mu$.

b) si X et Y sont deux variables aléatoires suivant chacune une loi de Poisson de paramètres respectivement λ et μ, alors $E(X+Y) = \lambda + \mu$.

c) si P est une probabilité sur un espace probabilisable et si A et B sont deux événements alors $P(A \cap B) = P(A)P(B)$.

d) si P est une probabilité sur un espace probabilisable et si A et B sont deux événements alors $P(A+B) = P(A) + P(B) - P(A \cap B)$.

Dans la suite, on suppose que X est la variable aléatoire qui donne le nombre de clients entrant dans une épicerie dans un certain intervalle de temps et que X suit une loi de Poisson de paramètre λ. En moyenne, il rentre n personnes dans l'épicerie sur une période de une heure.
On suppose aussi que Y est une variable aléatoire réelle, indépendante de X, définie par : $P(Y=1) = P(Y=2) = 1/2$.
Enfin on note Z la variable aléatoire XY.

Question 37 : On a :

a) La probabilité pour que k personnes entrent dans un intervalle de temps T est $P(X=k) = e^{-nT}\dfrac{(nT)^k}{k!}$.

b) La probabilité pour que k personnes entrent dans un intervalle de temps T est $P(X=k) = e^{-T}\dfrac{T^k}{k!}$.

c) La probabilité pour qu'il y ait un seul client qui se présente dans un laps de temps $T = \frac{2}{n}$ est e^{-2}.

d) La probabilité pour qu'il y ait un seul client qui se présente dans un laps de temps $T = \frac{2}{n}$ est $2\,e^{-2}$.

Question 38 : La probabilité pour qu'il y ait au moins quatre entrées dans un intervalle de temps $T = \frac{1}{n}$ est :

a) $\dfrac{1}{4}e^{-2}$. **b)** $1 - \dfrac{5}{4}e^{-2}$. **c)** $1 - \dfrac{8}{3}e^{-1}$. **d)** $\dfrac{5}{3}e^{-1}$.

On revient au cas général. p est la probabilité que X soit pair.

Question 39 : Alors :

a) $p = e^{-\lambda}\operatorname{ch}\lambda$. **b)** $p = e^{-\lambda}\operatorname{sh}\lambda$. **c)** $p \geqslant \dfrac{1}{2}$. **d)** $p \leqslant \dfrac{1}{2}$.

Question 40 : La probabilité pour que Z soit un nombre pair est :

a) $\dfrac{p}{2}$. **b)** $p\,\lambda$. **c)** $\dfrac{p\lambda}{2}$. **d)** $\dfrac{p+1}{2}$.

CORRIGE

Question 01 : Cette question (ainsi que la suivante) sont là pour tester votre maîtrise du cours.
Une série convergente n'est pas toujours absolument convergente, on peut prendre $\sum_{n\geqslant 1} \frac{(-1)^n}{n}$ qui est convergente (d'après le critère spécial des séries alternées) mais qui n'est pas absolument convergente. **L'assertion a) est fausse.**
Dans l'assertion b), on parle d'absolument divergence. Cette notion n'est pas une définition du programme. On écrit que **l'assertion b) est fausse** car cette assertion n'a pas de sens. On peut conclure de même que **l'assertion d) est fausse.**
Enfin, d'après le cours, une série absolument convergente est convergente.
Ce qui fait que **l'assertion c) est vraie.**

Remarque : on peut définir intuitivement l'absolue divergence par toute série de terme général u_n telle que $\sum_{n\geqslant 0} |u_n| = +\infty$. Donc une série absolument divergente est en fait une série non absolument convergente. Avec cette définition, l'assertion b) devient vraie et l'assertion d) reste fausse.

Question 02 : Soit une série de fonctions définies sur un intervalle I et à valeurs dans $\mathbf{R}$. On sait que la convergence uniforme sur I n'entraîne pas la convergence normale sur I. Les exemples simples ne sont pas légion. Rappelons les deux principales définitions pour commencer, histoire de placer du cours :

Convergence uniforme d'une série de fonctions sur un intervalle.
Une série $\sum f_n$ d'applications définies sur I ***converge uniformément sur*** *I* ***vers une somme*** *S lorsque, pour tout $N \in \mathbf{N}$, les fonctions $x \mapsto S(x) - \sum_{n=0}^{N} f_n(x)$ sont bornées sur I et la suite numérique :* $\left(\sup_{x\in I}\left|S(x) - \sum_{n=0}^{N} f_n(x)\right|\right)_{N\in\mathbf{N}}$ *tend vers 0 lorsque N tend vers $+\infty$.*
Ceci revient à dire que la série de fonctions $\sum f_n$ converge simplement avec pour somme S, et que le reste $R_N(x) = S(x) - S_N(x) = S(x) - \sum_{k=0}^{N} f_k(x) = \sum_{k=N+1}^{+\infty} f_k(x)$ converge uniformément vers 0.
Une série $\sum f_n$ de fonctions bornées et définies sur I est ***normalement convergente sur*** *I lorsque la série numérique $\sum \|f_n\|_\infty^I$ est convergente.*

La série $\sum_{n\geqslant 0} \frac{(-1)^n}{n+x}$ converge uniformément sur $[1, +\infty[$, mais pas normalement.
Pour le prouver, on utilise le fait que cette série est pour tout x fixé, une série alternée. La fonction $n \mapsto |f_n(x)| = \frac{1}{n+x}$ est décroissante et tend vers 0 pour

tout x fixé de $I = [1, +\infty[$. Donc la série $\sum_{n\geqslant 0} \frac{(-1)^n}{n+x}$ converge simplement sur I vers $S(x) = \sum_{n=0}^{+\infty} \frac{(-1)^n}{n+x}$. Puis, d'après le critère spécial des séries alternées,

$$|R_N(x)| = \left|S(x) - \sum_{k=0}^{N} f_k(x)\right| = \left|\sum_{k=N+1}^{+\infty} \frac{(-1)^k}{k+x}\right| \leqslant \frac{1}{N+1+x} \leqslant \frac{1}{N+1}.$$

Donc la suite $(R_N(x))_N$ converge uniformément vers 0 et on peut conclure :

$$\sum_{n\geqslant 0} \frac{(-1)^n}{n+x} \text{ converge uniformément sur } I.$$

Puis, $\|f_n\|_\infty^I = \frac{1}{n+1}$. Donc la série $\sum_{n\geqslant 0} \|f_n\|_\infty^I$ diverge (série de Riemann divergente) donc $\sum_{n\geqslant 0} \frac{(-1)^n}{n+x}$ ne converge pas normalement sur I.

On peut conclure : **l'assertion a) est fausse.**

La convergence uniforme sur I n'entraîne pas forcément la convergence absolue en tout point de I. Donnons encore un contre-exemple. Il suffit de reprendre le précédent. En effet, $\sum_{n\geqslant 0} \frac{(-1)^n}{n+x}$ converge uniformément sur I mais pas absolument en tout point de I. **L'assertion b) est fausse.**

De même, la convergence absolue en tout point de I n'entraîne pas la convergence uniforme sur I. Prenons pour contre-exemple $I = [0, 1]$ et la série $\sum_{n\geqslant 0} x^n(1-x^n)$ qui ne converge pas uniformément sur $[0, 1]$ et pourtant converge simplement (donc absolument car à termes positifs) en tout point de $[0, 1]$.

En effet, calculons la somme partielle $S_N(x)$.

Si $x \neq 1$, $S_N(x) = \sum_{k=0}^{N} (x^k - x^{2k}) = \frac{1 - x^{N+1}}{1-x} - \frac{1 - x^{2(N+1)}}{1-x^2}$.

Donc si $0 \leqslant x < 1$, $S(x) = \lim_{N\to+\infty} S_N(x) = \frac{1}{1-x} - \frac{1}{1-x^2} = \frac{x}{1-x^2}$.

Pour $x = 1$, on a toujours $f_n(1) = 0$ et $S(1) = 0$. Donc la série $\sum_{n\geqslant 0} x^n(1-x^n)$ converge simplement sur I et comme $f_n(x) = x^n(1-x^n) \geqslant 0$ sur I, la série $\sum_{n\geqslant 0} x^n(1-x^n)$ converge absolument sur I

Comme S n'est pas continue en 1 (bien que $x \mapsto f_n(x)$ le soit sur $[0, 1]$), cela montre la non $C.U$ et la non $C.N$ sur $[0, 1]$.

Remarque : on pouvait penser à calculer $f_n'(x)$ qui vaut $nx^{n-1}(1-2x^n)$. Comme $f_n((1/2)^{\frac{1}{n}})$ vaut $1/4$, la série $\sum \|f_n\|_\infty^I$ diverge grossièrement. Il n'y a pas convergence normale sur $[0, 1]$. Mais on est alors bloqué car ce que l'on veut montrer, c'est la non convergence uniforme.

En tout cas, **l'assertion c) est fausse.**

La dernière assertion est intéressante. On sait que la convergence normale entraîne la convergence uniforme et par contraposée, la non convergence uniforme entraîne la non convergence normale. Par contre pour montrer cette non convergence normale rien n'oblige à montrer la non convergence uniforme qui oblige à avoir une expression de $R_N(x)$, le reste partiel d'ordre N. Pour montrer la non convergence uniforme sur I, la méthode classique est de trouver une suite $(x_n) \in I$ telle que $R_n(x_n)$ ne tende pas vers 0, ce qui est souvent compliqué. (Par contre montrer la convergence uniforme est souvent plus facile, il faut avoir une majoration de $|R_N(x)|$ indépendante de $x \in I$ qui tende vers 0.) Bien souvent, pour montrer la non convergence normale d'une série $\sum_n f_n(x)$, on montre la divergence de $\sum \|f_n\|_\infty^I$. (Voir la remarque précédente.) Donc pour établir qu'une série ne converge pas normalement sur I, il n'est pas nécessaire d'établir la non convergence uniforme sur I. **L'assertion d) est fausse** et donc **l'assertion e) est vraie**.

Question 03 : On pose ici pour x réel et n entier naturel, $u_n(x) = \dfrac{(-1)^n}{(2n+1)^x}$ et lorsque cette série converge, on note f sa somme : $f(x) = \sum_{n=0}^{+\infty} u_n(x)$.

Si $x \leqslant 0$, $(u_n(x))$ ne tend pas vers 0 et donc la série $\sum_{n\geqslant 0} u_n(x)$ diverge grossièrement.
L'assertion a) est vraie et **l'assertion b) est fausse**.
Si $0 < x \leqslant 1$, $|u_n(x)| = (2n+1)^{-x}$ et la série de terme général $|u_n(x)|$ est une série de Riemann divergente. **L'assertion c) est vraie**.
Si $0 < x \leqslant 1$ fixé, la fonction $n \mapsto |u_n(x)|$ est décroissante et tend vers 0, donc d'après le critère spécial des séries alternées, la série $\sum_{n\geqslant 0} u_n(x)$ converge et par conséquent, **l'assertion d) est fausse**.

Question 04 : La série de fonctions $\sum_{n\geqslant 0} u_n$ n'est pas absolument convergente pour $x \in]0,1]$ d'après la question 03 donc elle ne peut pas l'être sur $]0,+\infty[$.
L'assertion a) est fausse.
Par contre, la série de terme général $|u_n(x)|$ est une série de Riemann convergente pour $x > 1$. Donc la série de fonctions $\sum_{n\geqslant 0} u_n$ est absolument convergente pour $x \in]1,+\infty[$. **L'assertion b) est vraie**.
La fonction f est définie sur $]0,+\infty[$ car $\sum_{n\geqslant 0} u_n$ converge simplement pour tout $x > 0$ fixé. Donc **l'assertion c) est vraie** et **l'assertion d) est fausse**.

Question 05 : Pour tout $x > 0$, $f(x) = \sum_{n=0}^{+\infty} \dfrac{(-1)^n}{(2n+1)^x}$. L'expression $f(x)$ a le signe de son premier terme car c'est la somme d'une série alternée. Comme $u_0(x) = 1$, $f(x) \geqslant 0$ pour tout $x > 0$.
L'assertion a) est vraie et **les assertions b) et c) sont fausses**.
Pour la dernière assertion, il faut développer un peu.

On a : $f(x) = 1 - \dfrac{1}{3^x} + \sum_{n=2}^{+\infty} u_n(x) \Rightarrow \left| f(x) - 1 + \dfrac{1}{3^x} \right| \leqslant \dfrac{1}{5^x}$.

Donc : $-\dfrac{1}{5^x} - \dfrac{1}{3^x} \leqslant f(x) - 1 \leqslant \dfrac{1}{5^x} - \dfrac{1}{3^x} \leqslant 0$.

Finalement, on a bien : $f(x) \leqslant 1$. Et **l'assertion d) est vraie**.

Question 06 : Le reste $R_n = f(x) - S_n(x) = \sum_{k=n+1}^{+\infty} \dfrac{(-1)^k}{(2k+1)^x}$ existe pour tout réel $x > 0$. On a : $|R_n(x)| \leqslant \dfrac{1}{(2n+3)^x}$.

Si $x \in [a, +\infty[$ avec $a > 0$, $|R_n(x)| \leqslant \dfrac{1}{(2n+3)^a}$, quantité tendant vers 0.

Ainsi, $\sum_{n \geqslant 0} u_n$ converge uniformément sur $[a, +\infty[$.

Par contre, on a un souci en 0. Il n'y a pas convergence uniforme sur $]0, +\infty[$, **l'assertion a) est fausse**.

Comme la série de fonctions $x \mapsto \sum_{n \geqslant 0} u_n(x)$ ne converge pas absolument sur $]0, 1[$, elle ne peut pas converger normalement sur $]0, +\infty[$.

Et donc **l'assertion b) est fausse**.

On a :

$$|u_n(x)| = \frac{1}{(2n+1)^x} \text{ et } \sup_{]1,+\infty[} |u_n(x)| = \frac{1}{2n+1}.$$

Comme $\sum_n \dfrac{1}{2n+1}$ diverge, $\sum_{n \geqslant 0} u_n$ ne converge pas normalement sur $]1, +\infty[$.

Et donc **l'assertion c) est fausse**.

Puis si $[a, b] \subset]1, +\infty[$, $\sup_{]1,+\infty[} |u_n(x)| = \dfrac{1}{(2n+1)^a}$ avec $a > 1$.

Donc comme $\sum_{n \geqslant 0} \dfrac{1}{(2n+1)^a}$ converge, la série $\sum_{n \geqslant 0} u_n$ converge normalement sur tout compact inclus dans $]1, +\infty[$. **L'assertion d) est vraie**.

Question 07 : Considérons la série $\sum_{n \geqslant 0} x^n$ avec $I =]0, 1[$.

Cette série ne converge pas uniformément sur I. En effet,

$$R_n(x) = S(x) - S_n(x) = \frac{1}{1-x} - \frac{1 - x^{n+1}}{1-x} = \frac{x^{n+1}}{1-x}.$$

Puis $R_n'(x) = \dfrac{x^n((n+1)(1-x) + x)}{(1-x)^2}$ et $R_n'(x) = 0$ pour $x = 1 + \frac{1}{n} > 1$.

En conclusion, $R_n(x)$ est croissante sur I et $\lim_{x \to 1^-} R_n(x) = +\infty$.

Par contre si $[a, b] \subset I$, $|R_n(x)| \leqslant \dfrac{a^{n+1}}{1-b}$, quantité qui tend vers 0 quand n tend vers $+\infty$, et donc une série de fonctions qui est uniformément convergente sur tout segment inclus dans I n'est pas nécessairement uniformément convergente sur cet intervalle. Prenons un exemple avec $I =]0, +\infty[$.

$$u_n(x) = \frac{(-1)^n}{(2n+1)^x}.$$

En effet, la série $\sum_{n \geqslant 0} u_n$ ne converge pas uniformément sur I et pourtant converge uniformément sur $[a, b] \subset I$. Il suffit de remarquer qu'alors :

$$|R_n(x)| \leqslant \frac{1}{(2n+1)^a}$$

qui tend vers 0. Donc **l'assertion a) est vraie.**

Si $\sum_{n \geqslant 0} v_n$ est une série de réels convergente, on ne peut pas toujours écrire : $\left| \sum_{k=0}^{+\infty} v_k \right| \leqslant \sum_{k=0}^{+\infty} |v_k|$, tout simplement car il faut que $\sum_{k=0}^{+\infty} |v_k| < +\infty$ ait un sens (donc que la série de terme général v_n soit absolument convergente).

Et **l'assertion b) est fausse.**

De même, si $\sum_{n \geqslant 0} v_n$ est une série de réels convergente, on peut écrire, pour $n \in \mathbf{N}$, $\left| \sum_{k=n+1}^{+\infty} v_k \right| \leqslant \sum_{k=n+1}^{+\infty} |v_k|$ à condition que $\sum_{k=n+1}^{+\infty} |v_k| < +\infty$ ait un sens (donc que la série de terme général v_n soit absolument convergente).

Et **l'assertion c) est fausse.**

Si $\sum_{n \geqslant 0} v_n$ est une série de réels convergente, on peut écrire, pour $n \in \mathbf{N}$,

$$\left| \sum_{k=n+1}^{+\infty} v_k \right| \leqslant v_{n+1}$$

si $\sum_{n} v_n$ est alternée et que $n \mapsto v_n$ tend vers 0 en décroissant. Dans le cas général, on ne peut pas conclure. **L'assertion d) est fausse.**

<u>Question 08</u> : On a pour tout $x \in [a, b] \subset]0, +\infty[$:

$$|R_n(x)| = \left| \sum_{k=n+1}^{+\infty} u_k(x) \right| \leqslant |u_{n+1}(x)| = \frac{1}{(2n+3)^x} \leqslant \frac{1}{(2n+3)^a}.$$

Donc **les assertions a) et b) sont vraies.**

Comme $\frac{1}{(2n+3)^b} \leqslant \frac{1}{(2n+3)^a}$, l'inégalité proposée est généralement fausse et on peut en déduire que **l'assertion c) est fausse.**

Enfin, **l'assertion d) est fausse** de part la présence de $(-1)^n$ qui peut être négatif.

<u>Question 09</u> : Il y a bien convergence uniforme sur $[a, b]$ de la série de fonctions $\sum_{n \geqslant 0} u_n$. Si $x \in [a, b]$, puisque $\lim_{n \to +\infty} \frac{1}{(2n+3)^x} = 0$, la suite des restes (R_n) (où

$R_n(x) = \sum_{k=n+1}^{+\infty} u_k(x))$ converge uniformément vers la fonction nulle sur l'intervalle $[a, b]$. Maintenant, ce qui est important c'est que $\lim_{n\to+\infty} \frac{1}{(2n+3)^a} = 0$, mais c'est une conséquence de ce qui précède. On déclarera que **l'assertion a) est vraie**.
Comme $x \mapsto \frac{(-1)^n}{(2n+1)^x}$ est continue sur $[a, b] \subset]0, +\infty[$, comme la série de fonctions $\sum_{n\geqslant 0} u_n$ converge uniformément sur $[a, b]$, f est continue sur $[a, b]$ donc sur $]0, +\infty[$ et **l'assertion b) est fausse**.
Pour la suite, rappelons un résultat de cours.

Théorème de la double limite pour les séries de fonctions
Soit $(u_n)_{n\in\mathbf{N}}$ une suite de fonctions définies sur I et a une extrémité de I (éventuellement infinie). Si la série $\sum_{n\geqslant 0} u_n$ converge uniformément sur I, de somme S et si, pour tout n, $x \mapsto u_n(x)$ admet une limite l_n en a alors la série $\sum_{n\geqslant 0} l_n$ converge, la fonction S admet une limite en a et :

$$\lim_{x\to a} S(x) = \lim_{x\to a} \sum_{n=0}^{+\infty} u_n(x) = \sum_{n=0}^{+\infty} \lim_{x\to a} u_n(x) = \sum_{n=0}^{+\infty} l_n.$$

Ici $I = [1, +\infty[$ et $a = +\infty$. Comme la série $\sum_{n\geqslant 0} u_n$ converge uniformément sur I, de somme $S = f$, et comme pour tout n, $x \mapsto u_n(x)$ admet une limite l_n en $+\infty$ qui est 0 pour $n \geqslant 1$ et 1 si $n = 0$. Alors :

$$\lim_{x\to+\infty} \sum_{n=0}^{+\infty} u_n(x) = \sum_{n=0}^{+\infty} \lim_{x\to+\infty} u_n(x) = \sum_{n=0}^{+\infty} l_n = 1.$$

Donc **l'assertion c) est fausse** et **l'assertion d) est vraie**.

<u>Question 10</u> : On note $I =]1, +\infty[$. Les fonctions $x \mapsto u_n(x)$ sont dérivables sur $I =]1, +\infty[$ et pour $x \in I$, $u_n'(x) = \frac{(-1)^{n+1}\ln(2n+1)}{(2n+1)^x}$.
Donc **l'assertion a) est fausse**.

Remarque : Dans les deux assertions suivantes, on demande de prouver ou d'infirmer la convergence normale de la série de fonctions $x \mapsto \sum_{n\geqslant 0} u_n'(x)$. Or dans l'assertion d), on a besoin visiblement d'un théorème qui utilise la convergence uniforme de la série. Montrons là. On peut écrire :

$$\left|\sum_{k=n+1}^{+\infty} u_n'(x)\right| \leqslant \frac{\ln(2n+3)}{(2n+3)^x} \leqslant \frac{\ln(2n+3)}{(2n+3)^a},$$

pour tout $x \in [a, b] \subset I$, en vertu de l'incontournable critère spécial des séries alternées. Comme la suite $\left(\frac{\ln(2n+3)}{(2n+3)^a}\right)_n$ tend vers 0, la série de fonctions

$x \mapsto \sum_{n \geqslant 0} u_n'(x)$ converge uniformément sur $[a, b] \subset I$ (quelconque).

On a aussi : $\left| \sum_{k=n+1}^{+\infty} u_n'(x) \right| \leqslant \dfrac{\ln(2n+3)}{(2n+3)}$ pour tout $x \in I$.

Donc la série de fonctions $x \mapsto \sum_{n \geqslant 0} u_n'(x)$ converge uniformément sur I.

Reprenons nos assertions b) et c). On a : $\|u_n'\|_\infty^{[a,b]} = \dfrac{(\ln(2n+3)}{(2n+3)^a}$, où $a > 1$. La série de terme général $v_n = \dfrac{(\ln(2n+3)}{(2n+3)^a}$ converge. En effet, quand n tend vers $+\infty$,

$$n^{\frac{a+1}{2}} \frac{\ln(2n+3)}{(2n+3)^a} \sim \frac{(\ln(2n)}{2^a\, n^a n^{-\frac{a+1}{2}}} = \frac{\ln(2n)}{2^a\, n^{\frac{a-1}{2}}}.$$

Comme $a/2 - 1/2 > 0$, la quantité $n^{\frac{a+1}{2}} v_n$ tend vers 0 et $v_n = o\left(n^{-\frac{a+1}{2}}\right)$.

Or $a/2 + 1/2 > 1$ et la série de Riemann de terme général $n^{-\frac{a+1}{2}}$ converge donc on peut conclure, $\sum_n v_n$ converge, c'est-à-dire $\sum_n \|u_n'\|_\infty^{[a,b]}$ converge.

Donc la série de fonctions $x \mapsto \sum_{n \geqslant 0} u_n'(x)$ converge normalement sur le segment $[a, b]$ (quelconque) inclus dans I. **L'assertion b) est vraie.**

Par contre, $\|u_n'\|_\infty^I = \dfrac{\ln(2n+3)}{2n+3}$ et la série de terme général $\dfrac{\ln(2n+3)}{2n+3}$ diverge.

En effet, cette série est de même nature que l'intégrale $\displaystyle\int_2^{+\infty} \frac{\ln t}{t}\, dt$. Or :

$$\int_2^X \frac{\ln t}{t}\, dt = [\ln(\ln t)]_2^X = \ln(\ln X)) - \ln(\ln 2)$$

tend vers $+\infty$ quand X tend vers $+\infty$. En conclusion, la série de fonctions $x \mapsto \sum_{n \geqslant 0} u_n'(x)$ ne converge pas normalement sur I. **L'assertion c) est vraie.**

Rappelons maintenant le théorème de dérivation sous le signe somme :

Dérivation terme à terme.

Soit $(u_n)_{n \in \mathbf{N}}$ une suite de fonctions de classe $\mathscr{C}^1$ sur un intervalle I. Si la série $\sum_{n \geqslant 0} u_n$ converge simplement sur I vers S et si la série des dérivées, $\sum_{n \geqslant 0} u_n'$, converge uniformément sur I alors S est de classe $\mathscr{C}^1$ sur I et $\forall x \in I, S'(x) = \sum_{n=0}^{+\infty} u_n'(x)$.

$$\textit{Autrement dit, } D\left(x \mapsto \sum_{n=0}^{+\infty} u_n(x)\right) = \sum_{n=0}^{+\infty} D(x \mapsto u_n(x)).$$

Ici $S = f$. Toutes les hypothèses de ce théorème sont vérifiées, $(u_n)_{n \in \mathbf{N}}$ est une suite de fonctions de classe $\mathscr{C}^1$ sur I, la série $\sum_{n \geqslant 0} u_n$ converge simplement sur I vers f et la série des dérivées, $\sum_{n \geqslant 0} u_n'$, converge uniformément sur I.

Donc la fonction f est dérivable sur I.

$$\forall x \in I, f'(x) = \sum_{n=0}^{+\infty} u_n'(x) = \sum_{n=0}^{+\infty} \frac{(-1)^{n+1}}{(2n+1)^x} \, ln(2n+1).$$

Finalement, **l'assertion d) est vraie**.

Question 11 : Pour montrer $f(1) = \sum_{n=0}^{+\infty} \frac{(-1)^n}{2n+1}$, on a deux pistes, on peut utiliser le théorème de la double limite et la convergence uniforme de $\sum_{n\geqslant 0} u_n$ sur $I =]1, +\infty[$, on peut aussi utiliser la convergence uniforme de $\sum_{n\geqslant 0} u_n$ sur $[1, +\infty[$ qui se montre sans souci (avec le critère des séries alternées) et la continuité sur $[1, +\infty[$ de $x \mapsto u_n(x)$. Donc :

$$f(1) = \lim_{x\to 1} f(x) = \lim_{x\to 1} \sum_{n=0}^{+\infty} \frac{(-1)^n}{(2n+1)^x} = \sum_{n=0}^{+\infty} \frac{(-1)^n}{2n+1}.$$

Pour la seconde égalité, pas de puissant théorème à aller chercher, il suffit de remarquer que :

$$(-1)^n \int_0^1 t^{2n} \, dt = (-1)^n \left[\frac{t^{2n+1}}{2n+1}\right]_0^1 = \frac{(-1)^n}{2n+1}.$$

Donc **l'assertion a) est vraie**.

La série de fonctions $t \mapsto \sum_{n\geqslant 0} (-1)^n t^{2n}$ ne converge pas uniformé ment sur $[0, 1]$ car $\sum_{n\geqslant 0} (-1)^n$ n'a pas de limite et la série de fonctions $t \mapsto \sum_{n\geqslant 0} (-1)^n t^{2n}$ ne converge pas simplement sur $[0, 1]$ entier. **L'assertion b) est fausse**.

Puis la série $\sum_{n\geqslant 0} \int_0^1 \left|(-1)^n t^{2n}\right| dt$ diverge. En effet :

$$\sum_{n\geqslant 0} \int_0^1 \left|(-1)^n t^{2n}\right| dt = \sum_{n\geqslant 0} \int_0^1 t^{2n} \, dt = \sum_{n\geqslant 0} \frac{1}{2n+1},$$

série divergente. Donc **l'assertion c) est fausse**.

Vue l'assertion d), le but de la question est de tenter d'inverser une somme et une intégrale. Au programme officiel, on a plusieurs pistes. Passons les en revue car cela permettra d'éclairer non seulement la fin de cette question mais aussi les questions 12 et 13. Il s'agit de justifier $\int_I \sum_{n=0}^{+\infty} u_n(t) \, dt = \sum_{n=0}^{+\infty} \int_I u_n(t) \, dt$.

Rappelons les deux théorèmes au programme officiel.

1) Intégration terme à terme sur un segment.

Soit $[a, b]$ un segment et $(u_n)_{n\in\mathbb{N}}$ une suite d'applications continues sur $[a, b]$.

Si la série $\sum_{n\geqslant 0} u_n$ converge uniformément sur $[a, b]$ alors la série des intégrales est convergente et : $\int_a^b \sum_{n=0}^{+\infty} u_n(x) \, dx = \sum_{n=0}^{+\infty} \int_a^b u_n(x) \, dx.$

2) Intégration terme à terme d'une série de fonctions sur un intervalle.
*Soit $(u_n)_{n\in\mathbf{N}}$ une suite de fonctions à valeurs dans **R** ou **C**. Si $\forall n$, u_n est continue par morceaux et intégrable sur I, si la série $\sum u_n$ converge simplement sur I et a pour somme une fonction S continue par morceaux sur I et si $\sum \left(\int_I |u_n|\right)$ converge, alors la fonction $S = \sum_{n=0}^{+\infty} u_n$ est intégrable sur I et : $\int_I S = \sum_{n=0}^{+\infty} \int_I u_n$.*

Comment appliquer ces résultats ?

• Il faut commencer par observer l'intervalle d'intégration I.
Si ce n'est pas un segment, la question est réglée, on tente le théorème d'intégration terme à terme d'une série de fonctions sur un intervalle.

• Là encore, bien vérifier toutes les hypothèses du théorème d'intégration terme à terme d'une série de fonctions sur un intervalle, particulièrement la continuité par morceaux sur I de la fonction somme $\sum_{n=0}^{+\infty} u_n$. Lorsque chaque u_n est continue sur I, cette continuité peut être obtenue par la convergence uniforme de $\sum_{n\geqslant 0} u_n$ sur tout segment de I. L'hypothèse qui parfois ne fonctionne pas est la convergence de la série $\sum_{n\geqslant 0} \int_I |u_n(t)|\, dt$. Ce qui est le cas dans la question 11. C'est ce que l'on a prouvé par l'assertion c). Que faire alors ? Voir la suite.

• Dans le cas où I est un segment, on peut tenter le théorème d'intégration terme à terme d'une série de fonctions sur un segment. Si elle ne fonctionne pas, (ce qui est le cas ici d'après l'assertion b), la série de fonctions $\sum_n u_n(x)$ ne converge pas uniformément sur $[0, 1]$), il reste la méthode qui va suivre que l'on va développer dans la question 12.

En tout cas, on ne peut pas appliquer un théorème d'intégration terme à terme direct pour intervertir $\sum_{n=0}^{+\infty}$ et $\int_0^1$. **L'assertion d) est fausse.**

__Question 12__ **:** Avant de répondre aux différentes assertions de la question, essayons de comprendre ce que l'on va faire. **Comment faire quand il n'est pas possible d'appliquer le théorème d'intégration terme à terme sur un intervalle ?**

Si la série $\sum \int_I |f_u|$ diverge, ce qui est le cas ici, on ne peut pas utiliser le théorème d'intégration terme à terme sur un intervalle, mais il reste la possibilité d'utiliser le théorème de convergence dominée en l'appliquant à la suite des sommes partielles ou à la suite des restes. Rappelons ce théorème tout d'abord :

Théorème de convergence dominée.
Si pour tout N, la fonction f_N est continue par morceaux sur I, si $(f_N)_{N\in\mathbf{N}}$ converge simplement sur I vers une fonction f continue par morceaux, et s'il existe une fonction φ continue par morceaux sur I positive et intégrable sur I telle que pour tout entier n, $|f_N| \leq \varphi$ ***(hypothèse de domination)*** *; alors les fonctions f_N et f sont intégrables sur I et $\int_I f = \lim_N \int_I f_N$.*

Ici posons : $S_N = \sum_{n=0}^{N} \int_0^1 (-1)^n t^{2n}\, dt.$

Alors : $S_N = \sum_{n=0}^{N} \frac{(-1)^n}{2n+1} = \int_0^1 \sum_{n=0}^{N} (-1)^n t^{2n}\, dt.$

En effet, on peut intervertir $\sum$ et $\int$ pour une somme finie. Posons ici $I = [0,1[$.

La série $\sum_{n\geqslant 0} (-1)^n t^{2n}$ converge simplement vers $L : t \mapsto \frac{1}{1+t^2}$ sur $[0,1[$. Cette fonction L est continue donc continue par morceaux sur I.

De plus : $\int_0^1 L(t)\, dt = \int_0^1 \frac{dt}{1+t^2} = \frac{\pi}{4}.$

Et : $R_N(t) = \int_{n=N+1}^{+\infty} (-1)^n t^{2n} = \frac{1}{1+t^2} - \frac{1-(-1)^{N+1}t^{2N+2}}{1+t^2} = \frac{(-1)^N t^{2N+2}}{1+t^2}.$

La fonction $t \mapsto R_N(t)$ est continue et intégrable sur $[0,1[$ et :

$$\forall t \in [0,1[,\ |R_N(t)| \leqslant \tfrac{1}{1+t^2}.$$

Il reste à poser $\varphi(t) = \frac{1}{1+t^2}$. Et ϕ vérifie bien l'hypothèse de domination.

Remarque : on applique le théorème de convergence dominée à la suite de fonctions (R_N) et non (S_N) comme on pourrait y penser au début.

On remarque maintenant que $\lim_{N\to+\infty} R_N(t) = 0$ pour tout $t \in [0,1[$ et d'après le théorème de convergence dominée :

$$\lim_{N\to+\infty} \int_0^1 R_N(t)\, dt = \int_0^1 \lim_{N\to+\infty} R_N(t)\, dt = 0.$$

Par ailleurs :

$$\int_0^1 R_N(t)\, dt = \int_0^1 \left[\sum_{n=0}^{+\infty} (-1)^n t^{2n} - \sum_{n=0}^{N} (-1)^n t^{2n}\right] dt,$$

c'est-à-dire : $\int_0^1 R_N(t)\, dt = \int_0^1 \frac{dt}{1+t^2} - \int_0^1 \sum_{n=0}^{N} (-1)^n t^{2n}\, dt.$

C'est-à-dire enfin : $\int_0^1 R_N(t)\, dt = \frac{\pi}{4} - S_N.$

Il reste $\lim_{N\to+\infty} S_N = f(1)$ et donc : $0 = \frac{\pi}{4} - f(1).$

L'assertion c) est vraie et **l'assertion d) est fausse**.

Puis : $\int_0^1 \frac{dt}{1+t^2} = S_N + \int_0^1 R_N(t)\, dt = S_N + \int_0^1 \sum_{n=N+1}^{+\infty} (-1)^n t^{2n}\, dt.$

On a : $S_N = \frac{\pi}{4} + J_N$, où $J_N = \int_0^1 \frac{(-t^2)^{N+1}}{1+t^2}\, dt.$

Ainsi, **l'assertion a) et l'assertion b) sont fausses** et pas pour la même raison.

<u>Question 13</u> : On peut refaire tout le raisonnement précédent avec $I = [0,x]$ à la place de $I = [0,1[$, où x est fixé dans $]-1,1[$.

$$\int_0^x \sum_{n=0}^{+\infty} (-1)^n t^{2n}\, dt = \sum_{n=0}^{+\infty} \int_0^x (-1)^n t^{2n}\, dt = \int_0^x \frac{dt}{1+t^2}.$$

Ce qui donne : $\forall\, x \in]-1,1[$, $\arctan x = \displaystyle\sum_{n=0}^{+\infty} \frac{(-1)^n x^{2n+1}}{2n+1}$.

L'assertion c) est vraie et **les assertions a), b) et d) sont fausses.**

Question 14 : On note F l'ensemble des applications dérivables f de $]0,+\infty[$ dans $\mathbf{R}$ vérifiant : $\forall x \in]0,+\infty[$, $f'(x) = f(\sqrt{x})$.

On note G l'ensemble des applications dérivables g de $\mathbf{R}$ dans $\mathbf{R}$ vérifiant :

$$\forall t \in \mathbf{R},\ g'(t) = e^t\, g\,(t/2)\,.$$

La fonction nulle appartient à F et appartient à G.

Puis si $(f_1,f_2) \in F^2$, si $\alpha \in \mathbf{R}$, $(\alpha f_1+f_2)'(x) = \alpha f_1'(x)+f_2'(x) = \alpha f_1(\sqrt{x})+f_2(\sqrt{x})$, c'est-à-dire $(\alpha f_1+f_2)(\sqrt{x})$. Donc αf_1+f_2 est bien un élément de F.

En conclusion, F est un sous-espace vectoriel de l'espace vectoriel des fonctions dérivables sur l'intervalle $]0,+\infty[$.

Si $(g_1,g_2) \in G^2$, si $\alpha \in \mathbf{R}$,

$$(\alpha g_1+g_2)'(t) = \alpha g_1'(t)+g_2'(t) = \alpha e^t\, g_1\,(t/2) + e^t g_2\,(t/2)\,,$$

c'est-à-dire $e^t\,(\alpha g_1+g_2)\,(t/2)$. Donc αg_1+g_2 est bien un élément de G.

En conclusion, G est un sous-espace vectoriel de l'espace vectoriel des fonctions dérivables sur $\mathbf{R}$. Comme F et G sont des $\mathbf{R}$-espaces vectoriels pour les opérations usuelles, **l'assertion a) est fausse.**

Si $f \in F$, $\phi : t \mapsto f\left(e^{\frac{t}{2}}\right)$ alors :

$$\psi'(t) = \tfrac{1}{2}\, e^{t/2}\, f'\left(e^{\frac{t}{2}}\right) = \tfrac{1}{2}\, e^{t/2}\, f'\left(e^{\frac{t}{4}}\right) \neq e^{t/2}\,\phi\left(\tfrac{t}{2}\right).$$

Donc $\phi \notin G$ et **l'assertion b) est fausse.**

Si $f \in F$, $\psi : t \mapsto f\,(e^t)$ alors :

$$\phi'(t) = e^t\, f'\,(e^t) = e^t\, f'\left(e^{\frac{t}{2}}\right).$$

Donc $e^t\psi\,(t/2) = \psi'(t)$. Donc $\psi \in G$. Et **l'assertion c) est vraie.**

Si $g \in G$, $g'(t) = e^t\, g\,(t/2)$ pour tout $t \in \mathbf{R}$. Puis :

$$f(x) = g(\ln x) \Rightarrow f'(x) = \tfrac{1}{x} g'(\ln x).$$

Et : $f(\sqrt{x}) = g(\ln(\sqrt{x}) = g(\frac{1}{2}\ln x)$.

Or $g'(\ln x) = e^{\ln x} g(\ln x/2) = x g(\ln x/2)$. Enfin,

$$f'(x) = \tfrac{1}{x} g'(\ln x) = g(\tfrac{1}{2}\ln x) = f(\sqrt{x}).$$

Donc $f \in F$ et **l'assertion d) est vraie.**

Question 15 : On appelle ici Ψ l'application de F dans G qui, à toute application f de F, associe l'application g de G définie par : $\forall t \in \mathbf{R}$, $g(t) = f(e^t)$. Si f_1 et f_2 sont des fonctions de F et $\lambda \in \mathbf{R}$ alors pour tout $t \in \mathbf{R}$,

$$\Psi(f_1+\lambda f_2)(t) = (f_1+\lambda f_2)(e^t) = f_1(e^t)+\lambda f_2(e^t) = \Psi(f_1)(t)+\lambda\Psi(f_2)(t).$$

Ψ est linéaire et **l'assertion a) est vraie**. Puis :

$$\text{Ker}\,\Psi = \{f \in F, \forall t \in \mathbf{R},\, g(t) = f(e^t) = 0\}.$$

Donc $f(x) = 0$ pour tout $x > 0$ et donc $f = 0$, ce qui permet d'écrire $\text{Ker}\,\Psi = \{0\}$ et Ψ est injective.
L'assertion b) est vraie.
Rien ne permet de dire que F et G sont de dimensions finies, attention, ici, F et G sont caractérisés par des pseudo-équations différentielles et non des équations différentielles linéaires du premier ordre (dont les solutions forment un espace vectoriel de dimension 1). Donc **l'assertion c) est fausse**.
Montrons maintenant que tout élément de G est de la forme $t \mapsto f(e^t)$. Soit $g \in G$, si l'on pose pour tout $x \in]0, +\infty[$, $f(x) = g(\ln x)$ alors $f \in F$ d'après la question 14. Donc si $t = \ln x$, $x = e^t$ et $f(e^t) = g(t)$ donc f est antécédent de g par Ψ. Donc Ψ est surjective. **L'assertion d) est fausse.**

Question 16 : Rappelons d'abord la définition et le résultat de cours.

Produit de Cauchy de deux séries de nombres complexes.
On appelle ***produit de Cauchy des deux séries*** $\sum_{n\geqslant 0} u_n$ *et* $\sum_{n\geqslant 0} v_n$ *la série de terme général :* $\sum_{k=0}^{n} u_k v_{n-k}$.

Produit de Cauchy de deux séries absolument convergentes
Si les séries $\sum_{n\geqslant 0} u_n$ *et* $\sum_{n\geqslant 0} v_n$ *sont absolument convergentes, leur produit de Cauchy* $\sum w_n$ *l'est aussi et :* $\sum_{n=0}^{+\infty} w_n = \left(\sum_{n=0}^{+\infty} u_n\right)\left(\sum_{n=0}^{+\infty} v_n\right)$.

On sait donc d'après le cours que le produit de Cauchy de deux séries absolument convergentes est une série absolument convergente. **L'assertion b) est vraie.**
Par contre le produit de Cauchy de deux séries convergentes ne converge pas nécessairement. **L'assertion a) est fausse.**
Pour la suite, rappelons encore le cours.

R_a (respectivement R_b) est le rayon de convergence de la série entière $\sum_{n\geqslant 0} a_n z^n$ *(respectivement* $\sum_{n\geqslant 0} b_n z^n$*). Leurs sommes respectives sont f et g. Alors fg est définie par la somme de la série entière* $\sum_{n\geqslant 0} c_n z^n$*, où* $c_n = \sum_{k=0}^{n} a_k b_{n-k}$ *(**produit de Cauchy** des suites (a_n) et (b_n)).*
Cette série entière produit a un rayon de convergence $R \geqslant \min(R_a, R_b)$.

Les assertions c) et d) sont fausses. Prenons $x \mapsto 1 - x$ de rayon de convergence $R_a = +\infty$, $x \mapsto \frac{1}{1-x}$ de rayon de convergence $R_b = 1$ et le produit (qui est $x \mapsto 1$) est de rayon de convergence $+\infty$ qui n'est ni $\min(R_a, R_b) = 1$, ni plus petit que $\min(R_a, R_b)$.

Question 17 : Supposons qu'il existe une série entière de la variable réelle $\sum_{n\geqslant 0} a_n t^n$ de rayon de convergence infini, avec $a_0 = 1$, dont la somme $g(t)$ est élément de G.

$$g'(t) = e^t g\left(\frac{t}{2}\right) = \sum_{n=0}^{+\infty}(n+1)a_{n+1}t^n = \sum_{n=0}^{+\infty} c_n t^n.$$

Et comme $e^t = \sum_{n=0}^{+\infty} \frac{t^n}{n!}$ et $g\left(\frac{t}{2}\right) = \sum_{n=0}^{+\infty} \frac{a_n}{2^n}t^n$, on effectue un produit de Cauchy.
Et donc pour tout $n \geqslant 1$:

$$c_n = \sum_{k=0}^{n} \frac{a_k}{2^k}\frac{1}{(n-k)!} = (n+1)a_{n+1}.$$

Il suffit de remplacer $n+1$ par n et **l'assertion a) est vraie.**
Et **les assertions b), c) et d) sont fausses.**

Question 18 : commençons par faire du ménage parmi les différentes assertions possibles. Pour cela, on calcule les premières valeurs a_k. Ainsi :

$$a_1 = \sum_{k=0}^{0} \frac{a_0}{2^0}\frac{1}{0!} = 1$$

puis

$$2a_2 = \sum_{k=0}^{1} \frac{a_k}{2^k}\frac{1}{(1-k)!} = 1 + \frac{1}{2} = \frac{3}{2}.$$

Donc $a_2 = \frac{3}{4}$. Et enfin :

$$3a_3 = \sum_{k=0}^{2} \frac{a_k}{2^k}\frac{1}{(2-k)!} = \frac{1}{2} + \frac{1}{2} + \frac{3}{16} = \frac{19}{16} \Rightarrow a_3 = \frac{19}{48}.$$

On commence par éliminer l'assertion c) car l'inégalité n'est pas définie pour $n = 0$. **L'assertion c) est fausse.**
Puis on applique l'inégalité de l'assertion a) avec $n = 0$ puis avec $n = 1$, $n = 2$ et enfin $n = 3$:

$$|a_0| \leqslant 1,\ |a_1| \leqslant 2,\ |a_2| \leqslant 2,\ |a_3| \leqslant \frac{8}{6}.$$

Tout est cohérent avec les valeurs de a_0, a_1, a_2 et a_3 trouvées.
Puis on applique l'inégalité de l'assertion b) avec toujours les valeurs successives $n = 0$ puis $n = 1$, $n = 2$ et $n = 3$:

$$|a_0| \leqslant 1,\ |a_1| \leqslant 1,\ |a_2| \leqslant \frac{1}{2},\ |a_3| \leqslant \frac{1}{6}.$$

Comme $a_2 = 3/4 > 1/2$, **l'assertion b) est fausse.**
Enfin, on applique l'inégalité de l'assertion d) avec toujours les mêmes valeurs $n = 0$ puis $n = 1$, $n = 2$ et $n = 3$:

$$|a_0| \leqslant 1,\ |a_1| \leqslant \frac{1}{2},\ |a_2| \leqslant \frac{1}{2},\ |a_3| \leqslant \frac{6}{8}.$$

Comme $a_2 = 3/4 > 1/2$, **l'assertion d) est fausse**.
Il reste l'assertion a) qui peut être vraie. Prouvons la par récurrence.
L'initialisation est faite.
On suppose $|a_k| \leqslant \frac{2^k}{k!}$ pour tout k entier entre 0 et $n-1$ pour n donné supérieur à 1. Alors, on a l'inégalité :

$$|na_n| \leqslant \sum_{k=0}^{n-1} \frac{1}{2^k} \frac{1}{(n-1-k)!} \frac{2^k}{k!},$$

c'est-à-dirc :

$$|na_n| \leqslant \sum_{k=0}^{n-1} \frac{1}{2^k} \frac{1}{(n-1)!} 2^k kn - 1 = \frac{1}{(n-1)!} \sum_{k=0}^{n-1} kn - 1 = \frac{2^{n-1}}{(n-1)!}.$$

On a donc : $|a_n| \leqslant \frac{2^n}{n!}$. Donc **l'assertion a) est vraie**.

Question 19 : Soit g élément de G, g' est de classe $\mathcal{C}^1$ par produit et composé de fonctions de classe $\mathcal{C}^1$ et donc g est de classe $\mathcal{C}^2$.

$$\forall t \in \mathbf{R},\ g'(t) = e^t g\left(\tfrac{t}{2}\right) + \frac{1}{2} e^t g'\left(\frac{t}{2}\right).$$

Puis g'' est de classe $\mathcal{C}^1$ pour la même raison.
De façon générale, $g^{(n+1)}(t) = \sum_{i=0}^{n} \binom{n}{i} e^t \frac{1}{2^i} g^{(i)}\left(\frac{t}{2}\right)$, en utilisant la formule de Leibniz. Donc g est de classe $\mathcal{C}^n$ pour tout n car g est de classe $\mathcal{C}^k$ pour tout k entier entre 0 et $n-1$. Donc g est de classe $\mathcal{C}^\infty$ sur $\mathbf{R}$. Récoltons les fruits de nos efforts : **l'assertion a) et l'assertion c) sont vraies** et **les assertions b) et d) sont fausses**.

Question 20 : Commençons par faire du tri. Déjà, **l'assertion d) est fausse** car si $n = 0$, $|g(t)| \leqslant 0$ pour tout $t \in [-A, A]$ et donc g est la fonction nulle ce qui n'a rien d'obligatoire. Puis $g'(t) = e^t g(t/2)$ et $|g'(t)| \leqslant e^t M \leqslant e^A M$.
Et donc :

$$|g'(t)| \leqslant e^A M + \frac{1}{2} e^A e^A M \leqslant e^{2A} M \left[\frac{1}{2^0} + \frac{1}{2^1}\right].$$

De façon générale,

$$|g^{(n)}(t)| \leqslant \sum_{i=0}^{n-1} \binom{i}{n-1} e^A \frac{1}{2^i} M \leqslant M e^A \sum_{i=0}^{n-1} \binom{i}{n-1} \frac{1}{2^i},$$

ce qui donne : $|g^{(n)}(t)| \leqslant M e^A \left[1 + \frac{1}{2}\right]^{n-1}$.

Les quatre assertions a), b), c) et d) sont fausses, l'assertion e) est vraie.

Question 21 : On a, pour tout $t \in [-A, A]$ et en appliquant la formule de Taylor avec reste intégral entre 0 et t à l'ordre N,

$$g(t) - \sum_{n=0}^{N} \frac{g^{(n)}(0)}{n!} t^n = \int_0^t \frac{(t-u)^N}{N!} g^{(N+1)}(u)\, du,$$

où g est de classe $\mathcal{C}^{N+1}$ sur $[-A, A]$. **L'assertion a) est fausse** à cause de $g^{(N)}(u)$ dans l'intégrale. **L'assertion b) est fausse** à cause de $n!$ à la place de $N!$ dans l'intégrale. **L'assertion d) est fausse** car il y a un décalage de puissance dans l'intégrale et enfin **l'assertion c) est vraie**.

Question 22 : On pourra donc utiliser les deux résultats suivants :
toute application g élément de G est développable en série entière ;
il existe une unique application de G développable en série entière sur $\mathbf{R}$, et prenant la valeur 1 en $t = 0$. On la notera ϕ.

Déjà, comme G est un espace vectoriel, **l'assertion a) est fausse**.

D'après la question 17, $a_n = \displaystyle\sum_{k=0}^{n-1} \frac{a_k}{2^k} \frac{1}{(n-1-k)!}$.

Donc toute solution de G s'écrit $\displaystyle\sum_{n=0}^{+\infty} a_n t^n$, où a_n est fonction linéaire de a_0. Donc comme ϕ est celle avec $a_0 = 1$, $G = \mathrm{Vect}\,(\phi)$.
L'assertion b) est fausse et **l'assertion c) est vraie**.
$\dim F = \dim G$ car Ψ est un isomorphisme et **l'assertion d) est vraie**.

Question 23 : On désigne par M et A deux matrices de $\mathcal{M}_n(\mathbf{C})$ avec $n \geqslant 2$, ϕ et f sont leurs endomorphismes canoniquement associés. On suppose dans cette question que $M^2 = I$, où I est la matrice unité de $\mathcal{M}_n(\mathbf{C})$. Si λ est une valeur propre de M alors $\lambda^2 = 1$. Donc le spectre de M est inclus dans $\{-1, 1\}$. $(X-1)(X+1)$ est un polynôme annulateur de M et comme ce polynôme est scindé et à racines simples, M est diagonalisable. **L'assertion a) est vraie**.
Si $M = I$, par exemple, $Sp(M) = \{1\}$ et donc on n'a pas toujours :

$$\{-1, 1\} \subset Sp(M).$$

Et donc **l'assertion b) est fausse**.

La matrice $\begin{pmatrix} 0 & 1 \\ 1 & 0 \end{pmatrix}$ a pour carrée I et est différente de $\pm I$.

L'assertion c) est fausse. Par voie de conséquence, **l'assertion d) est fausse**.

Question 24 : on suppose que M est diagonalisable et que $M^2 = A$. Donc il existe $P \in GL_n(\mathbf{C})$ tel que $M = P^{-1}DP$, où D est diagonale. Puis $M^2 = P^{-1}D^2P = A$. Comme D^2 est diagonalisable (car diagonale), A est diagonalisable dans la même base. **L'assertion a) est vraie**.
Si M est diagonalisable dans $\mathcal{M}_n(\mathbf{C})$ alors M^2 aussi d'après ce qui précède. Montrons que la réciproque est fausse sur un contre-exemple. Prenons

$$M = \begin{pmatrix} 1 & -1 \\ 1 & -1 \end{pmatrix} \Rightarrow \chi_M(X) = \begin{vmatrix} X-1 & 1 \\ -1 & X+1 \end{vmatrix} = X^2.$$

Donc 0 est la seule valeur propre. Or M est non diagonalisable dans $\mathcal{M}_2(\mathbf{C})$ car sinon M serait semblable à la matrice nulle donc serait nulle. Et pourtant $M^2 = O_2$ est diagonalisable (car diagonale).
Et ainsi, on a prouvé que **l'assertion b) est fausse**.
L'assertion c) est vraie car si $A = P^{-1}\mathrm{diag}\,(\lambda_1, ..., \lambda_n)P$ alors :

$$M = P^{-1}\mathrm{diag}\,(\delta_1, ..., \delta_n)P,$$

où $\delta_i^2 = \lambda_i$ pour tout entier i est diagonalisable et $M^2 = A$.
L'assertion d) est fausse car si $M^p = 0$ (on rappelle que M est nilpotente d'ordre p, où $p \in \mathbf{N}^\star$, si et seulement si $M^p = 0$) alors $Sp(M) = 0$ et donc si M est diagonalisable, M est semblable à la matrice nulle donc est nulle.

Question 25 : Il peut exister plus de deux matrices M vérifiant $M^2 = A$.
En effet, si $A = I$, par exemple, les trois matrices $\text{diag}(1, -1, 1)$, I et $-I$ ont pour carré I. Il peut même exister une infinité de matrices M vérifiant $M^2 = A$.
Ainsi, **l'assertion a) est fausse.**
Deux matrices M et A peuvent commuter sans que l'une soit le carré de l'autre.
Prenons par exemple $M = I$ et $A = \begin{pmatrix} 1 & 1 \\ 1 & 1 \end{pmatrix}$. Alors M et A commutent (car M est l'identité) et $M^2 = I \neq A$. **L'assertion b) est fausse.**
On sait que si M est la matrice d'un projecteur alors $M^2 = M$ donc si $M \neq A$, ϕ n'est pas un projecteur et **l'assertion c) est fausse.**
Si $M^2 = A$, alors $MA = MM^2 = M^3 = M^2M = AM$ et donc M et A commutent.
L'assertion d) est vraie.

Remarque : dans les QCM de l'ENAC, il faut parfois répondre « au feeling » et on ne demande pas de justifier la véracité de telle ou telle assertion. Nous essayons souvent de trouver des contre-exemples que ce soit dans cette question ou dans d'autres. En effet si vous nous lisez c'est que vous n'avez pas encore passé le concours et que c'est formateur d'avoir des contre-exemples. Car parfois, on doute (ce qui est normal ici !).

Question 26 : Prenons $\phi = -Id$ et μ une valeur propre de ϕ, alors $\mu = -1$ nécessairement et $\pi^2 = Id$ n'a pas μ pour valeur propre.
Donc **l'assertion a) est fausse.**
Ce dernier exemple vaut aussi pour infirmer l'assertion b). En effet, $\mu = 1$ est une valeur propre de ϕ^2 (c'est la seule d'ailleurs) et n'est pas une valeur propre de $\phi = -Id$. Donc **l'assertion b) est fausse.**
Soit $\vec{x}$ un vecteur propre de ϕ pour la valeur propre μ. Alors :

$$\phi^2(\vec{x}) = \phi(\phi(\vec{x})) = \phi(\mu\vec{x}) = \mu\phi(\vec{x}) = \mu^2\vec{x}.$$

Donc $\vec{x}$ est bien un vecteur propre de ϕ^2. (Mais pas pour la même valeur propre.)
On peut en conclure que **l'assertion c) est vraie.**
Prenons la matrice $\begin{pmatrix} 0 & 1 \\ 1 & 0 \end{pmatrix}$, associée à ϕ dans la base canonique de $\mathbf{R}^2$, dont le carré est I. Comme $\phi^2 = Id$, tous les vecteurs non nuls de $\mathbf{R}^2$ sont des valeurs propres de $\phi^2 = Id$ (de valeur propre unique égale à 1).
Prenons par exemple $\vec{x} = (1, 2)$ qui est un vecteur propre de ϕ^2.
Et pourtant $\phi(\vec{x}) = (2, 1)$ n'est pas colinéaire à $(1, 2)$. Donc il n'existe pas $\lambda \in \mathbf{C}$ tel que $\phi(\vec{x}) = \lambda\vec{x}$. Ainsi $\vec{x}$ n'est pas un vecteur propre de ϕ.
En conclusion, **l'assertion d) est fausse.**

Question 27 : On donne quatre assertions :
(1) ϕ est non injectif. (2) 0 est valeur propre de ϕ.
(3) 0 est valeur propre de ϕ^2. (4) ϕ^2 est non injectif.

ϕ est non injective $\Leftrightarrow$ ϕ est non bijective $\Leftrightarrow$ $\text{Det}\,\phi = 0 \Leftrightarrow 0$ est valeur propre de ϕ : donc (1) $\Leftrightarrow$ (2). Donc déjà, l'on peut dire qu'au moins l'une de ces assertions

est équivalente à une autre et **l'assertion d) est fausse**.
Si 0 est une valeur propre de ϕ alors il existe $\vec{x} \neq \vec{0}$ tel que $\phi(\vec{x}) = \vec{0}$ et donc $\phi^2(\vec{x}) = \vec{0}$. Donc 0 est valeur propre de ϕ^2 donc (2) $\Rightarrow$ (3).
Réciproquement, si 0 est une valeur propre de ϕ^2 alors ϕ^2 n'est pas bijective et donc $\mathsf{Det}\,\phi^2 = 0$ ce qui donne $\mathsf{Det}\,\phi \times \mathsf{Det}\,\phi = 0$ et donc $\mathsf{Det}\,\phi = 0$, ce qui affirme qu'alors 0 est une valeur propre de ϕ. Finalement (2) $\Leftrightarrow$ (3).
Puis cela oblige : (1) $\Leftrightarrow$ (3).
Donc trois au moins des assertions sont équivalentes.
On peut dire que **l'assertion c) est fausse**.
Puis 0 est valeur propre de ϕ^2 équivaut à dire que ϕ^2 n'est pas injective et donc (3) $\Leftrightarrow$ (4).
Ainsi les quatre assertions sont équivalentes.
L'assertion a) est vraie et **l'assertion b) est fausse**.

Remarques 1) Ne pas confondre ici les quatre assertions de l'énoncé et les quatre assertions a), b) c) d) de la question.
2) On est en dimension finie ici et en dimension infinie, le raisonnement ne fonctionnerait plus car $\mathsf{Det}\,\phi$ ne serait plus définie.

Question 28 : Pour ϕ un endomorphisme d'un espace vectoriel E, si P et Q sont deux polynômes à coefficients réels, la relation :

$$\mathsf{Ker}\,P(\phi) \oplus \mathsf{Ker}\,Q(\phi) = \mathsf{Ker}\,(PQ)(\phi)$$

n'est vraie que si P et Q sont premiers entre-eux. Donc **l'assertion a)** est fausse.

Remarque : on a le résultat si P et Q sont premiers entre-eux. C'est le ***lemme des noyaux***. Démontrons le pour rappel.
Comme P et Q sont premiers entre eux, d'après le théorème de Bezout, il existe un couple $(A, B) \in \mathbf{R}[X]^2$ tel que : (1) $AP + BQ = 1$.
Cela donne : $(AP)(\phi) + (BQ)(\phi) = Id_E$.
Soit $\vec{x} \in \mathsf{Ker}\,(Q)(\phi)$, la relation : $PQ(\phi)(\vec{x}) = (P(\phi)\,o\,Q(\phi))(\vec{x}) = 0$ montre que $\vec{x} \in \mathsf{Ker}\,(PQ(\phi))$. Maintenant, si $\vec{x} \in \mathsf{Ker}\,(P)(\phi)$, comme $P(\phi)$ et $Q(\phi)$ commutent, on a encore $\vec{x} \in \mathsf{Ker}\,(PQ(\phi))$. Ainsi :

$$\mathsf{Ker}\,P(\phi) + \mathsf{Ker}\,Q(\phi) \subset \mathsf{Ker}\,(PQ)(\phi)$$

Soit maintenant $\vec{x} \in \mathsf{Ker}\,(PQ)(\phi)$. Alors d'après (1), $\vec{x} = \vec{y} + \vec{z}$, où $\vec{y} = (BQ)(\phi)(\vec{x})$ et $\vec{z} = (AP)(\phi)(\vec{x})$. On utilise l'égalité :

$$P(\phi)(\vec{y}) = (PBQ)(\phi)(\vec{x}) = ((B(\phi)\,o\,(PQ)(\phi))(\vec{x}) = \vec{0}.$$

Donc $\vec{y} \in \mathsf{Ker}\,P(\phi)$. De même,$\vec{z} \in \mathsf{Ker}\,Q(\phi)$. Donc :

$$\mathsf{Ker}\,P(\phi) + \mathsf{Ker}\,Q(\phi) = \mathsf{Ker}\,(PQ)(\phi).$$

Soit enfin $\vec{x} \in \mathsf{Ker}\,P(\phi) \cap \mathsf{Ker}\,Q(\phi)$. On écrit :

$$\vec{x} = (B(\phi)\,o\,Q(\phi))(\vec{x}) + (A(\phi)\,o\,P(\phi))(\vec{x}).$$

et par conséquent, $\vec{x} = 0$. On a bien : $\mathsf{Ker}\,P(\phi) \oplus \mathsf{Ker}\,Q(\phi) = \mathsf{Ker}\,(PQ)(\phi)$.
On a donc prouvé le lemme des noyaux.
Passons à l'assertion b : « $\mathsf{Ker}\,P(\phi) \oplus \mathsf{Ker}\,Q(\phi) = E$. »

Si $P = Q = X$ par exemple, $\mathsf{Ker}\, P(\phi) = \mathsf{Ker}\, Q(\phi) = \mathsf{Ker}\,\phi$ et $\mathsf{Ker}\,\phi \oplus \mathsf{Ker}\,\phi$ n'a pas de sens si $\mathsf{Ker}\,\phi$ n'est pas réduit à 0, c'est-à-dire si ϕ est non bijective.
Donc **l'assertion b) est fausse.**
Passons à l'assertion c) : « $\mathsf{Ker}\, P \oplus \mathsf{Ker}\, Q = \mathsf{Ker}\,(PQ)(\phi)$. » Ici $\mathsf{Ker}\, P$ et $\mathsf{Ker}\, Q$ n'ont pas de sens. **L'assertion c) est fausse.**
Passons à l'assertion d) : « $\mathsf{Ker}\, P(\phi) \oplus \mathsf{Ker}\, Q(\phi) = \mathsf{Ker}\,(\phi)$. » Si $P = Q = 0$ par exemple, $\mathsf{Ker}\, 0 = E$ et donc on aurait $E \oplus E = \mathsf{Ker}\,\phi$, ce qui est incohérent.
L'assertion d) est fausse et finalement **l'assertion e) est vraie.**

<u>Question 29</u> : Soit λ une valeur propre non nulle de ϕ^2, et μ un nombre complexe tel que $\mu^2 = \lambda$.
La première assertion est issue directement du lemme des noyaux car $P = X - \mu$ et $Q = X + \mu$ sont premiers entre-eux dans $\mathbf{C}[X]$ ($\mu \neq 0$). On a :

$$\phi^2 - \lambda Id = (\phi - \mu Id)\, o\, (\phi + \mu Id)$$

car $\lambda = \mu^2$. On a : $\mathsf{Ker}\,\left(\phi^2 - \lambda Id\right) = \mathsf{Ker}\,(\phi - \mu Id) \oplus \mathsf{Ker}\,(\phi + \mu Id)$.
L'assertion a) est vraie.
L'égalité $E = \mathsf{Ker}\,(\phi - \mu Id) \oplus \mathsf{Ker}\,(\phi + \mu Id)$, proposée à l'assertion b) impliquerait que $E = \mathsf{Ker}\,(\phi^2 - Id)$. Donc $\phi^2 = \lambda Id$, ce qui n'est pas toujours vrai.
Ainsi, **l'assertion b) est fausse.**
Débarrassons nous aussi de l'assertion d). Pour cela, allons chercher un contre-exemple utilisé dans le développement du corrigé de la question 24.
Prenons ϕ associé canoniquement à $M = \begin{pmatrix} 1 & -1 \\ 1 & -1 \end{pmatrix}$, alors M^2 est la matrice nulle. Donc $\phi^2 = 0$. Ce qui fait que ϕ^2 est diagonalisable. Puis $\mathsf{Ker}\,\phi^2 = \mathbf{R}^2$. Pourtant $\mathsf{Ker}\,\phi$ est $\mathsf{Vect}\,((1, -1))$ qui est différent de $\mathsf{Ker}\,\phi^2$.
Donc : **l'assertion d) est fausse.**
Attaquons l'assertion c). On suppose que ϕ^2 est diagonalisable dans E et donc il existe p complexes distincts $\lambda_1, ..., \lambda_p$ tels que :

$$E = \sum_{i=1}^{p} \mathsf{Ker}\,(\phi^2 - \lambda_i Id).$$

Avant de continuer, une remarque générale : $\mathsf{Ker}\,\phi \subset \mathsf{Ker}\,\phi^2$ est toujours vraie.
• Supposons $\mathsf{Ker}\,\phi^2 = \mathsf{Ker}\,\phi$. Montrons que ϕ est diagonalisable.
1) Premier cas : $\mathsf{Ker}\,\phi^2 = 0$. Alors aucun des complexes λ_i n'est nul. De plus $\mathsf{Ker}\,\phi = 0$. Soit i un entier entre 1 et p. Posons μ_i et $-\mu_i$ les deux racines carrées de λ_i dans $\mathbf{C}$. ces deux valeurs sont différentes. D'après l'assertion a) qui est vraie :

$$\mathsf{Ker}\,\left(\phi^2 - \lambda_i Id\right) = \mathsf{Ker}\,(\phi - \mu_i Id) \oplus \mathsf{Ker}\,(\phi + \mu_i Id).$$

Donc : $E = \displaystyle\sum_{i=1}^{p} \left[\mathsf{Ker}\,(\phi - \mu_i Id) \oplus \mathsf{Ker}\,(\phi + \mu_i Id)\right].$
ϕ est donc bien diagonalisable.
2) Deuxième cas : $\mathsf{Ker}\,\phi^2$ n'est pas réduit à 0. Alors supposons, quitte à reindexer comme on dit, que $\lambda_p = 0$. On a :

$$E = \sum_{i=1}^{p-1} \mathsf{Ker}\,(\phi^2 - \lambda_i Id) \oplus \mathsf{Ker}\,(\phi^2).$$

En reprenant les racines carrées des valeurs propres λ_i non nulles de ϕ^2, on a :

$$E = \sum_{i=1}^{p} [\mathsf{Ker}\ (\phi - \mu_i Id) \oplus \mathsf{Ker}\ (\phi + \mu_i Id)] \oplus \mathsf{Ker}\,\phi$$

car $\mathsf{Ker}\,\phi = \mathsf{Ker}\,\phi^2$. Donc ϕ est encore diagonalisable.

• Supposons que ϕ est diagonalisable. Alors si M est la matrice de ϕ dans la base canonique de E, il existe une matrice diagonale $D = diag(\eta_1, ..., \eta_n)$ dans $\mathcal{M}_n(\mathbf{C})$ et $P \in GL_n(\mathbf{C})$ telle que $M = PDP^{-1}$. On remarque que le nombre de 0 dans la diagonale principale de D est $\dim \mathsf{Ker}\,\phi$. Puis $M^2 = PD^2P^{-1}$. Comme M^2 est diagonalisable, le nombre de 0 dans la diagonale principale de D^2 est exactement le même que dans la diagonale principale de D. C'est $\dim \mathsf{Ker}\,\phi^2$. Donc $\dim \mathsf{Ker}\,\phi = \dim \mathsf{Ker}\,\phi^2$ et comme $\mathsf{Ker}\,\phi \subset \mathsf{Ker}\,\phi^2$, alors $\mathsf{Ker}\,\phi = \mathsf{Ker}\,\phi^2$.

En conclusion, **l'assertion c) est vraie**.

Remarque : Donnons une démonstration du sens : « si ϕ^2 est diagonalisable et si $\mathsf{Ker}\,\phi = \mathsf{Ker}\,\phi^2$, alors ϕ est diagonalisable » en utilisant le polynôme minimal de ϕ^2. Soit P le polynôme minimal de ϕ^2, celui-ci est scindé et à racines simples car ϕ^2 est diagonalisable.

Premier cas : 0 n'est pas racine de P, alors $P = \prod_{i=1}^{p}(X - \lambda_i)$, où $\lambda_i \neq 0$ pour tout i, est une valeur propre de ϕ^2. Pour chaque λ_i, on pose δ_i et $-\delta_i$ les deux racines carrées distinctes et complexes de λ_i. Soit :

$$Q = \prod_{i=1}^{p}(X - \delta_i)(X + \delta_i).$$

Q est scindé à racines simples et $Q(\phi) = P(\phi^2) = 0$. Donc il existe un polynôme scindé à racines simples qui annule ϕ, et ϕ est diagonalisable.

Deuxième cas : si 0 est racine de P, $P = X \prod_{i=1}^{p}(X - \lambda_i)$, avec $\lambda_i \neq 0$. Posons (avec les notations de plus haut) :

$$Q = \prod_{i=1}^{p}(X - \delta_i)(X + \delta_i).$$

On a : $\phi^2 Q(\phi) = P(\phi^2) = 0 \Rightarrow \mathsf{Im}\,(P(\phi)) \subset \mathsf{Ker}\,\phi^2$. Or $\mathsf{Ker}\,\phi = \mathsf{Ker}\,\phi^2$ et donc $\phi Q(f) = 0$. Ainsi ϕ annule le polynôme

$$R = X \prod_{i=1}^{p}(X - \delta_i)(X + \delta_i),$$

scindé et à racines simples. Donc ϕ est diagonalisable. *q.e.d*

Question 30 : On suppose ici que f possède n valeurs propres distinctes et soit ϕ un endomorphisme vérifiant $\phi^2 = f$. Comme on est dans un espace vectoriel de dimension n et comme f possède n valeurs propres distinctes (réelles ou complexes non réelles, ce n'est pas précisé), f est diagonalisable dans E. D'après la question 29, on sait que ϕ est diagonalisable si et seulement si $\mathsf{Ker}\,f = \mathsf{Ker}\,\phi$. Comme on n'en est pas certain, **l'assertion a) est fausse**.

Si 0 n'est pas une valeur propre de f, alors $\mathsf{Ker}\, f = \{0\}$. Donc $\mathsf{Det}\, f \neq 0$. Comme $\phi^2 = f$, $2\,\mathsf{Det}\,\phi \neq 0$ donc $\mathsf{Det}\,\phi \neq 0$. Ainsi $\mathsf{Ker}\,\phi = \{0\}$ et ϕ est diagonalisable dans E. Si μ_i est une racine carrée de la valeur propre λ_i de f pour tout i variant de 1 à n, le spectre de ϕ est inclus dans $\{\pm\mu_1, ..., \pm\mu_n\}$. Toutes ces valeurs sont distinctes car aucun des λ_i n'est nul. Soit A la matrice de f dans la base canonique de E, et P une matrice de passage de la base canonique à une base de vecteurs propres. Enfin $D = diag(\lambda_1, ..., \lambda_n)$. On a : $A = PDP^{-1}$. Puis $A^2 = M$, où M est la matrice de ϕ dans la base canonique de E. Alors M s'écrit $PD'P^{-1}$, où D' est diagonale avec $(D')^2 = D$. Il y a 2^n matrices D' qui vérifient cette relation. Donc il y a 2^n endomorphismes ϕ vérifiant $\phi^2 = f$ si 0 n'est pas une valeur propre de f. **L'assertion b) est fausse** et **l'assertion c) est vraie**.
Enfin, même si 0 est valeur propre de f, il y a en général plus de 2 endomorphismes ϕ vérifiant $\phi^2 = f$. Par exemple, si $n = 3$ et le spectre de f est $\{0, 1, 2\}$ alors le spectre de ϕ est constitué de 3 valeurs incluses dans $\{0, \pm 1, \pm 2\}$. Il y en a 4 ici possibles.
Et finalement, **l'assertion d) est fausse**.

Question 31 : Dans les deux questions suivantes, $n = 3$, $A = \begin{pmatrix} 0 & -1 & 0 \\ -1 & 0 & 0 \\ 0 & 0 & 4 \end{pmatrix}$.
La matrice A est bien symétrique réelle donc diagonalisable dans $\mathcal{M}_3(\mathbf{R})$.
Par contre, rien n'oblige à ce que A n'ait que des racines simples.
Et **l'assertion a) est fausse**.
La suite oblige à déterminer les valeurs propres et une base de chaque sous-espace propre. On peut calculer $\chi_A(X)$ (c'est ce qu'on fait certainement la grosse majorité des candidats). On peut aussi remarquer que la dernière colonne est $(0, 0, 4)$ donc 4 est une valeur propre associée au vecteur propre $e_3 = (0, 0, 1)$. Puis comme $A(e_1) = -e_2$ et $A(e_2) = -e_1$, on a :

$$A(e_1 + e_2) = -e_1 - e_2 = -(e_1 + e_2) \text{ et } A(e_1 - e_2) = -e_2 + e_1 = e_1 - e_2.$$

Donc -1 est une valeur propre associée au vecteur propre $e_1 + e_2 = (1, 1, 0)$ et 1 est une valeur propre associée au vecteur propre $e_1 - e_2 = (1, -1, 0)$. La première colonne de la matrice P de l'assertion b) est $(1, 1, 1)$. Ce n'est pas un vecteur propre de A.
Donc **l'assertion b) est fausse**.
La deuxème colonne de la matrice P de l'assertion c) est $(2, -1, 0)$. Ce n'est pas un vecteur propre de A.
Donc **l'assertion c) est fausse**.
La troisième colonne de la matrice P de l'assertion d) est $(2, 0, 0)$. Ce n'est pas un vecteur propre de A.
Donc **l'assertion d) est fausse**. Et ainsi, **l'assertion e) est vraie**.

Question 32 : On fait la somme et le produit de toutes les matrices M de $\mathcal{M}_3(\mathbf{C})$ vérifiant $M^2 = A$. D'après plus haut, on sait que comme 0 n'est pas valeur propre de A et comme A est diagonalisable, M est diagonalisable. Prenons par exemple :

$$P = \begin{pmatrix} -1 & 1 & 0 \\ -1 & -1 & 0 \\ 0 & 0 & 1 \end{pmatrix} \text{ et } D = \begin{pmatrix} -1 & 0 & 0 \\ 0 & 1 & 0 \\ 0 & 0 & 4 \end{pmatrix}.$$

On a donc : $A = PDP^{-1}$. Puis $M = PD'P^{-1}$ avec $(D')^2 = D$. On sait qu'il y a $2^3 = 8$ matrices D' possibles. Les deux racines carrées dans $\mathbf{C}$ de -1 sont $-i$ et i, les deux racines carrées dans $\mathbf{C}$ de 1 sont -1 et 1 et les deux racines carrées dans $\mathbf{C}$ de 4 sont -2 et 2. Les matrices D' sont donc :

$$diag(-i,-1,-2),\ diag(-i,-1,2),\ diag(-i,1,-2),\ diag(-i,1,2),$$

$$diag(i,-1,-2),\ diag(i,-1,2),\ diag(i,1,-2),\ diag(i,1,2),$$

La somme de ces huit matrices est une matrice diagonale, de diagonale $(0,0,0)$. La somme de toutes les matrices M de $\mathcal{M}_3(\mathbf{C})$ vérifiant $M^2 = A$ s'écrit donc matriciellement $PO_3P^{-1} = O_3$, où O_3 est la matrice nulle de $\mathcal{M}_3(\mathbf{C})$.
Ainsi, **l'assertion a) est fausse** et **l'assertion b) est vraie**.
Le produit ces huit matrices D' est encore une matrice diagonale, de diagonale $(1,1,4^4)$. Or le produit de toutes les matrices M vérifiant $M^2 = A$ est une matrice semblable à $diag(1,1,4^4)$. La trace de ce produit est donc : $1+1+4^4 = 258$.
L'assertion c) est vraie et **l'assertion d) est fausse.**

Remarque : l'assertion d) est faite pour ceux qui auraient oublié d'ajouter $1+1$ à 4^4.

Question 33 : A et n sont à nouveau quelconques. On suppose que f est diagonalisable et que l'une au moins de ses valeurs propres est non nulle avec un ordre de multiplicité supérieur ou égal à 2. Pour fixer les idées, supposons que $\lambda_1, ..., \lambda_p$ sont les p valeurs propres distinctes de f avec λ_1 non nulle et $\dim E_{\lambda_1} \geqslant 2$. Il est clair que $p < n$. Et donc $\dim \operatorname{Ker} f \leqslant n-2$. Par ailleurs, rien n'interdit à f d'avoir 0 pour valeur propre (par exemple, sous cette nouvelle hypothèse, $\lambda_p = 0$).
Il peut exister un endomorphisme ϕ diagonalisable tels que $\phi^2 = f$.
Il suffit que $\dim \operatorname{Ker} \phi = \dim \operatorname{Ker} f$.
Et **l'assertion a) est fausse**.
Existe-t-il un nombre fini d'endomorphismes ϕ diagonalisables tels que $\phi^2 = f$? D'après la question 29, ce sont des endomorphismes tels que

$$\dim \operatorname{Ker} \phi = \dim \operatorname{Ker} f \leqslant n-2.$$

Puis, la condition $\phi^2 = f$ impose effectivement un nombre fini de combinaisons possibles de matrices diagonales semblables à M, la matrice de ϕ dans la base canonique de E. On peut préciser que le nombre de tels endomorphismes est au plus de 2^{n-1}.
Les assertions c) et d) sont fausses et **l'assertion b) est vraie**.

Remarque : si f n'est pas diagonalisable, il peut très bien n'exister aucun endomorphisme ϕ tel que $\phi^2 = f$. Par exemple, prenons :

$$A = \begin{pmatrix} 0 & 1 & 0 \\ 0 & 0 & 1 \\ 0 & 0 & 0 \end{pmatrix}.$$

Cherchons $M \in \mathcal{M}_3(\mathbf{C})$ telle que $M^2 = A$. On remarque que $A^3 = 0$ et donc, en partivulier, A n'est pas diagonalisable (sinon A serait semblable à la matrice nulle). Puis comme $M^2 = A$, $M^6 = 0$. Donc M est nilpotente. On sait que comme M est nilpotente et carrée d'ordre 3, nécessairement $M^3 = 0$.
Donc $A^2 = M^4 = 0$. C'est absurde. Donc M n'existe pas.

Question 34 : Un petit rappel de cours, pour commencer.

Loi de Poisson de paramètre $\lambda > 0$

Une variable aléatoire X *suit une loi de Poisson de paramètre* $\lambda > 0$ *si et seulement si pour tout* $k \in \mathbf{N}$, $P(X = k) = e^{-\lambda}\dfrac{\lambda^k}{k!}$. *Par ailleurs,* $E(X) = V(X) = \lambda$.

Il est clair que **les quatre assertions a), b), c) et d) sont fausses.**

Et par conséquent, on dit que **l'assertion e) est vraie.**

Question 35 : On sait que si $X \hookrightarrow \mathcal{P}(\lambda)$, $E(X) = V(X) = \lambda$ donc **l'assertion a) est vraie** et **l'assertion b) est fausse.**

Encore un zeste de rappel de cours.

Fonction (ou série) génératrice d'une variable aléatoire X ***à valeurs dans*** $\mathbf{N}$.

Elle est définie par : $G_X(t) = E(t^X) = \displaystyle\sum_{n=0}^{+\infty} P(X = n)\, t^n$.

Exemples :

Loi de Bernoulli de paramètre $p \in]0,1[$ *: si* $X \hookrightarrow \mathscr{B}(p)$, *pour tout* $t \in \mathbb{R}$, *on a l'égalité :* $G_X(t) = 1 - p + pt$ *;*

Loi binomiale de paramètres $n \geqslant 2$ ***et*** $p \in]0,1[$ *: si* $X \hookrightarrow \mathscr{B}(n,p)$, *pour tout* $t \in \mathbb{R}$, *on a l'égalité :* $G_X(t) = (1 - p + pt)^n$ *;*

Loi géométrique de paramètre $p \in]0,1[$ *: si* $X \hookrightarrow \mathscr{G}(p)$, *pour tout* t *appartenant à* $\left[-\dfrac{1}{1-p}, \dfrac{1}{1-p}\right[$, *on a :* $G_X(t) = \dfrac{pt}{1-(1-p)t}$ *;*

Loi de Poisson de paramètre $\lambda > 0$ *: si* $X \hookrightarrow \mathscr{P}(\lambda)$, *pour tout* $t \in \mathbb{R}$, *on a l'égalité :* $G_X(t) = e^{\lambda(t-1)}$.

Donc dans le cas de la loi de Poisson, le rayon de convergence de la série génératrice est $R = +\infty$;

Donc **l'assertion c) est fausse** et **l'assertion d) est vraie.**

Question 36 : On sait que $E(X + Y) = E(X) + E(Y)$, que X et Y soient indépendantes ou non donc **l'assertion a) est fausse** et **l'assertion b) est vraie.**

Puis $P(A \cap B) = P(A)P(B)$ n'est vraie que si A et B sont indépendants.

Donc **l'assertion c) est fausse.**

À cause de $A + B$, qui ne veut rien dire, **l'assertion d) est fausse.**

Question 37 : Le nombre de personnes qui rentrent dans l'épicerie sur une période T suit une loi de Poisson de paramètre nT. Donc la probabilité pour que k candidats rentrent effectivement dans l'épicerie pendant un laps de temps T est :

$$\frac{e^{-nT}(nT)^k}{k!}.$$

L'assertion a) est vraie et **l'assertion b) est fausse.**

Il reste à remplacer k par 1 et T par $\frac{2}{n}$ et la probabilité qu'une seule personne n'arrive est : $2\,e^{-2}$.

L'assertion c) est fausse et **l'assertion d) est vraie.**

Question 38 : Le nombre d'entrée dans un laps de temps de $\frac{1}{n}$ suit une loi de Poisson $\mathcal{P}(1)$. La probabilité cherchée est :

$$1 - e^{-1}\left(1 + 1 + \frac{1}{2} + \frac{1}{6}\right) = 1 - \frac{8}{3}e^{-1}.$$

Les assertions a), b) et d) sont fausses et **l'assertion c) est vraie.**

Question 39 : On a :

$$p = \sum_{k=0}^{+\infty} P(X = 2k) = \sum_{k=0}^{+\infty} e^{-\lambda} \frac{\lambda^{2k}}{(2k)!} = e^{-\lambda} \text{ch}\, \lambda.$$

L'assertion a) est vraie et **l'assertion b) est fausse.**
Comme $2p = 1 + e^{-2\lambda}$, on a nécessairement : $2p > 1$.
Finalement, **l'assertion c) est vraie** et **l'assertion d) est fausse.**

Question 40 : Si $Y = 2$, Z est pair et si $Y = 1$, il faut et il suffit que X soit pair. Donc la probabilité pour que Z soit pair est :

$$P(Y = 2) + \frac{p}{2} = \frac{p+1}{2}.$$

L'assertion d) est vraie et **les assertions a), b) et c) sont fausses.**

CONCOURS ICNA
Epreuve commune
SESSION 2016

Questions liées : *Questions 1 à 14, questions 15 à 28, questions 29 à 40*

ENONCE

PARTIE I

Cet exercice a pour but d'étudier la convergence et quelques propriétés d'intégrales contenant des fonctions exponentielles.

Si $a_1, ..., a_n$ ***sont*** n ***réels, le produit*** $a_1 \times a_2 \times ... \times a_n$ ***se note :*** $\prod_{k=1}^{n} a_k$.

Si $\lim_{n \to +\infty} \prod_{k=1}^{n} a_k$ ***existe, on la note :*** $\prod_{n=1}^{+\infty} a_n$.

On pourra utiliser les résultats suivants :

$$\frac{\sin(\pi x)}{\pi x} = \prod_{n=1}^{+\infty} \left(1 - \frac{x^2}{n^2}\right) \textbf{\textit{ et }} \int_0^{+\infty} e^{-u^2}\, du = \frac{\sqrt{\pi}}{2}.$$

Question 01 : L'intégrale $\int_0^1 e^{-t} t^{\alpha - 1}\, dt$, où $\alpha \in \mathbf{R}$

a) converge car quelque soit α réel, $f : t \mapsto e^{-t}t^{\alpha-1}$ est continue et positive sur l'intervalle $[0, 1]$.

b) ne converge pas si $\alpha < 0$.

c) ne converge que si $\alpha < 1$.

d) converge car au voisinage de $t = 0$, $e^{-t}t^{\alpha-1}$ est équivalent à $\frac{t}{2}$.

Question 02 : L'intégrale $\int_1^{+\infty} e^{-t} t^{\alpha - 1}\, dt$, où $\alpha \in \mathbf{R}$

a) converge car quelque soit α réel, $f : t \mapsto e^{-t}t^{\alpha-1}$ est continue sur $[1, +\infty[$.

b) converge car $\lim_{t \to +\infty} t^2 e^{-t} t^{\alpha-1} = 1$.

c) converge car $\lim_{t \to +\infty} t^2 e^{-t} t^{\alpha-1} = 0$.

d) ne converge que si $\alpha > 0$.

Question 03 : L'intégrale $\Gamma(\alpha) = \displaystyle\int_0^{+\infty} e^{-t} t^{\alpha-1}\, dt$ converge :

a) pour toute valeur de α.
b) uniquement si $\alpha < 0$.
c) uniquement si $\alpha < 1$.
d) uniquement si $\alpha \in [0, 1]$.

Question 04 : On se place dans le cas où $\alpha > 0$, on a alors :

a) $\alpha\,\Gamma(\alpha + 1) = \Gamma(\alpha)$.
b) $\alpha\,\Gamma(\alpha + 1) = \Gamma(-\alpha)$.
c) $\Gamma(\alpha + 1) = \alpha\,\Gamma(\alpha)$.
d) $\Gamma(\alpha + 1) = (\alpha + 1)\Gamma(\alpha)$.

Question 05 : Si n est un entier positif non nul, on a :

a) $\Gamma(n + 1) = \dfrac{(-1)^n}{(n + 1)!}$.
b) $\Gamma(n + 1) = \dfrac{1}{(n + 1)!}$.
c) $\Gamma(n + 1) = (n + 1)!$.
d) $\Gamma(n + 1) = n!$.

Question 06 : Si n est un entier positif non nul, on a :

a) $\Gamma\left(n + \dfrac{1}{2}\right) = \dfrac{(2n)!\pi}{2^{2n} n!}$.
b) $\Gamma\left(n + \dfrac{1}{2}\right) = \dfrac{(2n)!\sqrt{\pi}}{2^{2n} n!}$.
c) $\Gamma\left(n + \dfrac{1}{2}\right) = \dfrac{(2n)!n!}{2^{2n}\pi}$.
d) $\Gamma\left(n + \dfrac{1}{2}\right) = \dfrac{(2n)!n!}{2^{2n}\sqrt{\pi}}$.

Question 07 : On a :

a) $\displaystyle\lim_{n\to+\infty} \left(1 - \frac{t}{n}\right)^n = 1$.
b) $\displaystyle\lim_{n\to+\infty} \left(1 - \frac{t}{n}\right)^n = +\infty$.
c) $\displaystyle\lim_{n\to+\infty} \left(1 - \frac{t}{n}\right)^n = e^t$.
d) $\displaystyle\lim_{n\to+\infty} \left(1 - \frac{t}{n}\right)^n = e^{-t}$.

Question 08 : On se place toujours dans le cas où $\alpha > 0$.
On considère : $I(\alpha) = \displaystyle\int_0^n \left(1 - \frac{t}{n}\right)^n t^{\alpha-1}\, dt$.
En effectuant le changement de variable $u = \frac{t}{n}$ et en calculant $I(\alpha)$ par intégration par parties successives, on peut en déduire que :

a) $\Gamma(\alpha) = \displaystyle\lim_{n\to+\infty} \frac{n!}{(\alpha + 1)(\alpha + 2)...(\alpha + n)} n^\alpha$.

b) $\Gamma(\alpha) = \displaystyle\lim_{n\to+\infty} \frac{(n - 1)!}{\alpha(\alpha + 1)(\alpha + 2)...(\alpha + n - 1)} n^\alpha$.

c) $\Gamma(\alpha) = \displaystyle\lim_{n\to+\infty} \frac{(n + 1)!}{\alpha(\alpha + 1)(\alpha + 2)...(\alpha + n + 1)} n^\alpha$.

d) $\Gamma(\alpha) = \displaystyle\lim_{n\to+\infty} \frac{n!}{\alpha(\alpha + 1)(\alpha + 2)...(\alpha + n)} n^\alpha$.

Question 09 : On introduit $G(\alpha) = \dfrac{1}{\alpha} \displaystyle\lim_{m\to+\infty} \left(m^\alpha \prod_{k=1}^{m} \frac{k}{k + \alpha}\right)$ dont on admettra l'existence pour tout réel α différent d'un entier négatif ou nul. On peut alors écrire pour tout réel α non entier négatif ou nul

a) $\Gamma(\alpha) = G(\alpha)$. **b)** $\dfrac{1}{\alpha}\Gamma(\alpha) = G(\alpha)$.

c) $\Gamma(\alpha) = \frac{1}{\alpha}G(\alpha)$. **d)** $\Gamma(\alpha) = G(\alpha)$ seulement si $\alpha > 0$.

Question 10 : En calculant le produit $G(\alpha)G(-\alpha)$, on obtient :

a) $G(\alpha)G(-\alpha) = \dfrac{-\pi\alpha}{\cos(\pi\alpha)}$. **b)** $G(\alpha)G(-\alpha) = -\pi\alpha^2(1 - \sin(\pi\alpha))$.

c) $G(\alpha)G(-\alpha) = \dfrac{-\pi}{\alpha\sin(\pi\alpha)}$. **d)** $G(\alpha)G(-\alpha) = \dfrac{-\pi}{\alpha^2}(1 - \sin(\pi\alpha))$.

Question 11 : On suppose α strictement positif. On a alors :

a) $G(-\alpha)$ est définie quelque soit $\alpha > 0$.

b) $G(-\alpha)$ est définie quelque soit α entier naturel non nul.

c) $G(-\alpha)$ n'est définie que si α est différent de $p/2$, $p \in \mathbf{N}^\star$.

d) $G(-\alpha)$ n'est définie que si α est différent de p, $p \in \mathbf{N}^\star$.

Question 12 : $G(-1.5)$ vaut :

a) $\dfrac{4}{3}\sqrt{\pi}$. **b)** $\dfrac{3}{4}\sqrt{\pi}$. **c)** $\dfrac{4}{3\sqrt{\pi}}$. **d)** $\dfrac{3}{4\sqrt{\pi}}$.

Question 13 : $G(-0.5)$ vaut :

a) $-\sqrt{\pi}$. **b)** $-2\sqrt{\pi}$. **c)** $-\dfrac{1}{2}\sqrt{\pi}$. **d)** -2π.

Question 14 : On se place dans le cas où $\alpha = 0$ et on note quand elle existe, la fonction F définie par : $F(x) = \displaystyle\int_x^{+\infty} e^{-t}t^{-1}\,dt$, x étant un réel tel que l'intégrale converge. On a alors :

a) F est définie sur $\mathbf{R}$.

b) F n'est définie que sur $\mathbf{R}_+^\star$.

c) F est définie sur $\mathbf{R}_+$ mais n'est pas de classe $\mathcal{C}^1$ que sur $\mathbf{R}_+^\star$.

d) F est de classe $\mathcal{C}^1$ sur $\mathbf{R}_+^\star$ et $F'(x) = -\dfrac{1}{x}e^{-x}$ car $F(x) = \displaystyle\int_x^A e^{-t}t^{-1}\,dt + K_A$, avec $A > 0$ et K_A constante.

PARTIE II

Soit P un polynôme à coefficients réels de degré $n \geqslant 2$ et α est un réel quelconque. On définit la fonction f_α de la façon suivante :

$$\forall\, P \in \mathbf{R}_n[X],\ f_\alpha(P) = X(X-1)P''(X) + (1+\alpha X)P'(X).$$

Question 15 : L'ensemble $\mathbf{R}_n[X]$:

a) est un sous-espace vectoriel de dimension n de $\mathbf{R}[X]$.

b) ne peut pas être un sous espace vectoriel.

c) admet pour base la famille $\{X^k(X-1)^{n-k},\ 0 \leqslant k \leqslant n\}$.

d) admet pour base la famille $\{(X-1)^k,\ 0 \leqslant k \leqslant n\}$.

Question 16 : La fonction f_α

a) n'est pas linéaire.

b) est linéaire mais ne peut pas être un endomorphisme de $\mathbf{R}_n[X]$.

c) est une application linéaire de $\mathbf{R}_n[X]$ dans $\mathbf{R}[X]$.

d) est un endomorphisme de $\mathbf{R}_n[X]$.

Dans les questions 17 à 23, on se place dans le cas où $n = 3$.

Question 17 : M_α la matrice de l'endomorphisme f_α dans la base canonique

a) est une matrice triangulaire inférieure de $\mathcal{M}_4(\mathbf{R})$.

b) est une matrice symétrique réelle.

c) est nilpotente.

d) est une matrice carrée de $\mathcal{M}_3(\mathbf{R})$.

Question 18 : Cette matrice M_α, si elle existe

a) s'écrit : $\begin{pmatrix} 0 & 0 & 0 & 0 \\ 1 & \alpha & 0 & 0 \\ 0 & 0 & 2(1+\alpha) & 0 \\ 0 & 0 & -3 & 3(2+\alpha) \end{pmatrix}$.

b) s'écrit : $\begin{pmatrix} 0 & 1 & 0 & 0 \\ 0 & \alpha & 0 & 0 \\ 0 & 0 & 2(1+\alpha) & -3 \\ 0 & 0 & 0 & 3(2+\alpha) \end{pmatrix}$.

c) vérifie $M_\alpha^2 = \alpha M_\alpha$.

d) est de rang 3 pour tout réel α.

Question 19 :

a) $\forall \alpha \in \mathbf{R}$, les valeurs propres de l'endomorphisme f_α sont de multiplicité 1.

b) Si $2(1+\alpha)$ est une valeur propre de f_α, alors il faut que α soit nécessairement différent de -1 car une valeur propre est toujours non nulle.

c) Pour tout réel α, les valeurs propres de l'endomorphisme f_α sont : $\alpha\,;\ 2(1+\alpha)\,;\ 3(2+\alpha)$.

d) Pour tout réel α, les valeurs propres de l'endomorphisme f_α sont : $0\,;\ \alpha\,;\ 2(1+\alpha)\,;\ 3(2+\alpha)$.

Question 20 : De manière générale, pour qu'un endomorphisme u d'un espace vectoriel E soit diagonalisable, il faut et il suffit

a) que son polynôme caractéristique soit scindé et ait toutes ses racines simples.

b) qu'il existe une base de vecteurs propres.

c) que les sous-espaces propres de u soient tous de dimension 1.

d) que la somme des dimensions des sous-espaces propres de u soit égale à la dimension de E.

Question 21 : L'endomorphisme f_α

a) n'est diagonalisable pour aucune valeur de α.

b) est diagonalisable $\forall \alpha$ car les valeurs propres sont toutes de multiplicité 1.

c)est diagonalisable pour toute valeur de α car la matrice de f_α est triangulaire.

d) est diagonalisable uniquement dans les cas où $\alpha \notin \{0; -1; -2\}$ car un endomorphisme admettant 0 comme valeur propre n'est pas diagonalisable.

Question 22 : L'ensemble des valeurs de α pour lesquelles l'endomorphisme f_α admet au moins une valeur propre double est

a) vide.

b) l'ensemble $\{0, -1, -2\}$ et 0 est la seule valeur propre double possible.

c) l'ensemble $\{0, -1, -2, -3, -4\}$.

d) l'ensemble $\{-3, -4\}$ puisqu'une valeur propre est nécessairement non nulle.

Question 23 : Soit N_α la matrice de f_α dans $\left(1 \,;\, 1+X \,;\, X^2+X^3 \,;\, X^3\right)$.

a) M_α et N_α ont le même polynôme caractéristique.

b) Il existe une matrice inversible Q telle que $N_\alpha = Q M_\alpha Q^{-1}$.

c) $N_\alpha = \begin{pmatrix} 0 & 1 & 0 & 0 \\ 0 & \alpha & 0 & 0 \\ 0 & 0 & 2\alpha - 1 & -3 \\ 0 & 0 & 3(2+\alpha) & 3(2+\alpha) \end{pmatrix}$.

d) $M_\alpha = P N_\alpha P^{-1}$ avec $P = \begin{pmatrix} 1 & -1 & 0 & 0 \\ 0 & 1 & 1 & 0 \\ 0 & 0 & -1 & 0 \\ 0 & 0 & 0 & 1 \end{pmatrix}$.

Question 24 : De manière générale, pour un endomorphisme réel u de E, espace vectoriel de dimension finie :

a) u est toujours diagonalisable.

b) Si M et N sont deux matrices de u dans deux bases différentes alors M et N ont la même trace.

c) Si u est une projection alors u est diagonalisable.

d) Si u est une symétrie alors l'ensemble des valeurs propres de u est $\{1, -1\}$.

Dans les questions 25 à 27, on reprend le cas général avec $n \geqslant 2$.

Question 25 :

a) Les valeurs propres de f_α sont $\lambda_k = k(\alpha + k - 1)$ pour $k \in [\![0, n]\!]$.

b) Les valeurs propres de f_α sont $\lambda_k = (k-1)(\alpha + k - 2)$ pour $k \in [\![1, n]\!]$.

c) Pour que f_α admette une valeur propre au moins double, il faut que α soit entier dans $[\![-2(n-1), 0]\!]$.

d) Il n'existe pas de réel α tel que f_α admette au moins une valeur propre double.

Question 26 : On désigne par $\mathsf{Ker}\, f_\alpha$ le noyau de f_α et par $\mathsf{Im}\, f_\alpha$ l'image de f_α.

a) Si α n'est pas dans $[1-n, 0]$ alors $\dim \mathsf{Ker}\, f_\alpha = 1$ car 0 est valeur propre simple de f_α.

b) Si α est un entier de $[\![1-n, 0]\!]$ alors $\dim \mathsf{Ker}\, f_\alpha = 2$ puisque 0 est valeur propre double de f_α et que la dimension d'un sous-espace propre est toujours égale à l'ordre de multiplicité de la valeur propre (dans le polynôme caractéristique) à laquelle il est associé.

c) Si α est un entier de $[\![1-n, 0]\!]$, alors $\dim \mathsf{Im}\, f_\alpha = n + 1 - \dim \mathsf{Ker}\, f_\alpha = n - 1$.

d) Si α n'est pas un entier de $[1-n, 0]$ alors $\mathsf{Ker}\, f_\alpha$ est l'ensemble des polynômes constants.

Question 27 : ***Dans cette question :*** $\alpha = 0$.

a) La matrice M_0 est de rang au plus égal à $n-1$ car 0 est valeur propre double.

b) La matrice M_0 est de rang n car 0 est valeur propre double.

c) L'endomorphisme f_0 est diagonalisable.

d) L'endomorphisme f_0 n'est pas diagonalisable car $\mathsf{Ker}\, f_0 = \mathsf{Vect}\,(\{X\})$.

Question 28 : ***Dans cette question :*** $n = 3$ ***et*** $\alpha = -4$.

a) L'espace propre associé à la valeur propre -4 est $\mathsf{Vect}\,(\{1 - 4X\})$.

b) L'espace propre associé à la valeur propre -6 est $\mathsf{Vect}\,(\{X^2\})$.

c) L'endomorphisme f_{-4} n'est pas diagonalisable car le sous-espace propre associé à la valeur propre double -4 est de dimension 1.

d) L'endomorphisme f_{-4} est diagonalisable.

PARTIE III

Soit n ***un entier naturel non nul et*** f ***est une application continue de*** $\mathbf{R}_+$ ***dans*** $\mathbf{R}$.
On considère sur $\mathbf{R}_+^\star$ ***l'équation différentielle*** (E_n) ***:*** $\frac{x}{n} y'(x) + y(x) = f(x)$ ***et l'équation homogène associée*** (E_n^0) ***:*** $\frac{x}{n} y'(x) + y(x) = 0$.
On définit sur $\mathbf{R}_+^\star$ ***l'application*** F_n ***:***

$$x \mapsto \frac{n}{x^n} \int_0^x t^{n-1} f(t)\, dt.$$

Question 29 :

a) Dans le cas où f n'est pas la fonction nulle, $\forall n \in \mathbf{N}^\star$, l'ensemble des solutions de (E_n) sur $\mathbf{R}_+^\star$ est un espace vectoriel de dimension 1.

b) Aucune fonction solution de (E_n^0) n'est de classe $\mathcal{C}^1$ sur $\mathbf{R}_+^\star$.

c) Toute fonction solution de (E_n^0) est de classe $\mathcal{C}^\infty$ sur $\mathbf{R}_+^\star$.

d) $\forall n$, il n'existe pas de polynôme non nul solution de (E_n^0).

Question 30 :

a) L'ensemble des solutions sur $\mathbf{R}_+^\star$ de (E_n^0) est un espace vectoriel dont la dimension est 1.

b) Il existe $n \in \mathbf{N}$ tel que $g : x \mapsto e^{-x^2}$ soit solution de (E_n^0).

c) Il n'existe pas $n \in \mathbf{N}$ tel que $h : x \mapsto x^{-8}$ soit solution de (E_n^0).

d) Si f est de classe $\mathcal{C}^\infty$ sur $\mathbf{R}$ alors toute solution de (E_n) est de classe $\mathcal{C}^\infty$ sur $\mathbf{R}_+^\star$.

Question 31 :

a) F_n est continue sur $\mathbf{R}_+^\star$, se prolonge par continuité sur $\mathbf{R}_+$ avec $F_n(0) = f(0)$.

b) Si f est définie par $f(x) = x$ alors F_n n'admet pas de limite en 0^+.

c) Si f est définie par $f(x) = x$ alors F_n admet pour dérivée à droite en 0 : $(n+1)/n$.

d) Si f est bornée alors F_n l'est aussi.

Dans la suite, on note : $\mathcal{F}$ l'ensemble des applications de $\mathbf{R}_+$ dans $\mathbf{R}$, $\mathcal{C}$ l'ensemble des applications continues de $\mathbf{R}_+$ dans $\mathbf{R}$ et $\mathcal{D}$ l'ensemble des applications de classe $\mathcal{C}^1$ de $\mathbf{R}_+$ dans $\mathbf{R}$.
Soit l'application T_n de $\mathcal{C}$ dans $\mathcal{F}$, qui à toute application $f \in \mathcal{C}$ associe $\tilde{F}_n$ la fonction définie par $\tilde{F}_n(0) = f(0)$ et si $x \in \mathbf{R}_+^\star$ alors $\tilde{F}_n(x) = F_n(x)$.

Question 32 :

a) T_n est linéaire.

b) T_n est un endomorphisme de $\mathcal{C}$.

c) Si f est un polynôme de degré k alors $T_n(f)$ est un polynôme de degré $k+1$.

d) Si f est croissante alors $T_n(f)$ est décroissante.

Question 33 :

a) Si f tend vers 0 en $+\infty$ alors $\tilde{F}_n$ est bornée au voisinage de $+\infty$.

b) Si f tend vers 0 en $+\infty$ alors $\tilde{F}_n$ ne tend pas vers 0 en $+\infty$.

c) Si f tend vers une limite finie a en $+\infty$ alors $\tilde{F}_n$ tend vers a en $+\infty$.

d) Si f tend vers $+\infty$ en $+\infty$ alors $\tilde{F}_n$ tend vers 0 en $+\infty$.

Question 34 : Pour cette question, $f : x \mapsto \begin{cases} 3x^2 - 2x^3 & \text{si} \quad x \in [0,1] \\ 1 & \text{si} \quad x > 1 \end{cases}$

a) f n'est pas dérivable en 0.

b) f est dérivable en 1.

c) $\tilde{F}_n : x \mapsto \begin{cases} 3\frac{n}{n+2}x^2 - 2\frac{n}{n+3}x^3 & \text{si} \quad x \in [0,1] \\ -1 + 3\frac{n}{n+2} - 2\frac{n}{n+3} + \frac{1}{x^n} & \text{si} \quad x > 1 \end{cases}$

d) Pour tout x fixé dans $\mathbf{R}_+$, la suite $(\tilde{F}_n(x))$ converge vers $f(x)$.

Question 35 :

a) L'application $h : x \mapsto |x-1|$ admet un antécédent par T_n.

b) T_n est surjective.

c) $T_n(f)$ est solution de (E_n).

d) T_n est injective car elle est surjective.

Question 36 : On choisit pour cette question : $n = 1$.

a) L'ensemble des solutions de (E_1) est : $x \mapsto \frac{K}{x} + \frac{1}{x}\int_0^x f(t)\,dt$, avec $K \in \mathbf{R}$.

b) Toute solution de (E_1) est continue sur $\mathbf{R}_+^\star$ et se prolonge par continuité en 0.

c) Toute solution de (E_1) a une limite infinie en 0.

d) Il n'existe pas de solution de (E_1) qui se prolonge en une fonction continue sur $\mathbf{R}_+$.

Question 37 : On choisit pour cette question $n = 2$ et $f : x \mapsto e^{-x}$.

a) L'ensemble des solutions de (E_2) est : $x \mapsto \frac{1}{x}(K + (x-1)e^{-x})$ avec $K \in \mathbf{R}$.

b) Il n'existe pas de solution de (E_2) continue sur $\mathbf{R}_+$.

c) Il existe une solution de (E_2) ayant une limite finie en $+\infty$.

d) Toute solution de (E_2) admet 0 comme limite en $+\infty$.

Question 38 : ***Dans cette question, f appartient à $\mathcal{D}$.***
Pour $n \in \mathbf{N}^\star$, dans $\mathbf{R}_+$, (E'_n) : $\frac{n+1}{n}y'(x) + \frac{x}{n}y''(x) = f'(x)$ et d'équation homogène associée (E'^0_n).

a) Toute solution de (E'_n) est solution de (E_n).

b) Toute solution de (E_n) est solution de (E'_n).

c) $T_n(f)$ est solution de (E'_n).

d) On peut utiliser l'équation caratéristique d'une équation différentielle linéaire d'ordre 2 sans second membre pour trouver les solutions de (E'^0_n).

Dans les deux questions suivantes, on choisit $n = 1$ et $f : x \mapsto e^{-x^2}$.

Question 39 :

a) Il existe une solution de (E'_1) développable en série entière au voisinage de 0.

b) $\tilde{F}_1$ est solution de (E'_1).

c) Toute combinaison linéaire de deux solutions de (E'_1) est une solution de (E'^0_1).

d) L'ensemble des solutions de (E'^0_1) est un espace vectoriel de dimension 1.

Question 40 : S'il existe une solution de (E'_1) développable en série entière au voisinage de 0, de rayon de convergence $R > 0$, on note cette solution : $\sum_{m=0}^{+\infty} a_m x^m$.

a) Quel que soit l'entier impair m, $a_m = 0$.

b) Cette série entière solution a un rayon de convergence infini.

c) Quel que soit l'entier pair m, $a_m = \dfrac{2(-1)^{m+1}}{m(m+1)!}$.

d) L'ensemble des solutions de (E'^0_1) développables en série entière au voisinage de 0 est un espace vectoriel de dimension 2.

CORRIGE

Question 01 : Commençons par remarquer que $t \mapsto e^{-t}t^{\alpha-1}$ est intégrable au voisinage de 0^+ si et seulement si $-\alpha+1 < 1$, c'est-à-dire si et seulement si $\alpha > 0$. Comme $t \mapsto e^{-t}t^{\alpha-1}$ n'est pas bornée en 0 pour $\alpha < 1$, on en déduit alors sans problème que **l'assertion a) est fausse.**
La non-intégrabilité pour $\alpha \leqslant 0$ n'est pas utile pour contrer cette assertion a).
Si $\alpha < 0$, $\displaystyle\int_0^1 e^{-t}t^{\alpha-1}\,dt$ ne converge pas (même si elle ne converge pas non plus pour $\alpha = 0$). Donc **l'assertion b) est vraie.**
Puis **l'assertion c) est fausse** car $\displaystyle\int_0^1 e^{-t}t^{\alpha-1}\,dt$ converge si et seulement si $\alpha > 0$.
Enfin, au voisinage de 0, $e^{-t}t^{\alpha-1} \sim t^{\alpha-1}$ et **l'assertion d) est fausse.**
Question 02 : La continuité de $f : t \mapsto e^{-t}t^{\alpha-1}$ sur $[1, +\infty[$ ne suffit pas pour affirmer la convergence de $\displaystyle\int_1^{+\infty} e^{-t}t^{\alpha-1}\,dt$.
Donc **l'assertion a) est fausse** (bien que $\displaystyle\int_1^{+\infty} e^{-t}t^{\alpha-1}\,dt$ converge pour tout α.)
Comme $\displaystyle\lim_{t\to+\infty} t^2e^{-t}t^{\alpha-1} = 0$, $e^{-t}t^{\alpha-1} = o(t^{-2}$ quand t tend vers $+\infty$ et donc $\displaystyle\int_1^{+\infty} e^{-t}t^{\alpha-1}\,dt$ converge. **L'assertion c) est vraie.**
Il en découle que **l'assertion b) est fausse.**
Enfin, pour la convergence de $\displaystyle\int_1^{+\infty} e^{-t}t^{\alpha-1}\,dt$, il n'y a pas de condition sur α et finalement **l'assertion d) est fausse.**
Question 03 : L'intégrale $\Gamma(\alpha) = \displaystyle\int_0^{+\infty} e^{-t}t^{\alpha-1}\,dt$ converge si et seulement si $\alpha > 0$ en combinant ce que l'on a trouvé aux questions 01 et 02.
On peut en conclure que **les quatre assertions a), b), c), d) sont fausses.**
Cela se traduit sur la grille par **l'assertion e) est vraie.**
Question 04 : On pose, dans un premier temps, u et v deux réels fixés avec la condition $0 < u < v$. On a :

$$\int_u^v e^{-t}t^{\alpha-1}\,dt = -\int_u^v -e^{-t}\frac{t^\alpha}{\alpha}\,dt + \left[e^{-t}\frac{t^\alpha}{\alpha}\right]_u^v.$$

Il reste à faire tendre u vers 0 et v vers $+\infty$. On a :

$$\Gamma(\alpha) = \frac{\Gamma(\alpha+1)}{\alpha} \Rightarrow \alpha\Gamma(\alpha) = \Gamma(\alpha+1).$$

L'assertion c) est vraie. Et **les assertions a), b), d) sont fausses.**
Question 05 : Partons d'un entier $n \geqslant 2$ quelconque.

$$\Gamma(n) = (n-1)\Gamma(n-1) = (n-1)(n-2)\Gamma(n-2),$$

on aboutit à $\Gamma(n) = (n-1)!$ pour tout $n \geqslant 1$ (car $\Gamma(1) = 1$).
L'avantage d'un Q.C.M c'est que l'on n'a pas besoin d'être rigoureux dans la récurrence. Il faut arriver au bout le plus vite possible (mais sans partir sur des bêtises !) On peut alors écrire que pour tout $n \in \mathbf{N}$, $\Gamma(n+1) = n!$.
Et **l'assertion d) est vraie**. Il reste que **les assertions a), b), c) sont fausses**.

Question 06 : Là aussi, on part de la formule établie à la question 4 mais avec $\alpha = n - \frac{1}{2}$. On a :

$$\Gamma\left(n+\frac{1}{2}\right) = \left(n-\frac{1}{2}\right)\Gamma\left(n-\frac{1}{2}\right),$$

c'est-à-dire : $\Gamma\left(n+\frac{1}{2}\right) = \left(n-\frac{1}{2}\right)\dots\left(n-\frac{2n-1}{2}\right)\Gamma\left(n-\frac{2n-1}{2}\right)$.
Cela donne :

$$\Gamma\left(n+\frac{1}{2}\right) = 2^{-n}\left[(2n-1)\times(2n-3)\times\dots\times 1\right]\Gamma\left(\frac{1}{2}\right).$$

On arrange le membre de droite :

$$\Gamma\left(n+\frac{1}{2}\right) = \frac{1}{2^n}\times\frac{(2n)!}{2^n n!}\times\Gamma\left(\frac{1}{2}\right).$$

Il reste à traiter $\Gamma\left(\frac{1}{2}\right) = \int_0^{+\infty} e^{-t} t^{\frac{-1}{2}}\, dt$.
On effectue le changement de variable $t = u^2$ dans cette intégrale :

$$\Gamma\left(\frac{1}{2}\right) = \int_0^{+\infty} e^{-u^2} 2\, du.$$

On a utilisé $dt = 2u\, du$.
D'après le début de l'énoncé (faut bien que cette indication serve quelque part !),

$$\Gamma\left(\frac{1}{2}\right) = \sqrt{\pi}.$$

Finalement : $\Gamma\left(n+\frac{1}{2}\right) = \frac{(2n)!}{2^{2n} n!}\sqrt{\pi}$.
L'assertion b) est vraie et **les assertions a), c), d) sont fausses**.

Question 07 : Pour tout $n \geqslant 1$,

$$\left(1-\frac{t}{n}\right)^n = \exp\left(n\ln\left(1-\tfrac{t}{n}\right)\right) = \exp\left(n\left(-\tfrac{t}{n}+o\left(\tfrac{1}{n}\right)\right)\right) = \exp\left(-t+o(1)\right),$$

quantité qui tend vers e^{-t} quand n tend vers $+\infty$.
Ainsi **l'assertion d) est vraie** et **les assertions a), b), c) sont fausses**.

Question 08 : On commence à faire le changement de variable $u = \dfrac{t}{n}$ dans :

$$I(\alpha) = \int_0^n \left(1-\frac{t}{n}\right)^n t^{\alpha-1}\, dt.$$

Il reste : $I(\alpha) = \displaystyle\int_0^1 (1-u)^n \, n^{\alpha-1} u^{\alpha-1} n \, du = n^\alpha J(\alpha)$ avec :

$$J(\alpha) = \int_0^1 (1-u)^n \, u^{\alpha-1} \, du.$$

On commence par faire une première intégration par parties en dérivant la fonction $u \mapsto (1-u)^n$ et en intégrant la fonction $u \mapsto u^{\alpha-1}$ (de classe $\mathcal{C}^1$ sur $[0,1]$ pour les deux fonctions). Il reste : $J(\alpha) = \displaystyle\int_0^1 n\,(1-u)^{n-1} \frac{u^\alpha}{\alpha} \, du.$

On continue des intégrations par parties successives pour obtenir :

$$J(\alpha) = n \times (n-1) \times (n-2) \times ... \times 1 \times \int_0^1 (1-u)^0 \, \frac{u^{\alpha+n-1}}{\alpha(\alpha+1)...(\alpha+n-1)} \, du.$$

On obtient : $J(\alpha) = \dfrac{n!}{\alpha(\alpha+1)...(\alpha+n-1)}$.

Donc : $I(\alpha) = \dfrac{n! n^\alpha}{\alpha(\alpha+1)...(\alpha+n-1)}$.

Comme $\displaystyle\lim_{n \to +\infty} I(\alpha) = \int_0^{+\infty} e^{-t} t^{\alpha-1} \, dt = \Gamma(\alpha)$, d'après le théorème de convergence dominée, $\Gamma(\alpha) = \displaystyle\lim_{n\to+\infty} \frac{n! n^\alpha}{\alpha(\alpha+1)...(\alpha+n-1)}$.

L'assertion a) est fausse car il manque α au dénominateur.
L'assertion b) est fausse car au numérateur, il y a $(n-1)!$ à la place de $n!$.
L'assertion c) est fausse car au numérateur, il y a $(n+1)!$ à la place de $n!$
Enfin, **l'assertion d) est vraie** bien entendu.

Remarque : nous allons justifier le passage par le théorème de convergence dominée. Pour commencer, on va faire un (petit) rappel de cours.

Théorème de convergence dominée

Si pour tout n, f_n *est continue par morceaux sur* I *;*
si $(f_n)_{n\in\mathbf{N}}$ *converge simplement sur* I *vers une fonction* f *continue par morceaux ;*
s'il existe une fonction φ *continue par morceaux sur* I*, positive et intégrable sur* I *telle que, pour tout entier* n, $|f_n| \leq \varphi$, ***(hypothèse de domination)*** *;*
Alors : les fonctions f_n *et* f *sont intégrables sur* I *et* $\displaystyle\int_I f = \lim_n \int_I f_n$.

Montrons maintenant : $\displaystyle\lim_{n\to+\infty} \int_0^n \left(1 - \frac{t}{n}\right)^n t^{\alpha-1} \, dt = \int_0^{+\infty} e^{-t} t^{\alpha-1} \, dt.$

On va utiliser : (1) $\forall x \geqslant 0, 1 - x \leqslant e^{-x}$.

Posons, $\forall n \in \mathbf{N}^*$, $\forall x \geqslant 0$, $f_n(x) = \begin{cases} 0 & \text{si} \quad x = 0 \\ \left(1 - \dfrac{x}{n}\right)^n x^{\alpha-1} & \text{si} \quad 0 < x \leqslant n \\ 0 & \text{si} \quad x > n \end{cases}$.

Chaque fonction f_n est continue par morceaux sur $\mathbf{R}_+$.

(1) nous donne : $1 - \dfrac{x}{n} \leq e^{-\frac{x}{n}}$, donc : $0 \leqslant f_n(x) \leqslant e^{-x} x^{\alpha-1}$, ces inégalités étant évidentes pour $x > n$.

La fonction $x \mapsto e^{-x} x^{\alpha-1}$ est intégrable sur $[0, +\infty[$.

L'hypothèse de domination est donc mise en évidence.

$$\forall n \in \mathbf{N}^*,\ |f_n| \leqslant \varphi, \text{ où } \varphi = f\ :\ x \mapsto e^{-x}x^{\alpha-1} \text{ intégrable sur } \mathbf{R}_+.$$

La suite de fonctions $(f_n)_{n\in\mathbf{N}^*}$ converge simplement vers la fonction f définie sur $\mathbf{R}_+$ par $f(x) = e^{-x}x^{\alpha-1}$ puisque, pour tout $x \in \mathbf{R}_+$ et pour tout $n \geqslant x$: $\exp\left(n\ln\left(1-\frac{x}{n}\right)\right) \underset{n\to+\infty}{\longrightarrow} e^{-x}$.

f est continue, donc continue par morceaux, sur $\mathbf{R}_+$.

Le théorème précédent permet d'affirmer : $\lim\limits_{n\to+\infty} \displaystyle\int_0^{+\infty} f_n(t)\,dt = \int_0^{+\infty} e^{-t}t^{\alpha-1}\,dt$.

<u>Question 09</u> : On a clairement : $m^\alpha \displaystyle\prod_{k=1}^{m} \frac{k}{k+\alpha} = m^\alpha \frac{m!}{(\alpha+1)...(\alpha+m)}$.

Or : $\alpha\Gamma(\alpha) = \lim\limits_{n\to+\infty} m^\alpha \dfrac{m!}{(\alpha+1)...(\alpha+m)} = \alpha G(\alpha)$.

Pour $\alpha > 0$, on a : $\Gamma(\alpha) = G(\alpha)$. Cette relation n'est pas valable pour $\alpha \leqslant 0$ car $\Gamma(\alpha)$ n'existe alors pas. Donc **l'assertion d) est vraie**.

Les autres assertions n'ont pas de sens car $\Gamma(\alpha)$ n'est pas définie pour tout α non entier négatif ou nul. **Les assertions a), b) et c) sont fausses**.

<u>Question 10</u> : On a : $G(\alpha)G(-\alpha) = \lim\limits_{n\to+\infty} \dfrac{-1}{\alpha^2} m^\alpha \displaystyle\prod_{k=1}^{m} \frac{k}{k+\alpha} m^{-\alpha} \prod_{k=1}^{m} \frac{k}{k-\alpha}$.

Ce qui donne : $G(\alpha)G(-\alpha) = \lim\limits_{n\to+\infty} \dfrac{-1}{\alpha^2} \displaystyle\prod_{k=1}^{m} \frac{1}{1-\frac{\alpha^2}{k^2}} = \lim\limits_{n\to+\infty} \frac{-1}{\alpha^2} \frac{1}{\prod\limits_{k=1}^{m}\left(1-\frac{\alpha^2}{k^2}\right)}$.

En utilisant l'indication, $G(\alpha)G(-\alpha) = \dfrac{-1}{\alpha^2}\dfrac{\pi\alpha}{\sin(\pi\alpha)} = \dfrac{-\pi}{\alpha\sin(\pi\alpha)}$.

Ainsi **l'assertion c) est vraie** et **les assertions a), b) et d) sont fausses**.

<u>Question 11</u> : $G(\alpha)$ est définie si α n'est pas un entier négatif ou nul et $G(-\alpha)$ est définie si α n'est pas un entier positif ou nul. Donc si $\alpha > 0$, $G(-\alpha)$ n'est définie que si $\alpha \neq p$ pour tout $p \in \mathbf{N}^*$. Ainsi, **l'assertion d) est vraie**.

Comme $G(-\alpha)$ est définie pour $\alpha = \frac{1}{2}$ par exemple, **l'assertion c) est fausse**.

De même, **les assertions a) et b) sont fausses**.

<u>Question 12</u> : $G(\alpha) = \Gamma(\alpha)$ si $\alpha > 0$. Donc $G(1.5) = \Gamma(1.5)$. Or :

$$\Gamma\left(n+\frac{1}{2}\right)) = \frac{1}{2^{2n}n!}(2n)!\sqrt{\pi} \Rightarrow \Gamma\left(1+\frac{1}{2}\right) = \frac{1}{2^2 1!}(2)!\sqrt{\pi} = \frac{\sqrt{\pi}}{2}.$$

Puis on utilise $G(\alpha)G(-\alpha) = \dfrac{-\pi}{\alpha\sin(\pi\alpha)}$ pour $\alpha = 1.5$, ce qui donne :

$G(1.5)G(-1.5) = \dfrac{2\pi}{3}$. Il reste : $G(-1.5) = \dfrac{2\pi}{3} \times \dfrac{2}{\sqrt{\pi}} = \dfrac{4}{3}\sqrt{\pi}$.

L'assertion a) est vraie et **les assertions b), c) et d) sont fausses**.

<u>Question 13</u> : Déjà, $\Gamma\left(\dfrac{1}{2}\right) = \sqrt{\pi}$ donc $G\left(\dfrac{1}{2}\right) = \sqrt{\pi}$.

En appliquant toujours la formule trouvée plus haut,

$$G\left(-\frac{1}{2}\right)G\left(\frac{1}{2}\right) = -2\pi \Rightarrow G\left(-\frac{1}{2}\right) = -2\sqrt{\pi}.$$

Et **l'assertion b) est vraie**. Enfin, **les assertions a), c) et d) sont fausses**.

Question 14 : Posons $F(x) = \displaystyle\int_x^{+\infty} e^{-t}t^{-1}\,dt$. Il n'y a pas de souci de convergence en $+\infty$ car $e^{-t}t^{-1} = o(1/t^2)$ quand t tend vers $+\infty$. Par ailleurs, $t \mapsto e^{-t}t^{-1}$ est continue sur $[x, +\infty[$ pour tout $x > 0$. Finalement, F est définie pour $x > 0$. **L'assertion b) est vraie.**
Comme $F(0)$ n'existe pas, F n'est pas définie sur $\mathbf{R}$. **L'assertion a) est fausse.**
Comme F n'est pas définie sur $\mathbf{R}_+$, **l'assertion c) est fausse.**
Posons $A > 0$ fixé, alors pour tout $x > 0$,

$$F(x) = \int_x^A e^{-t}t^{-1}\,dt + \int_A^{+\infty} e^{-t}t^{-1}\,dt.$$

Il suffit de poser $K_A = \displaystyle\int_A^{+\infty} e^{-t}t^{-1}\,dt$. On remarque que K_A est une constante (par rapport à x).
En dérivant, $F'(x) = -e^{-x}x^{-1}$ pour tout $x > 0$ et **l'assertion d) est vraie.**

Question 15 : $\mathbf{R}_n[X]$ est un sous-espace vectoriel de dimension $n+1$ de $\mathbf{R}[X]$. Donc **l'assertion a) et l'assertion b) sont fausses.**
La famille $\{X^k(X-1)^{n-k}, 0 \leqslant k \leqslant n\}$ est une famille de $n+1$ vecteurs de $\mathbf{R}_n[X]$. Il reste à prouver qu'elle est libre. Posons l'identité (1) :

$$\alpha_n(X-1)^n + \alpha_{n-1}X(X-1)^{n-1} + ... + \alpha_1 X^{n-1}(X-1) + \alpha_0 X^n = 0.$$

On applique $X = 1$ dans (1) et alors automatiquement $\alpha_0 = 0$.
On remplace α_0 par 0 et on divise par $X - 1$ dans (1) , on a (2) :

$$\alpha_n(X-1)^{n-1} + \alpha_{n-1}X(X-1)^{n-2} + ... + \alpha_1 X^{n-1} = 0.$$

On applique $X = 1$ dans (2) et alors automatiquement $\alpha_1 = 0$.
On remplace α_1 par 0 et on divise par $X - 1$ dans (2) , on a (3) :

$$\alpha_n(X-1)^{n-2} + \alpha_{n-1}X(X-1)^{n-3} + ... + \alpha_2 X^{n-2} = 0.$$

On continue ainsi de suite et de proche en proche, $\alpha_k = 0$ pour tout k entier entre 0 et n. On a ainsi une famille libre de $n+1$ vecteurs, c'est une base de $\mathbf{R}_n[X]$. **L'assertion c) est vraie.**
La famille $\{(X-1)^k, 0 \leqslant k \leqslant n\}$ est une famille de $n+1$ vecteurs de $\mathbf{R}_n[X]$ de degrés échelonnés. Elle est libre donc est une base de $\mathbf{R}_n[X]$.
L'assertion d) est vraie.

Question 16 : Pour tout $a \in \mathbf{R}$ et tout $(P, Q) \in \mathbf{R}_n[X]$,

$$f_\alpha(P(X) + aQ(X)) = X(X-1)(P + aQ)''(X) + (1 + \alpha X)(P + aQ)'(X).$$

Comme $(P + aQ)''(X) = P''(X) + aQ''(X)$ et $(P + aQ)'(X) = P'(X) + aQ'(X)$, en développant, on a bien : $f_\alpha(P(X) + aQ(X)) = f_\alpha(P)(X) + af_\alpha(Q)(X)$.
Donc f_α est linéaire. Et **l'assertion a) est fausse.**
Comme f_α est linéaire et comme l'image de $\mathbf{R}_n[X]$ par f_α est incluse dans $\mathbf{R}[X]$, on peut dire que **l'assertion c) est vraie.**
Supposons $n \geqslant 2$, Si $P \in \mathbf{R}_n[X]$ alors $P'(X) \in R_{n-1}[X]$ et $P''(X) \in R_{n-2}[X]$. Donc $X(X-1)P''(X) \in R_n[X]$ et $(1 + \alpha X)P'(X) \in R_n[X]$. Ainsi :

$$f_\alpha(P)(X) \in \mathbf{R}_n[X].$$

Et f_α est bien un endomorphisme de $\mathbf{R}_n[X]$.
Il en découle que **l'assertion b) est fausse** et que **l'assertion d) est vraie**.

Question 17 : On a rapidement : $f_\alpha(1) = 0$, $f_\alpha(X) = 1 + \alpha X$.
Puis : $f_\alpha(X^2) = (2\alpha + 2)X^2$ et $f_\alpha(X^3) = -3X^2 + 3(\alpha + 2)X^3$.

Ainsi, $M_\alpha = \begin{pmatrix} 0 & 1 & 0 & 0 \\ 0 & \alpha & 0 & 0 \\ 0 & 0 & 2(1+\alpha) & -3 \\ 0 & 0 & 0 & 3(2+\alpha) \end{pmatrix}$.

C'est une matrice triangulaire supérieure de $\mathcal{M}_4(\mathbf{R})$ donc **l'assertion a) est fausse**.
Comme M_α n'est pas symétrique ($M_\alpha \neq M_\alpha^T$), **l'assertion b) est fausse**.
M_α n'est pas non plus une matrice carrée de $M_3(\mathbf{R})$, **l'assertion d) est fausse**.
Pour la nilpotence (attention, le terme « nilpotence » n'est pas officiellement au programme, donc cela aurait dû être précisé dans l'énoncé), on sait que M_α est nilpotente si et seulement s'il existe un entier p non nul tel que $M_\alpha^p = 0$. Or on sait que si l'on calcule les puissances successives de M_α, on obtient des matrices triangulaires supérieures dont la diagonale principale a des termes non nuls. Ainsi pour M_α^p, la diagonale est composée de 0, α^p, $2^p(1+\alpha)^p$ et $3^p(2+\alpha)^p$. Plusieurs de ces termes ne sont jamais nuls et M_α n'est pas nilpotente.
Et **l'assertion c) est fausse**.
En conclusion, **l'assertion e) est vraie**.

Question 18 : D'après la question précédente, on peut déjà dire sans aucun souci que **l'assertion a) est fausse** et que **l'assertion b) est vraie**.
Comme $M_\alpha^2 \neq \alpha M_\alpha$ (il suffit de comparer la diagonale principale de M_α^2 et de αM_α, **l'assertion c) est fausse**.
Enfin, M_α est de rang 2 si $\alpha = -1$ car M_α a alors deux colonnes nulles, on peut conclure que **l'assertion d) est fausse**.

Question 19 : Le spectre de M_α est $\{0, \alpha, 2(1+\alpha), 3(2+\alpha)\}$.
Si $\alpha \in \{-2, -1, 0\}$, 0 est de multiplicité 2 et les deux autres valeurs propres sont de multiplicité 1.
Déjà, **l'assertion a) est fausse**.
Si $\alpha = -3$, -3 est une valeur propre double et les deux autres valeurs propres 0 et -4 sont simples.
Si $\alpha = -4$, -6 est une valeur propre double et les deux autres valeurs propres 0 et -4 sont simples.
Si $\alpha \notin \{-4, -3, -2, -1, 0\}$, les quatre valeurs propres sont de mutiplicité 1.
Comme une valeur propre peut être nulle, **l'assertion b) est fausse** (attention, un vecteur propre lui, doit être non nul !).
L'assertion c) est fausse car il manque α (qui est une valeur propre).
Enfin, **l'assertion d) est vraie**.

Remarque : on peut remarquer que ce type de question revient souvent dans les QCM de l'ICNA. D'où la nécessité de travailler sur des annales !

Question 20 : Attention, on propose ici des C.N.S de diagonalisation (et non des conditions suffisantes ou des conditions nécessaires). Si le polynôme caractéristique est scindé et a toutes ses racines simples, alors u est diagonalisable. Par contre, on n'a pas la réciproque. Le cours dit que u est diagonalisable si et seulement s'il existe un polynôme annulateur et à racines simples (pas nécessairement le polynôme caractéristique).

Remarque : si vous êtes en PSI ou en MP, d'après le théorème de Cayley-Hamilton, vous savez que le polynôme caractéristique est un polynôme annulateur mais cela n'est pas une condition de diagonalisabilité.
Donc **l'assertion a) est fausse.**
Puis **l'assertion b) est vraie** car c'est la définition de la diagonalisation : u est diagonalisable si et seulement s'il existe une base de vecteurs propres.
Puis **l'assertion c) est fausse** car rien n'interdit à un sous-espace propre d'être de dimension strictement supérieure à 1.
Enfin, nous dirons que **l'assertion d) est vraie**. Ceci dit, ce n'est pas tout à fait correct. On pense bien entendu au résultat du cours : u est diagonalisable si et seulement si la somme des dimensions des sous-espaces propres de u est égale à la dimension de E. Le problème, c'est que l'on ne précise pas que E est de dimension finie. Or toutes les questions dans ce sujet cadrent avec un espace vectoriel de dimension finie. Donc nous imaginons que c'est juste un oubli du concepteur.
Il aurait dû préciser que E est ici de dimension finie.

Question 21 : On revient à f_α.
Si $\alpha \notin \{-4, -3, -2, -1, 0\}$, f_α possède quatre valeurs propres distinctes de multiplicité 1 et donc f_α est diagonalisable.
Ainsi **l'assertion a) est fausse** car f_α est diagonalisable pour au moins certaines valeurs de α.
Si $\alpha \in \{-2, -1, 0\}$, on sait que 0 est alors une valeur propre double et donc on peut dire que **l'assertion b) est fausse**.
Puis on sait qu'une matrice triangulaire n'est pas forcément diagonalisable et ainsi :

$$\begin{pmatrix} 0 & 1 \\ 0 & 0 \end{pmatrix}$$

a pour valeur propre 0 seulement et n'est pas diagonalisable car sinon ce serait la matrice nulle.
Donc **l'assertion c) est fausse**.
Enfin, un endomorphisme ayant 0 pour valeur propre peut être diagonalisable. Il est seulement non bijectif.
Ainsi, **l'assertion d) est fausse**. En conclusion, **l'assertion e) est vraie**.
Remarque : dans cette question, pas de calcul, que du raisonnement. Il faut être rapide sur ce type de question.

Question 22 : **L'assertion c) est vraie**, d'après plus haut (développement de la question 19).
Par contre, il est clair que **les assertions a), b) et d) sont fausses**. Là aussi, pas de calcul pénible nécessaire.

Question 23 : Posons $\mathcal{B}'$ la base $\{1, 1+X, X^2+X^3, X^3\}$.
On a, par ailleurs, $f_\alpha = 0$, $f_\alpha(1+X) = 1 + \alpha X$ puis :

$$f_\alpha(X^2+X^3) = (2\alpha - 1)X^2 + (6+3\alpha)X^3, f_\alpha(X^3) = -3X^2 + 3(\alpha+2)X^3.$$

La matrice :

$$\begin{pmatrix} 0 & 1 & 0 & 0 \\ 0 & \alpha & 0 & 0 \\ 0 & 0 & 2\alpha - 1 & -3 \\ 0 & 0 & 3(\alpha+2) & 3(\alpha+2) \end{pmatrix}$$

représente les images des vecteurs de $\mathcal{B}'$ dans la base canonique.
Ce n'est pas N_α.
Ainsi, **l'assertion c) est fausse**.
On sait que deux matrices semblables ont le même polynôme caractéristique. Donc M_α et N_α ont le même polynôme caractéristique car ces deux matrices représentant le même endomorphisme f_α dans deux bases différentes, sont donc semblables.
L'assertion a) est vraie.
Bien entendu, avec ce que l'on vient d'écrire, on peut conclure de suite que **l'assertion b) est vraie**.
Enfin, **l'assertion d) est fausse** car il ne peut y avoir que deux vraies au plus ! Si l'on veut le vérifier quand même, on remarque que montrer $M_\alpha = PN_\alpha P^{-1}$ revient à montrer $M_\alpha P = PN_\alpha$. On calcule par exemple la première ligne de $M_\alpha P$ et de PN_α et on remarque que ces deux lignes différent au moins d'un terme.

Question 24 : On sait qu'un endomorphisme quelconque u n'est pas toujours diagonalisable dans un espace vectoriel réel de dimension finie. Les exemples ne manquent pas.
Prenons : $\begin{pmatrix} 0 & 1 \\ 0 & 0 \end{pmatrix}$ avec $\dim E = 2$, qui a 0 pour seule valeur propre et qui n'est pas semblable à la matrice nulle (car cette matrice serait nulle aussi).
Donc **l'assertion a) est fausse**.
Si M et N sont deux matrices de u dans deux bases différentes alors il existe $P \in GL_n(\mathbf{R})$ telle que $M = P^{-1}NP$ et $\text{Tr}(M) = \text{Tr}(P^{-1}NP) = \text{Tr}(N)$.
Donc **l'assertion b) est vraie**.
Si u est une projection alors $\text{Ker}\, p$ et $\text{Im}\, p$ sont des sous-espaces supplémentaires de E. On peut préciser que $\text{Ker}\, p$ est le sous-espace propre associé à 0 et que p est le sous-espace propre associé à 1. **L'assertion c) est vraie**.
Enfin, si u est une symétrie, le spectre de u est inclus dans $\{-1, 1\}$ mais pas nécessairement égal à $\{-1, 1\}$. Ainsi Id_E est une symétrie vectorielle et -1 n'est pas une de ses valeurs propres. **L'assertion d) est fausse**.

Question 25 : $\forall k \in [\![2, n]\!], f_\alpha(X^k) = k(k-1+\alpha)X^k + k(2-k)X^{k-1}$.
La matrice de f_α par rapport à la base $\{1, X, ..., X^n\}$ est triangulaire supérieure et sur la diagonale principale, pour tout k entier de 0 à n, les coefficients sont les valeurs $\lambda_k = k(k-1+\alpha)$. **L'assertion a) est vraie**.
Comme $\{(k-1)(\alpha+k-2),\ k \in [\![1, n]\!]\}$ ne contient pas $n(\alpha+n-1)$, dernière valeur propre de f_α, **l'assertion b) est fausse**.
Si $k = 0$, $\lambda_k = 0$ donc 0 est toujours une valeur propre puis si $\alpha = -k+1$, $k \in [\![1, n]\!]$, alors $\lambda_k = 0$. Donc si $\alpha \in [\![-n+1, 0]\!]$, 0 est double.
L'assertion c) est vraie car $[\![-n+1, 0]\!] \subset [\![-2(n-1), 0]\!]$.
Comme il existe α tel que $f_{\alpha)}$ admette au moins une valeur propre double, (par exemple $\alpha = -1$), **l'assertion d) est fausse**.

Question 26 : Si $\alpha \notin [\![1-n, 0]\!]$, 0 est valeur propre simple et donc $\dim \text{Ker}\, f_\alpha = 1$.
Ainsi, **l'assertion a) est vraie**.
Pour l'assertion b), il faut faire très attention, en effet, si $\alpha \in [\![1-n, 0]\!]$, alors 0 est une valeur propre double. Par contre, l'on n'est pas certain que $\dim \text{Ker}\, f_\alpha = 2$.
En effet, par exemple, $\begin{pmatrix} 0 & 1 \\ 0 & 0 \end{pmatrix}$ a 0 pour valeur propre double et pourtant son noyau est de dimension 1. Donc **l'assertion b) est fausse**.
Si $\alpha \notin [\![1-n, 0]\!]$, alors $\dim \text{Im}\, f_\alpha = n + 1 - \dim \text{Ker}\, f_\alpha = n$.

De plus, $\dim \mathsf{Ker}\, f_\alpha = 1$ et comme $f_\alpha(1) = 0$, $\mathsf{Ker}\, f_\alpha = \mathsf{Vect}\,(1)$.
C'est bien l'ensemble des polynômes constants, **l'assertion d) est vraie**.

La matrice M_0 (cas $n = 3$) de f_α pour $\alpha = 0$ est $M_0 = \begin{pmatrix} 0 & 1 & 0 & 0 \\ 0 & 0 & 0 & 0 \\ 0 & 0 & 2 & -3 \\ 0 & 0 & 0 & 6 \end{pmatrix}$.

Ici $Rg\, M_0 = 3$ et donc $\dim \mathsf{Ker}\, f_\alpha = 1$. La relation :

$$\dim \mathsf{Im}\, f_\alpha = n + 1 - \dim \mathsf{Ker}\, f_\alpha = n - 1$$

implique $\dim \mathsf{Ker}\, f_\alpha = 2$. Et **l'assertion c) est fausse**.

Question 27 : La matrice M_0 est une matrice de $\mathcal{M}_{n+1}(\mathbf{R})$ de diagonale principale

$$0\ 0\ 2\ 6\ ...\ k(k-1)\ ...\ n(n-1)$$

et de diagonale juste au dessus

$$1\ 0\ \ -3\ ...\ k(2-k)\ ...\ n(2-n)$$

Si $L_1 \leftrightarrow L_2$, on remarque que M_0 est de rang $n + 1 - 1 = n$. Donc il est faux de dire que M_0 est de rang au plus égal à $n - 1$. Donc **l'assertion a) est fausse**.
0 étant valeur propre double, $\dim \mathsf{Ker}\, f_0 \leqslant 2$ donc on ne peut pas dire :

$$\dim f_\alpha = 1 \Leftrightarrow Rg f_0 = n$$

directement, **l'assertion b) est fausse**.
f_0 n'est pas diagonalisable car 0 est une valeur propre double et $\dim \mathsf{Ker}\, f_0 = 1$. Donc **l'assertion c) est fausse**.
Comme $\mathsf{Ker}\, g_0 = \mathsf{Vect}\,(1) \neq \mathsf{Vect}\,(X)$, **l'assertion d) est fausse**.
On peut conclure que **l'assertion e) est vraie**.

Question 28 : On a rapidement : $M_{-4} = \begin{pmatrix} 0 & 1 & 0 & 0 \\ 0 & -4 & 0 & 0 \\ 0 & 0 & -6 & -3 \\ 0 & 0 & 0 & -6 \end{pmatrix}$.

Donc $\dim E_{-4} = 1$ et $f_{-4}(1 - 4X) = f_{-4}(1) - 4f_{-4}(X) = -4(1 - 4X)$.
Donc $E_{-4} = \mathsf{Vect}\,(1 - 4X)$. **L'assertion a) est vraie**.
Puis on détermine $E_{-6} = \mathsf{Vect}\,(X^2)$. Donc **l'assertion b) est vraie**.
-4 n'est pas double donc **l'assertion c) est fausse**.
Comme -6 est une valeur propre double avec $\dim E_{-6} = 1 < 2$, on peut conclure que f_{-4} n'est pas diagonalisable.
Et **l'assertion d) est fausse**.

Question 29 : L'ensemble des solutions de (E_n) sur $\mathbf{R}_+^\star$ ne peut pas être un espace vectoriel car si y_1 et y_2 sont deux solutions de (E_n), alors $y_1 + y_2$ est solution de l'équation différentielle :

$$\tfrac{x}{n} y' + y = 2f,$$

qui, en général, n'est pas la même que (E_n). **L'assertion a) est fausse**.
Résolvons (E_n^0), ce qui sera sûrement utile pour la suite.
y_H est solution de (E_n^0) si et seulement si :

$$\exists\, A \in \mathbf{R}, \forall x \in \mathbf{R}_+^\star,\ y_H(x) = Ax^{-n}.$$

Cette fonction y_H est de classe $\mathcal{C}^\infty$ sur $\mathbf{R}_+^\star$.
Donc, **l'assertion b) est fausse** et **l'assertion c) est vraie**.
Si $n = 0$, $y_H = A$, c'est un polynôme constant (ou plutôt sa restriction à $\mathbf{R}_+^\star$.)
Si $n \geqslant 1$, pas de polynôme constant. Seul $A = 0$ convient. **L'assertion d) est vraie.**

Question 30 : Comme l'ensemble des solutions sur $\mathbf{R}_+^\star$ de (E_n^0) est $\mathrm{Vect}\,(x \mapsto x^{-n})$, c'est bien un espace vectoriel de dimension 1. Et **l'assertion a) est vraie**.
Puis $(e^{-x^2})' = -2xe^{-x^2}$. Le second membre de l'équation devrait être :

$$\left(-\tfrac{2}{n}x^2 + 1\right) e^{-x^2},$$

et aucune valeur de n ne convient. Ainsi, **l'assertion b) est fausse**.
Sinon, on remarque que pour tout A réel et pour tout n entier non nul,

$$Ax^{-n} = e^{-x^2}$$

est impossible pour tout $x > 0$.
Si $n = 8$ et $A = 1$, $h : x \mapsto x^{-8}$ est solution de (E_n^0) et **l'assertion c) est fausse**.
Résolvons (E_n) avec la méthode de variation de la constante.
Posons $y(x) = A(x)x^{-n}$. On remplace dans (E_n) pour tout $x > 0$:

$$\frac{x}{n}\left[A'(x)x^{-n} - nA(x)x^{-n-1}\right] + A(x)x^{-n} = f(x).$$

Il reste $A'(x) = nx^{n-1}f(x)$. Comme f est continue sur $\mathbf{R}^+$, il existe $K \in \mathbf{R}$ tel que

$$A(x) = \int_0^x nt^{n-1}f(t)\,dt + K.$$

Ainsi l'ensemble des solutions de (E_n) est constitué des fonctions :

$$y : \mathbf{R}_+^\star \to \mathbf{R},\ x \mapsto \frac{n}{x^n}\int_0^x t^{n-1}f(t)\,dt + \frac{K}{x^n},$$

où $K \in \mathbf{R}$. Si f est de classe $\mathcal{C}^\infty$ sur $\mathbf{R}$, elle l'est aussi sur $\mathbf{R}_+^\star$, $t \mapsto t^{n-1}f(t)$ aussi, $x \mapsto \displaystyle\int_0^x t^{n-1}f(t)\,dt$ aussi et enfin $x \mapsto \displaystyle\frac{n}{x^n}\int_0^x t^{n-1}f(t)\,dt$ aussi.
Donc **l'assertion d) est vraie**.

Remarque : il y a une ambiguité à l'assertion d). La fonction f introduite au début de la partie 3 est définie de $\mathbf{R}^+$ dans $\mathbf{R}$. Par contre, dans l'assertion d) de la question 30, on impose à f d'être de classe $\mathcal{C}^\infty$ sur $\mathbf{R}$. Si l'on avait écrit « Si f est de classe $\mathcal{C}^\infty$ sur $\mathbf{R}_+$ » à la place, cela aurait été pareil pour la véracité de l'assertion d) mais plus rigoureux et logique par rapport à l'énoncé.

Question 31 : On peut partir de $\min\limits_{t\in[0,x]} f(t) \leqslant f(t) \leqslant \max\limits_{t\in[0,x]} f(t)$. Cela donne :

$$\forall t \geqslant 0,\ t^{n-1}\min_{t\in[0,x]} f(t) \leqslant t^{n-1}f(t) \leqslant t^{n-1}\max_{t\in[0,x]} f(t).$$

Puis :

$$\forall x > 0,\ \left[\min_{t\in[0,x]} f(t)\right]\int_0^x t^{n-1}\,dt \leqslant \int_0^x t^{n-1}f(t)\,dt \leqslant \left[\max_{t\in[0,x]} f(t)\right]\int_0^x t^{n-1}\,dt.$$

Il reste à calculer les intégrales des deux côtés.

$$\forall x > 0, \left[\min_{t \in [0,x]} f(t)\right] \frac{x^n}{n} \leqslant \int_0^x t^{n-1} f(t)\, dt \leqslant \left[\max_{t \in [0,x]} f(t)\right] \frac{x^n}{n}.$$

Et ainsi :

$$\forall x > 0, \left[\min_{t \in [0,x]} f(t)\right] \leqslant F_n(x) \leqslant \left[\max_{t \in [0,x]} f(t)\right].$$

On fait tendre x vers 0 et comme f est continue en 0, $\min\limits_{t \in [0,x]} f(t)$ et $\max\limits_{t \in [0,x]} f(t)$ tendent vers $f(0)$. En appliquant le théorème des Gendarmes, on peut conclure que F_n se prolonge par continuité en 0 en posant $F_n(0) = f(0)$.
L'assertion a) est vraie.
Si $f(x) = x$, rapidement pour tout $x > 0$, $F_n(x) = \frac{n}{n+1} x$.
Comme $\lim\limits_{x \to 0^+} F_n(x) = 0$, **l'assertion b) est fausse.**
Puis $\lim\limits_{x \to 0^+} \dfrac{F_n(x) - F_n(0)}{x - 0} = \dfrac{n}{n+1}$, **l'assertion c) est fausse.**
Enfin, si pour tout $t \in \mathbf{R}_+$, $|f(t)| \leqslant K$ alors $|F_n(x)| \leqslant K$ pour tout $x \in \mathbf{R}_+^\star$ et donc F_n est bornée. **L'assertion d) est vraie.**

Question 32 : D'après la question 31, on sait que $\tilde{F}_n$ est continue sur $\mathbf{R}_+$ et donc T_n est une application de C dans C.
Soient $(f, g) \in C^2$ et $a \in \mathbf{R}$, pour tout $x > 0$,

$$T_n(f + ag)(x) = \frac{n}{x^n} \int_0^x t^{n-1} \left[f(t) + ag(t)\right] dt,$$

ce qui donne :

$$T_n(f + ag)(x) = \frac{n}{x^n} \int_0^x t^{n-1} f(t)\, dt + a \frac{n}{x^n} \int_0^x t^{n-1} g(t)\, dt.$$

On retrouve bien $T_n(f)(x) + aT_n(g)(x)$.
Si $x = 0$, directement,

$$T_n(f + ag)(0) = (f + ag)(0) = f(0) + ag(0) = T_n(f)(0) + aT_n(g)(0).$$

T_n est linéaire et **l'assertion a) est vraie.**
Comme $T_n(f)$ est continue en 0, T_n est un endomorphisme de C, et on peut en déduire que **l'assertion b) est vraie.**

Remarque : une petite ambiguité à cette assertion b). T_n est définie au début de la question de $\mathcal{C}$ dans $\mathcal{F}$, pas de $\mathcal{C}$ dans $\mathcal{C}$. C'est un peu le même problème que pour l'assertion d) de la question 30. Le concepteur du sujet aurait dû être plus précis.

Soit f est un polynôme de degré k, il suffit par linéarité de considérer $f : x \mapsto x^k$.
Alors pour tout $x > 0$, $F_n(x) = \frac{n}{k+n} x^k$.
Donc F_n est bien un polynôme de degré k, **l'assertion c) est fausse**

Remarque : si l'on est super rigoureux, on ne peut pas parler de vraie fonction polynomiale mais seulement de la restriction d'une fonction polynomiale à $\mathbf{R}_+$. Mais bon, il faut éviter de trop réfléchir dans une telle épreuve. On n'a pas le temps et, en plus, on peut inverser des assertions vraies et des assertions fausses.

La fonction $f : x \mapsto x^k$ pour $k \in \mathbf{N}^\star$ fixé est croissante sur $\mathbf{R}_+^\star$ et

$$x \mapsto T_n(f)(x) = \frac{n}{k+n}x^k$$

est aussi croissante sur $\mathbf{R}_+^\star$. Donc **l'assertion d) est fausse.**

Question 33 : On sait que $\lim\limits_{x\to+\infty} f(x) = 0$ équivaut à écrire :

$$\forall \varepsilon > 0,\ \exists A > 0,\ \forall x > A,\ |f(x)| < \varepsilon.$$

Posons donc $\varepsilon > 0$. Alors pour tout $x > A$,

$$\frac{n}{x^n}\int_0^x t^{n-1}f(t)\,dt = \frac{n}{x^n}\left[\int_0^A t^{n-1}f(t)\,dt + \int_A^x t^{n-1}f(t)\,dt\right]$$

et posons $K = \displaystyle\int_0^A t^{n-1}|f(t)|\,dt$, quantité constante et positive.

Alors : $\forall x > A$, $\left|\dfrac{n}{x^n}\displaystyle\int_0^x t^{n-1}f(t)\,dt\right| \leqslant \dfrac{Kn}{x^n}\displaystyle\int_A^x \varepsilon t^{n-1}\,dt$.

C'est-à-dire : $\forall x > A$, $\left|\dfrac{n}{x^n}\displaystyle\int_0^x t^{n-1}f(t)\,dt\right| \leqslant \dfrac{Kn\varepsilon}{x^n}\left[\dfrac{x^n}{n} - \dfrac{A^n}{n}\right]$.

Cette dernière quantité vaut $K\varepsilon\left[1 - \dfrac{A^n}{x^n}\right]$, que l'on majore par $K\varepsilon$.

Ainsi, pour tout $x > A$, $|F_n(x)| \leqslant K\varepsilon$, et F_n est bornée au voisinage de $+\infty$.
Il en résulte que **l'assertion a) est vraie.**

De plus, cette dernière inégalité traduit : $\lim\limits_{x\to+\infty} F_n(x) = 0$.

Ainsi, **l'assertion b) est fausse.**

Posons $g(x) = f(x) - a$. Alors : $\lim\limits_{x\to+\infty} f(x) = a \Leftrightarrow \lim\limits_{x\to+\infty} g(x) = 0$.

On a : $T_n(g(x)) = T_n(f(x)) - T_n(a)$ car T_n est linéaire.

Rapidement : $T_n(a) = \dfrac{n}{x^n}\displaystyle\int_0^x t^{n-1}a\,dt = a$. Donc pour tout $x > 0$,

$$T_n(g(x)) = T_n(f(x)) - a.$$

D'après le développement de l'assertion a), $T_n(g(x))$ tend vers a quand x tend vers $+\infty$. Et donc $\lim\limits_{x\to+\infty} T_n(f(x)) = a$. **L'assertion c) est vraie.**

Avec la règle des deux réponses vraies au maximum, **l'assertion d) est fausse.** Montrons le quand même. Par exemple, pour $f : x \mapsto x^k$, $k \in \mathbf{N}^\star$,

$$\lim_{x\to+\infty} f(x) = +\infty.$$

Et comme $T_n(f)(x) = \dfrac{n}{n+k}x^k$, $\lim\limits_{x\to+\infty} T_n(f)(x) = +\infty$.

Ainsi $\tilde{F}_n$ ne tend pas toujours vers 0 quand x tend vers $+\infty$.

Remarque : l'assertion c) de la question 32 est finalement utile. Cela arrive de temps à temps d'avoir besoin d'un exemple (comme contre-exemple!).

Question 34 : Pour tout $x \in [0,1]$, $f(x) = 3x^2 - 2x^3$ et donc $f'(x) = 6x - 6x^2$.
On a immédiatement $f'(0) = 0$. **L'assertion a) est fausse.**

Puis $\lim\limits_{x\mapsto 1^-} f'(x) = 0$ et $\lim\limits_{x\mapsto 1^+} f'(x) = 0$. Ainsi, f est de classe $\mathcal{C}^1$ sur $\mathbf{R}_+$.

Donc f est dérivable en 1. **L'assertion b) est vraie.**

Si $0 < x \leqslant 1$, $\tilde{F}_n(x) = \dfrac{n}{x^n}\displaystyle\int_0^x t^{n-1}(3t^2 - 2t^3)\,dt = \dfrac{n}{x^n}\left[\dfrac{3t^{n+2}}{n+2} - \dfrac{2t^{n+3}}{n+3}\right]_0^x$.
Cela donne : $\tilde{F}_n(x) = \dfrac{3n}{n+2}x^2 - \dfrac{2n}{n+3}x^3$.
Si $x > 1$, il faut couper en deux l'intégrale :

$$\tilde{F}_n(x) = \frac{n}{x^n}\left[\int_0^1 t^{n-1}(3t^2 - 2t^3)\,dt + \int_1^x t^{n-1}\,dt\right],$$

ce qui donne : $\tilde{F}_n(x) = \dfrac{3n}{x^n(n+2)} - \dfrac{2n}{x^n(n+3)} + 1 - \dfrac{1}{x^n}$.
L'assertion c) est fausse car l'expression proposée pour $x > 1$ est fausse.
Pour $x \leq 1$, quand $n \to +\infty$, l'expression

$$\frac{3n}{n+2}x^2 - \frac{2n}{n+3}x^3$$

tend vers $3x^2 - 2x^3$. Pour $x > 1$, quand $n \to +\infty$, l'expression

$$\frac{3n}{x^n(n+2)} - \frac{2n}{x^n(n+3)} + 1 - \frac{1}{x^n}$$

tend vers 1.
Donc $(\tilde{F}_n(x))$ converge (simplement) vers $f(x)$. **L'assertion d) est vraie.**

<u>Question 35</u> : On remarque que F_n est de classe $\mathcal{C}^1$ sur $\mathbf{R}_+^\star$ comme produit de fonctions de classe $\mathcal{C}^1$ sur $\mathbf{R}_+^\star$. Comme $x \mapsto |x-1|$ n'est pas dérivable en 1, il n'admet pas d'antécédent par T_n. Et **l'assertion a) est fausse**. Comme il existe des éléments de F qui n'ont pas d'antécédent (on peut encore aller chercher $x \mapsto |x-1|$), alors T_n n'est pas surjective et **l'assertion b) est fausse**.

Remarque : ici, on est dans le cas de figure où une proposition a été utile pour la suite. En effet, l'introduction de $x \mapsto |x-1|$ n'est pas anodine.
C'est intéressant à remarquer.

D'après le développement de la question 30, on sait que F_n est effectivement une solution de (E_n). On peut le prouver directement pour tout $x > 0$:

$$F_n'(x) = -\frac{n^2}{x^{n+1}}\int_0^x t^{n-1}f(t)\,dt + \frac{n}{x}f(x).$$

Cela donne bien :

$$\frac{x}{n}F_n'(x) = -F_n(x) + f(x).$$

Donc F_n est bien une solution de (E_n). **L'assertion c) est vraie.**
Comme T_n n'est pas surjective, **l'assertion d) est fausse.**

<u>Question 36</u> : D'après le développement de la question 30, on sait que l'ensemble des solutions de (E_1) est constitué des fonctions de la forme (où $K \in \mathbf{R}$) :

$$x \mapsto \frac{K}{x} + \frac{1}{x}\int_0^x f(t)\,dt.$$

L'assertion a) est vraie par conséquent.
Comme $\dfrac{1}{x}\displaystyle\int_0^x f(t)\,dt$ et $x \mapsto \dfrac{K}{x}$ sont de classe $\mathcal{C}^\infty$ sur $\mathbf{R}_+^\star$, toutes les solutions de (E_1) sont continues sur $\mathbf{R}_+^\star$. De plus d'après l'assertion a) de la question 31, on sait que $x \mapsto \dfrac{1}{x}\displaystyle\int_0^x f(t)\,dt$ se prolonge en $f(0)$. Par contre, $x \mapsto \dfrac{K}{x}$ ne se prolonge en 0 que si $K = 0$. Donc **l'assertion b) est fausse**.
Comme $\displaystyle\lim_{x\to 0}\frac{1}{x}\int_0^x f(t)\,dt = f(0)$. Il existe une solution de (E_1) qui n'a pas de limite infinie en 0 et **l'assertion c) est fausse**.
Comme il existe une solution de (E_1) qui se prolonge en une fonction continue sur $\mathbf{R}_+$ (c'est $x \mapsto \dfrac{1}{x}\displaystyle\int_0^x f(t)\,dt$), **l'assertion d) est fausse**.

Question 37 : Toujours en utilisant le développement de la question 30, on sait que l'ensemble des solutions de (E_2) est constitué des fonctions :

$$x \mapsto \frac{K}{x^2} + \frac{2}{x^2}\int_0^x tf(t)\,dt,$$

où $K \in \mathbf{R}$. Comme $f(t) = e^{-t}$, on a pour $x > 0$:

$$\frac{2}{x^2}\int_0^x tf(t)\,dt = -\frac{2}{x^2}e^{-x} + \frac{2}{x^2} - \frac{2}{x}e^{-x}.$$

Donc : $y(x) = -\dfrac{2}{x^2}e^{-x} + \dfrac{2}{x^2} - \dfrac{2}{x}e^{-x}$. **L'assertion a) est fausse**.
Toujours grâce au développement de la question 31, on sait que $\dfrac{2}{x^2}\displaystyle\int_0^x tf(t)\,dt$ tend vers $f(0)$ quand x tend vers 0. Donc **l'assertion b) est fausse**.
Remarque : les solutions de (E_2) sont continues sur $\mathbf{R}_+^\star$ et non sur $\mathbf{R}_+$. Donc on pourrait dire qu'en effet, il n'existe pas de solution de (E_2) continue sur $\mathbf{R}_+$. Maintenant cela ferait trois vraies à cette question. Donc la bonne réponse est certainement de dire que l'assertion b) est fausse.

Si $x \to +\infty$, $\dfrac{K}{x^2}$ tend vers 0 et comme e^{-x} l'emporte, $y(x)$ tend vers 0.
Toutes les solutions de (E_2) ont une limite finie en $+\infty$, il y en a au moins une qui a une limite finie en $+\infty$.
Et **l'assertion c) est vraie**. Enfin, **l'assertion d) est vraie**.

Question 38 : Pour commencer, une solution de (E_n) est une solution sur $\mathbf{R}_+^\star$ et une solution de (E'_n) est une solution sur $\mathbf{R}_+$. Donc cela n'a pas de sens de dire qu'une solution de (E_n) est une solution de (E'_n) donc **l'assertion b) est fausse**.

Remarque : si l'on n'est pas très rigoureux, on peut répondre que l'assertion b) est vraie. En effet, si $\frac{x}{n}y' + y = f$, alors en dérivant les deux égalités, on obtient :

$$\frac{x}{n}y'' + \frac{n+1}{n}y' = f'$$

et y vérifie bien (E'_n) sur $\mathbf{R}_+^\star$.

L'assertion a) est fausse car l'implication n'est évidemment pas dans le bons sens. On sait que $T_n(f)$ est une solution sur $\mathbf{R}_+^\star$ de (E'_n).

$$\forall x > 0, T_n(f) = \frac{n}{x^n} \int_0^x t^{n-1} f(t)\, dt \text{ et } T_n(f)(0) = f(0).$$

Par contre, $T_n(f)$ est continue en 0 mais n'a aucune raison d'être dérivable en 0 et *a fortiori* d'être de classe $\mathcal{C}^2$ en 0.
On va dire que **l'assertion c) est fausse.**
L'assertion d) est fausse car le coefficient $\frac{x}{n}$ devant y'' dépend de x et la méthode de l'équation caractéristique ne fonctionne alors pas.
Question 39 : Ici nous prenons $(E_1') : 2y'(x) + xy''(x) = -2xe^{-x^2}$.
Posons $y(x) = \sum\limits_{n=0}^{+\infty} a_n x^n$. Alors :

$$y'(x) = \sum_{n=1}^{+\infty} n a_n x^{n-1} \text{ et } y''(x) = \sum_{n=2}^{+\infty} n(n-1) a_n x^{n-2}.$$

On remplace dans (E_1'). Le premier membre devient :

$$\sum_{k=0}^{+\infty} 2(k+1) a_{k+1} x^k + \sum_{k=1}^{+\infty} k(k+1) a_{k+1} x^k$$

en remontant l'indice de 1 dans les deux sommes.
Le second membre possède lui aussi un développement en série entière qui est :

$$-2xe^{-x^2} = -2x \sum_{k=0}^{+\infty} \frac{(-x^2)^k}{k!} = \sum_{k=0}^{+\infty} \frac{2(-1)^{k+1}}{k!} x^{2k+1}.$$

Le rayon de convergence de cette dernière série entière est $+\infty$.
On identifie ce qui donne : $2a_1 = 0$ puis :

$$\forall p \in \mathbf{N}, \begin{cases} 2(2p+1)a_{2p+1} + (2p+1)2p a_{2p+1} = 0 \\ 2(2p+2)a_{2p+2} + (2p+2)(2p+1)a_{2p+2} = 2(-1)^{p+1}/p! \end{cases}.$$

Déjà, $a_{2p+1} = 0$ pour tout entier p. Puis : $a_{2p} = \dfrac{(-1)^p}{(2p+1)p!}$ pour $p \geqslant 1$.
Comme a_0 est quelconque, il existe une infinité de solutions de (E_1') développables en série entière, ce sont les fonctions :

$$\sum_{p=1}^{+\infty} \frac{(-1)^p}{(2p+1)p!} x^{2p} + a_0,$$

où $a_0 \in \mathbf{R}$. On vérifie enfin que le rayon de convergence d'une telle série est $+\infty$. (Voir en dessous à la question 40).
On va dire que **l'assertion a) est vraie** même si l'assertion proposée est un peu ambigue. « Il existe une solution » signifie-t-il une seule solution ou au moins une solution ?
Passons à l'assertion b). La fonction $\tilde{F}_1$ est-elle une solution de $(E_1'$? Il suffit de montrer que c'est une fonction de classe $\mathcal{C}^2$ sur $[0, +\infty[$ car on sait déjà que $\tilde{F}_1$ est solution de (E_1).

$$\forall x > 0,\ \tilde{F}_1(x) = \frac{1}{x}\int_0^x e^{-t^2}\,dt \text{ et } \tilde{F}_1(0) = 1.$$

On remarque que pour $x > 0$,

$$e^{-t^2} = \sum_{p=0}^{+\infty} \frac{(-t^2)^p}{p!} \Rightarrow \frac{1}{x}\int_0^x e^{-t^2}\,dt = \sum_{p=0}^{+\infty} \frac{(-1)^p x^{2p}}{p!(2p+1)}.$$

On reconnaît un des développements en série entière solution de (E_1') (celui avec $a_0 = 1$). Donc comme un tel développement est de classe $\mathcal{C}^\infty$ au voisinage de 0, il est de classe $\mathcal{C}^2$ et comme il est égal à $\tilde{F}_1$ sur $\mathbf{R}_+$, on peut dire que $\tilde{F}_1$ est bien solution de (E_1').
Et **l'assertion b) est vraie**.
On sait que toute combinaison linéaire de deux solutions de $E_1'^0$ est une solution de $E_1'^0$. Par contre c'est bien entendu faux pour deux solutions de (E_1').
Et **l'assertion c) est fausse**.
L'ensemble des solutions de $E_1'^0$ est un espace vectoriel de dimension 2 sur $\mathbf{R}_+^\star$ d'après le cours. Rapidement, l'ensemble des solutions est constitué des fonctions

$$x \mapsto -\frac{M}{x} + N,$$

où $(M, N) \in \mathbf{R}^2$. Une solution sur $\mathbf{R}_+$ vérifie nécessairement $M = 0$.
Il reste $\text{Vect}(1)$. L'ensemble des solutions sur $\mathbf{R}_+$ de $E_1'^0$ est bien un espace vectoriel de dimension 1. **L'assertion d) est vraie**.

Remarque : il semble donc qu'il y ait trois réponses vraies dans cette question.

Question 40 : Si m est impair, $a_m = 0$ d'après le développement que l'on a fait dans la question 39 et donc **l'assertion a) est vraie**.
Puis, pour $x \neq 0$,

$$\frac{|x|^{2p+2}}{(2p+3)(p+1)!} \times \frac{(2p+1)p!}{|x|^{2p}}$$

tend vers 0 quand p tend vers $+\infty$. Le rayon de convergence est $R = +\infty$.
L'assertion b) est vraie. De toute façon, on sait que le développement en série entière trouvé est celui, à une constante additive près de $\tilde{F}_1$, issu par intégration de celui de $x \mapsto e^{-x^2}$, de rayon de convergence $+\infty$.
Puis **l'assertion c) est fausse** car dans cette assertion, on ne propose pas la bonne valeur de a_m.
L'ensemble des solutions de $E_1'^0$ développables en série entière ne peut pas être un espace vectoriel de dimension 2 car il est inclus dans un espace vectoriel de dimension 1. Et **l'assertion d) est fausse**.

CONCOURS ICNA
Epreuve facultative
SESSION 2016

Questions liées : *Questions 1 à 13, questions 14 à 28, questions 29 à 40*

ENONCE

PARTIE I

On appelle lois algébriques usuelles l'addition des fonctions, notée « + », la multiplication des fonctions, notée « $\times$ », et la multiplication des fonctions par un scalaire réel, notée « . ». Pour $n \in \mathbf{N}$, on note C_n l'ensemble des fonctions réelles de classe $\mathcal{C}^n$ sur $[0,1]$. Si h est une fonction deux fois dérivable sur $[0,1]$, on note h'' sa fonction dérivée seconde. On note P_n l'ensemble des fonctions polynomiales à coefficients réels de degré inférieur ou égal à n et définies sur $[0,1]$.
On pose $F_n = \{f \in C_n,\ f(0) = f(1) = 0\}$.

Question 01 : Muni des lois algébriques suivantes,

a) $(C_n, +, \times)$ est un anneau commutatif.
b) P_n est un sous-anneau de $(C_n, +, \times)$.
c) P_n est un idéal de $(C_n, +, \times)$.
d) $(C_n, +, .)$ est un espace vectoriel de dimension finie.

Question 02 : Muni des lois + et ., l'ensemble $F_2 \cap P_2$

a) est réduit à la fonction nulle.
b) est un espace vectoriel engendré par les fonctions $x \mapsto x$ et $x \mapsto x^2$.
c) est un espace vectoriel de dimension 1.
d) n'est pas un sous-espace vectoriel de C_2.

Question 03 : L'application $h \mapsto h''$ définit

a) un endomorphisme de l'espace vectoriel P_n.
b) une bijection de C_n sur C_n.
c) une injection de F_2 dans C_0.
d) un isomorphisme d'espaces vectoriels de P_4 sur P_2.

Pour tout $x \in \mathbf{R}_+^\star$, on note χ_x la fonction, qui, à tout réel t, associe la valeur 1 si t est dans l'intervalle $[-x, x]$ et 0 sinon.

f étant élément de C_0, on pose : $I(x) = \int_0^1 f(t)\chi_x(t)\,dt$ si $x > 0$ et $f(0) = 0$.

Question 04 : On suppose dans cette question que $f(t) = t$ pour tout $t \in [0,1]$.

a) $\forall x \in \mathbf{R}_+^\star$, $I(x) = \displaystyle\int_{-x}^{x} t\,dt$.

b) $\forall x \in \mathbf{R}_+^\star$, $I(x) = \displaystyle\int_{0}^{x} t\,dt$.

c) $\forall x \in \mathbf{R}_+^\star$, $I(x) = \dfrac{x^2}{2}$.

d) $\forall x \in \mathbf{R}_+^\star$, $I(x)$ ne dépend pas de x.

Question 05 : On retourne au cas général, où f est un élément quelconque de C_0.

a) La restriction de I à $[0,1]$ appartient à C_0.

b) La restriction de I à $[0,1]$ est dérivable et a pour dérivée f.

c) La restriction de I à $[0,1]$ appartient à C_2.

d) La restriction de I à $[0,1]$ appartient à P_2 si f appartient à P_2.

Soit $f \in C_0$. ***Dans la suite, on pose ,*** $\forall x \in [0,1]$, $g(x) = \dfrac{1}{2}\displaystyle\int_0^1 |x-t| f(t)\,dt$.

Question 06 : On suppose dans cette question que $f(t) = t$ pour tout $t \in [0,1]$. Alors $g\left(\frac{1}{2}\right)$ est égal à

a) $\dfrac{1}{24}$. **b)** $\dfrac{1}{12}$. **c)** $\dfrac{1}{16}$. **d)** 0.

De la question 7 à la question 10, on revient au cas général, où $f \in C_0$.

Question 07 : Pour tout $x \in [0,1]$, $g(x)$ vaut

a) $\dfrac{1}{2}\displaystyle\int_0^x (t-x)f(t)\,dt + \dfrac{1}{2}\int_x^1 (x-t)f(t)\,dt$.

b) $\dfrac{1}{2}\left[x\left(\displaystyle\int_0^x f(t)\,dt + \int_1^x f(t)\,dt\right) - \left(\int_0^x tf(t)\,dt + \int_1^x tf(t)\,dt\right)\right]$.

c) $\dfrac{1}{2}\left(x\displaystyle\int_1^0 f(t)\,dt + \int_x^0 tf(t)\,dt + \int_1^x tf(t)\,dt\right)$.

d) $\dfrac{1}{2}\left(x\displaystyle\int_0^1 f(t)\,dt - \int_0^1 tf(t)\,dt\right)$.

Question 08 : La fonction g appartient à C_2 et, pour tout $x \in [0,1]$, $g''(x)$ vaut

a) 1. **b)** $f(x)$. **c)** 0. **d)** $-f(x)$.

Question 09 : L'équation différentielle $y'' = f$, d'inconnue y dans F_2,

a) a pour ensemble de solutions : $\{x \mapsto g(x) + (g(0) - g(1))x - g(0)\}$.

b) a pour ensemble de solutions : $\{x \mapsto -g(x)\}$.

c) a pour ensemble de solutions : $\{x \mapsto g(x) + a,\ a \in \mathbf{R}\}$.

d) a pour ensemble de solutions : $\left\{x \mapsto -g(x) + ax + b,\ (a,b) \in \mathbf{R}^2\right\}$.

Question 10 : On peut déduire des questions précédentes que

a) $h \mapsto h''$ définit une injection non surjective de F_2 dans C_0.

b) $h \mapsto h''$ définit un isomorphisme d'espaces vectoriels de F_2 sur C_0.

c) l'application $h \mapsto h''$ définit une surjection non injective de F_2 dans C_0.

d) les dimensions des espaces vectoriels F_2 et C_0 sont finies et égales.

Dans toute la suite, on pose pour tout $k \in \mathbf{N}$,

$$G_k = F_k \cap P_k \text{ et } \varphi : G_{n+2} \to P_n,\ h \mapsto h''.$$

Question 11 : L'ensemble G_{n+2}, muni des lois + et., est un espace vectoriel

a) de dimension $n+1$.

b) dont une base est $\left\{x \mapsto x^k,\ k \in [\![1, n+2]\!]\right\}$.

c) dont une base est $\left\{x \mapsto x^{k-1},\ k \in [\![2, n+2]\!]\right\}$.

d) dont une base est $\left\{x \mapsto x(x-1)^k,\ k \in [\![0, n]\!]\right\}$.

Question 12 : Pour tout $k \in [\![0, n]\!]$, et pour tout $x \in [0,1]$,

a) $\varphi(x^k) = k(k-1)x^{k-2}$.

b) $\varphi(x^{k+2} - x^{k+1}) = x^k((k+2)x - (k+1))$.

c) $\varphi^{-1}(x^k) = \dfrac{(x-1)}{(k+1)(k+2)} \displaystyle\sum_{i=1}^{k+1} x^i$.

d) $\varphi^{-1}(x^k) = \dfrac{x^{k+2}}{(k+1)(k+2)}$.

Question 13 : Soit M la matrice de φ par rapport à $\left\{x \mapsto x^{k+1}(x-1),\ k \in [\![0, n]\!]\right\}$, base de G_{n+2} et la base $\left\{x \mapsto x^k,\ k \in [\![0, n]\!]\right\}$ de P_n respectivement. Alors :

a) M n'est pas inversible.

b) M est inversible et $M^{-1} = \begin{pmatrix} \frac{1}{2} & \frac{1}{6} & \cdots & \frac{1}{n(n+1)} & \frac{1}{(n+1)(n+2)} \\ 0 & \frac{1}{6} & \cdots & \frac{1}{n(n+1)} & \frac{1}{(n+1)(n+2)} \\ 0 & 0 & \cdots & \frac{1}{n(n+1)} & \frac{1}{(n+1)(n+2)} \\ \vdots & \vdots & \vdots & \vdots & \vdots \\ 0 & 0 & \cdots & 0 & \frac{1}{(n+1)(n+2)} \end{pmatrix}$.

c) M et M^{-1} sont diagonalisables.

d) φ et φ^{-1} sont diagonalisables.

PARTIE II

Dans toute cette partie, n ***est un entier supérieut ou égal à*** 2 ***et on note*** $\mathcal{M}_n(\mathbf{R})$ ***l'ensemble des matrices carrées d'ordre*** n ***à coefficients réels. Pour tout*** M ***élément de*** $M_n(\mathbf{R})$***, on note*** M^T ***la matrice transposée de*** M***. Enfin, on note*** I_n ***la matrice unité d'ordre*** n.

Question 14 : De manière générale, une matrice carrée à coefficients réels

a) est diagonalisable si et seulement si ses coefficients diagonaux sont distincts deux à deux.

b) est diagonalisable si et seulement si les racines de son polynôme caractéristique sont toutes réelles et distinctes deux à deux.

c) est inversible si et seulement si ses valeurs propres complexes sont toutes non nulles.

d) est inversible si ses coefficients diagonaux sont tous non nuls.

Pour tout réel a, ***on pose*** $M(a) = \begin{pmatrix} 1 & -1 & a \\ 0 & 2 & -a \\ 1 & 1 & 2-a \end{pmatrix}$.

Question 15 : La matrice $M(a)$ est équivalente à la matrice

a) $\begin{pmatrix} 1 & -1 & -a \\ 0 & 2 & a \\ 1 & 1 & a-2 \end{pmatrix}$. **b)** $\begin{pmatrix} 1 & -1 & a \\ 0 & 2 & -a \\ 0 & 1 & a-1 \end{pmatrix}$.

c) $\begin{pmatrix} 1 & -1 & a \\ 0 & 2 & -a \\ 0 & 0 & a-2 \end{pmatrix}$. **d)** $\begin{pmatrix} 1 & -1 & a \\ 0 & 2 & -a \\ 0 & 0 & 3a-2 \end{pmatrix}$.

Question 16 : 0 est valeur propre de $M(a)$ si et seulement si

a) $a = 2$. **b)** $a \neq \frac{2}{3}$. **c)** $a = 1$ ou $a = 2$. **d)** $a \neq 0$.

On note $C_{M(a)}(X) = \mathsf{Det}\,(XI_3 - M(a))$.

Question 17 : Si l'on écrit $C_{M(a)}(X)$ sous la forme $a_3X^3 + a_2X^2 + a_1X + a_0$, alors

a) $a_0 = 6a - 4$. **b)** $a_1 = 8 - 3a$. **c)** $a_2 = 5 - a$. **d)** $a_3 = -1$.

Question 18 : Alors :

a) l'écriture factorisée de $C_{M(a)}(X)$ est $(X-1)^2(X-2)$.

b) l'écriture factorisée de $C_{M(a)}(X)$ est $(X-1)(X-2)^2$.

c) l'écriture factorisée de $C_{M(a)}(X)$ est $(X-1)(X-2+a)(X-2)$.

d) l'écriture factorisée de $C_{M(a)}(X)$ est $(X-a)(X-a+2)(X-2)$.

Question 19 : La matrice $M(a)$ est diagonalisable si et seulement si

a) $a \neq 0$ et $a \neq 1$. **b)** $a \neq 0$. **c)** $a \neq 2$. **d)** $a \neq 1$.

Question 20 : Plus généralement, une matrice dans $\mathcal{M}_n(\mathbf{R})$ dont les n valeurs propres $\lambda_1, ..., \lambda_n$ supposées réelles, sont les éléments diagonaux de la matrice,

a) est diagonalisable.

b) a pour déterminant le produit des n valeurs propres.

c) est inversible.

d) n'existe pas.

Question 21 : On note A une matrice carrée d'ordre 3, de coefficient général complexe a_{ij}. On suppose que a_{11}, a_{22} et a_{33} sont les valeurs propres (éventuellement égales) de A. Alors

a) $\operatorname{Det} A = a_{11}a_{22}a_{33}$.

b) la somme $a_{12}a_{21} + a_{13}a_{31} + a_{23}a_{32}$ est nulle.

c) A est diagonale.

d) A est diagonalisable.

Question 22 : L'hypothèse de la question 21 est vérifiée pour

a) $\begin{pmatrix} 2 & 0 & 2 \\ -2 & 4 & 2 \\ 2 & -2 & 2 \end{pmatrix}$ **b)** $\begin{pmatrix} 5 & 2 & 2 \\ 1 & 4 & 0 \\ 1 & 1 & 4 \end{pmatrix}$.

c) $\begin{pmatrix} 0 & 0 & i \\ 1 & 1 & 0 \\ 0 & 2 & 1 \end{pmatrix}$. **d)** $\begin{pmatrix} 2i & 1 & -2i \\ 0 & -2i & -2 \\ 0 & 0 & i \end{pmatrix}$.

Dans tout ce qui suit, on note $\mathcal{D}_n$ le sous-ensemble de $\mathcal{M}_n(\mathbf{R})$ constitué des matrices dont le polynôme caractéristique est scindé sur $\mathbf{R}$ et dont les termes diagonaux sont les racines du polynôme caractéristiques, comptées avec le même ordre de multiplicité.

Question 23 : Soit $M \in \mathcal{M}_n(\mathbf{R})$ et $(\alpha, \beta) \in \mathbf{R}^2$. Alors

a) λ est une valeur propre de M si et seulement si $\alpha\lambda + \beta$ est une valeur propre de $\alpha M^T + \beta I_n$.

b) $\alpha M + \beta I_n$ et $\alpha M^T + \beta I_n$ ont le même polynôme caractéristique, les mêmes valeurs propres et les mêmes espaces propres.

c) si $M \in \mathcal{D}_n$, alors $\alpha M + \beta I_n$ et $\alpha M^T + \beta I_n$ appartiennent aussi à $\mathcal{D}_n$.

d) si $M \in \mathcal{D}_n$ et si $M^2 = M$, alors $(\alpha M + \beta I_n)^2$ appartient aussi à $\mathcal{D}_n$.

Question 24 : On note $\mathcal{I}_n$ l'ensemble des matrices inversibles appartenant à $\mathcal{D}_n$. On peut affirmer que

a) tout élément de $\mathcal{M}_n(\mathbf{R})$ est la somme de deux éléments de $\mathcal{D}_n$.

b) $\mathcal{D}_n$ est un sous-espace vectoriel de $\mathcal{M}_n(\mathbf{R})$.

c) $\mathcal{I}_n$ est vide.

d) $\mathcal{I}_n$ est dense dans $\mathcal{D}_n$.

Question 25 : Soit $M = (m_{ij}) \in \mathcal{M}_n(\mathbf{R})$. La trace de $M^T M$ est égale à

a) $\displaystyle\sum_{i=1}^{n}\sum_{j=1}^{n} m_{ij}m_{ji}$.

b) $\displaystyle\sum_{i=1}^{n}\sum_{j=1}^{n} m_{ij}^2$.

c) $\displaystyle\left(\sum_{i=1}^{n}\sum_{j=1}^{n} m_{ij}\right)^2$.

d) $\displaystyle\sum_{i=1}^{n}\sum_{j=1}^{n} m_{ij}$.

Question 26 : Soit $S \in \mathcal{D}_n$. On suppose de plus que S est symétrique.

a) Alors une telle matrice n'existe pas.

b) Alors $S = I_n$.

c) Alors S est diagonale.

d) Alors S est la matrice nulle d'ordre n.

Question 27 : Soit $A \in \mathcal{M}_n(\mathbf{R})$ et antisymétrique. On peut affirmer que

a) A^n est antisymétrique.

b) $A^T A$ est diagonalisable.

c) la trace de $A^T A$ est nulle.

d) si $A \in \mathcal{D}_n$, alors $(A^T A)^n$ est la matrice nulle d'ordre n.

Question 28 : L'ensemble des matrices antisymétriques appartenant à $\mathcal{D}_n$

a) est réduit à la matrice unité.

b) est un espace vectoriel de dimension $\dfrac{n(n-1)}{2}$.

c) contient la matrice $\begin{pmatrix} 0 & 0 & -1 \\ 0 & 0 & 0 \\ 1 & 0 & 0 \end{pmatrix}$.

d) est l'ensemble des matrices carrées diagonales à coefficients réels.

PARTIE III

Question 29 : Soit une série de terme général strictement positif b_n, où $n \in \mathbf{N}$. Pour que cette série converge,

a) il est suffisant que la suite de terme général b_n converge vers 0.

b) il est nécessaire que la suite de terme général b_n converge vers 0.

c) il est nécessaire et suffisant que la suite de terme général $\displaystyle\sum_{k=0}^{n} b_k$ converge vers le réel 0.

d) il est suffisant que la suite de terme général b_{n+1}/b_n converge et que sa limite soit strictement inférieure à 1.

Question 30 : On pose, pour tout entier n différent de 0, $b_n = \left(\dfrac{n}{n+1}\right)^n$. Alors

a) la suite (b_n) est croissante et majorée.

b) la suite (b_n) est convergente et sa limite est égale à 1.

c) (b_n) est une suite géométrique de raison $\dfrac{n}{n+1} < 1$.

d) la série de terme général b_n converge.

Dans tout ce qui suit, on note $I = [0, 1[$. ***Pour tout*** $n \in \mathbf{N}_+^\star$, ***on pose, pour tout*** $x \in I$, $f_n(x) = a_n x^n (1-x)$, ***où*** (a_n) ***est une suite réelle définie sur*** $\mathbf{N}^\star$. ***Si elle existe, on note*** $\|f_n\|_\infty$ ***la borne supérieure des nombres*** $f_n(x)$ ***lorsque*** x ***décrit*** I. ***En cas de convergence de la série*** $\sum f_n(x)$, ***on pose***

$$S(x) = \sum_{n=1}^{+\infty} f_n(x).$$

Question 31 : Dans le cas où (a_n) est la suite constante égale à 1,

a) (f_n) est une suite décroissante.

b) (f_n) est une suite de fonctions décroissantes sur I.

c) pour tout entier $n \geqslant 1$, $\|f_n\|_\infty$ existe et est égale à 1.

d) pour tout entier $n \geqslant 1$, $\|f_n\|_\infty$ existe et est égale à $\dfrac{1}{n+1}\left(1+\dfrac{1}{n}\right)^n$.

Question 32 : Dans le cas où, pour tout $n \geqslant 1$, $a_n = \dfrac{1}{2^n}$,

a) $S\left(\dfrac{1}{2}\right)$ n'existe pas.

b) $S\left(\dfrac{1}{2}\right)$ existe et $S\left(\dfrac{1}{2}\right) = \dfrac{2}{3}$.

c) la série de fonctions $\sum f_n$ converge normalement sur I.

d) la série $\sum f_n(x)$ ne converge pour aucune valeur de $x \in I$.

Question 33 : Dans le cas où, pour tout $n \geqslant 1$, $a_n = (-1)^n$,

a) pour tout $x \in I$, $f_n(x)$ est la suite géométrique de premier terme $1-x$ et de raison $-x$.

b) pour tout $x \in I$, $S(x)$ existe et $S(x) = \dfrac{x(x-1)}{x+1}$.

c) Pour tout $x \in I$, la série $\sum f_n(x)$ vérifie les hypothèses du théorème spécial des séries alternées.

d) la série de fonctions $\sum f_n$ converge normalement sur I.

Question 34 : Dans le cas où (a_n) est une suite bornée, la série de fonctions $\sum f_n$

a) converge simplement en tout point de I.

b) converge uniformément sur I.

c) ne converge pas absolument en au moins un point de I.

d) converge normalement sur I.

Question 35 : Dans le cas où (a_n) est une suite décroissante de réels, la série de fonctions $\sum f_n$

a) converge simplement en tout point de I.

b) converge uniformément sur I.

c) ne converge pas absolument en au moins un point de I.

d) converge normalement sur I.

Dans tout ce qui suit, on suppose que (a_n) ***est une suite décroissante de réels positifs.***

Question 36 : La série de fonctions $\sum f_n$

a) converge simplement en tout point de I.

b) converge uniformément sur I.

c) est telle que, pour tout $n \geqslant 1$, $\|f_n\|_\infty = \dfrac{a_n}{n+1}\left(\dfrac{n}{n+1}\right)^n$.

d) converge normalement sur I.

Question 37 : Dans le cas où pour tout $n \geqslant 1$, $a_n = 1 + \dfrac{1}{n}$,

a) la série de fonctions $\sum f_n$ ne converge pas normalement sur I et converge uniformément sur I.

b) la série de fonctions $\sum f_n$ ne converge simplement en aucun point de I.

c) la suite de fonctions (f_n) converge uniformément sur I vers la fonction nulle.

d) la suite des fonctions dérivées (f_n') converge uniformément sur I vers $x \mapsto 0$.

Question 38 : Dans le cas où pour tout $n \geqslant 1$, $a_n = \dfrac{1}{n}$,

a) $S(x)$ existe pour tout $x \in I$ et $S(x) = (1-x)\ln|x-1|$.

b) $\|f_n\|_\infty \underset{+\infty}{\sim} \dfrac{1}{e\,n^2}$.

c) il existe $x \in I$ tel que $S(x)$ n'existe pas.

d) $S(x)$ existe pour tout $x \in I$ et $\lim\limits_{x \to 1} S(x) = 0$.

Question 39 : Dans le cas où pour tout $n \geqslant 2$, $a_n = \dfrac{1}{\ln n}$, et $a_1 = 2$,

a) $\left(\dfrac{a_n}{n}\right)$ converge vers 0.

b) la série $\sum \dfrac{a_n}{n}$ converge.

c) la série de fonctions $\sum f_n$ converge normalement sur I.

d) la série de fonctions $\sum f_n$ converge uniformément sur I.

Question 40 : En utilisant uniquement les trois cas précédents (questions 37 à 39), on a démontré en particulier

a) que si une série de fonctions converge normalement sur un intervalle, alors elle converge uniformément sur cet intervalle.

b) qu'une série de fonctions peut converger normalement sur un intervalle sans converger uniformément sur cet intervalle.

c) que la convergence uniforme d'une série de fonctions sur un intervalle n'entraîne pas sa convergence normale sur cet intervalle.

d) que la convergence simple d'une série de fonctions en tout point d'un intervalle n'entraîne pas sa convergence uniforme sur cet intervalle.

CORRIGE

Question 01 : $(C_n, +, \times)$ est bien un anneau commutatif car $(C_n, +)$ est un groupe commutatif, $\times$ est interne dans C_n (le produit de deux fonctions de classe $\mathcal{C}^n$ est une fonction de classe $\mathcal{C}^n$, c'est une partie du théorème de Gottfried Leibniz). Tiens, rappelons ce résultat.

Formule de Leibniz
Si f et g sont deux fonctions de classe $\mathcal{C}^n$ sur I et à valeurs dans **R** *alors la fonction produit fg est de classe $\mathcal{C}^n$ sur I et : $\forall p \leqslant n$, $(fg)^{(p)} = \sum_{i=0}^{p} \binom{p}{i} f^{(i)} g^{(p-i)}$.*

De plus, $f \times g = g \times f$ pour tout $(f, g) \in (C_n)^2$ ($\times$ est commutative),

$$(f+g) \times h = f \times h + g \times h$$

pour tout $(f, g, h) \in (C_n)^3$, ($\times$ est distributive par rapport à $+$),

$$(f \times g) \times h = f \times (g \times h)$$

pour tout $(f, g, h) \in (C_n)^3$, ($\times$ est associative) et enfin $x \mapsto 1$ est de classe $\mathcal{C}^n$ sur $[0,1]$ et est le neutre pour $\times$.
Finalement, **l'assertion a) est vraie**.
Puis $P_n \subset C_n$ et P_n contient la fonction $x \mapsto 1$, fonction polynomiale de degré 0. Or $n \geqslant 0$. La somme, l'opposé de deux fonctions polynomiales de degré $\leqslant n$ est une fonction polynomiale de degré $\leqslant n$. Par contre, le produit de deux fonctions polynomiales de degré n n'est pas toujours une fonction polynomiale de degré n ($x^n x^n = x^{2n}$ par exemple). Donc il n'y a pas stabilité de $\times$ dans P_n et P_n ne peut pas être un sous-anneau de $(C_n, +, \times)$. **L'assertion b) est fausse**.
On rappelle qu'un idéal de $(C_n, +, \times)$ est un sous-groupe additif de $(C_n, +)$, ce qui est le cas de P_n, et doit être stable par multiplication par les éléments de C_n. Il est clair que le produit d'une fonction polynomiale de degré au plus n et d'une fonction réelle de classe $\mathcal{C}^n$ n'est pas en général une fonction polynomiale de degré inférieur ou égal à n.
Donc P_n n'est pas un idéal de $(C_n, +, \times)$, **l'assertion c) est fausse**.
Enfin, $(C_n, +, .)$ est bien un espace vectoriel mais n'est pas de dimension finie (comme la majorité des espaces dits fonctionnels). **L'assertion d) est fausse**.

Question 02 : Posons $F_2 = \left\{f \in \mathcal{C}^2([0,1]),\ f(0) = f(1) = 0\right\}$. L'ensemble $F_2 \cap P_2$ est donc constitué des fonctions polynomiales sur $[0,1]$ de degré au plus 2 et ayant 0 et 1 pour racines. Donc :

$$F_2 \cap P_2 = \{[0,1] \to \mathbf{R},\ x \mapsto ax(x-1),\ a \in \mathbf{R}\}.$$

L'assertion a) est fausse car $F_2 \cap P_2$ n'est pas réduit à la fonction nulle.
Par ailleurs, la fonction $x \mapsto x^2 - x$ engendre $F_2 \cap P_2$ et ce dernier ensemble est contenu seulement (au sens strict) dans l'espace vectoriel engendré par $x \mapsto x$ et

$x \mapsto x^2$. **L'assertion b) est fausse.**
Comme $(x \mapsto x^2 - x)$ est une base de $F_2 \cap P_2$, ce dernier ensemble est bien un espace vectoriel de dimension 1. **L'assertion c) est vraie.**
Comme $F_2 \cap P_2 = \text{Vect}\,(x \mapsto x^2 - x)$ est un sous-espace vectoriel de C_2, on peut conclure que **l'assertion d) est fausse.**

Question 03 : L'application $h \mapsto h''$ est linéaire car pour tout $(h_1, h_2) \in (C_n)^2$ et tout $a \in \mathbf{R}$,

$$H(h_1 + ah_2) = (h_1 + ah_2)'' = h_1'' + ah_2'' = H(h_1) + a\,H(h_2).$$

Si l'espace de départ est P_n, (espace des fonctions polynomiales de degré au plus n), à l'arrivée, on obtient des fonctions polynomiales de degré au plus $n-2$ donc de degré au plus n. Ainsi, H est bien un endomorphisme de l'espace vectoriel P_n. On peut conclure que **l'assertion a) est vraie.**
Puis on remarque que si $y_0 \in C_n$ a pour image y_0'' par H alors $y_0 + Id_{[0,1]}$ a aussi pour image y_0'' par H. Donc H n'est pas injective de C_n sur C_n et *a fortiori* n'est pas bijective de C_n sur C_n, **l'assertion b) est fausse.**
C_0 est l'espace vectoriel des fonctions continues sur $[0,1]$ et

$$F_2 = \left\{f \in \mathbf{C}^2([0,1]), f(0) = f(1) = 0\right\}.$$

Il est clair que si $f \in F_2$ alors $f'' = H(f) \in C_0$.
Donc la restriction de H à F_2 a son image incluse dans C_0.
Supposons $H(f) = H(g)$, où $(f,g) \in (F_2)^2$. Cela donne :

$$\forall x \in [0,1],\ f''(x) = g''(x) \Rightarrow \exists K \in \mathbf{R},\ \forall x \in [0,1],\ f'(x) = g'(x) + K.$$

$$\Rightarrow \exists\,(K,L) \in \mathbf{R}^2,\ \forall x \in [0,1],\ f(x) = g(x) + Kx + L.$$

Par ailleurs, $f(0) = f(1) = g(0) = g(1) = 0$.
Donc $L + g(0) = f(0) = 0 \Rightarrow L = 0$.
De même, $f(1) = g(1) + K = 0 \Rightarrow K = 0$.
Donc : $\forall \in [0,1]$, $f(x) = g(x)$ et la restriction de H à F_2 est bien injective.
On peut en déduire que **l'assertion c) est vraie.**
L'assertion d) est fausse d'après la règle des deux vraies au maximum. Vérifions le quand même pour avoir un corrigé complet. Il est clair que l'image de P_4 par H est incluse dans P_2. Par ailleurs, prenons $x \mapsto x^4$ et $x \mapsto x^4 + 2017$. Ce sont deux éléments de P_4 et leur image commune est $x \mapsto 12x^2$.
Donc la restriction de H à P_4 n'est pas injective donc n'est pas un isomorphisme d'espaces vectoriels de P_4 sur P_2.

Question 04 : Si $0 < x \leqslant 1$,

$$I(x) = \int_0^1 f(t)\chi_x(t)\,dt = \int_0^x t\,dt = \frac{x^2}{2}.$$

Et si $x > 1$,

$$I(x) = \int_0^1 f(t)\chi_x(t)\,dt = \int_0^1 t\,dt = \frac{1}{2}.$$

Les quatre assertions a), b), c) et d) sont fausses.
Ce qui signifie que **l'assertion e) est vraie.**

Question 05 : On retourne donc au cas général, où f est un élément quelconque de C_0. La restriction de I à $[0,1]$ est :

$$x \mapsto \int_0^x f(t)\,dt.$$

On sait que cette restriction est de classe $\mathcal{C}^1$ sur $[0,1]$ et $I'(x) = f(x)$ pour tout $x \in [0,1]$. **L'assertion b) est vraie.**
Comme une fonction de classe $\mathcal{C}^1$ est continue, elle appartient à C_0.
Donc **l'assertion a) est vraie.**
Enfin, pour tout $x \in [0,1]$, $I''(x) = f'(x)$, à condition que f' existe ce qui n'est pas dans les hypothèses donc I n'est pas dans C_2 et **l'assertion c) est fausse.**
Si $f(t) = t^2$ par exemple, on a : $I(x) = \dfrac{x^3}{3}$ et alors $I \notin P_2$.
Ainsi, **l'assertion d) est fausse.**

Question 06 : On remarque que :

$$|x-t| = x-t \text{ si } t < x,\ |x-t| = -x+t \text{ si } t > x.$$

Donc :

$$g\left(\tfrac{1}{2}\right) = \frac{1}{2}\int_0^1 \left|\frac{1}{2} - t\right| t\,dt = \frac{1}{2}\int_0^{\frac{1}{2}} \left(\frac{1}{2} - t\right) t\,dt + \frac{1}{2}\int_{\frac{1}{2}}^1 \left(-\frac{1}{2} + t\right) t\,dt.$$

Il reste à finir les calculs :

$$g\left(\tfrac{1}{2}\right) = \frac{1}{2}\left[\frac{t^2}{4} - \frac{t^3}{3}\right]_0^{\frac{1}{2}} + \frac{1}{2}\left[-\frac{t^2}{4} + \frac{t^3}{3}\right]_{\frac{1}{2}}^1 = \frac{1}{16}.$$

L'assertion c) est vraie et **les assertions a), b), d) sont fausses.**

Question 07 : Partons, pour tout $x \in [0,1]$,

$$g(x) = \frac{1}{2}\int_0^x (x-t)f(t)\,dt + \frac{1}{2}\int_x^1 (t-x)f(t)\,dt.$$

L'assertion a) est fausse car on y inverse les quantités $x-t$ et $t-x$.
Puis on utilise la linéarité de l'intégrale et les égalités :

$$-\int_x^1 f(t)\,dt = \int_1^x f(t)\,dt \text{ et } \int_x^1 tf(t)\,dt = -\int_1^x tf(t)\,dt.$$

On a ainsi pour expression de $g(x)$:

$$\frac{1}{2}\left[x\left(\int_0^x f(t)\,dt + \int_1^x f(t)\,dt\right) - \left(\int_0^x tf(t)\,dt + \int_1^x tf(t)\,dt\right)\right].$$

L'assertion b) est vraie, par voie de conséquence.
Comme $\displaystyle\int_0^x f(t)\,dt + \int_1^x f(t)\,dt \neq \int_1^0 f(t)\,dt$, **l'assertion c) est fausse.**
Enfin, **l'assertion d) est fausse** car $|x-t| \neq x-t$ pour $x < t$.

Question 08 : Comme f et $t \mapsto t$ sont continues sur $[0,1]$, les fonctions :

$$\phi_1 : x \mapsto \int_0^x f(t)\,dt,\ \phi_2 : x \mapsto \int_1^x f(t)\,dt,$$

$$\phi_3 : x \mapsto \int_0^x tf(t)\,dt,\ \phi_4 : x \mapsto \int_1^x tf(t)\,dt$$

sont de classe $\mathcal{C}^1$ sur $[0,1]$. De plus, pour tout $x \in [0,1]$:

$$\phi_1'(x) = \phi_2'(x) = f(x),\ \phi_3'(x) = \phi_4'(x) = xf(x).$$

Ainsi, pour $x \in [0,1]$, $g'(x)$ vaut :

$$\frac{1}{2}\left[\int_0^x f(t)\,dt + \int_1^x f(t)\,dt\right] + \frac{x}{2}\left[f(x) + f(x)\right] - \frac{1}{2}\left[xf(x) + xf(x)\right].$$

Il reste : $g'(x) = \dfrac{1}{2}\left[\displaystyle\int_0^x f(t)\,dt + \int_1^x f(t)\,dt\right]$.
Comme ϕ_1 et ϕ_2 sont de classe $\mathcal{C}^1$, g' aussi et g est alors de classe $\mathcal{C}^2$ sur $[0,1]$ avec pour tout $x \in [0,1]$, $g''(x) = f(x)$.
L'assertion b) est vraie et **les assertions a), c) et d) sont fausses.**

Question 09 : (E) est l'équation différentielle $y'' = f$, d'inconnue y dans F_2.
On remarque que F_2 est l'ensemble des fonctions y de classe $\mathcal{C}^2$ sur $[0,1]$ telles que $y(0) = y(1) = 0$. On sait que g est de classe $\mathcal{C}^2$ sur $[0,1]$ et que g vérifie (E) d'après la question 08. Par contre, $g(0)$ et $g(1)$ n'ont aucune raison d'être nuls.
Commençons par résoudre l'équation homogène (E_H) : $y'' = 0$ associée à (E). Rapidement, les solutions de (E_H) sont les fonctions $y_H : x \mapsto ax + b$, où $(a,b) \in \mathbf{R}^2$. D'après le cours, l'ensemble des solutions de (E) dans $\mathcal{C}^2([0,1])$ est :

$$\left\{x \mapsto g(x) + ax + b,\ (a,b) \in \mathbf{R}^2\right\}.$$

Il reste à récupérer toutes les solutions telles que $y(0) = y(1) = 0$.
Cela donne : $\begin{cases} g(0) + b &= 0 \\ g(1) + a + b &= 0 \end{cases} \Rightarrow \begin{cases} b &= -g(0) \\ a &= g(0) - g(1) \end{cases}$.
L'assertion a) est vraie et **les assertions b), c) et d) sont fausses.**

Remarque : au programme officiel, on sait qu'une équation différentielle du type $ay'' + by' + cy$, où $a \neq 0$, avec une condition initiale du type $y(x_0) = \alpha_0$ et $y'(x_0) = \beta_0$ a une seule solution sur I, où $x_0 \in I$ mais par contre si la condition initiale est $y(x_0) = \alpha_0$, $y(x_1) = \alpha_1$, où $[x_0, x_1] \in I$, rien n'est précisé. Donc il faut faire attention et vérifier directement que la solution est unique.
C'est ce que l'on a fait.

Question 10 : D'après la question 09, il existe un et un seul antécédent pour H de la fonction f donnée de C_0 :

$$y : x \mapsto g(x) + (g(0) - g(1))x - g(0),$$

où $g \in C_2$ et $y \in F_2$. La restriction de H à F_2 est donc un isomorphisme de F_2 sur C_0. on en déduit que **l'assertion b) est vraie**.
On sait que C_0 est un espace vectoriel de dimension infinie.
Donc **l'assertion d) est fausse**.

La restriction de H à F_2 étant un isomorphisme, ce n'est pas une injection non surjective ou une surjection non injective. **Les assertions a) et c) sont fausses.**

Remarque : on avait déjà montré à la question 03 (assertion c) que $h \mapsto h''$ est une injection de F_2 dans C_0.

Question 11 : Dans toute la suite, on pose donc : $\forall k \in \mathbf{N}$, $G_k = F_k \cap P_k$.
G_{n+2} est ainsi l'ensemble des polynômes de degré au plus $n+2$ qui admettent 0 et 1 parmi leurs racines.
Un tel polynôme est de la forme $x \mapsto x(x-1)Q(x)$, où $Q \in R_n[X]$.
Posons :

$$\mathcal{F}_1 = \left(x \mapsto x(x-1)^k,\ k \in [\![1, n+1]\!]\right),\ \mathcal{F}_2 = \left(x \mapsto x^k(x-1),\ k \in [\![1, n+1]\!]\right).$$

Il est clair que les familles $\mathcal{F}_1$ et $\mathcal{F}_2$ sont des familles génératrices de G_{n+2}.
Elles sont libres car les degrés de leurs membres sont échelonnés.
Ainsi, comme leur cardinal (commun) est $n+1$, $\dim G_{n+2} = n+1$.
Et **l'assertion a) est vraie.**
La famille $\left\{x \mapsto x^k,\ k \in [\![1, n+2]\!]\right\}$ n'est pas une base de G_{n+2} pour plusieurs raisons. Par exemple car son cardinal est $n+2$, ou alors car 1 n'est pas une racine de ces polynômes. **L'assertion b) est fausse.**
$\left\{x \mapsto x^{k-1},\ k \in [\![2, n+2]\!]\right\}$ n'est pas non plus une base de G_{n+2} car 1 n'est pas une racine de ces polynômes. Par contre, le cardinal de cette famille est bien $n+1$.
En tout cas, **l'assertion c) est fausse.**
Enfin, $\left\{x \mapsto x(x-1)^k,\ k \in [\![0, n]\!]\right\}$ n'est pas une base de G_{n+2} car $x \mapsto x$ qui appartient à cette famille n'a pas 1 comme racine et n'appartient pas à G_{n+2}.
L'assertion d) est fausse.

Question 12 : On a : $\varphi : G_{n+2} \to P_n$, $h \mapsto h''$.
Pour commencer, **l'assertion a) est fausse** car $x \mapsto x^k$ n'appartient pas à G_{n+2} (car 1 n'est pas racine de ce polynôme). Et $\phi(x^k)$ n'a pas de sens car le domaine de définition de ϕ est G_{n+2}.

Remarque : et pourtant, l'égalité proposée dans l'assertion a) est vraie (si l'on étend ϕ à P_n). En effet, pour tout $k \in [\![2, n]\!]$, et pour tout $x \in [0,1]$, $\varphi(x^k) = k(k-1)x^{k-2}$. De plus, pour tout $x \in [0,1]$, $\phi(1) = \phi(x) = 0$. On peut donc étendre la formule au cas $k=0$ et $k=1$.

Passons à l'assertion b). On commence par remarquer que pour tout $k \in [\![0, n]\!]$, $x \mapsto x^{k+2} - x^{k+1}$ est un polynôme de degré au plus $n+2$ et ayant 0 et 1 pour racines. Puis pour tout $x \in [0,1]$,

$$\varphi(x^{k+2} - x^{k+1}) = (k+1)x^{k-1}((k+2)x - k) \neq x^k((k+2)x - (k+1)).$$

Il est clair que **l'assertion b) est fausse.**
Pour les deux dernières assertions, le mieux est de partir du membre de droite et de le dériver deux fois.

$$\left[\frac{(x-1)}{(k+1)(k+2)} \sum_{i=1}^{k+1} x^i\right]' = \frac{1}{(k+1)(k+2)} \sum_{i=1}^{k+1} x^i + \frac{(x-1)}{(k+1)(k+2)} \sum_{i=1}^{k+1} i x^{i-1}.$$

Il ne reste plus qu'à développer.

$$\frac{1}{(k+1)(k+2)}\left[\sum_{i=1}^{k+1}x^i+\sum_{i=1}^{k+1}ix^i-\sum_{i=1}^{k+1}ix^{i-1}\right].$$

On redérive et $\left[\dfrac{(x-1)}{(k+1)(k+2)}\displaystyle\sum_{i=1}^{k+1}x^i\right]''$ vaut :

$$\frac{1}{(k+1)(k+2)}\left[\sum_{i=1}^{k+1}ix^{i-1}+\sum_{i=1}^{k+1}i^2x^{i-1}-\sum_{i=2}^{k+1}i(i-1)x^{i-2}\right].$$

On réindexe, ce qui donne :

$$\frac{1}{(k+1)(k+2)}\left[\sum_{j=0}^{k}(j+1)x^j+\sum_{j=0}^{k}(j+1)^2x^j-\sum_{j=0}^{k-1}(j+2)(j+1)x^j\right].$$

En regroupant, le terme entre les deux crochets n'est plus que $(k+1)(k+2)x^k$, et :

$$\left[\frac{(x-1)}{(k+1)(k+2)}\sum_{i=1}^{k+1}x^i\right]''=x^k.$$

Il reste à remarquer que $x\mapsto\dfrac{(x-1)}{(k+1)(k+2)}\displaystyle\sum_{i=1}^{k+1}x^i$ est bien un élément de G_{n+2} car pour tout $k\leqslant n$, c'est une fonction polynomiale de degré au plus $n+2$ qui s'annule pour $x=0$ et pour $x=1$.

Montrons rapidement que ϕ est un isomorphisme de G_{n+2} sur P_n. En effet, on a $\dim G_{n+2}=\dim P_n=n+1$ et de plus, ϕ est injective. En effet, si $h''=0$ alors $h(x)=ax+b$ et comme 0 et 1 sont des racines de h, h est donc identiquement nul.

Ainsi, ϕ^{-1} existe et donc $\phi^{-1}(x^k)$ est unique, c'est bien la valeur proposée pour l'assertion c). Donc **l'assertion c) est vraie**.

Par contre, **l'assertion d) est fausse**. En effet, $\left[\dfrac{x^{k+2}}{(k+1)(k+2)}\right]''=x^k$ mais $x\mapsto\dfrac{x^{k+2}}{(k+1)(k+2)}$ ne s'annule pas en $x=1$, donc n'appartient pas à G_{n+2}.

Remarque : celui qui aurait tenté l'assertion d) avant l'assertion c) (plus compliquée) et qui a oublié que $\phi^{-1}(x^k)$ doit avoir 0 et 1 pour racines est sûrement tombé dans le piège le jour du concours. Donc c'est vrai qu'il faut aller vite dans un Q.C.M mais pas trop quand même.

Question 13 : On remarque que $B=\{x\mapsto x^{k+1}(x-1),\ k\in[\![0,n]\!]\}$ est bien une base de G_{n+2} et que $C=\{x\mapsto x^k,\ k\in[\![0,n]\!]\}$ est bien une base de P_n. Vue la question 12 et vue que l'on propose une expression de M^{-1} dans l'assertion b) on va partir de l'assertion c) de la question 12 qui est vraie :

$$\forall k\in[\![0,n]\!],\ \phi^{-1}(x_k)=\sum_{i=1}^{k+1}\frac{(x-1)x^i}{(k+1)(k+2)}.$$

On a ici l'image par ϕ^{-1} d'un élément quelconque de la base canonique choisie C de P_n exprimée dans la base B de G_{n+2} choisie.
Ainsi, la première colonne de M^{-1} sont les composantes de

$$\phi^{-1}(1) = \sum_{i=1}^{1} \frac{(x-1)x^i}{2} = \frac{x(x-1)}{2}$$

dans B. On trouve : $\left(\frac{1}{2}\, 0 \ldots 0\right)^T$.
De même, la deuxième colonne de M^{-1} sont les composantes de

$$\phi^{-1}(x) = \sum_{i=1}^{2} \frac{(x-1)x^i}{6}$$

dans B. On trouve : $\left(\frac{1}{6}\, \frac{1}{6}\, 0 \ldots 0\right)^T$.
Ainsi de suite, la dernière colonne de M^{-1} sont les composantes de

$$\phi^{-1}(x^n) = \sum_{i=1}^{n+1} \frac{(x-1)x^i}{(n+1)(n+2)}$$

dans B. On trouve : $\left(\frac{1}{(n+1)(n+2)}\, \frac{1}{(n+1)(n+2)} \cdots \frac{1}{(n+1)(n+2)}\right)^T$.
Comme M^{-1} existe, M est inversible et **l'assertion b) est vraie**.
Et par voie de conséquence, **l'assertion a) est fausse**.
M^{-1} a $(n+1)$ éléments différents dans sa diagonale principale.
Le polynôme caractéristique de M^{-1} est $\sum_{k=1}^{n+1}\left(X - \frac{1}{k(k+1)}\right)$, donc scindé et à racines simples. On peut en conclure que M et M^{-1} sont diagonalisables dans $\mathcal{M}_{n+1}(\mathbf{R})$. Donc **l'assertion c) est vraie**.
Par contre, ϕ et ϕ^{-1} ne sont pas diagonalisables pour une simple raison : ϕ et ϕ^{-1} ne sont pas des endomorphismes. En effet, ici l'espace vectoriel de départ et d'arrivée ont la même dimension mais cela ne suffit pas pour définir le concept de diagonalisation. Car il faudrait la possibilité d'avoir une base de vecteurs propres qui est obligée d'appartenir aux deux espaces vectoriels, celui de départ et celui d'arrivée. Ces deux espaces vectoriels sont alors automatiquement égaux. Ce qui n'est pas le cas ici. Par contre, pour la matrice, on peut toujours la considérer comme canoniquement associée ici à un endomorphisme de $\mathbf{R}^{n+1}$. Donc il n'y a aucun obstacle théorique à tenter de la diagonaliser.
On peut conclure que **l'assertion d) est fausse**.

Question 14 : Le seul résultat connu par rapport aux coefficients diagonaux est le suivant : si A est triangulaire et ses coefficients diagonaux sont différents deux à deux, alors A est diagonalisable et ses n valeurs propres sont les coefficients diagonaux. Donc **l'assertion a) est fausse** car on manque de précision.
On sait que si les racines du polynôme caractéristique de A sont réelles et différentes deux à deux, alors A est diagonalisable dans $\mathcal{M}_n(\mathbf{R})$ et la réciproque est fausse. Par exemple, I_n a 1 pour valeur propre unique et pourtant est diagonalisable (car diagonale). **L'assertion b) est fausse**.

On sait que $\chi_A(X)$ (polynôme caractéristique de A) a n racines complexes (qui sont différentes ou non) d'après d'Alembert-Gauss. Donc A est inversible si et seulement si toutes ces valeurs propres ne sont pas nulles, **l'assertion c) est vraie**. Attention, une valeur propre réelle peut être considérée comme une valeur propre complexe. Cela a peut être causé des erreurs le jour du concours.

Enfin, $\begin{pmatrix} 0 & 1 & 0 \\ 1 & 0 & 0 \\ 1 & 1 & 1 \end{pmatrix}$ a des coefficients nuls sur sa diagonale principale et est inversible car son rang est 3 (son déterminant vaut -1).
Donc **l'assertion d) est fausse**.

<u>Question 15</u> : Soit $M(a) = \begin{pmatrix} 1 & -1 & a \\ 0 & 2 & -a \\ 1 & 1 & 2-a \end{pmatrix}$. La matrice $\begin{pmatrix} 1 & -1 & -a \\ 0 & 2 & a \\ 1 & 1 & a-2 \end{pmatrix}$ est issue de $M(a)$ par l'opération élémentaire $C_3 \leftarrow -C_3$. Donc les deux matrices ont le même rang. On sait que deux matrices sont équivalentes si et seulement si elles ont le même rang. **L'assertion a) est vraie.**

Remarque : un moyen de montrer que deux matrices sont équivalentes, c'est de trouver des opérations élémentaires sur les lignes ou et) colonnes qui permettent de passer de l'une à l'autre. Bien entendu, ce n'est pas toujours évident d'y arriver. Dans le cas général, on peut partir de $M(a)$, trouver son rang (en fonction de a) puis trouver le rang de la matrice proposée dans chacune des assertions et voir s'il correspond à celui de $M(a)$. Si c'est le cas, les deux matrices sont équivalentes.

Commençons par trouver le rang de $M(a)$.

Appliquons à $M(a) = \begin{pmatrix} 1 & -1 & a \\ 0 & 2 & -a \\ 1 & 1 & 2-a \end{pmatrix}$ les opérations élémentaires

$$C_2 \leftarrow C_1 + C_2 \text{ et } C_2 \leftarrow \tfrac{1}{2}C_2.$$

On obtient la matrice : $\begin{pmatrix} 1 & 0 & a \\ 0 & 1 & -a \\ 1 & 1 & 2-a \end{pmatrix}$.

Le déterminant de dette matrice est $2-a$. Ainsi $M(a)$ est de rang 3 si et seulement si $a \neq 2$. Dans le cas $a = 2$, on voit que $M(2)$ est de rang 2 rapidement.

Trouvons maintenant le déterminant de $B(a) = \begin{pmatrix} 1 & -1 & a \\ 0 & 2 & -a \\ 0 & 1 & a-1 \end{pmatrix}$.

On a : $\operatorname{Det} B(a) = 3a - 2$. Ainsi, $M\left(\frac{2}{3}\right)$ est de rang 3 et $B\left(\frac{2}{3}\right)$ est de rang 2 donc ne sont pas équivalentes au moins pour une valeur de a.
En conclusion, **l'assertion b) est fausse**.

Puis calculons le déterminant de $C(a) = \begin{pmatrix} 1 & -1 & a \\ 0 & 2 & -a \\ 0 & 0 & a-2 \end{pmatrix}$.

On a : $\operatorname{Det} C(a) = 2(a-2)$.
Si $a = 2$, $rg(C(a)) = rg(A(a)) = 2$ et si $a \neq 2$, $rg(C(a)) = rg(A(a)) = 3$.
Dans tous les cas, $A(a)$ et $C(a)$ sont équivalentes, **l'assertion c) est vraie**.

Enfin, si $D(a) = \begin{pmatrix} 1 & -1 & a \\ 0 & 2 & -a \\ 0 & 0 & 3a-2 \end{pmatrix}$, alors $\operatorname{Det} D(a) = 2(3a-2)$.

Si $a = \frac{2}{3}$, $D(a)$ et $M(a)$ n'ont pas le même rang, elles ne sont pas équivalentes. Ainsi, **l'assertion d) est fausse**.

Remarque : on aurait dû écrire : « la matrice $M(a)$ est équivalente pour tout a à la matrice » àla place de : « la matrice $M(a)$ est équivalente à la matrice ». Cela aurait levé toute discution.

Question 16 : 0 est valeur propre de $M(a)$ si et seulement si son rang est au plus 2 donc si et seulement si $a = 2$.

L'assertion a) est vraie et **les assertions b), c) et d) sont fausses**.

Question 17 : $C_{M(a)}(X) = \mathsf{Det}\,(XI_3 - M(a))$.

Donc : $C_{M(a)}(X) = \begin{vmatrix} X-1 & 1 & -a \\ 0 & X-2 & a \\ -1 & -1 & X-2+a \end{vmatrix} = \begin{vmatrix} X-1 & 1 & -a \\ 0 & X-2 & a \\ X-2 & 0 & X-2 \end{vmatrix}$
en faisant l'opération $L_3 L_1 + L_3$.

Il reste : $C_{M(a)}(X) = (X-2)\begin{vmatrix} X-1 & 1 & -a \\ 0 & X-2 & a \\ 1 & 0 & 1 \end{vmatrix}$.

C'est-à-dire : $C_{M(a)}(X) = (X-2)\begin{vmatrix} X-1 & 1 & -a-X+1 \\ 0 & X-2 & a \\ 1 & 0 & 0 \end{vmatrix}$, en procédant à $C_3 \leftarrow C_3 - C_1$. Un développement selon la dernière ligne donne :

$$C_{M(a)}(X) = (X-2)(X^2 + (a-3)X - a + 2).$$

Remarque : dans cette question, la forme factorisée est inutile mais cela permet d'avoir le spectre pour les questions suivantes.

On cherche donc les racines de $x^2 + (a-3)X - a + 2$. On peut faire pour cela « un retour vers le futur » en examinant la question 18. On se dit qu'une de ses assertions doit être vraie. On écrit :

$$(X - 2 + a)(X - 1) = X^2 + (a-3)X + 2 - a.$$

Bingo ! Donc : $C_{M(a)}(X) = (X-2)(X-1)(X-2+a)$.
Il reste à récupérer la forme développée (inutile pour la suite mais importante pour la question 17). On a rapidement :

$$C_{M(a)}(X) = X^3 + (a-5)X^2 + (-3a+8)X + 2a - 4.$$

Donc $a_0 = 2a - 4$, $a_1 = -3a + 8$, $a_2 = a - 5$ et $a_3 = 1$. **L'assertion a) est fausse** et **l'assertion b) est vraie**. Puis **l'assertion c) est fausse** car c'est l'opposé. Enfin, **l'assertion d) est fausse** car $C_{M(a)}(X)$ est maintenant obligatoirement normalisé (c'est au programme officiel !).

Question 18 : L'écriture de $C_{M(a)}(X)$ est : $(X-1)(X-2+a)(X-2)$, d'après ce qui précède.

L'assertion c) est vraie et **les assertions a), b) et d) sont fausses**.

Question 19 : Si $2 - a \notin \{1, 2\}$, les trois racines du polynôme caractéristique de A sont distinctes. Puis :

$$2 - a = 1 \Leftrightarrow a = 1 \text{ et } 2 - a = 2 \Leftrightarrow a = 0.$$

Donc si $a \neq 0$ et si $a \neq 1$, $M(a)$ est néccessairement diagonalisable car $M(a)$ possède alors trois valeurs propres distinctes.

Étudions $M(0) = \begin{pmatrix} 1 & -1 & 0 \\ 0 & 2 & 0 \\ 1 & 1 & 2 \end{pmatrix}$. Alors 2 est valeur propre double.

L'espace propre associé à 2 est le plan vectoriel d'équation $x = -y$.

Comme la somme des dimensions des deux sous-espaces propres est 3, $M(0)$ est bien diagonalisable.

Étudions $M(1) = \begin{pmatrix} 1 & -1 & 1 \\ 0 & 2 & -1 \\ 1 & 1 & 1 \end{pmatrix}$. Alors 1 est valeur propre double.

L'espace propre associé à 1 est la droite vectorielle d'équation $x = -y = z$.

Comme la somme des dimensions des deux sous-espaces propres est 2, $M(1)$ n'est pas diagonalisable. Ainsi, $M(a)$ est diagonalisable si et seulement si $a \neq 1$.

L'assertion d) est vraie et **les assertions a), b) et c) sont fausses**.

Remarque : attention à ne pas être trop rapide. Comme $M(a)$ a trois valeurs propres distinctes si et seulement si $a \neq 0$ et $a \neq 1$, on aurait tendance à écrire que l'assertion a) est vraie. Il ne fait pas oublier qu'une matrice qui a une valeur propre multiple peut encore être diagonalisable.

Question 20 : Plus généralement, soit une matrice dans $\mathcal{M}_n(\mathbf{R})$ dont les n valeurs propres $\lambda_1, ..., \lambda_n$ supposées réelles, sont les éléments diagonaux de la matrice. Est-elle déjà obligatoirement diagonalisable ?

La matrice $\begin{pmatrix} 1 & 1 \\ 0 & 1 \end{pmatrix}$ a seulement 1 pour valeur propre et vérifie bien l'hypothèse précédente dans le cas $n = 2$. Pourtant, elle n'est pas diagonalisable (sinon elle serait semblable à I_2).

Donc **l'assertion a) est fausse**.

Remarque : on peut dire aussi que le polynôme caractéristique (scindé ici) peut avoir des racines multiples et il faut étudier la dimension des sous-espaces propres associés pour savoir si la matrice est diagonalisable ou non.

Passons à l'assertion b). D'après le cours, on sait que le produit des n valeurs propres est le déterminant donc **l'assertion b) est vraie**.

La matrice $\begin{pmatrix} 1 & 0 \\ 0 & 0 \end{pmatrix}$ a deux valeurs propres 0 et 1 (sur la diagonale) et n'est pas inversible. **L'assertion c) est fausse**.

Comme on a des exemples de matrices vérifiant l'hypothèse (voir ci-dessus), on peut immédiatement conclure que **l'assertion d) est fausse**.

Question 21 : Ici l'on note A une matrice carrée d'ordre 3, de coefficient général complexe a_{ij}. On suppose que a_{11}, a_{22} et a_{33} sont les valeurs propres (éventuellement égales) de A. Un exemple d'une telle matrice est : $\begin{pmatrix} 1 & 1 & 1 \\ 0 & 1 & 1 \\ 0 & 0 & 1 \end{pmatrix}$.

Déjà, on remarque que cette dernière matrice n'est pas diagonale.

Donc, **l'assertion c) est fausse**. De plus, elle n'est pas diagonalisable (sinon semblable à I_3). Et **l'assertion d) est fausse**.

Par contre, on sait que le produit des valeurs propres de$A$ est le déterminant de A d'après le cours. Comme $\operatorname{Det} A = a_{11}a_{22}a_{33}$, **l'assertion a) est vraie**.

Remarque : si $A \in \mathcal{M}_n(\mathbf{R})$, le polynôme caractéristique a n racines complexes conjuguées deux à deux et le produit de ces racines est réel, c'est toujours $\operatorname{Det} A$. Et cela est vrai, que A soit diagonalisable ou non.

Passons à l'assertion b) qui est la plus compliquée de la question.
Si $\chi_A(X)$ est le polynôme caractéristique de A, on peut l'écrire de deux manières, d'après l'hypothèse de départ :

$$\chi_A(X) = (X - a_{11})(X - a_{22})(X - a_{33}) = \begin{vmatrix} X - a_{11} & -a_{12} & -a_{13} \\ -a_{21} & X - a_{22} & -a_{23} \\ -a_{31} & -a_{32} & X - a_{33} \end{vmatrix}.$$

On développe le déterminant selon la première colonne par exemple. On a :

$$(X - a_{11}) \begin{vmatrix} X - a_{22} & -a_{23} \\ -a_{32} & X - a_{33} \end{vmatrix} + a_{21} \begin{vmatrix} -a_{12} & -a_{13} \\ -a_{32} & X - a_{33} \end{vmatrix} - a_{31} \begin{vmatrix} -a_{12} & -a_{13} \\ X - a_{22} & -a_{23} \end{vmatrix}.$$

Le développement donne pour commencer le terme $(X - a_{11})(X - a_{22})(X - a_{33})$ (qui est la valeur totale du déterminant par ailleurs) auquel on ajoute un polynôme P du premier degré au plus en X. Ce dernier polynôme P est donc nul et ses deux coefficients aussi. On remarque rapidement que le coefficient devant X est la somme $a_{12}a_{21} + a_{13}a_{31} + a_{23}a_{32}$ qui est ainsi nulle. Et **l'assertion b) est vraie**.

Remarque : on a une autre relation entre les coefficients a_{ij}, fournie par la nullité du terme constant du polynôme P de degré au plus 1. Mais elle n'est pas demandée.

Question 22 : On veut ici savoir si l'hypothèse de la question 21 est vérifiée pour quelques exemples de matrices. Notons :

$$A = \begin{pmatrix} 2 & 0 & 2 \\ -2 & 4 & 2 \\ 2 & -2 & 2 \end{pmatrix}, B = \begin{pmatrix} 5 & 2 & 2 \\ 1 & 4 & 0 \\ 1 & 1 & 4 \end{pmatrix},$$

$$C = \begin{pmatrix} 0 & 0 & i \\ 1 & 1 & 0 \\ 0 & 2 & 1 \end{pmatrix}, D = \begin{pmatrix} 2i & 1 & -2i \\ 0 & -2i & -2 \\ 0 & 0 & i \end{pmatrix}.$$

Pour faire un premier filtrage, calculons la somme $a_{12}a_{21} + a_{13}a_{31} + a_{23}a_{32}$ pour chacune de ces matrices. Cette somme est nulle pour A, C et D. Par contre, elle n'est pas nulle pour B. On élimine donc B. **L'assertion b) est fausse**.

Remarque : on ne le dira jamais assez mais pour aller plus vite dans ce type de Q.C.M, si jamais vous sentez que vous aurez du mal à aller au bout, occupez vous d'abord des assertions qui vous semblent les plus simples à confirmer ou à infirmer. Vous accumulez ainsi rapidement des points.

Testons maintenant parmi A, C et D celles qui ne vérifient pas l'assertion a) de la question 21.
On a : $\operatorname{Det} A = 16$ et le produit des éléments diagonaux de A vaut 16, donc on garde encore l'assertion a).
On a : $\operatorname{Det} C = 2i$ et le produit des éléments diagonaux de C vaut 0, différent de $2i$. Donc C ne vérifie pas l'hypothèse voulue et **l'assertion c) est fausse**.
On a : $\operatorname{Det} D = 4i$ et le produit des éléments diagonaux de D vaut aussi $4i$. Donc D est susceptible de vérifier les hypothèses comme A.

Allons plus loin. Déterminons les valeurs propres de A.
Son polynôme caractéristique est $\chi_A(X) = (X-2)^2(X-4)$ (calcul que vous allez faire sans souci, pour l'entraînement). Donc les valeurs propres sont 2 (double) et 4 (simple) et le produit des valeurs propres est 16.
Ainsi, **l'assertion a) est vraie**.
Comme D a la chance (enfin surtout pour nous) d'être triangulaire supérieure, ses valeurs propres sont $2i$, $-2i$ et i. Leur produit fait $4i$. On est bien dans l'hypothèse de la question 21.
En conclusion, **l'assertion d) est vraie**.

Question 23 : Soit $M \in \mathcal{M}_n(\mathbf{R})$ et $(\alpha, \beta) \in \mathbf{R}^2$.
On sait que M et M^T ont le même polynôme caractéristique et donc si λ est une valeur propre de M, λ est une valeur propre de M^T (et réciproquement). De plus, le sous-espace propre de M àssocié à λ a la même dimension que le sous-espace propre de M^T àssocié à λ. En effet,

$$(M - \lambda I_n)^T = M^T - \lambda I_n \Rightarrow \mathsf{Rg}\,(M - \lambda I_n) = \mathsf{Rg}\,(M^T - \lambda I_n).$$

Donc $\dim E_\lambda(M) = \dim E_\lambda(M^T)$.
Maintenant, soit λ une valeur propre de M. Alors λ est une valeur propre de M^T, pour un vecteur propre X. Dans ce cas,

$$(\alpha M^T + \beta I_n)X = \alpha\lambda X + \beta X = (\alpha\lambda + \beta)X.$$

Donc $\alpha\lambda + \beta$ est bien une valeur propre de $\alpha M^T + \beta I_n$.
Réciproquement, si $\alpha\lambda + \beta$ est une valeur propre de $\alpha M^T + \beta I_n$ pour le vecteur propre X, on a : $\alpha M^T X = \alpha\lambda X$. Si $\alpha \neq 0$, $M^T X = \lambda X$ et λ est une valeur propre de M^T donc λ est une valeur propre de M. Si $\alpha = 0$, β reste bien une valeur propre de βI_n (ce qui est toujours vrai) mais rien n'oblige 0 à être valeur propre de M.
Ainsi, **l'assertion a) est fausse**.
Même si $\alpha M + \beta I_n$ et $\alpha M^T + \beta I_n$ ont le même polynôme caractéristique et les mêmes valeurs propres, ce ne sont pas en général les mêmes espaces propres.

Remarque : cela vient du fait que si $X \in \mathcal{M}_{n,1}(\mathbf{R})$ est un vecteur propre de M^T associé à λ, alors $M^T X = \lambda X$ entraîne que $X^T M = \lambda X^T$, et X^T est un vecteur propre à gauche de M, ce qui n'est pas la définition d'un vecteur propre classique.

En conclusion, **l'assertion b) est fausse**.
Si $M \in \mathcal{D}_n$, alors M possède n valeurs propres réelles distinctes ou non.
Soit λ une valeur propre de M et X un vecteur propre associé.

$$(\alpha M + \beta I_n)X = \alpha\lambda X + \beta X = (\alpha\lambda + \beta)X.$$

Donc $\alpha\lambda + \beta$ est une valeur propre réelle de $\alpha M + \beta I_n$. Ainsi si $\lambda_1, ..., \lambda_n$ sont les n valeurs propres de M, $\alpha M + \beta I_n$ possède n valeurs propres réelles qui sont $\alpha\lambda_1 + \beta$, ..., $\alpha\lambda_n + \beta$.

Le polynôme caractéristique de $\alpha M + \beta I_n$ est donc $\displaystyle\prod_{i=1}^{n}(X - \alpha\lambda_i - \beta)$.

Il est scindé sur $\mathbf{R}$. Enfin, les termes diagonaux de $\alpha M + \beta I_n$ sont bien les coefficients $\alpha\lambda_i + \beta$ pour i variant de 1 à n comptés avec le même ordre de multiplicité que λ_i pour i variant de 1 à n. Ainsi $\alpha M + \beta I_n \in \mathcal{D}_n$.
Puis : $\alpha M^T + \beta I_n = (\alpha M + \beta I_n)^T$ a les mêmes valeurs propres que $\alpha M + \beta I_n$ et

la diagonale est la même que celle de $\alpha M + \beta I_n$.
Donc $\alpha M^T + \beta I_n$ appartient à $\mathcal{D}_n$ et **l'assertion c) est vraie**.
Si $M^2 = M$ alors les seules valeurs propres possibles sont 0 ou 1. De plus :

$$(\alpha M + \beta I_n)^2 = \alpha^2 M + \beta^2 I_n + 2\alpha\beta M.$$

Donc : $(\alpha M + \beta I_n)^2 = (\alpha^2 + 2\alpha\beta)M + \beta^2 I_n$.
Ainsi $(\alpha^2 + 2\alpha\beta)\lambda + \beta^2$ est une valeur propre de $(\alpha M + \beta I_n)^2$ si λ est une valeur propre de M. Il y a n valeurs propres et la diagonale de $(\alpha M + \beta I_n)^2$ est composée de ces valeurs comptées avec le même ordre de multiplicité que pour M.
En conclusion, **l'assertion d) est vraie**.

Question 24 : Une matrice de $\mathcal{D}_n$ est inversible si et seulement si tous ses termes diagonaux sont non nuls. Ainsi :

$$M = \begin{pmatrix} 1 & 2 & 3 \\ 0 & 1 & 4 \\ 0 & 0 & 1 \end{pmatrix} \in \mathcal{D}_n$$

car $\chi_M(X) = (X-1)^3$ et M est triangulaire supérieure.
De plus, $M \in \mathcal{I}_n$. Donc $\mathcal{I}_n$ n'est pas vide et **l'assertion c) est fausse**.
Soit $A = (a_{i,j})_{1 \leqslant i,j \leqslant n} \in \mathcal{D}_n$. Pour tout réel x différent de $a_{1,1}, ..., a_{n,n}$, on sait que $A - xI_n$ est inversible (car x n'est pas valeur propre de A). Posons :

$$\alpha = \min \{|a_{i,i}|, \ 1 \leqslant i \leqslant n, \ a_{i,i} \neq 0\}.$$

Soit p un entier naturel non nul strictement supérieur à $1/\alpha$, alors : $0 < \frac{1}{p} < \alpha$.
Ainsi, la matrice $A - \dfrac{1}{p} I_n$ est inversible et comme elle est de la forme $\alpha A + \beta I_n$, elle appartient encore à $\mathcal{D}_n$, d'après l'assertion c) de la question 23. On définit alors la suite de matrices $A_p = A - \dfrac{1}{p} I_n$, pour tout p entier supérieur ou égal à $\lfloor 1/\alpha \rfloor + 1$. Cette suite est constituée d'éléments de $\mathcal{I}_n$. De plus,

$$\lim_{p \to +\infty} \left(A - \frac{1}{p} I_n \right) = A.$$

Comme A est limite d'une suite de matrices de $\mathcal{I}_n$ et comme A a été choisie quelconque dans $\mathcal{D}_n$, on peut en conclure que tout élément de $\mathcal{D}_n$ est limite d'une suite d'éléments de $\mathcal{I}_n$.
Donc $\mathcal{I}_n$ est dense dans $\mathcal{D}_n$, **l'assertion d) est vraie**.
Prenons par exemple :

$$M = \begin{pmatrix} 1 & 0 \\ -3 & 3 \end{pmatrix} \text{ et } N = \begin{pmatrix} 1 & 1 \\ 0 & 3 \end{pmatrix}.$$

Ces deux matrices sont dans $\mathcal{D}_n$. Puis $M + N = \begin{pmatrix} 2 & 1 \\ -3 & 6 \end{pmatrix}$.
Cette matrice n'appartient pas à $\mathcal{D}_n$ car :

$$\chi_{M+N}(X) \neq (X-2)(X-6).$$

Ainsi la somme n'est pas stable dans $\mathcal{D}_n$.
Et $\mathcal{D}_n$ n'est pas un sous-espace vectoriel de $\mathcal{M}_n(\mathbf{R})$. **L'assertion b) est fausse.**
Soit $A = (a_{ij}) \in \mathcal{M}_n(\mathbf{R})$ donnée, considérons maintenant une matrice $M = (M_{ij})$ triangulaire supérieure et une matrice $N = (N_{ij})$ triangulaire inférieure telles que pour tout (i, j), on ait :

$$M_{ij} = \begin{cases} a_{ij} & \text{si} \quad j > i \\ a_{ij}/2 & \text{si} \quad j = i \\ 0 & \text{si} \quad j < i \end{cases} \text{ et } N_{ij} = \begin{cases} 0 & \text{si} \quad j > i \\ a_{ij}/2 & \text{si} \quad j = i \\ a_{ij} & \text{si} \quad j < i \end{cases}.$$

Alors M et N sont des matrices de $\mathcal{D}_n$ et $M + N = A$. Tout élément de $\mathcal{M}_n(\mathbf{R})$ est la somme de deux éléments de $\mathcal{D}_n$. **L'assertion a) est vraie.**
Question 25 : Soit $M = (m_{ij})$ et $M^T = (m'_{ij})$.
Le coefficient d'indice (k, l) de $M^T M$ est :

$$\sum_{i=1}^{n} m'_{k,i} m_{i,l} = \sum_{i=1}^{n} m_{i,k} m_{i,l}.$$

Donc si $k = l$, ce coefficient est $\sum_{i=1}^{n} m_{i,k}^2$.

Et ainsi la trace de $M^T M$ est égale à $\sum_{i=1}^{n} \sum_{j=1}^{n} m_{ij}^2$.

L'assertion b) est vraie et **les assertions a), c) et d) sont fausses.**
Question 26 : Ici $S = S^T$ et $S \in \mathcal{D}_n$. Par exemple $I_n \in \mathcal{D}_n$ et $I_n^T = I_n$.
De telles matrices existent donc et **l'assertion a) est fausse.**
Comme $2I_n \in \mathcal{D}_n$ et est symétrique, S n'est pas nécessairement I_n.
Ainsi, **l'assertion b) est fausse.**
Par voie de conséquence, **l'assertion d) est fausse** car il n'y a pas que la matrice nulle qui répond aux contraintes voulues (I_n et $2I_n$ par exemple).
S est-elle nécessairement diagonale si elle est symétrique et dans $\mathcal{D}_n$?
Prenons donc S symétrique réelle, alors S est orthogonalement semblable à la matrice diagonale $D = diag(\lambda_1, ..., \lambda_n)$. Ainsi, il existe P matrice orthogonale telle que $A = PDP^{-1} = PDP^T$. On sait d'après la question 25 que :

$Tr(S^T S) = \sum_{i=1}^{n} \sum_{j=1}^{n} s_{i,j}^2$, si $S = (s_{i,j})$. Puis $S^T S = S^2$ est semblable à D^2.

Comme deux matrices semblables ont la même trace, on a :

$$Tr(S^T S) = \sum_{i=1}^{n} \sum_{j=1}^{n} s_{i,j}^2 = Tr(D^2) = \sum_{i=1}^{n} \lambda_i^2 = \sum_{i=1}^{n} s_{i,i}^2,$$

car les valeurs propres de S sont $\lambda_1 = s_{1,1}, ..., \lambda_n = s_{n,n}$ $(S \in \mathcal{D}_n)$. On écrit :

$$\sum_{i=1}^{n} \sum_{j=1}^{n} s_{i,j}^2 = \sum_{i=1}^{n} s_{i,i}^2 + \sum_{i \neq j} s_{i,j}^2 = \sum_{i=1}^{n} s_{i,i}^2.$$

On en déduit que :

$$\sum_{i \neq j} s_{i,j}^2 = 0 \Rightarrow \forall (i, j) \in [\![1, n]\!]^2, [i \neq j \Rightarrow s_{i,j} = 0].$$

La matrice S est diagonale. La réciproque est d'ailleurs immédiate, on peut dire que les matrices symétriques de $\mathcal{D}_n(\mathbf{R})$ sont exactement les matrices diagonales de l'espace vectoriel $\mathcal{M}_n(\mathbf{R})$.
En conclusion, **l'assertion c) est vraie**.

Question 27 : Supposons : $A^T = -A$, alors :

$$(A^T)^2 = (A^2)^T = A^2.$$

Donc A^2 est symétrique. On peut continuer et on remarque que A^n est antisymétrique seulement si n est impair.
On peut déjà conclure que **l'assertion a) est fausse**.
Comme $Tr(A^T\,A)$ est la somme des carrés des coefficients de A, cette trace ne peut être nulle que si A est nulle. Or il existe bien entendu des matrices antisymétriques non nulles.
On conclut que **l'assertion c) est fausse**.
On a, pour toute matrice $A \in \mathcal{M}_n(\mathbf{R})$,

$$\left[A^T\,A\right]^T = A^T\,A.$$

Donc $A^T\,A$ est symétrique réelle et par conséquent diagonalisable.
L'assertion b) est vraie (sans utiliser le fait que A est antisymétrique).
Passons à la dernière assertion.
On sait que la diagonale principale d'une matrice antisymétrique n'est composée que de 0. Si cette matrice appartient à $\mathcal{D}_n$, son polynôme caractéristique est X^n (car 0 est la seule valeur propre). Cette matrice est donc nilpotente ou alors c'est la matrice nulle (et dans ce cas, elle est diagonalisable).
Soit $A \in \mathcal{D}_n$ et antisymétrique. Comme $A^T = -A$, $(A^T A)^n = (-1)^n A^{2n}$.
On sait que A est nilpotente d'ordre inférieur ou égal à n, d'après Cayley-Hamilton.
On a alors nécessairement $A^n = 0$ et $(-1)^n A^{2n} = 0$, donc $(A^T\,A)^n$ est la matrice nulle d'ordre n et on peut conclure que **l'assertion d) est vraie**.

Question 28 : **L'assertion a) est fausse** car la matrice unité n'est pas nilpotente.
La matrice $\begin{pmatrix} 0 & 0 & -1 \\ 0 & 0 & 0 \\ 1 & 0 & 0 \end{pmatrix}$ est bien antisymétrique. Puis $\chi_A(X) = X(X^2+1)$.
Comme $\chi_A(X) \neq X^3$, $A \notin \mathcal{D}_n$. **L'assertion c) est fausse**.
On sait que l'espace vectoriel des matrices antisymétriques de $\mathcal{M}_n(\mathbf{R})$ est un sous-espace vectoriel de $\mathcal{M}_n(\mathbf{R})$ de dimension $n(n-1)/2$. Comme toutes les matrices antisymétriques ne sont pas dans $\mathcal{D}_n$, (par exemple la matrice précédente), ce dernier ensemble ne peut pas être un espace vectoriel de même dimension que celui des matrices antisymétriques.
Ainsi, **l'assertion b) est fausse**.
Enfin, l'ensemble des matrices antisymétriques appartenant à $\mathcal{D}_n$ ne peut pas être égal à l'ensemble des matrices carrées diagonales à coefficients réels car ces dernières matrices ne sont antisymétriques que si la diagonale principale est nulle.
En conclusion, **l'assertion e) est vraie**.

Remarque : on peut rapidement démontrer que l'ensemble des matrices antisymétriques appartenant à $\mathcal{D}_n$ est réduit à la matrice nulle. En effet, si A est antisymétrique réelle et appartenant à $\mathcal{D}_n$, on sait d'après l'assertion d) de la question 27 que $(A^T A)^n = 0$. On sait aussi d'après l'assertion b) de la question 27 que $A^T A$ est diagonalisable dans $\mathcal{M}_n(\mathbf{R})$. Donc $A^T A$ est semblable à une matrice diagonale réelle D. Comme $(A^T A)^n = 0$, alors $D^n = 0$. Cela implique que $D = 0$ et ainsi : $A^T A = 0$. On en déduit, en posant $A = (a_{i,j})$,

$$Tr(A^T A) = 0 \Rightarrow \sum_{i=1}^{n} \sum_{j=1}^{n} a_{i,j}^2 = 0 \Rightarrow \forall (i,j) \in [\![1,n]\!]^2, a_{i,j} = 0.$$

La matrice A est bien la matrice nulle.

Question 29 : On sait que si une série est convergente alors son terme général tend vers 0 (qu'elle soit à valeurs positives ou non). La réciproque est fausse (on pense très fort à la série harmonique de terme général $u_n = \frac{1}{n}$.)
Donc **l'assertion a) est fausse** et **l'assertion b) est vraie**.

On sait que si (b_n) est à valeurs positives alors la suite $S_n = \sum_{k=0}^{n} b_k$ est croissante.

La série $\sum_n b_n$ converge si et seulement si (S_n) est majorée.
Si (S_n) tend vers 0, cela signifie que tous les b_n sont nuls, ce qui est impossible.
Et **l'assertion c) est fausse**.
Pour l'assertion d), c'est un résultat du cours de première année que l'on va prendre plaisir à redémontrer, j'en suis sûr.
Si la suite de terme général $\dfrac{b_{n+1}}{b_n}$ converge et est de limite l strictement inférieure à 1, alors prenons $\varepsilon > 0$ tel que $l + \varepsilon < 1$:

$$\exists N \in \mathbf{N}, \forall n \geqslant N, 0 < \frac{b_{n+1}}{b_n} < l + \varepsilon < 1.$$

On applique cette double inégalité pour N, $N+1, ..., N+p$, où $p \in \mathbf{N}$ et on fait le produit de toutes les inégalités :

$$0 < \frac{b_{N+1}}{b_N} \times \frac{b_{N+2}}{b_{N+1}} \times ... \times \frac{b_{N+p}}{b_{N+p-1}} < (l+\varepsilon)^p.$$

Donc : $0 < \dfrac{b_{N+p}}{b_N} < (l+\varepsilon)^p$. Puis on pose $n = N + p$. Et :

$$\exists N \in \mathbf{N}, \forall n \geqslant N, 0 < b_n < (l+\varepsilon)^{n-N} b_N.$$

La série de terme général $(l+\varepsilon)^{n-N} b_N$ est une série géométrique dont la raison appartient à $]0,1[$ et est donc convergente. Par comparaison de séries à termes positifs, la série $\sum_n b_n$ est convergente. **L'assertion d) est vraie**.

Question 30 : On pose ici , pour tout entier n différent de 0, $b_n = \left(\dfrac{n}{n+1}\right)^n$.
On remarque que c'est un cas particulier du cas général de la question 29.
Commençons par trouver la limite de b_n en écrivant quand n tend vers $+\infty$:

$$b_n = e^{n \ln\left(\frac{n}{n+1}\right)} = e^{-n \ln\left(1+\frac{1}{n}\right)} = e^{-n\left(\frac{1}{n} - \frac{1}{2n^2} + o\left(\frac{1}{n^2}\right)\right)} = e^{-1+\frac{1}{2n}+o\left(\frac{1}{n}\right)}.$$

Donc $\lim\limits_{n \to +\infty} b_n = e^{-1}$. La suite (b_n) est convergente de limite e^{-1}.
Comme sa limite n'est pas 1, **l'assertion b) est fausse**.

Par contre, comme b_n ne tend pas vers 0, $\sum_n b_n$ diverge.

Et **l'assertion d) est fausse**.
Puis (b_n) ne peut pas être une suite géométrique de raison $\frac{n}{n+1} < 1$ car une raison est constante et ne dépend pas de n. (Piège classique!)
Par conséquent, **l'assertion c) est fausse**.
Il reste l'assertion a). Pour cela, on écrit pour tout $n \geqslant 1$:

$$\ln\left(\frac{b_{n+1}}{b_n}\right) = \ln(b_{n+1}) - \ln(b_n) = (n+1)\ln\left(\frac{n+1}{n+2}\right) - n\ln\left(\frac{n}{n+1}\right).$$

Considérons la fonction $f : x \mapsto x\ln\left(\frac{x}{x+1}\right) = x\ln x - x\ln(x+1)$.
Il est clair que $\ln\left(\frac{b_{n+1}}{b_n}\right) = f(n+1) - f(n)$.
Comme pour tout $x \geqslant 1$, $\frac{x}{x+1} < 1$, f est à valeurs négatives.
Donc :

$$\ln\left(\frac{b_{n+1}}{b_n}\right) < 0,$$

pour tout $n \geqslant 1$ et ainsi :

$$\forall n \in \mathbf{N}^\star,\ \frac{b_{n+1}}{b_n} < 1.$$

La suite (b_n) est donc décroissante (et ne peut être croissante).
On peut en déduire que **l'assertion a) est fausse**.

<u>**Question 31**</u> : Soit $I = [0,1[$ et pour tout $n \in \mathbf{N}_+^\star$, on pose, pour tout $x \in I$,

$$f_n(x) = a_n x^n (1-x),$$

où (a_n) est une suite réelle définie sur $\mathbf{N}^\star$.
Dans cette question, (a_n) est la suite constante égale à 1.
Étudions $f_n : x \mapsto x^n(1-x)$ pour tout $x \in I$.
Cette fonction est dérivable sur I et :

$$f_n'(x) = nx^{n-1}\left[1 - \tfrac{n+1}{n}x\right].$$

Donc : $f_n'(x) = 0 \Leftrightarrow 1 - \dfrac{n+1}{n}x = 0 \Leftrightarrow x_n = \dfrac{n}{n+1}$.
La fonction f_n' est positive sur $[0, x_n]$ et négative sur $[x_n, 1[$. Donc f_n est croissante sur $[0, x_n]$ et décroissante sur $[x_n, 1[$. Comme $f_n(0) = 0$ et $f_n(1) = 0$, $\|f_n\|_\infty$, la borne supérieure des nombres $f_n(x)$ lorsque x décrit I, vaut :

$$f_n(x_n) = \left(\frac{n}{n+1}\right)^n \left(1 - \frac{n}{n+1}\right) = \frac{b_n}{n+1}.$$

Déjà, on peut dire que f_n n'est pas décroissante sur I entier.
Et **l'assertion a) est fausse.**
Puis comme $\|f_n\|_\infty = \dfrac{b_n}{n+1}$, valeur non égale à $\dfrac{1}{n+1}\left(1+\dfrac{1}{n}\right)^n$, on peut en conclure que **l'assertion d) est fausse.**
Puis **l'assertion c) est fausse** car $\|f_n\|_\infty \neq 1$ pour tout $n \geqslant 1$.
A t-on $f_{n+1}(x) \leqslant f_n(x)$ pour tout $x \in I$? Si $x \in]0,1[$,

$$0 < x < 1 \Rightarrow 0 < x^{n+1} < x^n \Rightarrow 0 < x^{n+1}(1-x) < x^n(1-x) \Rightarrow f_{n+1}(x) < f_n(x).$$

Si $x = 0$ ou $x = 1$, $f_{n+1}(x) = f_n(x)$.
De façon générale, on a bien : $\forall x \in I,\ f_{n+1}(x) \leqslant f_n(x)$. **L'assertion b) est vraie.**

Remarque : ici il fallait faire bien attention et ne pas confondre l'étude des variations de $x \mapsto f_n(x)$ pour n fixé et l'étude des variations de $n \mapsto f_n$, et c'est de cela qu'il s'agit ici.

Question 32 : En cas de convergence de la série $\sum f_n(x)$, on pose :

$$S(x) = \sum_{n=1}^{+\infty} f_n(x).$$

De plus, on pose ici pour tout $n \geqslant 1$, $a_n = \dfrac{1}{2^n}$. Donc :

$$\forall x \in I,\ f_n(x) = 2^{-n}x^n(1-x).$$

En utilisant $\displaystyle\sum_{n=1}^{+\infty} q^n = \frac{q}{1-q}$,

$$S\left(\frac{1}{2}\right) = \sum_{n=1}^{+\infty} 2^{-n} \times 2^{-n}\left(1-\frac{1}{2}\right) = \frac{1}{2}\sum_{n=1}^{+\infty} 4^{-n} = \frac{1}{6}.$$

L'assertion a) est fausse car $S\left(\frac{1}{2}\right)$ existe.
Et **l'assertion b) est fausse** car $S\left(\frac{1}{2}\right) \neq \frac{2}{3}$.
Comme $\displaystyle\sum_n f_n(x)$ converge pour au moins $x = \frac{1}{2}$, **l'assertion d) est fausse.**

Pour n donné, $\|f_n\|_\infty = 2^{-n}\dfrac{b_n}{n+1}$, et comme $b_n < e^{-1}$ pour tout n d'après la question 30, $\|f_n\|_\infty < \dfrac{2^{-n}}{e(n+1)}$, terme général d'une série convergente.
Donc, la série $\displaystyle\sum_n \|f_n\|_\infty$ converge et la série de fonctions $\displaystyle\sum_n f_n$ converge normalement sur I.
Et **l'assertion c) est vraie.**

Question 33 : Ici l'on suppose pour tout $n \geqslant 1$, $a_n = (-1)^n$.

$$\forall x \in I,\ f_n(x) = (-1)^n x^n(1-x) = (1-x)(-x)^n.$$

La suite $(f_n(x))_n$ pour x fixé dans $]0,1[$ est bien une suite géométrique de premier terme $1-x$ et de raison $-x$ pour $x \in]0,1[$. Pour $x=0$, $f_n(x)=0$ et la raison est 0 de premier terme 0 et non $1-x=1$. À cause du cas $x=0$, on en conclut que **l'assertion a) est fausse**. Pour tout $x \in I$, $S(x)$ existe et :

$$S(x)=\sum_{n=1}^{+\infty}(1-x)(-x)^n=(1-x)\frac{-x}{1+x}=\frac{x(x-1)}{(x+1)}.$$

Ainsi, **l'assertion b) est vraie**.
Pour tout $x \in I$ et pour tout $n \in \mathbf{N}$, $|f_n(x)|=x^n(1-x)$ et $n \mapsto |f_n(x)|$ est décroissante pour x donné, d'après l'assertion b) de la question 31. Puis pour x donné dans $]0,1[$, $|f_n(x)|$ tend vers 0 quand n tend vers $+\infty$.
Dans le cas $f_n(1)=f_n(0)=0$, la suite vaut déjà 0.
Donc : $\sum_{n\geqslant 1} f_n(x)$ vérifie les hypothèses du théorème spécial des séries alternées.
Et **l'assertion c) est vraie**. Puis :

$$\|f_n\|_\infty=\frac{b_n}{n+1}=\frac{e^{-n\ln\left(\frac{n+1}{n}\right)}}{n+1}=\frac{e^{-n\left(\frac{1}{n}+o\left(\frac{1}{n}\right)\right)}}{n+1},$$

quantité équivalente à $\dfrac{1}{(n+1)e}$, quand n tend vers $+\infty$.
C'est le terme général d'une série divergente.
Donc : $\sum_n f_n$ ne converge pas normalement sur I. **L'assertion d) est fausse**.

Remarque : on peut montrer la convergence uniforme de la série $\sum_n f_n$.

Utilisons la suite des sommes partielles $S_n(x)=\sum_{k=1}^{n}(-1)^k x^k(1-x)$.
Pour tout $x \in [0,1[$, on peut écrire :

$$S_n(x)=(1-x)(-x)\frac{1-(-x)^n}{1+x} \text{ et } S(x)=\frac{x(x-1)}{x+1}.$$

Ce qui donne : $S(x)-S_n(x)=(-x)^n S(x)$.
Donc : $\sup_{x\in I}|S(x)-S_n(x)|=\sup_{x\in I}\left|(-1)^n\frac{x^{n+1}(1-x)}{1+x}\right|\leqslant \sup_{x\in I}\left(x^{n+1}(1-x)\right)$.
Or cette dernière quantité est $\dfrac{b_{n+1}}{n+2}$ qui tend vers 0 quand n tend vers $+\infty$.
La série $\sum_n f_n$ converge donc uniformément sur I dans le cas où $a_n=(-1)^n$.

Question 34 : Ici l'on est dans le cas où (a_n) est une suite bornée, c'est-à-dire que : $\exists K \in \mathbf{R}$, $\forall n \in \mathbf{N}$, $|a_n| \leqslant K$.
Passons à nos assertions. On peut déjà régler son sort à l'assertion d). En effet, $a_n=(-1)^n$ est un cas particulier de l'hypothèse de cette question. C'est une suite bornée. Comme $\sum_n f_n$ ne converge pas normalement sur I pour cette suite (a_n), il est faux de dire que $\sum_n f_n$ converge normalement pour tout (a_n) borné sur I.
Et **l'assertion d) est fausse**.

On peut écrire : $\forall x \in I$, $|f_n(x)| = |a_n x^n(1-x)| \leqslant K x^n(1-x)$.
La série $\sum_n x^n(1-x)$ converge en tout point fixé de $[0,1[$. Donc $\sum_n f_n$ converge absolument en tout point de I. Et **l'assertion c) est fausse**.
Et comme la convergence absolue entraîne la convergence simple sur I, on peut en conclure que **l'assertion a) est vraie**.
A-t-on la convergence uniforme de $\sum_n f_n$ sur I ? On ne peut utiliser la non convergence normale car ce n'est pas le bon sens pour conclure. Nous allons montrer la non uniforme convergence de la série $\sum_n f_n(x)$ dans le cas où $a_n = 1$.
Pour cela, nous allons faire un raisonnement semblable à la remarque qui suit la question 33. Mais la finalité sera autre.

Utilisons donc la suite des sommes partielles $S_n(x) = \sum_{k=1}^{n} x^k(1-x)$.

Pour tout $x \in [0,1[$, $S_n(x) = (1-x)x\dfrac{1-x^n}{1-x} = x - x^{n+1}$ et $S(x) = x$.
Ce qui donne : $S(x) - S_n(x) = x^{n+1}$.
Donc : $\sup_{x\in I} |S(x) - S_n(x)| = \sup_{x \in I} \left|x^{n+1}\right| = 1$, quantité ne tendant pas vers 0 quand n tend vers $+\infty$. La série $\sum_n f_n$ ne converge donc pas uniformément sur I dans le cas où $a_n = 1$ pour tout $n \geqslant 1$.
On peut en conclure qu'il existe au moins une suite (a_n) bornée pour laquelle la série $\sum_n f_n$ ne converge pas uniformément sur I. **L'assertion b) est fausse**.

<u>Question 35</u> : On est maintenant dans le cas où (a_n) est une suite décroissante de réels. On remarque que $a_n = 2^{-n}$ de la question 32 en est un cas particulier. Dans ce cas là, on sait que $\sum_n f_n$ converge normalement sur I. Donc $\sum_n f_n$ converge absolument en au moins un point de I (car en tout point de I). Comme on peut trouver une suite (a_n) vérifiant l'hypothèse et telle que la série de fonctions $\sum f_n$ converge absolument en au moins un point de I, **l'assertion c) est fausse**.
Par contre, rien n'interdit qu'il existe (a_n) décroissante telle que $\sum_n f_n$ ne soit pas absolument convergente en au moins un point.
Prenons $a_n = -2^n$ pour tout $n \geqslant 1$. Alors (a_n) est décroissante (mais non bornée inférieurement, c'est d'ailleurs pour cela que l'on a choisit cette suite).
Sur $[0,1]$, $\|f_n\|_\infty = \left(\dfrac{n}{n+1}\right)^n \dfrac{2^n}{n+1}$ ne tend pas vers 0 quand n tend vers $+\infty$ et donc $\sum_n \|f_n\|_\infty$ diverge et il existe donc une suite (a_n) vérifiant les hypothèses telle que $\sum_n f_n$ ne converge pas normalement sur I. Donc **l'assertion d) est fausse**.

Toujours avec le choix $a_n = -2^n$, si $x = \dfrac{3}{4}$, $f_n(x)$ vaut $-\dfrac{(3/2)^n}{4}$.

La série $\sum_n f_n\left(\dfrac{3}{4}\right)$ diverge donc il existe (a_n) vérifiant les hypothèses telle qu'il existe $x \in I$ et $\sum_n f_n(x)$ diverge. Ainsi, **l'assertion a) est fausse**.

Par voie de conséquence, il existe (a_n) vérifiant les hypothèses telle que $\sum_n f_n(x)$ ne converge pas uniformément sur I.
L'assertion b) est fausse et ainsi **l'assertion e) est vraie**.

Remarque : Le fait que la série $\sum_n f_n\left(\frac{3}{4}\right)$ diverge suffit pour retrouver le fait que la série $\sum_n f_n$ ne soit pas normalement convergente sur I.

Question 36 : Dans tout ce qui suit, on suppose donc que (a_n) est une suite décroissante de réels positifs. L'exemple $a_n = -2^n$ précédent qui a été commode comme contre-exemple n'est plus valable ! Par contre le cas $a_n = 2^{-n}$ traité à la question 32 et le cas $a_n = 1$ traité à la question 31 vérifient les hypothèses de la question 36. Pour commencer, reprenons le cas $a_n = 1$.
On sait, d'après le développement de la question 31, que : $\forall n \geqslant 1, \|f_n\|_\infty = \dfrac{b_n}{n+1}$.
Donc dans le cas où a_n est quelconque :

$$\|f_n\|_\infty = \frac{a_n\, b_n}{n+1} = \frac{a_n}{n+1}\left(\frac{n}{n+1}\right)^n.$$

Donc **l'assertion c) est vraie**.
Par ailleurs, toujours avec le cas $a_n = 1$ pour tout $n \geqslant 1$, $\|f_n\|_\infty \sim \dfrac{1}{e\,n}$.
La série de terme général $\|f_n\|_\infty$ est divergente et il existe au moins une suite (a_n) vérifiant les hypothèses de la question 36 pour laquelle la série $\sum_n f_n$ ne converge pas normalement sur I. Donc **l'assertion d) est fausse**.
En utilisant un exemple développé à la question 34, on voit que $\sum_n f_n$ ne converge pas uniformément sur I dans au moins un cas particulier de suite (a_n) qui vérifie les hypothèses de la question 36 (c'est le cas où $a_n = 1$ pour tout $n \geqslant 1$).
On peut en conclure qu'il existe au moins une suite (a_n) décroissante (au sens large) de réels positifs pour laquelle la série $\sum_n f_n$ ne converge pas uniformément sur I. Donc **l'assertion b) est fausse**.
Il reste l'assertion a). Comme (a_n) est à valeurs positives et $(f_n(x))$ pour x fixé de $[0,1[$ aussi, on peut utiliser les résultats sur les séries à termes positifs. Prenons le cas $x = 0$. Il est clair que $f_n(0) = 0$ et la série de terme général 0 converge. Supposons maintenant $x \in]0,1[$ fixé. Alors :

$$\exists K > 0,\ \forall n \geqslant 1,\ 0 \leqslant a_n \leqslant K.$$

Donc : $\forall n \geqslant 1,\ 0 \leqslant a_n x^n(1-x) \leqslant K(1-x)x^n$. Or la série géométrique de raison $x \in]0,1[$ est toujours convergente. Il en est de même de $\sum_n f_n$. En conclusion cette dernière série converge simplement en tout point de I. **L'assertion a) est vraie**.

Remarque : on a attaqué ici les assertions à l'envers. Dans une telle type d'épreuve cela est possible, voire parfois efficace. En effet, certaines assertions en aval peuvent aider pour certaines en amont. On peut aussi être tout simplement plus inspiré par exemple par l'assertion d) que l'assertion a), quitte à revenir plus tard sur les assertions non traitées.

Question 37 : On est dans le cas où pour tout $n \geqslant 1$, $a_n = 1 + \frac{1}{n}$. On est bien dans les hypothèses de la question 36, c'est-à-dire que la suite (a_n) est positive et décroissante (ici de limite 1). On commence par attaquer la convergence normale (en effet, dans le cas où on l'aurait, cela entrainerait toutes les autres convergences, c'est-à-dire le jackpot. On se suffit de peu, je sais!). En utilisant ce qui précède, on sait alors que :

$$\|f_n\|_\infty = \frac{a_n b_n}{n+1} = \frac{1+\frac{1}{n}}{n+1}\left(\frac{n}{n+1}\right)^n = \frac{1}{n}\left(\frac{n}{n+1}\right)^n.$$

On sait que $\lim\limits_{n\to+\infty}\left(\frac{n}{n+1}\right)^n = \frac{1}{e}$. Donc $\|f_n\|_\infty \sim \frac{1}{e\,n}$ quand n tend vers $+\infty$. On peut en conclure que la série de fonctions $\sum\limits_n f_n$ n'est pas normalement convergente sur I. Il reste à attaquer la convergence uniforme. Ici la construction de $S_n(x) - S(x)$ n'est pas commode à cause de $\sum\limits_{k=1}^{n}\frac{x^k}{k}$. Nous allons utiliser le théorème dit de la double limite pour les séries de fonctions. Énonçons-le :

Théorème de la double limite pour les séries de fonctions

Soit $(f_n)_{n\in\mathbf{N}}$ une suite de fonctions définies sur I et a une extrémité de I (éventuellement infinie). Si la série $\sum\limits_{n\geqslant 0} f_n$ converge uniformément sur I, de somme S et si, pour tout n, f_n admet une limite l_n en a alors la série $\sum\limits_{n\geqslant 0} l_n$ converge, S admet une limite en a et : $\lim\limits_{x\to a} S(x) = \lim\limits_{x\to a}\sum\limits_{n=0}^{+\infty} f_n(x) = \sum\limits_{n=0}^{+\infty}\lim\limits_{x\to a} f_n(x) = \sum\limits_{n=0}^{+\infty} l_n$.

Ici, $S(x) = x - (1-x)\ln(1-x)$ pour $x \in I = [0,1[$. En effet :

$$S_n(x) = (1-x)\left[\sum_{k=1}^{n} x^k + \sum_{k=1}^{n}\frac{x^k}{k}\right].$$

Et quand n tend vers $+\infty$,

$$\sum_{k=1}^{+\infty} x^k = \frac{1}{1-x} \text{ et } \sum_{k=1}^{+\infty}\frac{x^k}{k} = -\ln(1-x).$$

Puis $\lim\limits_{x\to 1} f_n(x) = 0 = l_n$ et donc $\sum\limits_{n=1}^{+\infty} l_n = 0$.

Enfin, $\lim\limits_{x\to 1} S(x) = 1$. Comme $1 \neq 0$, on n'a pas $\lim\limits_{x\to 1} S(x) = \sum\limits_{n=1}^{+\infty} l_n$.

En utilisant la contraposée du théorème de la double limite, on peut conclure que $\sum\limits_n f_n$ ne converge pas uniformément sur I. **L'assertion a) est fausse.**

Pour l'assertion b), on peut régler cela très vite. Si $x = 0$, $\sum_{n\geqslant 1} f_n(x)$ est la série nulle. Elle converge. Donc il existe au moins un point de I pour lequel la série $\sum_{n\geqslant 1} f_n(x)$ converge simplement. **L'assertion b) est fausse**.

Remarque : on peut s'intéresser à la convergence simple de $\sum_{n\geqslant 1} f_n(x)$ en tout point de I mais ce n'est pas demandé. À vous de voir pour l'entraînement.
Si $x = 0$, $\lim\limits_{n\to+\infty} f_n(x) = \lim\limits_{n\to+\infty} 0 = 0$.
Si $x \in]0,1[$, $\lim\limits_{n\to+\infty} f_n(x) = 0$.
Donc la suite de fonctions (f_n) converge simplement vers la fonction nulle en tout point de I. Puis reprenons en partie le développement de la question 31. On sait que $\|f_n\|_\infty \sim 1/(e\,n)$ quand n tend vers $+\infty$. Donc $\lim\limits_{n\to+\infty} \|f_n\|_\infty = 0$. On peut donc en conclure que la suite de fonctions (f_n) converge uniformément sur I vers la fonction nulle. **L'assertion c) est vraie**.
Commençons par dériver f_n sur I. On a :

$$\forall x \in I,\ f_n'(x) = \left(1 + \frac{1}{n}\right)\left[nx^{n-1} - (n+1)x^n\right],$$

et en redérivant :

$$\forall x \in I,\ f_n''(x) = \left(1 + \frac{1}{n}\right) nx^{n-2}\left[n - 1 - (n+1)x\right].$$

Si l'on pose $y_n = \dfrac{n-1}{n+1}$, f_n'' est positive sur $[0, y_n]$ et négative sur $[y_n, 1[$. Donc f_n' est croissante sur $[0, y_n]$, à valeurs dans $[0, f_n'(y_n)]$ et décroissante sur $[y_n, 1[$ et à valeurs dans $[-1-\frac{1}{n}, f_n'(y_n)]$. Or (f_n) tend vers la fonction nulle et nécessairement la suite (f_n') tend vers la fonction nulle aussi. Or :

$$\sup_I |f_n'| \geqslant 1 + \frac{1}{n}$$

et cette quantité ne peut pas tendre vers 0 quand n tend vers $+\infty$.
En conclusion, la suite des fonctions dérivées (f_n') ne converge pas uniformément sur I vers la fonction nulle. **L'assertion d) est fausse**.

Question 38 : Ici, l'on est dans le cas où pour tout $n \geqslant 1$, $a_n = \dfrac{1}{n}$. C'est encore bien entendu l'hypothèse de la question 36. On a rapidement :

$$\forall x \in I,\ S(x) = (1-x)\sum_{n=1}^{+\infty} \frac{x^n}{n} = -(1-x)\ln(1-x) = -(1-x)\ln|x-1|.$$

Comme ln n'est pas impaire (gros piège !), **l'assertion a) est fausse**.
Puis, encore plus rapidement, on a :

$$\|f_n\|_\infty = \frac{1}{n(n+1)}\left(\frac{n}{n+1}\right)^n \underset{+\infty}{\sim} \frac{1}{e\,n^2}.$$

Donc **l'assertion b) est vraie**.
Comme $S(x)$ existe pour tout $x \in I$, d'après le développement pour l'assertion a), on peut dire que **l'assertion c) est fausse**.
Enfin, $\lim_{x \to 1} S(x) = \lim_{X \to 0^+} -X \ln X = 0$. Donc **l'assertion d) est vraie**.

<u>Question 39</u> : On est dans le cas où : $\forall n \geqslant 2$, $a_n = \dfrac{1}{\ln n}$, et $a_1 = 2$. Comme

$$\frac{a_n}{n} = \frac{1}{n \ln n},$$

et comme $\lim_{n \to +\infty} \dfrac{1}{n \ln n} = 0$, la suite $\left(\dfrac{a_n}{n}\right)$ converge vers 0.
L'assertion a) est vraie. On remarque que la difficulté de la véracité des assertions de ce type de QCM est très inégale.
La série $\sum_{n \geqslant 2} \dfrac{1}{n \ln n}$ est divergente. Celui qui connait les séries de Bertrand coche la bonne case et continue. Celui qui a oublié la réponse ou qui ne la connait pas car les séries de Bertrand font parti de ce que l'on appelle la marge du programme (c'est-à-dire que ce n'est pas à connaître obligatoirement mais que cela a dû être fait en exemple développé à la suite du cours). Donnons la preuve ici. La convergence de $\sum_{n \geqslant 2} 1/(n \ln n)$ est la même que celle de l'intégrale $\displaystyle\int_2^{+\infty} \frac{dt}{t \ln t}$.
Écrivons pour X fixé supérieur à 2 :

$$\int_2^X \frac{dt}{t \ln t} = \int_{\ln 2}^{\ln X} \frac{du}{u} = \ln(\ln X) - \ln(\ln 2).$$

Il reste à faire tendre X vers $+\infty$ et notre intégrale est donc divergente.
La série $\sum_{n \geqslant 2} \dfrac{1}{n \ln n}$ est bien divergente. **L'assertion b) est fausse**.

Remarque : une série de Bertrand générale est de la forme $\sum_{n \geqslant 2} \dfrac{1}{n^\alpha \ln^\beta n}$, où α et β sont deux réels positifs. Pour étudier la nature d'une telle série, si $\alpha \neq 1$, il suffit de comparer à une série de Riemann convergente ou divergente selon ce que l'on souhaite. Dans le cas $\alpha = 1$ comme ici, la méthode est de comparer avec la nature d'une intégrale. On utilise le résultat suivant :

Comparaison série-intégrale
Si f est une fonction continue par morceaux, décroissante et à valeurs réelles positives sur $[a, +\infty[$, alors la série $\sum f(n)$ converge si et seulement si f est intégrable sur $[a, +\infty[$.

Attaquons la suite. Comme dans d'autres questions précédentes, on écrit que :

$$\|f_n\|_\infty = \frac{1}{(n+1)\ln n}\left(\frac{n}{n+1}\right)^n \underset{+\infty}{\sim} \frac{1}{e\, n \ln n}.$$

Or $\dfrac{1}{e\, n \ln n}$ est le terme général d'une série divergente. La série de fonctions $\sum f_n$ ne converge pas normalement sur I. **L'assertion c) est fausse**.

Montrons enfin que **l'assertion d) est vraie**. Pour cela posons :

$$\forall x \in I,\ R_n(x) = \sum_{k=n+1}^{+\infty} \frac{1}{\ln k} x^k (1-x).$$

Ce reste $R_n(x)$ existe pour tout $x \in I$ car $\sum_{n\geqslant 1} f_n(x)$ converge simplement sur I.
Par décroissance de la suite $(1/(\ln n))$, pour tout $x \in I$,

$$0 \leqslant R_n(x) \leqslant \frac{1}{\ln(n+1)} \sum_{k=n+1}^{+\infty} x^k (1-x).$$

Donc : $0 \leqslant R_n(x) \leqslant \dfrac{1}{\ln(n+1)} \dfrac{(1-x)x^{n+1}}{1-x} \leqslant \dfrac{1}{\ln(n+1)}$.
La suite $(R_n(x))_n$ converge uniformément vers la fonction nulle sur I. Donc la série de fonctions $\sum f_n$ converge uniformément sur I.

Remarque : on peut généraliser sans souci à toute suite (a_n) strictement décroissante vers 0. La série $x \mapsto \sum f_n(x)$ converge uniformément sur I.

Question 40 : Si l'on oublie le début de la question : « en utilisant uniquement les trois cas précédents (questions 37 à 39) » alors on sait d'après le cours que si une série de fonctions converge normalement sur un intervalle, alors elle converge uniformément sur cet intervalle. L'assertion a) serait vraie. Bien entendu, cela implique que l'assertion b) serait fausse car c'est la négation de l'assertion a). Puis, la convergence uniforme d'une série de fonctions sur un intervalle n'entraîne pas sa convergence normale sur cet intervalle. Il existe de telles séries. L'assertion c) serait vraie. Enfin, la convergence simple d'une série de fonctions en tout point d'un intervalle n'entraîne pas sa convergence uniforme sur cet intervalle. L'assertion d) serait vraie. Ainsi on a trois vraies et donc un problème. En fait, si l'on développe comme on vient de le faire, on est tombé dans un piège. Car il faut en fait dire quelles sont les assertions vraies en partant des exemples des questions 37, 38 et 39. Résumons ce que l'on a sait. La série $\sum_n f_n$ de la question 37 ne converge que simplement sur I, celle de la question 38 a tous les types de convergence sur I et celle de la question 39 converge simplement, uniformément et pas normalement sur I.
Reprenons nos assertions : **l'assertion a) est fausse** car bien que la série $\sum_n f_n$ de la question 38 soit un exemple de série à la fois convergente normalement et uniformément, on ne peut pas en découler que c'est vrai dans le cas général.
L'assertion b) est fausse, là aussi pas parce qu'elle est intrinsèquement fausse mais parce que rien dans le développement des questions 37, 38 et 39 permet d'affirmer ce qui est écrit. Puis **l'assertion c) est vraie** car la série $\sum_n f_n$ de la question 39 en est un exemple. Enfin, **l'assertion d) est vraie**. En effet, la série $\sum_n f_n$ de la question 37 par exemple prouve qu'une série qui converge simplement sur I peut très bien ne pas converger uniformément sur I.

Table des matières

Imprimé en France par CPI
en août 2017

Dépôt légal : septembre 2017
N° d'impression : 142656